www.dsan.co.kr

신경향

최근 3개년 기출문제 무료 동영상강의 제공

전기(산업)기사 · 전기철도(산업)기사

전기자기학

대산전기기술학원
NCS · 공사 · 공단 · 공무원

전기기사 핵심시리즈 1

QNA 365 전용 홈페이지를 통한 365일 학습관리

홈페이지를 통한 합격 솔루션

- 온라인 실전모의고사 실시
- 전기(산업)기사 필기 합격가이드
- 공학용계산법 동영상강좌 무료수강
- 쉽게 배우는 전기수학 3개월 동영상강좌 무료수강

① 33인의 전문위원이 엄선한 출제예상문제 수록
② 전기기사 및 산업기사 최신 기출문제 상세해설
③ 저자직강 동영상강좌 및 1:1 학습관리 시스템 운영
④ 국내 최초 유형별 모의고사 시스템 운영

한솔아카데미

책을 펼치며...

현대 사회에서 우리나라는 물론 세계적인 산업 발전에 전기 에너지의 이용은 나날이 증가하고 있습니다. 전기 분야 자격증에 관심을 가지고 있는 모든 수험생 분들을 위해 급변하는 출제경향과 기술 발전에 맞추어 전기(공사)기사 및 산업기사, 공무원, 각종 공채시험과 NCS적용 문제 해결을 위한 이론서를 발간하게 되었습니다. 40년 가까이 되는 전기 전문교육기관들의 담당 교수님들께서 직접 집필하였습니다. 본서는 개념 설명 및 핵심 분석을 통한 단기간에 자격증 취득이 가능할 뿐만 아니라 비전공자도 이해할 수 있습니다. 기초부터 활용능력까지 습득 할 수 있는 수험서입니다.

본 교재의 구성

1. 핵심논점 정리
2. 핵심논점 필수예제
3. 핵심 요약노트
4. 기출문제 분석표
5. 출제예상문제

본 교재의 특징

1. 비전공자도 알 수 있는 개념 설명
   전기기사 자격증은 최근의 취업난 속에서 더욱 더 필요한 자격증입니다. 비전공자, 유사 전공자들의 수험준비가 나날이 증가하고 있습니다. 본 수험서는 누구나 쉽게 이해할 수 있도록 기본개념을 충실히 하였습니다.
2. 문제의 해결 능력을 기르는 핵심정리
   기출문제 중 최다기출 문제 및 높은 수준의 기출문제 풀이를 통해 학습함으로써 문제 해결 능력 배양에 효과적인 학습서입니다. 실전형 문제를 통해 자격시험 및 NCS시험의 동시 대비가 가능합니다.
3. 신경향 실전형 개념 정리 기본서
   개념만으론 부족한 실전 용어 정리 및 활용으로 개념과 문제를 동시에 해결할 수 있습니다. 기본부터 실전 문제까지 모든 과정이 수록되어 있습니다. 매년 새로워지는 출제경향을 분석하여 수험준비에 필요한 시간단축에 효과적인 기본서입니다.
4. 365일 Q&A SYSTEM
   예제문제, 단원문제, 기출문제까지 명확한 해설을 통해 스스로 학습하는 경우 궁금증을 명확하고 빠르게 해결할 수 있습니다. 전기전공관련 질문사항의 경우 홈페이지를 통해 명확한 답변을 받으실 수 있습니다.

앞으로도 항상 여러분께 꼭 필요한 교재로 남을 것을 약속드리며 여러분의 충고와 조언을 받아 더욱 발전적인 모습으로 정진하는 수험서가 되도록 노력하겠습니다.

전기기사 수험연구회

전기기사, 전기산업기사 시험정보

❶ 수험원서접수

- 접수기간 내 인터넷을 통한 원서접수(www.q-net.or.kr) 원서접수 기간 이전에 미리 회원가입 후 사진 등록 필수
- 원서접수시간은 원서접수 첫날 09:00부터 마지막 날 18:00까지

❷ 기사 시험과목

구 분	전기기사	전기공사기사	전기 철도 기사
필 기	1. 전기자기학 2. 전력공학 3. 전기기기 4. 회로이론 및 제어공학 5. 전기설비기술기준	1. 전기응용 및 공사재료 2. 전력공학 3. 전기기기 4. 회로이론 및 제어공학 5. 전기설비기술기준	1. 전기자기학 2. 전기철도공학 3. 전력공학 4. 전기철도구조물공학
실 기	전기설비설계 및 관리	전기설비견적 및 관리	전기철도 실무

❸ 기사 응시자격

- 산업기사 + 1년 이상 경력자
- 기능사 + 3년 이상 경력자
- 타분야 기사자격 취득자
- 4년제 관련학과 대학 졸업 및 졸업예정자
- 전문대학 졸업 + 2년 이상 경력자
- 교육훈련기관(기사 수준) 이수자 또는 이수예정자
- 교육훈련기관(산업기사 수준) 이수자 또는 이수예정자 + 2년 이상 경력자
- 동일 직무분야 4년 이상 실무경력자

❹ 산업기사 시험과목

구 분	전기산업기사	전기공사산업기사
필 기	1. 전기자기학 2. 전력공학 3. 전기기기 4. 회로이론 5. 전기설비기술기준	1. 전기응용 2. 전력공학 3. 전기기기 4. 회로이론 5. 전기설비기술기준
실 기	전기설비설계 및 관리	전기설비 견적 및 시공

❺ 산업기사 응시자격

- 기능사 + 1년 이상 경력자
- 타분야 산업기사 자격취득자
- 전문대 관련학과 졸업 또는 졸업예정자
- 교육훈련기간(산업기사 수준) 이수자 또는 이수예정자
- 동일 직무분야 2년 이상 실무경력자

[전기자기학 출제기준]

적용기간 : 2024.1.1. ~ 2026.12.31.

주요항목	세 부 항 목	
1. 진공 중의 정전계	1. 정전기 및 전자유도 3. 전기력선 5. 전위 7. 전기쌍극자	2. 전계 4. 전하 6. 가우스의 정리
2. 진공중의 도체계	1. 도체계의 전하 및 전위분포 3. 도체계의 정전에너지 5. 도체 간에 작용하는 정전력	2. 전위계수, 용량계수 및 유도계수 4. 정전용량 6. 정전차폐
3. 유전체	1. 분극도와 전계 3. 유전체 내의 전계 5. 정전용량 7. 유전체 사이의 힘	2. 전속밀도 4. 경계조건 6. 전계의 에너지 8. 유전체의 특수현상
4. 전계의 특수해법 및 전류	1. 전기영상법 3. 전류에 관련된 제현상	2. 정전계의 2차원 문제 4. 저항률 및 도전율
5. 자계	1. 자석 및 자기유도 3. 자기쌍극자 5. 분포전류에 의한 자계	2. 자계 및 자위 4. 자계와 전류 사이의 힘
6. 자성체와 자기회로	1. 자화의 세기 3. 투자율과 자화율 5. 감자력과 자기차폐 7. 강자성체의 자화 9. 영구자석	2. 자속밀도 및 자속 4. 경계면의 조건 6. 자계의 에너지 8. 자기회로
7. 전자유도 및 인덕턴스	1. 전자유도 현상 3. 자계에너지와 전자유도 5. 전류에 작용하는 힘 7. 도체 내의 전류 분포 9. 인덕턴스	2. 자기 및 상호유도작용 4. 도체의 운동에 의한 기전력 6. 전자유도에 의한 전계 8. 전류에 의한 자계에너지
8. 전자계	1. 변위전류 3. 전자파 및 평면파 5. 전자계에서의 전압 7. 방전현상	2. 맥스웰의 방정식 4. 경계조건 6. 전자와 하전입자의 운동

INTRODUCTION

이 책의 특징

01 핵심논점 정리

- 단원별 필수논점을 누구나 이해할 수 있도록 설명을 하였다.
- 전기기사시험과 전기산업기사 기출문제 빈도가 낮으므로 핵심논점 정리를 꼼꼼히 학습하여야 한다.

02 필수예제

- 해당논점의 Key Word를 제시하여 논점을 숙지할 수 있게 하였다.
- 최근 10개년 기출문제를 분석하여 최대빈도의 문제를 수록하였다.

03 핵심 NOTE

- 단원별 핵심논점마다 요약정리를 통해 개념정리에 도움을 주며 이해력향상을 위한 추가설명을 첨부하여 한 눈에 알 수 있게 하였다.

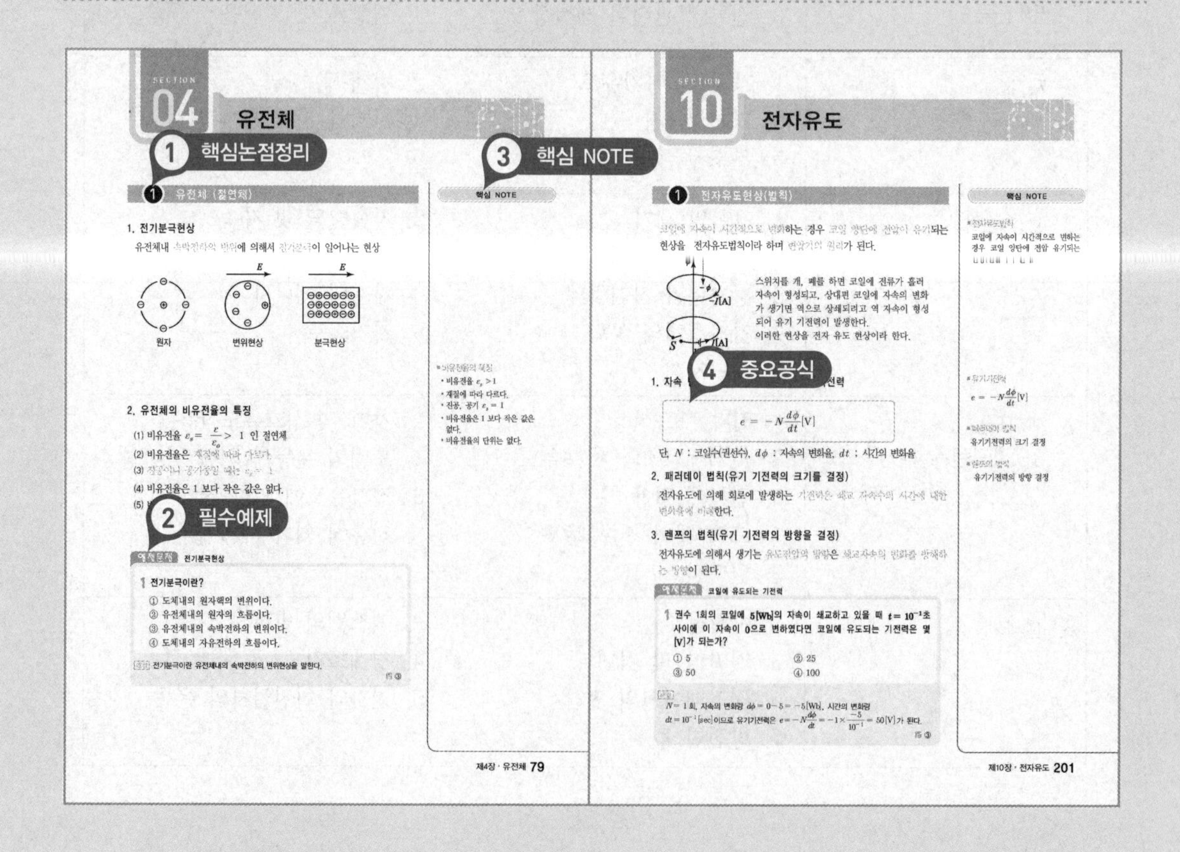

04 중요공식

• 단원별 필수 논점과 공식 중 출제빈도가 높은 중요공식은 중요박스를 삽입하여 꼭 암기할 수 있도록 하였다.

05 출제예상

• 최근 20개년 기출문제 경향을 바탕으로 상세해설과 함께 최대 출제빈도 문제들로 출제예상문제를 수록하였다.

06 과년도 기출문제

• 최근 5개년간 출제문제를 출제형식 그대로 수록하여 최종 출제경향파악 및 학습 완성도를 평가해 볼 수 있게 하였다.

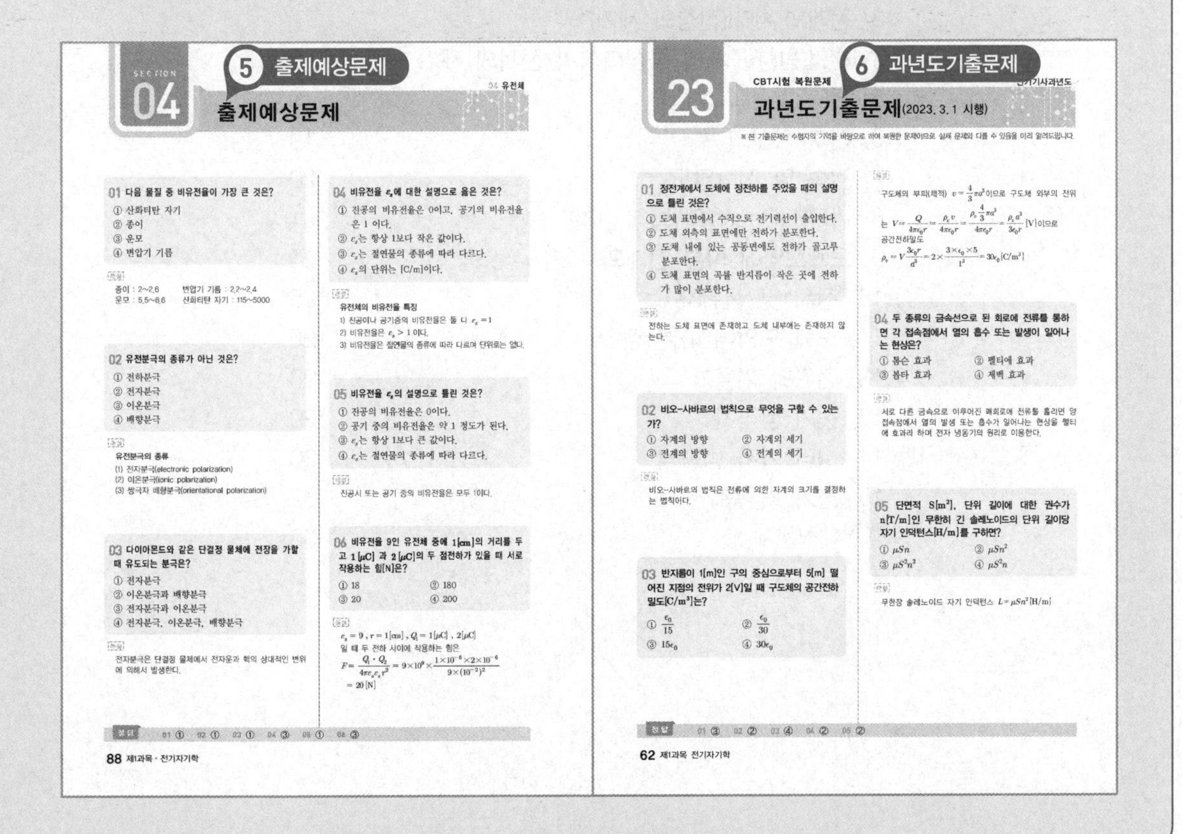

CONTENTS

1 벡터의 해석

2 진공중의 정전계

3

진공중의 도체계

4

유전체

5

전계의 특수해법(전기영상법)

CONTENTS

6 전류

7 진공중의 정자계

8

전류에 의한 자계

9

자성체 및 자기회로

10

전자유도

CONTENTS

11 인덕턴스(inductance)

12 전자장

13 과년도기출문제

Engineer Electricity
ustrial Engineer Electricity

벡터의 해석

Chapter 01

SECTION 01

벡터의 해석

1 벡터의 기본사항

1. 스칼라와 벡터의 구분

스칼라(scalar)	벡터(vector)
크기만을 가지고 있는 양	크기와 방향성을 동시 가지고 있는 양
길이, 면적, 체적, 무게, 전력, 전압 등	변위, 힘, 속도, 가속도, 전계, 자계 등

2. 벡터의 도시 및 표현

벡터의 도시	표 현
P(종점), 0(기점)	$\overrightarrow{A}$, $\dot{A}$, $\boldsymbol{A}$

3. 직각좌표계

x, y, z 축이 각각 90° 의 각을 이루며 공간 좌표를 표시하는 좌표계를 말한다.

(1) 각축의 단위벡터(unit vector)

크기가 1이며 각축의 방향을 제시하는 벡터로서 기본 벡터라고도 한다.

x 축	y 축	z 축
i, a_x, $\dot{x}$	j, a_y, $\dot{y}$	k, a_z, $\dot{z}$

(2) 벡터 $\overrightarrow{A}$ 의 표현

$\overrightarrow{A} = A_x i + A_y j + A_z k$

(3) 벡터 $\overrightarrow{A}$ 의 크기

$$|\overrightarrow{A}| = \sqrt{A_x^2 + A_y^2 + A_z^2}$$

(4) 벡터 $\overrightarrow{A}$ 의 방향 벡터 $\overrightarrow{n}$: 크기가 1 이며 벡터 $\overrightarrow{A}$의 방향을 제시해 주는 벡터

핵심 NOTE

■ 스칼라와 벡터의 구분

스칼라(scalar)	벡터(vector)
크기만 존재	크기와 방향성 동시 존재

■ 스칼라와 벡터의 예

스칼라(scalar)	벡터(vector)
5	$5i$ x 축으로 5의 값
3	$3j$ y 축으로 3의 값
2	$2k$ z 축으로 2의 값

핵심 NOTE

■ 벡터의 합과 차
같은 성분의 단위벡터의 계수끼리 더하고 뺀다.

① 방향벡터

$$\vec{n} = \frac{\vec{A}}{|\vec{A}|} = \frac{A_x i + A_y j + A_z k}{\sqrt{A_x^2 + A_y^2 + A_z^2}}$$

② 방향벡터의 크기 $|\vec{n}| = 1$

예제문제 방향벡터

1 원점에서 점 $A(-2, 2, 1)$로 향하는 단위벡터a_o는?

① $-2i + 2j + k$　　② $\frac{1}{3}i + \frac{2}{3}j - \frac{2}{3}k$

③ $-\frac{2}{3}i + \frac{2}{3}j + \frac{1}{3}k$　　④ $-\frac{2}{5}i + \frac{2}{5}j + \frac{1}{5}k$

해설
원점(0,0,0)에서 점 A(−2,2,1)에 대한 거리벡터는
$\vec{r} = (x_2 - x_1)i + (y_2 - y_1)j + (z_2 - z_1)k$
$= (-2-0)i + (2-0)j + (1-0)k = -2i + 2j + 1k$ 이므로 방향의 단위 벡터 a_o 는
$a_o = \frac{\vec{r}}{|\vec{r}|} = \frac{-2i + 2j + 1k}{\sqrt{(-2)^2 + 2^2 + 1^2}} = -\frac{2}{3}i + \frac{2}{3}j + \frac{1}{3}k$이다.

답 ③

② 벡터의 연산

1. 벡터의 합과 차

주어진 두 벡터의 덧셈(합)과 뺄셈(차)을 계산 할 때는 같은 성분의 단위벡터의 계수끼리 더하고 뺀다.

$\vec{A} = A_x i + A_y j + A_z k$, $\vec{B} = B_x i + B_y j + B_z k$

$\vec{A} \pm \vec{B} = (A_x \pm B_x)i + (A_y \pm B_y)j + (A_z \pm B_z)k$

예제문제 벡터의 합과 차

2 어떤 물체에 $F_1 = -3i + 4j - 5k$와 $F_2 = 6i + 3j - 2k$의 힘이 작용하고 있다. 이 물체에 F_3을 가했을 때 세 힘이 평형이 되기 위한 F_3은?

① $F_3 = -3i - 7j + 7k$　　② $F_3 = 3i + 7j - 7k$

③ $F_3 = 3i - j - 7k$　　④ $F_3 = 3i - j + 3k$

해설
힘의 평형조건 $\Sigma F = F_1 + F_2 + F_3 = 0$ 에서 $F_3 = -(F_1 + F_2)$
$F_3 = -(F_1 + F_2) = -(-3i + 4j - 5k + 6i + 3j - 2k) = -3i - 7j + 7k$

답 ①

2. 평행사변형의 원리

2개의 벡터 $\vec{A}$, $\vec{B}$의 합과 차는 시점을 원점 0에 일치시킨 후 $\vec{A}$, $\vec{B}$를 두변으로 하는 평행사변형을 그렸을 때 대각선의 길이와 같다.

(1) 두 벡터의 합

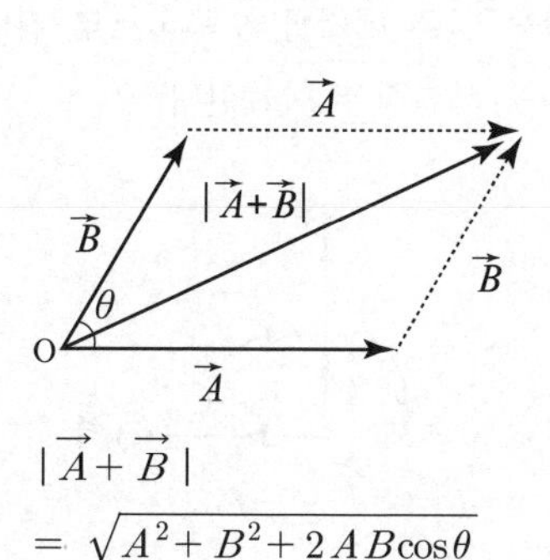

$|\vec{A}+\vec{B}|$

$= \sqrt{A^2+B^2+2AB\cos\theta}$

(2) 두 벡터의 차

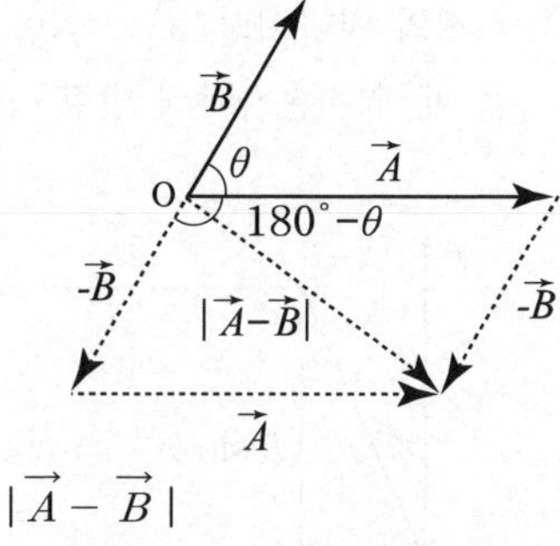

$|\vec{A}-\vec{B}|$

$= \sqrt{A^2+B^2+2AB\cos(180°-\theta)}$

3. 두 벡터의 곱(적)

$\vec{A} = A_x i + A_y j + A_z k,\ \vec{B} = B_x i + B_y j + B_z k$

(1) 내적(스칼라적) (·) : 벡터를 스칼라로 변환 시킨다.

① 내적의 정의식 $\vec{A}\cdot\vec{B} = |\vec{A}||\vec{B}|\cos\theta$

② 내적의 성질

$i\cdot i = j\cdot j = k\cdot k = 1$

$i\cdot j = j\cdot k = k\cdot i = 0$

③ 내적의 계산 : 같은 성분끼리 계수만 곱하여 모두 합산한다.

$\vec{A}\cdot\vec{B} = (A_x i + A_y j + A_z k)\cdot(B_x i + B_y j + B_z k)$

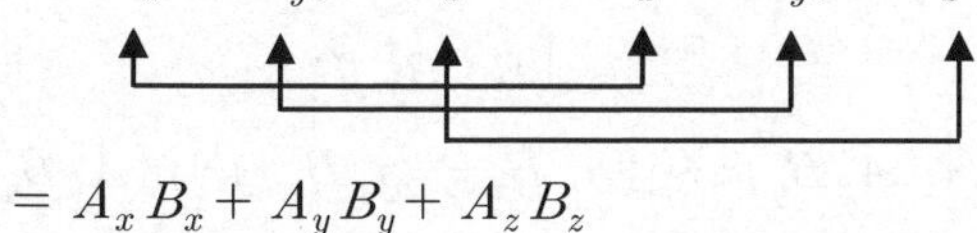

$= A_x B_x + A_y B_y + A_z B_z$

예제문제 내적

3 $A=-i7-j$, $B=-i3-j4$의 두 벡터가 이루는 각도는?

① 30°　② 45°

③ 60°　④ 90°

해설

벡터의 크기

$|A| = \sqrt{(-7)^2+(-1)^2} = \sqrt{50}$, $|B| = \sqrt{(-3)^2+(-4)^2} = \sqrt{25}$

내적의 계산 $A\cdot B = (-i7-j)\cdot(-i3-j4) = 25$

내적의 정의 $A\cdot B = |A|\,|B|\cos\theta$ 에서

$\cos\theta = \frac{A\cdot B}{|A|\,|B|} = \frac{25}{\sqrt{50}\times\sqrt{25}} = \frac{1}{\sqrt{2}}$ 이므로 $\theta = \cos^{-1}\frac{1}{\sqrt{2}} = 45°$

답 ②

핵심 NOTE

■ 평행사변형 대각선 길이

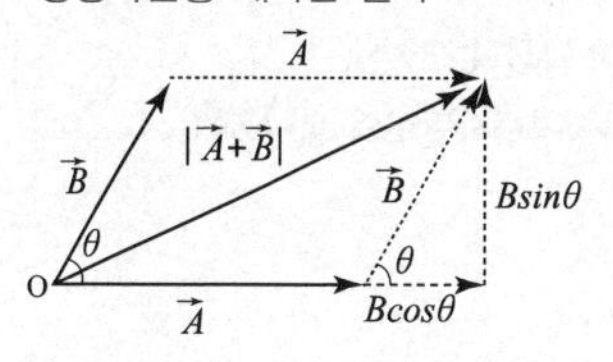

직각삼각형에서 피타고라스의 정리 적용하면 아래와 같다.

$|A+B|^2 = (A+B\cos\theta)^2 + (B\sin\theta)^2$

$= A^2+2AB\cos\theta+B^2\cos^2\theta + B^2\sin^2\theta$

$= A^2+2AB\cos\theta + B^2(\cos^2\theta+\sin^2\theta)$

$= A^2+2AB\cos\theta+B^2$

$\therefore |A+B| = \sqrt{A^2+B^2+2AB\cos\theta}$

■ 곱의 공식

$(a\pm b)^2 = a^2 \pm 2ab + b^2$

$(a+b)(a-b) = a^2 - b^2$

■ 삼각함수 공식

$\cos^2\theta + \sin^2\theta = 1$

■ 내적의 성질

$i\cdot i = j\cdot j = k\cdot k = 1$

$i\cdot j = j\cdot k = k\cdot i = 0$

■ 내적의 계산

같은 성분끼리 계수만 곱하여 모두 합산한다.

핵심 NOTE

■ 외적의 크기
평행사변형의 넓이(면적)

■ 외적의 성질
$i \times i = j \times j = k \times k = 0$
$i \times j = -j \times i = k$
$j \times k = -k \times j = i$
$k \times i = -i \times k = j$

■ 외적의 계산
행렬식으로 계산

(2) 외적 (벡터적) (×) : 벡터를 벡터로 변환 시킨다.

① 외적의 정의식 :

$$\vec{A} \times \vec{B} = \vec{n}\,|\vec{A}||\vec{B}|\sin\theta$$

② 외적의 크기 : 평행사변형의 넓이(면적)가 된다.

③ 외적의 방향벡터 $\vec{n}$: 앞쪽 벡터에서 뒤쪽 벡터를 오른손으로 감았을 때 엄지손가락의 방향 즉, 오른나사법칙을 사용한다.

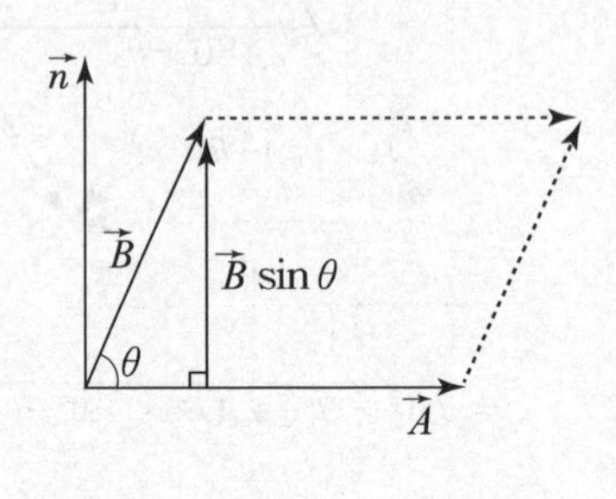

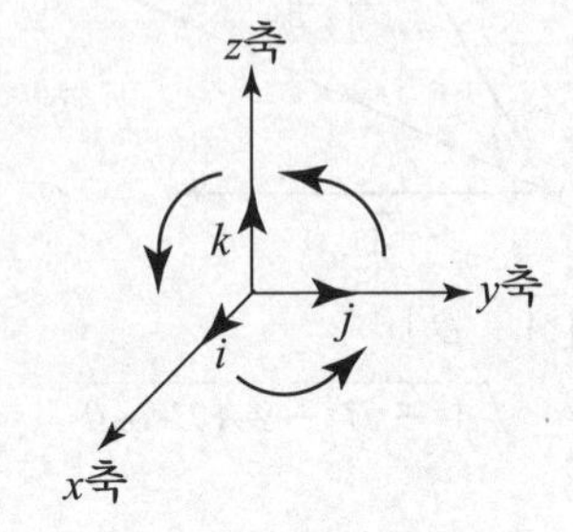

④ 외적의 성질

$i \times i = j \times j = k \times k = 0$

$i \times j = -j \times i = k$ (i에서 j를 감으면 엄지는 k를 가리킨다.)

$j \times k = -k \times j = i$ (j 에서 k 를감으면엄지는 i 를 가리킨다.)

$k \times i = -i \times k = j$ (k에서 i를감으면 엄지는 j 를 가리킨다.)

⑤ 외적의 계산 : 행렬식으로 계산한다.

$$\vec{A} \times \vec{B} = |\vec{A}||\vec{B}|\sin\theta = \begin{vmatrix} i & j & k \\ A_x & A_y & A_z \\ B_x & B_y & B_z \end{vmatrix}$$

$$= (A_y B_z - A_z B_y)\,i - (A_x B_z - A_z B_x)\,j + (A_x B_y - A_y B_x)\,k$$

예제문제 내적

4 **벡터 $\vec{A} = 10i - 10j + 5k$, $\vec{B} = 4i - 2j + 5k$ 는 어떤 평행사변형의 두 변을 표시하는 벡터일 때 이 평행 사변형의 면적의 크기를 구하시오.**

① $5\sqrt{3}$ ② $7\sqrt{19}$

③ $10\sqrt{29}$ ④ $14\sqrt{7}$

해설

평행 사변형의 면적은 외적의 크기와 같으므로

$$\vec{A} \times \vec{B} = \begin{vmatrix} i & j & k \\ 10 & -10 & 5 \\ 4 & -2 & 5 \end{vmatrix}$$

$= (-50 - (-10))\,i - (50 - 20)\,j + (-20 - (-40))\,k = -40i - 30j + 20k$

$|\vec{A} \times \vec{B}| = \sqrt{(-40)^2 + (-30)^2 + (20)^2} = \sqrt{2{,}900} = 10\sqrt{29}$

답 ③

핵심 NOTE

③ 미분연산자

1. nabla 또는 del ▽

$$\nabla = \frac{\partial}{\partial x}i + \frac{\partial}{\partial y}j + \frac{\partial}{\partial z}k$$

2. 라플라스연산자(Laplacian) $\nabla^2 = \nabla \cdot \nabla = \triangle$

$$\nabla^2 = \nabla \cdot \nabla$$

$$= (\frac{\partial}{\partial x}i + \frac{\partial}{\partial y}j + \frac{\partial}{\partial z}k) \cdot (\frac{\partial}{\partial x}i + \frac{\partial}{\partial y}j + \frac{\partial}{\partial z}k)$$

$$= \frac{\partial^2}{\partial x^2} + \frac{\partial^2}{\partial y^2} + \frac{\partial^2}{\partial z^2}$$

3. 스칼라 V 의 구배(기울기) grad V

grad 는 gradient 이며 스칼라 함수 V를 벡터량으로 변환시켜준다.

$$\text{grad } V = \nabla V = \left(\frac{\partial}{\partial x}i + \frac{\partial}{\partial y}j + \frac{\partial}{\partial z}k\right) V$$

$$= \frac{\partial V}{\partial x}i + \frac{\partial V}{\partial y}j + \frac{\partial V}{\partial z}k \text{ (벡터량)}$$

$$\text{grad} = \frac{\partial V}{\partial x}i + \frac{\partial V}{\partial y}j + \frac{\partial V}{\partial z}k$$

■ 미분연산자(▽)의 의미
x로 미분하여 i 붙이고 y로 미분하여 j 붙이고 z로 미분하여 k 붙이고 모두 더한다.

■ 라플라스연산자(∇^2)의 의미
x로 2번 미분하고 y로 2번 미분하고 z로 2번 미분하여 모두 더한다.

■ grad $V = \nabla V$ 의 계산
주어진 함수 V를 x로 미분하여 i 붙이고 y로 미분하여 j 붙이고 z로 미분하여 k 붙이고 모두 더한다.

예제문제 스칼라함수의 기울기

5 $V(x,y,z) = 3x^2y - y^3z^2$에 대하여 점 $(1, -2, -1)$에서의 *grad V*를 구하시오.

① $12i + 9j + 16k$　② $12i - 9j + 16k$
③ $-12i - 9j - 16k$　④ $-12i + 9j - 16k$

해설

$$grad\ V = \left(\frac{\partial}{\partial x}i + \frac{\partial}{\partial y}j + \frac{\partial}{\partial z}k\right) \cdot (3x^2y - y^3z^2)$$

$= 6xyi + 3x^2j - 3y^2z^2j - 2y^3zk = 6xyi + (3x^2 - 3y^2z^2)j - 2y^3zk$ 이므로

좌표 $x=1,\ y=-2,\ z=-1$ 을 대입하면 $grad\ V = -12i - 9j - 16k$

답 ③

핵심 NOTE

■ $div\vec{E} = \nabla \cdot \vec{E}$ 의 계산

주어진 함수 $\vec{E}$에서 i의 계수는 x로 미분하고 j의 계수는 y로 미분하고 k의 계수는 z로 미분하여 모두 더한다.

■ $rot\vec{A} = curl\vec{A} = \nabla \times \vec{E}$의 계산

행렬식을 이용하여 계산

4. 벡터 $\vec{E}$ 의 발산 $div\,\vec{E}$

div는 divergence 이며 $div\,\vec{E}$ 는 $\nabla \cdot \vec{E}$에서 보는 바와 같이 내적의 함수로 표현 되며, 벡터 $\vec{E}$를 스칼라값으로 변환시킨다.

$$div\vec{E} = \nabla \cdot \vec{E} = \left(\frac{\partial}{\partial x}i + \frac{\partial}{\partial y}j + \frac{\partial}{\partial z}k\right) \cdot (E_x i + E_y j + E_z k)$$

$$= \frac{\partial E_x}{\partial x} + \frac{\partial E_y}{\partial y} + \frac{\partial E_z}{\partial z} \text{ (스칼라량)}$$

$$div\vec{E} = \frac{\partial E_x}{\partial x} + \frac{\partial E_y}{\partial y} + \frac{\partial E_z}{\partial z}$$

예제문제 벡터함수의 발산

6 전계 $E = i\,3x^2 + j\,2xy^2 + k\,x^2yz$ 의 $div\,E$ 를 구하시오.

① $-i\,6x + j\,xy + k\,x^2y$ ② $i\,6x + j\,6xy + k\,x^2y$
③ $-(i\,6x + j\,6xy + k\,x^2y)$ ④ $6x + 4xy + x^2y$

해설

$$div\,E = \nabla \cdot E = \frac{\partial E_x}{\partial x} + \frac{\partial E_y}{\partial y} + \frac{\partial E_z}{\partial z}$$

$$= \frac{\partial}{\partial x}(3x^2) + \frac{\partial}{\partial y}(2xy^2) + \frac{\partial}{\partial z}(x^2yz) = 6x + 4xy + x^2y$$

답 ④

5. 벡터 $\vec{A}$의 회전 $rot\,\vec{A}$

rot는 rotation 이며 $rot\,\vec{A}$ 는 $\nabla \times \vec{A}$ 에서 보는 바와 같이 외적의 함수로 표현되며, 벡터 $\vec{A}$를 벡터값으로 변환시킨다.

$$rot\,\vec{A} = curl\,\vec{A} = \nabla \times \vec{A} = \begin{vmatrix} i & j & k \\ \frac{\partial}{\partial x} & \frac{\partial}{\partial y} & \frac{\partial}{\partial z} \\ A_x & A_y & A_z \end{vmatrix}$$

$$= \left(\frac{\partial A_z}{\partial y} - \frac{\partial A_y}{\partial z}\right)i - \left(\frac{\partial A_z}{\partial x} - \frac{\partial A_x}{\partial z}\right)j + \left(\frac{\partial A_y}{\partial x} - \frac{\partial A_x}{\partial y}\right)k$$

4 스토크스의 정리와 발산의 정리

1. 스토크스(Stokes)의 정리

선적분을 면적분으로 변환시 rot를 첨가하면 된다.

$$\int_c \vec{A}\, dl = \int_s rot\vec{A}\, ds = \int_s \nabla \times \vec{A}\, ds$$

2. 가우스(Gauss)의 발산의 정리

면적분을 체적적분으로 변환시 div를 첨가하면 된다.

$$\int_s \vec{A}\, ds = \int_v div\,\vec{A}\, dv = \int_v \nabla \cdot \vec{A}\, dv$$

예제문제 스토크스의 정리

7 스토크스(Stokes) 정리를 표시하는 식은?

① $\int_s A \cdot dS = \int_v div\,A\,dv$

② $\oint_c A \cdot dl = \int_v div\,A\,dv$

③ $\oint_s A \cdot dl = \int_s (\text{rot}\,A)_n\,dS$

④ $\oint_c A \cdot dl = \int_s \text{rot}\,A \cdot n\,dS$

해설

스토크스 정리는 선적분을 면적분으로 변환시 rot를 첨가하면 된다.

$\oint_c \dot{A}dl = \int_s \text{rot}\dot{A}ds = \int_s \text{curl}\dot{A}ds = \int_s \nabla \times \dot{A}ds$

답 ④

예제문제 발산의 정리

8 $\int Eds = \int_{vol} \nabla \cdot Edv$는 다음 중 어느 것에 해당되는가?

① 발산의 정리 ② 가우스의 정리
③ 스토크스의 정리 ④ 암페어의 법칙

해설

발산정리는 면적분을 체적적분으로 변환시 div를 첨가하면 된다.

$\int_s \dot{E}ds = \int_v div\,\dot{E}dv = \int_v \nabla \cdot \dot{E}dv$

답 ①

핵심 NOTE

■ 스토크스(Stokes)의 정리
선적분을 면적분으로 변환시 rot를 첨가하면 된다.

■ 가우스(Gauss)의 발산 정리
면적분을 체적적분으로 변환시 div를 첨가하면 된다.

SECTION 01

출제예상문제

01 다음 중 옳지 않은 것은?

① $i \cdot i = j \cdot j = k \cdot k = 0$
② $i \cdot j = j \cdot k = k \cdot i = 0$
③ $A \cdot B = AB\cos\theta$
④ $i \times i = j \times j = k \times k = 0$

해설

내적(스칼라곱)의 성질

$i \cdot i = j \cdot j = k \cdot k = 1 \times 1 \times \cos 0° = 1$

$i \cdot j = j \cdot k = k \cdot i = 1 \times 1 \times \cos 90° = 0$

02 두 단위 벡터간의 각을 θ라 할 때 벡터곱과 관계없는 것은?

① $i \times j = -j \times i = k$
② $k \times i = -i \times k = j$
③ $i \times i = j \times j = k \times k = 0$
④ $i \times j = 0$

해설

외적의 성질

$i \times i = j \times j = k \times k = 1 \times 1 \times \sin 0° = 0$

$i \times j = -j \times i = k \quad j \times k = -k \times j = i$

$k \times i = -i \times k = j$

03 두 벡터 $A = 2i + 4j$, $B = 6j - 4k$가 이루는 각은 약 몇 도인가?

① 36 ② 42
③ 50 ④ 61

해설

두 벡터가 이루는 각은 내적의 정의식을 이용하여 구하며 두 벡터의 크기와 내적은

$|A| = \sqrt{2^2 + 4^2} = \sqrt{20}$

$|B| = \sqrt{6^2 + (-4)^2} = \sqrt{52}$

$A \cdot B = (2i + 4j) \cdot (6j - 4k) = 24$이므로

$A \cdot B = |A||B|\cos\theta$에서

$\cos\theta = \dfrac{A \cdot B}{|A||B|} = \dfrac{24}{\sqrt{20} \times \sqrt{52}} = 0.7442$이므로

$\theta = \cos^{-1}(0.7442) = 41.9°$가 된다.

04 벡터 $A = i + 4j + 3k$와 $B = 4i + 2j - 4k$는 서로 어떤 관계에 있는가?

① 평행 ② 면적
③ 접근 ④ 수직

해설

두 벡터가 이루는 각은 내적의 정의식을 이용하여 구하며 두 벡터의 크기와 내적은

$|A| = \sqrt{1^2 + 4^2 + 3^2} = \sqrt{26}$

$|B| = \sqrt{4^2 + 2^2 + (-4)^2} = \sqrt{36} = 6$

$A \cdot B = (i + 4j + 3k) \cdot (4i + 2j - 4k) = 4 + 8 - 12 = 0$이므로

$A \cdot B = |A|\ |B|\cos\theta$에서

$\cos\theta = \dfrac{A \cdot B}{|A|\ |B|} = 0$이므로 $\theta = \cos^{-1}0 = 90°$(수직)가 된다.

05 두 벡터 A, B의 벡터적을 표시한 것은? (여기서 n은 A에서 B로 돌아가는 오른나사의 진행방향에 있는 단위 벡터이고, θ는 A와 B의 사이각이다.)

① $A \times B = n|A||B|\cos\theta$
② $A \times B = |A||B|\cos\theta$
③ $A \times B = n|A||B|\sin\theta$
④ $A \times B = |A||B|\sin\theta$

해설

벡터적은 외적을 말하므로

$A \times B = n\,|A|\,|B|\sin\theta$

06 $A = 2i - 5j + 3k$일 때 $k \times A$를 구한 것 중 옳은 것은?

① $-5i + 2j$ ② $5i - 2j$
③ $-5i - 2j$ ④ $5i + 2j$

해설

$A = 2i - 5j + 3k$일 때 $k \times A$는

외적 이므로 행렬식으로 구한다.

$$k \times A = \begin{vmatrix} i & j & k \\ 0 & 0 & 1 \\ 2 & -5 & 3 \end{vmatrix}$$
$$= i(0-(-5)) - j(0-2) + k(0-0) = 5i + 2j$$

정답 01 ① 02 ④ 03 ② 04 ④ 05 ③ 06 ④

07 벡터 $A=2i-6j-3k$와 $B=4i+3j-k$에 수직한 단위벡터는?

① $\pm\left(\frac{3}{7}i-\frac{2}{7}j+\frac{6}{7}k\right)$ ② $\pm\left(\frac{3}{7}i+\frac{2}{7}j-\frac{6}{7}k\right)$

③ $\pm\left(\frac{3}{7}i-\frac{2}{7}j-\frac{6}{7}k\right)$ ④ $\pm\left(\frac{3}{7}i+\frac{2}{7}j+\frac{6}{7}k\right)$

해설

두 벡터 A와 B에 수직한 단위벡터는 외적의 방향벡터를 말하므로

$$A\times B=\begin{vmatrix} i & j & k \\ 2 & -6 & -3 \\ 4 & 3 & -1 \end{vmatrix}$$

$$= i(6-(-9))-j(-2-(-12))+k(6-(-24))$$

$= 15i-10j+30k$ 이고

외적의 크기는 $|A\times B|=\sqrt{15^2+10^2+30^2}=35$

외적의 방향벡터는

$$n=\frac{A\times B}{|A\times B|}=\frac{15i-10j+30k}{35}=\frac{3}{7}i-\frac{2}{7}j+\frac{6}{7}k$$

08 모든 장소에서 $\nabla\cdot\vec{D}=0$, $\nabla\times\frac{\vec{D}}{\varepsilon}=0$와 같은 관계가 성립하면 $\vec{D}$는 어떤 성질을 가져야 하는가?

① x의 함수 ② y의 함수

③ z의 함수 ④ 상수

해설

$\nabla=\frac{\partial}{\partial x}i+\frac{\partial}{\partial y}j+\frac{\partial}{\partial z}k$ 인 미분연산자

이므로 미분하여 0인 $\vec{D}$는 상수인 경우이다.

09 V를 임의의 스칼라라 할 때 $grad\ V$의 직각 좌표에 있어서의 표현은?

① $\frac{\partial V}{\partial x}+\frac{\partial V}{\partial y}+\frac{\partial V}{\partial z}$

② $i\frac{\partial V}{\partial x}+j\frac{\partial V}{\partial y}+k\frac{\partial V}{\partial z}$

③ $\frac{\partial^2 V}{\partial x^2}+\frac{\partial^2 V}{\partial y^2}+\frac{\partial^2 V}{\partial z^2}$

④ $i\frac{\partial^2 V}{\partial x^2}+j\frac{\partial^2 V}{\partial y^2}+k\frac{\partial^2 V}{\partial z^2}$

해설

$$grad\ V=\nabla V=\left(\frac{\partial}{\partial x}i+\frac{\partial}{\partial y}j+\frac{\partial}{\partial z}k\right)V$$
$$=\frac{\partial V}{\partial x}i+\frac{\partial V}{\partial y}j+\frac{\partial V}{\partial z}k$$

10 임의점의 전계가 $E=iE_x+jE_y+kE_z$로 표시되었을 때 $\frac{\partial E_x}{\partial x}+\frac{\partial E_y}{\partial y}+\frac{\partial E_z}{\partial z}$와 같은 의미를 갖는 것은?

① $\nabla\times E$ ② $rot\ E$

③ $grad\ E$ ④ $\nabla\cdot E$

해설

$$div\ E=\nabla\cdot E$$
$$=\left(\frac{\partial}{\partial x}i+\frac{\partial}{\partial y}j+\frac{\partial}{\partial z}k\right)\cdot(E_x i+E_y j+E_z k)$$
$$=\frac{\partial E_x}{\partial x}+\frac{\partial E_y}{\partial y}+\frac{\partial E_z}{\partial z}$$

11 $f=xyz$, $A=xi+yj+zk$일 때 점(1, 1, 1)에서의 $div(fA)$는?

① 3 ② 4

③ 5 ④ 6

해설

$$fA=(xyz)(xi+yj+zk)$$
$$=x^2yzi+xy^2zj+xyz^2k$$

$div(fA)$

$$=\left(\frac{\partial}{\partial x}i+\frac{\partial}{\partial y}j+\frac{\partial}{\partial z}k\right)\cdot(x^2yzi+xy^2zj+xyz^2k)$$
$$=2xyz+2xyz+2xyz=6xyz$$

$x=1, y=1, z=1$ 을 대입하면

$div(fA)=6xyz=6$

12 전계 $E=i2e^{3x}\sin 5y-je^{3x}\cos 5y+k3ze^{4z}$일 때, 점($x=0,\ y=0, z=0$)에서의 발산은?

① 0 ② 3

③ 6 ④ 10

정답 07 ① 08 ④ 09 ② 10 ④ 11 ④ 12 ②

해설

$\frac{\partial 2e^{3x}\sin 5y}{\partial x} - \frac{\partial e^{3x}\cos 5y}{\partial y} + \frac{\partial 3ze^{4z}}{\partial z}$

여기서 $\frac{\partial e^{ax}}{\partial x} = ae^{ax}$ 적용하면 $\frac{\partial 2e^{3x}\sin 5y}{\partial x} = 2\cdot 3e^{3x}\sin 5y$

$\frac{\partial \cos ay}{\partial y} = -a\sin ay$ 적용하면

$-\frac{\partial e^{3x}\cos 5y}{\partial y} = -\cdot - e^{3x}5\sin 5y = 5e^{3x}\sin 5y$

$\frac{\partial f(z)g(z)}{\partial x} = f'(z)g(z) + f(z)g'(z)$ 적용하면

$\frac{\partial (3z)' e^{4z}}{\partial z} + \frac{\partial 3z(e^{4z})'}{\partial z} = 3e^{4z} + 3z4e^{4z}$

$\frac{\partial 2e^{3x}\sin 5y}{\partial x} - \frac{\partial e^{3x}\cos 5y}{\partial y} + \frac{\partial 3ze^{4z}}{\partial z}$

$= 6e^{3x}\sin 5y + 5e3^{x}\sin 5y + 3e^{4z} + 12ze^{4x}$

$= 11e^{3x}\sin 5y + 3e^{4z} + 12ze^{4z}$

여기서 $x=0,\ y=0, z=0$을 대입하면

$= 11e^{3\cdot 0}\sin 5\cdot 0 + 3e^{4\cdot 0} + 12\cdot 0e^{4\cdot 0}$

$= 0+3+0=3$

13 $f = x^2 + y^2 + z^2$일 때 $\nabla\times\nabla f$의 값을 구하면?

① 0 ② 1
③ 2 ④ 0.1

해설

$\nabla f = \left(\frac{\partial}{\partial x}i + \frac{\partial}{\partial y}j + \frac{\partial}{\partial z}k\right)f$

$= \left(\frac{\partial f}{\partial x}i + \frac{\partial f}{\partial y}j + \frac{\partial f}{\partial z}k\right) = 2xi + 2yj + 2zk$

$\nabla\times\nabla f = \dot{A}\times\dot{B} = \begin{vmatrix} i & j & k \\ \frac{\partial}{\partial x} & \frac{\partial}{\partial y} & \frac{\partial}{\partial z} \\ 2x & 2y & 2z \end{vmatrix}$

$= i(0-0) - j(0-0) + k(0-0) = 0$

14 스토크스의 정리를 표시하는 일반식은?

① $\int_v rot\,E\,dv = \int_s div\,E\,ds$

② $\int_s E\,ds = \int_v div E\,dv$

③ $\oint_c E\,dl = \int_s rot E\,ds$

④ $\oint_c E\,dl = \int_v div E\,dv$

해설

스토크스 정리는 선적분과 면적적분의 변환식

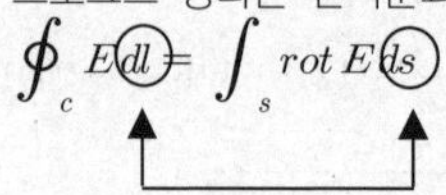

선적분을 면적분으로 변환시 rot를 추가

정답 13 ① 14 ③

Engineer Electricity
dustrial Engineer Electricity

진공중의 정전계

Chapter 02

SECTION 02

진공중의 정전계

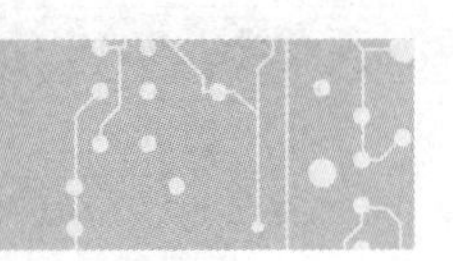

1 정전계의 정의

1. 정지한 두 전하 사이에 작용하는 힘의 영역
2. 전계에너지가 최소로 되는 전하 분포의 전계

예제문제 정전계

1 정전계에 대한 설명으로 가장 적합한 것은?

① 전계에너지가 최대로 되는 전하분포의 전계이다.
② 전계에너지와 무관한 전하분포의 전계이다.
③ 전계에너지가 최소로 되는 전하분포의 전계이다.
④ 전계에너지가 일정하게 유지되는 전하분포의 전계이다.

답 ③

핵심 NOTE

■ 정전계의 정의
전계에너지가 최소로 되는 전하분포의 전계

2 쿨롱의 법칙

1. 쿨롱의 법칙

(1) 동종의 전하 사이에는 반발력이 작용한다.

F ←⊕ ⊕→ F F ←⊖ ⊖→ F

(2) 이종의 전하 사이에는 흡인력이 작용한다.

⊕→ F F ←⊖

(3) 힘의 크기는 두 전하량의 곱에 비례하고 떨어진 거리의 제곱에 반비례한다.

(4) 힘의 방향은 두 전하를 연결하는 일직선상에 존재한다.

(5) 힘의 크기는 매질과 관계있다.

① 매질 상수 : 유전율 $\varepsilon = \varepsilon_o \varepsilon_s$[F/m]를 사용한다.

② 진공시 유전율 $\varepsilon_o = 8.855 \times 10^{-12}$ [F/m]

③ 비유전율 ε_s ㉮ 비유전율은 매질(재질)에 따라 모두 다르다.
㉯ 진공, 공기시 비유전율 $\varepsilon_s = 1$

■ 쿨롱의 법칙
• 동종의 전하 반발력
• 이종의 전하 흡인력
• 힘의 크기는 두 전하량 곱에 비례하고 거리의 제곱에 반비례
• 힘의 방향은 두 전하사이의 일직선상에 존재
• 힘의 크기는 매질에 따라 다르다.

핵심 NOTE

예제문제 쿨롱의 법칙

2 쿨롱의 법칙에 관한 설명으로 잘못 기술된 것은?

① 힘의 크기는 두 전하량의 곱에 비례한다.
② 작용하는 힘의 방향은 두 전하를 연결하는 직선과 일치한다.
③ 힘의 크기는 두 전하 사이의 거리에 반비례한다.
④ 작용하는 힘은 두 전하가 존재하는 매질에 따라 다르다.

해설

정전계의 쿨롱의 법칙은 동종의 전하 사이에는 반발력이 이종의 전하 사이에는 흡인력이 작용하며 힘의 크기는 두 전하량의 곱에 비례하고 떨어진 거리의 제곱에 반비례하며 주변 매질에 따라 달라진다.

답 ③

2. 정지한 두 전하 사이의 힘의 크기(정전력)

두 대전체가 갖는 전하량 Q_1 [C], Q_2 [C]를 거리 r[m] 떨어져 있을 때 작용하는 힘은 쿨롱의 법칙에 의한 힘이 작용한다.

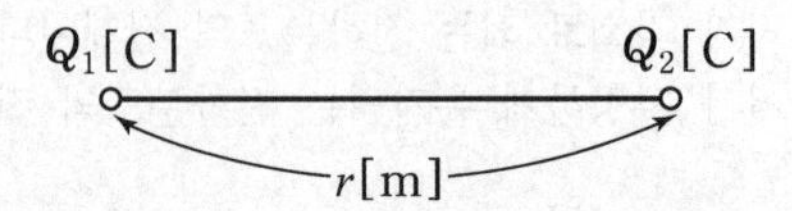

(1) 두 전하 사이에 작용하는 힘

$$F = \frac{Q_1 Q_2}{4\pi \varepsilon_o r^2} = 9 \times 10^9 \frac{Q_1 Q_2}{r^2} \text{ [N]}$$

(2) 진공(공기)시 유전율

$$\varepsilon_o = \frac{1}{\mu_o C_o^2} = \frac{10^7}{4\pi C_o^2} = \frac{10^{-9}}{36\pi} = \frac{1}{120\pi C_o}$$

$$= 8.855 \times 10^{-12} \text{ [F/m]}$$

■ 참고
- $\mu_o = 4\pi \times 10^{-7}$ [H/m]: 진공의 투자율
- $C_o = 3 \times 10^8$ [m/sec]: 진공의 빛의 속도(광속도)

예제문제 쿨롱의 법칙

3 +10[nC]의 점전하로부터 100[mm] 떨어진 거리에 +100[pC]의 점전하가 놓인 경우, 이 전하에 작용하는 힘의 크기는 몇 [nN]인가?

① 100 ② 200
③ 300 ④ 900

해설

$Q_1 = +10$ [nC], $Q_2 = +100$ [pC], $r = 100$ [mm]이므로

$$F = 9 \times 10^9 \frac{Q_1 Q_2}{r^2} = 9 \times 10^9 \times \frac{10 \times 10^{-9} \times 100 \times 10^{-12}}{(100 \times 10^{-3})^2}$$

$$= 900 \times 10^{-9} \text{ [N]} = 900 \text{ [nN]}$$

답 ④

③ 전계의 세기(전장의 세기) E[V/m = N/C]

1. 정의 : 임의의 전하량 Q[C]에서 r[m]지점에 단위 정전하(+1 [C])를 놓았을 때 작용하는 힘을 그 점의 전계의 세기라 한다.

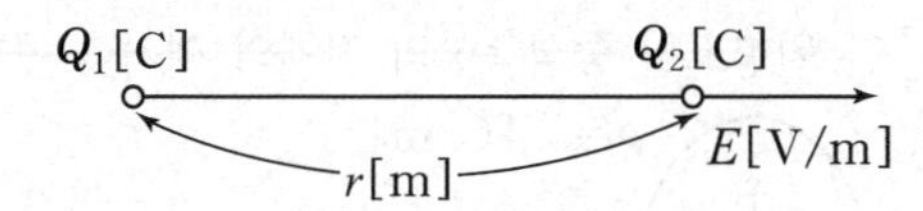

2. 전계의 세기

$$E = \frac{Q}{4\pi\varepsilon_o r^2} = 9\times 10^9 \frac{Q}{r^2}\ [\text{V/m}]$$

3. 전계내에 전하Q[C]를 놓았을 때 전하가 전계에 의하여 받는 힘

$F = QE$[N] , $E = \dfrac{F}{Q}$[N/C]

4. 전계의 단위 E[N/C = V/m = A Ω/m]
5. 전계의 세기가 0인 점
   (1) 전하의 부호가 동일한 경우 두 전하 사이의 내부에 존재한다.
   (2) 전하의 부호가 반대인 경우 전하량 절댓값의 큰 쪽의 반대편에 존재한다.

예제문제 전계의 세기

4 전계의 세기 1,500[V/m]의 전장에 5[μC]의 전하를 놓으면 얼마의 힘 [N]이 작용하는가?

① 4.5×10^{-3} ② 5.5×10^{-3}
③ 6.5×10^{-3} ④ 7.5×10^{-3}

해설 E=1,500[V/m], Q=5[μC]이므로 $F = QE = 5\times10^{-6}\times1500 = 7.5\times10^{-3}$[N]

답 ④

핵심 NOTE

■ 전계의 세기 정의
단위 정전하를 놓았을 때 작용하는 힘

■ 전계내에 전하를 놓았을 때 받는힘
$F = QE$[N]

■ 전계의 세기가 0인 위치

전하 부호 동일	전하 부호 반대
두전하 사이의 내부	전하량 절댓값 큰 쪽의 반대편

핵심 NOTE

④ 원형(원환)도체의 중심축상의 전계의 세기

1. 원형도체 중심축상의 전계의 세기

반지름 a[m]인 원형도체에 선전하밀도 ρ_l [C/m]가 분포시 중심축상 거리가 r [m]인 원형코일 중심축상의 전계의 세기를 구한다.

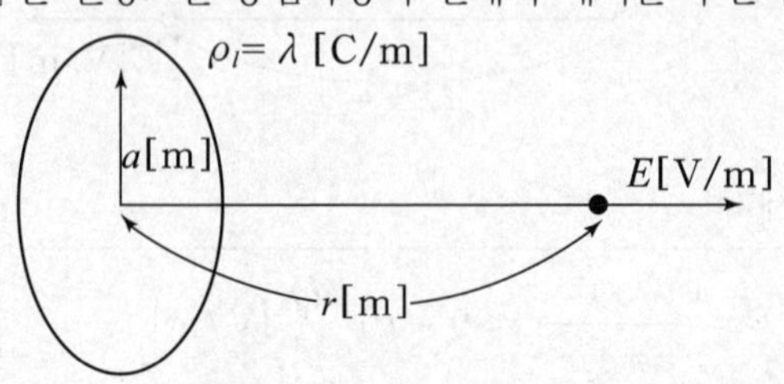

(1) 선전하 밀도 $\rho_l = \lambda$[C/m] : 단위길이 (1 [m])당 전하량의 크기

① 선전하 밀도 $\rho_l = \lambda = \dfrac{Q}{l}$[C/m]

② 전체 전하량 $Q = \rho_l \cdot l = \rho_l \cdot 2\pi a$ [C]

③ 원의 둘레 $l = 2\pi a$ [m]

(2) 중심축상의 전계의 세기

$$E = \frac{Qr}{4\pi\varepsilon_o(a^2 + r^2)^{\frac{3}{2}}} = \frac{\rho_l a r}{2\varepsilon_o(a^2 + r^2)^{\frac{3}{2}}} \text{ [V/m]}$$

단, a [m] : 원형코일의 반지름, r [m] : 중심축에서 떨어진 거리

(3) 원형도체 중심점의 전계의 세기($r = 0$인 점)

$E_{r=0} = 0$ [V/m]

■ 원형도체 중심점 전계의 세기

$E_{r=0} = 0$ [V/m]

예제문제 원형도체 중심축상 전계

5 반지름 a[m]인 원형도선에 전하가 선밀도 λ[C/m]로 균일하게 분포되어 있다. 그 중심에 수직한 Z 축상의 한점 P의 전계의 세기는 몇 [V/m]인가?

① $\dfrac{\lambda z a}{2\varepsilon_0(a^2+z^2)^{\frac{3}{2}}}$ ② $\dfrac{\lambda z a}{2\pi\varepsilon_0(a^2+z^2)^{\frac{3}{2}}}$

③ $\dfrac{\lambda z a}{4\pi\varepsilon_0(a^2+z^2)^{\frac{3}{2}}}$ ④ $\dfrac{\lambda z a}{4\varepsilon_0(a^2+z^2)^{\frac{3}{2}}}$

해설

반지름 a[m]이고 중심축상 거리가 z [m]인 원형도선 중심축상의 전계의 세기는

$E = \dfrac{Qz}{4\pi\varepsilon_0(a^2+z^2)^{\frac{3}{2}}} = \dfrac{\lambda z a}{2\varepsilon_0(a^2+z^2)^{\frac{3}{2}}}$[V/m] 이다.

단, $Q = \lambda \cdot l = \lambda \cdot 2\pi a$[C], 선전하밀도 λ [C/m], 도선의 길이 $l = 2\pi a$ [m]

답 ①

5 전(기)력선의 성질

전하에 의한 힘을 나타낸 가시화 시킨 가상의 선을 전기력선이라 한다.

(1) 전기력선은 정(+)전하에서 나와 부(−)전하로 들어간다.
(2) 전기력선은 서로 반발하여 서로 교차할 수 없다.
(3) 전기력선의 방향은 그 점의 전계의 방향과 일치한다.
(4) 전기력선의 밀도는 전계의 세기와 같다.
(5) 전기력선은 전위가 높은 곳에서 낮은 곳으로 간다.
(6) 전기력선은 등전위면에 직교(수직)한다.
(7) 전기력선은 도체표면에 수직(직교)한다.
(8) 전기력선은 도체에 주어진 전하는 도체 표면에만 분포한다.
(9) 전기력선은 대전도체 내부에는 존재하지 않는다.
(10) 전기력선은 그 자신만으로는 폐곡선(면)을 이룰 수 없다.
(11) 전기력선의 수는 임의의 폐곡면내의 내부 전하량 Q[C]의 $\frac{1}{\varepsilon_o}$ 배이다.

핵심 NOTE

■ 전기력선의 성질
- 정(+)전하에서 나와 부(−)전하로 들어간다.
- 서로 반발하여 서로 교차할 수 없다.
- 전기력선의 방향은 그 점의 전계의 방향과 일치한다.
- 전기력선의 밀도는 전계의 세기와 같다.
- 전위가 높은 곳에서 낮은 곳으로 간다.(전위가 감소되는 방향)
- 등전위면에 직교(수직)한다.
- 도체표면에 수직(직교)한다.
- 대전도체 전하는 도체 표면에만 분포한다.
- 대전도체 내부에는 존재하지 않는다.
- 그 자신만으로는 폐곡선(면)을 이룰 수 없다.

예제문제 전(기)력선의 성질

6 전기력선의 기본 성질에 관한 설명으로 옳지 않은 것은?

① 전기력선의 방향은 그 점의 전계의 방향과 일치한다.
② 전기력선은 전위가 높은 점에서 낮은 점으로 향한다.
③ 전기력선은 그 자신만으로 폐곡선이 된다.
④ 전계가 0이 아닌 곳에서 전기력선은 도체 표면에 수직으로 만난다.

해설 전기력선은 그 자신만으로는 폐곡선(면)을 이룰 수 없다.

답 ③

6 전(기)력선의 수 N [개]

진공내 전기력선의 수는 폐곡면내 전하량 Q [C]의 $\frac{1}{\varepsilon_o}$ 배가 된다.

(1) 진공(공기) $\varepsilon_s = 1$: $N_o = \frac{Q}{\varepsilon_o}$

(2) 유전체내 $\varepsilon_s \neq 1$: $N = \frac{Q}{\varepsilon_o \varepsilon_s}$

(3) 매질에 따라 달라진다.

■ 진공시 전기력선의 수

$N = \frac{Q}{\varepsilon_o}$ [개]

핵심 NOTE

예제문제 전기력선의 수

7 5[C]의 전하가 비유전율 $\varepsilon_s = 2.5$인 매질 내에 있다고 하면, 이 전하에서 나오는 전체 전기력선의 수는 몇 개인가?

① $\frac{5}{\varepsilon_o}$　② $\frac{25}{2\varepsilon_o}$

③ $\frac{2}{\varepsilon_o}$　④ $\frac{1}{\varepsilon_o}$

해설

$Q = 5$[C], $\epsilon_s = 2.5$이므로 전기력선의 수 $N = \frac{Q}{\varepsilon_o \varepsilon_s} = \frac{5}{\varepsilon_o \times 2.5} = \frac{2}{\varepsilon_o}$

답 ③

7 전속 및 전속밀도

■ 전속
전속은 폐곡면내 전하량과 같다.
$\Psi = Q$

1. 전속 Ψ [C]

전기력선의 묶음을 전속이라 하며 폐곡면내 전하량 Q[C]만큼 존재한다.

(1) 진공(공기) $\varepsilon_s = 1$: $\Psi_o = Q$ [C]

(2) 유전체내 $\varepsilon_s \neq 1$: $\Psi = Q$ [C]

(3) 매질상수와 관계없다.

■ 전속밀도
단위면적당 전속의 수
$D = \rho_s = \varepsilon_o E$[C/m²]

2. 전속밀도 D [C/m²]

단위면적당 전속의 수를 전속밀도라 하며 전속선은 반지름 r [m]를 갖는 구표면을 통해 퍼져 나가므로 이를 수식으로 정리하면 아래와 같다

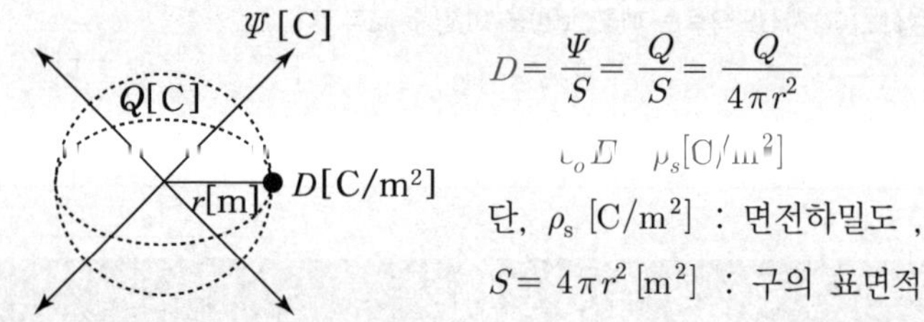

$$D = \frac{\Psi}{S} = \frac{Q}{S} = \frac{Q}{4\pi r^2}$$

$$= \varepsilon_o E = \rho_s [\text{C/m}^2]$$

단, ρ_s [C/m²] : 면전하밀도 ,

$S = 4\pi r^2$ [m²] : 구의 표면적

예제문제 전속밀도

8 자유공간 중에서 점 $P(5, -2, 4)$가 도체면상에 있으며 이 점에서 전계 $E = 6a_x - 2a_y + 3a_z$[V/m]이다. 점 P에서의 면전하밀도 ρ_s[C/m²]는?

① $-2\varepsilon_o$[C/m²]　② $3\varepsilon_o$[C/m²]

③ $6\varepsilon_o$[C/m²]　④ $7\varepsilon_o$[C/m²]

해설

전계의 크기 $E = \sqrt{6^2 + (-2)^2 + 3^2} = 7$ [V/m]이므로
면전하밀도 $\rho_s = \varepsilon_o E = 7\varepsilon_o$ [C/m²]

답 ④

핵심 NOTE

8 가우스(Gauss)의 법칙(정리)

1. 정의

진공중의 전계 내에서 임의의 폐곡면을 통해서 나오는 전기력선의 총수는 전계의 면적분값과 같고 그 양은 그 폐곡면 내에 존재하는 전하Q[C]의 $\dfrac{1}{\varepsilon_o}$배와 같다.

2. 의미

전계의 세기를 구하고자 할 때 사용되는 법칙

전기력선의 수 $N = \int E\,ds = \dfrac{Q}{\varepsilon_o}$

전속선의 수 $\Psi = \int D\,ds = Q$ (단, $D = \varepsilon_o E\,[\mathrm{C/m^2}]$)

■ 가우스의 법칙(정리)

$N = \int EdS = \dfrac{Q}{\varepsilon_o}$

$\Psi = \int DdS = Q$

예제문제 가우스의 법칙

9 **전기력선 밀도를 이용하여 주로 대칭 정전계의 세기를 구하기 위하여 이용되는 법칙은?**

① 패러데이의 법칙 ② 가우스의 법칙
③ 쿨롱의 법칙 ④ 톰슨의 법칙

해설 **가우스(Gauss)의 법칙**

(1) 전기력선의 밀도를 이용하여 전계의 세기를 구하는 법칙
(2) 폐곡면을 통하는 전속과 폐곡면 내부 전하와의 상관관계를 나타내는 법칙

답 ②

9 도체모양에 따른 전계의 세기

1. 점전하에 의한 전계

Q[C] E[V/m] r[m]

$$E = \frac{Q}{4\pi\varepsilon_o r^2} = 9\times10^9\frac{Q}{r^2}\,[\mathrm{V/m}]$$

전계의 세기는 거리 제곱에 반비례한다.

■ 점전하에 의한 전계

$E = \dfrac{Q}{4\pi\varepsilon_o r^2}$

$= 9\times10^9\dfrac{Q}{r^2}\,[\mathrm{V/m}]$

핵심 NOTE

■ 구도체에 의한 내 · 외 전계

① 전하 균일 대전시

외부($r > a$)

$$E=\frac{Q}{4\pi\varepsilon_o r^2}\,[\text{V/m}]$$

내부($r < a$)

$$E_i=\frac{Qr}{4\pi\varepsilon_o a^3}\,[\text{V/m}]$$

② 전하 대전시

외부($r > a$)

$$E=\frac{Q}{4\pi\varepsilon_o r^2}\,[\text{V/m}]$$

내부($r < a$)

$E_i = 0\,[\text{V/m}]$

2. 구도체에 의한 내·외 전계

전하 균일하게 대전시 (내부에 전하 존재)		전하 대전시 (내부에 전하 존재하지 않는다.)	
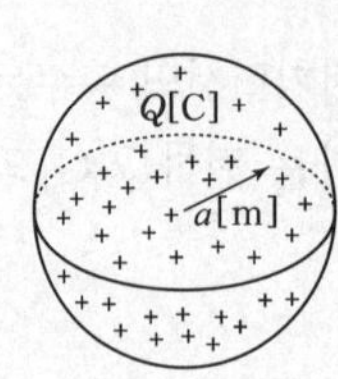	외부 ($r > a$) $E=\frac{Q}{4\pi\varepsilon_o r^2}\,[\text{V/m}]$ 내부 ($r < a$) $E_i=\frac{Qr}{4\pi\varepsilon_o a^3}\,[\text{V/m}]$	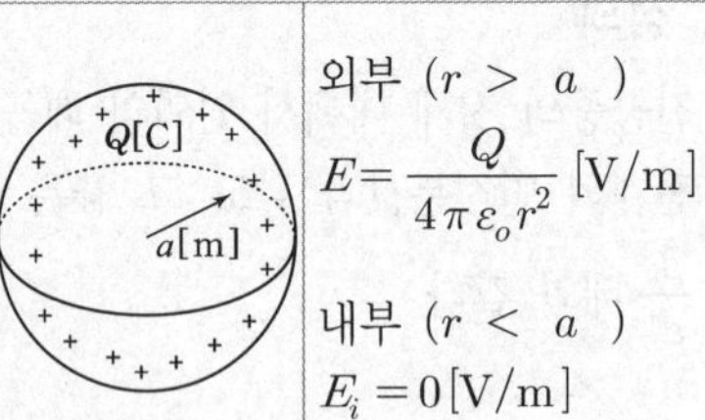	외부 ($r > a$) $E=\frac{Q}{4\pi\varepsilon_o r^2}\,[\text{V/m}]$ 내부 ($r < a$) $E_i=0\,[\text{V/m}]$
전계와 거리와의 관계			
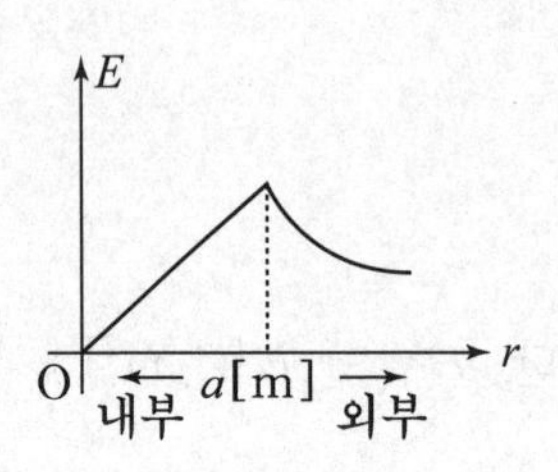		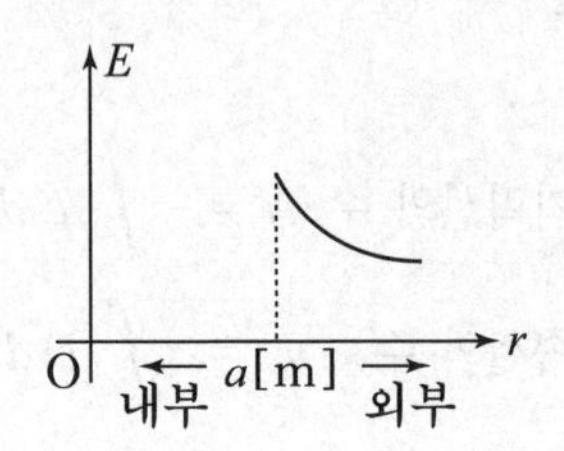	
$E_i \propto r$	$E \propto \frac{1}{r^2}$	$E_i = 0$	$E \propto \frac{1}{r^2}$

예제문제 구도체에 의한 내외 전계

10 진공 중에서 $Q[\text{C}]$의 전하가 반지름 $a[\text{m}]$인 구에 내부까지 균일하게 분포되어 있는 경우 구의 중심으로부터 $\frac{a}{2}$ 인 거리에 있는 점의 전전계의 세기 $[\text{V/m}]$는?

① $\frac{Q}{16\pi\varepsilon_o a^2}$　② $\frac{Q}{8\pi\varepsilon_o a^2}$

③ $\frac{Q}{4\pi\varepsilon_o a^2}$　④ $\frac{Q}{\pi\varepsilon_o a^2}$

해설

전하균일시, 구도체, $r=\frac{a}{2} < a$(내부)일 때 전하균일시 내부 전계는

$$E_i=\left.\frac{Qr}{4\pi\epsilon_o a^3}\right|_{r=\frac{a}{2}}=\frac{Q\times\frac{a}{2}}{4\pi\varepsilon_o a^3}=\frac{Q}{8\pi\varepsilon_o a^2}\,[\text{V/m}]$$ 가 된다.

답 ②

3. 무한장 직선도체에 의한 전계의 세기

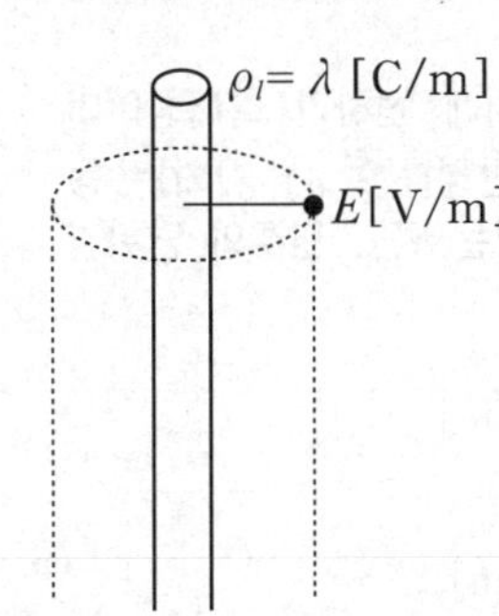

$$E = \frac{\rho_l}{2\pi\varepsilon_o r} = 18\times10^9\frac{\rho_l}{r}\ [\text{V/m}]$$

전계의 세기는 거리 r 에 반비례한다.

여기서, $\rho_l = \lambda$[C/m] 선전하밀도

4. 원주(원통)도체에 의한 내·외 전계

전하 균일하게 대전시 (내부에 전하 존재)		전하 대전시 (내부에 전하 존재하지 않는다.)	
$\rho_l = \lambda$[C/m], a[m]	외부 ($r > a$) $E = \frac{\rho_l}{2\pi\varepsilon_o r}$ [V/m] 내부 ($r < a$) $E_i = \frac{\rho_l r}{2\pi\varepsilon_o a^2}$ [V/m]	$\rho_l = \lambda$[C/m], a[m]	외부 ($r > a$) $E = \frac{\rho_l}{2\pi\varepsilon_o r}$ [V/m] 내부 ($r < a$) $E_i = 0$ [V/m]

전계와 거리와의 관계

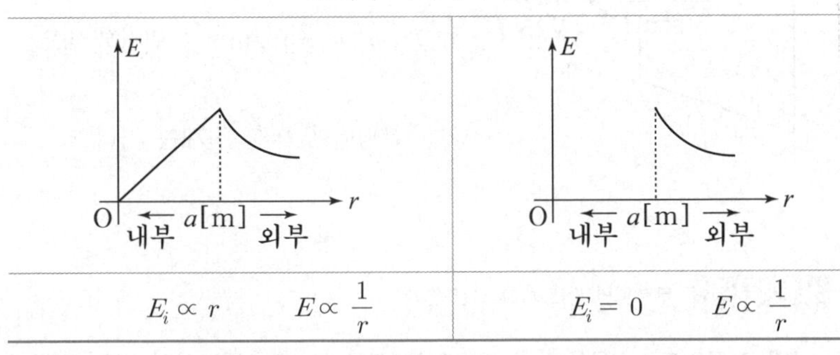

$E_i \propto r$ $\quad E \propto \frac{1}{r}$	$E_i = 0$ $\quad E \propto \frac{1}{r}$

예제문제 무한장 직선도체에 의한 전계

11 z축상에 있는 무한히 긴 균일 선전하로부터 2[m] 거리에 있는 점의 전계의 세기가 1.8×10^4[V/m]일 때의 선전하밀도는 몇 [μC/m]인가?

① 2 ② 2×10^{-6}
③ 20 ④ 2×10^6

해설 선전하에 의한 전계의 세기는 $E = \frac{\rho_l}{2\pi\varepsilon_o r} = 18\times10^9\frac{\rho_l}{r}$ [V/m] 이므로

선전하밀도 $\rho_l = \frac{E\cdot r}{18\times10^9} = \frac{(1.8\times10^4)(2)}{18\times10^9} = 2\times10^{-6}$[C/m] $= 2$ [μC/m]

답 ①

핵심 NOTE

■ 무한직선도체에 의한 전계

$E = \frac{\rho_l}{2\pi\varepsilon_o r}$ [V/m]

■ 원주도체에 의한 내 · 외 전계

① 전하 균일 대전시
외부($r > a$)
$E = \frac{\rho_l}{2\pi\varepsilon_o r}$ [V/m]
내부($r < a$)
$E_i = \frac{\rho_l r}{2\pi\varepsilon_o a^2}$ [V/m]

② 전하 대전시
외부($r > a$)
$E = \frac{\rho_l}{2\pi\varepsilon_o r}$ [V/m]
내부($r < a$)
$E_i = 0$ [V/m]

핵심 NOTE

예제문제 원주(원통)도체에 의한 내 · 외전계

12 축이 무한히 길며 반경이 a[m]인 원주 내에 전하가 축대칭이며 축방향으로 균일하게 분포되어 있을 경우, 반경($r > a$)[m]되는 동심 원통면상의 한점 P의 전계의 세기 [V/m]는?(단, 원주의 단위길이당 전하를 λ[C/m]라 한다.)

① $\dfrac{\lambda}{2\varepsilon_o}$[V/m]　　② $\dfrac{\lambda}{2\pi\varepsilon_o}$[V/m]

③ $\dfrac{\lambda}{2\pi\varepsilon_o r}$[V/m]　　④ $\dfrac{\lambda}{2\pi a}$[V/m]

해설

전하균일시, $r > a$ 이며 외부이므로 원주도체 외부전계는 $E = \dfrac{\lambda}{2\pi\varepsilon_o r}$[V/m]이다.

답 ③

■ 무한평면도체에 의한 전계
- 전계의 세기는 도체 평면에 수직 방향으로 존재
- $E = \dfrac{\rho_s}{2\varepsilon_o}$[V/m]
- 전계는 거리와 관계없다.

5. 무한 평면(판)도체에 의한 전계

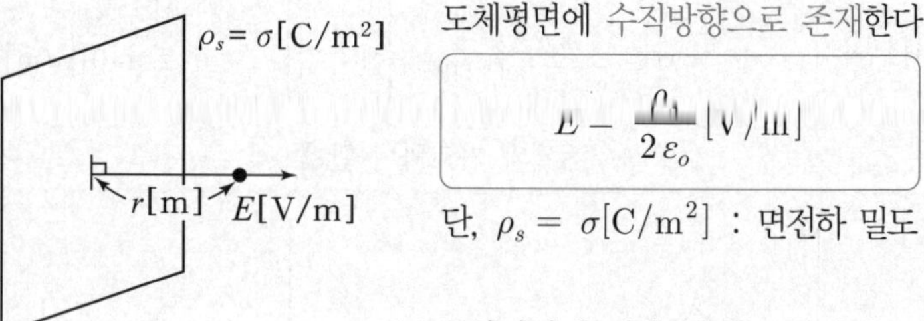

(1) 무한평면에 의한 전계의 세기는 도체평면에 수직방향으로 존재한다.

$$E = \frac{\rho_s}{2\varepsilon_o}\text{[V/m]}$$

단, $\rho_s = \sigma[\text{C/m}^2]$: 면전하 밀도

(2) 무한평면에 의한 전계는 거리와 관계없다.

예제문제 무한평면(판)도체에 의한 전계

13 전하밀도 $\rho_s[\text{C/m}^2]$인 무한판상 전하분포에 의한 임의 점의 전장에 대하여 틀린 것은?

① 전장은 판에 수직방향으로만 존재한다.
② 전장의 세기는 전하밀도 ρ_s에 비례한다.
③ 전장의 세기는 거리 r에 반비례한다.
④ 전장의 세기는 매질에 따라 변한다.

해설

무한 평면(판)에 의한 전계는 $E = \dfrac{\rho_s}{2\varepsilon_o}$[V/m]이므로 거리 r과 관계없다.

답 ③

핵심 NOTE

10 전위 및 전위차

1. 전위 V[J/C = V]

단위 정전하 1 [C]을 무한히 먼 곳에서 관측점까지 전계의 방향과 역으로 이동해 갈 때의 필요한 일 에너지 또는 전기적인 위치에너지

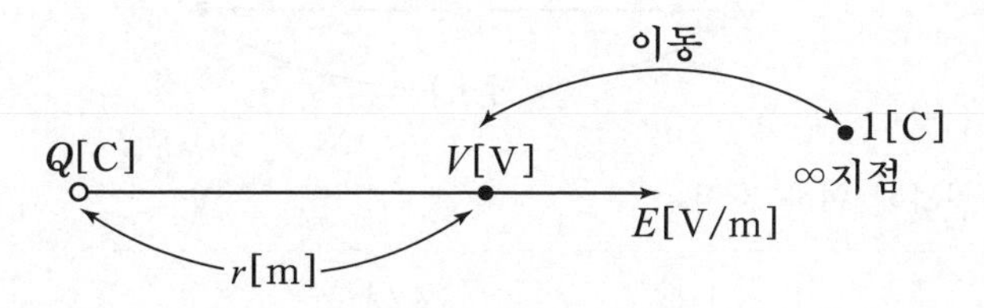

$$V= -\int_{\infty}^{r} E\, dr = \int_{r}^{\infty} E dr\,[\mathrm{V}]$$

∞ : 출발점
r : 관측점

2. 전위차(전압) V_{AB}[V]

B점에 대한 A점의 전위

$$V_{AB}= V_A - V_B = -\int_{B}^{A} E\, dr = \int_{A}^{B} E\, dr[\mathrm{V}]$$

B : 출발점
A : 관측점

3. 전계의 비회전성

(1) 전계 내에서 폐회로를 따라 단위전하를 일주시킬 때 전계가 하는 일(work)은 항상 0이 되며, 이러한 성질을 보존적(conservative)이라 한다.

$$\oint_c E dl = \int_s rot E\, ds = 0$$

(2) 스토크스 정리를 이용한 위의 표현은 시간적으로 변화하지 않는 보존적인 전하가 비회전성이라는 의미를 나타낸다.

$rot\ E = \nabla \times E = 0$

■ 참고
폐회로 따라 전하 일주시 하는 일은 항상 0이 된다.

■ 전하의 비회전성
$rot\ E = \nabla \times E = 0$

예제문제 전계의 비회전성

14 시간적으로 변화하지 않는 보존적(conservative)인 전하가 비회전성(非回轉性)이라는 의미를 나타낸 식은?

① $\nabla \mathrm{E}=0$　　② $\nabla \cdot \mathrm{E}=0$
③ $\nabla \times \mathrm{E}=0$　　④ $\nabla^2 \mathrm{E}=0$

해설
전하의 비회전성 $rot\ E = curl E = \nabla \times E = 0$

답 ③

핵심 NOTE

■ 점전하에 의한 전위

$V = \frac{Q}{4\pi\varepsilon_o r} = 9\times10^9 \frac{Q}{r}$ [V]

점전하에 의한 전위는 거리 r에 반비례

■ 전계와 전위관계

$V = E \cdot r$ [V]

■ 동심구 내구 전위

$V_a = \frac{Q}{4\pi\varepsilon_o}\left(\frac{1}{a} - \frac{1}{b} + \frac{1}{c}\right)$[V]

11 도체 모양에 따른 전위

1. 점전하에 의한 전위

점전하 Q[C]에서 r[m] 떨어진 지점의 전위

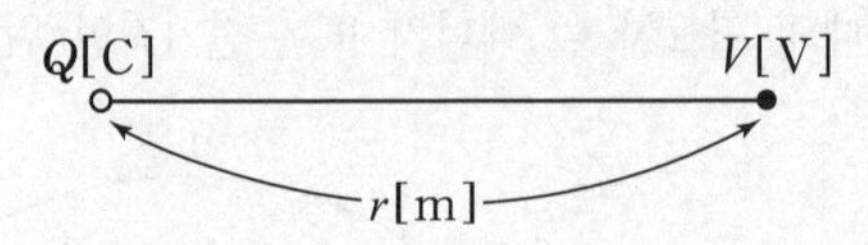

(1) 점전하에 의한 전위

$$V = \frac{Q}{4\pi\varepsilon_o r} = 9\times10^9 \frac{Q}{r} \text{ [V]}$$

점전하에 의한 전위는 거리 r에 반비례한다.

(2) 전계와 전위와의 관계

$$V = E \cdot r \text{ [V]},\ E = \frac{V}{r} \text{ [V/m]}$$

예제문제 점전하에 의한 전위

15 어느 점전하에 의하여 생기는 전위를 처음 전위의 1/2 이 되게 하려면 전하로부터의 거리를 몇 배로 하면 되는가?

① 1　　② 2

③ 3　　④ 4

해설

점전하에 의한 전위는 $V = \frac{Q}{4\pi\varepsilon_o r} = 9\times10^9 \frac{Q}{r}$ [V]이므로 전위와 거리는 반비례 관계를 갖는다. 그러므로 전위 V를 $\frac{1}{2}$배로 감소하려면 거리 r을 2배로 증가하면 된다.

답 ②

2. 동심구(중공도체)의 내구 전위

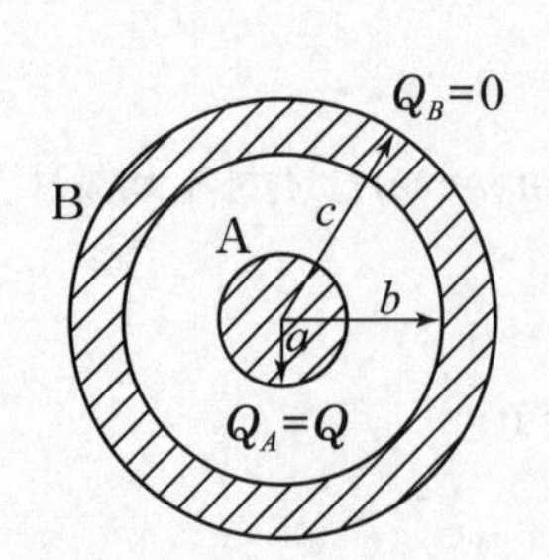

내구에 전하 $Q_A = Q$ 를 외구에 전하 $Q_B = 0$ 대전시 내구 A의 전위

$$V_a = -\int_{\infty}^{a} E\,dr$$

$$= -\int_{\infty}^{c} \frac{Q}{4\pi\varepsilon_o r^2}\,dr - \int_{b}^{a} \frac{Q}{4\pi\varepsilon_o r^2}\,dr$$

$$= \frac{Q}{4\pi\varepsilon_o}\left(\frac{1}{a} - \frac{1}{b} + \frac{1}{c}\right)\text{[V]}$$

핵심 NOTE

예제문제 동심구의 내구전위

16 진공 중에 반경 2[cm]인 도체구 A와 내외반경이 4[cm] 및 5[cm]인 도체구 B를 동심으로 놓고 도체구 A에 $Q_A = 2\times10^{-10}$[C]의 전하를 대전시키고 도체구 B의 전하는 0[C]으로 했을 때 도체구 A의 전위는 몇 [V]인가?

① 36[V] ② 45[V]
③ 81[V] ④ 90[V]

해설

$a=2[\text{cm}],\ b=4[\text{cm}],\ c=5[\text{cm}],\ Q_A=2\times10^{-10}[\text{C}]$ 이므로

$$V=\frac{Q_A}{4\pi\varepsilon_o}\left(\frac{1}{a}-\frac{1}{b}+\frac{1}{c}\right)$$

$$=(9\times10^9)(2\times10^{-10})\left(\frac{1}{0.02}-\frac{1}{0.04}+\frac{1}{0.05}\right)=81[\text{V}]$$

답 ③

3. 대전 구도체의 내외 전위

반지름이 a [m] 인 구도체에 전하 Q [C]을 대전시 내·외 전위를 구한다.

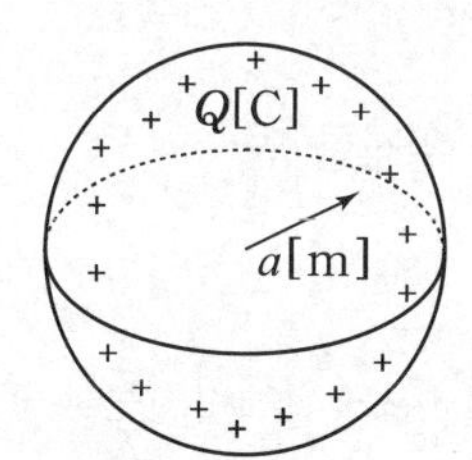

(1) 외부(r > a) : $V=\dfrac{Q}{4\pi\varepsilon_o r}$ [V]

(2) 표면(r = a) : $V_a=\dfrac{Q}{4\pi\varepsilon_o a}$ [V]

(3) 내부(r < a) : $V_i=\dfrac{Q}{4\pi\varepsilon_o a}$ [V]

대전구도체에서 외부의 전위는 거리에 반비례하고 표면의 전위와 내부전위는 같다.

■ 대전구도체 내·외전위

• 외부

$V=\dfrac{Q}{4\pi\varepsilon_o r}$ [V]

• 내부전위(=표면전위)

$V_i=V_a=\dfrac{Q}{4\pi\varepsilon_o a}$ [V]

예제문제 구도체의 내외전위

17 반지름이 a[m]인 구도체에 Q[C]의 전하가 주어졌을 때 구심에서 $5a$[m] 되는 점의 전위 [V]는?

① $\dfrac{1}{24\ \pi\varepsilon_o}\cdot\dfrac{Q}{a}$ ② $\dfrac{1}{24\ \pi\varepsilon_o}\cdot\dfrac{Q}{a^2}$

③ $\dfrac{1}{20\ \pi\varepsilon_o}\cdot\dfrac{Q}{a}$ ④ $\dfrac{1}{20\ \pi\varepsilon_o}\cdot\dfrac{Q}{a^2}$

해설

떨어진 거리 $r=5a$[m] 는 반지름 a[m] 보다 크므로 구도체 외부점이 된다.

구도체에 의한 외부전위는 $V=\left.\dfrac{Q}{4\pi\varepsilon_o r}\right|_{r=5a}=\dfrac{Q}{20\pi\varepsilon_o a}$ [V]

답 ③

핵심 NOTE

■ 전위의 기울기

전위함수가지고 전계의 세기를 구한다.
$E = -grad\,V = -\nabla V$ [V/m]

■ 등전위면

전위가 일정하면

- 전기력선은 등전위면에 수직
- 등전위면따라 전하이동시 하는 일에너지는 0이 된다.
- 전하를 폐곡면을 따라 일주시 하는 일에너지는 0이 된다.

12 전위의 기울기

1. 전위의 기울기

전위함수를 이용하여 전계의 세기를 구하고자 할 때 사용한다.

(1) 전위의 기울기

$$E = -grad\,V = -\nabla V = -\frac{dV}{dr}\ [\text{V/m}]$$

(2) 전위 경도

전계와 크기는 같고 방향이 반대

$$E = grad\,V = \nabla V\,[\text{V/m}]$$

$$\text{단, } \nabla = \frac{\partial}{\partial x}i + \frac{\partial}{\partial y}j + \frac{\partial}{\partial z}k$$

(3) 등전위면

전위가 같은 점들을 이어 만든 면 또는 전위가 일정한 면

① 전기력선은 등전위면에 수직(직교)한다.
② 등전위면은 전위차가 없으므로 전하이동시 하는 일에너지는 0 이 된다.
③ 전하를 폐곡면을 따라 일주시 하는 일에너지는 0 이 된다.

예제문제 전위의 기울기

18 전위 $V = 3xy + z + 4$ 일 때 전계 E 는?

① $i\,3x + j\,3y + k$
② $-i\,3y - j\,3x - k$
③ $i\,3x - j\,3y - k$
④ $i\,3y + j\,3x + k$

해설

$$E = -grad\,V = -\nabla V = -\frac{dV}{dr} = -\left(\frac{\partial V}{\partial x}i + \frac{\partial V}{\partial y}j + \frac{\partial V}{\partial z}k\right)$$
$$= -3yi - 3xj - k\,[\text{V/m}]$$

답 ②

⑬ 전기 쌍극자 (Electric Dipole)

1. 전기 쌍극자 모멘트	$M = Q\delta[\text{C}\cdot\text{m}]$ 단, Q : 전하량[C], δ : 두전하사이의 미소거리[m]
2. 전위	$V = \dfrac{M}{4\pi\varepsilon_o r^2}\cos\theta = \dfrac{Q\delta}{4\pi\varepsilon_o r^2}\cos\theta$ $= 9\times10^9\dfrac{M\cos\theta}{r^2}[\text{V}]$
3. 전계의 세기	① r성분의 전계 $E_r = -\dfrac{dV}{dr} = \dfrac{2M}{4\pi\varepsilon_o r^3}\cos\theta$ $= \dfrac{M\cos\theta}{2\pi\varepsilon_o r^3} = \dfrac{Q\delta\cos\theta}{2\pi\varepsilon_o r^3} = 18\times10^9\dfrac{M\cos\theta}{r^3}[\text{V/m}]$ ② θ성분의 전계 $E_\theta = -\dfrac{1}{r}\dfrac{\partial V}{\partial\theta} = \dfrac{M}{4\pi\varepsilon_o r^3}\sin\theta$ $= \dfrac{Q\delta\sin\theta}{4\pi\varepsilon_o r^3} = 9\times10^9\dfrac{M\sin\theta}{r^3}[\text{V/m}]$ ③ 전체 전계 $E = \overrightarrow{E_r} + \overrightarrow{E_\theta} = \sqrt{E_r^2 + E_\theta^2}$ $= \dfrac{M}{4\pi\varepsilon_o r^3}\sqrt{1+3\cos^2\theta}\,[\text{V/m}]$
4. 최대전계 발생시 각도	$\theta = 0°,\ \pi(=180°)$
5. 최소전계 발생시 각도	$\theta = 90° = \dfrac{\pi}{2}$
6. 비례관계	$V \propto \dfrac{1}{r^2}$ $E \propto \dfrac{1}{r^3}$

핵심 NOTE

■ 전기쌍극자

전기쌍극자란 크기는 같고 부호가 반대인 점전하 2개가 매우 근접해 존재하는 것을 전기쌍극자라 한다.

예제문제 전기 쌍극자

19 쌍극자 모멘트 $4\pi\varepsilon_o[\text{C}\cdot\text{m}]$의 전기쌍극자에 의한 공기 중 한 점 1[cm], 60°의 전위 [V]는?

① 0.05 ② 0.5
③ 50 ④ 5000

해설

$r = 10^{-2}[\text{m}]$, 60°, $M = 4\pi\varepsilon_o[\text{C}\cdot\text{m}]$이므로 전기쌍극자의 전위는

$V = \dfrac{M}{4\pi\varepsilon_o r^2}\cos\theta = \dfrac{4\pi\varepsilon_o}{4\pi\varepsilon_o(10^{-2})^2}\cos60° = 5{,}000[\text{V}]$

답 ④

핵심 NOTE

■ 전기력선의 방정식

$\frac{dx}{E_x} = \frac{dy}{E_y} = \frac{dz}{E_z}$

■ 가우스의 미분형

1. $div E = \nabla \cdot E = \frac{\rho_v}{\varepsilon_o}$
2. $div D = \nabla \cdot D = \rho_v$

■ 푸아송(Poisson)방정식

$\nabla^2 V = -\frac{\rho_v}{\varepsilon_o}$

■ 라플라스(Laplace)방정식

$\nabla^2 V = 0$

14 여러 가지 방정식

1. 전기력선의 방정식	(1) $\frac{dx}{E_x} = \frac{dy}{E_y} = \frac{dz}{E_z}$ (2) 좌표가 없는 경우의 전기력선의 방정식 $y = Ax$, $y = kx$, $y = cx$ (단, A, k, c는 상수이다.) (3) 좌표가 있으면 주어진 보기에 대입하여 성립하면 답이 된다.
2. 가우스의 미분형	전계(E) 또는 전속밀도(D)를 주고 체적당 전하량(공간전하밀도) $\rho_v[\text{C/m}^3]$를 구할 때 사용한다. (1) $div E = \nabla \cdot E = \frac{\rho_v}{\varepsilon_o}$ (2) $div D = \nabla \cdot D = \rho_v$
3. 푸아송(Poisson) 방정식	전위함수(V)를 가지고 체적당 전하량(공간전하밀도) $\rho_v[\text{C/m}^3]$를 구할 때 사용한다. $\nabla^2 V = -\frac{\rho_v}{\varepsilon_o}$ 단, $\nabla^2 = \frac{\partial^2}{\partial x^2} + \frac{\partial^2}{\partial y^2} + \frac{\partial^2}{\partial z^2}$: 라플라스 연산자
4. 라플라스 (Laplace)방정식	전하가 없는 곳의 푸아송의 방정식 $\nabla^2 V = 0$

예제문제 전기력선의 방정식

20 $E = x\,a_x - y\,a_y[\text{V/m}]$일 때 점$(6, 2)[\text{m}]$를 통과하는 전기력선의 방정식은?

① $y = 12x$　② $y = \frac{12}{x}$

③ $y = \frac{x}{12}$　④ $y = 12x^2$

해설

전기력선의 방정식 : $\frac{dx}{Ex} = \frac{dy}{Ey}$ 에서 $\frac{dx}{x} = \frac{dy}{-y} \Rightarrow \frac{1}{x}dx = -\frac{1}{y}dy$ 이므로

양변을 적분하면 $\ln x = -\ln y + \ln C$, $\ln x + \ln y = \ln C$, $\ln xy = \ln C$, $xy = C$가

되므로 $x = 6$, $y = 2$를 대입하면 $xy = C = 12$ 가 되므로 $y = \frac{12}{x}$

답 ②

핵심 NOTE

예제문제 가우스의 미분형

21 전속밀도 $D=3xi+2yj+zk$ [C/m²]를 발생하는 전하 분포에서 1[mm³] 내의 전하는 얼마인가?

① 6 [C] ② 6 [μC]
③ 6 [nC] ④ 6 [pC]

해설

$$div\,D=\nabla\cdot D=\left(\frac{\partial}{\partial x}i+\frac{\partial}{\partial y}j+\frac{\partial}{\partial z}k\right)\cdot D=\frac{\partial}{\partial x}(3x)+\frac{\partial}{\partial y}(2y)$$

$$+\frac{\partial}{\partial z}(z)=3+2+1=6\ [\mathrm{C/m^3}]$$

$6\,[\mathrm{C/m^3}]=6\times10^{-9}[\mathrm{C/mm^3}]=6\ [\mathrm{nC/mm^3}]$이므로

$1[\mathrm{mm^3}]$ 내의 전하량 $Q=6\ [\mathrm{nC}]$

답 ③

예제문제 푸아송의 방정식

22 전위함수 $V=5x^2y+z$ [V]일 때 점$(2,-2,2)$에서 체적전하밀도 $\rho\,[\mathrm{C/m^3}]$의 값은? (단, ε_o는 자유공간의 유전율이다.)

① $5\varepsilon_o$ ② $10\varepsilon_o$
③ $20\varepsilon_o$ ④ $25\varepsilon_o$

해설

푸아송의 방정식 $\nabla^2 V=-\dfrac{\rho}{\varepsilon_o}$ 에서 $\rho=-\nabla^2 V\varepsilon_o\,[\mathrm{C/m^3}]$이므로

$$\frac{\partial^2 V}{\partial x^2}=\frac{\partial}{\partial x}\left(\frac{\partial V}{\partial x}\right)=\frac{\partial}{\partial x}(10xy)=10y,\quad \frac{\partial^2 V}{\partial y^2}=0,\quad \frac{\partial^2 V}{\partial z^2}=0$$

$\nabla^2 V=\dfrac{\partial^2 V}{\partial x^2}+\dfrac{\partial^2 V}{\partial y^2}+\dfrac{\partial^2 V}{\partial z^2}$ 에서 점(2, -2, 2)의 값을 대입하면

$\nabla^2 V=-20$

$\rho=-\nabla^2 V\varepsilon_o=-(-20)\varepsilon_o=20\varepsilon_o\,[\mathrm{C/m^3}]$

답 ③

⑮ 전기 2중층

반지름이 a[m]이고 두께가 δ[m]인 원판에서 중심축상의 x[m] 떨어진 지점의 전위를 구한다.

도 해	전기 2중층
	1. 전기 2중층의 세기 $M_\delta = \rho_s \cdot \delta$[C/m] (단, ρ_s [C/m^2] : 면전하밀도, δ[m] : 판의 두께) **2. 입체각** $\omega = 2\pi(1-\cos\theta)$ [Sr] (1) 관측점을 무한접근시 또는 무한평면인 경우 입체각 $\omega = 2\pi$ [Sr] (2) 구도체의 입체각 $\omega = 4\pi$[Sr] **3. 전기2중층의 전위** $V = \dfrac{M_\delta}{4\pi\varepsilon_o}\omega = \dfrac{M_\delta}{2\varepsilon_o}\left(1 - \dfrac{x}{\sqrt{a^2+x^2}}\right)$[V]

예제문제 입체각

23 그림과 같이 무한평면 S위에 일점 P가 있다. S가 P점에 대해서 이루는 입체각은 얼마인가?

① π　② 2π　③ 3π　④ 4π

해설

무한평면인 경우, 관측점 무한 접근시 $\theta = 90^\circ$ 이므로 입체각은
$\omega = 2\pi(1-\cos\theta) = 2\pi(1-\cos 90^\circ) = 2\pi$[Sr]

답 ②

핵심 NOTE

■ 피타고라스의 정리

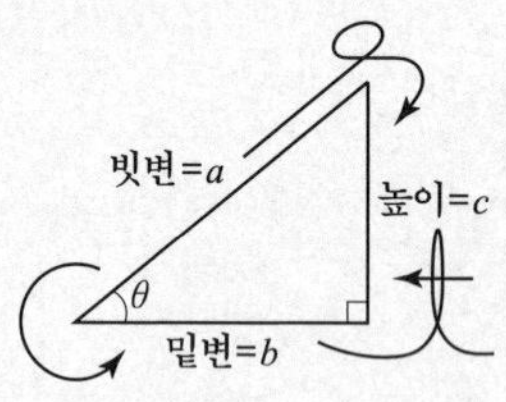

$\cos\theta = \dfrac{밑변}{빗변} = \dfrac{b}{a}$

$\sin\theta = \dfrac{높이}{빗변} = \dfrac{c}{a}$

$\tan\theta = \dfrac{높이}{밑변} = \dfrac{c}{b}$

빗변 $= \sqrt{밑변^2 + 높이^2}$

$a = \sqrt{b^2 + c^2}$

■ 전기 2중층

1. 입체각
   (1) 관측점을 무한접근시 또는무한평면인 경우
   $\omega = 2\pi$[Sr]
   (2) 구도체인 경우
   $\omega = 4\pi$[Sr]

2. 전기2중층의 전위

$V = \dfrac{M_\delta}{4\pi\varepsilon_o}\omega = \dfrac{M_\delta}{2\varepsilon_o}\left(1 - \dfrac{x}{\sqrt{a^2+x^2}}\right)$[V]

출제예상문제

01 정전계란?

① 전계에너지가 최소로 되는 전하 분포의 전계이다.
② 전계 에너지가 최대로 되는 전하 분포의 전계이다.
③ 전계 에너지가 항상 0인 전기장을 말한다.
④ 전계 에너지가 항상 ∞인 전기장을 말한다.

해설

정전계의 정의
① 정지한 두 전하 사이에 작용하는 힘의 영역
② 전계에너지가 최소로 되는 전하 분포의 전계

02 광속도를 C[m/s]로 표시하면 진공의 유전율 [F/m]은?

① $\dfrac{10^7}{4\pi C^2}$　② $\dfrac{10^{-7}}{C^2}$
③ $\dfrac{4\pi C^2}{10^7}$　④ $\dfrac{10^{-7}}{4\pi C}$

해설

진공시 유전율 ε_o [F/m]

$$\varepsilon_o = \frac{1}{\mu_o C_o^2} = \frac{10^7}{4\pi C_o^2} = \frac{10^{-9}}{36\pi} = \frac{1}{120\pi C_o} = 8.855\times10^{-12}\,[\mathrm{F/m}]$$

[참고] $\mu_o = 4\pi\times10^{-7}$ [H/m] : 진공시 투자율
$C_o = 3\times10^8$ [m/sec] : 진공시 빛의 속도(광속도)

03 쿨롱의 법칙을 이용한 것이 아닌 것은?

① 정전 고압전압계　② 고압 집진기
③ 콘덴서 스피커　④ 콘덴서 마이크로폰

해설

콘덴서 마이크로폰 : 콘덴서의 정전용량이 변화하면서 두 전극사이에 축적된 전하가 변하는것을 이용

04 점전하 Q_1과 Q_2 사이에 작용하는 쿨롱의 힘이 F일 때, 이 부근에 점전하 Q_3를 놓을 경우 Q_1과 Q_2 사이의 쿨롱의 힘은 F'이다. F'과 F의 관계로 옳은 것은?

① $F > F'$ 이다.
② $F < F'$ 이다.
③ $F = F'$ 이다.
④ Q_3의 크기에 따라 다르다.

해설

두 점전하 Q_1과 Q_2 사이에 작용하는 쿨롱의 힘 F와 F'는 $F = F' = \dfrac{1}{4\pi\epsilon_o}\cdot\dfrac{Q_1Q_2}{r^2}$이므로 Q_3에 영향을 받지 않는다.

05 진공 중에 전하량이 3×10^{-6}[C]인 두 개의 대전체가 서로 떨어져 있고, 상호간에 작용하는 힘이 9×10^{-3}[N]일 때, 이들 사이의 거리는 몇 [m]인가?

① 2
② 3
③ 4
④ 5

해설

$Q_1 = Q_2 = 3\times10^{-6}$[C], $F = 9\times10^{-3}$[N]이므로

$F = 9\times10^9\cdot\dfrac{Q_1Q_2}{r^2}$에서

$$r = \sqrt{9\times10^9\cdot\frac{Q_1Q_2}{F}} = \sqrt{9\times10^9\times\frac{(3\times10^{-6})^2}{9\times10^{-3}}} = 3\,[\mathrm{m}]$$

정답　01 ①　02 ①　03 ④　04 ③　05 ②

06 서로 같은 2개의 구 도체에 동일양의 전하를 대전시킨 후 20[cm] 떨어뜨린 결과 구 도체에 서로 6×10^{-4}[m]의 반발력이 작용한다. 구 도체에 주어진 전하는?

① 약 5.2×10^{-8}[C] ② 약 6.2×10^{-8}[C]
③ 약 7.2×10^{-8}[C] ④ 약 8.2×10^{-8}[C]

해설

주어진 수치 $Q_1 = Q_2$ [C], $r = 20$ [cm],
$F = 6\times10^{-4}$ [N] 일 때 두 전하 사이에 작용하는 힘
$F = \dfrac{Q_1 \cdot Q_2}{4\pi\varepsilon_o r^2} = 9\times10^9 \dfrac{{Q_1}^2}{r^2}$ [N]이므로 주어진 수치를 대입하여 구하면

$$Q_1 = Q_2 = \sqrt{\frac{Fr^2}{9\times10^9}} = \sqrt{\frac{6\times10^{-4}\times0.2^2}{9\times10^9}}$$
$$= 5.2\times10^{-8}\ [\text{m}]$$

07 진공 중에 그림과 같이 한 변이 a[m]인 정삼각형의 꼭짓점에 각각 서로 같은 점전하 $+Q$[C]이 있을 때 그 각 전하에 작용하는 힘 F는 몇 [N]인가?

① $F = \dfrac{Q^2}{4\pi\varepsilon_0 a^2}$

② $F = \dfrac{Q^2}{2\pi\varepsilon_0 a^2}$

③ $F = \dfrac{\sqrt{2}\,Q^2}{4\pi\varepsilon_0 a^2}$

④ $F = \dfrac{\sqrt{3}\,Q^2}{4\pi\varepsilon_0 a^2}$

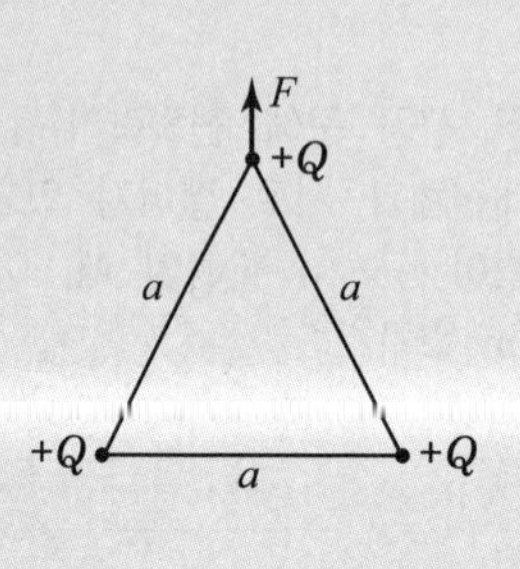

해설

그림에서 $F_1 = F_2 = \dfrac{Q^2}{4\pi\varepsilon_0 a^2}$ [N]이며
정삼각형 정점에 작용하는 전체 힘은
벡터합으로 구하므로
평행 사변형의 원리에 의하여
$F = \sqrt{F_1^2 + F_2^2 + 2F_1 F_2 \cos\theta}$
가 된다.
여기서 F_1 과 F_2는 같고
정삼각형 이므로 $\theta = 60^\circ$ 가
되어 이를 넣어 정리하면
$F = \sqrt{F_1^2 + F_1^2 + 2F_1 F_1 \cos 60^\circ}$
$= \sqrt{3F_1^2} = \sqrt{3}\,F_1$
$= \dfrac{\sqrt{3}\,Q^2}{4\pi\varepsilon_0 a^2}$ [N]이 된다.

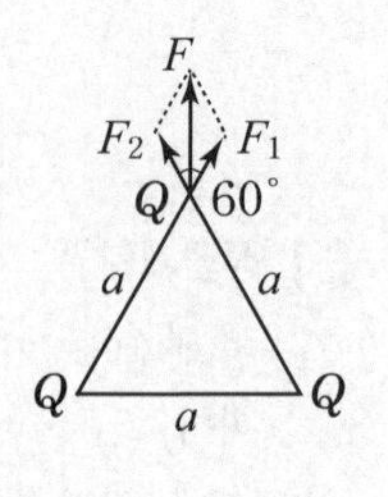

08 전계 중에 단위 전하를 놓았을 때 그것에 작용하는 힘을 그 점에 있어서의 무엇이라 하는가?

① 전계의 세기
② 전위
③ 전위차
④ 변화 전류

해설

전계 중에 단위전하에 작용하는 힘을 전계의 세기라 한다.

09 자유공간 중에서 점 $P(2, -4, 5)$가 도체면상에 있으며, 이 점에서 전계
$E = 3a_x - 6a_y + 2a_z$[V/m]이다. 도체면에 법선성분 E_n 및 접선성분 E_t 의 크기는 몇 [V/m] 인가?

① $E_n = 3,\ E_t = -6$
② $E_n = 7,\ E_t = 0$
③ $E_n = 2,\ E_t = 3$
④ $E_n = -6,\ E_t = 0$

해설

전계는 도체면에 법선(수직)성분으로 존재하므로
$E_n = E = \sqrt{3^2 + (-6)^2 + 2^2} = 7$ [V/m]이며
수평(접선)성분은 존재하지 않으므로
$E_t = 0$ [V/m] 가 된다.

정 답 06 ① 07 ④ 08 ① 09 ②

10 전계의 단위가 아닌 것은?

① [N/C] ② [V/m]

③ $[C/J \cdot \frac{1}{m}]$ ④ $[A \cdot \Omega / m]$

해설

전계의 단위 $E\left[\frac{N}{C} = \frac{V}{m} = \frac{A \cdot \Omega}{m}\right]$

11 원점에 $-1[\mu C]$의 점전하가 있을 P (2, −2, 4)[m]인 전계세기 방향의 단위벡터를 구하시오.

① $0.41a_x - 0.41a_y + 0.82a_z$

② $-0.33a_x + 0.33a_y - 0.66a_z$

③ $-0.41a_x + 0.41a_y - 0.82a_z$

④ $0.33a_x - 0.33a_y + 0.66a_z$

해설

원점(0,0,0)에서 점 P(2,−2,4)에 대한 거리벡터는

$\vec{r} = (x_2 - x_1)i + (y_2 - y_1)j + (z_2 - z_1)k$

$= (2-0)i + (-2-0)j + (4-0)k = 2i - 2j + 4k$

거리벡터의 크기는

$|\vec{r}| = \sqrt{2^2 + (-2)^2 + 4^2} = \sqrt{24}$ 이므로

전계 세기 방향의 단위 벡터 $\vec{n}$ 는

$\vec{n} = -\frac{\vec{r}}{|\vec{r}|} = -\frac{2i - 2j + 4k}{\sqrt{24}}$

$= -0.41i + 0.41j - 0.82k$ 이다.

전하량이 (−)전하이므로 방향벡터의 부호는 (−)가 된다.

12 원점에 $10^{-8}[C]$의 전하가 있을 때 점(1, 2, 2)[m]에서의 전계의 세기는 몇 [V/m]인가?

① 0.1 ② 1

③ 10 ④ 100

해설

원점(0, 0, 0)에서 점 P(1, 2, 2)에 대한 거리벡터

$\vec{r} = (1-0)i + (2-0)j + (2-0)k = i + 2j + 2k$

리벡터의 크기 $|\vec{r}| = \sqrt{1^2 + (2)^2 + 2^2} = 3[m]$

점전하 $Q = 10^{-8}[C]$에 의한 전계의 세기는

$E = 9\times10^9 \cdot \frac{Q}{r^2} = 9\times10^9 \times \frac{10^{-8}}{3^2} = 10[V/m]$

13 정육각형의 꼭짓점에 동량, 동질의 점전하 Q가 각각 놓여 있을 때 정육각형 한 변의 길이가 a라 하면 정육각형 중심의 전계의 세기는? (단, 자유 공간이다.)

① $\frac{Q}{4\pi\varepsilon_o a^2}$ ② $\frac{3Q}{2\pi\varepsilon_o a^2}$

③ $6Q$ ④ 0

해설

① 정육각형 중심점 전계 : $E = 0$

② 정육각형 중심점 전위 : $V = \frac{3Q}{2\pi\epsilon_o a}[V]$

14 평등 전계 E 속에 있는 정지된 전자 e가 받는 힘은?

① 크기는 e^2E이고 전계와 같은 방향

② 크기는 e^2E이고 전계와 반대 방향

③ 크기는 eE이고 전계와 같은 방향

④ 크기는 eE이고 전계와 반대 방향

해설

Q=e[C]
F ← ⊖
(+) ────────→ (−)
E

전계내 전하를 놓았을 때 작용하는 힘 $F = QE[N]$ 이므로 전하량 $Q = e[C]$ 를 대입하면

$F = eE[N]$ 이며 전자는 (−)전하이므로 방향은 전계와 반대가 된다.

15 점전하 0.5[C]이 전계 $E = 3a_x + 5a_y + 8a_z[V/m]$중에서 속도 $4a_x + 2a_y + 3a_z[m/s]$로 이동할 때 받는 힘은 몇 [N]인가?

① 4.95 ② 7.45

③ 9.95 ④ 13.47

해설

$Q = 0.5[C]$, $E = 3a_x + 5a_y + 8a_z[V/m]$이므로

$F = Q \cdot E = 0.5(3a_x + 5a_y + 8a_z)$

$= 1.5a_x + 2.5a_y + 4a_z = \sqrt{1.5^2 + 2.5^2 + 4^2}$

$= 4.95[N]$

정답 10 ③ 11 ③ 12 ③ 13 ④ 14 ④ 15 ①

16 **전하 e[C], 질량 m[kg]인 전자가 전계 E[V/m] 내에 놓여 있을 때 최초에 정지해 있었다고 한다면 t[s]후에 전자는 어떠한 속도를 얻게 되는가?**

① $v = meEt$ ② $v = \dfrac{me}{E}t$

③ $v = \dfrac{mE}{e}t$ ④ $v = \dfrac{Ee}{m}t$

해설

$Q=e$[C]

$F \leftarrow \ominus$

(+) ──────→ (−)

E

전계내 전하를 놓았을 때 작용하는 힘은
$F = QE = ma$[N] $\Rightarrow$ $eE = ma$이므로

먼저 가속도를 구하면 $a = \dfrac{eE}{m}$ [m/sec²]이 된다.

전자의 이동속도 $v = \int \dfrac{eE}{m}dt = \dfrac{eE}{m}t$ [m/sec] 가 된다.

17 **$Q_1 = Q_2 = 6\times10^{-6}$[C]인 두 개의 점전하가 서로 10[cm] 떨어져 있다. 전계의 강도가 0인 점은 어느 곳인가?**

① Q_1과 Q_2의 중간지점

② Q_2에서 Q_1쪽으로 15[cm] 지점

③ Q_2에서 Q_1의 반대쪽으로 10[cm] 지점

④ Q_1에서 Q_2의 반대쪽으로 10[cm] 지점

해설

전하량의 부호가 동일시 전계의 세기가 0인 지점은 두 전하 사이의 내부에 존재하므로 그 지점을 x라 하면

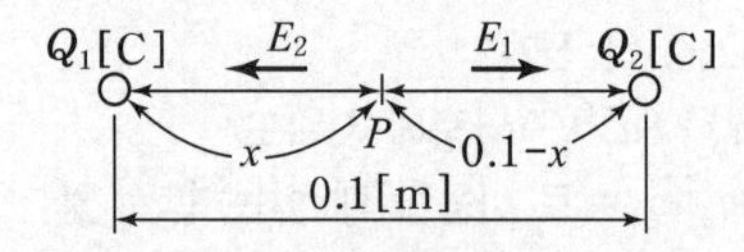

$Q_1 = 6\times10^{-6}$[C]에 의한 전계

$$E_1 = \frac{Q_1}{4\pi\varepsilon_o r_1^2} = \frac{6\times10^{-6}}{4\pi\varepsilon_o x^2}\ \text{[V/m]}$$

$Q_2 = 6\times10^{-6}$[C] 에 의한 전계

$$E_2 = \frac{Q_1}{4\pi\varepsilon_o r_2^2} = \frac{6\times10^{-6}}{4\pi\varepsilon_o (0.1-x)^2}\ \text{[V/m]}$$이므로

P점의 전계의 방향이 반대이므로 크기가 같으면 전계는 0이 된다.

$E_1 = E_2$ 이므로 $\dfrac{6\times10^{-6}}{4\pi\varepsilon_o x^2} = \dfrac{6\times10^{-6}}{4\pi\varepsilon_o (0.1-x)^2}$에서

$x^2 = (0.1-x)^2$ 이므로 $x = 0.05$ [m] = 5 [cm]

Q_1과 Q_2가 10[cm] 떨어져 있으므로 전계의 강도가 0인 점은 Q_1과 Q_2의 중간지점이 된다.

18 **질량 $m = 10^{-8}$[kg], 전하량 $q = 10^{-6}$[C]의 입자가 전계 E[V/m]인 곳에 존재한다. 이 입자의 가속도가 $a = 10^2 i + 10^3 j$[m/s²]인 것이 관측되었다면 전계의 세기 E[V/m]는? (단, i, j, k는 단위 벡터이다.)**

① $E = 10^2 i + 10^3 j$

② $E = i + 10j$

③ $E = 10^{-4} i + 10^{-3} j$

④ $E = 10i + 10^2 j$

해설

$m = 10^{-8}$[kg], $q = 10^{-6}$[C],
$a = 10^2 i + 10^3 j$[m/sec²] 일 때 전계 E는

$F = qE = ma$[N] 에서 전계 $E = m\dfrac{a}{q}$[V/m] 가 된다.

이에 수치를 대입하면

$E = \dfrac{10^{-8}}{10^{-6}}(10^2 i + 10^3 j) = i + 10j$[V/m] 이 된다.

19 **한 변의 길이 1[m]인 정 3각형의 두 정점 B, C에 10^{-4}[C]의 점전하가 있을 때 다른 또 하나의 정점 A의 전계 [V/m]는?**

① 9.0×10^5 ② 15.6×10^5

③ 18.0×10^5 ④ 31.2×10^5

해설

한 변의 길이 $r = 1$[m], 정삼각형 두 정점의 전하량 $Q_B = Q_C = 10^{-4}$[C] 일 때

정삼각형에서 전하량의 크기 같고 부호 동일시 다른 정점 A의 전계는

$E = \sqrt{3}\times E_1 = \sqrt{3}\times\dfrac{Q_B}{4\pi\varepsilon_o r^2}$[V/m] 이므로

주어진 수치를 대입하면

$E = \sqrt{3}\times9\times10^9\times\dfrac{10^{-4}}{1^2} = 15.6\times10^5$[V/m]

정답 16 ④ 17 ① 18 ② 19 ②

20 그림과 같이 $q_1 = 6\times10^{-8}$[C], $q_2 = -12\times10^{-8}$[C]의 두 전하가 서로 100[cm] 떨어져 있을 때 전계 세기가 0이 되는 점은?

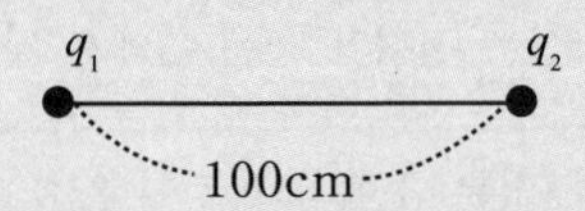

① q_1과 q_2의 연장선상 q_1으로부터 왼쪽으로 약 24.1m 지점이다.
② q_1과 q_2의 연장선상 q_1으로부터 오른쪽으로 약 14.1m 지점이다.
③ q_1과 q_2의 연장선상 q_1으로부터 왼쪽으로 약 2.41m 지점이다.
④ q_1과 q_2의 연장선상 q_1으로부터 오른쪽으로 약 1.41m 지점이다.

해설

전하량의 부호가 반대시 전계의 세기가 0인 지점은 두 전하량의 큰 쪽의 반대편에 존재하므로 그 지점을 x라 하면

$E=0$, x, q_1, 100cm, q_2, E_1, E_2

$E_1 = \dfrac{6\times10^{-8}}{4\pi\varepsilon_0 x^2}$ $\quad E_2 = \dfrac{12\times10^{-8}}{4\pi\varepsilon_0 (x+1)^2}$

$E_1 = E_2$ 이면 전계가 상쇄되어 0 이 된다.

$$\frac{6\times10^{-8}}{4\pi\varepsilon_0 x^2} = \frac{12\times10^{-8}}{4\pi\varepsilon_0 (x+1)^2}$$

$$\frac{6}{x^2} = \frac{12}{(x+1)^2},\quad \frac{1}{x^2} = \frac{2}{(x+1)^2}$$

$$2x^2 = (x+1)^2,\quad \sqrt{2}x = (x+1),\quad (\sqrt{2}-1)x = 1$$

$$x = \frac{1}{\sqrt{2}-1}\times\frac{\sqrt{2}+1}{\sqrt{2}+1} = 2.41\,[\text{m}]$$

21 진공내의 점(3, 0, 0)[m]에 4×10^{-9}[C]의 전하가 있다. 이 때 점(6, 4, 0)[m]의 전계의 크기는 몇 [V/m]이며, 전계의 방향을 표시하는 단위 벡터는 어떻게 표시되는가?

① 전계의 크기 : $\dfrac{36}{25}$, 단위 벡터 : $\dfrac{1}{5}(3a_x + 4a_y)$
② 전계의 크기 : $\dfrac{36}{125}$, 단위 벡터 : $3a_x + 4a_y$
③ 전계의 크기 : $\dfrac{36}{25}$, 단위 벡터 : $a_x + a_y$
④ 전계의 크기 : $\dfrac{36}{125}$, 단위 벡터 : $\dfrac{1}{5}(a_x + a_y)$

해설

점(3, 0, 0)에서 점(6, 4, 0)에 대한 거리벡터

$\vec{r} = (6-3)a_x + (4-0)a_y = 3a_x + 4a_y$

거리벡터의 크기 $|\vec{r}| = \sqrt{3^2+4^2} = 5$[m]

전계 방향의 단위벡터

$$\vec{n} = \frac{\vec{r}}{|\vec{r}|} = \frac{3a_x + 4a_y}{5} = \frac{1}{5}(3a_x + 4a_y)$$

점전하 $Q = 4\times10^{-9}$[C] 에 의한 전계의 세기

$$E = 9\times10^9\times\frac{Q}{r^2} = 9\times10^9\times\frac{4\times10^{-9}}{5^2} = \frac{36}{25}\,[\text{V/m}]$$

22 도체에 정(+)의 전하를 주었을 때 다음 중 옳지 않은 것은?

① 도체 표면에서 수직으로 전기력선이 발산한다.
② 도체 내에 있는 공동면에도 전하가 분포한다.
③ 도체 외측 측면에만 전하가 분포한다.
④ 도체 표면의 곡률 반지름이 작은 곳에 전하가 많이 모인다.

해설

도체에 전하를 대전하면 전하 사이에 반발력이 작용하여 전하는 도체 표면에만 존재하고 내부에는 전하가 존재하지 않는다.

정답 20 ③ 21 ① 22 ②

23 전기력선의 기본 성질에 관한 설명으로 옳지 않은 것은?

① 전기력선의 방향은 그 점의 전계의 방향과 일치한다.
② 전기력선은 전위가 높은 점에서 낮은 점으로 향한다.
③ 전기력선은 그 자신만으로 폐곡선이 된다.
④ 전계가 0이 아닌 곳에서 전기력선은 도체 표면에 수직으로 만난다.

해설

전기력선의 성질

① 전기력선은 정(+)전하에서 나와 부(−)전하로 들어간다.
② 전기력선은 서로 반발하여 서로 교차할 수 없다.
③ 전기력선의 방향은 그 점의 전계의 방향과 일치한다.
④ 전기력선의 밀도는 전계의 세기와 같다.
⑤ 전기력선은 전위가 높은 곳에서 낮은 곳으로 향한다.
⑥ 전기력선은 등전위면에 직교(수직)한다.
⑦ 전기력선은 도체 표면에 직교(수직)한다.
⑧ 도체에 주어진 전하는 도체 표면에만 분포한다.
⑨ 전기력선은 대전도체 내부에는 존재하지 않는다.
⑩ 전기력선은 도체 내부를 관통할 수 없다.
⑪ 전기력선은 그 자신만으로는 폐곡선(면)을 이룰 수 없다.
⑫ 전기력선의 수는 폐곡면 내 전하량 Q[C]의 $1/\varepsilon_o$배 이다.

24 전기력선의 성질로 옳지 않은 것은?

① 전기력선은 정전하에서 시작하여 부전하에서 그친다.
② 전기력선은 도체 내부에만 존재한다.
③ 전기력선은 전위가 높은 점에서 낮은 점으로 향한다.
④ 단위전하에서는 $\frac{1}{\varepsilon_0}$ 개의 전기력선이 출입한다.

해설

도체 내부에는 전하가 존재하지 않으므로 전기력선도 존재 안 한다.

25 전기력선의 성질에 관한 설명으로 틀린 것은?

① 전기력선의 방향은 그 점의 전계의 방향과 같다.
② 전기력선은 전위가 높은 점에서 낮은 점으로 향한다.
③ 전하가 없는 곳에서도 전기력선의 발생, 소멸이 있다.
④ 전계가 0이 아닌 곳에서 2개의 전기력선은 교차 하는 일이 없다.

해설

전하가 없는 곳에서는 전기력선의 발생, 소멸이 없다.

26 다음 정전계에 대한 설명 중 틀린 것은?

① 도체에 주어진 전하는 도체 표면에만 분포한다.
② 중공 도체에 준 전하는 외부 표면에만 분포하고 내면에는 존재하지 않는다.
③ 단위 전하에서 나오는 전기력선의 수는 $\frac{1}{\varepsilon_o}$ 개 이다.
④ 전기력선은 전하가 없는 곳에서 서로 교차한다.

해설

전기력선은 서로 반발하여 교차할 수 없다.

27 그림과 같은 등전위면에서 전계의 방향은?

① A
② B
③ C
④ D

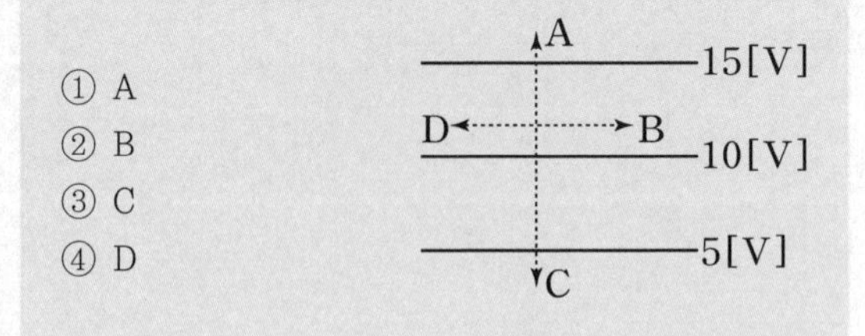

해설

전계는 등전위면에 수직하고 전위가 높은 곳에서 낮은 곳으로 향해야 하므로 C 성분이 된다.

정답 23 ③ 24 ② 25 ③ 26 ④ 27 ③

28 **대전된 도체 표면의 전하 밀도는 도체 표면의 모양에 따라 어떻게 되는가?**

① 곡률이 크면 작아진다.
② 곡률이 크면 커진다.
③ 평면일 때 가장 크다.
④ 표면 모양에 무관하다.

해설 도체모양에 따른 전하분포도

곡률반지름	작다	크다
곡 률	크다	작다
모 양	뾰족하다	평평하다
전하밀도(전계)	크다	작다

29 **대전 도체 표면의 전계의 세기는?**

① 곡률이 크면 커진다.
② 곡률이 크면 작아진다.
③ 평면일 때 가장 크다.
④ 표면 모양에 무관하다.

해설
전계의 세기 또는 전하밀도가 큰 경우는 곡률이 크고 곡률 반지름은 작은 경우이다.

30 **진공 중에 있는 구도체 일정 전하를 대전 시켰을 때 정전 에너지가 존재하는 것으로 다음 중 옳은 것은?**

① 도체 내에만 존재한다.
② 도체 표면에만 존재한다.
③ 도체 내외에 모두 존재한다.
④ 도체 표면과 외부 공간에 존재한다.

해설
도체 내부에는 전하가 존재하지 않으므로
내부 정전에너지는 없으며 정전에너지는 도체 표면과 외부 공간에만 존재한다.

31 **중공도체의 중공부에 전하를 놓지 않으면 외부에서 준 전하는 외부에만 분포한다. 이때 도체 내의 전계는 몇 [V/m]가 되는가?**

① 0　② 4π
③ ∞　④ $\dfrac{1}{4\pi\varepsilon_o}$

해설
도체 내부에는 전하가 존재하지 않으므로 내부 전계도 없다

32 **정전계 내에 있는 도체 표면에서 전계의 방향은 어떻게 되는가?**

① 임의 방향　② 표면과 접선 방향
③ 표면과 45° 방향　④ 표면과 수직방향

해설
전기력선 또는 전계는 도체표면에 수직(직교)한다.

33 **단위 구면을 통해 나오는 전기력선의 수[개]는? (단 구 내부의 전하량은 Q[C]이다.)**

① 1　② 4π
③ ε_o　④ $\dfrac{Q}{\varepsilon_o}$

해설

전기력선의 수는 폐곡면 내 전하량 Q[C]의 $\dfrac{1}{\varepsilon_o}$배 되므로
전기력선의 수는 $\dfrac{Q}{\varepsilon_o}$가 된다.

34 **폐곡면을 통하여 나가는 전력선의 총수는 그 내부에 있는 점전하의 대수합의 몇 배와 같은가?**

① $\dfrac{1}{\varepsilon_0}$　② $\dfrac{1}{\pi\varepsilon_0}$
③ $\dfrac{1}{2\pi\varepsilon_0}$　④ $\dfrac{1}{4\pi\varepsilon_0}$

해설
전기력선의 수는 폐곡면 내 전하량 Q[C]의 $\dfrac{1}{\varepsilon_o}$배 되므로
전기력선의 수는 $\dfrac{Q}{\varepsilon_o}$가 된다.

정답 28 ② 29 ① 30 ④ 31 ① 32 ④ 33 ④ 34 ①

35 폐곡면으로부터 나오는 유전속(dielectric flux)의 수가 N일 때 폐곡면 내의 전하량은 얼마인가?

① N ② $\frac{N}{\varepsilon_o}$

③ $\varepsilon_o N$ ④ $\frac{N}{2\varepsilon_o}$

해설

폐곡면을 통해서 나오는 유전속의 수는 내부 전하량과 같다.

36 표면 전하밀도 σ[C/m²]로 대전된 도체 내부의 전속밀도는 몇[C/m²]인가?

① σ ② $\varepsilon_0\sigma$

③ $\frac{\sigma}{\varepsilon_0}$ ④ 0

해설

대전도체 내부에는 전하가 존재하지 않으므로 내부 전속밀도도 존재하지 않는다.

37 10 [cm³]의 체적에 3[μC/cm³]의 체적전하분포가 있을 때, 이 체적 전체에서 발산하는 전속은 몇 [C]인가?

① 3×10^{5} ② 3×10^{6}

③ 3×10^{-5} ④ 3×10^{-6}

해설

전속의 수 Ψ[C]는 폐곡면 내 전하량 Q[C] 만큼 존재하므로

$\Psi = Q = \rho_v \cdot v = 3\times10^{-6}\times10 = 3\times10^{-5}$[C]

38 반지름 a [m]인 도체구에 전하 Q[C]을 주었을 때, 구 중심에서 r[m] 떨어진 구 밖($r>a$)의 전속밀도 D[C/m²]은?

① $\frac{Q}{2\pi\varepsilon r}$ ② $\frac{Q}{4\pi r^2}$

③ $\frac{Q}{4\pi\varepsilon a^2}$ ④ $\frac{Q}{4\pi\varepsilon r^2}$

해설

단위면적당 전속의 수를 전속밀도라 하며

$D = \frac{\Psi}{S} = \frac{Q}{S} = \frac{Q}{4\pi r^2} = \varepsilon_o E = \rho_s$ [C/m²]

39 표면 전하밀도 $\rho_s > 0$인 도체 표면상의 한 점의 전속밀도가 $D = 4a_x - 5a_y + 2a_z$일 때 ρ_s는 몇 [C/m²]인가?

① $2\sqrt{3}$ [C/m²] ② $2\sqrt{5}$ [C/m²]

③ $3\sqrt{3}$ [C/m²] ④ $3\sqrt{5}$ [C/m²]

해설

표면전하밀도는 전속밀도와 같으므로

$\rho_s = D = 4a_x - 5a_y + 2a_z$

$= \sqrt{4^2 + (-5)^2 + 2^2} = 3\sqrt{5}$ [C/m²]

40 지구의 표면에 있어서 대지로 향하여 $E =$ 300 [V/m]의 전계가 있다고 가정하면 지표면의 전하 밀도는 몇[C/m²]인가?

① 1.65×10^{-9} ② -1.65×10^{-9}

③ 2.65×10^{-9} ④ -2.65×10^{-9}

해설

전계의 방향은 (+)에서 (−)로 들어가므로 전계가 지구로 향하면 지구의 지표면은 (−)전하가 분포한다. 그러므로 지표면의 전하밀도는

$\rho_s = D = -\varepsilon_o E = -8.855\times10^{-12}\times300$

$= -2.65\times10^{-9}$ [C/m²]

41 폐곡면을 통하는 전속과 폐곡면 내부의 전하와의 상관관계를 나타내는 법칙은?

① 가우스법칙
② 쿨롱의 법칙
③ 푸아송의 법칙
④ 라플라스 법칙

정 답 35 ① 36 ④ 37 ③ 38 ② 39 ④ 40 ④ 41 ①

42 **무한장 직선 도체에 선밀도 λ [C/m]의 전하가 분포되어 있는 경우, 이 직선 도체를 축으로 하는 반지름 r [m]의 원통면상의 전계는 몇 [V/m]인가?**

① $\dfrac{\lambda}{2\pi\varepsilon_0 r^2}$ ② $\dfrac{\lambda}{2\pi\varepsilon_0 r}$

③ $\dfrac{\lambda}{4\pi\varepsilon_0 r^2}$ ④ $\dfrac{\lambda}{4\pi\varepsilon_0 r}$

해설

무한장 직선도체에서 r[m] 지점의 전계의 세기는 $E = \dfrac{\lambda}{2\pi\varepsilon_o r} = 18\times10^9\dfrac{\lambda}{r}$ [V/m] 이므로 수직거리 r [m]에 반비례한다.

43 **그림과 같이 진공 중에 서로 평행인 무한 길이 두 직선 도선 A, B가 d[m] 떨어져 있다. A, B의 선전하 밀도를 각 각 λ_1[C/m], λ_2[C/m]라 할 때, A로부터 $\dfrac{d}{3}$[m]인 점의 전계의 세기가 0이었다면 λ_1과 λ_2의 관계는?**

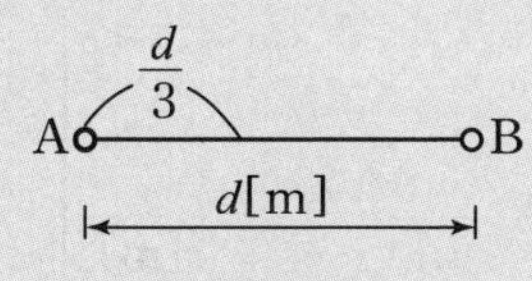

① $\lambda_2 = \dfrac{1}{2}\lambda_1$ ② $\lambda_2 = 2\lambda_1$

③ $\lambda_2 = 3\lambda_1$ ④ $\lambda_2 = 9\lambda_1$

해설

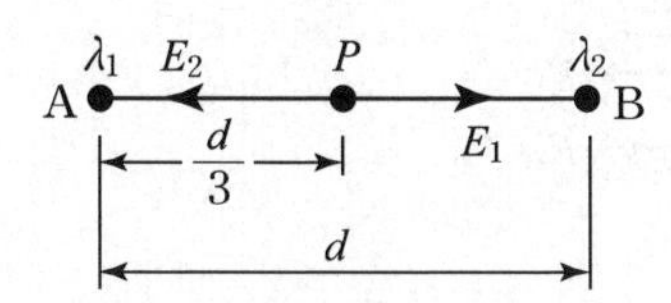

P점에 단위전하(1[C])를 놓았을 때 작용하는 전계의 세기는 선전하 λ_1 에 의한 전계

$$E_1 = \frac{\lambda_1}{2\pi\varepsilon_o r_1} = \frac{\lambda_1}{2\pi\varepsilon_o \frac{d}{3}} = \frac{3\lambda_1}{2\pi\varepsilon_o d}$$

선전하 λ_2 에 의한 전계

$$E_2 = \frac{\lambda_2}{2\pi\varepsilon_o r_2} = \frac{\lambda_2}{2\pi\varepsilon_o \frac{2d}{3}} = \frac{3\lambda_2}{4\pi\varepsilon_o d}$$ 이고

P 점의 전계의 방향이 반대이므로 크기가 같으면 전계는 0이 된다.

그러므로 $E_1 = E_2 \Rightarrow \dfrac{3\lambda_1}{2\pi\varepsilon_o d} = \dfrac{3\lambda_2}{4\pi\varepsilon_o d}$ 에서

$\lambda_2 = 2\lambda_1$ 이 된다.

44 **진공 중에 무한장 직선전하가 단위길이당 λ[C/m]가 분포되어 있을 때 전하의 중심축에서 r [m] 떨어진 점의 전계의 크기는?**

① 거리의 제곱에 비례한다.
② 거리의 제곱에 반비례한다.
③ 거리에 비례한다.
④ 거리에 반비례한다.

해설

무한장 직선도체에서 r [m] 지점의 전계의 세기는

$E = \dfrac{\lambda}{2\pi\varepsilon_o r} = 18\times10^9\dfrac{\lambda}{r}$ [V/m] 이므로

수직거리 r [m]에 반비례한다.

45 **진공중에 선전하 밀도 $+\lambda$[C/m]의 무한장 직선전하A와 $-\lambda$[C/m]의 무한장 직선전하 B가 d[m]의 거리에 평행으로 놓여 있을 때, A에서 거리 $\dfrac{d}{3}$[m]되는 점의 전계의 크기는 몇 [V/m]인가?**

① $\dfrac{3\lambda}{4\pi\varepsilon_o d}$ ② $\dfrac{9\lambda}{4\pi\varepsilon_o d}$

③ $\dfrac{3\lambda}{8\pi\varepsilon_o d}$ ④ $\dfrac{9\lambda}{8\pi\varepsilon_o d}$

해설

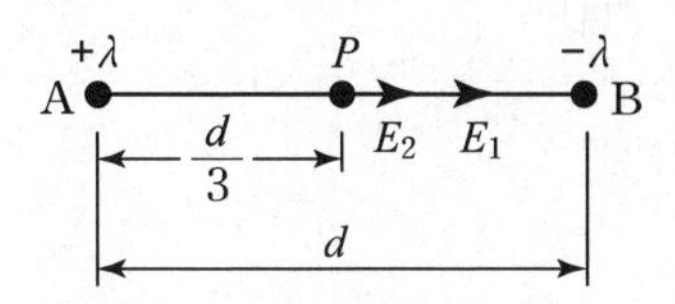

선전하 $+\lambda$에 의한 전계

$$E_1 = \frac{\lambda}{2\pi\varepsilon_o r_1} = \frac{\lambda}{2\pi\varepsilon_o \frac{d}{3}} = \frac{3\lambda}{2\pi\varepsilon_o d}$$

선전하 $-\lambda$에 의한 전계

$$E_2 = \frac{\lambda}{2\pi\varepsilon_o r_2} = \frac{\lambda}{2\pi\varepsilon_o \frac{2d}{3}} = \frac{3\lambda}{4\pi\varepsilon_o d}$$ 이므로

P점의 전계의 방향이 동일하므로 전체 전계는

$E = \dfrac{3\lambda}{2\pi\varepsilon_o d} + \dfrac{3\lambda}{4\pi\varepsilon_o d} = \dfrac{9\lambda}{4\pi\varepsilon_o d}$ [V/m]가 된다.

정답 42 ② 43 ② 44 ④ 45 ②

46 반지름이 a인 원주 대전체에 전하가 균등하게 분포되어 있을 때 대전체 내외 전계의 세기 및 축으로부터의 거리와 관계되는 그래프는?

①
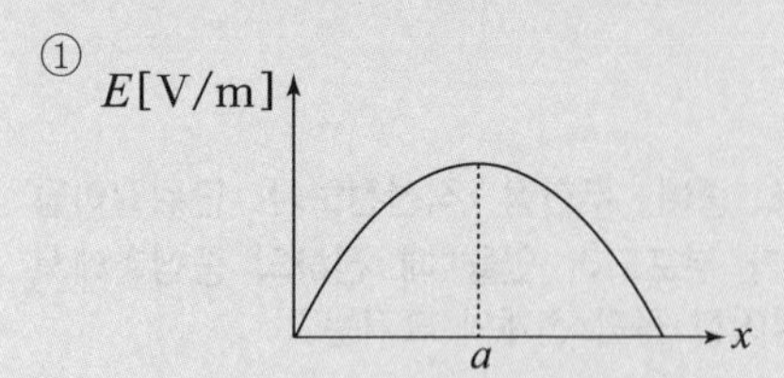

②
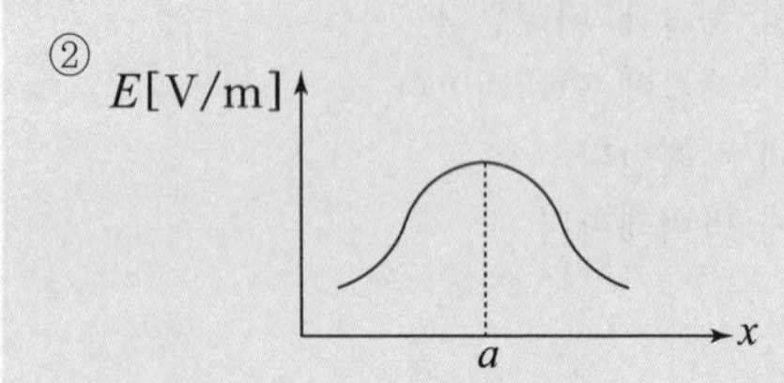

③
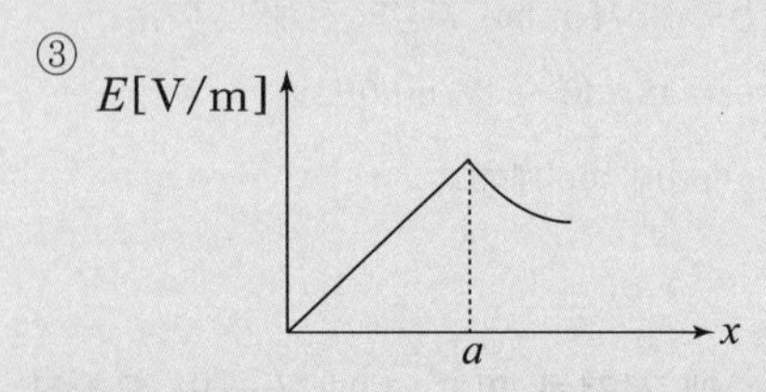

④
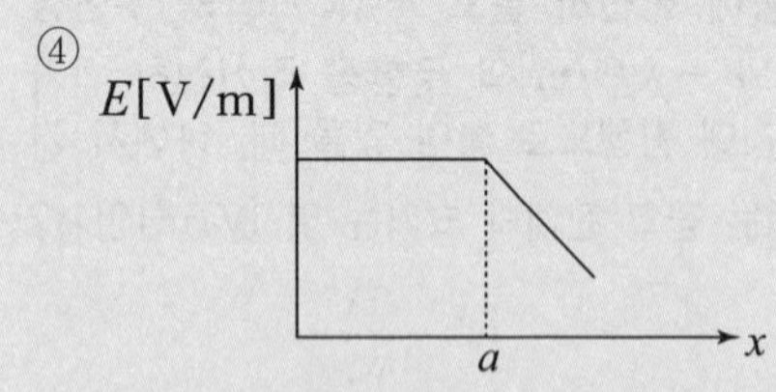

해설

원주(원통)도체 전하 균일시 일 때 내외 전계의 세기는 내부$(r < a)$ $E_i = \dfrac{r\lambda}{2\pi\varepsilon_o a^2}$[V/m] 이므로 거리 r에 비례하고 외부$(r > a)$ $E = \dfrac{\lambda}{2\pi\varepsilon_o r}$[V/m] 이므로 거리 r 에 반비례한다.

47 무한히 넓은 평면에 면 밀도 σ[C/m²]의 전하가 분포되어 있는 경우 전계의 세기는 몇 [V/m]인가?

① $\dfrac{\sigma}{\varepsilon_0}$ ② $\dfrac{\sigma}{2\varepsilon_0}$

③ $\dfrac{\sigma}{2\pi\varepsilon_0}$ ④ $\dfrac{\sigma}{4\pi\varepsilon_0}$

해설

무한 평판에 의한 전계 $E = \dfrac{\rho_s}{2\varepsilon_o} = \dfrac{\sigma}{2\varepsilon_o}$[V/m]이므로 거리에 관계없다.

48 무한 평면 전하에 의한 외부 전계의 크기는 거리와 어떤 관계에 있는가?

① 거리에 관계없다.
② 거리에 비례한다.
③ 거리에 반비례한다.
④ 거리의 자승에 비례한다.

해설

무한 평면(판)에 의한 전계는 거리와 무관하다.

49 진공 중에서 전하 밀도 $\pm\sigma$[C/m²]의 무한 평면이 간격 d[m]로 떨어져 있다. $+\sigma$의 평면으로부터 r[m]떨어진 점 P의 전계의 세기 [N/C]는?

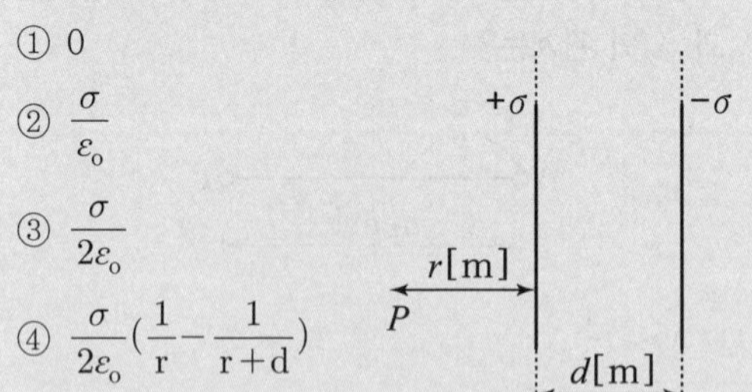

① 0

② $\dfrac{\sigma}{\varepsilon_0}$

③ $\dfrac{\sigma}{2\varepsilon_0}$

④ $\dfrac{\sigma}{2\varepsilon_0}\left(\dfrac{1}{r} - \dfrac{1}{r+d}\right)$

해설

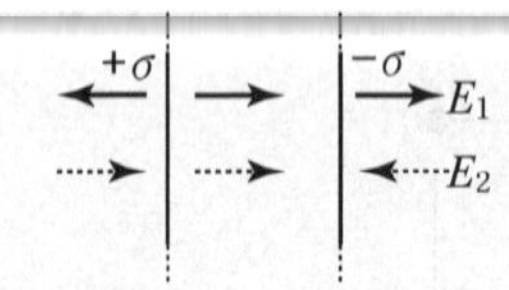

$+\sigma$에 의한 전계 $E_1 = \dfrac{\sigma}{2\varepsilon_o}$[V/m]

$-\sigma$에 의한 전계 $E_2 = \dfrac{\sigma}{2\varepsilon_o}$[V/m] 이므로

평행판 외측은 전계의 방향이 반대이므로

$E = E_1 - E_2 = 0$[V/m]

평행판 사이는 전계의 방향이 동일하므로

$E = E_1 + E_2 = \dfrac{\sigma}{\varepsilon_o}$[V/m]

정 답 46 ③ 47 ② 48 ① 49 ①

50 진공 중에서 있는 임의의 구도체 표면 전하밀도가 σ일 때의 구도체 표면의 전계 세기[V/m]는?

① $\dfrac{\varepsilon_o\sigma^2}{2}$ ② $\dfrac{\sigma}{2\varepsilon_o}$

③ $\dfrac{\sigma^2}{\varepsilon_o}$ ④ $\dfrac{\sigma}{\varepsilon_o}$

해설

전기력선의 총수는 가우스 법칙에 의하여

$N=\int EdS=\dfrac{Q}{\varepsilon_o}$ 가 되므로 면적에 대해서

적분하면 $ES=\dfrac{Q}{\varepsilon_o}$ 가 된다.

구도체 전계의 세기는 $E=\dfrac{Q}{\varepsilon_o S}=\dfrac{\sigma}{\varepsilon_o}$ [V/m] 이다.

여기서 $\sigma=\dfrac{Q}{S}$ [C/m^2] 인 면전하밀도이다.

51 다음 중 전계의 세기를 나타낸 것으로 옳지 않은 것은?

① 선전하에 의한 전계 $E=\dfrac{Q}{4\pi\varepsilon_o r}$

② 점전하에 의한 전계 $E=\dfrac{Q}{4\pi\varepsilon_o r^2}$

③ 구전하에 의한 전계 $E=\dfrac{Q}{4\pi\varepsilon_o r^2}$

④ 전기쌍극자에 의한 전계

$E=\dfrac{M}{4\pi\varepsilon_o r^3}\sqrt{1+3\cos^2\theta}$

해설

선전하에 의한 전계 $E=\dfrac{\lambda}{2\pi\varepsilon_o r}$

52 거리 r에 반비례하는 전계의 세기를 주는 대전체는?

① 점전하 ② 구전하
③ 전기쌍극자 ④ 선전하

해설

무한장 직선도체에서 선전하 ρ_l [C/m]에 의한

전계 $E=\dfrac{\rho_l}{2\pi\varepsilon_o r}$ [V/m]이므로 거리 r에 반비례한다.

53 그림과 같은 동심구에서 도체 A에 Q[C]을 줄 때 도체 A의 전위는 몇 [V] 인가? (단, 도체 B의 전하는 0이다.)

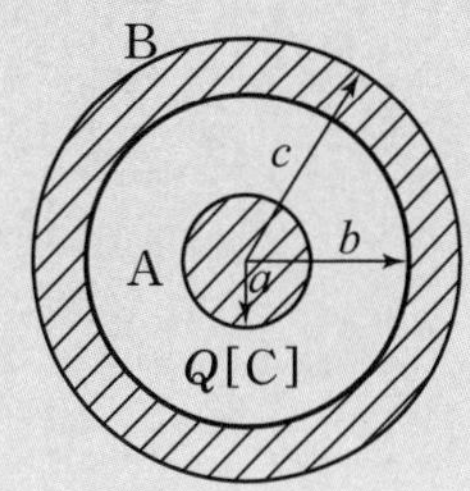

① $\dfrac{Q}{4\pi\varepsilon_0 C}$

② $\dfrac{Q}{4\pi\varepsilon_0}\left(\dfrac{1}{a}-\dfrac{1}{b}\right)$

③ $\dfrac{Q}{4\pi\varepsilon_0}\left(\dfrac{1}{a}+\dfrac{1}{b}\right)$

④ $\dfrac{Q}{4\pi\varepsilon_0}\left(\dfrac{1}{a}-\dfrac{1}{b}+\dfrac{1}{c}\right)$

54 대전도체의 내부 전위는?

① 항상 0이다.
② 표면 전위와 같다.
③ 대지전압과 전하의 곱으로 표시한다.
④ 공기의 유전율과 같다.

해설

대전 도체 내부 전위는 표면전위와 같다.
대전 도체 내부 전계는 0 이다.

정답 50 ④ 51 ① 52 ④ 53 ④ 54 ②

55 간격이 2[mm], 단면적이 10[mm^2]인 평행 전극에 500[V]의 직류 전압을 공급할 때 전극 사이의 전계의 세기 [V/m]는?

① 2.5×10^5　② 5×10^5
③ 2.5×10^7　④ 5×10^7

해설

전계의 세기
$$E=\frac{V}{d}=\frac{500}{2\times10^{-3}}=2.5\times10^5\ [\text{V/m}]$$

56 무한 평행판 평행 전극 사이의 전위차 V[V]는? (단, 평행판 전하 밀도 σ[C/m^2], 판간 거리 d[m]라 한다.)

① $\dfrac{\sigma}{\varepsilon_o}$　② $\dfrac{\sigma}{\varepsilon_o}d$
③ σd　④ $\dfrac{\varepsilon_o\sigma}{d}$

해설

무한 평행판 사이의 전계 $E=\dfrac{\sigma}{\varepsilon_o}$ [V/m]

무한 평행판 사이의 전위차 $V=E\cdot d=\dfrac{\sigma}{\varepsilon_o}d$ [V]

57 50[V/m]인 평등전계 중의 80[V]되는 A점에서 전계 방향으로 80[cm] 떨어진 B점의 전위는 몇 [V]인가?

① 20
② 40
③ 60
④ 80

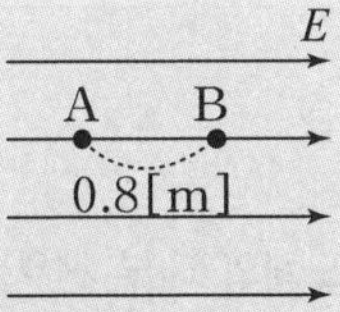

해설

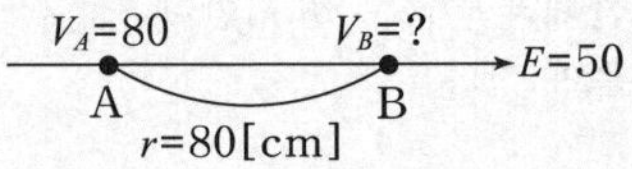

전위차 $V_{AB}=E\cdot r=50\times0.8=40$ [V]이며
전계의 방향은 전위가 감소하는 방향이므로
$V_B=V_A-V_{AB}=80-40=40$ [V]가 된다.

58 40[V/m]인 전계 내의 50[V]되는 점이서 1[C]의 전하가 전계방향으로 80[cm] 이동하였을 때, 그 점의 전위는?

① 18[V]　② 22[V]
③ 35[V]　④ 65[V]

해설

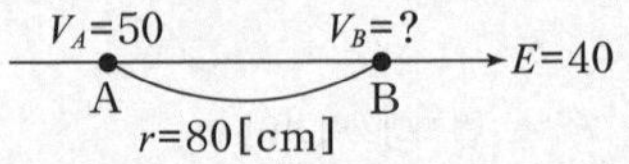

전위차 $V_{AB}=E\cdot r=40\times0.8=32$ [V]이며
전계의 방향은 전위가 감소하는 방향이므로
$V_B=V_A-V_{AB}=50-32=18$ [V]가 된다.

59 반지름 10[cm]인 구의 표면 전계가 3[kV/mm]라면 이 구의 전위는 몇[kV]이겠는가?

① 100　② 300
③ 500　④ 800

해설

반지름 $r=10$[cm], 표면전계 $E=3$[kV/mm]일 때
구의 전위는
$V=E\cdot r=3\times10^3\times10\times10^{-2}=300$[kV]이 된다.

60 무한장 직선전하, 대전된 무한 평면 도체로부터 일정한 거리 r[m]떨어진 점의 전전 위 [V]은?

① 0이다.
② 무한대의 값이다.
③ 거리 r에 반비례한다.
④ r이다.

해설

무한장 직선의 전위는
$$V=\int_r^\infty E\,dr=\int_r^\infty\frac{\lambda}{2\pi\varepsilon_o r}dr=\frac{\lambda}{2\pi\varepsilon_o}\Big[\ln x\Big]_r^\infty$$
$$=\frac{\lambda}{2\pi\varepsilon_o}\Big[\ln\infty-\ln r\Big]=\infty$$
무한평면 도체의 전위는
$$V=\int_r^\infty E\,dr=\int_r^\infty\frac{\rho_s}{2\varepsilon_o}dr=\frac{\rho_s}{2\varepsilon_0}\Big[r\Big]_r^\infty$$
$$=\frac{\rho_s}{2\varepsilon_0}\Big[\infty-r\Big]=\infty$$

정답　55 ①　56 ②　57 ②　58 ①　59 ②　60 ②

61 반지름 $r=1[\text{m}]$인 도체구의 표면전하밀도가 $\dfrac{10^{-8}}{9\pi}[\text{C/m}^2]$이 되도록 하는 도체구의 전위는 몇 $[\text{V}]$인가?

① 10 ② 20
③ 40 ④ 80

해설

$r=1[\text{m}]$, $\rho_s=\dfrac{Q}{S}=\dfrac{10^{-8}}{9\pi}[\text{C/m}^2]$일 때

전하량 $Q=\rho_s\cdot S=\rho_s(4\pi r^2)[\text{C}]$이므로

도체구의 전위는

$$V=\frac{Q}{4\pi\varepsilon_o r}=\frac{\rho_s(4\pi r^2)}{4\pi\varepsilon_o r}=\frac{\rho_s r}{\varepsilon_o}$$

$$=\frac{\left(\frac{10^{-8}}{9\pi}\right)(1)}{8.855\times10^{-12}}=40[\text{V}]$$

62 도체를 접지시킬 때 도체의 전위는 어떤 전위에 해당되는가?

① 영전위 ② 정전위
③ 부전위 ④ ∞전위

해설

접지시 대지전위는 $0[\text{V}]$이므로 도체의 전위도 $0[\text{V}]$가 된다.

63 정전유도에 의해서 고립 도체에 유기되는 전하는?

① 정전하만 유기되며 도체는 등전위이다.
② 정, 부 동량의 전하가 유기되며 도체는 등전위이다.
③ 부전하만 유기되며 도체는 등전위가 아니다.
④ 정, 부 동량의 전하가 유기되며 도체는 등전위가 아니다.

64 그림에서 0 점의 전위를 라플라스의 근사법에 의하여 구하면?

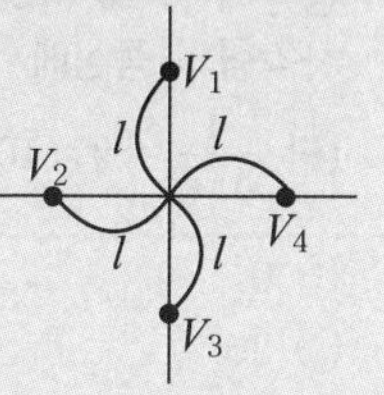

① $V_1+V_2+V_3+V_4$
② $\dfrac{1}{2}(V_1+V_2+V_3+V_4)$
③ $4(V_1+V_2+V_3+V_4)$
④ $\dfrac{1}{4}(V_1+V_2+V_3+V_4)$

65 한 변의 길이가 $a[\text{m}]$인 정4각형 A, B, C, D의 각 정점에 각각 $Q[\text{C}]$의 전하를 놓을 때, 정4각형 중심 O의 전위는 몇 $[\text{V}]$인가?

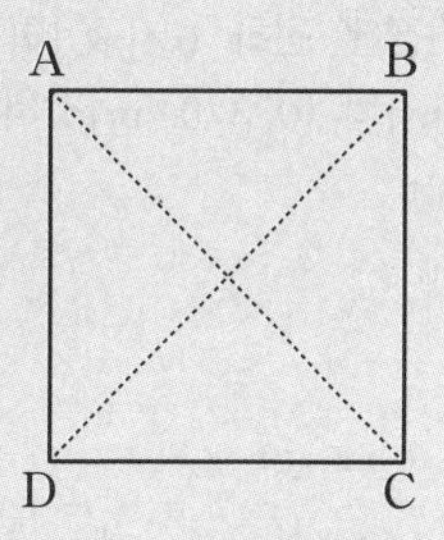

① $\dfrac{3Q}{4\pi\varepsilon_o a}$
② $\dfrac{3Q}{\pi\varepsilon_o a}$
③ $\dfrac{\sqrt{2}\,Q}{\pi\varepsilon_o a}$
④ $\dfrac{2Q}{\pi\varepsilon_o a}$

해설

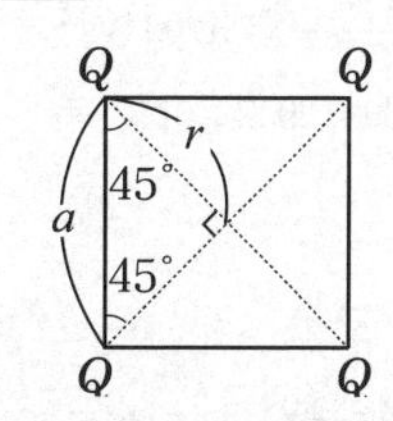

$\cos45°=\dfrac{r}{a}=\dfrac{1}{\sqrt{2}}$에서 $r=\dfrac{a}{\sqrt{2}}$이므로

하나의 정점 전하에 의한 전위

$$V_1=\frac{Q}{4\pi\varepsilon_o r}=\frac{Q}{4\pi\varepsilon_o\frac{a}{\sqrt{2}}}=\frac{\sqrt{2}\,Q}{4\pi\varepsilon_o a}[\text{V}]$$

중심점에서의 전체 전위는

$$V=4V_1=4\times\frac{\sqrt{2}\,Q}{4\pi\varepsilon_o a}=\frac{\sqrt{2}\,Q}{\pi\varepsilon_o a}[\text{V}]$$

정답 61 ③ 62 ① 63 ② 64 ④ 65 ③

66 한변의 길이 $\sqrt{2}$ [m]되는 정사각형의 4개의 정점에 $+10^{-9}$[C]의 점전하가 각각 있을 때 이 사각형의 중심에서의 전위[V]를 구하여라.
(단, $\frac{1}{4\pi\varepsilon_0} = 9\times10^9$이다.)

① 0　② 18
③ 36　④ 25.2

해설
정사각형 중심점 전계 $E = 0$ [V/m]
정사각형 중심점 전위는
$$V = \frac{\sqrt{2}\,Q}{\pi\varepsilon_o a} = \frac{\sqrt{2}\times10^{-9}}{3.14\times8.855\times10^{-12}\times\sqrt{2}} = 36\,[\mathrm{V}]$$

67 원점에 전하 0.4[μC]이 있을 때 두 점 (4, 0, 0)[m]와 (0, 3, 0)[m]간의 전위차 V[V]는?

① 300　② 150
③ 100　④ 30

해설
(4, 0, 0) 지점의 전위
$$V_1 = 9\times10^9\frac{Q}{r} = 9\times10^9\times\frac{0.4\times10^{-6}}{4} = 900\,[\mathrm{V}]$$
(0, 3, 0) 지점의 전위
$$V_2 = 9\times10^9\frac{Q}{r} = 9\times10^9\times\frac{0.4\times10^{-6}}{3} = 1200\,[\mathrm{V}]$$
전위차 $V_{12} = V_2 - V_1 = 1200 - 900 = 300$[V]이 된다.

68 정전계의 반대 방향으로 전하를 2[m] 이동시키는데 240[J]의 에너지가 소모 되었다. 두 점 사이의 전위차가 60[V]이면 전하의 전기량[C]은?

① 1　② 2
③ 4　④ 8

해설
전기량 Q에 전위차 V를 인가시 전하이동시 하는 일에너지는 $W = QV$[J] 이므로
전기량 $Q = \frac{W}{V} = \frac{240}{60} = 4$ [C]

69 등전위면을 따라 전하 Q[C]을 운반하는 데 필요한 일은?

① 전하의 크기에 따라 변한다.
② 전위의 크기에 따라 변한다.
③ QV
④ 0

해설
등전위면은 전위가 일정하므로 전위차가 0되어 전하 이동시 하는 일에너지는 0이 된다.

70 전계내에서 폐회로를 따라 전하를 일주시킬 때 하는 일은 몇 [J]인가?

① ∞　② 0
③ 부정　④ 산출 불능

해설
전하 일주시 에너지 보존의 법칙에 의해 일 에너지는 0이 된다.

71 여러 가지 도체의 전하 분포에 있어 각 도체의 전하를 n배 하면 중첩의 원리가 성립하기 위해서는 그 전위는 어떻게 되는가?

① $\frac{1}{2}n$배가 된다.　② n배가 된다.
③ $2n$배가 된다.　④ n^2배가 된다.

해설
전위는 전하에 비례하므로 전하가 n배이면 전위도 n배가 된다.

72 전위함수가 $V = 3xy + z + 1$ [V]일 때 점 (4, −4, 4)에 있어서 전계의 세기는?

① $i12 + j12 - k$
② $-i12 + j12 + k$
③ $i - j - k$
④ $i12 - j12 - k$

정답　66 ③　67 ①　68 ③　69 ④　70 ②　71 ②　72 ④

해설

전위 $V=3xy+z+1$[V], $(4,-4,4)$일 때 전계의 세기는

$$E=-grad\,V=-\nabla V$$
$$=-\left(\frac{\partial V}{\partial x}i+\frac{\partial V}{\partial y}j+\frac{\partial V}{\partial z}k\right)$$
$$=-3yi-3xj-k\,[\text{V/m}]$$ 이므로 $x=4,\ y=-4,\ z=4$ 주어진 수치를 대입하면

$E=12i-12j-k$[V/m]가 된다.

73 $V=x^2$[V]로 주어지는 전위 분포일 때 $x=20$[cm]인 점의 전계는?

① $+x$ 방향으로 40 [V/m]
② $-x$ 방향으로 40 [V/m]
③ $+x$ 방향으로 0.4 [V/m]
④ $-x$ 방향으로 0.4 [V/m]

해설

전위의 기울기

$$E=-grad\,V=-\nabla V=-\left(\frac{\partial V}{\partial x}i+\frac{\partial V}{\partial y}j+\frac{\partial V}{\partial z}k\right)$$
$$=-2xi\,[\text{V/m}]$$ 이므로

$x=20$ cm 인 점의 전계는

$E=-2\times0.2i=-0.4i$[V/m]가 되므로

$-x$축 방향으로 0.4[V/m]가 된다.

74 크기가 같고 부호가 반대인 두 점전하 $+Q$[C]과 $-Q$[C]이 극히 미소한 거리 δ[m]만큼 떨어져 있을 때 전기 쌍극자 모멘트는 몇[C·m]인가?

① $\frac{1}{2}Q\delta$
② $Q\delta$
③ $2Q\delta$
④ $4Q\delta$

해설

전기 쌍극자 모멘트 $M=Q\cdot\delta$[C·m]

75 전기쌍극자 모멘트 M[C·m]인 전기쌍극자에 의한 임의의 점의 전위는 몇 [V]인가? (단, 전기쌍극자간의 중심점에서 임의의 점까지의 거리는 R[m], 이들간에 이루어진 각은 θ 이다.)

① $9\times10^9\frac{M\cos\theta}{R}$ ② $9\times10^9\frac{M\cos\theta}{R^2}$

③ $9\times10^9\frac{M\sin\theta}{R}$ ④ $9\times10^9\frac{M\sin\theta}{R^2}$

해설

전기 쌍극자에 의한 전위

$$V=\frac{M\cos\theta}{4\pi\varepsilon_o R^2}=9\times10^9\frac{M\cos\theta}{R^2}\ [\text{V}]$$

76 전기 쌍극자로부터 r 만큼 떨어진 점의 전위 크기 V는 r과 어떤 관계가 있는가?

① $V\propto r$ ② $V\propto\frac{1}{r^3}$

③ $V\propto\frac{1}{r^2}$ ④ $V\propto\frac{1}{r}$

77 그림과 같은 전기쌍극자에서 P점의 전계의 세기는 몇 [V/m]인가?

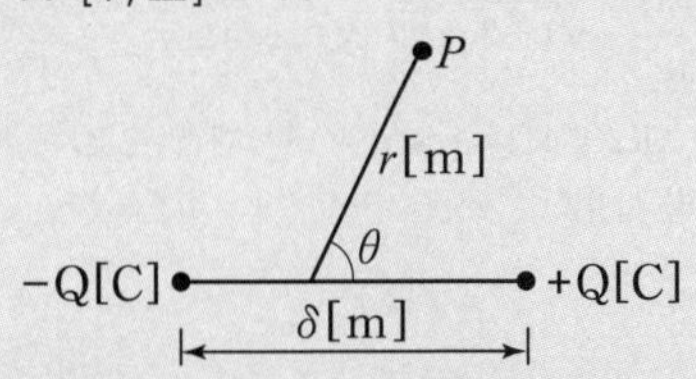

① $a_r\frac{Q\delta}{2\pi\varepsilon_o r^3}\sin\theta+a_\theta\frac{Q\delta}{4\pi\varepsilon_o r^3}\cos\theta$

② $a_r\frac{Q\delta}{4\pi\varepsilon_o r^3}\sin\theta+a_\theta\frac{Q\delta}{4\pi\varepsilon_o r^3}\cos\theta$

③ $a_r\frac{Q\delta}{2\pi\varepsilon_o r^3}\cos\theta+a_\theta\frac{Q\delta}{4\pi\varepsilon_o r^3}\sin\theta$

④ $a_r\frac{Q\delta}{4\pi\varepsilon_o r^3}\omega+a_\theta\frac{Q\delta}{4\pi\varepsilon_o r^3}(1-\omega)$

정답 73 ④ 74 ② 75 ② 76 ③ 77 ③

해설

전기 쌍극자에 의한
r성분 전계의 세기
$E_r = \frac{M}{2\pi\varepsilon_o r^3}\cos\theta = \frac{Q\delta}{2\pi\varepsilon_o r^3}\cos\theta$ [V/m]
θ성분의 전계의 세기
$E_\theta = \frac{M}{4\pi\varepsilon_o r^3}\sin\theta = \frac{Q\delta}{4\pi\varepsilon_o r^3}\sin\theta$ [V/m]
전체 전계의 세기

$$E = \overrightarrow{E_r} + \overrightarrow{E_\theta}$$
$$= a_r\frac{Q\delta}{2\pi\varepsilon_o r^3}\cos\theta + a_\theta\frac{Q\delta}{4\pi\varepsilon_o r^3}\sin\theta$$
$$= \frac{M}{4\pi\varepsilon_o r^3}\sqrt{1+3\cos^2\theta}$$
$$= \frac{Q\delta}{4\pi\varepsilon_o r^3}\sqrt{1+3\cos^2\theta}\ [\text{V/m}]$$

(단, $M = Q\cdot\delta$[C·m] : 전기쌍극자모멘트)이므로 전기쌍극자에 의한 전계는 거리의 3승에 반비례한다.

78 쌍극자모멘트가 M[C·m]인 전기쌍극자에 의한 임의의 점 P의 전계의 크기는 전기 쌍극자의 중심에서 축방향과 점 P를 잇는 선분 사이의 각 θ가 어느 때 최대가 되는가?

① 0 ② $\pi/2$
③ $\pi/3$ ④ $\pi/4$

해설

전기 쌍극자에 의한 전계는
$E = \frac{M}{4\pi\varepsilon_o r^3}\sqrt{1+3\cos^2\theta}$ [V/m]이므로
전계가 최대일 때는 $\cos^2\theta = 1$일 때 이므로
$\theta = 0°$일 때이다.

79 전기쌍극자로부터 임의의 점의 거리가 r 이라 할 때, 전계의 세기는 r 과 어떤 관계에 있는가?

① $\frac{1}{r}$에 비례 ② $\frac{1}{r^2}$에 비례
③ $\frac{1}{r^3}$에 비례 ④ $\frac{1}{r^4}$에 비례

해설

전기쌍극자에 의한 전계 $E \propto \frac{1}{r^3}$

80 $E = i\left(\frac{x}{x^2+y^2}\right) + j\left(\frac{y}{x^2+y^2}\right)$인 전계의 전기력선의 방정식을 옳게 나타낸 것은?(단, c는 상수이다.)

① $y = c\ln x$ ② $y = \frac{c}{x}$
③ $y = cx$ ④ $y = cx^2$

해설

전계의 세기가 $E = \frac{x}{x^2+y^2}i + \frac{y}{x^2+y^2}j$ [V/m] 일 때
전기력선의 방정식을 구하면 전기력선의 방정식
$\frac{dx}{Ex} = \frac{dy}{Ey}$ 이므로
$\frac{dx}{\frac{x}{x^2+y^2}} = \frac{dy}{\frac{y}{x^2+y^2}} \Rightarrow \frac{1}{x}dx = \frac{1}{y}dy$ 에서
양변을 적분하면
$\ln x = \ln y + \ln A$, $\ln x - \ln y = \ln A$,
$\ln\frac{x}{y} = \ln A$, $\frac{x}{y} = A$ 가 되므로 $y = \frac{1}{A}x = cx$가 된다.

81 $E = \frac{3x}{x^2+y^2}i + \frac{3y}{x^2+y^2}j$[V/m]일 때 점(4, 3 0)을 지나는 전기력선의 방정식은?

① $xy = \frac{4}{3}$ ② $xy = \frac{3}{4}$
③ $x = \frac{4}{3}y$ ④ $x = \frac{3}{4}y$

해설

전계의 세기가
$E = \frac{3x}{x^2+y^2}i + \frac{3y}{x^2+y^2}j$ [V/m] 일 때
(4, 3, 0)을 지나는 전기력선의·방정식을 구하면
전기력선의 방정식 $\frac{dx}{Ex} = \frac{dy}{Ey}$ 이므로
$\frac{dx}{\frac{3x}{x^2+y^2}} = \frac{dy}{\frac{3y}{x^2+y^2}} \Rightarrow \frac{1}{x}dx = \frac{1}{y}dy$ 에서
양변을 적분하면
$\ln x = \ln y + \ln c$, $\ln x - \ln y = \ln c$, $\ln\frac{x}{y} = \ln c$,
$\frac{x}{y} = c$ 가 되므로 ($x = 4$, $y = 3$, $z = 0$)을 대입하면
$\frac{x}{y} = c = \frac{4}{3}$ 에서 $x = \frac{4}{3}y$ 가 된다.

정답 78 ① 79 ③ 80 ③ 81 ③

82 도체계에서 임의의 도체를 일정 전위의 도체로 완전 포위하면 내외 공간의 전계를 완전히 차단할 수 있다. 이것을 무엇이라 하는가?

① 전자차폐 ② 정전차폐
③ 홀(hall) 효과 ④ 핀치(pinch) 효과

83 $div\,D=\rho$와 관계가 가장 깊은 것은?

① Ampere의 주회적분 법칙
② Faraday의 전자유도 법칙
③ Laplace의 방정식
④ Gauss의 정리

해설

$div\,D=\rho$ 는 가우스의 미분형으로 전하에서 전속선이 발산한다는 의미이다.

84 전속밀도 $D=x^2i+2y^2j+3zk\,[\mathrm{C/m^2}]$을 주는 원점의 $1[\mathrm{mm^3}]$내의 전하는 몇 [C] 인가?

① 3 ② 3×10^{-6}
③ 3×10^{-9} ④ 3×10^{-12}

해설

$div D=\rho[\mathrm{C/m^3}]$ 이므로

$$div\,D=\nabla\cdot D=\left(\frac{\partial}{\partial x}i+\frac{\partial}{\partial y}j+\frac{\partial}{\partial^2 z}k\right)\cdot D$$

$$=\frac{\partial D_x}{\partial x}+\frac{\partial D_y}{\partial y}+\frac{\partial D_z}{\partial z}$$

$$=2x+4y+3|_{x=0,\,y=0,\,z=0}$$

$$=3\,[\mathrm{C/m^3}]=3\times10^{-9}[\mathrm{C/mm^3}]$$ 이므로

$1[\mathrm{mm^3}]$ 안의 전하량은 $Q=3\times10^{-9}$ [C] 이 된다.

85 원점에 점전하 Q[C]이 있을 때 원점을 제외한 모든 점에서 $\nabla\cdot D$의 값은?

① ∞ ② 0
③ 1 ④ ε_0

해설

원점에 전하가 있을 때 원점을 제외한 지점에는 전하가 없으므로 $\nabla\cdot D=0$ 이 된다.

86 Poisson의 방정식은?

① $div\,\dot{E}=\dfrac{\rho}{\varepsilon_0}$
② $\nabla^2 V=-\dfrac{\rho}{\varepsilon_0}$
③ $\dot{E}=grad\,V$
④ $div\,E=\varepsilon_0$

해설

가우스의 미분형 $div\,\dot{E}=\dfrac{\rho}{\varepsilon_0}$

푸아송의 (Poisson)의 방정식 $\nabla^2 V=-\dfrac{\rho}{\varepsilon_o}$

전위경도 $\dot{E}=grad\,V$

라플라스 방정식 $\nabla^2 V=0$

87 진공 내에서 전위함수 $V=x^2+y^2$ [V]와 같이 주어질 때 점(2, 2, 0)[m]에서 체적전하밀도 $\rho\,[\mathrm{C/m^3}]$를 구하면?

① $-4\varepsilon_0$
② $-2\varepsilon_0$
③ $4\varepsilon_0$
④ $2\varepsilon_0$

해설

포아손의 방정식을 이용하면

$\nabla^2 V=-\dfrac{\rho}{\varepsilon_0}$ 이므로

$$\nabla^2 V=\left(\frac{\partial^2}{\partial^2 x}+\frac{\partial^2}{\partial^2 y}+\frac{\partial^2}{\partial^2 z}\right)V$$

$$=\left(\frac{\partial^2 V}{\partial^2 x}+\frac{\partial^2 V}{\partial^2 y}+\frac{\partial^2 V}{\partial^2 z}\right)$$

$=2+2=4=-\dfrac{\rho}{\varepsilon_o}$ 에서

공간전하밀도 $\rho\,[\mathrm{C/m^3}]$를 구하면 $\rho=-4\varepsilon_o\,[\mathrm{C/m^3}]$ 가 된다.

정답 82 ② 83 ④ 84 ③ 85 ② 86 ② 87 ①

88 다음 중 틀린 것은?

① 가우스(Gauss)의 정리 $div D = \rho$

② 푸아송의 (Poisson)의 방정식 $\nabla^2 V = -\frac{\rho}{\varepsilon_o}$

③ 스토크스(Stokes)의 정리 $\oint_c A dl = \frac{1}{\varepsilon_o}$

④ 발산의 정리 $\int\int_s A n ds = \int\int\int_v div A dv$

해설

스토크스(Stokes)의 정리는 선적분을 면적분으로 변환시킨다.

$\int A\,dl = \int rot A\,ds$

89 질점이 $F = 5i + 10j + 15k$[N]의 힘을 받아 $P(1, 0, 3)$으로 부터 $Q(3, -1, 6)$까지 이동 했을 때 힘 F가 한 일은?

① 15[J] ② 25[J]

③ 35[J] ④ 45[J]

해설

거리벡터

$\vec{r} = (x_2 - x_1)i + (y_2 - y_1)j + (z_2 - z_1)k$

$= (3-1)i + (-1-0)j + (6-3)k = 2i - j + 3k$

전하 이동시 한 일

$W = QV = QE \cdot r = F \cdot r$

$= (5i + 10j + 15k) \cdot (2i - j + 3k)$

$= 5 \times 2 + 10 \times (-1) + 15 \times 3 = 45$[J]

90 $E = i + 2j + 3k$[V/cm]로 표시되는 전계가 있다. 0.01[μC]의 전하를 원점으로부터 $r = 3i$[m]로 움직이는데 요하는 일[J]은?

① 4.69×10^{-6} ② 3×10^{-6}

③ 4.69×10^{-8} ④ 3×10^{-8}

해설

$E = i + 2j + 3k$[V/cm], $Q = 0.01$[μC],

$r = 3i$[m] 일 때

전하 이동시 하는 일 에너지 W[J]은

$W = QV = QEr$

$= 0.01 \times 10^{-6}(i + 2j + 3k) \cdot (3i) \times 10^2$

$= 3 \times 10^{-6}$[J]

91 전위 V가 단지 x 만의 함수이며 $x = 0$에서 $V = 0$이고, $x = d$ 일 때 $v = v_o$인 경계조건을 갖는다고 한다. 라플라스 방정식에 의한 V의 해는?

① $\nabla^2 V$

② $V_o d$

③ $\frac{V_o}{d} x$

④ $\frac{Q}{4\pi\varepsilon_o d}$

해설

전위 V가 단지 x만의 함수이므로

$V = ax + b$ 에서

$x = 0$ 일 때 $V = 0$ 이면 $V = b = 0$

$x = d$ 일 때 $V = V_0$ 이면 $V = ad = V_o$

$a = \frac{V_o}{d}$ 이므로 $V = \frac{V_o}{d} x$ 가 된다.

92 전위함수에서 라플라스 방정식을 만족하지 않는 것은?

① $V = \rho\cos\theta + \phi$

② $V = x^2 - y^2 + z^2$

③ $V = \rho\cos\theta + z$

④ $V = \frac{V_o}{d} x$

해설

라플라스 방정식 $\nabla^2 V = 0$ 에서

$V = x^2 - y^2 + z^2$ 일 때

$\nabla^2 V = \frac{\partial^2 V}{\partial x^2} + \frac{\partial^2 V}{\partial y^2} + \frac{\partial^2 V}{\partial z^2} = 2$이므로

$\nabla^2 V \neq 0$ 이므로

라플라스 방정식을 만족하지 않는다.

정답 88 ③ 89 ④ 90 ② 91 ③ 92 ②

93 반지름 a인 원판형 전기 2중층(세기 M)의 축상 x되는 거리에 있는 점 P(정전하측)의 전위[V]은?

① $\frac{M}{2\varepsilon_o}\left(1-\frac{a}{\sqrt{x^2+a^2}}\right)$

② $\frac{M}{\varepsilon_o}\left(1-\frac{a}{\sqrt{x^2+a^2}}\right)$

③ $\frac{M}{2\varepsilon_o}\left(1-\frac{x}{\sqrt{x^2+a^2}}\right)$

④ $\frac{M}{\varepsilon_o}\left(1-\frac{x}{\sqrt{x^2+a^2}}\right)$

해설

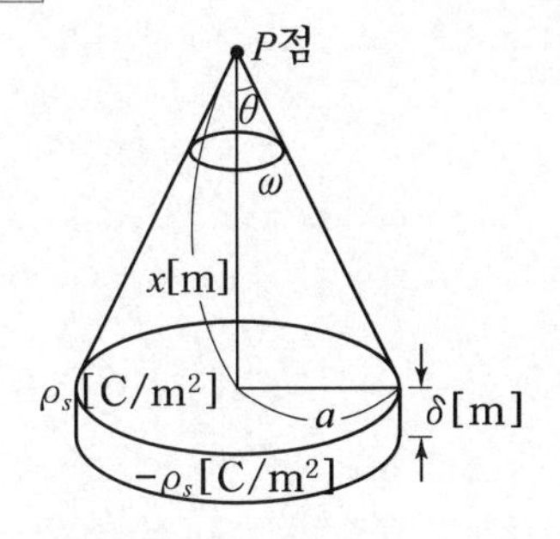

- 전기2중층의 세기 $M=\rho_s\cdot\delta$[C/m]
  (단, ρ_s[C/m²] : 면전하밀도, δ[m] : 판의 두께)

- 입체각 $\omega=2\pi(1-\cos\theta)$[Sr]
  ① 관측점을 무한접근시 또는 무한평면인 경우
  입체각 $\omega=2\pi$[Sr]
  ② 구도체의 입체각 $\omega=4\pi$[Sr]

- 전기2중층의 전위
  $V=\frac{M}{4\pi\varepsilon_o}\omega=\frac{M}{2\varepsilon_o}\left(1-\frac{x}{\sqrt{a^2+x^2}}\right)$[V]

정 답 93 ③

memo

Engineer Electricity
ustrial Engineer Electricity

진공중의 도체계

Chapter 03

SECTION 03

진공중의 도체계

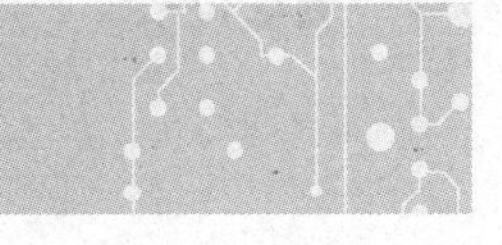

① 정전용량

1. 정전 용량(Capacitance)

두도체간에 전위차에 의해서 전하를 축적하는 장치로서 전위차에 대한 전기량과의 비를 말하며 정전용량 혹은 Capacitance라고 하며 단위로 패럿[F]를 사용한다.

(1) 정전용량

$$C = \frac{Q}{V} = \frac{전기량}{전위차}\,[\mathrm{F}]$$

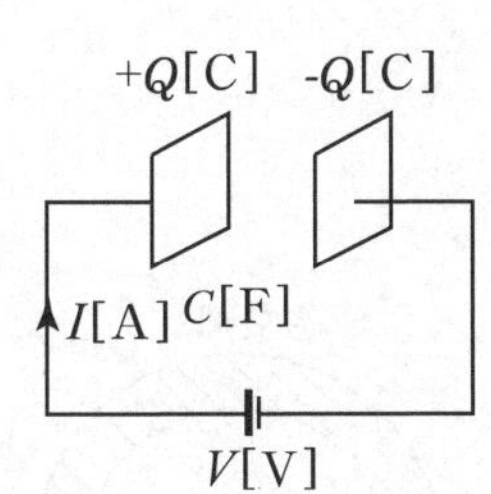

(2) 엘라스턴스(elastance) : 정전용량의 역수로서 단위로 다라프[daraf]를 사용한다.

엘라스턴스

$$= \frac{1}{C} = \frac{V}{Q} = \frac{전위차}{전기량}[\mathrm{V/C} = 1/\mathrm{F}]$$

예제문제 정전용량

1 5 [μF]의 콘덴서에 100[V]의 직류전압을 가하면 축적되는 전하[C]는?

① 5×10^{-6} ② 5×10^{-5}

③ 5×10^{-4} ④ 5×10^{-3}

해설 $Q = CV = 5 \times 10^{-6} \times 100 = 5 \times 10^{-4}$ [C]

답 ③

② 도체모양에 따른 정전용량

1. 구도체의 정전용량

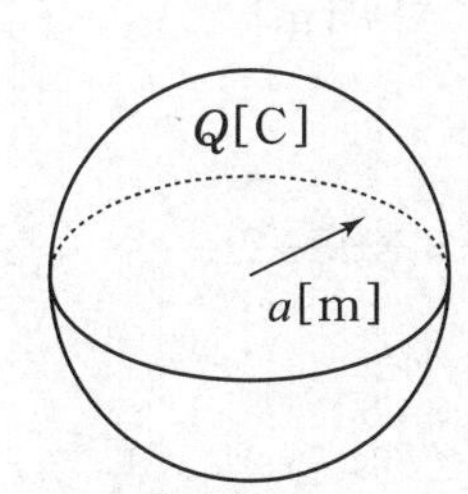

(1) 구도체 표면의 전위

$$V_a = \frac{Q}{4\pi\varepsilon_o a}[\mathrm{V}]$$

(2) 구도체의 정전용량

$$C = \frac{Q}{V_a} = \frac{Q}{\dfrac{Q}{4\pi\varepsilon_o a}} = 4\pi\varepsilon_o a[\mathrm{F}]$$

단, a[m] : 구도체의 반지름

핵심 NOTE

■ 정전용량 C[F]
전하를 축적하는 장치
전위차에 대한 전기량과의 비
$C = \frac{Q}{V} = \frac{전기량}{전위차}$ [F]

■ 구도체 정전용량
$C = 4\pi\varepsilon_o a$[F]
구도체의 정전용량은 반지름 a[m] 비례한다.

핵심 NOTE

■ 동심구도체 정전용량

$$C = \frac{4\pi\varepsilon_o}{\frac{1}{a} - \frac{1}{b}} = \frac{4\pi\varepsilon_o ab}{b-a} = \frac{1}{9\times10^9} \cdot \frac{ab}{b-a} [\text{F}]$$

예제문제 구도체의 정전용량

2 1[μF]의 정전용량을 가진 구의 반지름 [km]은?

① 9×10^3　② 9
③ 9×10^{-3}　④ 9×10^{-6}

해설
구도체의 정전용량은 $C = 4\pi\varepsilon_o a$ [F]이므로 구의 반지름은

$$a = \frac{1}{4\pi\varepsilon_o} \cdot C = 9\times10^9 \times 1\times10^{-6} = 9\times10^3 [\text{m}] = 9 [\text{km}]$$

답 ②

2. 동심구의 정전 용량

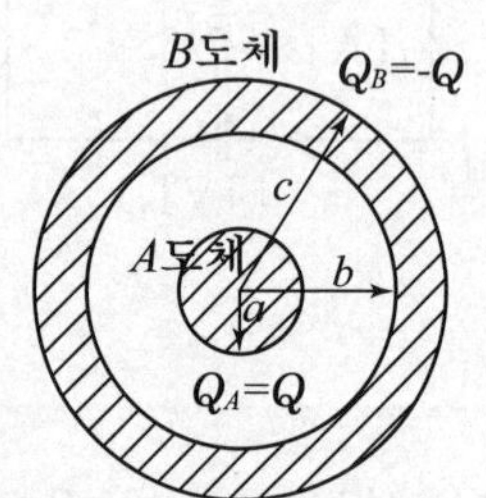

(1) $a \sim b$ 사이의 전위차

$$V_{ab} = -\int_b^a E\, dr = \int_a^b \frac{Q}{4\pi\varepsilon_o r^2} dr$$

$$= \frac{Q}{4\pi\varepsilon_o}\left[-\frac{1}{r}\right]_a^b = \frac{Q}{4\pi\varepsilon_o}\left(\frac{1}{a} - \frac{1}{b}\right) [\text{V}]$$

(2) 동심구의 정전 용량

$$C = \frac{Q}{V_{ab}} = \frac{Q}{\frac{Q}{4\pi\varepsilon_o}\left(\frac{1}{a} - \frac{1}{b}\right)}$$

$$= \frac{4\pi\varepsilon_o}{\frac{1}{a} - \frac{1}{b}} = \frac{4\pi\varepsilon_o ab}{b-a} = \frac{1}{9\times10^9} \frac{ab}{b-a} [\text{F}]$$

예제문제 동심구도체의 정전용량

3 그림과 같은 두 개의 동심구 도체가 있다. 구 사이가 진공으로 되어 있을 때 동심구간의 정전용량은 몇 [F]인가?

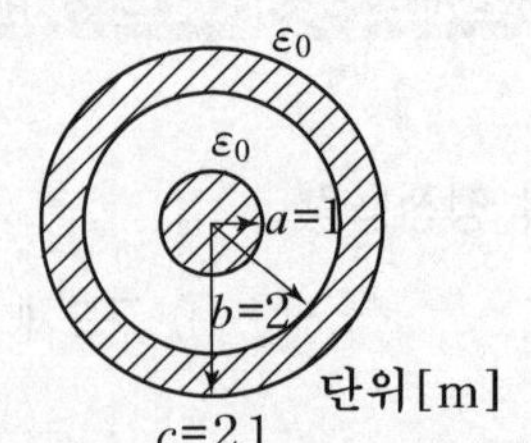

① $2\pi\varepsilon_0$
② $4\pi\varepsilon_0$
③ $8\pi\varepsilon_0$
④ $12\pi\varepsilon_0$

해설
내구반지름 $a = 1[\text{m}]$, 외구반지름 $b = 2[\text{m}]$ 이므로 동심구의 정전용량은

$$C = \frac{4\pi\varepsilon_o ab}{b-a} = \frac{4\pi\varepsilon_o \times 1\times2}{2-1} = 8\pi\varepsilon_o [\text{F}]$$

답 ②

핵심 NOTE

3. 평행판 콘덴서의 정전 용량

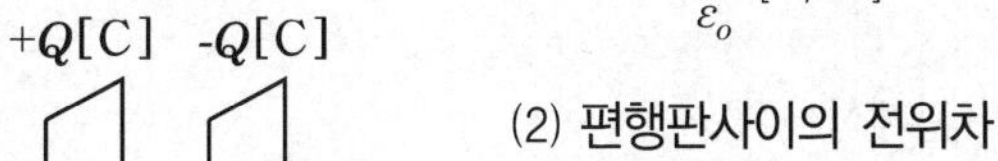

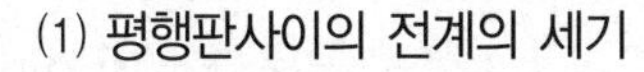

(1) 평행판사이의 전계의 세기

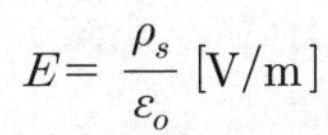

$$E = \frac{\rho_s}{\varepsilon_o}\ [\text{V/m}]$$

(2) 편행판사이의 전위차

$$V = E \cdot d = \frac{\rho_s}{\varepsilon_o} d\ [\text{V}]$$

(3) 평행판사이의 정전용량

$$C = \frac{Q}{V} = \frac{\rho_s S}{\frac{\rho_s}{\varepsilon_o} d} = \frac{\varepsilon_o S}{d}\ [\text{F}]$$

평행판 사이의 정전용량은 진공시유전율(ε_o)과 면적(S)에 비례하고 판 간격(d)에 반비례한다.

■ 평행판콘덴서 정전용량

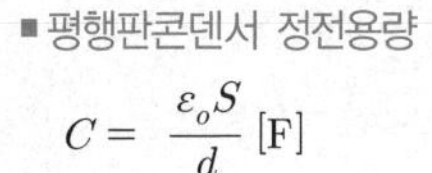

$$C = \frac{\varepsilon_o S}{d}\ [\text{F}]$$

예제문제 평행판 사이의 정전용량

4 **한 변이 50[cm]인 정사각형의 전극을 가진 평행판 콘덴서가 있다. 이 극판의 간격을 5[mm]로 할 때 정전용량은 약 몇 [pF]인가? (단, 단말(端末)효과는 무시한다.)**

① 373 ② 380

③ 410 ④ 443

해설

한 변의 길이 $a = 50$[cm], 정사각형, 평행판 간격 $d = 5$[mm] 일 때

정전용량은 평행판사이의 정전용량 $C = \frac{\varepsilon_o S}{d} = \frac{\varepsilon_o a^2}{d}$ [F] 이므로

주어진 수치를 대입하면 $C = \frac{8.855 \times 10^{-12} \times (0.5)^2}{5 \times 10^{-3}} \times 10^{12} = 443$ [pF]이 된다.

답 ④

4. 동심원통 도체(동축케이블)의 정전 용량

(1) 동심 원통에서의 임의의 한 점 dr 지점의 전계의 세기

$$E = \frac{\rho_l}{2\pi\varepsilon_o r}\ [\text{V/m}]$$

(2) 동심 원통사이의 전위차

$$V_{ab} = -\int_b^a E\, dr = \frac{\rho_l}{2\pi\varepsilon_o} \ln\frac{b}{a}\ [\text{V}]$$

(3) 정전 용량

$$C = \frac{Q}{V_{ab}} = \frac{\rho_l \cdot l}{V_{ab}} = \frac{2\pi\varepsilon_o l}{\ln\frac{b}{a}}\ [\text{F}]$$

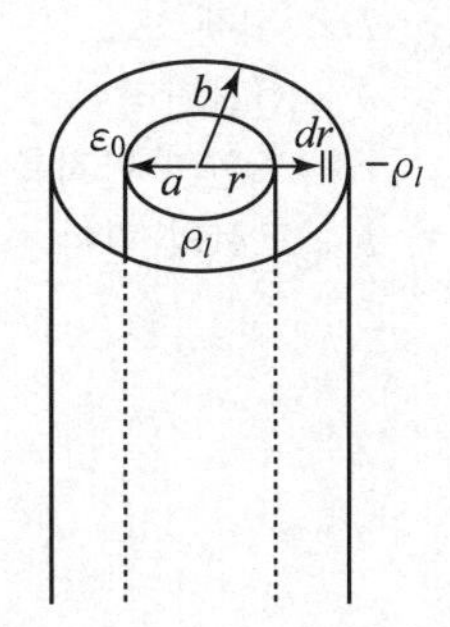

핵심 NOTE

■ 동심원통 정전용량

$$C = \frac{2\pi\varepsilon_o}{\ln\frac{b}{a}}\ [\mathrm{F/m}]$$

■ 참고

① $\ln = \log_e$: 자연로그
② $\log_{10}$: 상용로그
③ $\ln = 2.303\log_{10}$

(4) 단위길이당 정전용량

$$C' = \frac{C}{l} = \frac{2\pi\varepsilon_o}{\ln\frac{b}{a}}\ [\mathrm{F/m}]$$

(5) 전위차와 전계의 관계식

$$V_{ab} = Er\ln\frac{b}{a}\ [\mathrm{V}]\ ,\ \mathrm{E} = \frac{\mathrm{V_{ab}}}{\mathrm{r}\ln\frac{b}{a}}\ [\mathrm{V/m}]$$

예제문제 동심원통의 정전용량

5 내원통 반지름 10[cm], 외원통 반지름 20[cm]인 동축원통 도체의 정전 용량 [pF/m]은?

① 100　　② 90
③ 80　　④ 70

해설

$a = 10$ [cm], $b = 20$ [cm]일 때 동심원통사이의 단위 길이당 정전 용량은

$$C = \frac{2\pi\varepsilon_o}{\ln\frac{b}{a}} = \frac{2\pi\times8.855\times10^{-12}}{\ln\frac{0.2}{0.1}}\times10^{12} = 80\ [\mathrm{pF/m}]$$가 된다.

답 ③

■ 평행도선(원통도체) 정전용량

$$C = \frac{\pi\varepsilon_o}{\ln\frac{D}{r}}\ [\mathrm{F/m}]$$

5. 평행 도선간의 정전 용량

(1) 평행도선사이의 정전 용량

$$C = \frac{\pi\varepsilon_o l}{\ln\frac{D}{r}}\ [\mathrm{F}]$$

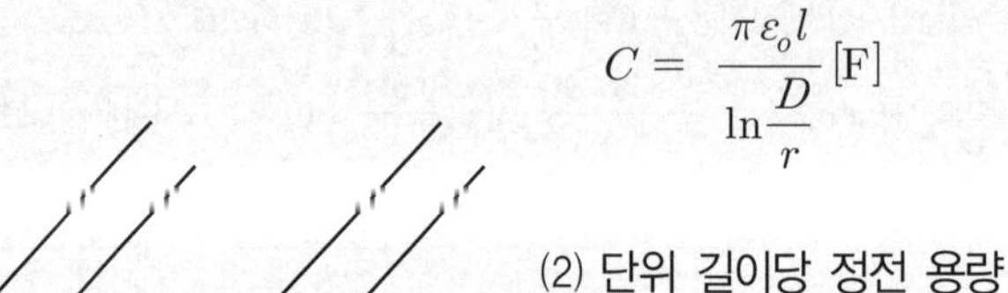

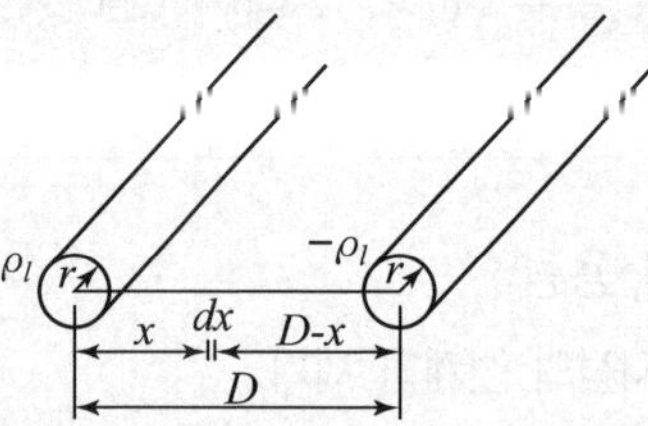

단, D : 평행 도선 사이의 선간거리
r : 도선의 반지름
l : 도선의 길이

(2) 단위 길이당 정전 용량

$$C' = \frac{C}{l} = \frac{\pi\varepsilon_o}{\ln\frac{D}{r}}\ [\mathrm{F/m}]$$

(3) 평행도선사이의 전위차

$$V = \frac{Q}{C} = \frac{\rho_l l}{\frac{\pi\varepsilon_o l}{\ln\frac{D}{r}}} = \frac{\rho_l}{\pi\varepsilon_o}\ln\frac{D}{r}\ [\mathrm{V}]$$

핵심 NOTE

예제문제 평행도선(원통)도체의 정전용량

6 도선의 반지름이 a 이고, 두 도선 중심 간의 간격이 d 인 평행 2선 선로의 정전용량에 대한 설명으로 옳은 것은?

① 정전용량 C 는 $\ln\frac{d}{a}$에 직접 비례한다.

② 정전용량 C 는 $\ln\frac{d}{a}$에 직접 반비례한다.

③ 정전용량 C 는 $\ln\frac{a}{d}$에 직접 비례한다.

④ 정전용량 C 는 $\ln\frac{a}{d}$에 직접 반비례한다.

해설

평행도선 사이의 정전용량은 $C=\dfrac{\pi\varepsilon_0}{\ln\frac{d}{a}}$ [F/m] 이므로 $\ln\frac{d}{a}$에 직접 반비례한다.

답 ②

3 전위계수 P[V/C= 1/F]

전위를 전하량으로 표현시 전하량 앞에 붙어 있는 계수

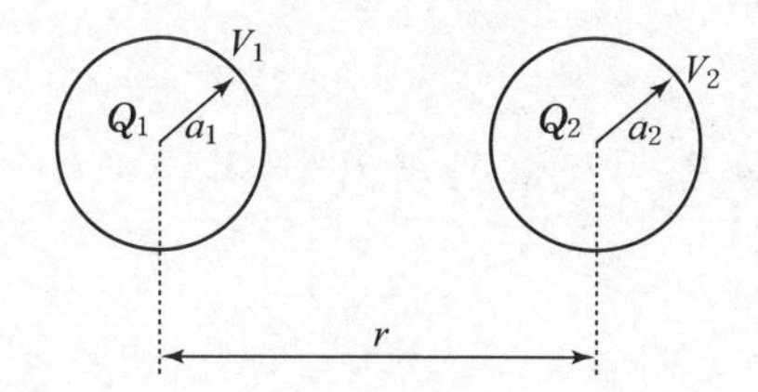

1. 전위계수의 단위

$$V= PQ[\mathrm{V}],\ P= \frac{V}{Q}[\mathrm{V/C} = \frac{1}{\mathrm{F}}]$$

2. 두 도체의 전위

$$V_1 = V_1' + V_1'' = \frac{Q_1}{4\pi\varepsilon_o a_1} + \frac{Q_2}{4\pi\varepsilon_o r} = P_{11}Q_1 + P_{12}Q_2[\mathrm{V}]$$

$$V_2 = V_2' + V_2'' = \frac{Q_2}{4\pi\varepsilon_o a_2} + \frac{Q_1}{4\pi\varepsilon_o r} = P_{21}Q_1 + P_{22}Q_2[\mathrm{V}]$$

여기서 P_{11}, P_{12}, P_{21}, P_{22}를 전위 계수라 한다.

3. 전위 계수의 성질

① $P_{rr} > 0$

② $P_{rs} = P_{sr} \ge 0$

③ $P_{rr} \ge P_{rs}$

④ $P_{rr} = P_{rs}$ (r도체는 s도체를 포함한다.)

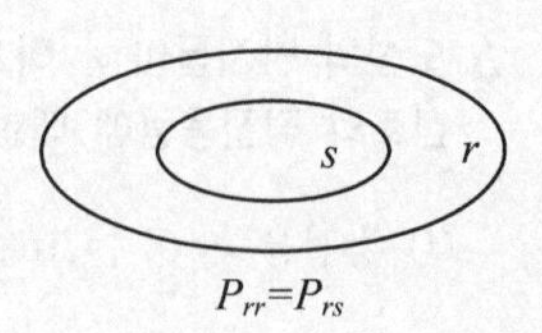

4. 전위계수에 의한 전위차 및 정전용량

두 도체에 전하 $\pm Q$[C]를 대전시 $Q_1 = Q$, $Q_2 - Q$ 을 대입하면

$V_1 = P_{11}Q_1 + P_{12}Q_2 = P_{11}Q - P_{12}Q$

$V_2 = P_{21}Q_1 + P_{22}Q_2 = P_{21}Q - P_{22}Q$가 되므로

전위차 $V_1 - V_2 = (P_{11} - 2P_{12} + P_{22})Q$ [V]

정전 용량은 $C = \dfrac{Q}{V_1 - V_2} = \dfrac{1}{P_{11} - 2P_{12} + P_{22}}$ [F]

예제문제 전위계수

7 도체계의 전위계수의 성질로 틀린 것은?

① $p_{rr} \ge p_{rs}$　　② $p_{rr} < 0$

③ $p_{rs} \ge 0$　　④ $p_{rs} = p_{sr}$

해설

전위계수의 성질

① $P_{rr} > 0$　② $P_{rs} = P_{sr} \ge 0$　③ $P_{rr} \ge P_{rs}$　④ $P_{rr} = P_{rs}$

답 ②

예제문제 전위계수

8 두 도체 ①, ②가 있다. ① 도체에만 2[C]의 전하를 주면, ① 및 ② 도체의 전위가 각각 4[V] 및 6[V]가 되었다. 두 도체에 같은 전하 1[C]을 주면 ① 도체의 전위는?

① 0[V]　　② 3[V]

③ 5[V]　　④ 7[V]

해설

① 도체에만 2[C]의 전하를 주었으므로 ② 도체의 전하량은 0이 되므로
전위계수에 의한 두 도체의 전위 $V_1 = P_{11}Q_1 + P_{12}Q_2$, $V_2 = P_{21}Q_1 + P_{22}Q_2$에
$Q_1 = 2$[C], $Q_2 = 0$[C], $V_1 = 4$, $V_2 = 6$을 대입하면.
$4 = 2P_{11}$ 에서 $P_{11} = 2$, $6 = 2P_{21}$에서 $P_{21} = 3$가 된다.
두 도체에 같은 전하 $Q_1 = Q_2 = 1$[C]을 주었을 때의 ① 도체의 전위는
$V_1 = P_{11}Q_1 + P_{12}Q_2 = (2)(1) + (3)(1) = 5$[V]

답 ③

④ 용량계수 및 유도 계수 $q[\mathrm{C/V=F}]$

전하량을 전위로 표현시 전위 앞에 붙어 있는 계수

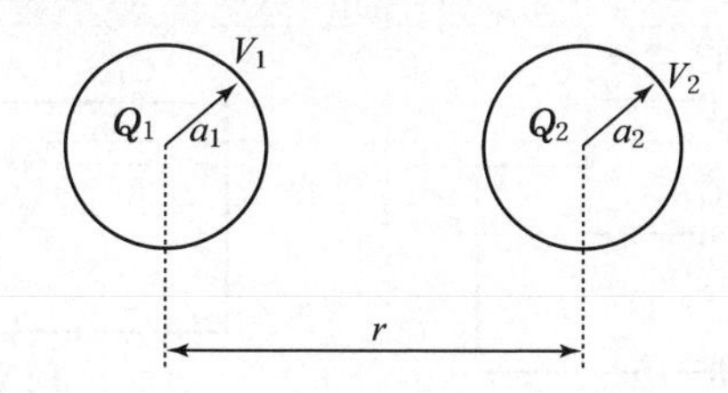

1. 용량 및 유도계수의 단위

$$Q = qV[\mathrm{F}],\ q = \frac{Q}{V}[\mathrm{C/V = F}]$$

2. 두 도체의 전하량

$$Q_1 = q_{11}V_1 + q_{12}V_2,\ Q_2 = q_{21}V_1 + q_{22}V_2$$

위 식에서 q의 첨자가 같으면 용량 계수이고 첨자가 다르면 유도 계수라고 한다.

3. 용량 계수 및 유도계수의 성질

(1) 용량계수 $q_{rr} > 0$

(2) 유도계수 $q_{rs} = q_{sr} \leq 0$

(3) $q_{rr} \geq -q_{rs}$

(4) $q_{rr} = -q_{rs}$

(s 도체는 r 도체를 포함한다.)

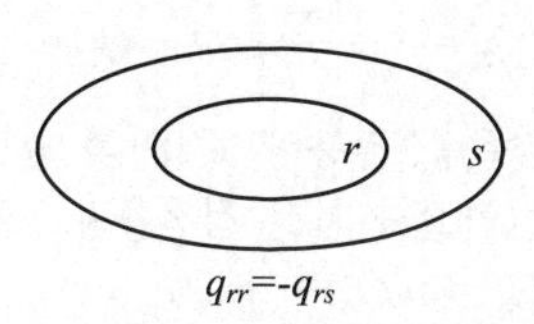

■ 용량계수 및 유도계수의 성질
- 용량계수 $q_{rr} > 0$
- 유도계수 $q_{rs} = q_{sr} \leq 0$
- $q_{rr} \geq -q_{rs}$
- $r_{rr} = -q_{sr}$

예제문제 용량계수 및 유도계수

9 도체계에서 각 도체의 전위를 $V_1, V_2, \cdots\cdots$으로 하기 위한 각 도체의 유도계수와 용량 계수에 대한 설명으로 옳은 것은?

① $q_{11}, q_{22}\, q_{33}$ 등을 유도계수라 한다.

② $q_{21}, q_{31}\, q_{41}$ 등을 용량계수라 한다.

③ 일반적으로 유도계수 ≤0 이다.

④ 용량계수와 유도계수의 단위는 모두 V/C 이다.

해설

$q_{11}, q_{22}\, q_{33}$: 용량계수 , $q_{21}, q_{31}\, q_{41}$: 유도계수
용량계수와 유도계수의 단위는 모두 C/V

답 ③

핵심 NOTE

■ 콘덴서 병렬연결
합성정전용량 $C = C_1 + C_2$ [F]

두구 접촉, 가는 선 연결 = 병렬

■ 콘덴서 직렬연결
합성정전용량
$C = \dfrac{C_1 C_2}{C_1 + C_2}$ [F]

전압 분배 법칙
- C_1에 분배되는 전압
$V_1 = \dfrac{C_2}{C_1 + C_2} V$ [V]
- C_2에 분배되는 전압
$V_2 = \dfrac{C_1}{C_1 + C_2} V$ [V]

■ 병렬연결
문제에서 두 구를 접촉시 또는 가는 선으로 연결시라는 말이 있으면 병렬연결로 본다.

5 합성 정전용량

병렬연결

1. 단자전압이 일정하다.
$V = V_1 = V_2$ [V]
2. 전체전하량(합성전하량)
$Q = Q_1 + Q_2$
3. 합성정전용량
$C = C_1 + C_2$ [F]
4. 전하량 분배 법칙
- C_1에 분배되는 전하량
$Q_1{}' = \dfrac{C_1}{C_1 + C_2}(Q_1 + Q_2)$ [C]
- C_2에 분배되는 전하량
$Q_2{}' = \dfrac{C_2}{C_1 + C_2}(Q_1 + Q_2)$ [C]
5. 같은 정전용량 C[F]를 n 개 병렬연결시 합성 정전용량
$C_o = nC$ [F]

직렬연결

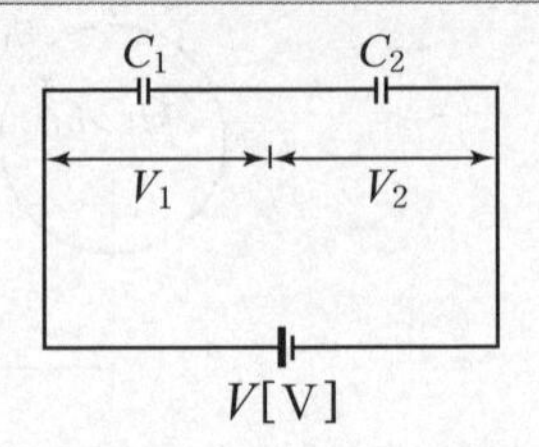

1. 전하량이 일정하다.
$Q = Q_1 = Q_2$ [C]
2. 전체전압
$V = V_1 + V_2$ [V]
3. 합성정전용량(전체정전용량)
$C = \dfrac{C_1 C_2}{C_1 + C_2}$ [F]
4. 전압 분배 법칙
- C_1에 분배되는 전압
$V_1 = \dfrac{C_2}{C_1 + C_2} V$ [V]
- C_2에 분배되는 전압
$V_2 = \dfrac{C_1}{C_1 + C_2} V$ [V]
5. 같은 정전용량 C[F]를 n 개 직렬연결시 합성 정전용량
$C_o = \dfrac{C}{n}$ [F]

예제문제 합성정전용량

10 반지름이 각각 a[m], b[m], c[m]인 독립 구도체가 있다. 이들 도체를 가는 선으로 연결하면 합성 정전용량은 몇[F]인가?

① $4\pi\varepsilon_o(a + b + c)$
② $4\pi\varepsilon_o\sqrt{a + b + c}$
③ $12\pi\varepsilon_o\sqrt{a^3 + b^3 + c^3}$
④ $\dfrac{4}{3}\pi\varepsilon_o\sqrt{a^2 + b^2 + c^2}$

해설
각 구도체의 정전용량을 구하면 $C_1 = 4\pi\varepsilon_o a$ $C_2 = 4\pi\varepsilon_o b$ $C_3 = 4\pi\varepsilon_o c$ 이며
가는 선으로 연결하면 병렬연결이 되므로 합성 정전용량은
$C = C_1 + C_2 + C_3 = 4\pi\varepsilon_o(a + b + c)$ [F]이 된다.

답 ①

핵심 NOTE

예제문제 합성정전용량

11 그림과 같은 용량 C_o[F]의 콘덴서를 대전하고 있는 정전 전압계에 직렬로 접속하였더니 그 계기의 지시가 10[%]로 감소하였다면 계기의 정전용량은 몇 [F]인가?

① $9C_o$

② $99C_o$

③ $\frac{C_o}{9}$

④ $\frac{C_o}{99}$

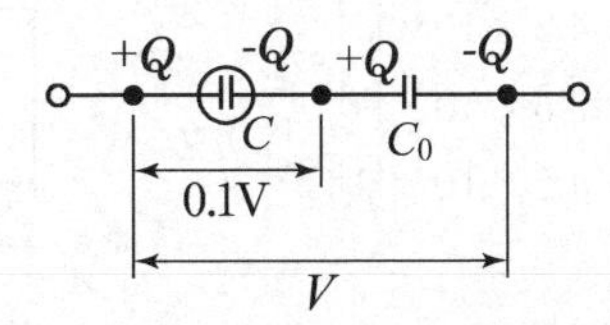

해설 콘덴서 직렬연결시 전압분배법칙에 의해서 $V_1 = \frac{C_2}{C_1 + C_2} V$[V]에서 주어진 수치를 대입하면 $0.1V = \frac{C_o}{C + C_o} V$가 된다. 이를 정리하면 $\therefore C = 9C_o$

답 ①

6 콘덴서에 저장(축적)되는 에너지 W [J]

미소의 전하량 dq[C]을 이동하여 Q[C]의 전하량을 콘덴서 C[F]에 옮기려고 V[V]의 전위차를 인가시 축적되는 에너지를 구한다.

(1) 전하이동시 전하가 하는 일에너지
$W = QV$[J] 이다.

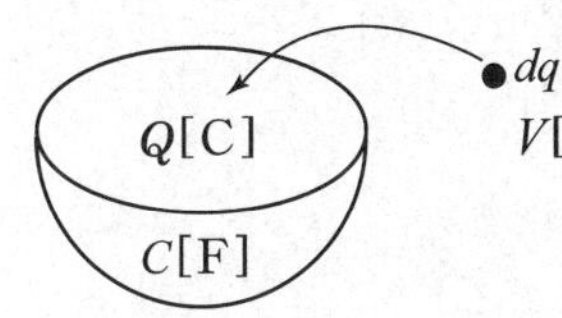

(2) 축적(저장)되는 에너지

$$W = \frac{Q^2}{2C} = \frac{1}{2}CV^2 = \frac{1}{2}QV \text{ [J]}$$

(단, $Q = CV$[C], $C = \frac{Q}{V}$[F])

■ 전하이동시 전하가 하는 일
$W = QV$[J]

■ 콘덴서 저장에너지
$W = \frac{Q^2}{2C} = \frac{1}{2}CV^2 = \frac{1}{2}QV$[J]

예제문제 합성정전용량

12 공기 중에서 반지름 a[m]의 도체구에 Q[C]의 전하를 주었을 때 전위가 V[V]로 되었다. 이 도체구가 갖는 에너지는?

① $\frac{Q^2}{4\pi\varepsilon_o a}$

② $\frac{Q^2}{8\pi\varepsilon_o a}$

③ $\frac{Q}{4\pi\varepsilon_o a^2}$

④ $\frac{Q}{8\pi\varepsilon_o a^2}$

해설 반지름 a[m]일 때 구도체 정전용량 $C = 4\pi\varepsilon_o a$[F] 이므로
도체구가 갖는 정전에너지 $W = \frac{Q^2}{2C} = \frac{Q^2}{2 \times 4\pi\varepsilon_o a} = \frac{Q^2}{8\pi\varepsilon_o a}$[J]

답 ②

핵심 NOTE

예제문제 합성정전용량

13 그림에서 $2\mu F$의 콘덴서에 축적되는 에너지 [J]는?

① 3.6×10^{-3}[J]
② 4.2×10^{-3}[J]
③ 3.6×10^{-2}[J]
④ 4.2×10^{-4}[J]

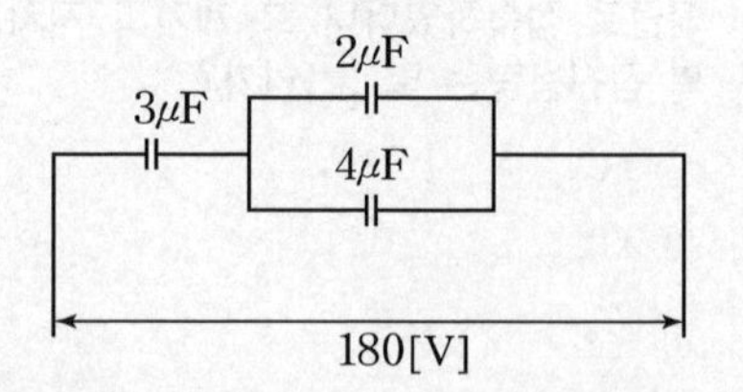

해설 $2\mu F$와 $4\mu F$이 병렬이므로 합성정전용량 $C_{ab} = 2 + 4 = 6\,[\mu F]$이고
$3\mu F$와 $6\mu F$이 직렬연결이 되므로 $6\mu F$에 걸리는 전압 $V_2 = \dfrac{3}{3+6}\times 180 = 60\,[V]$
가 된다. $2\,\mu F$에 축적되는 에너지
$W = \dfrac{1}{2}CV_2^2 = \dfrac{1}{2}\times 2\times10^{-6}\times 60^2 = 3.6\times10^{-3}\,[J]$

답 ①

7 전계내 축적되는 에너지

1. 전계내 축적되는 에너지

(1) 평행판 사이의 전계 $E = \dfrac{\rho_s}{\varepsilon_o}\,[V/m]$

(2) 평행판 사이의 전위차 $V = E\cdot d = \dfrac{\rho_s}{\varepsilon_o}\cdot d\,[V]$

(3) 평행판 사이의 정전용량 $C = \dfrac{\varepsilon_o S}{d}\,[F]$

(4) 콘덴서에 축적(저장)되는 에너지

$$W = \frac{1}{2}CV^2 = \frac{1}{2}\frac{\varepsilon_o S}{d}\left(\frac{\rho_s}{\varepsilon_o}d\right)^2 = \frac{\rho_s^2 Sd}{2\varepsilon_o} = \frac{\rho_s^2}{2\varepsilon_o}v\,[J]$$

여기서 $v = Sd\,[m^3]$ 로서 체적을 말한다.

2. 전계내 단위체적당 축적되는 에너지

$$w = \frac{W}{v} = \frac{\rho_s^2}{2\varepsilon_o} = \frac{D^2}{2\varepsilon_o} = \frac{1}{2}\varepsilon_o E^2 = \frac{1}{2}ED\,[J/m^3]$$

전하밀도 $\rho_s = D = \varepsilon_o E\,[C/m^2]$

핵심 NOTE

3. 단위 면적당 받는 힘= 정전흡인력

$$f = \frac{F}{S} = \frac{\rho_s^2}{2\varepsilon_o} = \frac{D^2}{2\varepsilon_o} = \frac{1}{2}\varepsilon_o E^2 = \frac{1}{2}ED\,[\mathrm{N/m^2}]$$

전체적인 힘 $F = f\,S\,[\mathrm{N}]$

예제문제 전계내 축적에너지

14 평판 콘덴서에 어떤 유전체를 넣었을 때 전속밀도가 $2.4\times10^{-7}[\mathrm{C/m^2}]$이고 단위 체적 중의 에너지가 $5.3\times10^{-3}[\mathrm{J/m^3}]$이었다. 이 유전체의 유전율은 몇 $[\mathrm{F/m}]$인가?

① 2.17×10^{-11}　② 5.43×10^{-11}
③ 2.17×10^{-12}　④ 5.43×10^{-12}

해설
$D = 2.4\times10^{-7}\,[\mathrm{C/m^2}]$, $W = 5.3\times10^{-3}\,[\mathrm{J/m^3}]$일 때 유전체의 단위체적당 에너지

$W = \frac{D^2}{2\varepsilon}\,[\mathrm{J/m^3}]$에서 유전율

$\varepsilon = \frac{D^2}{2W} = \frac{(2.4\times10^{-7})^2}{2\times5.3\times10^{-3}} = 5.43\times10^{-12}\,[\mathrm{F/m}]$가 된다.

답 ④

예제문제 단위면적당 작용하는 힘

15 무한히 넓은 2개의 평행판 도체의 간격이 $d\,[\mathrm{m}]$이며 그 전위차는 $V[\mathrm{V}]$이다. 도체판의 단위 면적에 작용하는 힘 $[\mathrm{N/m^2}]$은? (단, 유전율은 ε_0이다.)

① $\varepsilon_0\frac{V}{d}$　② $\varepsilon_0\left(\frac{V}{d}\right)^2$
③ $\frac{1}{2}\varepsilon_0\frac{V}{d}$　④ $\frac{1}{2}\varepsilon_0\left(\frac{V}{d}\right)^2$

해설
평행판 사이의 전계의 세기 $E = \frac{V}{d}\,[\mathrm{V/m}]$ 이므로

단위 면적당 받는 힘 $f = \frac{1}{2}\varepsilon_o E^2 = \frac{1}{2}\varepsilon_o\left(\frac{V}{d}\right)^2\,[\mathrm{N/m^2}]$

답 ④

핵심 NOTE

8 콘덴서 3개 직렬연결

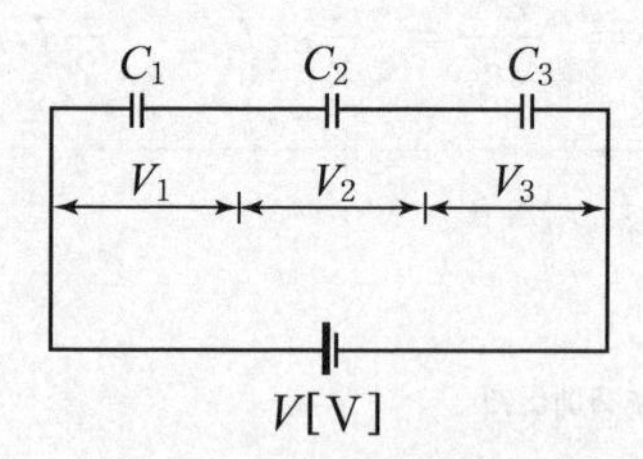

(1) 콘덴서 3개를 직렬 연결시 전체전압을 서서히 증가 시키면 가장 먼저 절연이 파괴되는 것은 축적 전하량이 가장 작은 콘덴서가 가장 먼저 파괴된다.

(2) 그림에서 C_1이 가장 먼저 파괴되었을 때 전압 V_1

$$V_1 = \frac{\frac{1}{C_1}}{\frac{1}{C_1} + \frac{1}{C_2} + \frac{1}{C_3}} \times V \text{ [V]}$$

$$전체내압== \frac{\frac{1}{C_1} + \frac{1}{C_2} + \frac{1}{C_3}}{\frac{1}{C_1}} \times 내압$$

예제문제 콘덴서 3개 직렬연결

16 정전용량이 4[μF], 5[μF], 6[μF]이고, 각각의 내압이 순서대로 500[V], 450[V], 350[V]인 콘덴서 3개를 직렬로 연결하고 전압을 서서히 증가시키면 콘덴서의 상태는 어떻게 되겠는가? (단, 유전체의 재질이나 두께는 같다.)

① 동시에 모두 파괴된다.
② 4[μF]가 가장 먼저 파괴된다.
③ 5[μF]가 가장 먼저 파괴된다.
④ 6[μF]가 가장 먼저 파괴된다.

해설
정전용량이 $C_1 = 4\,[\mu\text{F}]$, $C_2 = 5\,[\mu\text{F}]$, $C_3 = 6\,[\mu\text{F}]$이고
내압이 $V_1 = 500\,[\text{V}]$, $V_2 = 450\,[\text{V}]$, $V_3 = 350\,[\text{V}]$이므로 각 콘덴서의 전하량은
$Q_1 = C_1 V_1 = 2000$, $Q_2 = C_2 V_2 = 2250$, $Q_3 = C_3 V_3 = 2100$이므로
전하량이 가장 작은 C_1인 $4\,[\mu\text{F}]$콘덴서가 가장 먼저 파괴된다.

답 ②

출제예상문제

01 모든 전기 장치에 접지시키는 근본적인 이유는?

① 지구의 용량이 커서 전위가 거의 일정하기 때문이다.
② 편의상 지면을 영전위로 보기 때문이다.
③ 영상 전하를 이용하기 때문이다.
④ 지구는 전류를 잘 통하기 때문이다.

해설

지구의 정전용량이 커서 많은 전하가 축적되어도 지구의 전위가 일정하므로 모든 전기장치를 접지시키고 대지를 실용상 등전위라 한다.

02 엘라스턴스(elastance)란?

① $\dfrac{1}{\text{전위차} \times \text{전기량}}$
② 전위차 × 전기량
③ $\dfrac{\text{전위차}}{\text{전기량}}$
④ $\dfrac{\text{전기량}}{\text{전위차}}$

해설

정전용량 C의 역수를 엘라스턴스라 하며

엘라스턴스$=\dfrac{1}{C}=\dfrac{V}{Q}=\dfrac{\text{전위차}}{\text{전기량}}$ 이며

단위로는 $[1/\mathrm{F}=\mathrm{V/C}]$ 또는 [daraf]를 사용한다.

03 반지름 a[m]인 구의 정전용량[F]은?

① $4\pi\varepsilon_o a$　② $\varepsilon_o a$
③ a　④ $\dfrac{1}{4\pi}\varepsilon_o a$

해설

구도체의 정전용량 $C=4\pi\varepsilon_o a$ [F]이며 구의 반지름 a[m]에 비례한다.

04 반지름 1[m]인 고립 도체구의 정전용량은 약 몇 [pF]인가?

① 1.1　② 11
③ 111　④ 11111

해설

구도체의 정전용량

$$C=4\pi\varepsilon_o a=\frac{1}{9\times10^9}\times 1$$
$$=1.11\times10^{-10}[\mathrm{F}]=111\ [\mathrm{pF}]$$

05 절연내력 3,000 [kV/m]인 공기 중에 놓여진 직경 1[m]의 구도체에 줄 수 있는 최대 전하는 몇 [C]인가?

① 6.75×10^{4}　② 6.75×10^{-16}
③ 8.33×10^{-5}　④ 8.33×10^{-6}

해설

구도체의 직경이 1[m]이므로
반지름 $a=0.5$[m]이고 $E=3{,}000$[kV/m]일 때
구도체의 정전용량 $C=4\pi\varepsilon_o a$[F]
구도체의 전위 $V=Ea$[V]이므로
구도체의 전하는

$$Q=CV=4\pi\varepsilon_o a\,Ea=4\pi\varepsilon_o a^2 E$$
$$=\frac{(0.5)^2(3{,}000\times10^3)}{9\times10^9}=8.33\times10^{-5}[\mathrm{C}]$$

06 그림과 같은 동심 도체구의 정전용량은 몇 [F]인가?

① $4\pi\varepsilon_o(b-a)$
② $\dfrac{4\pi\varepsilon_o ab}{b-a}$
③ $\dfrac{ab}{4\pi\varepsilon_o(b-a)}$
④ $4\pi\varepsilon_o\left(\dfrac{1}{a}-\dfrac{1}{b}\right)$

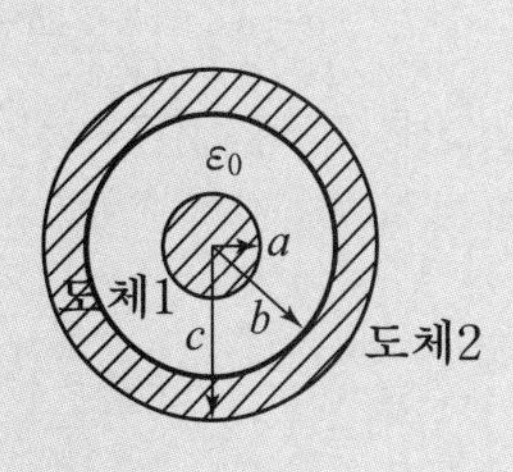

정답　01 ①　02 ③　03 ①　04 ③　05 ③　06 ②

해설

내구반지름 a, 외구 안반지름 b 일 때
동심구의 정전용량

$$C=\frac{4\pi\varepsilon_o}{\frac{1}{a}-\frac{1}{b}}=\frac{4\pi\varepsilon_o ab}{b-a}=\frac{1}{9\times10^9}\cdot\frac{ab}{b-a}[\text{F}]$$ 가 된다.

07 내구의 반지름 10[cm], 외구의 반지름 20[cm]인 동심 도체구의 정전용량은 약 몇 [pF]인가?

① 16 [pF]
② 18 [pF]
③ 20 [pF]
④ 22 [pF]

해설

$a=10$ [cm], $b=20$ [cm]일 때
동심구도체 사이의 정전용량은

$$C=4\pi\varepsilon_o\times\frac{ab}{b-a}$$
$$=\frac{1}{9\times10^9}\times\frac{(10\times10^{-2})(20\times10^{-2})}{(20\times10^{-2})-(10\times10^{-2})}$$
$$=2.22\times10^{-11}[\text{F}]=22.2\ [\text{pF}]$$

08 동심구형 콘덴서의 내외 반지름을 각각 2배로 증가시키면 정전 용량은 몇 배로 증가하는가?

① 1배
② 2배
③ 3배
④ 4배

해설

동심구의 정전 용량은 $C=\frac{4\pi\varepsilon_o ab}{b-a}[\text{F}]$ 이므로
내외 반지름을 각각 2배로하면 $b'=2b$, $a'=2a$이므로

$$C'=\frac{4\pi\varepsilon_o a'b'}{b'-a'}=\frac{4\pi\varepsilon_o 2a\cdot 2b}{2b-2a}$$
$$=\frac{4\times(4\pi\varepsilon_o ab)}{2(b-a)}=2C$$ 가 되므로 2배가 된다.

09 간격 d[m]인 무한히 넓은 평형판의 단위 면적당 정전 용량 [F/m²]은? (단, 매질은 공기라 한다.)

① $\frac{1}{4\pi\varepsilon_o d}$　② $\frac{4\pi\varepsilon_o}{d}$
③ $\frac{\varepsilon_o}{d}$　④ $\frac{\varepsilon_o}{d^2}$

해설

평행판사이의 정전용량 $C=\frac{\varepsilon_o S}{d}[\text{F}]$ 이므로
단위면적당 정전용량 $C'=\frac{C}{S}=\frac{\varepsilon_o}{d}[\text{F/m}^2]$ 이 된다.

10 평행판 콘덴서에서 전극판사이의 거리를 $\frac{1}{2}$로 줄이면 콘덴서의 용량은 처음 값에 대하여 어떻게 되는가?

① $\frac{1}{2}$로 감소한다.　② $\frac{1}{4}$로 감소한다.
③ 2배로 증가한다.　④ 4배로 증가한다.

해설

평행판 콘덴서의 정전용량은 $C=\frac{\varepsilon_o S}{d}[\text{F}]$
이므로 전극판사이의 거리 d 를 $\frac{1}{2}$로 줄이면
$C\propto\frac{1}{d}$ 이므로 2배로 증가한다.

11 평행판 콘덴서의 양극판면적을 3배로 하고 간격을 $\frac{1}{2}$로 하면 정전용량은 처음의 몇 배로 되는가?

① 1　② 3
③ 6　④ 9

해설

평행판 사이의 정전용량 $C=\frac{\varepsilon_o S}{d}[\text{F}]$이므로
면적 S를 $3S$, 간격 d를 $\frac{1}{2}d$로 하면

$$C=\frac{\varepsilon_o(3S)}{\frac{1}{2}d}=\frac{6\varepsilon_o S}{d}=6C$$ 가 되므로 6배가 된다.

정답　07 ④　08 ②　09 ③　10 ③　11 ③

12 공기 중에 1변이 40[cm]인 정방형 전극을 가진 평행판 콘덴서가 있다. 극판 간격을 4[mm]로 할 때 극판간에 100[V]의 전위차를 주면 축적되는 전하[C]는?

① 3.54×10^{-9} ② 3.54×10^{-8}
③ 6.56×10^{-9} ④ 6.56×10^{-8}

해설

한변의 길이 $a=40$[cm], 정사각형,
평행판 간격 $d=4$[mm], 전위차 $V=100$[V] 일 때
축적되는 전하는

$Q = CV = \dfrac{\varepsilon_o S}{d} V = \dfrac{\varepsilon_o a^2}{d} V$[C]이므로

주어진 수치를 대입하면

$Q = \dfrac{8.855 \times 10^{-12} \times (0.4)^2}{4 \times 10^{-3}} \times 100 = 3.54 \times 10^{-8}$[C] 이 된다.

13 정전 용량이 10[μF]인 콘덴서의 양단에 100[V]의 일정 전압을 가하고 있다. 지금 이 콘덴서의 극판간의 거리를 $\dfrac{1}{10}$로 변화시키면 콘덴서에 충전되는 전하량은 어떻게 변화되는가?

① 1/10 로 감소 ② 1/100 로 감소
③ 10 로 증가 ④ 100 로 증가

해설

전압이 일정시 극판간 거리 d를 1/10로 감소하면
충전 전하량은

$Q = CV = \dfrac{\varepsilon_o S}{d} V \propto \dfrac{1}{d}$ 이므로 전하량은 10배로 증가한다.

14 반지름이 1[cm]와 2[cm]인 동심원통의 길이가 50[cm]일 때 이것의 정전용량은 약 몇 [pF]인가? (단, 내원통에 $+\lambda$[C/m], 외원통에 $+\lambda$[C/m]인 전하를 준다고 한다.)

① 0.56[pF] ② 34[pF]
③ 40[pF] ④ 141[pF]

해설

동심원통 사이의 정전용량

$C = \dfrac{2\pi\varepsilon_0 l}{\ln\dfrac{b}{a}} = \dfrac{2\pi \times 8.855 \times 10^{-12} \times 50 \times 10^{-2}}{\ln\dfrac{0.02}{0.01}} \times 10^{12}$

$= 40$[pF]

15 진공 중에 반지름 r[m], 중심 간격 x[m]인 평행 원통도체가 있다. $x > r$라 할 때 원통도체의 단위 길이당 정전용량은 몇 [F/m]인가?

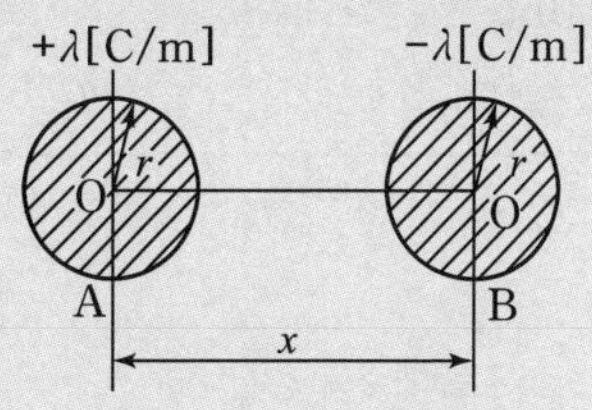

① $\dfrac{2\pi\varepsilon_0}{\ln\dfrac{r}{x}}$ ② $\dfrac{2\pi\varepsilon_0}{\ln\dfrac{x}{r}}$

③ $\dfrac{\pi\varepsilon_0}{\ln\dfrac{r}{x}}$ ④ $\dfrac{\pi\varepsilon_0}{\ln\dfrac{x}{r}}$

해설

평행도선 사이의 정전용량은

$C = \dfrac{\pi\varepsilon_0}{\ln\dfrac{x}{r}}$ [F/m]

여기서, r [m]은 도선의 반지름, x [m]은 도선 중심 간의 선간 거리

16 도체 1, 2 및 3이 있을 때 도체 2가 도체 1에 완전 포위되어 있음을 나타내는 것은?

① $P_{11} = P_{21}$ ② $P_{11} = P_{31}$
③ $P_{11} = P_{33}$ ④ $P_{12} = P_{22}$

해설

도체 2가 도체 1에 완전 포위되어 있으므로

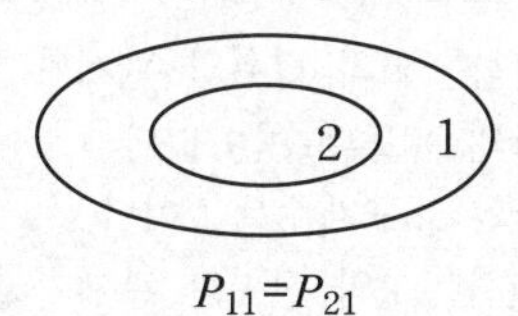

$P_{11} = P_{21}$

정답 12 ② 13 ③ 14 ③ 15 ④ 16 ①

17 용량계수와 유도계수의 성질로 틀린 것은?

① $q_{rr} > 0$
② $q_{rs} \geq 0$
③ $q_{11} \geq -(q_{21} + q_{31} + \cdot\cdot\cdot + q_{n1})$
④ $q_{rs} = q_{sr}$

해설

용량 계수 및 유도 계수의 성질

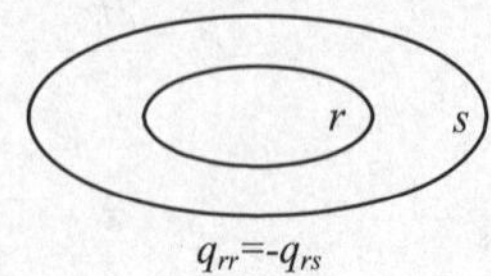

- 용량계수 $q_{rr} > 0$
- 유도계수 $q_{rs} = q_{sr} \leqq 0$
- $q_{rr} \geq -q_{rs}$
- $q_{rr} = -q_{rs}$
  (s도체는 r 도체를 포함한다.)

18 용량계수와 유도계수에 대한 표현 중에서 옳지 않은 것은?

① 용량계수는 정(+)이다.
② 유도계수는 정(+)이다.
③ $q_{rs} = q_{sr}$
④ 전위계수를 알고 있는 도체계에서는 q_{rr}, q_{rs}를 계산으로 구할 수 있다.

해설

유도계수는 0보다 작거나 같다.

19 a, b, c인 도체 3개에서 도체 a를 도체 b로 정전차폐하였을 때의 조건으로 옳은 것은?

① c의 전하는 a의 전위와 관계가 있다.
② a, b간의 유도계수는 없다.
③ a, c간의 유도계수는 0이다.
④ a의 전하는 c의 전위와 관계가 있다.

해설

도체 a를 도체 b로 정전 차폐하였으므로 a, c간의 유도계수는 0이다.

20 각각 $\pm Q$[C]으로 대전된 두 개의 도체간의 전위차를 전위 계수로 표시하면?

① $(P_{11} + P_{12} + P_{22})Q$
② $(P_{11} + 2P_{12} + P_{22})Q$
③ $(P_{11} - P_{12} + P_{22})Q$
④ $(P_{11} - 2P_{12} + P_{22})Q$

해설

도체 1, 2 의 전위를 각각 V_1, V_2 라 하면
$Q_1 = Q$, $Q_2 = -Q$ 일 때
$V_1 = P_{11}Q_1 + P_{12}Q_2 = P_{11}Q - P_{12}Q = (P_{11} - P_{12})Q$
$V_2 = P_{21}Q_1 + P_{22}Q_2 = P_{21}Q - P_{22}Q = (P_{21} - P_{22})Q$
이므로
두 도체간의 전위차는
$V = V_1 - V_2 = (P_{11}Q - P_{12}Q) - (P_{21}Q - P_{22}Q)$
$= P_{11}Q - P_{12}Q - P_{21}Q + P_{22}Q$
$= (P_{11} - 2P_{12} + P_{22})Q$[V]

21 2개의 도체를 $+Q$[C]과 $-Q$[C]으로 대전했을 때 이 두 도체 간의 정전 용량을 전위 계수로 표시하면 어떻게 되는가?

① $\dfrac{P_{11}P_{22} - P_{12}^2}{P_{11} + 2P_{12} + P_{22}}$ ② $\dfrac{P_{11}P_{22} + P_{12}^2}{P_{11} + 2P_{12} + P_{22}}$

③ $\dfrac{1}{P_{11} + 2P_{12} + P_{22}}$ ④ $\dfrac{1}{P_{11} - 2P_{12} + P_{22}}$

해설

도체 1, 2 에 $Q_1 = Q$, $Q_2 = -Q$ 대전시
전위차 $V = (P_{11} - 2P_{12} + P_{22})Q$[V] 이므로
정전용량 $C = \dfrac{Q}{V_1 - V_2} = \dfrac{1}{P_{11} - 2P_{12} + P_{22}}$[F]

정답 17 ② 18 ② 19 ③ 20 ④ 21 ④

22 그림과 같은 회로에서 a, b 양단의 합성 정전 용량은 몇 [F]인가?

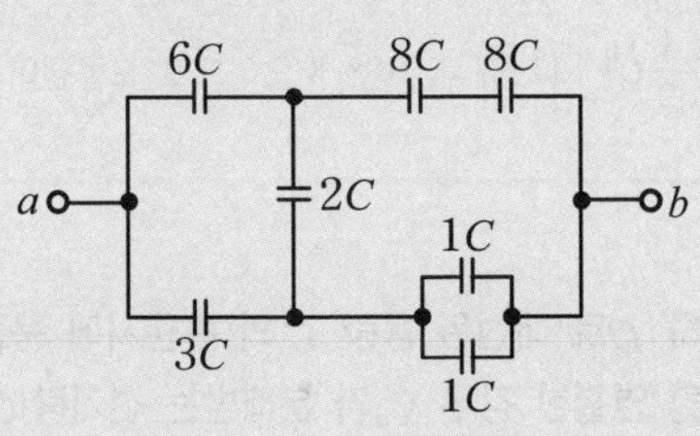

① 2.6C　　② 3.6C
③ 4.6C　　④ 5.6C

해설

$8C$가 2개 직렬연결이므로

합성정전용량은 $C_1 = \dfrac{8C\times 8C}{8C+8C} = 4C$[F]

$1C$가 2개 병렬연결이므로

$C_2 = C + C = 2C$[F]이 된다.

그러므로 등가회로를 그리면

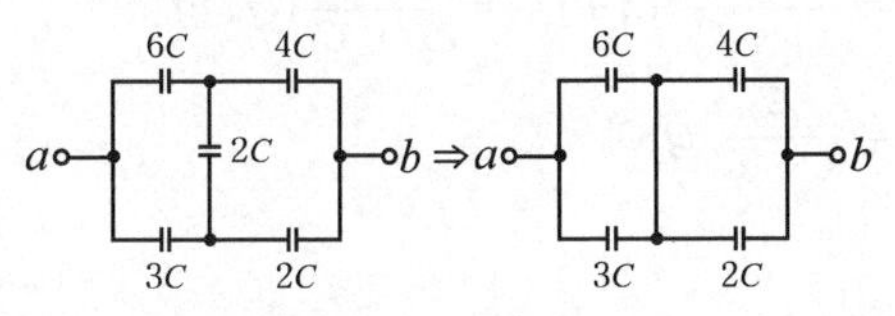

위와 같으면 이는 브릿지 평형이 되어 중앙 콘덴서는 단락 상태가 된다. 그러므로 ab 사이의 합성 정전용량은

$C_{ab} = \dfrac{9C\times 6C}{9C+6C} = 3.6C$[F]이 된다.

23 그림과 같이 n개의 동일한 콘덴서 C를 직렬 접속하여 최하단의 한 개와 병렬로 정전용량 C_o의 정전압계를 접속하였다. 이 정전압계의 지시가 V일 때 측전전압 V_o는?

① nV
② $\dfrac{C_o}{C}(n-1)V$
③ $\left[n-\dfrac{C_o}{C}(n-1)\right]V$
④ $\left[n+\dfrac{C_o}{C}(n-1)\right]V$

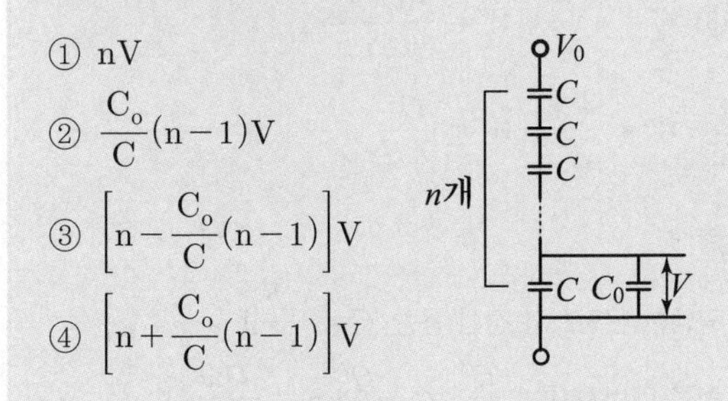

해설

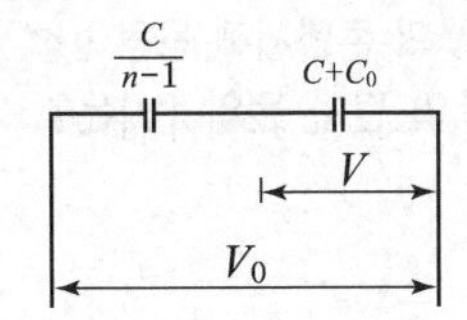

회로도를 등가변환하면 위의 회로도와 같고 전압분배법칙을 사용하면

$$V = \frac{\dfrac{C}{n-1}}{\dfrac{C}{n-1}+(C+C_o)}V_o$$

$$= \frac{CV_o}{C+(n-1)(C+C_o)}$$

$$= \frac{CV_o}{nC+(n-1)C_o} \text{ 이므로}$$

$$V_o = \frac{nC+(n-1)C_o}{C}V = \left[n+(n-1)\frac{C_o}{C}\right]V \text{ [V]}$$

24 반지름이 각각 2[m], 3[m], 4[m]인 3개의 절연 도체구의 전위가 각각 5[V], 6[V], 7[V]가 되도록 충전한 후 이들을 도선으로 접속할 때의 공통 전위는 몇 [V]인가?

① $\dfrac{56}{9}$　　② $\dfrac{56}{18}$
③ $\dfrac{56}{24}$　　④ $\dfrac{56}{27}$

해설

$a=2$[m], $b=3$[m] $c=4$[m]

$V_1=5$[V], $V_2=6$[V], $V_3=7$[V]일 때

가는 도선으로 연결시는 병렬연결로 간주하므로

$C_1 = 4\pi\varepsilon_o a$[F], $C_2 = 4\pi\varepsilon_o b$[F], $C_3 = 4\pi\varepsilon_o c$[F]

이므로 공통 전위

$$V = \frac{\text{합성전하량}}{\text{합성정전용량}} = \frac{Q_1+Q_2+Q_3}{C_1+C_2+C_3}$$

$$= \frac{C_1V_2+C_2V_2+C_3V_3}{C_1+C_2+C_3}$$

$$= \frac{aV_1+bV_2+cV_3}{a+b+c} = \frac{2\times5+3\times6+4\times7}{2+3+4}$$

$$= \frac{56}{9} = 6.22\text{[V]}$$

정답　22 ②　23 ④　24 ①

25 전압 V로 충전된 용량 C의 콘덴서에 용량 $2C$의 콘덴서를 병렬 연결한 후의 단자 전압 [V]은?

① 3V ② 2V

③ $\dfrac{V}{2}$ ④ $\dfrac{V}{3}$

해설

$V_1 = V$, $C_1 = C \Rightarrow Q_1 = C_1 V_1 = CV$[C]

$C_2 = 2C$, $Q_2 = 0$ 일 때

병렬연결시 양단간 전위차

$$V' = \frac{\text{합성전하량}}{\text{합성정전용량}} = \frac{Q_1 + Q_2}{C_1 + C_2} = \frac{CV + 0}{C + 2C} = \frac{V}{3}\text{[V]}$$

26 반지름 R인 도체구에 전하 Q가 분포되어 있다. 이에 반지름 $R/2$ 인 작은 도체구를 접촉시켰을 때 이 작은 구로 이동하는 전하 [C]를 구하면?

① Q ② $\dfrac{1}{2}Q$

③ $\dfrac{1}{3}Q$ ④ $\dfrac{1}{4}Q$

해설

$a = R$[m] , $b = \dfrac{R}{2}$[m] , $Q_1 = Q$[C] , $Q_2 = 0$[C]일 때

두 구를 접촉시는 병렬연결로 간주하므로

구도체의 정전용량 $C_1 = 4\pi\varepsilon_o R$[F]

구도체의 정전용량 $C_2 = 4\pi\varepsilon_o \dfrac{R}{2} = \dfrac{C_1}{2}$[F]

전하량 분배 법칙에 의하여 작은 구 C_2로 이동한 전기량은

$$Q_2' = \frac{C_2}{C_1 + C_2}Q = \frac{C_2}{C_1 + C_2}(Q_1 + Q_2)$$

$$= \frac{\frac{C_1}{2}}{C_1 + \frac{C_1}{2}}(Q+0) = \frac{1}{3}Q\text{[C]}$$ 이 된다.

27 콘덴서의 전위차와 축적되는 에너지의 관계를 그림으로 나타내면 다음의 어느 것인가?

① 쌍곡선 ② 타원

③ 포물선 ④ 직선

해설

콘덴서에 저장되는 에너지=정전에너지는

$W = \dfrac{Q^2}{2C} = \dfrac{1}{2}CV^2 = \dfrac{1}{2}QV$[J]이므로

$W = \dfrac{1}{2}CV^2$[J] 에서 $W \propto V^2$ 이므로 포물선이 된다.

28 전하 Q로 대전된 용량 C의 콘덴서에 용량 C_o를 병렬 연결한 경우 C_o가 분배받는 전기량[C]은?

① $\dfrac{C + C_o}{C_o}Q$ ② $\dfrac{C + C_o}{C}Q$

③ $\dfrac{C}{C + C_o}Q$ ④ $\dfrac{C_o}{C + C_o}Q$

해설

$C_1 = C$, $C_2 = C_O$, $Q_1 = Q$, $Q_2 = 0$일 때

병렬연결시 전하량 분배 법칙을 사용하면

$$Q_2' = \frac{C_2}{C_1 + C_2}(Q_1 + Q_2) = \frac{C_o}{C + C_o}(Q+0)$$

$$= \frac{C_o}{C + C_o}Q\text{[C]}$$

29 면적 S[m^2], 간격 d[m]인 평행판 콘덴서에 전하 Q[C]을 충전하였을 때 정전 용량 C[F]와 정전에너지 W[J]는?

① $C = \dfrac{\varepsilon_o}{d^2}$, $W = \dfrac{dQ^2}{2\varepsilon_o S}$

② $C = \dfrac{2\varepsilon_o S}{d}$, $W = \dfrac{Q^2}{4\varepsilon_o S}$

③ $C = \dfrac{\varepsilon_o S}{d}$, $W = \dfrac{dQ^2}{2\varepsilon_o S}$

④ $C = \dfrac{2\varepsilon_o}{d^2}$, $W = \dfrac{Q^2}{\varepsilon_o S}$

해설

평행한 콘덴서의 정전 용량 $C = \dfrac{\varepsilon_o S}{d}$[F]

정전 에너지 $W = \dfrac{Q^2}{2C} = \dfrac{Q^2}{2 \cdot \frac{\varepsilon_0 S}{d}} = \dfrac{Q^2 d}{2\varepsilon_0 S}$[J]

정답 25 ④ 26 ③ 27 ③ 28 ④ 29 ③

30 극판면적 10 [cm^2], 간격 1[mm]의 평행판 콘덴서에 비유전율 3인 유전체를 채웠을 때 전압 100[V]를 가하면 저축되는 에너지는 몇 [J]인가?

① 1.33×10^{-7}　② 2.66×10^{-7}
③ 3.5×10^{-8}　④ 6.9×10^{-8}

해설

$S=10\,[\text{cm}^2]$, $d=1\,[\text{mm}]$, $\varepsilon_s=3$,
$V=100\,[\text{V}]$ 일 때
평행판 사이에 저축되는 에너지

$$W=\frac{1}{2}CV^2=\frac{1}{2}\cdot\frac{\varepsilon_o\varepsilon_s S}{d}\cdot V^2$$
$$=\frac{1}{2}\cdot\frac{8.855\times10^{-12}\times3\times10\times10^{-4}}{1\times10^{-3}}\cdot100^2$$
$$=1.33\times10^{-7}\,[\text{J}]$$

31 두 도체의 전위 및 전하가 각각 V_1, Q_1 및 V_2, Q_2 일 때 도체가 갖는 에너지 [J]는?

① $\frac{1}{2}(V_1Q_1+V_2Q_2)$
② $\frac{1}{2}(Q_1+Q_2)(V_1+V_2)$
③ $V_1Q_1+V_2Q_2$
④ $(V_1+V_2)(Q_1+Q_2)$

해설

각 도체가 가지는 에너지는
$W_1=\frac{1}{2}Q_1V_1\,[\text{J}]$, $W_2=\frac{1}{2}Q_2V_2\,[\text{J}]$ 이므로
전체 축적에너지는

$$W=\sum_{i=1}^{n}\frac{1}{2}Q_iV_i=\frac{1}{2}(Q_1V_1+Q_2V_2)\ [\text{J}]$$

32 1[μF]의 콘덴서를 30[kV]로 충전하여 200[Ω]의 저항에 연결하면 저항에서 소모되는 에너지는 몇 [J]인가?

① 450[J]　② 900[J]
③ 1,350[J]　④ 1,800[J]

해설

정전용량 $C=1\,[\mu\text{F}]$, 전압 $V=30\,[\text{kV}]$일 때
소모되는 에너지

$$W=\frac{1}{2}CV^2=\frac{1}{2}\times(1\times10^{-6})(30\times10^3)^2=450\,[\text{J}]$$

33 평행한 콘덴서에 100[V]의 전압이 걸려 있다. 이 전원을 제거한 후 평행판 간격을 처음의 2배로 증가시키면?

① 용량은 1/2 배로, 저장되는 에너지는 2배로 된다.
② 용량은 2배로, 저장되는 에너지는 1/2배로 된다.
③ 용량은 1/4배로, 저장되는 에너지는 4배로 된다.
④ 용량은 4배로, 저장되는 에너지는 1/4배로 된다.

해설

전원을 제거시 전하량 Q가 일정하므로, 평행판 간격 d를 2배하면 평행판사이의 정전용량 $C=\frac{\varepsilon_o S}{d}\,[\text{F}]$ 이므로 정전용량은 $\frac{1}{2}$배로 감소된다.
콘덴서에 저장되는 에너지 $W=\frac{Q^2}{2C}\,[\text{J}]$ 이므로 2배로 증가한다.

34 대전된 도구체 A를 반지름이 2배가 되는 대전되어 있지 않는 도체구 B에 접속하면 도체구 A는 처음 갖고 있던 전계 에너지의 얼마가 손실되겠는가?

① $\frac{3}{2}$　② $\frac{2}{3}$
③ $\frac{5}{2}$　④ $\frac{2}{5}$

해설

도체구 A의 정전용량 $C_A=4\pi\varepsilon_0 a\,[\text{F}]$
도체구 B의 정전용량 $C_B=4\pi\varepsilon_0(2a)=2C_A$
접속 전후의 에너지를 각각 W, W_0 라 하면

$$W=\frac{Q^2}{2C_A}\,[\text{J}]$$
$$W_0=\frac{Q^2}{2(C_A+C_B)}=\frac{Q^2}{2(C_A+2C_A)}=\frac{Q^2}{6C_A}\,[\text{J}]$$

$$\text{손실비}=\frac{W-W_0}{W}=\frac{\frac{Q^2}{2C_A}-\frac{Q^2}{6C_A}}{\frac{Q^2}{2C_A}}=\frac{2}{3}$$

정답　30 ①　31 ①　32 ①　33 ①　34 ②

35 W_1, W_2의 에너지를 갖는 두 콘덴서를 병렬로 연결한 경우 총 에너지W는? (단, $W_1 \neq W_2$)

① $W_1 + W_2 = W$ ② $W_1 + W_2 \geq W$
③ $W_1 + W_2 \leq W$ ④ $W_1 - W_2 = W$

해설
두 개의 물방울을 합쳤을 경우
$W > W_1 + W_2$
두 콘덴서 병렬 연결했을 경우
$W < W_1 + W_2$

36 반지름 a[m], 전하 Q[C]을 가진 두 개의 물방울이 합쳐서 한 개의 물방울이 되었다. 합쳐진 후의 정전에너지를 합쳐지기 전과 비교하면 어떻게 되는가?

① 변화하지 않는다. ② 2배로 감소한다.
③ $\frac{1}{2}$로 감소한다. ④ 증가한다.

해설
두 개의 물방울을 합쳤을 경우 $W > W_1 + W_2$이므로 합쳐진 후의 정전에너지는 증가한다.

37 콘덴서의 내압(耐壓) 및 정전용량이 각각 1,000[V]−2[μF], 700[V]−3[μF], 600[V]−4[μF], 300[V] − 8[μF]이다. 이 콘덴서를 직렬로 연결할 때 양단에 인가되는 전압을 상승시키면 제일 먼저 절연이 파괴되는 콘덴서는?

① 1000[V] − 2[μF]
② 700[V] − 3[μF]
③ 600[V] − 4[μF]
④ 300[V] − 8[μF]

해설
각 콘덴서의 최대 축적 전하량은
$Q_1 = C_1 V_1 = (2\times10^{-6})(1{,}000) = 2\times10^{-3}$[C]
$Q_2 = C_2 V_2 = (3\times10^{-6})(700) = 2.1\times10^{-3}$[C]
$Q_3 = C_3 V_3 = (4\times10^{-6})(600) = 2.4\times10^{-3}$[C]
$Q_4 = C_4 V_4 = (8\times10^{-6})(300) = 2.4\times10^{-3}$[C]
이므로 콘덴서 직렬연결시 전압을 증가시키면 최대축적 전하량이 작은 것부터 파괴되므로
1,000[V]−2[μF]이 가장 먼저 파괴된다.

38 내압이 1[kV]이고 용량이 각각 0.01[μF], 0.02[μF], 0.04[μF]인 3개의 콘덴서를 직렬로 연결했을 때의 전체 내압 [V]은?

① 1750 ② 1950
③ 3500 ④ 7000

해설
$C_1 = 0.01$ [μF], $C_2 = 0.02$ [μF], $C_3 = 0.04$ [μF]
이고 내압이 $V_1 = V_2 = V_3 = 1$ [kV]일 때
각 콘덴서의 축적 최대 전하량은
$Q_1 = C_1 V_1 = 0.01$ [mC], $Q_2 = C_2 V_2 = 0.02$ [mC],
$Q_3 = C_3 V_3 = 0.04$ [mC]이므로
전하량이 가장 작은 C_1 콘덴서가 먼저 파괴되므로
이를 기준하면

$$V_1 = \frac{\frac{1}{C_1}}{\frac{1}{C_1}+\frac{1}{C_2}+\frac{1}{C_3}} V$$ 에서 주어진 수치를 대입하면

$$V = \frac{\frac{1}{C_1}+\frac{1}{C_2}+\frac{1}{C_3}}{\frac{1}{C_1}} V_1$$

$$= \frac{\frac{1}{0.01}+\frac{1}{0.02}+\frac{1}{0.04}}{\frac{1}{0.01}} \times 1000 = 1750\,[\text{V}]$$

39 도체 표면의 전하 밀도를 σ[C/m²], 전계를 E[V/m]라 할 때 도체 표면에 작용 하는 힘 f 는?

① $F \propto E$ ② $F \propto \sigma$
③ $F \propto E/\sigma$ ④ $F \propto E^2$

해설
단위 면적당 받는힘(정전 흡인력)

$$f = \frac{\rho_s^2}{2\varepsilon_o} = \frac{D^2}{2\varepsilon_o} = \frac{1}{2}\varepsilon_o E^2 = \frac{1}{2}ED\,[\text{N/m}^2]$$

이므로 $f \propto E^2$이 된다.
여기서, 면전하 밀도 $\rho_s = D = \varepsilon_o E$[C/m²]

정답 35 ② 36 ④ 37 ① 38 ① 39 ④

40 면전하 밀도가 σ[C/m^2]인 대전 도체가 진공 중에 놓여 있을 때 도체 표면에 작용하는 정전 응력[N/m^2]은?

① σ^2에 비례한다.
② σ에 비례한다.
③ σ^2에 반비례한다.
④ σ에 반비례한다.

해설

단위 면적당 받는 힘

$$f = \frac{\rho_s^2}{2\varepsilon_o} = \frac{D^2}{2\varepsilon_o} = \frac{1}{2}\varepsilon_o E^2 = \frac{1}{2}ED\,[\text{N/m}^2]$$

이므로 $f \propto \rho_s^2 = \sigma^2$이 된다.

41 매질이 공기인 경우에 방전이 10[KV/mm]의 전계에서 발생한다고 할 때 도체 표면에 작용하는 힘은 몇[N/m^2]인가?

① 4.43×10^2
② 5.5×10^{-3}
③ 4.83×10^{-3}
④ 7.5×10^3

해설

풀전계가 $E = 10$[KV/mm] 이므로
단위 면적당 받는 힘은

$$f = \frac{1}{2}\varepsilon_o E^2 = \frac{1}{2}\times8.855\times10^{-12}\times(10\times10^6)^2$$
$$= 4.43\times10^2[\text{N/m}^2]$$

42 면적 100[cm^2]인 두장의 금속판을 0.5[cm]인 일정 간격으로 평행 배치한 후 양판 간에 1,000[V]의 전위를 인가하였을 때 단위면적당 작용하는 흡인력은 몇 [N/m^2]인가?

① 1.77×10^{-1}
② 1.77×10^{-2}
③ 3.54×10^{-1}
④ 3.54×10^{-2}

해설

$S = 100$[cm^2], $d = 0.5$[cm],
$V = 1,000$[V]일 때
단위면적당 작용하는 힘

$$f = \frac{1}{2}\varepsilon_o E^2 = \frac{1}{2}\varepsilon_o\left(\frac{V}{d}\right)^2$$
$$= \frac{1}{2}(8.855\times10^{-12})\left(\frac{1,000}{0.5\times10^{-2}}\right)^2$$
$$= 1.77\times10^{-1}[\text{N/m}^2]$$

43 무한히 넓은 평행판을 2[cm]의 간격으로 놓은 후 평행판 간에 일정한 전계를 인가하였더니 도체 표면에 2[μC/m^2]의 전하밀도가 생겼다. 이때 평행판 표면의 단위면적당 받는 정전응력은?

① 1.13×10^{-1}[N/m^2]
② 2.26×10^{-1}[N/m^2]
③ 1.13[N/m^2]
④ 2.26[N/m^2]

해설

평행판 표면의 단위면적당 정전응력

$$f = \frac{\rho_s^2}{2\varepsilon_o} = \frac{D^2}{2\varepsilon_o} = \frac{1}{2}\varepsilon_o E^2 = \frac{1}{2}ED\,[\text{N/m}^2]$$

이므로 주어진 수치를 대입하면

$$f = \frac{(2\times10^{-6})^2}{2\times8.855\times10^{-12}} = 2.26\times10^{-1}\,[\text{N/m}^2]$$

44 면적이 300[cm^2], 판간격 2[cm]인 2장의 평행판 금속 간을 비유전율 5인 유전체로 채우고 양 판간에 20[kV]의 전압을 가할 경우 판간에 작용하는 정전 흡인력[N]은?

① 0.75
② 0.66
③ 0.89
④ 10

해설

극간 흡인력은 $F = f\,S$[N] 이므로 정리하면

$$F = \frac{1}{2}\varepsilon E^2 S = \frac{1}{2}\varepsilon_o\varepsilon_s\left(\frac{V}{d}\right)^2 S$$
$$= \frac{1}{2}\times8.855\times10^{-12}\times5\times\left(\frac{20\times10^3}{2\times10^{-2}}\right)^2\times300\times10^{-4}$$
$$= 0.66[\text{N}]$$

정답 40 ① 41 ① 42 ① 43 ② 44 ②

45 면적 $S[\text{m}^2]$, 간격 $d[\text{m}]$인 평행판 콘덴서에 $Q[\text{C}]$의 전하를 줄 때, 정전력의 크기[N]는? (단, 유전율은 ε_o이다.)

① $\dfrac{Q^2}{2\varepsilon_o S}$ ② $\dfrac{\varepsilon_o SQ}{2d}$

③ $\dfrac{Q}{2\varepsilon_o d}$ ④ $\dfrac{\varepsilon_o Q^2}{2S}$

해설

평행판 사이의 정전력

$$F = f \cdot S = \frac{\rho_s^2}{2\varepsilon_o} S = \frac{\left(\frac{Q}{S}\right)^2}{2\varepsilon_o} S = \frac{Q^2}{2\varepsilon_o S}\ [\text{N}]$$

46 유전체내의 정전 에너지식으로 옳지 않은 것은?

① $\dfrac{1}{2}ED$ ② $\dfrac{1}{2}\dfrac{D^2}{\varepsilon}$

③ $\dfrac{1}{2}\varepsilon E^2$ ④ $\dfrac{1}{2}\varepsilon D^2$

해설

단위 체적당 축적된 에너지

$$W = \frac{\rho_s^2}{2\varepsilon} = \frac{D^2}{2\varepsilon} = \frac{1}{2}\varepsilon E^2 = \frac{1}{2}ED\ [\text{J/m}^3]$$

47 유전율 $\varepsilon = 10$ 이고 전계의 세기가 $100[\text{V/m}]$인 유전체 내부에 축적되는 에너지밀도 몇$[\text{J/m}^3]$인가?

① 2.5×10^4 ② 5×10^4

③ 4.5×10^9 ④ 9×10^9

해설

유전율과 전계가 $\varepsilon = 10$, $E = 100\,[\text{V/m}]$일 때

단위 체적당 축적된 에너지

$$W = \frac{1}{2}\varepsilon E^2 = \frac{1}{2}\times10\times100^2 = 5\times10^4\ [\text{J/m}^3]$$

48 자유공간 중에서 전위 $V = xyz[\text{V}]$로 주어질 때 $0 \le x \le 1,\ 0 \le y \le 1,\ 0 \le z \le 1$인 입방체에 존재하는 정전에너지는 몇[J]인가?

① $\dfrac{1}{6}\varepsilon_o$ ② $\dfrac{1}{5}\varepsilon_o$

③ $\dfrac{1}{4}\varepsilon_o$ ④ $\dfrac{1}{3}\varepsilon_o$

해설

전계의 세기

$$E = -grad\,V = -i\frac{\partial V}{\partial x} - j\frac{\partial V}{\partial y} - k\frac{\partial V}{\partial z}$$
$$= -yzi - xzj - xyk\ [\text{V/m}]$$
$$E^2 = E \cdot E$$
$$= (-yzi - xzj - xyk)\cdot(-yzi - xzj - xyk)$$
$$= y^2z^2 + x^2z^2 + x^2y^2$$

자유공간중의 저장되는 에너지는

$$W = \frac{1}{2}\varepsilon_o E^2 v = \int_v \frac{1}{2}\varepsilon_0 E^2 dv$$
$$= \frac{1}{2}\varepsilon_0 \int_0^1\int_0^1\int_0^1 y^2z^2 + x^2z^2 + x^2y^2\, dx\,dy\,dz$$
$$= \frac{1}{6}\varepsilon_o\,[\text{J}]$$

49 최대 정전용량 $C_o[\text{F}]$인 그림과 같은 콘덴서의 정전용량이 각도에 비례하여 변화한다고 한다. 이 콘덴서를 전압 $V[\text{V}]$로 충전했을 때 회전자에 작용하는 토크는?

① $\dfrac{C_o V^2}{2}[\text{N}\cdot\text{m}]$

② $\dfrac{C_o V}{2\pi}[\text{N}\cdot\text{m}]$

③ $\dfrac{C_o V^2}{2\pi}[\text{N}\cdot\text{m}]$

④ $\dfrac{C_o V^2}{\pi}[\text{N}\cdot\text{m}]$

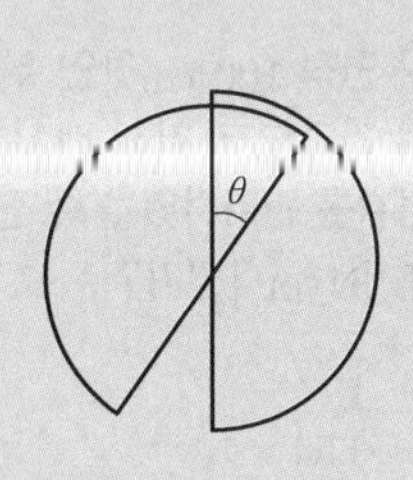

해설

회전각 θ일 때의 정전용량 $C_\theta = \dfrac{\theta}{\pi}C_o[\text{F}]$

회전각 θ일 때의 에너지는

$$W_\theta = \frac{1}{2}C_\theta V^2 = \frac{1}{2}\left(\frac{\theta}{\pi}C_o\right)V^2 = \frac{C_o V^2\theta}{2\pi}\ [\text{J}]$$

이므로 회전력 $T = \dfrac{\partial W_\theta}{\partial \theta} = \dfrac{C_o V^2}{2\pi}\ [\text{N}\cdot\text{m}]$

정답 45 ① 46 ④ 47 ② 48 ① 49 ③

Engineer Electricity
ustrial Engineer Electricity

유전체

Chapter 04

SECTION 04

유전체

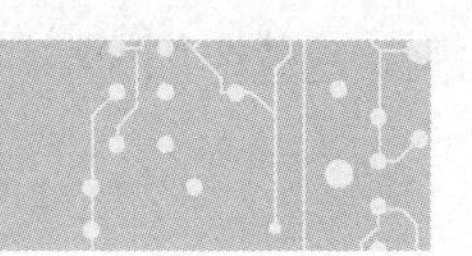

1 유전체 (절연체)

핵심 NOTE

1. 전기분극현상

유전체내 속박전하의 변위에 의해서 전기분극이 일어나는 현상

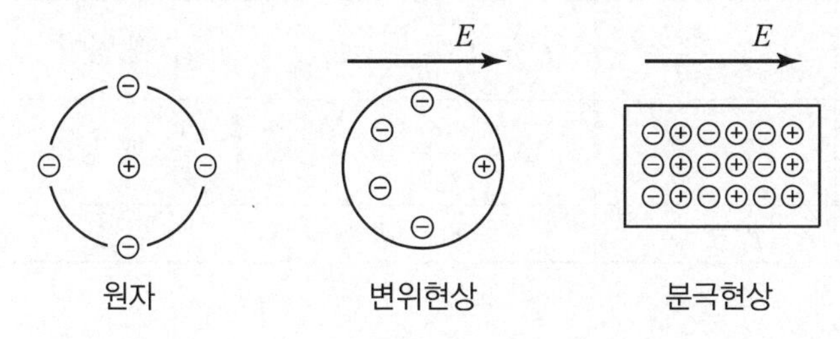

2. 유전체의 비유전율의 특징

(1) 비유전율 $\varepsilon_s = \dfrac{\varepsilon}{\varepsilon_o} > 1$ 인 절연체

(2) 비유전율은 재질에 따라 다르다.

(3) 진공이나 공기중일 때는 $\varepsilon_s = 1$

(4) 비유전율은 1 보다 작은 값은 없다.

(5) 비유전율의 단위는 없다.

■ 비유전율의 특징
- 비유전율 $\varepsilon_s > 1$
- 재질에 따라 다르다.
- 진공, 공기 $\varepsilon_s = 1$
- 비유전율은 1 보다 작은 값은 없다.
- 비유전율의 단위는 없다.

예제문제 전기분극현상

1 전기분극이란?

① 도체내의 원자핵의 변위이다.
② 유전체내의 원자의 흐름이다.
③ 유전체내의 속박전하의 변위이다.
④ 도체내의 자유전하의 흐름이다.

해설 전기분극이란 유전체내의 속박전하의 변위현상을 말한다.

답 ③

핵심 NOTE

■ 진공중에 유전체 삽입시

힘 $F \Rightarrow \dfrac{1}{\varepsilon_s}$ 배 감소

전계 $E \Rightarrow \dfrac{1}{\varepsilon_s}$ 배 감소

정전용량 $C \Rightarrow \varepsilon_s$ 배 증가

2 진공시와 유전체의 비교

	진공시	유전체 삽입시	비고
힘	$F_o = \dfrac{Q_1Q_2}{4\pi\varepsilon_o r^2}$	$F = \dfrac{Q_1Q_2}{4\pi\varepsilon_o\varepsilon_s r^2} = \dfrac{F_o}{\varepsilon_s}$	$\dfrac{1}{\epsilon_s}$ 배 감소
전계의세기	$E_o = \dfrac{Q}{4\pi\varepsilon_o r^2}$	$E = \dfrac{Q}{4\pi\varepsilon_o\varepsilon_s r^2} = \dfrac{E_o}{\varepsilon_s}$	$\dfrac{1}{\varepsilon_s}$ 배 감소
정전용량	$C_o = \dfrac{\varepsilon_o S}{d}$	$C = \dfrac{\varepsilon_o\varepsilon_s S}{d} = \varepsilon_s C_o$	ε_s 배 증가
전기력선	$N_o = \dfrac{Q}{\varepsilon_o}$	$N = \dfrac{Q}{\varepsilon_o\varepsilon_s} = \dfrac{N_o}{\varepsilon_s}$	$\dfrac{1}{\varepsilon_s}$ 배 감소
전속선	$\Psi_o = Q$	$\Psi = Q$	일정

예제문제 진공시와 유전체 비교

2 콘덴서에 비유전율 ε_r인 유전율로 채워져 있을 때 정전 용량 C와 공기로 채워져 있을 때의 정전 용량 C_o와의 비 $\dfrac{C}{C_o}$는?

① ε_r　② $\dfrac{1}{\varepsilon_r}$

③ $\sqrt{\varepsilon_r}$　④ $\dfrac{1}{\sqrt{\varepsilon_r}}$

해설 공기 중 정전용량은 $C_o = \dfrac{\varepsilon_o S}{d}$ [F]일 때

유전체 내 정전용량 $C = \dfrac{\varepsilon_o\varepsilon_s S}{d} = \varepsilon_s C_o$이므로 $\dfrac{C}{C_o} = \varepsilon_s = \varepsilon_r$이 된다.

답 ①

핵심 NOTE

③ 분극의 세기 P [C/m²]

분극현상에 의하여 유전체내의 한 점에 분극이 있을 때 이에 수직한 단면적을 통하여 변위되는 분극의 정전하량을 그 점의 분극의 세기라 한다.

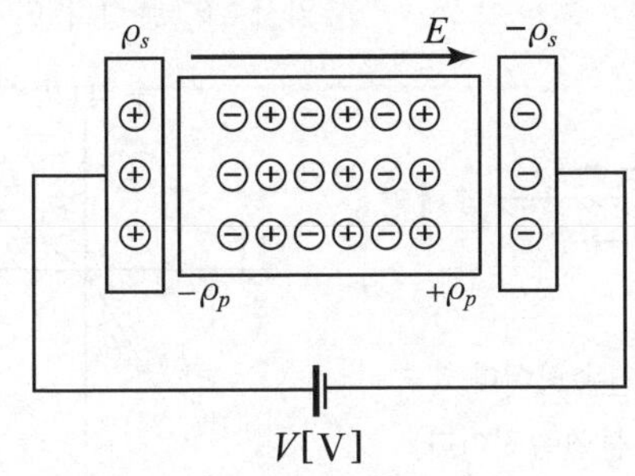

1. 유전체내 전계의 세기 $E = \dfrac{\rho_s - \rho_p}{\varepsilon_o}$ [V/m]

   여기서 ρ_s [C/m²]: 진전하 밀도, ρ_p [C/m²]: 분극전하 밀도

2. 분극의 세기 P [C/m²] (분극전하밀도, 전기분극도)

$$P = \rho_p = \frac{M}{v} = \varepsilon_o(\varepsilon_s - 1)E$$
$$= D\left(1 - \frac{1}{\varepsilon_s}\right) = \chi E \text{ [C/m}^2\text{]}$$

   단, M[C · m] 전기쌍극자모멘트, v [m³] 체적

3. 분극률 $\chi = \varepsilon_o(\varepsilon_s - 1)$

4. 비분극률 $\dfrac{\chi}{\varepsilon_o} = \chi_e = \varepsilon_s - 1$

예제문제 분극의 세기

3 비유전율이 5인 등방 유전체의 한 점에서의 전계 세기가 10 [kV/m]이다. 이 점의 분극의 세기는 몇[C/m²]인가?

① 1.41×10^{-7}　② 3.54×10^{-7}
③ 8.84×10^{-8}　④ 4×10^{-4}

해설
비유전율 $\varepsilon_s = 5$, 전계 $E = 10$ [KV/m] 일 때
분극의 세기는
$P = \varepsilon_0(\epsilon_s - 1)E = 8.855 \times 10^{-12}(5-1) \times 10 \times 10^3 = 3.54 \times 10^{-7}$ [C/m²]

답 ②

핵심 NOTE

■ 유전체의 경계면 조건

접선성분 전계가 서로 같다.
법선성분 전속밀도가 서로 같다.

■ 입사각θ_1, 굴절각 θ_2가 주어진 경우

$E_1\sin\theta_1 = E_2\sin\theta_2$

$D_1\cos\theta_1 = D_2\cos\theta_2$

$\frac{\tan\theta_1}{\tan\theta_2} = \frac{\varepsilon_1}{\varepsilon_2}$

■ 전속선의 분포

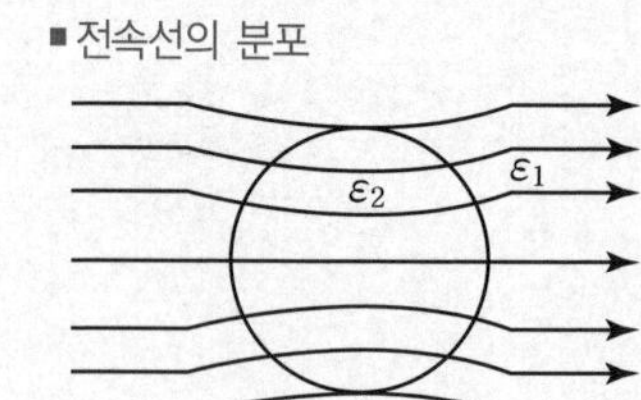

$[\varepsilon_2 > \varepsilon_1]$

4 유전체의 경계면 조건(입사에 의한 굴절현상)

1. 경계면 양측에서 수평(접선)성분의 전계의 세기

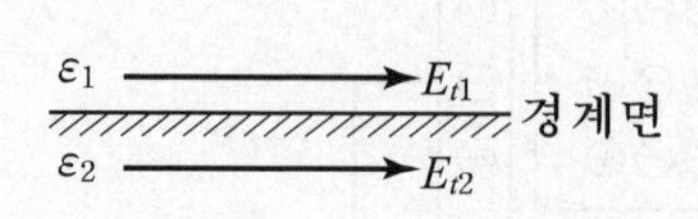

$E_{t1} = E_{t2}$: 연속적이다.

$D_{t1} \neq D_{t2}$: 불연속적이다.

여기서 t는 접선(수평)성분을 의미한다.

입사각θ_1, 굴절각 θ_2가 주어진 경우

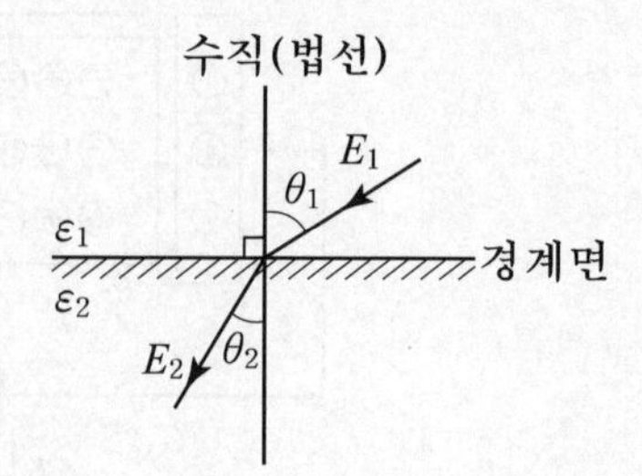

$E_1\sin\theta_1 = E_2\sin\theta_2$ → ①식

2. 경계면 양측에서 수직(법선)성분의 전속밀도

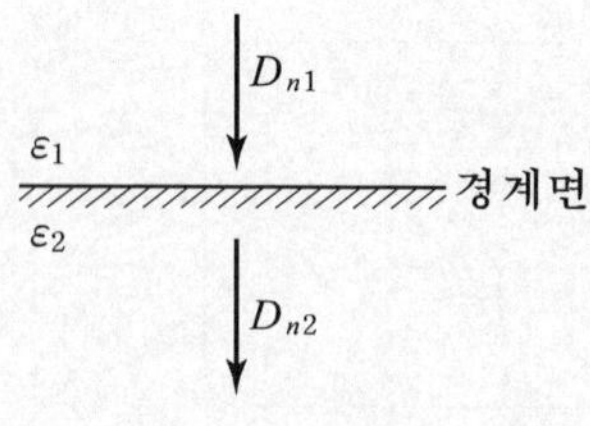

$D_{n1} = D_{n2}$: 연속적이다.

$E_{n1} \neq E_{n2}$: 불연속적이다.

여기서 n는 법선(수직)성분을 의미한다.

입사각θ_1, 굴절각 θ_2가 주어진 경우

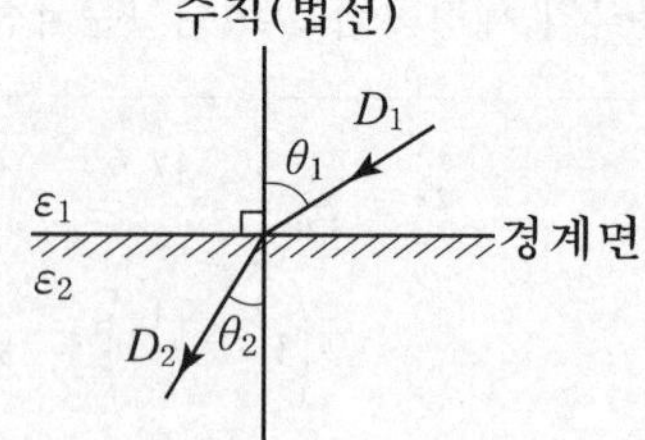

$D_1\cos\theta_1 = D_2\cos\theta_2$ → ②식

3.

$$\frac{①}{②} = \frac{E_1\sin\theta_1}{D_1\cos\theta_1} = \frac{E_2\sin\theta_2}{D_2\cos\theta_2} \Rightarrow \frac{E_1\sin\theta_1}{\varepsilon_1 E_1\cos\theta_1} = \frac{E_2\sin\theta_2}{\varepsilon_2 E_2\cos\theta_2}$$

$\frac{\tan\theta_1}{\tan\theta_2} = \frac{\varepsilon_1}{\varepsilon_2}$ → ③식

4. 비례 관계

(1) $\varepsilon_2 > \varepsilon_1$, $\theta_2 > \theta_1$, $D_2 > D_1$: 비례 관계에 있다.

(2) $E_1 > E_2$: 반비례 관계에 있다.

5. 전속선은 유전율이 큰 쪽으로 집속된다.

핵심 NOTE

예제문제 유전체의 경계면 조건

4 유전율이 각각 다른 두 유전체가 서로 경계를 이루며 접해 있다. 다음 중 옳지 않은 것은?

① 경계면에서 전계의 접선성분은 연속이다.
② 경계면에서 전속밀도의 법선성분은 연속이다.
③ 경계면에서 전계와 전속밀도는 굴절한다.
④ 경계면에서 전계와 전속밀도는 불변이다.

해설

전계는 경계면에서 수평(접선)성분일 때 불변이며, 전속밀도는 경계면에 수직(법선)성분일 때 불변이다.

답 ④

예제문제 유전체의 경계면 조건

5 유전체 A, B의 접합면에 전하가 없을 때, 각 유전체 중 전계의 방향이 그림과 같고 $E_A = 100$ [V/m]이면, E_B는 몇 [V/m]인가?

① $\frac{100}{3}$

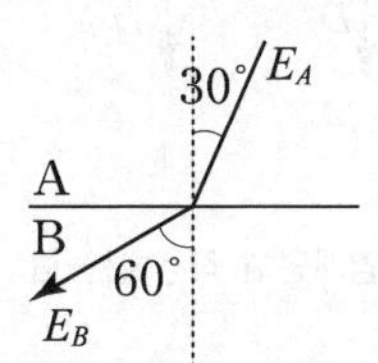

② $\frac{100}{\sqrt{3}}$

③ 300

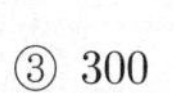

④ $100\sqrt{3}$

해설

유전체의 경계면 조건에서 경계면의 접선(수평)성분은 전계가 같으므로

$E_A \cdot \sin\theta_A = E_B \cdot \sin\theta_B$에서

$$E_B = \frac{\sin\theta_A}{\sin\theta_B} \cdot E_A = \frac{\sin 30^\circ}{\sin 60^\circ} \times 100 = \frac{100}{\sqrt{3}} \text{ [V/m]}$$

답 ②

5 경계면에 작용하는 힘 (Maxwell's 변형력)

1. 경계면에 작용하는 힘은 유전율이 큰 쪽에서 작은 쪽으로 작용한다.

2. 경계면에 작용하는 힘

(1) 전계가 경계면에 수평으로 입사시 ($\varepsilon_1 > \varepsilon_2$)

전계가 수평으로 입사시 경계면 양측에서 전계가 같으므로 $E_1 = E_2 = E$[V/m]로 표시 할 수 있고 힘의 방향은 반대이므로 경계면에 작용하는 단위면적당 힘은 각 매질에 대한 힘을 구하여 그 차를 구하면 된다.

핵심 NOTE

■ 경계면에 작용하는 힘

① 전계가 수평 입사시 ($\varepsilon_1 > \varepsilon_2$)

$$f = \frac{1}{2}(\varepsilon_1 - \varepsilon_2)E^2\,[\text{N/m}^2]$$

압축응력작용

② 전계가 수직 입사시 ($\varepsilon_1 > \varepsilon_2$)

$$f = \frac{D^2}{2}\left(\frac{1}{\varepsilon_2} - \frac{1}{\varepsilon_1}\right)[\text{N/m}^2]$$

인장응력작용

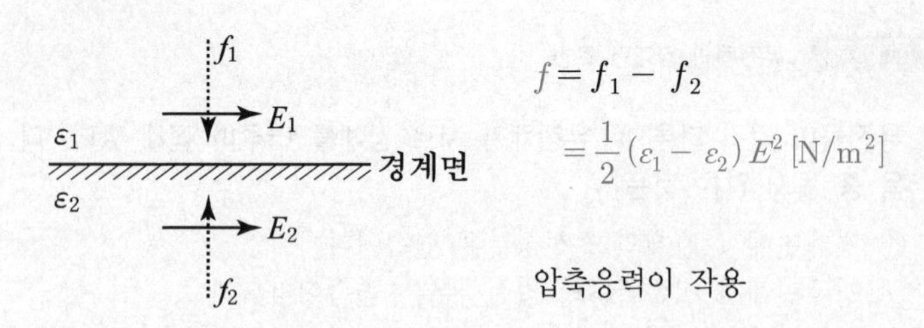

(2) **전계가 경계면에 수직으로 입사시 ($\varepsilon_1 > \varepsilon_2$)**

전계가 수직으로 입사시 경계면 양측에서 전속밀도가 같으므로 $D_1 = D_2 = D\,[\text{C/m}^2]$로 표시 할 수 있고 힘의 방향은 반대이므로 경계면에 작용하는 단위면적당 힘은 각 매질에 대한 힘을 구하여 그 차를 구하면 된다.

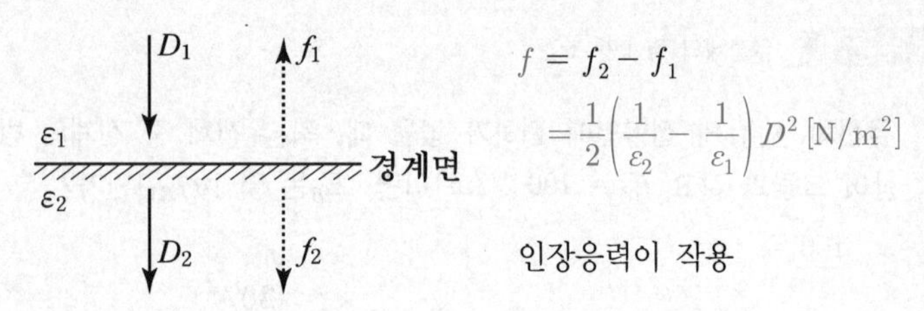

예제문제 **경계면에 작용하는 힘**

6 $\varepsilon_1 > \varepsilon_2$**의 두 유전체의 경계면에 전계가 수직으로 입사할 때 경계면에 작용하는 힘은?**

① $f = \frac{1}{2}\left(\frac{1}{\varepsilon_2} - \frac{1}{\varepsilon_1}\right)D^2$ 의 힘이 ε_1에서 ε_2로 작용한다.

② $f = \frac{1}{2}\left(\frac{1}{\varepsilon_1} - \frac{1}{\varepsilon_2}\right)E^2$ 의 힘이 ε_2에서 ε_1로 작용한다.

③ $f = \frac{1}{2}\left(\frac{1}{\varepsilon_1} - \frac{1}{\varepsilon_2}\right)D^2$ 의 힘이 ε_1에서 ε_2로 작용한다.

④ $f = \frac{1}{2}\left(\frac{1}{\varepsilon_2} - \frac{1}{\varepsilon_1}\right)E^2$ 의 힘이 ε_2에서 ε_1로 작용한다.

해설

전계가 수직입사 전속밀도가 같으므로 경계면에 작용하는 힘은

$f = \frac{D^2}{2}\left(\frac{1}{\varepsilon_2} - \frac{1}{\varepsilon_1}\right)[\text{N/m}^2]$가 되고 작용하는 힘은 유전율이 큰 쪽에서 작은 쪽으로 작용하므로 ε_1 에서 ε_2로 작용한다.

답 ①

핵심 NOTE

6 단절연

■ 단절연

심선에서 가까울수록 유전율이 큰 것을 채워 절연시킨다.

절연층의 전계의 세기를 거의 일정하게 유지할 목적으로 심선에서 가까운 곳은 유전율이 큰 것으로 심선에서 먼 곳은 유전율이 작은 것으로 채워 절연하는 방법

예제문제 단절연

7 **그림과 같이 단심 연피 케이블의 내외도체를 단절연할 경우 두 도체 간의 절연내력을 최대로 하기 위한 조건으로 옳은 것은?**

① $\varepsilon_1 = \varepsilon_2$로 한다.

② $\varepsilon_1 > \varepsilon_2$로 한다.

③ $\varepsilon_1 < \varepsilon_2$로 한다.

④ 유전율과 관계없다.

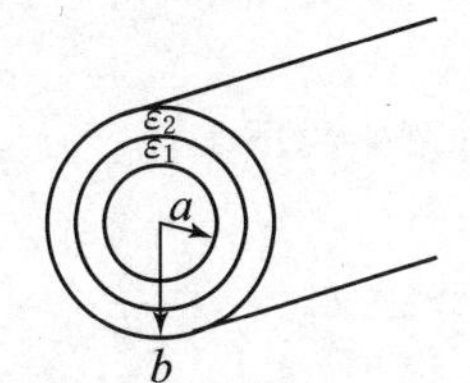

해설

단절연하여 두 도체 간 절연내력을 최대로 하기 위해서는 심선에서 가까울수록 유전율이 큰 것을 채워주면 된다.

답 ②

7 유전체 삽입시 콘덴서의 직 · 병렬 연결

1. 병렬연결 : 평행판 콘덴서에 유전체를 수직하게 채운 경우

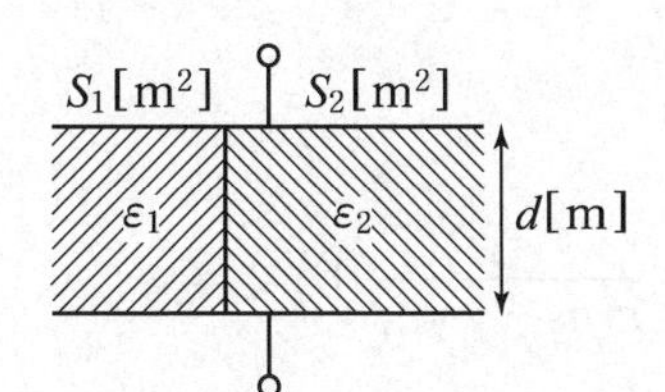

옆의 그림에서 ε_1, ε_2의 각각의 정전 용량은 $C_1 = \dfrac{\varepsilon_1 S_1}{d}$, $C_2 = \dfrac{\varepsilon_2 S_2}{d}$ 이므로 합성 정전 용량은 병렬연결이므로

$$C = C_1 + C_2 = \frac{\varepsilon_1 S_1}{d} + \frac{\varepsilon_2 S_2}{d} = \frac{1}{d}(\varepsilon_1 S_1 + \varepsilon_2 S_2)[\mathrm{F}]$$가 된다.

$$C = \frac{1}{d}(\varepsilon_1 S_1 + \varepsilon_2 S_2)[\mathrm{F}]$$

핵심 NOTE

예제문제 유전체 삽입시 콘덴서 직병렬연결

8 그림과 같은 정전용량이 C_o[F]되는 평행판 공기콘덴서의 판면적의 $\frac{2}{3}$되는 공간에 비유전율 ϵ_s인 유전체를 채우면 공기콘덴서의 정전용량은 몇 [F]인가?

① $\frac{2\varepsilon_s}{3}C_o$ ② $\frac{3}{1+2\varepsilon_s}C_o$

③ $\frac{1+\varepsilon_s}{3}C_o$ ④ $\frac{1+2\varepsilon_s}{3}C_o$

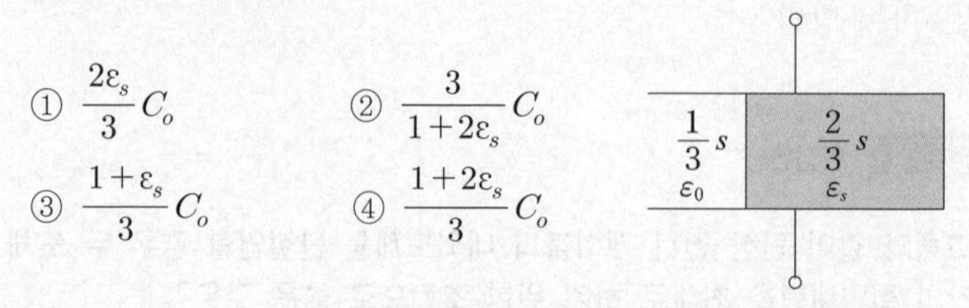

해설

평행판 공기콘덴서 정전용량 $C_o = \frac{\varepsilon_o S}{d}$[F] 평행판에 수직으로 비유전율을 채웠으므로 병렬접속이므로 $C_1 = \frac{\varepsilon_o\left(\frac{1}{3}S\right)}{d} = \frac{1}{3}C_o$, $C_2 = \frac{\varepsilon_o \varepsilon_s\left(\frac{2}{3}S\right)}{d} = \frac{2}{3}\varepsilon_s C_o$

합성정전용량은 $C = C_1 + C_2 = \frac{1+2\varepsilon_s}{3}C_o$

답 ④

■ 직렬 연결

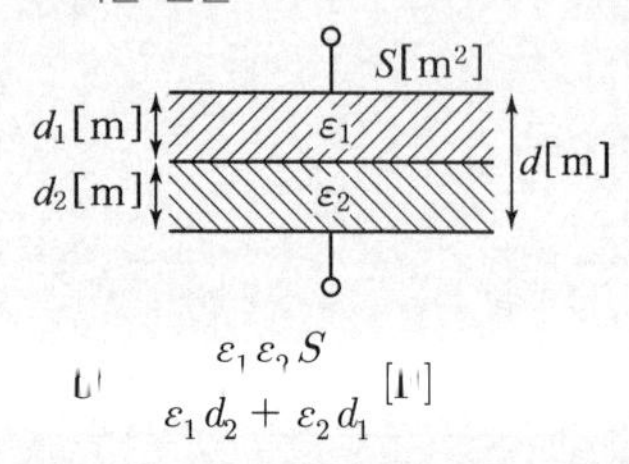

$C = \frac{\varepsilon_1 \varepsilon_2 S}{\varepsilon_1 d_2 + \varepsilon_2 d_1}$[F]

2. 직렬 연결 : 평행판 콘덴서에 유전체를 평행(수평)하게 채운 경우

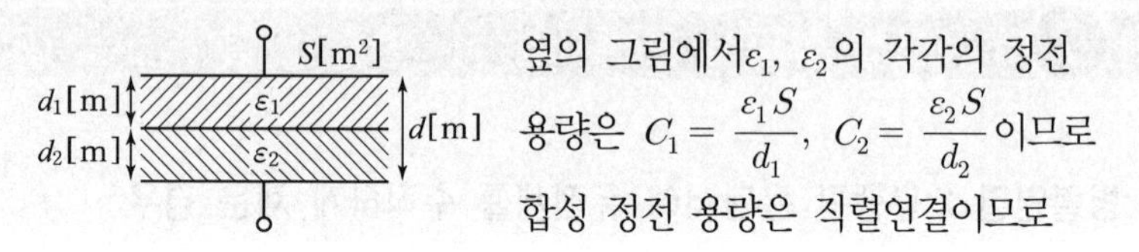

옆의 그림에서 ε_1, ε_2의 각각의 정전용량은 $C_1 = \frac{\varepsilon_1 S}{d_1}$, $C_2 = \frac{\varepsilon_2 S}{d_2}$이므로 합성 정전 용량은 직렬연결이므로

$$C = \frac{C_1 \cdot C_2}{C_1 + C_2} = \frac{\frac{\varepsilon_1 S}{d_1} \times \frac{\varepsilon_2 S}{d_2}}{\frac{\varepsilon_1 S}{d_1} + \frac{\varepsilon_2 S}{d_2}} = \frac{\varepsilon_1 \varepsilon_2 S}{\varepsilon_1 d_2 + \varepsilon_2 d_1}[\mathrm{F}]$$ 가 된다.

$$C = \frac{\varepsilon_1 \varepsilon_2 S}{\varepsilon_1 d_2 + \varepsilon_2 d_1}[\mathrm{F}]$$

핵심 NOTE

예제문제 유전체 삽입시 콘덴서 직병렬연결

9 면적 $S[\mathrm{m}^2]$, 간격 $d[\mathrm{m}]$인 평행판콘덴서에 그림과 같이 두께 d_1, $d_2[\mathrm{m}]$이며 유전율 ε_1, $\varepsilon_2[\mathrm{F/m}]$인 두 유전체를 극판간에 평행으로 채웠을 때 정전용량은 얼마인가?

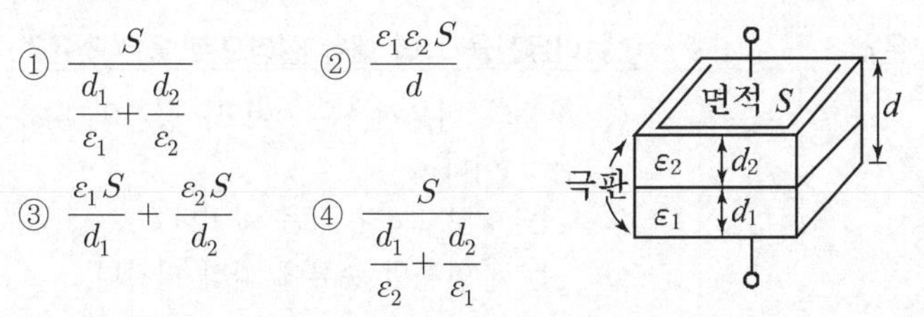

① $\dfrac{S}{\dfrac{d_1}{\varepsilon_1}+\dfrac{d_2}{\varepsilon_2}}$ ② $\dfrac{\varepsilon_1\varepsilon_2 S}{d}$

③ $\dfrac{\varepsilon_1 S}{d_1}+\dfrac{\varepsilon_2 S}{d_2}$ ④ $\dfrac{S}{\dfrac{d_1}{\varepsilon_2}+\dfrac{d_2}{\varepsilon_1}}$

해설 그림은 유전체가 평행판에 수평으로 채워진 경우이므로 콘덴서 직렬연결이므로 합성정전 용량은 $C=\dfrac{\varepsilon_1\varepsilon_2 S}{\varepsilon_1 d_2+\varepsilon_2 d_1}=\dfrac{S}{\dfrac{d_1}{\varepsilon_1}+\dfrac{d_2}{\varepsilon_2}}[\mathrm{F}]$ 가 된다.

답 ①

3. 공기콘덴서에 유전체를 판간격 절반만 평행하게 채운 경우

그림에서 직렬연결이므로

$$C=\frac{\varepsilon_1\varepsilon_2 S}{\varepsilon_1 d_2+\varepsilon_2 d_1}=\frac{\varepsilon_o\varepsilon_o\varepsilon_s S}{\varepsilon_o\dfrac{d}{2}+\varepsilon_o\varepsilon_s\dfrac{d}{2}}$$

$$=\frac{\varepsilon_o^2\varepsilon_s S}{\varepsilon_o\dfrac{d}{2}(1+\varepsilon_s)}=\frac{2\varepsilon_o\varepsilon_s S}{d(1+\varepsilon_s)}$$

$$=\frac{2\varepsilon_s}{1+\varepsilon_s}C_o[\mathrm{F}]\text{가 된다.}$$

■공기콘덴서에 판간격 절반만 평행하게 채운 경우

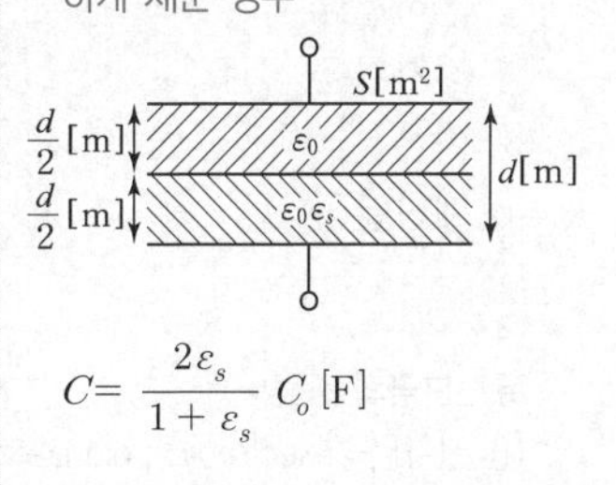

$C=\dfrac{2\varepsilon_s}{1+\varepsilon_s}C_o[\mathrm{F}]$

■공기콘덴서의 정전용량

$C_o=\dfrac{\varepsilon_o S}{d}[\mathrm{F}]$

예제문제 유전체 삽입시 콘덴서 직병렬연결

10 $0.03[\mu\mathrm{F}]$인 평행판 공기 콘덴서의 극판 간에 그 간격의 절반 두께에 비유전율 10인 유리판을 평행하게 넣었다면, 이 콘덴서의 정전용량 $[\mu\mathrm{F}]$은?

① 1.83 ② 18.3

③ 0.055 ④ 0.55

해설

공기콘덴서 정전용량 $C_o=0.03[\mu\mathrm{F}]$, 비유전율 $\varepsilon_s=10$일 때 공기콘덴서 판간격 절반 두께에 유리판을 평행판에 평행하게 채운경우의 정전용량은

$C=\dfrac{2\varepsilon_s}{1+\varepsilon_s}C_o=\dfrac{2\times10}{1+10}\times0.03=0.055[\mu\mathrm{F}]$이 된다.

답 ③

SECTION 04

출제예상문제

01 다음 물질 중 비유전율이 가장 큰 것은?

① 산화티탄 자기
② 종이
③ 운모
④ 변압기 기름

해설

종이 : 2~2.6　　변압기 기름 : 2.2~2.4
운모 : 5.5~6.6　　산화티탄 자기 : 115~5000

02 유전분극의 종류가 아닌 것은?

① 전하분극
② 전자분극
③ 이온분극
④ 배향분극

해설

유전분극의 종류
(1) 전자분극(electronic polarization)
(2) 이온분극(ionic polarization)
(3) 쌍극자 배향분극(orientational polarization)

03 다이아몬드와 같은 단결정 물체에 전장을 가할 때 유도되는 분극은?

① 전자분극
② 이온분극과 배향분극
③ 전자분극과 이온분극
④ 전자분극, 이온분극, 배향분극

해설

전자분극은 단결정 물체에서 전자운과 핵의 상대적인 변위에 의해서 발생한다.

04 비유전율 ε_s에 대한 설명으로 옳은 것은?

① 진공의 비유전율은 0이고, 공기의 비유전율은 1 이다.
② ε_s는 항상 1보다 작은 값이다.
③ ε_s는 절연물의 종류에 따라 다르다.
④ ε_s의 단위는 [C/m]이다.

해설

유전체의 비유전율 특징
1) 진공이나 공기중의 비유전율은 둘 다 $\varepsilon_s = 1$
2) 비유전율은 $\varepsilon_s > 1$ 이다.
3) 비유전율은 절연물의 종류에 따라 다르며 단위로는 없다.

05 비유전율 ε_s의 설명으로 틀린 것은?

① 진공의 비유전율은 0이다.
② 공기 중의 비유전율은 약 1 정도가 된다.
③ ε_s는 항상 1보다 큰 값이다.
④ ε_s는 절연물의 종류에 따라 다르다.

해설

진공시 또는 공기 중의 비유전율은 모두 1이다.

06 비유전율 9인 유전체 중에 1[cm]의 거리를 두고 1[μC] 과 2[μC]의 두 점전하가 있을 때 서로 작용하는 힘[N]은?

① 18　　② 180
③ 20　　④ 200

해설

$\varepsilon_s = 9$, $r = 1[\text{cm}]$, $Q_1 = 1[\mu\text{C}]$, $2[\mu\text{C}]$
일 때 두 전하 사이에 작용하는 힘은

$$F = \frac{Q_1 \cdot Q_2}{4\pi\varepsilon_o\varepsilon_s r^2} = 9\times10^9 \times \frac{1\times10^{-6}\times2\times10^{-6}}{9\times(10^{-2})^2}$$
$$= 20\,[\text{N}]$$

정답　01 ①　02 ①　03 ①　04 ③　05 ①　06 ③

07 공기 중 두 점전하 사이에 작용하는 힘이 5[N]이었다. 두 전하 사이에 유전체를 넣었더니 힘이 2[N]으로 되었다면 유전체의 비유전율은 얼마인가?

① 15 ② 10
③ 5 ④ 2.5

해설

공기중 작용하는 힘 $F_o = 5$ [N]
유전체 내 작용하는 힘 $F = 2$ [N] 일 때
$F = \dfrac{Q_1 \cdot Q_2}{4\pi\varepsilon_o\varepsilon_s r^2} = \dfrac{F_o}{\varepsilon_s}$ [N] 이므로 비유전율은
$\varepsilon_s = \dfrac{F_o}{F} = \dfrac{5}{2} = 2.5$

08 면적이 S[m²]이고 극간의 거리가 d[m]인 평행판콘덴서에 비유전률 ε_s의 유전체를 채울 때 정전용량은 몇 [F]인가?

① $\dfrac{2\varepsilon_0\varepsilon_s S}{d}$ ② $\dfrac{\varepsilon_0\varepsilon_s S}{\pi d}$
③ $\dfrac{\varepsilon_0\varepsilon_s S}{d}$ ④ $\dfrac{2\pi\varepsilon_0\varepsilon_s S}{d}$

해설

유전체 내 평행판 사이의 정전용량은 $C = \dfrac{\varepsilon_o\varepsilon_s S}{d}$ [F]

09 정전에너지, 전속밀도 및 유전상수 ε_r 의 관계에 대한 설명 중 옳지 않은 것은?

① 동일전속밀도에서는 ε_r이 클수록 정전에너지는 작아진다.
② 동일 정전에너지는 ε_r이 클수록 전속밀도가 커진다.
③ 전속은 매질에 축적되는 에너지가 최대가 되도록 분포한다.
④ 굴절각이 큰 유전체는 ε_r이 크다.

해설

전속은 매질에 축적되는 에너지가 최소가 되도록 분포한다.

10 콘덴서에 대한 설명 중 옳지 않은 것은?

① 콘덴서는 두 도체 간 정전용량에 의하여 전하를 축적시키는 장치이다.
② 가능한한 많은 전하를 축적하기 위하여 도체간의 간격을 작게 한다.
③ 두 도체간의 절연물은 절연을 유지할 뿐이다.
④ 두 도체간의 절연물은 도체 간 절연은 물론 정전용량의 값을 증가시키기 위함이다.

해설

절연물은 절연을 유지하고 정전용량은 절연물의 유전율에 따라 달라지므로 정전용량의 크기에도 영향을 준다.

11 평행판 콘덴서의 원형 전극의 지름이 60[cm], 극판 간격이 0.1[cm], 유전체의 비유전율이 16이다. 이 콘덴서의 정전 용량 [μF]은?

① 0.04 ② 0.03
③ 0.02 ④ 0.01

해설

원판 반지름 $a = 30$ [cm],
극판 간격 $d = 0.1$ [cm], 비유전율 $\varepsilon_s = 16$일 때
평행판사이의 정전용량은
$C = \dfrac{\varepsilon_o\varepsilon_s S}{d} = \dfrac{\varepsilon_o\varepsilon_s\pi a^2}{d}$ [F]이므로
주어진 수치를 대입하면
$C = \dfrac{8.855\times10^{-12}\times16\times\pi\times(0.3)^2}{0.1\times10^{-2}}\times10^6 = 0.04$ [μF]

12 극판의 면적이 10[cm²], 극판간의 간격이 1[mm], 극판간에 채워진 유전체의 비유전율이 2.5인 평행판 콘덴서에 100[V]의 전압을 가할 때 극판의 전하[C]는?

① 1.2×10^{-9} ② 1.25×10^{-12}
③ 2.21×10^{-9} ④ 4.25×10^{-10}

정답 07 ④ 08 ③ 09 ③ 10 ③ 11 ① 12 ③

해설

면적$S = 10\,[\text{cm}^2]$, 극판 간격 $d = 1\,[\text{mm}]$,

비유전율$\epsilon_s = 2.5$, 전압 $V = 100\,[\text{V}]$ 일 때

전하량은 $Q = CV = \dfrac{\varepsilon_o \varepsilon_s S}{d} V[\text{C}]$ 이므로

주어진 수치를 대입하면

$$Q = \frac{8.855\times10^{-12}\times2.5\times10\times10^{-4}}{1\times10^{-3}}\times100$$
$$= 2.21\times10^{-9}\,[\text{C}]$$

13 공기 콘덴서의 극판 사이에 비유전율 5의 유전체를 채운 경우 같은 전위차에 대한 극판의 전하량은?

① 5배로 증가 ② 5배로 감소
③ 10배로 증가 ④ 불변

해설

전압 V가 일정할 때 유전체 삽입시 유전체 내 전하량 $Q = CV \propto C = \varepsilon_s C_o$ 이므로

전하량은 진공중 보다 $\varepsilon_s = 5$ 배로 증가한다.

14 공기 콘덴서를 100[V]로 충전한 다음 전극 사이에 유전체를 넣어 용량을 10배로 했다. 정전에너지는 몇 배로 되는가?

① 1/10배 ② 10배
③ 1/1000배 ④ 1000배

해설

콘덴서 충전후는 전하량 Q가 일정해지므로

정전용량 C를 10배로 증가시 정전에너지는

$W = \dfrac{Q^2}{2C} \propto \dfrac{1}{C}$ 이므로 $\dfrac{1}{10}$ 배로 감소한다.

15 유전율 $\varepsilon_o \varepsilon_s$의 유전체 내에 있는 전하 Q에서 나오는 전기력선의 수는?

① Q개 ② $\dfrac{Q}{\varepsilon_o \varepsilon_s}$개
③ $\dfrac{Q}{\varepsilon_o}$개 ④ $\dfrac{Q}{\varepsilon_s}$개

해설

유전체내 전기력선의 수는 $N = \dfrac{Q}{\varepsilon_o \varepsilon_s}$[개]

16 진공 중에서 어떤 대전체의 전속이 Q였다. 이 대전체를 비유전율 2.2인 유전체 속에 넣었을 경우의 전속은?

① Q ② εQ
③ $2.2Q$ ④ 0

해설

전속선은 매질과 관계가 없으므로 유전체 내 전속선은 $\psi = Q$가 된다.

17 비유전율이 4이고 전계의 세기가 20[kV/m]인 유전체 내의 전속 밀도[μC/m^2]는?

① 0.708 ② 0.168
③ 6.28 ④ 2.83

해설

$E = 20\,[\text{KV/m}]$, $\varepsilon_s = 4$일 때 유전체내

전속밀도 $D = \varepsilon_o \varepsilon_s E\,[\text{C/m}^2]$ 일 때

주어진 수치를 대입하면 전속밀도는

$$D = 8.855\times10^{-12}\times4\times20\times10^3\times10^6$$
$$= 0.708\,[\mu\text{C/m}^2]$$

18 패러데이(Faraday)관에 대한 설명 중 틀린 것은?

① 패러데이관 내의 전속선 수는 일정하다.
② 진전하가 없는 점에서는 패러데이관은 불연속적이다.
③ 패러데이관의 밀도는 전속밀도와 같다.
④ 패러데이관 양단에 정, 부의 단위 전하가 있다.

해설

패러데이관의 성질

- 패러데이관 내의 전속선 수는 일정하다.
- 진전하가 없는 점에서는 패러데이관은 연속적이다.
- 패러데이관의 밀도는 전속밀도와 같다.
- 패러데이관 양단에 정, 부의 단위 전하가 있다.

정답 13 ① 14 ① 15 ② 16 ① 17 ① 18 ②

19 패러데이관에서 전속선의 수가 $5Q$개 이면 패러데이관 수는?

① $\dfrac{Q}{\varepsilon_o}$ ② $\dfrac{Q}{5}$

③ $\dfrac{5}{Q}$ ④ $5Q$

해설

패러데이관의 수는 전속선의 수와 같으므로 $5Q$가 된다.

20 유전체 콘덴서에 전압을 인가할 때 발생하는 현상으로 옳지 않은 것은?

① 속박전하의 변위가 분극전하로 나타난다.
② 유전체면에 나타나는 분극전하 면밀도와 분극의 세기는 같다.
③ 유전체 콘덴서는 공기콘덴서에 비하여 전계의 세기는 작아지고 정전용량은 커진다.
④ 단위면적당의 전기 쌍극자모멘트가 분극의 세기이다.

해설

분극의 세기: $P=\dfrac{M}{v}[\mathrm{C\cdot m/m^3 = C/m^2}]$이므로

단위체적당 전기 쌍극자모멘트이다.

21 평행판 공기콘덴서의 양 극판에 $+\rho\,[\mathrm{C/m^2}]$, $-\rho\,[\mathrm{C/m^2}]$의 전하가 충전되어 있을 때, 이 두 전극사이에 유전율 $\varepsilon[\mathrm{F/m}]$인 유전체를 삽입한 경우의 전계의 세기는?(단, 유전체의 분극전하밀도를 $+\rho_p\,[\mathrm{C/m^2}]$, $-\rho_p\,[\mathrm{C/m^2}]$이라 한다.)

① $\dfrac{\rho_p}{\varepsilon_o}[\mathrm{V/m}]$ ② $\dfrac{\rho+\rho_p}{\varepsilon_o}[\mathrm{V/m}]$

③ $\dfrac{\rho}{\varepsilon_o}-\dfrac{\rho_p}{\varepsilon}[\mathrm{V/m}]$ ④ $\dfrac{\rho-\rho_p}{\varepsilon_o}[\mathrm{V/m}]$

해설

유전체 삽입시 전계의 세기 $E=\dfrac{\rho-\rho_p}{\varepsilon_o}$

22 유전체에서 분극의 세기의 단위는?

① $[\mathrm{C}]$ ② $[\mathrm{C/m}]$
③ $[\mathrm{C/m^2}]$ ④ $[\mathrm{C/m^3}]$

해설

분극의 세기는

$P=\varepsilon_0(\varepsilon_s-1)E = D(1-\dfrac{1}{\varepsilon_s}) = xE[\mathrm{C/m^2}]$

① 분극률 $x=\varepsilon_o(\varepsilon_s-1)$
② 비분극률 $x_e=\dfrac{x}{\varepsilon_o}=\varepsilon_s-1$

23 유전체 내의 전계의 세기 E와 분극의 세기 P와의 관계를 나타내는 식은?

① $P=\varepsilon_o(\varepsilon_s-1)E$ ② $P=\varepsilon_o\varepsilon_s E$
③ $P=\varepsilon_o(1-\varepsilon_s)E$ ④ $P=(1-\varepsilon_s)E$

24 전계 E, 전속 밀도 D, 유전율 ε 사이의 관계를 옳게 표시한 것은?

① $P=D+\varepsilon_o E$ ② $P=D-\varepsilon_o E$
③ $\varepsilon_o P=D+E$ ④ $\varepsilon_o P=D-E$

해설

분극의 세기는

$P=\varepsilon_0(\varepsilon_s-1)E=\varepsilon_o\varepsilon_s E-\varepsilon_o E$
$=\varepsilon E-\varepsilon_o E=D-\varepsilon_o E[\mathrm{C/m^2}]$

25 두 평행판 축전기에 채워진 폴리에틸렌의 비유전율이 ε_r, 평행판간 거리 $d=1.5[\mathrm{m}]$일 때, 만일 평행판내의 전계의 세기가 $10[\mathrm{kV/m}]$라면, 평행판간 폴리에틸렌 표면에 나타난 분극전하 밀도는?

① $\dfrac{\varepsilon_r-1}{18\pi}\times10^{-5}[\mathrm{C/m^2}]$ ② $\dfrac{\varepsilon_r-1}{36\pi}\times10^{-6}[\mathrm{C/m^2}]$

③ $\dfrac{\varepsilon_r}{18\pi}\times10^{-5}[\mathrm{C/m^2}]$ ④ $\dfrac{\varepsilon_r-1}{36\pi}\times10^{-5}[\mathrm{C/m^2}]$

정답 19 ④ 20 ④ 21 ④ 22 ③ 23 ① 24 ② 25 ④

해설

분극의 세기(P)=분극전하밀도(ρ_P)이므로

$$P=\rho_P=\varepsilon_o(\varepsilon_r-1)E$$
$$=\frac{10^{-9}}{36\pi}(\varepsilon_r-1)\times 10\times 10^3$$
$$=\frac{(\varepsilon_r-1)}{36\pi}\times 10^{-5}\,[\mathrm{C/m^2}]$$

26 평등 전계내에 수직으로 비유전율 $\varepsilon_s=2$인 유전체 판을 놓았을 경우 판 내의 전속밀도가 $D=4\times10^{-6}\,[\mathrm{C/m^2}]$이었다. 유전체 내의 분극의 세기 $P[\mathrm{C/m^2}]$는?

① 1×10^{-6}　② 2×10^{-6}
③ 4×10^{-6}　④ 8×10^{-6}

해설

분극의 세기는

$$P=D\left(1-\frac{1}{\varepsilon_s}\right)=4\times10^{-6}\left(1-\frac{1}{2}\right)$$
$$=2\times10^{-6}\,[\mathrm{C/m^2}]$$

27 비유전율 $\varepsilon_s=5$인 등방 유전체의 한 점에서 전계의 세기가 $E=10^4[\mathrm{V/m}]$일 때 이 점의 분극률 x_e는 몇 $[\mathrm{F/m}]$인가?

① $\frac{10^{-9}}{9\pi}$　② $\frac{10^{-9}}{18\pi}$
③ $\frac{10^{9}}{9\pi}$　④ $\frac{10^{9}}{36\pi}$

해설

분극률

$$x_e=\varepsilon_0(\varepsilon_s-1)=\frac{10^{-9}}{36\pi}(5-1)=\frac{10^{-9}}{9\pi}$$

28 평등 전계 내에 수직으로 비율전율 $\varepsilon_r=3$인 유전체 판을 놓았을 경우 판 내의 전속밀도 $D=4\times10^{-6}[\mathrm{C/m^2}]$이었다. 이 유전체의 비분극률은?

① 2　② 3
③ 1×10^{-6}　④ 2×10^{-6}

해설

비분극률 $\chi_e=\frac{\chi}{\varepsilon_0}=\varepsilon_s-1=3-1=2$

29 두 유전체의 경계면에서 정전계가 만족하는 것은?

① 전계의 법선 성분이 같다.
② 분극의 세기의 접선 성분이 같다.
③ 전계의 접선 성분이 같다.
④ 전속 밀도의 접선 성분이 같다.

해설

유전체의 경계면 조건

1) 경계면의 접선(수평)성분은 양측에서 전계가 같다.
　$E_{t1}=E_{t2}$: 연속적이다.
　$D_{t1}\neq D_{t2}$: 불연속적이다.
2) 경계면의 법선(수직)성분의 전속밀도는 양측에서 같다.
　$D_{n1}=D_{n2}$: 연속적이다.
　$E_{n1}\neq E_{n2}$: 불연속적이다.
3) $E_1\sin\theta_1=E_2\sin\theta_2$
4) $D_1\cos\theta_1=D_2\cos\theta_2$
5) $\frac{\tan\theta_1}{\tan\theta_2}=\frac{\varepsilon_1}{\varepsilon_2}$
6) 비례 관계
　① $\varepsilon_2>\varepsilon_1$, $\theta_2>\theta_1$, $D_2>D_1$: 비례 관계에 있다.
　② $E_1>E_2$: 반비례 관계에 있다.
　단, t는 접선(수평)성분, n는 법선(수직)성분, θ_1 입사각, θ_2 굴절각

30 두 종류의 유전율 ε_1, ε_2를 가진 유전체 경계면에 전하가 존재하지 않을 때 경계조건이 아닌 것은?

① $\varepsilon_1E_1\cos\theta_1=\varepsilon_2E_2\cos\theta_2$
② $\varepsilon_1E_1\sin\theta_1=\varepsilon_2E_2\sin\theta_2$
③ $E_1\sin\theta_1=E_2\sin\theta_2$
④ $\frac{\tan\theta_1}{\tan\theta_2}=\frac{\varepsilon_1}{\varepsilon_2}$

해설

유전체의 경계면 조건에서
$D_1\cos\theta_1=D_2\cos\theta_2$ 는 $\varepsilon_1E_1\cos\theta_1=\varepsilon_2E_2\cos\theta_2$ 와 같다.

정답　26 ②　27 ①　28 ①　29 ③　30 ②

31 두 유전체가 접했을 때 $\dfrac{\tan\theta_1}{\tan\theta_2}=\dfrac{\varepsilon_1}{\varepsilon_2}$의 관계식에서 $\theta_1=0$일 때, 다음 중에 표현이 잘못된 것은?

① 전기력선은 굴절하지 않는다.
② 전속 밀도는 불변이다.
③ 전계는 불연속이다.
④ 전기력선은 유전율이 큰 쪽에 모여진다.

해설

입사각 $\theta_1=0°$ 인 경우 경계면에 수직 입사시 이므로
- 전기력선은 굴절하지 않는다.
- 전속밀도가 서로 같으므로 불변이다.
- 전계는 서로 같지 않으므로 불연속이다.
- 전속선은 유전율이 큰 쪽에 모이고 전기력선은 유전율이 작은 쪽으로 모여진다.

32 종류가 다른 두 유전체 경계면에 전하 분포가 다를 때 경계면에서 정전계가 만족하는 것은?

① 전계의 법선 성분이 같다.
② 전속선은 유전율이 큰 곳으로 모인다.
③ 전속 밀도의 접선 성분이 같다.
④ 경계면상의 두 점 간의 전위차가 다르다.

해설

유전체의 경계면 조건
- 전계의 접선 성분이 같다.
- 전속밀도의 법선 성분이 같다.
- 경계면상의 두 점 간의 전위차가 같다.

33 두 유전체의 경계면에서 정전계가 만족하는 것은?

① 전속은 유전율이 작은 유전체로 모인다.
② 두 경계면에서의 전위는 서로 같다.
③ 전속밀도는 접선성분이 같다.
④ 전계는 법선성분이 같다.

해설

① 전속은 유전율이 큰 유전체로 모인다.
③ 전속밀도는 법선성분이 같다.
④ 전계는 접선성분이 같다.

34 두 유전체의 경계면에 대한 설명 중 옳은 것은?

① 두 유전체의 경계면에 전계가 수직으로 입사하면 두 유전체 내의 전계의 세기는 같다.
② 유전율이 작은 쪽에 전계가 입사할 때 입사각은 굴절각보다 크다.
③ 경계면에서 정전력은 전계가 경계면에서 수직으로 입사할 때 유전율이 큰 쪽에서 작은 쪽으로 작용한다.
④ 유전율이 큰 쪽에서 작은 쪽으로 전계가 경계면에 수직으로 입사할 때 유전율이 작은 쪽의 전계의 세기가 작아진다.

해설

① 두 유전체의 경계면에 전계가 수직으로 입사하면 두 유전체 내의 전속밀도는 같다.
② 유전율이 작은 쪽에 전계가 입사할 때 입사각은 굴절각보다 작다.
④ 유전율이 큰 쪽에서 작은 쪽으로 전계가 경계면에 수직으로 입사할 때 유전율이 작은 쪽의 전계의 세기가 커진다.

35 그림에서 전계와 전속밀도의 분포 중 맞는 것은?

E_{t1} E_{t2}
D_{n1} D_{n2}
매질Ⅰ (공기) | 매질Ⅱ (유리)

① $E_{t1}=0$, $D_{n1}=\rho_s$
② $E_{t2}=0$, $D_{n2}=\rho_s$
③ $E_{t1}=E_{t2}$, $D_{n1}=D_{n2}$
④ $E_{t1}=E_{t2}=0$, $D_{n1}=D_{n2}=0$

해설

유전체의 경계면 조건
1) 경계면의 접선(수평)성분은 양측에서 전계가 같다.
 $E_{t1}=E_{t2}$: 연속적이다.
 $D_{t1}\neq D_{t2}$: 불연속적이다.
2) 경계면의 법선(수직)성분의 전속밀도는 양측에서 같다.
 $D_{n1}=D_{n2}$: 연속적이다.
 $E_{n1}\neq E_{n2}$: 불연속적이다.
단, t는 접선(수평)성분, n는 법선(수직)성분

정답 31 ④ 32 ② 33 ② 34 ③ 35 ③

36 매질 1이 나일론(비유전율$\varepsilon_s = 4$)이고, 매질 2가 진공일 때 전속밀도 D가 경계면 에서 각각θ_1, θ_2의 각을 이룰 때 $\theta_2 = 30°$라 하면 θ_1의 값은?

① $\tan^{-1}\dfrac{4}{\sqrt{3}}$

② $\tan^{-1}\dfrac{\sqrt{3}}{4}$

③ $\tan^{-1}\dfrac{\sqrt{3}}{2}$

④ $\tan^{-1}\dfrac{2}{\sqrt{3}}$

ε_1 θ_1 경계면 ε_2 θ_2

해설

경계면 조건에서 $\dfrac{\tan\theta_1}{\tan\theta_2} = \dfrac{\varepsilon_1}{\varepsilon_2}$이므로

$\tan\theta_1 = \dfrac{\varepsilon_1}{\varepsilon_2}\tan\theta_2 = \dfrac{\varepsilon_o\varepsilon_s}{\epsilon_o}\tan\theta_2$에서

주어진 수치 $\varepsilon_s = 4$, $\theta_2 = 30°$를 대입하면

$\tan\theta_1 = \varepsilon_s\tan\theta_2 = 4\times\dfrac{1}{\sqrt{3}} = \dfrac{4}{\sqrt{3}}$ 이므로

$\theta_1 = \tan^{-1}\dfrac{4}{\sqrt{3}}$가 된다.

37 얇은 도체판에 그림과 같이 전속밀도의 수직이 존재하는 경우 D와 ρ_s간의 관계 중 맞는 것은? (단, ρ_s는 표면 전하 밀도이고 n는 표면에 수직인 단위 벡터이다.)

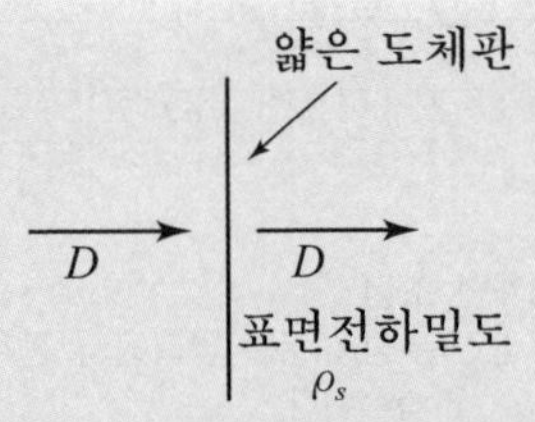

① 좌측은 $D = +n\rho_s$ 우측은 $D = +n\rho_s$

② 좌측은 $D = -n\rho_s$ 우측은 $D = -n\rho_s$

③ 좌측은 $D = -n\rho_s$ 우측은 $D = +n\rho_s$

④ 좌측은 $D = -\dfrac{n\rho_s}{4\pi}$ 우측은 $D = +\dfrac{n\rho_s}{4\pi}$

해설

전속선은 도체판에 수직하게 (+)전하에서 나오고 (−)전하로 들어가므로 우측은 $+\rho_s\,[\mathrm{C/m^2}]$이 좌측에는 $-\rho_s\,[\mathrm{C/m^2}]$의 면전하밀도가 분포한다.

38 그림과 같이 평행판 콘덴서의 극판 사이에 유전율이 각각 ε_1, ε_2인 두 유전체를 반반씩 채우고 극판 사이에 일정한 전압을 걸어준다. 이 때 매질 Ⅰ, Ⅱ내의 전계의 세기 E_1, E_2사이에는 다음 어느 관계가 성립하는가?

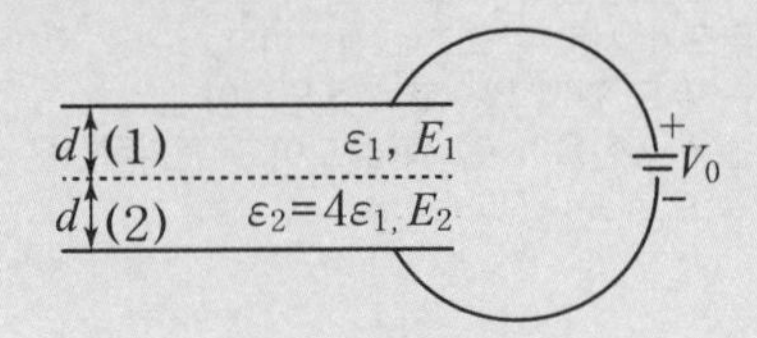

① $E_2 = 4E_2$ ② $E_2 = 2E_1$

③ $E_2 = E_1/4$ ④ $E_2 = E_1$

해설

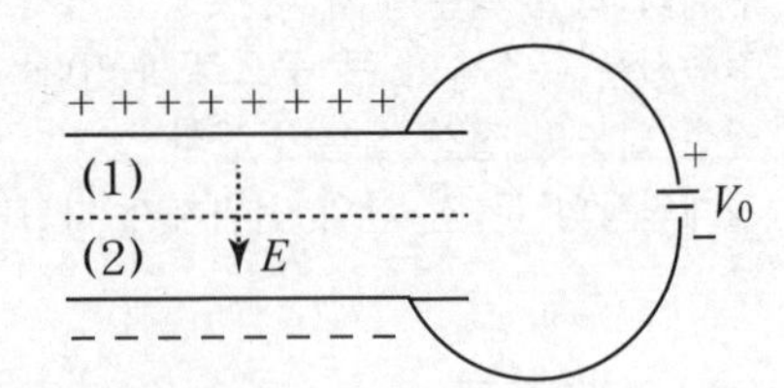

위의의 그림상에서 경계면에 전계가 수직입사이므로 경계면 양측에서 전속밀도는 같아야 된다.

$D_1 = D_2$, $\varepsilon_1 E_1 = \varepsilon_2 E_2$

$\varepsilon_1 E_1 = 4\varepsilon_1 E_2$, $E_1 = 4E_2$, $E_2 = \dfrac{E_1}{4}$가 된다.

39 비유전율 ε_s 인 유전체의 판을 E_o 인 평등전계 내에 전계와 수직으로 놓았을 때 유전체 내의 전계 E 는?

① $E = \varepsilon_s E_o$ ② $E = \dfrac{E_o}{\varepsilon_s}$

③ $E = E_o$ ④ $E = \varepsilon_s^2 E_o$

해설

수직입사시 전속밀도가 같으므로 $D_o = D$.

$\varepsilon_o E_o = \varepsilon_o\varepsilon_s E$ 에서 $E = \dfrac{E_o}{\varepsilon_s}\,[\mathrm{V/m}]$

정답 36 ① 37 ③ 38 ③ 39 ②

40 $\varepsilon_1 > \varepsilon_2$ **인 두 유전체의 경계면에 전계가 수직일 때 경계면에 작용하는 힘의 방향은?**

① 전계의 방향
② 전속밀도의 방향
③ ε_1의 유전체에서 ε_2의 유전체 방향
④ ε_2의 유전체에서 ε_1의 유전체 방향

해설
경계면에 작용하는 힘은 유전율이 큰 쪽에서 작은 쪽으로 작용하므로 ε_1의 유전체에서 ε_2의 방향으로 작용한다.

41 평행판 사이에 유전율이 ε_1, ε_2 **되는** $(\varepsilon_1 > \varepsilon_2)$ **유전체를 경계면에 판에 평행하게 그림과 같이 채우고 그림의 극성으로 극판 사이에 전압을 걸었을 때 두 유전체 사이에 작용하는 힘은?**

① ①의 방향
② ②의 방향
③ ③의 방향
④ ④의 방향

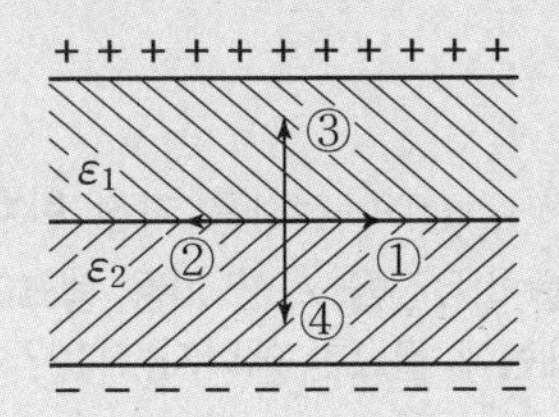

해설
경계면에 작용하는 힘은 유전율이 큰 쪽에서 작은 쪽으로 작용하므로 ε_1에서 ε_2로 작용하는 ④번이 된다.

42 유전율이 다른 두 유전체의 경계면에 작용하는 힘은?(단, 유전체의 경계면과 전계방향은 수직이다.)

① 유전율의 차이에 비례
② 유전율의 차이에 반비례
③ 경계면의 전계의 세기의 제곱에 비례
④ 경계면의 전하밀도의 제곱에 비례

해설
전계가 수직입사 전속밀도가 같으므로 경계면에 작용하는 힘은 $f = \frac{D^2}{2}\left(\frac{1}{\varepsilon_2} - \frac{1}{\varepsilon_1}\right) = \frac{\rho_s^2}{2}\left(\frac{1}{\varepsilon_2} - \frac{1}{\varepsilon_1}\right)$ [N/m^2]이므로 전속밀도 또는 전하밀도의 제곱에 비례한다.

43 그림과 같은 유전속의 분포에서 ε_1**과** ε_2**의 관계는?**

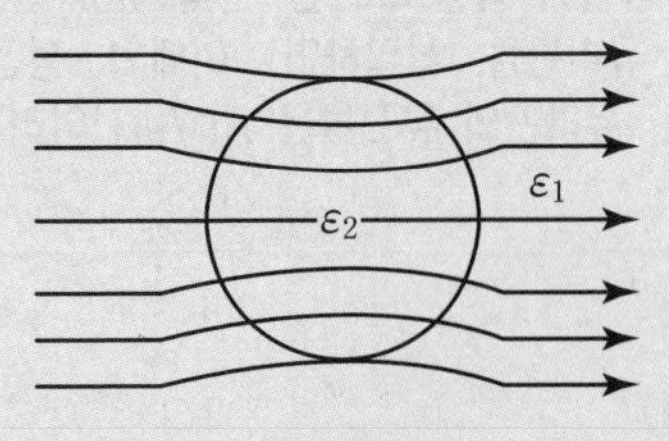

① $\varepsilon_1 > \varepsilon_2$　　② $\varepsilon_2 > \varepsilon_1$
③ $\varepsilon_1 = \varepsilon_2$　　④ $\varepsilon_2 \le \varepsilon_1$

해설
전속선은 유전율이 큰 쪽으로 집속되므로 $\varepsilon_2 > \varepsilon_1$이 된다.

44 면적 S[m^2]**의 평행한 평판 전극사이에 유전율이** ε_1[F/m], ε_2[F/m]**되는 두 종류의 유전체를** $\frac{d}{2}$[m]**두께가 되도록 각각 넣으면 정전용량은 몇 F가 되는가?**

① $\frac{2S}{d(\varepsilon_1 + \varepsilon_2)}$
② $\frac{2\varepsilon_1\varepsilon_2}{dS(\varepsilon_1 + \varepsilon_2)}$
③ $\frac{2S\varepsilon_1\varepsilon_2}{d(\varepsilon_1 + \varepsilon_2)}$
④ $\frac{S\varepsilon_1\varepsilon_2}{2d(\varepsilon_1 + \varepsilon_2)}$

해설
그림은 유전체가 평행판에 수평으로 채워진 경우이므로 콘덴서 직렬연결이므로 합성정전 용량은

$$C = \frac{\varepsilon_1\varepsilon_2 S}{\varepsilon_1 d_2 + \varepsilon_2 d_1} = \frac{\varepsilon_1\varepsilon_2 S}{\varepsilon_1\frac{d}{2} + \varepsilon_2\frac{d}{2}} = \frac{2\varepsilon_1\varepsilon_2 S}{d(\varepsilon_1 + \varepsilon_2)} \text{[F]}$$

이 된다.

정답　40 ③　41 ④　42 ④　43 ②　44 ③

45 정전용량이 C_o[F]인 평행판 공기 콘덴서가 있다. 이 극판에 평행으로 판 간격 d[m]의 1/2 두께되는 유리판을 삽입하면, 이때의 정전용량[F]는? (단, 유리판의 유전율은 ε[F/m]이라 한다.)

① $\dfrac{C_o}{1+\dfrac{1}{\varepsilon}}$ ② $\dfrac{2C_o}{1+\dfrac{1}{\varepsilon}}$

③ $\dfrac{C}{1+\dfrac{\varepsilon}{\varepsilon_o}}$ ④ $\dfrac{2C_o}{1+\dfrac{\varepsilon_o}{\varepsilon}}$

해설

공기 콘덴서에 판간격 반만 평행하게 채운 경우의 정전용량은

$$C=\frac{2\varepsilon_s}{1+\varepsilon_s}C_o=\frac{2\varepsilon_s}{1+\varepsilon_s}C_o\times\frac{\frac{1}{\varepsilon_s}}{\frac{1}{\varepsilon_s}}$$

$$=\frac{2C_o}{1+\dfrac{1}{\varepsilon_s}}=\frac{2C_o}{1+\dfrac{\varepsilon_o}{\varepsilon_o\varepsilon_s}}=\frac{2C_o}{1+\dfrac{\varepsilon_o}{\varepsilon}}$$

46 정전용량이 1[μF]인 공기 콘덴서가 있다. 이 콘덴서 판간의 $\frac{1}{2}$인 두께를 갖고 비유전율 $\varepsilon_s=2$인 유전체를 그 콘덴서의 한 전극면에 접촉하여 넣었을 때 전체의 정전 용량[μF]은?

① 2

② $\frac{1}{2}$

③ $\frac{4}{3}$

④ $\frac{5}{3}$

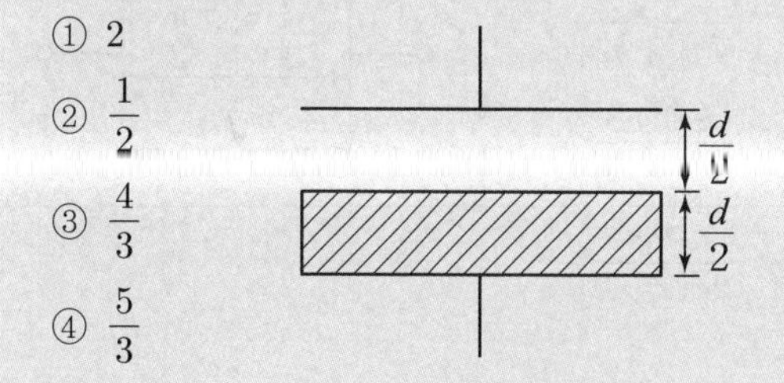

해설

공기콘덴서 정전용량 $C_o=1[\mu F]$, 비유전율 $\varepsilon_s=2$일 때 공기콘덴서 판간격 절반 두께에 유전체를 평행판에 수평으로 채운경우의 정전용량은

$$C=\frac{2\varepsilon_s}{1+\varepsilon_s}C_o=\frac{2\times2}{1+2}\times1=\frac{4}{3}[\mu F]$$

47 그림과 같이 유전율이 $\varepsilon_1, \varepsilon_2$ 인 두 유전체의 경계면에 중심을 둔 반지름 a인 도체구의 정전용량은?

① $4\pi a(\varepsilon_1+\varepsilon_2)$

② $2\pi a(\varepsilon_1+\varepsilon_2)$

③ $\dfrac{\varepsilon_1+\varepsilon_2}{2\pi a}$

④ $\dfrac{\varepsilon_1+\varepsilon_2}{4\pi a}$

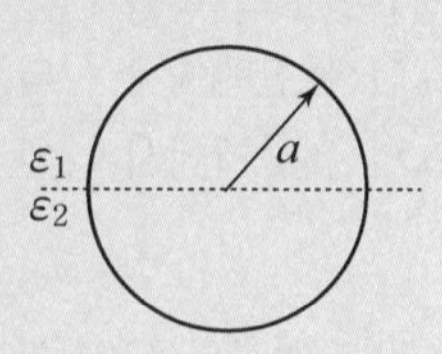

해설

반구가 접촉되어 있는 경우이므로 콘덴서 병렬 연결로 된다.

$C_1=4\pi\varepsilon_1a\times\frac{1}{2}=2\pi\varepsilon_1a$[F],

$C_2=4\pi\varepsilon_2a\times\frac{1}{2}=2\pi\varepsilon_2a$[F]이므로

합성 정전용량은

$C=C_1+C_2=2\pi\varepsilon_1a+2\pi\varepsilon_2a=2\pi a(\varepsilon_1+\varepsilon_2)$[F]

48 Q[C]의 전하를 가진 반지름 a[m]인 도체구를 비유전율 ε_s인 기름 탱크에서 공기 중으로 꺼내는데 필요한 에너지[J]는?

① $\dfrac{Q^2}{8\pi\varepsilon_oa}\left(1-\dfrac{1}{\varepsilon_s}\right)$ ② $\dfrac{Q^2}{4\pi\varepsilon_oa}\left(1-\dfrac{1}{\varepsilon_s}\right)$

③ $\dfrac{Q^2}{\pi\varepsilon_oa}\left(1-\dfrac{1}{\varepsilon_s}\right)$ ④ $\dfrac{Q}{8\pi\varepsilon_oa}\left(1-\dfrac{1}{\varepsilon_s}\right)$

해설

공기 ε_o
a
기름 $\varepsilon_o\varepsilon_s$

공기중 축적에너지

$$W_o=\frac{Q^2}{2C_o}=\frac{Q^2}{2\times4\pi\varepsilon_oa}=\frac{Q^2}{8\pi\varepsilon_oa}[J]$$

유전체 내 축적에너지

$$W=\frac{Q^2}{2C}=\frac{Q^2}{2\times4\pi\varepsilon_o\varepsilon_sa}=\frac{Q^2}{8\pi\varepsilon_o\varepsilon_sa}[J]$$

필요한 에너지

$$W'=W_o-W=\frac{Q^2}{8\pi\varepsilon_oa}-\frac{Q^2}{8\pi\varepsilon_o\varepsilon_sa}=\frac{Q^2}{8\pi\varepsilon_oa}\left(1-\frac{1}{\varepsilon_s}\right)[J]$$

정 답 45 ④ 46 ③ 47 ② 48 ①

Engineer Electricity
dustrial Engineer Electricity

전계의 특수해법(전기영상법)

Chapter 05

전계의 특수해법(전기영상법)

1 접지무한평면도체와 점전하

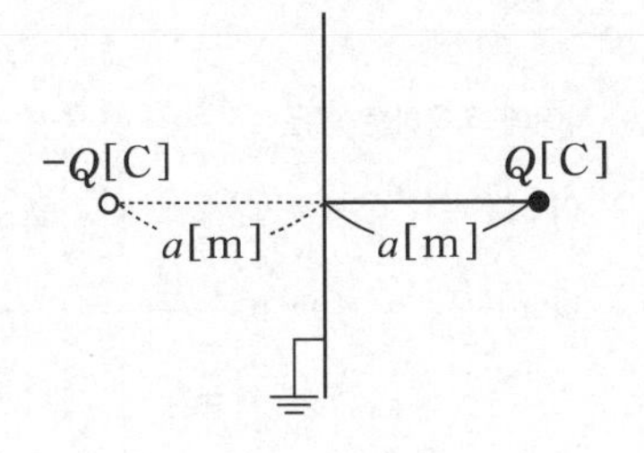

1. 영상전하는 크기는 같고 부호가 반대인 전하가 무한평면 반대편에 존재한다.

$$Q' = -Q\,[\mathrm{C}]$$

2. 접지무한평면과 점전하 사이에 작용하는 힘

$$F = -\frac{Q^2}{16\pi\varepsilon_o a^2} = -2.25\times10^9\frac{Q^2}{a^2}\,[\mathrm{N}]$$

3. 작용하는 힘은 항상 흡인력이 작용한다.

4. 전하 분포도 및 최대 전하밀도

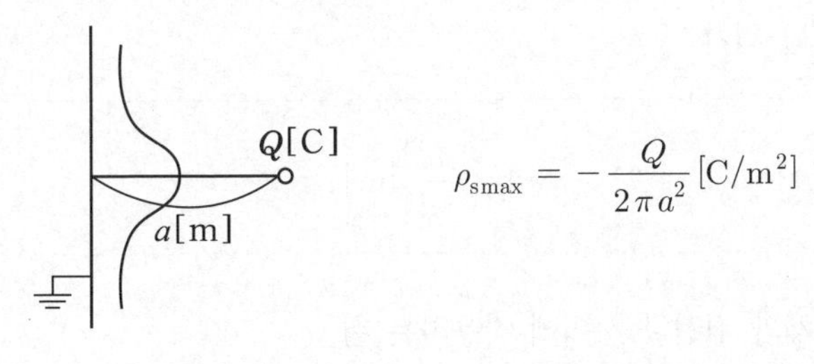

$$\rho_{s\max} = -\frac{Q}{2\pi a^2}\,[\mathrm{C/m^2}]$$

핵심 NOTE

■ 접지무한평면과 점전하

① 영상전하 크기는 같고 부호가 반대
$Q = -Q[\mathrm{C}]$

② 접지무한평면과 점전하 사이에 작용하는 힘

$$F = \frac{Q_1 Q_2}{4\pi\varepsilon_o r^2} = \frac{Q\cdot(-Q)}{4\pi\varepsilon_o (2a)^2} = -\frac{Q^2}{16\pi\varepsilon_o a^2} = -2.25\times10^9\frac{Q^2}{a^2}\,[\mathrm{N}]$$

③ 항상 흡인력 작용

④ 최대전하밀도

$$\rho_{s\max} = -\frac{Q}{2\pi a^2}\,[\mathrm{C/m^2}]$$

핵심 NOTE

예제문제 접지무한평면과 점전하

1 공기중에서 무한 평면 도체 표면 아래의 $1[\mathrm{m}]$ 떨어진 곳에 $1[\mathrm{C}]$의 점전하가 있다. 전하가 받는 힘의 크기는 몇 $[\mathrm{N}]$인가?

① $9\times10^9[\mathrm{N}]$　② $\dfrac{9}{2}\times10^9[\mathrm{N}]$

③ $\dfrac{9}{4}\times10^9[\mathrm{N}]$　④ $\dfrac{9}{16}\times10^9[\mathrm{N}]$

해설

접지무한평면과 점전하 사이에 작용하는 힘은 $F=-\dfrac{Q^2}{16\pi\varepsilon_o a^2}$ $=-2.25\times10^9\dfrac{Q^2}{a^2}[\mathrm{N}]$이므로 수치 $Q=1[\mathrm{C}]$, $a=1[\mathrm{m}]$를 대입하면

$$F=-\frac{Q^2}{16\pi\varepsilon_o a^2}=-9\times10^9\frac{Q^2}{4a^2}=-9\times10^9\frac{1^2}{4\times1^2}=-\frac{9}{4}\times10^9[\mathrm{N}]$$

답 ③

❷ 접지 구도체와 점전하

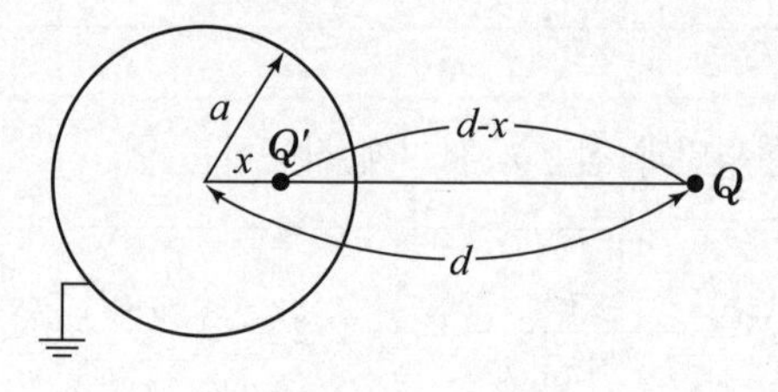

1. 영상전하는 크기가 다르고 부호가 반대인 전하가 구도체 내부에 존재

$$Q'=-\frac{a}{d}Q[\mathrm{C}]$$

2. 영상전하의 위치

$$x=\frac{a^2}{d}[\mathrm{m}]$$

3. 접지구도체와 점전하 사이에 작용하는 힘

$$F=\frac{QQ'}{4\pi\varepsilon_o\left(\dfrac{d^2-a^2}{d}\right)^2}=\frac{-adQ^2}{4\pi\varepsilon_o(d^2-a^2)^2}[\mathrm{N}]$$

4. 작용하는 힘은 항상 흡인력이 작용한다.

■ 접지구도체와 점전하

① 영상전하
크기는 다르고 부호가 반대
$Q=-\dfrac{a}{d}Q[\mathrm{C}]$

② 접지구도체와 점전하 사이에 작용하는 힘

$$F=\frac{Q_1Q_2'}{4\pi\varepsilon_o r^2}=\frac{QQ'}{4\pi\varepsilon_o(d-x)^2}$$
$$=\frac{QQ'}{4\pi\varepsilon_o\left(d-\dfrac{a^2}{d}\right)^2}$$
$$=\frac{QQ'}{4\pi\varepsilon_o\left(\dfrac{d^2-a^2}{d}\right)^2}$$
$$=\frac{Q\cdot\left(-\dfrac{a}{d}Q\right)}{4\pi\varepsilon_o\left(\dfrac{d^2-a^2}{d}\right)^2}$$
$$=\frac{-adQ^2}{4\pi\varepsilon_o(d^2-a^2)^2}[\mathrm{N}]$$

③ 항상 흡인력 작용

핵심 NOTE

예제문제 접지구도체와 점전하

2 접지되어 있는 반지름 $0.2[\text{m}]$인 도체구의 중심으로부터 거리가 $0.4[\text{m}]$ 떨어진 점 P에 점전하 $6\times10^{-3}[\text{C}]$이 있다. 영상전하는 몇 $[\text{C}]$인가?

① -2×10^{-3}　② -3×10^{-3}
③ -4×10^{-3}　④ -6×10^{-3}

해설

$a=0.2[\text{m}]$, $d=0.4[\text{m}]$, $Q=6\times10^{-3}[\text{C}]$이므로

영상전하 $Q'=-\dfrac{a}{d}Q=-\dfrac{0.2}{0.4}\times6\times10^{-3}=-3\times10^{-3}[\text{C}]$

답 ②

예제문제 접지구도체와 점전하

3 반지름이 $10[\text{cm}]$인 접지구도체의 중심으로부터 $1[\text{m}]$ 떨어진 거리에 한 개의 전자를 놓았다. 접지구도체에 유도된 충전전하량은 몇 $[\text{C}]$인가?

① -1.6×10^{-20}　② -1.6×10^{-21}
③ 1.6×10^{-20}　④ 1.6×10^{-21}

해설

전자 한 개의 전하량 : $e=-1.602\times10^{-19}[\text{C}]$ 접지구도체에 유도된 충전전하량

$Q'=-\dfrac{a}{d}e=-\dfrac{10\times10^{-2}}{1}\times(-1.602\times10^{-19})=1.6\times10^{-20}[\text{C}]$

답 ③

3 접지무한 평면(대지면)도체와 선전하

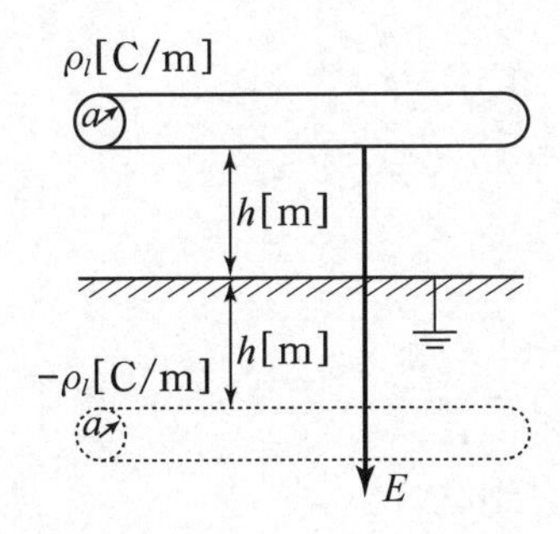

1. 영상 선전하 밀도

$\rho_l{}'=-\rho_l\ [\text{C/m}]$

■ 접지무한평면도체와 선전하

① 접지무한평면과 선전하 사이에 작용하는 단위길이당 작용하는 힘

$f=-\rho_l E=-\rho_l\dfrac{\rho_l}{2\pi\varepsilon_o(2h)}$

$=-\dfrac{\rho_l^2}{4\pi\varepsilon_o h}$

$=-9\times10^9\dfrac{\rho_l^2}{h}[\text{N/m}]$

② 대지와 도선사이의 정전용량

$C=\dfrac{2\pi\varepsilon_o}{\ln\dfrac{2h}{a}}[\text{F/m}]$

핵심 NOTE

2. 접지무한평면과 선전하 사이에 작용하는 단위길이당 작용하는 힘

$$f = -\frac{{\rho_l}^2}{4\pi\varepsilon_o h} = -9\times10^9 \frac{{\rho_l}^2}{h} \, [\mathrm{N/m}]$$

3. 대지와 도선 사이에 작용하는 정전용량

$$C = \frac{2\pi\varepsilon_o}{\ln\frac{2h}{a}} \, [\mathrm{F/m}]$$

예제문제 접지무한평면도체와 선전하

4 대지면에 높이 $h\,[\mathrm{m}]$로 평행 가설된 매우 긴 선전하(선전하 밀도 $\rho\,[\mathrm{C/m}]$)가 지면으로부터 받는 힘 $[\mathrm{N/m}]$은?

① h에 비례한다.
② h에 반비례한다.
③ h^2에 비례한다.
④ h^2에 반비례한다.

해설

접지무한평판과 선전하 사이에 작용하는 힘은 $F = \frac{\rho^2}{4\pi\varepsilon_o h} = 9\times10^9 \frac{\rho^2}{h} \, [\mathrm{N/m}]$이므로 높이 h에 반비례한다.

답 ②

출제예상문제

01 점전하 Q[C]에 의한 무한 평면 도체의 영상 전하는?

① $-Q$[C]보다 작다. ② Q[C]보다 크다.
③ $-Q$[C]과 같다. ④ Q[C]과 같다.

해설

무한평면 도체에 의한 영상 전하는 크기는 같고 부호는 반대이므로 $Q=-Q$[C]이 된다.

02 무한평면도체로부터 거리 a[m]인 곳에 점전하 Q[C]이 있을 때 Q[C]과 무한 평면 도체간의 작용력[N]은? (단, 공간 매질의 유전율은 ε[F/m]이다.)

① $\dfrac{Q^2}{2\pi\varepsilon_o a^2}$ ② $\dfrac{-Q^2}{16\pi\varepsilon_o a^2}$

③ $\dfrac{Q^2}{4\pi\varepsilon a^2}$ ④ $\dfrac{-Q^2}{16\pi\varepsilon a^2}$

해설

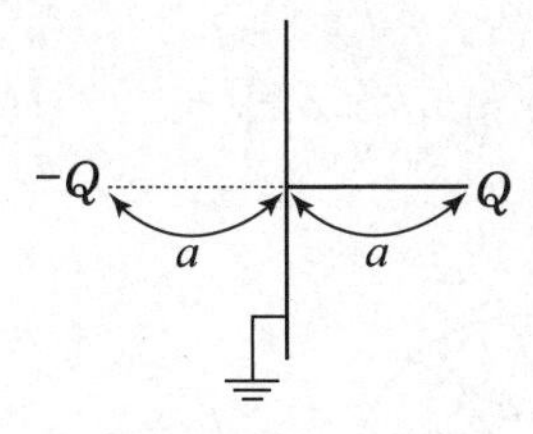

전기영상법에 의해서 영상전하를 생각하면
$Q_1=Q$, $Q_2=-Q$,
$r = 2a$ 이므로

$$F=\frac{Q_1Q_2}{4\pi\varepsilon r^2}=\frac{Q\times -Q}{4\pi\varepsilon(2a)^2}$$

$$=-\frac{Q^2}{16\pi\varepsilon a^2} \quad (F<0 \text{ 흡인력})$$

03 무한 평면 도체로 부터 거리 a[m]인 곳에 점전하 Q[C]이 있을 때 이 무한 평면 도체 표면에 유도되는 면밀도가 최대인 점의 전하 밀도는 몇 [C/m^2]인가?

① $-\dfrac{Q}{2\pi a^2}$ ② $-\dfrac{Q^2}{4\pi a}$

③ $-\dfrac{Q}{\pi a^2}$ ④ 0

해설

무한 평면 도체의 최대전하밀도

$$\rho_{s\max}=-\frac{Q}{2\pi a^2}\ [\text{C/m}^2]$$

04 무한 평면도체로부터 거리 a[m]의 곳에 점전하 2π[C]이 있을 때 도체 표면에 유도되는 최대 전하밀도는 몇 [C/m^2]인가?

① $-\dfrac{1}{a^2}$ ② $-\dfrac{1}{2a^2}$

③ $-\dfrac{1}{2\pi a}$ ④ $-\dfrac{1}{4\pi a}$

해설

무한 평면도체의 최대전하밀도는

$\rho_{s\max}=-\dfrac{Q}{2\pi a^2}$ [C/m^2]이므로

점전하 $Q=2\pi$[C]을 대입하면

$$\rho_{s\max}=-\frac{2\pi}{2\pi a^2}=\frac{1}{a^2}[\text{C/m}^2]$$

정답 01 ③ 02 ④ 03 ① 04 ①

05 전류 $+I$ 와 전하 $+Q$가 무한히 긴 직선상의 도체에 각각 주어졌고 이들 도체는 진공 속에서 각각 투자율과 유전율이 무한대인 물질로 된 무한대 평면과 평행하게 놓여 있다. 이 경우 영상법에 의한 영상 전류와 영상 전하는? (단, 전류는 직류이다.)

① $-I, -Q$　② $-I, +Q$
③ $+I, -Q$　④ $+I, +Q$

해설

무한 평면에 의한 영상전하와 영상전류는 크기는 같고 부호가 반대이므로 $-Q, -I$가 된다.

06 평면도체 표면에서 d[m]의 거리에 점전하 Q [C]가 있을 때 이 전하를 무한원까지 운반하는 데 요하는 일은 몇 [J]인가?

① $\dfrac{Q^2}{4\pi\varepsilon_o d}$　② $\dfrac{Q^2}{8\pi\varepsilon_o d}$
③ $\dfrac{Q^2}{16\pi\varepsilon_o d}$　④ $\dfrac{Q^2}{32\pi\varepsilon_o d}$

해설

접지무한평판과 점전하 사이에 작용하는 힘은
전기영상법에 의해서 평면도체 반대편에 영상전하
$Q' = -Q$[C]를 생각하면

$$F = \frac{Q_1 Q_2}{4\pi\varepsilon_o r^2} = \frac{Q(-Q)}{4\pi\varepsilon_o (2x)^2} = \frac{-Q^2}{16\pi\varepsilon_o x^2} \text{ [N]}$$인

흡인력이 작용한다.

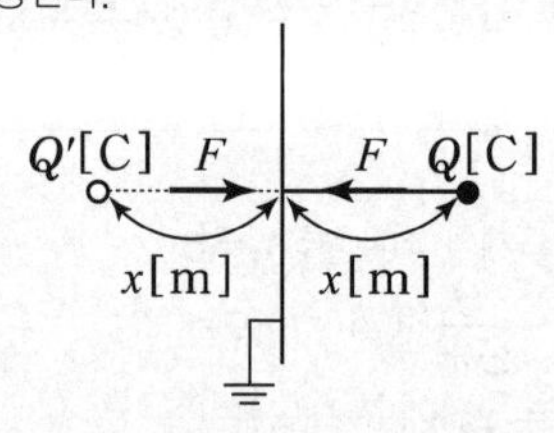

d[m] 지점에서 전하 Q[C]를 무한원까지 이동시 요하는 일에너지 W[J]는

$$W = \int_d^\infty F\,dx = \int_d^\infty \frac{Q^2}{16\pi\epsilon_o x^2}dx$$

$$= \frac{Q^2}{16\pi\epsilon_o}\left[-\frac{1}{x}\right]_d^\infty = \frac{Q^2}{16\pi\epsilon_o d}$$ [J]가 된다.

07 그림과 같은 직교 도체 평면상 P점에 Q[C]의 전하가 있을 때, P′점의 영상전하는?

① Q^2
② Q
③ $-Q$
④ 0

해설

그림처럼 직교하는 도체 평면상 P점에 점전하가 있는 경우 영상전하는 a점, b점, P′점에 3개의 영상전하가 나타나며 각점의 영상전하는
a점의 영상전하 = $-Q$[C]
b점의 영상전하 = $-Q$[C]
P점의 영상전하 = Q[C] 이므로
∴ P′점의 영상전하는 $+Q$[C]이다.

08 반지름 a인 접지 도체구의 중심에서 $d(>a)$ 되는 곳에 점전하 Q가 있다. 구도체에 유기되는 영상전하 및 그 위치(중심에서의 거리)는 각각 얼마인가?

① $+\dfrac{a}{d}Q$ 이며 $\dfrac{a^2}{d}$ 이다.
② $-\dfrac{a}{d}Q$ 이며 $\dfrac{a^2}{d}$ 이다.
③ $+\dfrac{d}{a}Q$ 이며 $\dfrac{a^2}{d}$ 이다.
④ $-\dfrac{d}{a}Q$ 이며 $\dfrac{d^2}{a}$ 이다.

해설

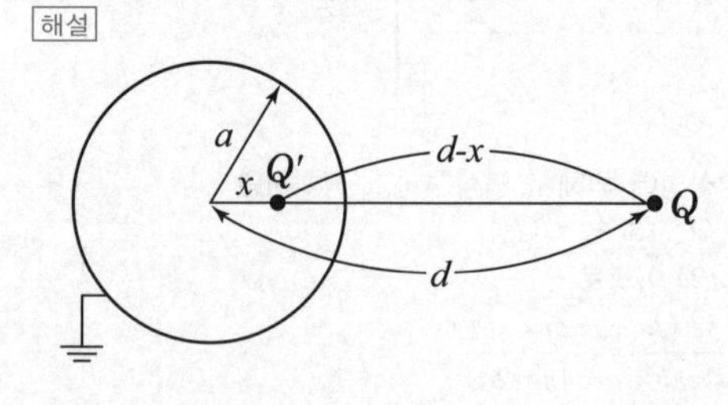

전하량 Q[C]에 의한 구도체 내부에 존재하는

영상전하 $Q' = -\dfrac{a}{d}Q$[C]

영상전하 위치 $x = \dfrac{a^2}{d}$ [m]

정답　05 ①　06 ③　07 ②　08 ②

09 그림과 같이 접지된 반지름 a[m]의 도체구 중심 O에서 d[m]떨어진 점 A에 Q[C]의 점전하가 존재할 때, A'점에 Q'의 영상 전하를 생각하면 구도체와 점전하간에 작용하는 힘[N]은?

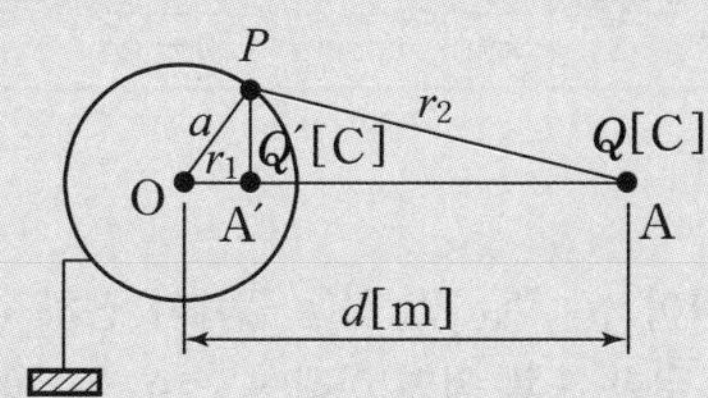

① $F=\dfrac{QQ'}{4\pi\varepsilon_o\left(\dfrac{d^2-a^2}{d}\right)}$

② $F=\dfrac{QQ'}{4\pi\varepsilon_o\left(\dfrac{d}{d^2-a^2}\right)}$

③ $F=\dfrac{QQ'}{4\pi\varepsilon_o\left(\dfrac{d^2+a^2}{d}\right)^2}$

④ $F=\dfrac{QQ'}{4\pi\varepsilon_o\left(\dfrac{d^2-a^2}{d}\right)^2}$

해설

접지구도체와 점전하에서

영상전하$Q'=-\dfrac{a}{d}Q$ 및 영상전하위치 $x=\dfrac{a^2}{d}$이므로

점전하와 영상전하 사이에 작용하는 힘을 구하면

$$F=\frac{Q_1Q_2}{4\pi\varepsilon_o r^2}=\frac{QQ'}{4\pi\varepsilon_o(d-x)^2}=\frac{QQ'}{4\pi\varepsilon_o\left(d-\dfrac{a^2}{d}\right)^2}$$

$$=\frac{QQ'}{4\pi\varepsilon_o\left(\dfrac{d^2-a^2}{d}\right)^2}\text{[N]}$$

10 접지 구도체와 점전하 간의 작용력은?

① 항상 반발력이다. ② 항상 흡인력이다.
③ 조건적 반발력이다. ④ 조건적 흡인력이다.

해설

접지 구도체와 점전하에서

점전하 Q, 영상전하$Q'=-\dfrac{a}{d}Q$이므로

전하량의 부호가 반대이므로 항상 흡인력이 작용한다.

11 점전하와 접지된 유한한 도체구가 존재할 때 점전하에 의한 접지 구도체의 영상전하에 관한 설명 중 틀린 것은?

① 영상전하는 구도체 내부에 존재한다.
② 영상전하는 점전하와 크기는 같고 부호는 반대이다.
③ 영상전하는 점전하와 도체 중심축을 이은 직선상에 존재한다.
④ 영상전하가 놓인 위치는 도체 중심과 점전하와의 거리와 도체 반지름에 결정된다.

해설

접지구도체와 점전하에서

점전하 Q, 영상전하$Q'=-\dfrac{a}{d}Q$이므로 부호는 반대지만 크기는 같지 않다.

12 무한대 평면 도체와 d[m] 떨어져 평행한 무한장 직선 도체에 ρ[C/m]의 전하 분포가 주어졌을 때 직선 도체의 단위 길이당 받는 힘은?(단, 공간의 유전율은 ε임)

① 0[N/m] ② $\dfrac{\rho^2}{\pi\varepsilon d}$[N/m]

③ $\dfrac{\rho^2}{2\pi\varepsilon d}$[N/m] ④ $\dfrac{\rho^2}{4\pi\varepsilon d}$[N/m]

해설

접지무한평판과 선전하 사이에 작용하는 힘은

$F=\dfrac{\rho^2}{4\pi\varepsilon d}$[N/m]

13 질량 m[kg]인 작은 물체가 전하 Q[C]을 가지고 중력 방향과 직각인 무한도체 아래쪽 d[m]의 거리에 놓여있다. 정전력이 중력과 같게 되는데 필요한 Q[C]의 크기는?

① $\dfrac{d}{2}\sqrt{\pi\varepsilon_0 mg}$ ② $d\sqrt{\pi\varepsilon_0 mg}$

③ $2d\sqrt{\pi\varepsilon_0 mg}$ ④ $4d\sqrt{\pi\varepsilon_0 mg}$

정답 09 ④ 10 ② 11 ② 12 ④ 13 ④

해설

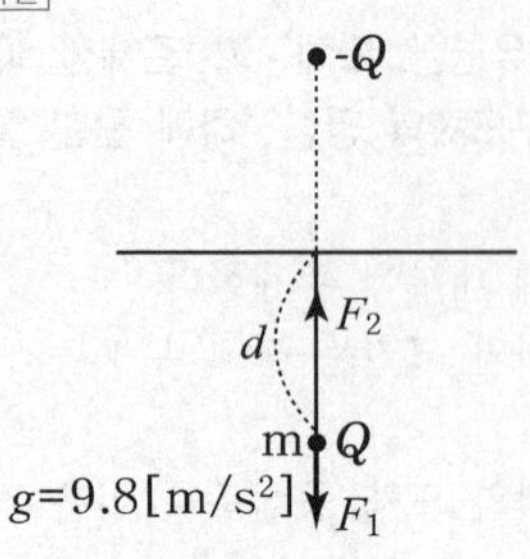

중력에 의한 힘 $F_1 = mg\,[\mathrm{N}]$

무한평판과 점전하 사이에 작용하는 힘

$F_2 = \dfrac{Q^2}{16\pi\varepsilon_o d^2}\,[\mathrm{N}]$에서

$F_1 = F_2$, $mg = \dfrac{Q^2}{16\pi\varepsilon_o d^2}$ 이므로

$Q = \sqrt{16\pi\varepsilon_o d^2 mg} = 4d\sqrt{\pi\varepsilon_o mg}\,[\mathrm{C}]$

14 그림과 같이 무한 도체판으로부터 a[m] 떨어진 점에 $+Q$[C]점전하가 있을 때 $\frac{1}{2}a$[m]인 P점의 세기[V/m]는?

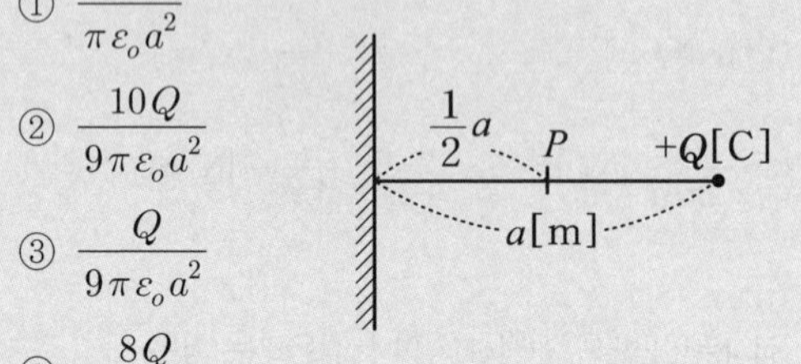

① $\dfrac{10Q}{\pi\varepsilon_o a^2}$

② $\dfrac{10Q}{9\pi\varepsilon_o a^2}$

③ $\dfrac{Q}{9\pi\varepsilon_o a^2}$

④ $\dfrac{8Q}{9\pi\varepsilon_o a^2}$

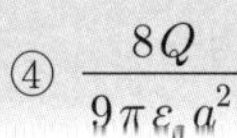

해설

P점의 전계는 점전하 Q와 영상전하 $-Q$에 의한 전계 2개가 작용하고 방향이 같으므로 각각 구하여 더하여 주면 된다.

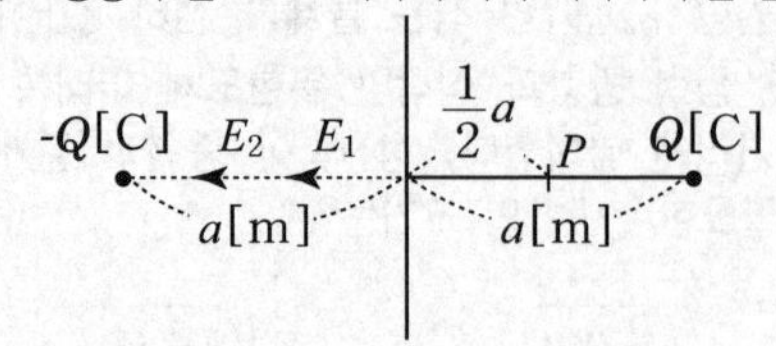

점전하에 의한 전계 $E_1 = \dfrac{Q}{4\pi\varepsilon_o\left(\dfrac{a}{2}\right)^2} = \dfrac{Q}{\pi\varepsilon_o a^2}\,[\mathrm{V/m}]$

영상전하에 의한 전계

$E_2 = \dfrac{Q}{4\pi\varepsilon_o\left(\dfrac{3a}{2}\right)^2} = \dfrac{Q}{9\pi\varepsilon_o a^2}\,[\mathrm{V/m}]$

P점의 전계

$E = E_1 + E_2 = \dfrac{Q}{\pi\varepsilon_o a^2} + \dfrac{Q}{9\pi\varepsilon_o a^2} = \dfrac{10Q}{9\pi\varepsilon_o a^2}\,[\mathrm{V/m}]$

15 질량이 10^{-3}[kg]인 작은 물체가 전하 Q[C]을 가지고 무한 도체 평면 아래 2×10^{-2}[m]에 있다. 전기 영상법을 이용하여 정전력이 중력과 같게 되는데 필요한 Q의 값[C]은?

① 약 2.5×10^{-8}

② 약 3.2×10^{-8}

③ 약 4.2×10^{-8}

④ 약 5.0×10^{-8}

해설

정전력이 중력과 같아지는 전하량은

$Q = 4d\sqrt{\pi\varepsilon_o mg}$

$= 4\times2\times10^{-2}\sqrt{\pi\times8.855\times10^{-12}\times10^{-3}\times9.8}$

$= 4.2\times10^{-8}\,[\mathrm{C}]$

[참 고] 중력가속도 $g = 9.8\,[\mathrm{m/sec^2}]$

진공시 유전율 $\varepsilon_o = 8.855\times10^{-12}\,[\mathrm{F/m}]$

16 지면에 평행으로 높이 h[m]에 가설된 반지름 a[m]인 직선도체가 있다. 대지정전용량은 몇 [F/m]인가? (단, $h \gg a$이다.)

① $\dfrac{4\pi\varepsilon_0}{\log\dfrac{2h}{a}}$　② $\dfrac{2\pi\varepsilon_0}{\log\dfrac{2h}{a}}$

③ $\dfrac{4\pi\varepsilon_0}{\log\dfrac{a}{2h}}$　④ $\dfrac{2\pi\varepsilon_0}{\log\dfrac{a}{2h}}$

해설

대지와 도선 사이에 작용하는 대지정전용량은

$C = \dfrac{2\pi\varepsilon_0}{\ln\dfrac{2h}{a}}\,[\mathrm{F/m}]$

정 답　14 ②　15 ③　16 ②

Engineer Electricity
dustrial Engineer Electricity

전류

Chapter 06

SECTION

06 전류

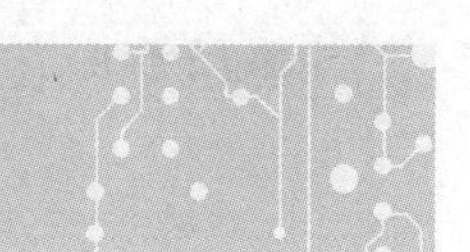

1 전하와 전기량

1. 전하

물질에 마찰이나 외부의 에너지에 의하여 대전된 전기를 전하라 한다.

(1) 전하의 종류

① 양전하 (+전하) : 양자

② 음전하(-전하) : 전자

- 전자 한 개의 전하량 : $e = -1.602 \times 10^{-19}$ [C]
- 전자 한 개의 질량 : $m = 9.1 \times 10^{-31}$[kg]
- 전자의 비전하

$$\frac{e}{m} = \frac{-1.602 \times 10^{-19}}{9.107 \times 10^{-31}} = -1.759 \times 10^{11}[\mathrm{C/kg}]$$

2. 전하량(전기량)

전하가 가지는 전기의 양을 말하며 단위는 쿠울롬(Coulomb) 또는 [C]를 사용한다.

(1) 전자 이동시 전체 전하량

$Q = \pm ne$[C] (단, n 는 이동전자의 개수, e는 전자의 전기량이다.)

3. 전기의 발생원인

자유전자의 이동에 의한 과부족 현상

예제문제 전하와 전기량(전하량)

1 2개의 물체를 마찰하면 마찰전기가 발생한다. 이는 마찰에 의한 열에 의하여 표면에 가까운 무엇이 이동하기 때문인가?

① 전하　　② 양자

③ 구속전자　　④ 자유전자

해설

자유전자의 이동에 의한 과부족 현상

답 ④

핵심 NOTE

■ 전하와 전기량
- 전하 : 대전된 전기
- 전하량 : 전기적인 양
- 전자 한 개의 전하량
  $e = -1.602 \times 10^{-19}$ [C]
- 전기의 발생
  자유전자의 이동

핵심 NOTE

② 전류 I[C/sec = A]

단위시간당 도선의 수직단면을 통과한 전기량의 크기

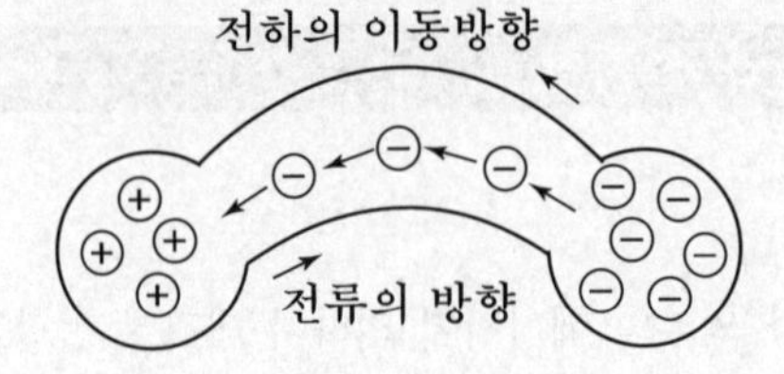

1. 전류

$$I = \frac{Q}{t} = \frac{ne}{t}[\mathrm{C/sec} = A]$$

2. 전하량

$$Q = I \cdot t[\mathrm{A} \cdot \mathrm{sec} = C]$$

예제문제 전류

2 10[A]의 전류가 5분간 도선에 흘렀을 때 도선 단면을 지나는 전기량은 몇 [C]인가?

① 50　　② 300
③ 500　　④ 3,000

해설
$I = 10\ [A]$, $t = 5\ [\mathrm{min}] = 300\ [\mathrm{sec}]$일 때
전하량 $Q = It = 10 \times 300 = 3{,}000\ [\mathrm{C}]$

답 ④

예제문제 전류

3 1[μA]의 전류가 흐르고 있을 때, 1초 동안 통과하는 전자 수는 약 몇 개인가? (단, 전자 1개의 전하는 -1.602×10^{-19}[C]이다.)

① 6.24×10^{10}　　② 6.24×10^{11}
③ 6.24×10^{12}　　④ 6.24×10^{13}

해설
$I = 1\ [\mu A]$, $t = 1\ [\mathrm{sec}]$ 일 때
전류 $I = \frac{Q}{t} = \frac{ne}{t}$에서 전자의 수
$n = \frac{I \cdot t}{e} = \frac{(1 \times 10^{-6})(1)}{1.602 \times 10^{-19}} = 6.24 \times 10^{12}$[개]

답 ③

핵심 NOTE

③ 전압 V [J/C= V]

단위 전하가 어떤 도선 내를 이동시 하는 일에너지와의 비

1. 전압(전위차) $V = \dfrac{W}{Q}[\mathrm{J/C = V}]$

2. 전하이동시 하는 일에너지

$$W = QV[\mathrm{J}]$$

④ 전기저항 $R[\Omega]$

전류의 흐름을 방해하는 요소를 전기저항(resistance)이라 하고 단위는 오옴(ohm) [Ω]을 쓴다.

1. 도선에서의 전기저항

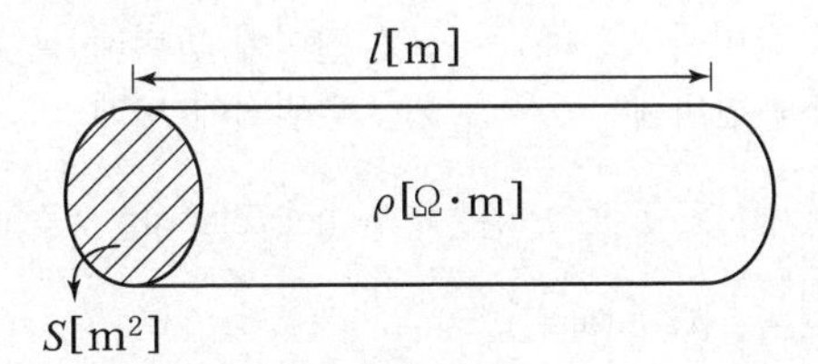

$$R = \rho\frac{l}{S} = \rho\frac{l}{\pi r^2} = \frac{4\rho l}{\pi d^2} = \frac{l}{kS}[\Omega]$$

단, r[m]: 도선의 반지름 , d[m] : 도선의 지름 , k[℧/m] : 도전율

2. 컨덕턴스 G [℧ = S]

전기 저항의 역수값으로서 단위는 모호[℧] 또는 지멘스[S]를 사용한다.

$$G = \frac{1}{R}[℧]\ ,\ R = \frac{1}{G}[\Omega]$$

3. 고유저항 $\rho[\Omega \cdot \mathrm{m}]$

도선의 단위길이($l = 1$[m]) 당 단위면적($S = 1[\mathrm{m}^2]$) 의 전기저항 ($R[\Omega]$) 값

$$\rho = \frac{RS}{l}[\Omega \cdot \mathrm{m}]$$

■ 도선의 전기저항

$R = \rho\dfrac{l}{S} = \dfrac{l}{kS}[\Omega]$

길이(l)에 비례하고 단면적(S)에 반비례한다.

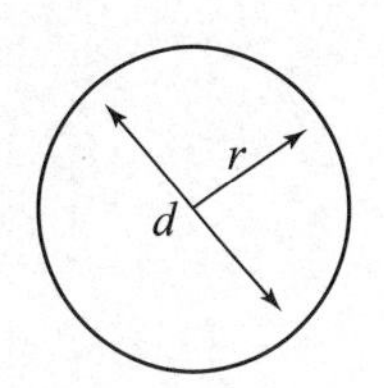

원의 단면적

$S = \pi r^2 = \dfrac{\pi d^2}{4}[\mathrm{m}^2]$

원의 둘레의 길이

$l = 2\pi r = \pi d$[m]

■ 컨덕턴스 G [℧ = S]

전기저항의 역수

■ 단위

모호[℧] 또는 지멘스[S]

■ 고유저항 $\rho[\Omega \cdot \mathrm{m}]$

$\rho = \dfrac{RS}{l}[\Omega \cdot \mathrm{m}]$

저항과 단면적에 비례하고 길이에 반비례한다.

핵심 NOTE

■ 도전율 $k = \sigma[℧/\text{m}]$
고유저항의 역수

4. 도전율(전도율) $k = \sigma[℧/\text{m}]$

고유저항의 역수값

$$k = \sigma = \frac{1}{\rho}[℧/\text{m}]$$

예제문제 전기저항

4 다음 설명 중 잘못된 것은?

① 저항률의 역수는 전도율이다.
② 도체의 저항률은 온도가 올라가면 그 값이 증가한다.
③ 저항의 역수는 컨덕턴스이고, 그 단위는 지멘스[S]를 사용한다.
④ 도체의 저항은 단면적에 비례한다.

해설 도체의 저항은 $R = \rho\frac{l}{S}[\Omega]$이므로 길이 $l[\text{m}]$에 비례하고 단면적 $S[\text{m}^2]$에 반비례한다.

답 ④

예제문제 고유저항

5 도체의 고유저항에 대한 설명 중 틀린 것은?

① 저항에 반비례　　② 길이에 반비례
③ 도전율에 반비례　　④ 단면적에 비례

해설 도체의 전기저항 R, 도전율 k, 단면적 S, 길이 l이라 하면 $R = \rho\frac{l}{S} = \frac{l}{kS}[\Omega]$
이므로 $\rho = \frac{RS}{l} = \frac{1}{k}[\Omega\cdot\text{m}]$이다.
∴ 고유저항은 저항과 단면적에 비례하고 길이에 반비례하며 도전율의 역수이다.

답 ①

5 오옴의 법칙(ohm's law)

■ 오옴의 법칙
$I = \frac{V}{R} = G\cdot V[\text{A}]$
$V = I\cdot R = \frac{I}{G}[\text{V}]$
$R = \frac{V}{I}[\Omega]$

전류, 전압, 저항의 관계를 나타낸 법칙으로서 도체에 흐르는 전류는 도체의 양끝 사이에 가한 전압(전위차)에 비례하고 도체의 저항에 반비례한다.

$$I = \frac{V}{R} = G\cdot V[\text{A}]$$

$$V = I\cdot R = \frac{I}{G}[\text{V}]$$

$$R = \frac{V}{I}[\Omega]$$

$$G = \frac{I}{V}[℧]$$

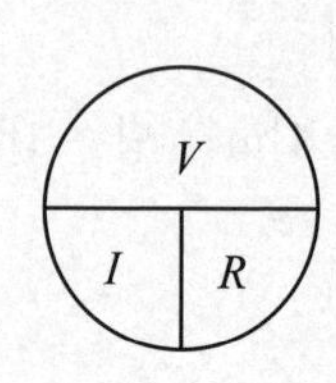

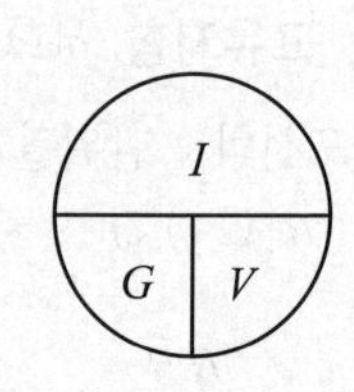

6 저항의 연결

직렬연결

전류가 흘러가는 길이 하나만 존재

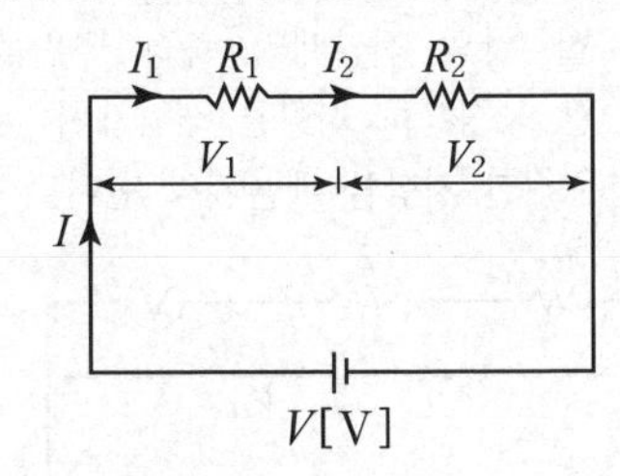

1. 전류가 일정하다.
   $I = I_1 = I_2$ [A]
2. 전체 전압
   $V = V_1 + V_2$ [V]
3. 합성전기저항
   $R = R_1 + R_2 [\Omega]$
4. 전압 분배 법칙
   (1) R_1에 분배되는 전압
   $$V_1 = \frac{R_1}{R_1 + R_2} V[V]$$
   (2) R_2에 분배되는 전압
   $$V_2 = \frac{R_2}{R_1 + R_2} V[V]$$
5. 같은 저항 $R[\Omega]$를 n개 직렬 연결시 합성 저항
   $R_o = nR[\Omega]$

병렬연결

전류가 흘러가는 길이 2개 이상 존재

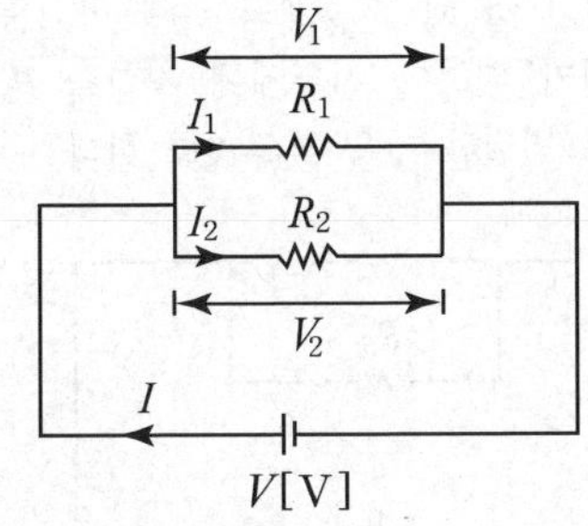

1. 단자전압이 일정하다.
   $V = V_1 = V_2$ [V]
2. 전체 전류
   $I = I_1 + I_2$ [A]
3. 합성전기저항
   $$R = \frac{R_1 R_2}{R_1 + R_2} [\Omega]$$
4. 전류 분배 법칙
   (1) R_1에 분배되는 전류
   $$I_1 = \frac{R_2}{R_1 + R_2} I[A]$$
   (2) R_2에 분배되는 전류
   $$I_2 = \frac{R_1}{R_1 + R_2} I[A]$$
5. 같은 저항 $R[\Omega]$를 n개 병렬 연결시 합성 저항
   $$R_o = \frac{R}{n} [\Omega]$$

예제문제 저항의 연결(접속)

6 두 개의 저항 R_1, R_2를 직렬로 연결하면 16[Ω], 병렬로 연결하면 3.75[Ω]이 된다. 두 저항값은 각각 몇 [Ω]인가?

① 4와 12　② 5와 11
③ 6과 10　④ 7과 9

해설
직렬연결시 합성저항: $R_{직렬} = R_1 + R_2 = 16[\Omega]$

병렬연결시 합성저항: $R_{병렬} = \frac{R_1 \cdot R_2}{R_1 + R_2} = 3.75[\Omega]$이므로

$R_1 \cdot R_2 = 60[\Omega]$인 저항값은 $R_1 = 6[\Omega]$, $R_2 = 10[\Omega]$이다.

답 ③

핵심 NOTE

■ 저항의 직렬연결
① 전류가 일정
$I = I_1 = I_2$ [A]
② 전체전압
$V = V_1 + V_2$
③ 합성전기저항
$R = R_1 + R_2 [\Omega]$
④ 전압분배법칙
$$V_1 = \frac{R_1}{R_1 + R_2} V[V]$$
$$V_2 = \frac{R_2}{R_1 + R_2} V[V]$$
⑤ $R[\Omega]$를 n개 직렬연결시 합성 저항
$R_o = nR[\Omega]$

■ 저항의 병렬연결
① 전압이 일정
$V = V_1 = V_2$ [V]
② 전체전류
$I = I_1 + I_2$
③ 합성전기저항
$$R = \frac{R_1 R_2}{R_1 + R_2} [\Omega]$$
④ 전류분배법칙
$$I_1 = \frac{R_2}{R_1 + R_2} I[A]$$
$$I_2 = \frac{R_1}{R_1 + R_2} I[A]$$
⑤ $R[\Omega]$를 n개 병렬연결 시 합성 저항
$$R_o = \frac{R}{n} [\Omega]$$

핵심 NOTE

■ 배율기저항

$R_s = r_a(m-1)\,[\Omega]$

배율 $m = \dfrac{V}{V_a}$

■ 분류기저항

$R_s = \dfrac{r_a}{(m-1)}\,[\Omega]$

배율 $m = \dfrac{I}{I_a}$

7 분류기 및 배율기

분류기	배율기
일정한 전류계로서 큰 전류를 측정하고자 할 때 전류계의 측정 범위를 넓히기 위하여 전류계에 저항을 병렬로 연결한 것을 분류기라 한다.	일정한 전압계로서 큰 전압을 측정하고자 할 경우 전압계의 측정 범위를 확대 할 목적으로 저항을 전압계와 직렬로 연결한 저항을 배율기라 한다.
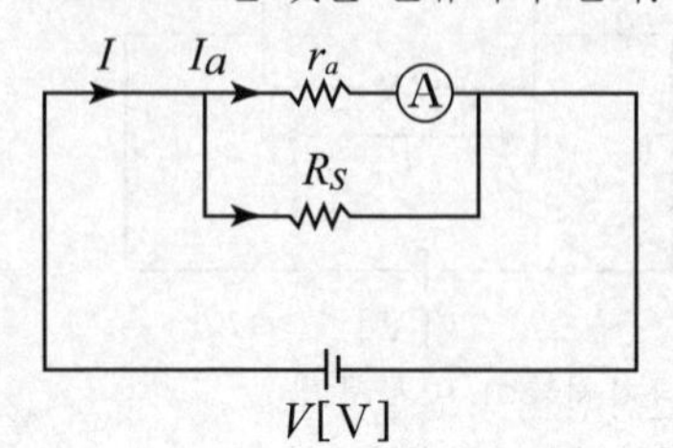	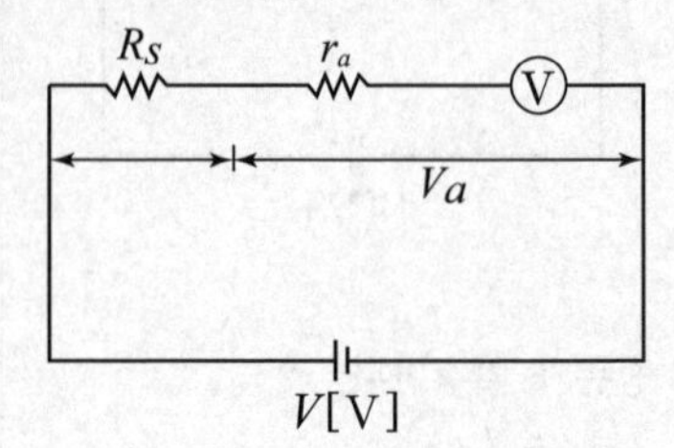
$m = \dfrac{I}{I_a} = 1 + \dfrac{r_a}{R_s}$	$m = \dfrac{V}{V_a} = 1 + \dfrac{R_s}{r_a}$
m : 분류기의 배율 I : 측정코자 하는 전류 I_a : 전류계의 최고 측정 한도 전류 R_s : 분류기 저항 r_a : 전류계의 내부 저항	m : 배율기의 배율 V : 측정코자 하는 전압 V_a : 전압계의 최고 측정 한도 전압 R_s : 배율기 저항 r_a : 전압계의 내부 저항

예제문제 분류기

7 전류계의 측정 범위를 100배로 하기 위한 분류기의 저항은 전류계 내부저항의 몇 배인가?

① 100　　② 99

③ $\dfrac{1}{100}$　　④ $\dfrac{1}{99}$

해설

분류기의 배율 $m = 1 + \dfrac{r_a}{R_s} = 100$이므로

$\dfrac{r_a}{R_s} = 100 - 1 = 99$

$\therefore \dfrac{R_s}{r_a} = \dfrac{1}{99}$

답 ④

8 온도변화에 따른 저항값

도체의 저항값은 온도에 따라 그 값이 변화되며 일반적으로 금속은 온도가 상승하면 저항도 증가한다.

1. 처음 온도 t[℃] 의 저항값이 R_t, 나중온도 T [℃] 에서의 저항값 R_T

$$R_T = R_t[1 + \alpha_t(T - t)] = R_t \frac{234.5 + T}{234.5 + t} [\Omega]$$

단, α_t 는 t[℃] 에서의 온도계수로서 $\alpha_t = \dfrac{1}{234.5 + t}$

2. 온도 t [℃] 에서 저항이 R_1 , R_2 이고 저항의 온도계수가 각각 α_1 , α_2 인 두 개의 저항을 직렬로 접속했을 때 합성 저항 온도계수 α_t

$$\alpha_t = \frac{\alpha R_1 + \alpha_2 R_2}{R_1 + R_2}$$

예제문제 온도변화에 따른 저항값

8 20℃에서 저항 온도계수가 0.004인 동선의 저항이 100[Ω]이었다. 이 동선의 온도가 80℃ 일 때 저항은?

① 24[Ω] ② 48[Ω]
③ 72[Ω] ④ 124[Ω]

해설
처음온도 $t = 20$℃, 온도계수 $\alpha_t = 0.004$, 처음온도시 저항 $R_t = 100$ [Ω],
나중온도 $T = 80$℃ 일 때 나중온도시 저항값은
$R_T = R_t(1 + \alpha_t(T - t)) = 100(1 + 0.004(80 - 20)) = 124$ [Ω]

답 ④

예제문제 온도변화에 따른 저항값

9 저항 10 [Ω], 저항의 온도계수 $\alpha_1 = 5 \times 10^{-3}$[1/℃]의 동선에 직렬로 저항 90[Ω], 온도계수 $\alpha_2 \fallingdotseq 0$[1/℃]의 망간선을 접속하였을 때의 합성저항온도계수는?

① 2×10^{-4}[1/℃] ② 3×10^{-4}[1/℃]
③ 4×10^{-4}[1/℃] ④ 5×10^{-4}[1/℃]

해설
동선 $R_1 = 10$[Ω], $\alpha_1 = 5 \times 10^{-3}$ [1/℃] 망간선 $R_2 = 90$[Ω],
$\alpha_2 \fallingdotseq 0$[1/℃]이므로 직렬연결시 합성저항온도계수
$$\alpha_t = \frac{\alpha_1 R_1 + \alpha_2 R_2}{R_1 + R_2} = \frac{(5 \times 10^{-3})(10) + (0)(90)}{10 + 90} = 5 \times 10^{-4} [1/℃]$$

답 ④

핵심 NOTE

■ 온도변화에 따른 저항값
1. 온도 상승하면 저항값도 상승한다.
2. 나중온도시 저항값
$R_T = R_t[1 + \alpha_t(T - t)]$
$= R_t \dfrac{234.5 + T}{234.5 + t}$ [Ω]
3. t[℃] 에서의 온도계수
$\alpha_t = \dfrac{1}{234.5 + t}$

■ 저항 2개 직렬연결시 합성저항 온도계수 α_t
$\alpha_t = \dfrac{\alpha R_1 + \alpha_2 R_2}{R_1 + R_2}$

핵심 NOTE

■ 발열량

$H = 0.24W = 0.24P \cdot t$ [cal]

■ 효율

① 실측효율

$\eta = \frac{\text{출력}}{\text{입력}} \times 100[\%]$

② 규약 효율

발전기

$\eta = \frac{\text{출력}}{\text{출력}+\text{손실}} \times 100[\%]$

전동기

$\eta = \frac{\text{입력}-\text{손실}}{\text{입력}} \times 100[\%]$

9 전류의 열작용

1. 전력 P[J/sec= W]

전기가 단위시간 동안의 행할 수 있는 일 에너지로서 일률이라고도 한다.

$$P = \frac{W}{t} = \frac{QV}{t} = V \cdot I = I^2R = \frac{V^2}{R} \text{[J/sec= W]}$$

2. 전력량 W[W · sec = J]

어느 전력을 어느 시간동안 소비한 전기에너지의 총량

$$W = P \cdot t = VIt = I^2Rt = \frac{V^2}{R}t \text{[W} \cdot \text{sec = J]}$$

3. 단위환산 (주울의 법칙)

(1) 1[J] = 0.24[cal]

(2) 1[cal] = 4.2[J]

(3) 1[kWh] = 860[kcal]

4. 전열기 공식

전기에너지를 열에너지로 변환시킨 공식으로 피열물의 질량 m[kg], 비열을 C, 소비전력 P[kW], 시간 t[hour], 상승 온도 $(T_2 - T_1)$, 효율을 η[%]라 할 때 발생 열량을 H[kcal]라 하면

$$H = 860\eta Pt = Cm(T_2 - T_1) \text{[kcal]}$$

5. 효율(η)

입력에 대한 출력과의 비

(1) 실측효율 $\eta = \frac{\text{출력}}{\text{입력}} \times 100[\%]$

(2) 규약 효율

① 발전기 $\eta = \frac{\text{출력}}{\text{출력}+\text{손실}} \times 100[\%]$

② 전동기 $\eta = \frac{\text{입력}-\text{손실}}{\text{입력}} \times 100[\%]$

핵심 NOTE

예제문제 전력

10 10 [μF]의 콘덴서를 100 [V]로 충전한 것을 단락시켜 0.1[ms]에 방전시켰다고 하면 평균전력은 몇 [W]인가?

① 450 [W] ② 500 [W]
③ 550 [W] ④ 600 [W]

해설
주어진 수치 $C = 10[\mu\text{F}]$, $V = 100[\text{V}]$, $t = 0.1[\text{ms}]$ 이므로

전력 $P = \dfrac{W}{t} = \dfrac{\frac{1}{2}CV^2}{t} = \dfrac{CV^2}{2t} = \dfrac{(10\times10^{-6})(100)^2}{2(0.1\times10^{-3})} = 500[\text{W}]$

답 ②

예제문제 전력

11 200[V], 30[W]인 백열전구와 200[V], 60[W]인 백열전구를 직렬로 접속하고, 200[V]의 전압을 인가하였을 때 어느 전구가 더 어두운가? (단, 전구의 밝기는 소비전력에 비례한다.)

① 둘 다 같다.
② 30[W] 전구가 60[W] 전구보다 더 어둡다.
③ 60[W] 전구가 30[W] 전구보다 더 어둡다.
④ 비교할 수 없다.

해설
각 전구의 저항
30[W]의 저항: $R_{30} = \dfrac{V^2}{P} = \dfrac{200^2}{30} = 1333.33\ [\Omega]$
60[W]의 저항: $R_{60} = \dfrac{V^2}{P} = \dfrac{200^2}{60} = 666.67[\Omega]$ 이므로
직렬연결시 전류가 일정하므로 $P = I^2 \cdot R[\text{W}]$에서 $P \propto R$이므로
저항이 작은 60[W] 전구가 저항이 큰 30[W] 전구보다 소비전력이 작으므로 더 어둡다.

답 ③

예제문제 전열기

12 151[℃]의 물 4[l]를 용기에 넣어 1[kW]의 전열기로 가열하여 물의 온도를 90[℃]로 올리는 데 30분이 필요하였다. 이 전열기의 효율은 약 몇 [%]인가?

① 50 ② 60
③ 70 ④ 80

해설
주어진 수치 $T_1 = 15$ [℃], $T_2 = 90$ [℃], $m = 4$ [l], $P = 1$[kW], $t = 0.5$[h] 이므로 $H = 860\eta Pt = Cm(T_2 - T_1)$[kcal]에서 효율은

$$\eta = \frac{Cm(T_2 - T_1)}{860Pt} = \frac{(1)(4)(90-15)}{860(1)(0.5)} = 0.697 = 69.7\ [\%]$$

답 ③

핵심 NOTE

■ 저항(R)과 정전용량(C)의 관계

$RC = \rho \frac{l}{S} \times \frac{\varepsilon S}{l} = \rho\varepsilon$

■ 전류밀도 $i\,[\text{A/m}^2]$

단위면적당 흐르는 전류

$i = \frac{I}{S} = kE = \frac{E}{\rho}$
$= Qv = nev\,[\text{A/m}^2]$

단, $\rho[\Omega \cdot \text{m}]$ 고유저항
$k = \sigma[\mho/\text{m}]$ 도전율
$Q[\text{C/m}^3]$ 단위체적당전하량
$n\,[\text{개/m}^3]$ 단위체적당 전자의 수
$v\,[\text{m/sec}]$ 전자이동속도

⑩ 저항(R)과 정전용량(C)의 관계

1. 도체의 저항과 정전용량의 관계

$$RC = \rho\varepsilon \text{ 또는 } \frac{C}{G} = \frac{\varepsilon}{k}$$

여기서, $G[\mho]$는 컨덕턴스, $k\,[\mho/\text{m}]$는 도전율

2. 전기저항 $R = \frac{\rho\varepsilon}{C}\,[\Omega]$

3. 전류 $I = \frac{V}{R} = \frac{V}{\frac{\rho\varepsilon}{C}} = \frac{CV}{\rho\varepsilon}\,[\text{A}]$

예제문제 저항과 정전용량의 관계

13 비유전율 $\varepsilon_s = 2.2$, 고유저항 $\rho = 10^{11}[\Omega \cdot \text{m}]$인 유전체를 넣은 콘덴서의 용량이 $20\,[\mu\text{F}]$이었다. 여기에 $500[\text{kV}]$의 전압을 가하였을 때의 누설전류는 약 몇 [A]인가?

① 4.2 ② 5.1
③ 54.5 ④ 61.0

해설

$$I = \frac{V}{R} = \frac{V}{\frac{\rho\,\varepsilon}{C}} = \frac{CV}{\rho\,\varepsilon_o\,\varepsilon_s} = \frac{(20\times10^{-6})(500\times10^3)}{(10^{11})(8.855\times10^{-12})(2.2)} = 5.13\ [\text{A}]$$

답 ②

예제문제 저항과 정전용량의 관계

14 반지름 a, b $(b > a)$인 동심원통 전극 사이에 도전율 $\sigma[\text{s/m}]$의 손실유전체를 채우면 단위길이당의 저항은 몇 $[\Omega/\text{m}]$인가?

① $\frac{1}{2\pi\sigma} \cdot \ln\frac{b}{a}\,[\Omega/\text{m}]$ ② $\frac{1}{4\pi\sigma} \cdot \ln\frac{b}{a}\,[\Omega/\text{m}]$
③ $\frac{1}{\pi\sigma} \cdot \ln\frac{b}{a}\,[\Omega/\text{m}]$ ④ $\frac{2\pi}{\sigma} \cdot \ln\frac{b}{a}\,[\Omega/\text{m}]$

해설

동심원통 전극 사이의 단위길이당정전용량 $C = \frac{2\pi\varepsilon}{\ln\frac{b}{a}}\,[\text{F}]$이므로

단위길이당 저항은 $R = \frac{\rho\,\varepsilon}{C} = \frac{\varepsilon}{\sigma\,C} = \frac{\varepsilon}{\sigma \cdot \frac{2\pi\varepsilon}{\ln\frac{b}{a}}} = \frac{1}{2\pi\sigma} \cdot \ln\frac{b}{a}\,[\Omega/\text{m}]$

답 ①

11 전기의 여러 가지 현상

1. 제백 효과

서로 다른 금속을 접속하고 접속점에 서로 다른 온도를 유지하면 기전력이 생겨 일정한 방향으로 전류가 흐른다. 이러한 현상을 제백효과(seek effect)라 한다. 즉, 온도차에 의한 열기전력 발생을 말한다.

2. 펠티어 효과

서로 다른 금속에서 다른 쪽 금속으로 전류를 흘리면 열의 발생 또는 흡수가 일어나는 현상을 펠티어 효과라 한다.

3. 피이로(Pyro)전기

롯셀염이나 수정의 결정을 가열하면 한면에 정(正), 반대편에 부(負)의 전기가 분극을 일으키고 반대로 냉각시키면 역의 분극이 나타나는 것을 피이로 전기라 한다.

4. 압전효과

유전체 결정에 기계적 변형을 가하면, 결정 표면에 양, 음의 전하가 나타나서 대전한다. 또 반대로 이들 결정을 전장 안에 놓으면 결정 속에서 기계적 변형이 생긴다. 이와 같은 현상을 압전기 현상이라 한다.

5. 톰슨 효과

동종의 금속에서 각부에서 온도가 다르면 그 부분에서 열의 발생 또는 흡수가 일어나는 효과를 톰슨 효과라 한다.

6. 홀(Hall) 효과

홀 효과는 전류가 흐르고 있는 도체에 자계를 가하면 플레밍의 왼손 법칙에 의하여 도체 내부의 전하가 횡방향으로 힘을 받아 도체 측면에 (+), (−)의 전하가 나타나는 현상이다.

7. 핀치 효과

직류(D.C)전압 인가시 전류가 도선 중심 쪽으로 집중되어 흐르려는 현상

핵심 NOTE

■ 전기의 여러 가지 현상

1. 제벡(Seebeck) 효과
두 종류의 도체로 접합된 폐회로에 온도차를 주면 접합점에서 기전력차가 생겨 전류가 흐르게 되는 현상. 열전온도계나 태양열발전 등이 이에 속한다.

2. 펠티에(Peltier) 효과
두 종류의 도체로 접합된 폐회로에 전류를 흘리면 접합점에서 열의 흡수 또는 발생이 일어나는 현상. 전자냉동의 원리

3. 톰슨(Thomson) 효과
같은 도선에 온도차가 있을 때 전류를 흘리면 열의 흡수 또는 발생이 일어나는 현상

4. 홀(Hall) 효과
전류가 흐르고 있는 도체에 자계를 가하면 도체 측면에 (+), (−) 전하가 분리되어 전위차가 발생하는 현상

5. 압전효과
수직한 방향 : 횡효과
동일한 방향 : 종효과

SECTION 06

출제예상문제

01 10[mm]의 지름을 가진 동선에 50[A]의 전류가 흐를 때 단위 시간에 동선의 단면을 통과하는 전자의 수는 얼마인가?

① 약 50×10^{19} [개]
② 약 20.45×10^{15} [개]
③ 약 31.25×10^{19} [개]
④ 약 7.85×10^{16} [개]

해설

$I=50[A]$, $t=1[\sec]$일 때 전류는

$I=\dfrac{Q}{t}=\dfrac{ne}{t}$ [C/sec=A]이므로

이동 전자의 개수는

$n=\dfrac{I\cdot t}{e}=\dfrac{50\times1}{1.602\times10^{-19}}=31.25\times10^{19}$ [개]

02 다음은 도체의 전기 저항에 대한 설명이다. 틀린 것은?

① 고유 저항은 백금보다 구리가 크다.
② 단면적에 반비례하고 길이에 비례한다.
③ 도체 반경의 제곱에 반비례한다.
④ 같은 길이, 단면적에서도 온도가 상승하면 저항이 증가한다.

해설

① 고유저항은 구리보다 백금이 크다.
② 저항 $R=\rho\dfrac{l}{S}=\rho\dfrac{l}{\pi r^2}$이므로 단면적($S$) 및 길이($l$)에 비례하고 반경($r$)의 제곱에 반비례한다.
③ 온도변화에 따른 저항은
$R_2=R_1\{1+\alpha_1(T_2-T_1)\}$ 이므로
저항은 온도가 상승하면 증가한다.

03 도체의 고유 저항과 관계없는 것은?

① 온도 ② 길이
③ 단면적 ④ 단면적의 모양

해설

전기저항 $R=\rho\dfrac{l}{S}[\Omega]$에서

고유저항 $\rho=\dfrac{RS}{l}[\Omega\cdot\text{m}]$이므로

저항(R)은 온도에 따라 달라지며, 단면적(S), 길이(l)와 관계있다.

04 MKS 단위계로 고유저항의 단위는?

① $[\Omega\cdot\text{m}]$ ② $[\Omega\cdot\text{mm}^2/\text{m}]$
③ $[\mu\Omega\cdot\text{cm}]$ ④ $[\Omega\cdot\text{cm}]$

해설

저항 $R[\Omega]$, 단면적 $S[\text{m}^2]$, 길이 $l[\text{m}]$일 때

$R=\rho\dfrac{l}{S}[\Omega]$이므로

$\therefore\ \rho=\dfrac{RS}{l}[\Omega\cdot\text{m}^2/\text{m}=\Omega\cdot\text{m}]$

[참고] $1[\Omega\cdot\text{m}]=10^6[\Omega\cdot\text{mm}^2/\text{m}]$

05 두 개의 저항 R_1, R_2를 직렬로 연결하면 10[Ω], 병렬로 연결하면 2.4[Ω]이 된다. 두 저항값은 각각 몇 [Ω]인가?

① 2 와 8 ② 2과 7
③ 4 와 6 ④ 5와 5

해설

직렬연결시 합성저항 $R_{직렬}=R_1+R_2=10[\Omega]$

병렬연결시 합성저항 $R_{병렬}=\dfrac{R_1\times R_2}{R_1+R_2}=2.4[\Omega]$

이므로

$\dfrac{R_1\times R_2}{10}=2.4$, $R_1\times R_2=24$가 되므로

$R_1=4[\Omega]$, $R_2=6[\Omega]$

정답 01 ③ 02 ① 03 ④ 04 ① 05 ③

06 온도 t[℃]에서 저항 R_t[Ω]인 동선은 30[℃]일 때 저항은 어떻게 변하는가?

① $\frac{30-t}{234.5}R_t$　② $\frac{234.5+t}{264.5}R_t$

③ $\frac{30-t}{234.5+t}R_t$　④ $\frac{264.5}{234.5+t}R_t$

해설

처음온도 t[℃]에서의 저항 R_t[Ω]일 때
나중 온도 T=30[℃]일 때의 저항 R_T는

$$R_T = R_t\frac{234.5+T}{234.5+t} = R_t\frac{234.5+30}{234.5+t}$$

$$= R_t\frac{264.5}{234.5+t}$$ [Ω]가 된다.

07 온도 t[℃]에서 저항이 R_1, R_2 이고 저항의 온도계수가 각각 α_1, α_2인 두 개의 저항을 직렬로 접속했을 때 그들의 합성 저항 온도계수는?

① $\frac{R_1\alpha_2+R_2\alpha_1}{R_1+R_2}$　② $\frac{R_1\alpha_1+R_2\alpha_2}{R_1 \cdot R_2}$

③ $\frac{R_1\alpha_1+R_2\alpha_2}{R_1+R_2}$　④ $\frac{R_1\alpha_2+R_2\alpha_1}{R_1 \cdot R_2}$

해설

직렬연결시 합성저항 온도계수

$$\alpha_t = \frac{\alpha R_1 + \alpha_2 R_2}{R_1 + R_2}$$

08 저항 10[Ω]인 구리선과 30[Ω]의 망간선을 직렬 접속하면 합성 저항 온도계수는 몇 [%]인가? (단, 동선의 저항 온도계수는 0.4[%], 망간선은 0이다.)

① 0.1　② 0.2

③ 0.3　④ 0.4

해설

동선 $R_1 = 10[\Omega]$, $\alpha_1 = 0.4[\%]$,
망강선 $R_1 = 30[\Omega]$, $\alpha_2 = 0[\%]$ 일 때
합성저항온도계수

$$\alpha_t = \frac{\alpha_1 R_1 + \alpha_2 R_2}{R_1 + R_2} = \frac{0.4\times10 + 0\times30}{10+30} = 0.1[\%]$$

09 공간 도체 중의 정상 전류밀도가 i, 전하밀도가 ρ일 때 키르히호프 전류법칙을 나타내는 것은?

① $i = \frac{\partial\rho}{\partial t}$　② $\text{div}\ i = 0$

③ $i = 0$　④ $\text{div}i = -\frac{\partial\rho}{\partial t}$

해설

키르히호프의 전류법칙

$\Sigma I = \int_s i\,ds = \int_v div\,i\,dv = 0$이므로

$div\,i = 0$

10 $div\ i=0$에 대한 설명이 아닌 것은?

① 도체내에 흐르는 전류는 연속적이다.
② 도체내에 흐르는 전류는 일정하다.
③ 단위 시간당 전하의 변화는 없다.
④ 도체내에 전류가 흐르지 않는다.

11 옴의 법칙에서 전류는?

① 저항에 반비례하고 전압에 비례한다.
② 저항에 반비례하고 전압에도 반비례한다.
③ 저항에 비례하고 전압에 반비례한다.
④ 저항에 비례하고 전압에도 비례한다.

해설

옴의 법칙에 의한 전류 $I = \frac{V}{R}$[A] 이므로
저항(R)에 반비례하고 전압(V)에 비례한다.

12 다음 중 옴의 법칙은 어느 것인가? (단, k는 도전율, ρ는 고유 저항, E는 전계의 세기이다.)

① $i = kE$　② $i = \frac{E}{k}$

③ $i = \rho E$　④ $i = -kE$

정답　06 ④　07 ③　08 ①　09 ②　10 ④　11 ①　12 ①

해설

전류밀도

$$i=\frac{I}{S}=\frac{-\frac{V}{R}}{S}=-\frac{V}{RS}=-\frac{V}{\rho\frac{l}{S}\times S}$$

$$=-\frac{V}{\rho l}=\frac{1}{\rho}\times\left(-\frac{V}{l}\right)=\frac{E}{\rho}=kE[\text{A/m}^2]$$

[참고] 도전율 $k=\frac{1}{\rho}$ [℧/m]

전계의 세기 $E=-\frac{V}{l}$ [V/m]

13 대지 중의 두 전극 사이에 있는 어떤 점의 전계의 세기가 $E=6[\text{V/cm}]$, 지면의 도전율이 $K=10^{-4}$[℧/cm]일 때 이 점의 전류 밀도는 몇 $[\text{A/cm}^2]$인가?

① 6×10^{-4} ② 6×10^{-6}
③ 6×10^{-5} ④ 6×10^{-3}

해설

$E=6$ [V/cm] , $k=10^{-4}$ [℧/cm]일 때
전류 밀도 $i\,[\text{A/cm}^2]$는
$i=k\cdot E=10^{-4}\times6=6\times10^{-4}\,[\text{A/cm}^2]$이 된다.

14 전선에 흐르는 전류를 1.5배 증가시켜도 저항에 의한 전압강하가 변하지 않으려면 전선의 반지름을 약 몇 배로 하여야 되는가?

① 0.67 ② 0.82
③ 1.22 ④ 3

해설

전선의 고유저항 ρ, 단면적 A, 길이 l,

반지름 r, 전류 I, 전압강하 e라 하면

$A=\pi r^2[\text{m}^2]$, $R=\rho\frac{l}{A}=\rho\frac{l}{\pi r^2}[\Omega]$

$e=IR=I\rho\frac{l}{\pi r^2}$[V]이므로 전압강하가 일정할 때
전류와 반지름의 관계는 $I\propto r^2$ 또는 $r\propto\sqrt{I}$이다.

$I'=1.5$배 증가한 경우

$\therefore\ r'=\sqrt{I'}=\sqrt{1.5}=1.22$배

15 림과 같이 CD와 PQ인 2개의 저항을 연결하고, A, B사이에 일정 전압을 공급한다. 이런 경우 PD에 흐르는 전류를 최소로 하려면 CP와 PD의 저항의 비를 얼마로 하면 좋은가?

① 1 : 1
② 1 : 2
③ 2 : 1
④ 1 : 3

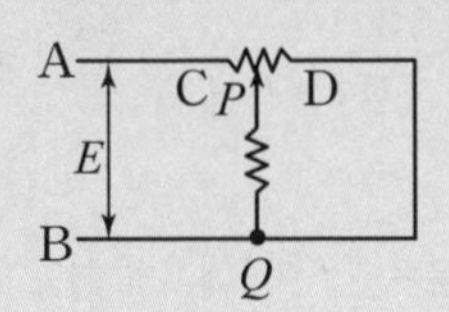

16 그림과 같이 면적 $S[\text{m}^2]$, 간격 $d[\text{m}]$인 극판간에 유전율 ε, 저항률 ρ인 매질을 채웠을 때 극판간의 정전용량 C와 저항 R의 관계는? (단, 전극판의 저항률은 매우 작은 것으로 한다.)

① $R=\frac{\varepsilon\rho}{C}$
② $R=\frac{C}{\varepsilon\rho}$
③ $R=\varepsilon\rho C$
④ $R=\frac{1}{\varepsilon\rho C}$

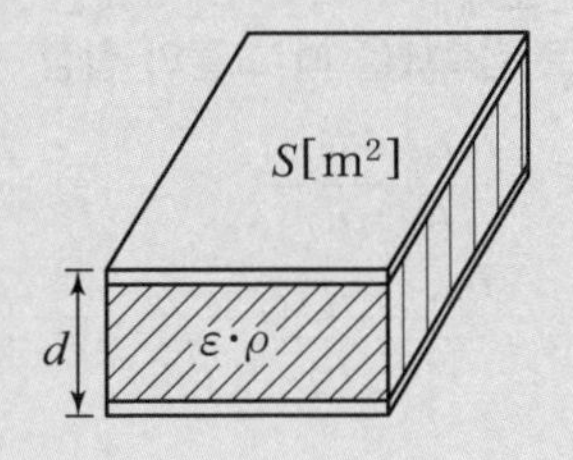

해설

전기저항 $R=\rho\frac{l}{S}[\Omega]$과 정전용량 $C=\frac{\varepsilon S}{l}$[F]의 곱은 고유저항과 유전율의 곱과 같으므로 $RC=\rho\varepsilon$에서 전기저항 $R=\frac{\rho\varepsilon}{C}[\Omega]$이 된다

17 콘덴서 사이에 유전율 ε, 도전율 k 인 도전성 물질이 있을 때, 정전 용량 C와 컨덕턴스 G는 어떤 관계가 있는가?

① $\frac{C}{G}=\frac{k}{\varepsilon}$ ② $\frac{C}{G}=\frac{\varepsilon}{k}$
③ $GC=\varepsilon k$ ④ $\frac{C}{G}=\varepsilon k$

해설

$RC=\rho\varepsilon$에서 $R=\frac{1}{G}$, $\rho=\frac{1}{k}$를 대입하면 $\frac{C}{G}=\frac{\varepsilon}{k}$이 된다.

정답 13 ① 14 ③ 15 ① 16 ① 17 ②

18 평행판 콘덴서에 유전율 9×10^{-8}[F/m], 고유저항 $\rho=10^6$[Ω·m]인 액체를 채웠을 때 정전용량이 3[μF]이었다. 이 양극판 사이의 저항은 [kΩ]인가?

① 37.6 ② 30
③ 18 ④ 15.4

해설

$RC=\rho\varepsilon$ 에서 전기저항

$$R=\frac{\rho\varepsilon}{C}=\frac{10^6\times9\times10^{-8}}{3\times10^{-6}}\times10^{-3}=30[\text{k}\Omega]$$

19 액체 유전체를 포함한 콘덴서 용량이 C[F]인 것에 V[V]전압을 가했을 경우에 흐르는 누설 전류는 몇 [A]인가? (단, 유전체의 비유전율은 ε_s이며 고유저항은 ρ[Ω·m]이라 한다.)

① $\dfrac{CV}{\rho\varepsilon}$ ② $\dfrac{CV^2}{\rho\varepsilon}$
③ $\dfrac{\rho\varepsilon_s V}{C}$ ④ $\dfrac{\rho\varepsilon_s}{C}$

해설

누설전류 $I=\dfrac{V}{R}=\dfrac{V}{\frac{\rho\varepsilon}{C}}=\dfrac{CV}{\rho\varepsilon}$ [A]

20 내반경 a[m], 외반경 b[m], 길이 ℓ[m]인 동축 케이블의 내원통 도체와 외원통 도체간에 유전율 ε[F/m], 도전율 σ[S/m]인 손실유전체를 채웠을 때 양 원통간의 저항[Ω]을 나타내는 식은?

① $R=\dfrac{0.16\sigma}{\varepsilon\ell}\ln\dfrac{b}{a}[\Omega]$
② $R=\dfrac{0.08}{\sigma\ell}\ln\dfrac{b}{a}[\Omega]$
③ $R=\dfrac{0.32}{\sigma\ell}\ln\dfrac{b}{a}[\Omega]$
④ $R=\dfrac{0.16}{\sigma\ell}\ln\dfrac{b}{a}[\Omega]$

해설

동축케이블의 정전용량은 $C=\dfrac{2\pi\varepsilon l}{\ln\frac{b}{a}}$ [F]
이므로 양원통간 저항은

$$R=\frac{\rho\varepsilon}{C}=\frac{\rho\varepsilon}{\frac{2\pi\varepsilon l}{\ln\frac{b}{a}}}=\frac{\rho}{2\pi l}\ln\frac{b}{a}=\frac{0.16}{\sigma l}\ln\frac{b}{a}\ [\Omega]$$

21 반지름 a, b인 두 구상 도체 전극이 도전율 k인 매질 속에 중심 간의 거리 l 만큼 떨어져 놓여 있다. 양전극 간의 저항[Ω]은? (단, $l\gg a$, b이다.)

① $4\pi k\left(\dfrac{1}{a}+\dfrac{1}{b}\right)$
② $4\pi k\left(\dfrac{1}{a}-\dfrac{1}{b}\right)$
③ $\dfrac{1}{4\pi k}\left(\dfrac{1}{a}+\dfrac{1}{b}\right)$
④ $\dfrac{1}{4\pi k}\left(\dfrac{1}{a}-\dfrac{1}{b}\right)$

해설

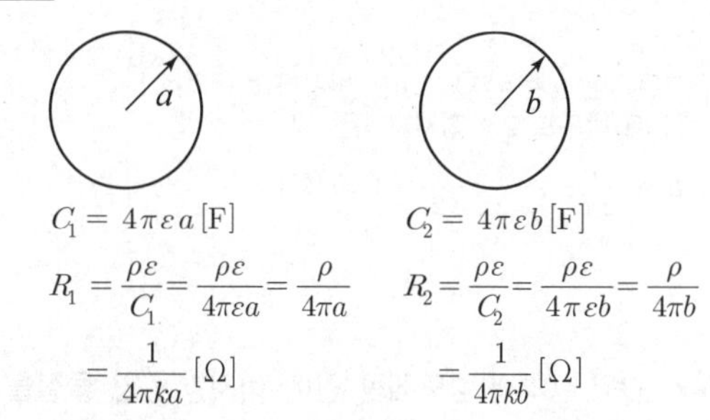

$C_1=4\pi\varepsilon a$[F] $C_2=4\pi\varepsilon b$[F]

$R_1=\dfrac{\rho\varepsilon}{C_1}=\dfrac{\rho\varepsilon}{4\pi\varepsilon a}=\dfrac{\rho}{4\pi a}=\dfrac{1}{4\pi ka}[\Omega]$ $R_2=\dfrac{\rho\varepsilon}{C_2}=\dfrac{\rho\varepsilon}{4\pi\varepsilon b}=\dfrac{\rho}{4\pi b}=\dfrac{1}{4\pi kb}[\Omega]$

전체저항은

$$R=R_1+R_2=\frac{1}{4\pi ka}+\frac{1}{4\pi kb}=\frac{1}{4\pi k}\left(\frac{1}{a}+\frac{1}{b}\right)[\Omega]$$

정답 18 ② 19 ① 20 ④ 21 ③

22 그림에 표시한 반구형 도체를 전극으로 한 경우 접지 저항은? (단, ρ는 대지의 고유 저항이며 전극의 고유 저항에 비해 매우 크다.)

① $4\pi a\rho$

② $\dfrac{\rho}{4\pi a}$

③ $\dfrac{\rho}{2\pi a}$

④ $2\pi a\rho$

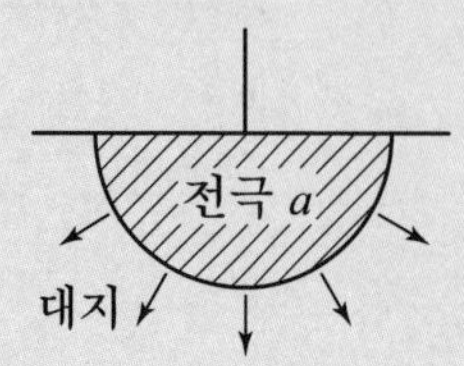

해설

반구도체의 정전용량은

$C = 4\pi\varepsilon a \times \frac{1}{2} = 2\pi\varepsilon a\,[\text{F}]$이므로

반구도체의 접지저항은

$R = \frac{\rho\varepsilon}{C} = \frac{\rho\varepsilon}{2\pi\varepsilon a} = \frac{\rho}{2\pi a}\,[\Omega]$

23 대지의 고유저항이 $\pi[\Omega\cdot\text{m}]$일 때 반지름 $2[\text{m}]$인 반구형 접지극의 접지저항은 몇$[\Omega]$인가?

① 0.25 ② 0.5

③ 0.75 ④ 0.95

해설

고유저항 $\rho = \pi\,[\Omega\cdot\text{m}]$, 반지름 $a = 2\,[\text{m}]$

일 때 반구도체의 접지저항은

$R = \frac{\rho}{2\pi a} = \frac{\pi}{2\pi\times 2} = 0.25\,[\Omega]$

24 간격 d의 평행도체판 간에 비저항 ρ인 물질을 채웠을 때 단위 면적당의 저항은?

① ρd ② $\dfrac{\rho}{d}$

③ $\rho - d$ ④ $\rho + d$

해설

평행판 사이의 정전용량 $C = \frac{\varepsilon S}{d}\,[\text{F}]$

단위 면적당 정전용량 $C' = \frac{C}{S} = \frac{\varepsilon}{d}\,[\text{F/m}^2]$

단위 면적당 저항

$R' = \frac{\rho\varepsilon}{C'} = \frac{\rho\varepsilon}{\frac{\varepsilon}{d}} = \rho\cdot d\,[\Omega/\text{m}^2]$

25 다른 종류의 금속선으로 된 폐회로의 두 접합점의 온도를 달리하였을 때 전기가 발생하는 효과는?

① 톰슨 효과 ② 핀치 효과

③ 펠티어 효과 ④ 제벡 효과

26 두 종류의 금속선으로 된 회로에 전류를 통하면 각 접속점에서 열의 흡수 또는 발생이 일어나는 현상?

① 톰슨 효과 ② 제벡 효과

③ 볼타 효과 ④ 펠티어 효과

27 두 종류의 금속으로 된 폐회로에 전류를 흘리면 양 접속점에서 한쪽은 온도가 올라가고 다른 쪽은 온도가 내려가는 현상은?

① 볼타(Volta) 효과

② 펠티에(Peltier) 효과

③ 톰슨(Thomson) 효과

④ 제에벡(Seebeck) 효과

28 전류가 흐르고 있는 도체에 자계를 가하면 도체 측면에는 정부의 전하가 나타나 두 면간에 전위차가 발생하는 현상은?

① 핀치 효과 ② 톰슨 효과

③ 홀 효과 ④ 제벡 효과

정답 22 ③ 23 ① 24 ① 25 ④ 26 ④ 27 ② 28 ③

29 동일한 금속의 2점 사이에 온도차가 있는 경우, 전류가 통과할 때 열의 발생 또는 흡수가 일어나는 현상은?

① Seebeck 효과 ② Peltier 효과
③ Volta 효과 ④ Thomson 효과

30 DC전압을 가하면 전류는 도선 중심 쪽으로 흐르려고 한다. 이러한 현상을 무슨 효과라 하는가?

① Skin 효과 ② Pinch 효과
③ 압전기 효과 ④ Palter 효과

31 전기석과 같은 결정체를 냉각시키거나 가열시키면 전기분극이 일어난다. 이와 같은 것을 무엇이라 하는가?

① 압전기 현상 ② Pyro 전기
③ 톰슨효과 ④ 강유전성

32 압전기 현상에서 분극이 응력에 수직한 방향으로 발생하는 현상을 무슨 효과라 하는가?

① 종효과 ② 횡효과
③ 역효과 ④ 간접효과

해설

- 종효과 : 결정에 가한 기계적 응력과 전기분극이 같은 방향(수평)으로 발생하는 경우
- 횡효과 : 결정에 가한 기계적 응력과 전기분극이 수직으로 발생하는 경우

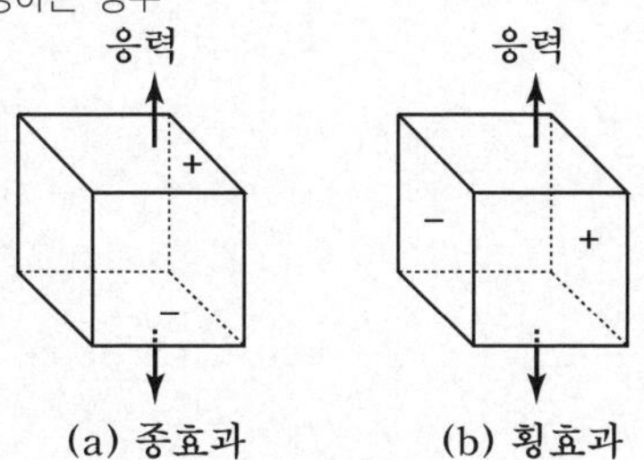

(a) 종효과 (b) 횡효과

정답 29 ④ 30 ② 31 ② 32 ②

memo

Engineer Electricity
dustrial Engineer Electricity

진공중의 정자계

Chapter 07

SECTION 07

진공중의 정자계

 정전계와 정자계의 비교

핵심 NOTE

아래 표를 이용하면 정전계의 식들을 가지고 정자계의 식들을 쉽게 유도해 낼 수가 있다.

정 전 계		정 자 계	
유 전 율	ε[F/m]	투 자 율	μ[H/m]
전 하 량	Q[C]	자 하 량	m[Wb]
힘	F[N]	힘	F[N]
전계의 세기	E[V/m]	자계의 세기	H[AT/m]
전속 밀도	D[C/m^2]	자속 밀도	B[Wb/m^2]
분극의 세기	P[C/m^2]	자화의 세기	J[Wb/m^2]
전 위	V[V]	자 위	U[A]
전 속 수	Ψ [C]	자 속 수	ϕ[Wb]

예제문제 정전계와 정자계비고

1 **자계에 있어서의 자화의 세기 J[Wb/m^2]은 유전체에서 무엇과 동일한 의미를 가지고 대응되는가?**

① 전속밀도 ② 전계의 세기
③ 전기분극도 ④ 전위

해설

정전계와 정자계의 비교

1) 전속밀도 – 자속밀도
2) 전계의 세기 – 자계의 세기
3) 분극의세기(분극전하밀도=전기분극도) – 자화의 세기
4) 전위 – 자위

답 ③

핵심 NOTE

■ 쿨롱의 법칙
① 서로 같은 극 반발력
② 서로 다른 극 흡인력
③ 힘의 크기는 두 자하량 곱에 비례하고 거리의 제곱에 반비례
④ 힘의 방향은 두 자극사이의 일직선상에 존재
⑤ 힘의 크기는 매질에 따라 다르다.

② 자계의 쿨롱의 법칙

1. 자석의 구조

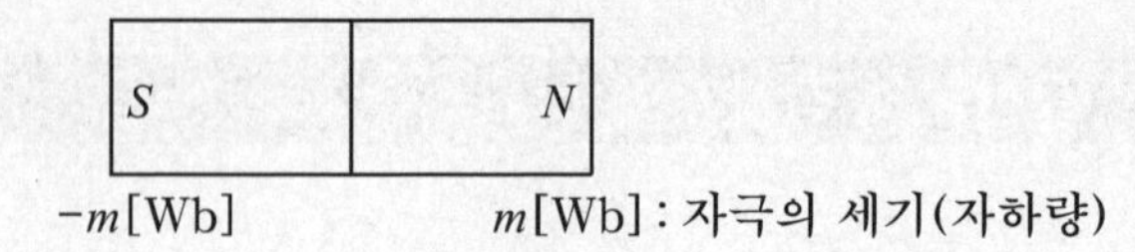

$-m$[Wb] m[Wb] : 자극의 세기(자하량)

2. 쿨롱의 법칙

(1) 서로 같은 극끼리는 반발력이 작용한다.
(2) 서로 다른 극끼리는 흡인력이 작용한다.
(3) 힘의 크기는 두 자하량의 곱에 비례하고 떨어진 거리의 제곱에 반비례한다.
(4) 힘의 방향은 두 자하(자극)의 일직선상에 존재한다.
(5) 힘의 크기는 매질에 따라 달라진다.
① 매질상수를 투자율이라 하며 $\mu = \mu_o \mu_s$ [H/m]로 나타낸다.
② 진공시 투자율 $\mu_o = 4\pi \times 10^{-7}$[H/m]
③ 비투자율 μ_s
㉮ 재질(매질)에 따라 다르다.
㉯ 진공(공기) $\mu_s = 1$

예제문제 쿨롱의 법칙

2 두 개의 자하 m_1, m_2 사이에 작용하는 쿨롱의 법칙으로, 자하간의 자기력에 대한 설명으로 옳지 않은 것은?

① 두 자하가 같은 극성이면 반발력이 작용한다.
② 두 자하가 서로 다른 극성이면 흡인력이 작용한다.
③ 두 자하의 거리에 반비례한다.
④ 두 자하의 곱에 비례한다.

해설
자하 사이에 작용하는 힘은 두 자하의 거리 제곱에 반비례한다.

답 ③

핵심 NOTE

③ 두 자극(자하) 사이에 작용하는 힘 F[N]

정지한 두 점자극 m_1[Wb]과 m_2[Wb]가 r[m] 떨어져 있을 때 작용하는 힘을 F[N]이라 아래 수식과 같다.

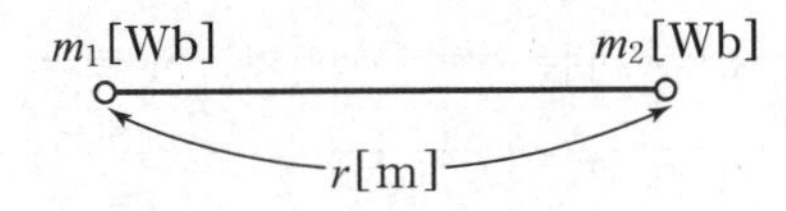

$$F = \frac{m_1 m_2}{4\pi\mu_o r^2} = 6.33\times10^4 \frac{m_1 m_2}{r^2} \text{[N]}$$

예제문제 두 자극 사이에 작용하는 힘

3 공기 중에서 가상 자극 m_1[Wb]과 m_2[Wb]를 r[m] 떼어 놓았을 때 두 자극 간의 작용력이 F[N]이었다면, 이때의 거리 r[m]은?

① $\sqrt{\dfrac{m_1m_2}{F}}$ ② $\dfrac{6.33\times10^4 m_1m_2}{F}$

③ $\sqrt{\dfrac{6.33\times10^4 m_1m_2}{F}}$ ④ $\sqrt{\dfrac{9\times10^9\times m_1m_2}{F}}$

해설

두 자극 사이에 작용하는 힘 $F = \dfrac{m_1 m_2}{4\pi\mu_o r^2} = 6.33\times10^4\dfrac{m_1 m_2}{r^2}$[N]이므로

자극 사이의 거리 $r = \sqrt{6.33\times10^4\dfrac{m_1 m_2}{F}}$ [m]가 된다.

답 ③

④ 자계의 세기(자장의 세기)H [N/wb = AT/m]

임의의 점자극 m[Wb]에서 거리 r[m]만큼 떨어진 점에 단위 정자극(+1[Wb])을 놓았을 때 작용하는 힘으로 정의 한다.

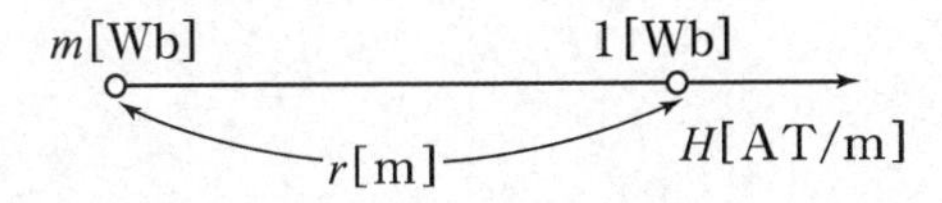

핵심 NOTE

■ 자계의 세기
단위 정자극을 놓았을 때 작용하는 힘
$H = \frac{m}{4\pi\mu_o r^2}$
$= 6.33\times10^4 \frac{m}{r^2}$ [AT/m]

■ 자계내에 자극을 놓았을 때 받는 힘
$F = mH$[N]

1. 자계의 세기

$$H = \frac{m}{4\pi\mu_o r^2} = 6.33\times10^4 \frac{m}{r^2}[\mathrm{AT/m}]$$

2. 자계내에 자극 m[Wb]를 놓았을 때 자극이 받는 힘

$$F = mH[\mathrm{N}]$$

예제문제 자계의 세기

4 자극의 크기 $m = 4$[Wb]의 점자극으로부터 $r = 4$[m] 떨어진 점의 자계의 세기[AT/m]를 구하면?

① 7.9×10^3　② 6.3×10^4
③ 1.6×10^4　④ 1.3×10^3

해설
$m = 4$[Wb], $r = 4$[m] 일 때 점자극에 의한 자계의 세기는
$H = \frac{m}{4\pi\mu_o r^2} = 6.33\times10^4\frac{m}{r^2}$[AT/m] 이므로 주어진 수치를 대입하면
$H = 6.33\times10^4\times\frac{4}{4^2} = 1.6\times10^4$[AT/m]

답 ③

예제문제 자계의 세기

5 500[AT/m]의 자계 중에 어떤 자극을 놓았을 때 3×10^3[N]의 힘이 작용했다면 이때의 자극의 세기는 몇 [Wb]인가?

① 2[Wb]　② 3[Wb]
③ 5[Wb]　④ 6[Wb]

해설
주어진 수치 $H = 500$[AT/m], $F = 3\times10^3$[N] 이므로
$F = mH$[N] 에서 자극의 세기 $m = \frac{F}{H} = \frac{3\times10^3}{500} = 6$[Wb]

답 ④

⑤ 자(기)력선

자석의 자극에 의한 힘을 가시화 시킨 가상의 선을 자기력선이라 한다.

1. 자기력선의 성질

(1) 자력선의 방향은 N 극에서 나와 S 극으로 들어간다.
(2) 자력선은 서로 반발하여 교차하지 않는다.
(3) 자력선의 방향은 자계의 방향과 일치한다.
(4) 자력선의 밀도는 자계의 세기와 같다.
(5) 자력선은 등자위면에 직교(수직)한다.
(6) 자력선의 수는 내부 자하량 m[Wb]의 $\frac{1}{\mu_o}$배 이다.
(7) 자력선은 자기 자신 스스로 폐곡선을 이룰 수 있다.
⇒ N, S극이 공존한다(고립된 자극은 없다)
⇒ 자력선 또는 자속은 연속적이다 ⇒ $div\,B = 0$
(8) 자력선은 고무줄과 같이 응축력이 있다.

2. 자(기)력선의 수 N[개]

자력선의 성질로부터 임의의 폐곡면내의 내부 자하량 m[Wb]의 $\frac{1}{\mu_o}$배 이다.

(1) 진공시($\mu_s = 1$) : $N_o = \frac{m}{\mu_o}$ [개]

(2) 자성체($\mu_s \neq 1$) : $N = \frac{m}{\mu} = \frac{m}{\mu_o \mu_s}$ [개]

(3) 매질상수인 투자율과 관계있다.

예제문제 자기력선의 성질

6 두 개의 자력선이 동일한 방향으로 흐르면 자계강도는?

① 더 약해진다.
② 주기적으로 약해졌다 또는 강해졌다 한다.
③ 더 강해진다.
④ 강해졌다가 약해진다.

해설
자(기)력선이 동일한 방향으로 흐르면 합하여 지므로 자계강도는 더 강해진다.

답 ③

핵심 NOTE

■ 자기력선의 성질
① N극에서 나와 S극으로 들어간다.
② 서로 반발하여 서로 교차할 수 없다.
③ 자기력선의 방향은 그 점의 자계의 방향과 일치한다.
④ 자기력선의 밀도는 자계의 세기와 같다.
⑤ 등자위면에 직교(수직)한다.
⑥ 그 자신만으로는 폐곡선(면) 을 이룰 수 있다.
⑦ 고립된 자극은 없다.

■ 자기력선의 수
$N = \frac{m}{\mu_o \mu_s}$ [개]

핵심 NOTE

예제문제 자기력선의 성질

7 진공 중에서 8π[Wb]의 자하(磁荷)로부터 발산되는 총자력선의 수는?

① 10^7개　　② 2×10^7개

③ $8\pi\times10^7$개　　④ $\frac{10^7}{8\pi}$개

해설

진공 중에서 발산되는 총자기력선의 수 $N_o = \frac{m}{\mu_o} = \frac{8\pi}{4\pi\times10^{-7}} = 2\times10^7$[개]

답 ②

6 자속 및 자속밀도

■ 자속

자속은 폐곡면 내 자극의 세기와 같다. $\phi = m$[Wb]

1. 자속 ϕ[Wb]

자기력선의 묶음을 자속이라 하며 임의의 폐곡면에서 나오는 자속은 내부 자극의세기 m[Wb]와 같다.

(1) 진공시 $\phi_o = m$[Wb]

(2) 자성체 $\phi = m$[Wb]

(3) 매질상수인 투자율과 관계없다.

■ 자속밀도

단위면적당 자속의 수

$B = \frac{\phi}{S} = \mu_o H$[Wb/m^2]

2. 자속밀도 B[Wb/m^2]

단위면적당 자속을 자속밀도라 하며 자속선은 반지름 r[m]를 갖는 구 표면을 통해 퍼져 나가므로 이를 수식으로 정리하면 아래와 같다.

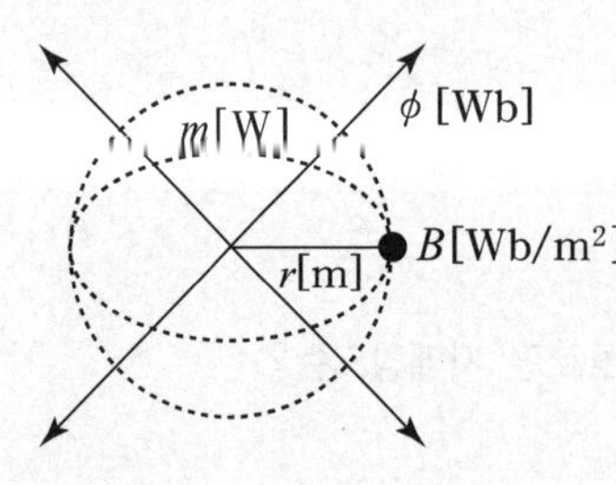

$$B = \frac{\phi}{S} = \frac{m}{S} = \frac{m}{4\pi r^2}$$

$$= \mu_o H = \sigma_s \text{[Wb/m}^2\text{]}$$

단, σ_s[Wb/m^2] : 면자하밀도

$S = 4\pi r^2$[m^2] : 구의 표면적

3. 자속밀도의 단위

$$1\,[\text{Wb/m}^2] = 1\,[\text{Tesla}] = 10^8\,[\text{maxwell/m}^2]$$

$$= 10^4\,[\text{maxwell/cm}^2] = 10^4\,[\text{gauss}]$$

핵심 NOTE

예제문제 자기력선의 성질

8 공심(空心) 솔레노이드의 내부 자계의 세기가 800[AT/m]일 때, 자속밀도 [Wb/m²]는 약 얼마인가?

① 1×10^{-3}[Wb/m²] ② 1×10^{-4}[Wb/m²]
③ 1×10^{-5}[Wb/m²] ④ 1×10^{-6}[Wb/m²]

해설
공심 솔레노이드 내부 자속밀도
$B=\mu_o H=(4\pi\times10^{-7})(800)=1\times10^{-3}$[Wb/m²]

답 ①

7 자위 U[A]

무한대에서 단위 정자극을 관측점까지 자계와 역으로 이동 시키는 데 필요한 에너지 또는 자기적인 위치에너지를 자위라 한다.

1. 자위의 정의식

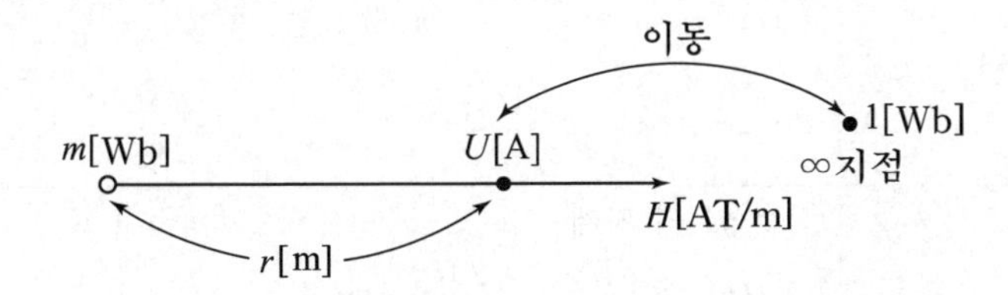

$$U=-\int_{\infty}^{r}H dr=\int_{r}^{\infty}H\,dr\,[\mathrm{A}]$$

여기서, ∞는 출발점, r는 관측점이다.

2. 점자극에 의한 자위

점자극 m[Wb]에서 r[m] 떨어진 지점의 자위

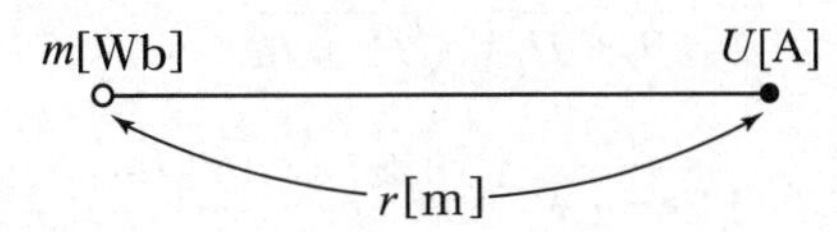

(1) 자위

$$U=\frac{m}{4\pi\mu_o r}=6.33\times10^4\frac{m}{r}\,[\mathrm{A}]$$

점자극에 의한 자위는 거리 r에 반비례한다.

■ 점자극에 의한 자위

$U=\frac{m}{4\pi\mu_o r}=6.33\times10^4\frac{m}{r}$ [A]

점자극에 의한 자위는 거리 r에 반비례한다.

핵심 NOTE

(2) 자계와 자위와의 관계식

$$U = Hr[\text{A}], \quad H = \frac{U}{r}[\text{A/m}]$$

예제문제 자위

9 m [Wb]의 자극에 의한 자계 중에서 r [m] 거리에 있는 점의 자위는?

① r 에 비례한다. ② r^2 에 비례한다.
③ r 에 반비례한다. ④ r^2 에 반비례한다.

해설

점 자극에 의한 자위 $U = \frac{m}{4\pi\mu_o r} = 6.33\times10^4 \frac{m}{r}$ [A] 이므로 거리 r에 반비례한다.

답 ③

8 자기 쌍극자 (magnetic dipole)

■ 자기쌍극자

자기쌍극자란 자극간의 거리가 매우 짧은 소자석을 생각하면 크기는 같고 부호가 반대인 점자극 2개가 매우 근접해 존재하는 것으로 볼 수 있으며 이를 자기쌍극자라 한다.

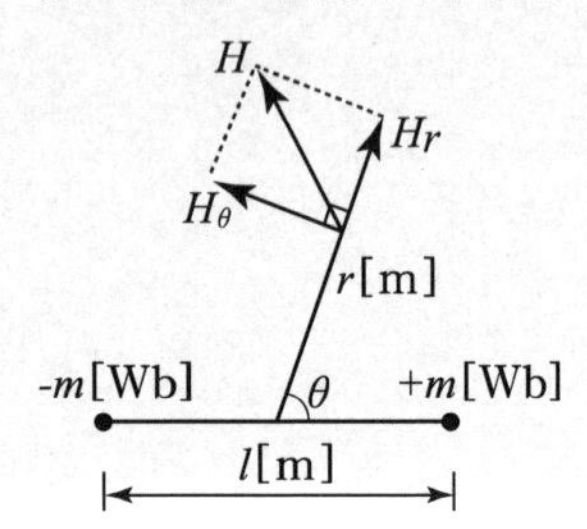

1. 자쌍극자 모멘트
$M = ml$ [Wb·m]

2. 자위
$U = \frac{M}{4\pi\mu_o r^2}\cos\theta$[A]

3. 자계의 세기

(1) r성분의 자계
$H_r = \frac{M}{2\pi\mu_o r^3}\cos\theta$ [AT/m]

(2) θ성분의 자계
$H_\theta = \frac{M}{4\pi\mu_o r^3}\sin\theta$ [AT/m]

(3) 전체 자계
$H = \overrightarrow{H_r} + \overrightarrow{H_\theta}$
$= \frac{M}{4\pi\mu_o r^3}\sqrt{1+3\cos^2\theta}$ [AT/m]

1. 자기 쌍극자 모멘트	$M = ml$ [Wb·m] 단, m : 자극의 세기[Wb], l : 막대자석의 길이[m]
2. 자위	$U = \frac{M}{4\pi\mu_o r^2}\cos\theta = \frac{ml}{4\pi\mu_o r^2}\cos\theta$ $= 6.33\times10^4\frac{M\cos\theta}{r^2}$ [A]
3. 자계의 세기	① r성분의 자계 $H_r = -\frac{dU}{dr} = \frac{2M}{4\pi\mu_o r^3}\cos\theta$ $= \frac{M\cos\theta}{2\pi\mu_0 r^3} = \frac{ml\cos\theta}{2\pi\mu_0 r^3}$ [AT/m] ② θ성분의 자계 $H_\theta = -\frac{1}{r}\frac{\partial U}{\partial\theta} = \frac{M}{4\pi\mu_o r^3}\sin\theta = \frac{ml\sin\theta}{4\pi\mu_o r^3}$ [AT/m] ③ 전체 전계 $H = \overrightarrow{H_r} + \overrightarrow{H_\theta} = \sqrt{H_r^2 + H_\theta^2}$ $= \frac{M}{4\pi\mu_o r^3}\sqrt{1+3\cos^2\theta}$ [AT/m]
4. 최대자계 발생시 각도	$\theta = 0°,\ \pi = 180°$
5. 최소자계 발생시 각도	$\theta = 90° = \frac{\pi}{2}$
6. 비례관계	$U \propto \frac{1}{r^2}$ $H \propto \frac{1}{r^3}$

핵심 NOTE

예제문제 자기쌍극자

10 **자기쌍극자에 의한 자계는 쌍극자 중심으로부터의 거리의 몇 제곱에 반비례하는가?**

① 1　　② 2
③ 3　　④ 4

해설

자기쌍극자에 의한 전체 자계 $H = \dfrac{M}{4\pi\mu_o r^3}\sqrt{1+3\cos^2\theta}$ [AT/m] 이므로 자계는 거리(r)의 3제곱에 반비례한다.

답 ③

9 자기2중층(판자석)

반지름이 a[m]이고 두께가 δ[m]인 원판에서 중심축상의 x[m]떨어진 지점의 자위를 구한다.

도 해	자기 2중층(판자석)
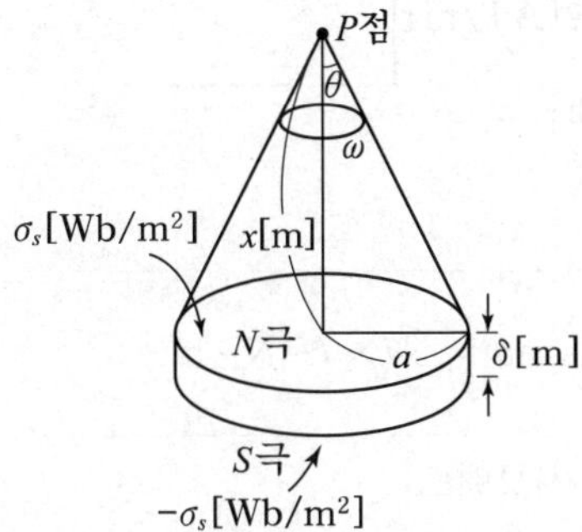 	1. 자기 2중층의 세기(판자석의 세기) $M_\delta = \sigma_s \cdot \delta$[Wb/m] (단, σ_s [Wb/m²] : 면자하밀도, δ[m] : 판의 두께) 2. 입체각 $\omega = 2\pi(1-\cos\theta)$ [Sr] ① 관측점을 무한접근시 또는 무한평면인 경우 입체각 $\omega = 2\pi$ [Sr] ② 구도체의 입체각 $\omega = 4\pi$[Sr] 3. 자기2중층(판자석)의 자위 $U = \dfrac{M_\delta}{4\pi\mu_o}\omega$ $= \dfrac{M_\delta}{2\mu_o}\left(1 - \dfrac{x}{\sqrt{a^2+x^2}}\right)$[A]

■ 자기2중층(판자석)의 자위

$U = \dfrac{M_\delta}{4\pi\mu_o}\omega$ [A]

단, $M_\delta = \sigma_s \cdot \delta$[Wb/m] : 판자석의 세기

핵심 NOTE

예제문제 판자석

11 판자석의 세기가 P[Wb/m] 되는 판자석을 보는 입체각이 ω인 점의 자위는 몇 [A]인가?

① $\dfrac{P}{4\pi\mu_0\omega}$ ② $\dfrac{P\omega}{4\pi\mu_0}$

③ $\dfrac{P}{2\pi\mu_0\omega}$ ④ $\dfrac{P\omega}{2\pi\mu_0}$

해설

판자석에 의한 자위 $U = \dfrac{P}{4\pi\mu_o}\omega$[A]가 된다.

답 ②

⑩ 막대자석에 의한 회전력(토오크)

1. 자계내 막대자석을 놓았을 때 회전력(토오크) $T = \tau$[N·m]

자계의 세기 H[AT/m] 내에 자극의 세기가 m[Wb]이고 길이가 l[m]인 막대자석을 자계와 θ각으로 놓으면 막대자석에 반대방향으로 힘이 작용하여 회전할 때 회전력(토오크)를 구하면 아래 식과 같다

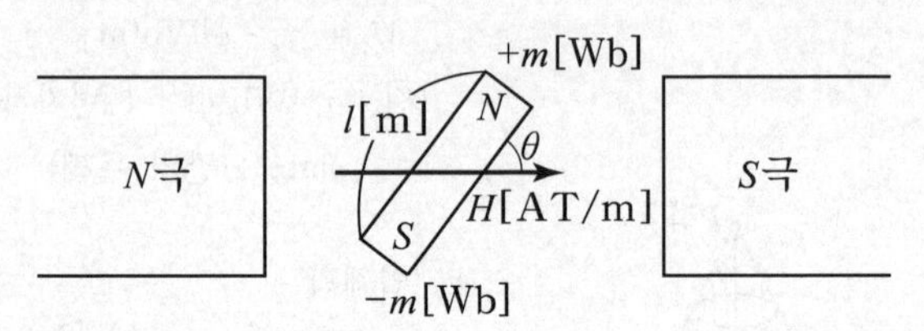

$$T = \tau = mHl\sin\theta = MH\sin\theta = M\times H\,[\text{N}\cdot\text{m}]$$

단, $M = ml$ [Wb·m] : 자기(쌍극자)모멘트

2. 막대자석을 θ만큼 회전시 필요한 일에너지

$$W = \int_0^\theta T\,d\theta = \int_0^\theta MH\sin\theta\,d\theta = MH(1-\cos\theta)\,[\text{J}]$$

■ 막대자석 회전시 필요한 일에너지
$W = MH(1-\cos\theta)$[J]

단, $M = ml$ [Wb·m]
: 자기모멘트

핵심 NOTE

예제문제 막대자석에 의한 회전력

12 자극의 세기 4×10^{-6}[Wb], 길이 10[cm]인 막대자석을 150[AT/m]의 평등 자계내에 자계와 $60°$의 각도로 놓았다면 자석이 받는 회전력 [N·m]은?

① $\sqrt{3}\times10^{-4}$ ② $3\sqrt{3}\times10^{-5}$
③ 3×10^{-4} ④ 3×10

해설

막대자석에 의한 회전력은

$T = mHl\sin\theta = 4\times10^{-6}\times150\times0.1\times\sin60° = 3\sqrt{3}\times10^{-5}$ [N·m]

답 ②

예제문제 막대자석에 회전시 필요한 일에너지

13 자기모멘트 9.8×10^{-5}[Wb·m]의 막대자석을 지구자계의 수평성분 12.5[AT/m]의 곳에서 지자기 자오면으로부터 $90°$ 회전시키는 데 필요한 일은 몇 [J]인가?

① 1.23×10^{-3} ② 1.03×10^{-5}
③ 9.23×10^{-3} ④ 9.03×10^{-5}

해설

주어진 수치 $M = 9.8\times10^{-5}$[Wb·m], $H = 12.5$[AT/m], $\theta = 90°$이므로

$W = MH(1-\cos\theta) = (9.8\times10^{-5})(12.5)(1-\cos90°) = 1.23\times10^{-3}$[J]

답 ①

출제예상문제

01 10^{-5}[Wb]와 1.2×10^{-5}[Wb]의 점자극을 공기 중에서 2[cm] 거리에 놓았을 때 극간에 작용하는 힘은 몇 [N]인가?

① 1.9×10^{-2}　② 1.9×10^{-3}
③ 3.8×10^{-3}　④ 3.8×10^{-4}

해설

두 자극 간에 작용하는 힘은

$$F = 6.33\times10^4\times\frac{m_1 m_2}{r^2}$$
$$= 6.33\times10^4\times\frac{10^{-5}\times1.2\times10^{-5}}{(2\times10^{-2})^2}$$
$$= 1.9\times10^{-2}\,[\text{N}]$$

02 1000[AT/m]의 자계 중에 어떤 자극을 놓았을 때 3×10^2 [N]의 힘을 받았다고 한다. 자극의 세기는?

① 0.1　② 0.2
③ 0.3　④ 0.4

해설

자계내 자극을 놓았을 때 작용하는 힘은
$F = mH$[N] 이므로 자극의 세기 m을 구하면

$$m = \frac{F}{H} = \frac{3\times10^2}{1000} = 0.3\,[\text{Wb}]$$

03 비투자율 μ_s, 자속밀도 B인 자계 중에 있는 m[Wb]의 자극이 받는 힘은?

① $\dfrac{Bm}{\mu_o\mu_s}$　② $\dfrac{Bm}{\mu_o}$
③ $\dfrac{\mu_o\mu_s}{Bm}$　④ $\dfrac{Bm}{\mu_s}$

해설

자계내 자극을 놓았을 때 작용하는 힘은
$F = mH$[N] 이고
자속밀도 $B = \mu H = \mu_o\mu_s H$[Wb/m²]이므로 두 식을 조합하면

$$F = mH = m\frac{B}{\mu_o\mu_s}\,[\text{N}]$$

04 그림과 같이 진공에서 6×10^{-3} [Wb]의 자극을 가진 길이 10 [cm]되는 막대자석의 정자극(正磁極)으로부터 5[cm]떨어진 P점의 자계의 세기는?

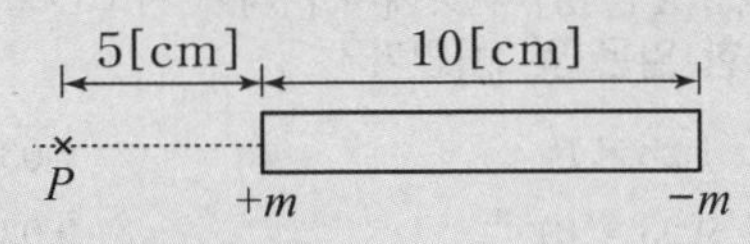

① 13.3×10^4[AT/m]
② 17.3×10^4[AT/m]
③ 23.3×10^3[AT/m]
④ 28.1×10^5[AT/m]

해설

P점에 단위점자극(1[Wb])을 놓으면 자계의 방향이 반대가 되므로
$m = 6\times10^{-3}$ [Wb]에 의한 자계

$$H_1 = 6.33\times10^4\times\frac{6\times10^{-3}}{(5\times10^{-2})^2} = 151920\,[\text{AT/m}]$$

$m = -6\times10^{-3}$ [Wb] 에 의한 자계

$$H_2 = 6.33\times10^4\times\frac{6\times10^{-3}}{(15\times10^{-2})^2} = 16880\,[\text{AT/m}]$$

P점의 전체 자계

$$H = H - H_2 = 151920 - 16880 = 135040$$
$$= 13.5\times10^4\,[\text{AT/m}]$$

정답　01 ①　02 ③　03 ①　04 ①

05 거리 r[m]두고 m_1, m_2[Wb]인 같은 부호의 자극이 놓여 있을 때, 두 자극을 잇는 선상의 중간에 있어 자계의 세기가 0인 점은 m_1[Wb]에서 얼마 떨어져 있는가?

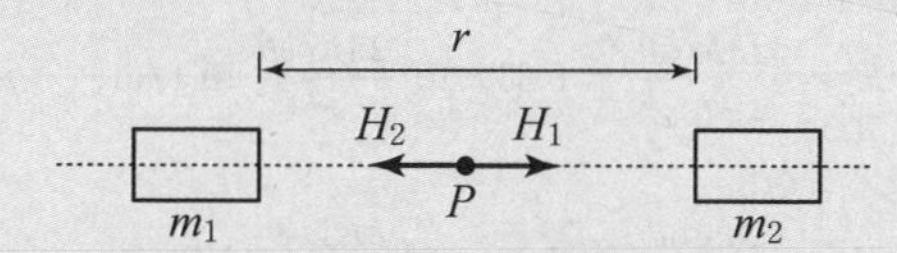

① $\dfrac{m_1 \cdot r}{m_1 + m_2}$　② $\dfrac{\sqrt{m_1} \cdot r}{\sqrt{m_1 + m_2}}$

③ $\dfrac{\sqrt{m_1} \cdot r}{\sqrt{m_1} + \sqrt{m_2}}$　④ $\dfrac{m_2 \cdot r}{m_1 + m_2}$

해설

P점의 작용하는 자계는 두 개가 작용하고 반대방향일 때 같은 값이면 0이 된다.

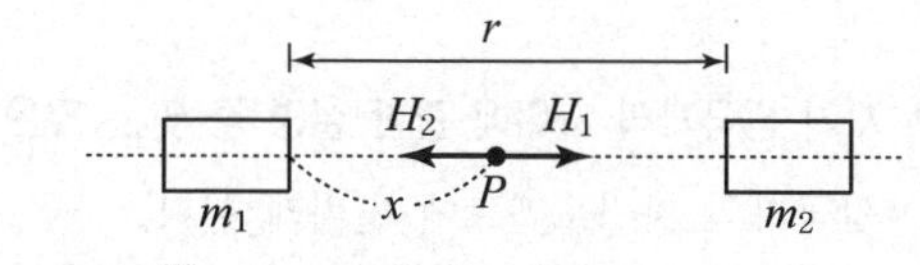

$H_1 = \dfrac{m_1}{4\pi\mu_0 x^2}$ [AT/m]

$H_2 = \dfrac{m_2}{4\pi\mu_0 (r-x)^2}$ [AT/m]

$H_1 = H_2$, $\dfrac{m_1}{4\pi\mu_0 x^2} = \dfrac{m_2}{4\pi\mu_0 (r-x)^2}$

$\dfrac{m_1}{x^2} = \dfrac{m_2}{(r-x)^2}$ 이 되므로 이를 정리하면

$x = \dfrac{\sqrt{m_1} \cdot r}{\sqrt{m_1} + \sqrt{m_2}}$

06 다음 자력선의 성질 중 맞지 않는 것은?

① 자력선은 N(+)극에서 출발하여 S(−)극에서 끝난다.

② 한 점의 자력선의 밀도는 그 점의 자계의 세기의 크기와 같다.

③ m[Wb]에서 나오는 자력선 수는 m개이다.

④ 자력선에 그은 접선은 그 점에서의 자계의 방향을 나타낸다.

해설

자기력선의 성질

(1) 자기력선은 N극에서 S극으로 향한다.
(2) 자기력선은 자신만으로 폐곡선을 이룬다.
(자계의 회전성과 연속성)
(3) 자기력선은 서로 반발하여 교차할 수 없다.
(4) 자기력선의 방향은 그 점의 자계의 방향과 같다.
(5) 자기력선의 밀도는 그 점의 자계의 세기와 같다.
(6) 자기력선의 수는 $\dfrac{m}{\mu_0}$개다.

07 공기 중에서 자극의 세기 m [Wb]인 점자극으로부터 나오는 총자력선의 수는 얼마인가?

① m　② $\mu_o m$

③ m/μ_o　④ m^2/μ_o

해설

공기 중에서 자(기)력선의 수 $N = \dfrac{m}{\mu_o}$ [개]

08 진공 중에서 4π [Wb]의 자하로 부터 발산되는 총자력선의 수는?

① 4π　② 10^7

③ $4\pi \times 10^7$　④ $\dfrac{10^7}{4\pi}$

해설

자(기)력선의 수는

$N = \dfrac{m}{\mu_o} = \dfrac{4\pi}{4\pi \times 10^{-7}} = 10^7$ [개]가 된다.

09 자속 밀도의 단위가 아닌 것은?

① [Wb/m^2]　② [maxwell/m^2]

③ [gauss]　④ [gauss/m^2]

해설

자속밀도의 단위는

$B = 1$[Wb/m^2] $= 10^8$[maxwell/m^2] $= 10^4$[maxwell/cm^2]
$= 10^4$[gauss] $= 1$[Tesra]

1[gauss] $= 10^{-4}$[Wb/m^2]

정답　05 ③　06 ③　07 ③　08 ②　09 ④

10 1[Wb]는 몇 맥스웰인가?

① 3×10^9　② 10^8
③ 4π　④ $\dfrac{4\pi}{10}$

해설

자속 $\phi = 1[\text{Wb}] = 10^8\,[\text{maxwell}]$

11 CGS 전자 단위인 $4\pi\times10^4[\text{gauss}]$를 MKS 단위계로 환산한다면?

① $4[\text{Wb/m}^2]$　② $4\pi[\text{Wb/m}^2]$
③ $4[\text{Wb}]$　④ $4\pi[\text{Wb/m}]$

해설

$B = 4\pi\times10^4\,[\text{gauss}] = 4\pi\times10^4\times10^{-4}$
$= 4\pi\,[\text{Wb/m}^2]$

12 다음의 MKS 유리화 단위와 CGS 단위에서 그 값이 일치하는 것은?

① 1 tesla $= 10^{-4}$ gauss
② 1 ampere $= 0.1$ emu
③ 1 coulomb $= 3\times10^{-9}$ esu
④ 1 weber $= 10^6$ maxwell

해설

① 1 tesla $= 10^4$ gauss
③ 1 coulomb $= 3\times10^9$ esu
④ 1 weber $= 10^8$ maxwell

13 자기 쌍극자에 의한 자위 $U[\text{A}]$에 해당되는 것은? (단, 자기 쌍극자의 자기 모멘트는 $M[\text{Wb}\cdot\text{m}]$, 쌍극자의 중심으로부터의 거리는 $r[\text{m}]$, 쌍극자의 정방향과의 각도는 θ도라 한다.)

① $6.33\times10^4\dfrac{M\sin\theta}{r^3}$　② $6.33\times10^4\dfrac{M\sin\theta}{r^2}$
③ $6.33\times10^4\dfrac{M\cos\theta}{r^3}$　④ $6.33\times10^4\dfrac{M\cos\theta}{r^2}$

해설

자기 쌍극자에 의한

자위 $U = \dfrac{M\cos\theta}{4\pi\mu_o r^2} = 6.33\times10^4\dfrac{M\cos\theta}{r^2}\,[\text{A}]$

자계의 세기

① 거리성분

$$H_r = \frac{2M\cos\theta}{4\pi\mu_o r^3} = 6.33\times10^4\frac{2M\cos\theta}{r^3}\,[\text{AT/m}]$$

② 각도성분

$$H_\theta = \frac{M\sin\theta}{4\pi\mu_o r^3} = 6.33\times10^4\frac{M\sin\theta}{r^3}\,[\text{AT/m}]$$

③ 전체자계

$$H = \sqrt{H_r^2 + H_\theta^2}$$
$$= \frac{M}{4\pi\mu_o r^3}\sqrt{1+3\cos^2\theta}\,[\text{AT/m}]$$

단, $M = m\cdot l\,[\text{Wb}\cdot\text{m}]$는 자기 쌍극자 모멘트이다.

14 자기 쌍극자의 자위에 관한 설명 중 맞는 것은?

① 쌍극자의 자기모멘트에 반비례 한다.
② 거리제곱에 반비례 한다.
③ 자기 쌍극자의 축과 이루는 각도 θ의 $\sin\theta$에 비례한다.
④ 자위의 단위는 [Wb/J]이다.

해설

자기 쌍극자에 의한 자위

$U = \dfrac{M\cos\theta}{4\pi\mu_o r^2} = 6.33\times10^4\,\dfrac{M\cos\theta}{r^2}\,[\text{A}]$이므로

거리 r의 제곱에 반비례한다

15 자석의 세기 0.2[Wb], 길이 10[cm]인 막대자석의 중심에서 60°의 각을 가지며 40[cm]만큼 떨어진 점 A의 자위는 몇 [A]인가?

① 1.97×10^3　② 3.96×10^3
③ 9.58×10^3　④ 7.92×10^3

정답　10 ②　11 ②　12 ②　13 ④　14 ②　15 ②

해설

자기쌍극자에 의한 자위
$m=0.2[\text{Wb}]$, $\delta=10[\text{cm}]$, $\theta=60°$, $r=40[\text{cm}]$
일 때
$U=\dfrac{M\cos\theta}{4\pi\mu_0 r^2}=6.33\times10^4\times\dfrac{M\cos\theta}{r^2}[\text{A}]$이며
$M=m\delta[\text{Wb}\cdot\text{m}]$이므로
$\therefore\ U=6.33\times10^4\times\dfrac{m\delta\cos\theta}{r^2}$
$=6.33\times10^4\times\dfrac{0.2\times10\times10^{-2}\times\cos60°}{(40\times10^{-2})^2}$
$=3.96\times10^3[\text{A}]$

16 자기쌍극자에 의한 자계는 쌍극자 중심으로부터 거리의 몇 제곱에 반비례하는가?

① 1 ② 2
③ 3 ④ 4

해설

자기쌍극자 모멘트를 M이라 하면
$H=\dfrac{M}{4\pi\mu r^3}\sqrt{1+3\cos^2\theta}\,[\text{AT/m}]$이므로
$\therefore\ H\propto\dfrac{1}{r^3}$

17 판자석의 표면 밀도를 $\pm\sigma[\text{Wb/m}^2]$라고 하고 두께를 $\delta[\text{m}]$라 할 때, 이판자석의 세기 $[\text{Wb/m}]$는?

① $\sigma\delta$
② $\dfrac{1}{2}\sigma\delta$
③ $\dfrac{1}{2}\sigma\delta^2$
④ $\sigma\delta^2$

해설

판자석에 의한 판자석의 세기(자기2중층의 세기)는 면자하량에 판자석의 두께를 곱한 값이므로
$M_\delta=\sigma\cdot\delta[\text{Wb}\cdot\text{m}]$가 된다.

18 그림과 같이 균일한 자계의 세기 $H[\text{AT/m}]$내에 자극의 세기가 $\pm m[\text{Wb}]$, 길이 $l[\text{m}]$인 막대자석을 그 중심 주위에 회전할 수 있도록 놓는다. 이때 자석과 자계의 방향이 이룬 각을 θ라 하면 자석이 받는 회전력$[\text{N}\cdot\text{m}]$은?

① $mHl\cos\theta$
② $mHl\sin\theta$
③ $2mHl\sin\theta$
④ $2mHl\tan\theta$

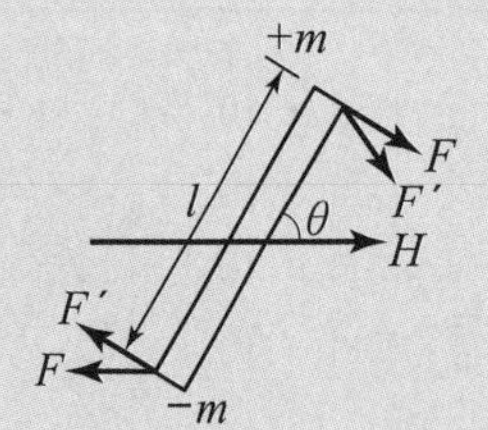

해설

막대자석에의한 회전력
$T=mHl\sin\theta=MH\sin\theta=M\times H\ [\text{N}\cdot\text{m}]$
여기서 $M=ml\,[\text{Wb}\cdot\text{m}]$: 자기모멘드

19 자극의 세기 $8\times10^{-6}[\text{Wb}]$, 길이 $3[\text{cm}]$인 막대자석을 $120\ [\text{AT/m}]$의 평등자계 내에 자계와 $30°$의 각으로 놓으면 막대자석이 받는 회전력은 몇 $[\text{N}\cdot\text{m}]$인가?

① $1.44\times10^{-4}[\text{N}\cdot\text{m}]$
② $1.44\times10^{-5}[\text{N}\cdot\text{m}]$
③ $3.02\times10^{-4}[\text{N}\cdot\text{m}]$
④ $3.02\times10^{-5}[\text{N}\cdot\text{m}]$

해설

주어진 수치 $m=8\times10^{-6}[\text{Wb}]$, $l=3[\text{cm}]$,
$H=120\ [\text{AT/m}]$, $\theta=30°$이므로
막대자석에 의한 회전력은
$T=mHl\sin\theta$
$=(8\times10^{-6})(120)(3\times10^{-2})\sin30°$
$=1.44\times10^{-5}[\text{N}\cdot\text{m}]$

정답 16 ③ 17 ① 18 ② 19 ②

20 그림에서 직선도체 바로 아래 10[cm] 위치에 자침이 나란히 있다고 하면 이때의 자침에 작용하는 회전력은 약 몇 [N·m/rad]인가? (단, 도체의 전류는 10[A], 자침의 자극의 세기는 10^{-6}[Wb]이고, 자침의 길이는 10[cm]이다.)

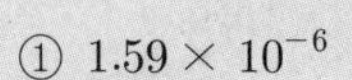

① 1.59×10^{-6}
② 7.95×10^{-7}
③ 15.9×10^{-6}
④ 79.5×10^{-7}

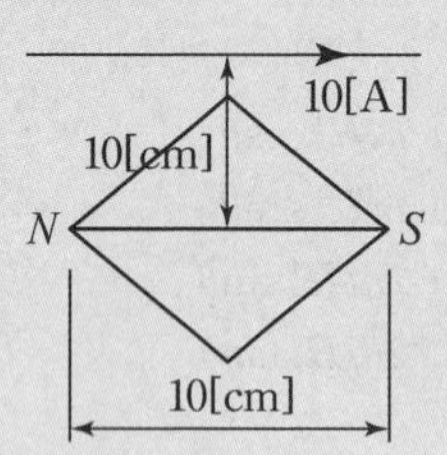

해설

주어진 수치 $r=10$[cm], $I=10$[A], $m=10^{-6}$[Wb], $l=10$[cm], $\theta=90°$이므로

무한장 직선에 의한 자계의 세기 $H=\dfrac{I}{2\pi r}$[AT/m]

대입하면 회전력은

$$T=mHl\sin\theta=m\frac{I}{2\pi r}l\sin\theta$$
$$=(10^{-6})\left(\frac{10}{2\pi(10\times10^{-2})}\right)(10\times10^{-2})\sin 90°$$
$$=1.59\times10^{-6}[\text{N}\cdot\text{m/rad}]$$

21 자기모멘트 9.8×10^{-5}[Wb·m]의 막대자석을 지구자계의 수평성분 10.5[AT/m]의 곳에서 지자기 자오면으로부터 90° 회전시키는 데 필요한 일은 몇 [J]인가?

① 9.3×10^{-5} ② 9.3×10^{-3}
③ $1.03\times10^{[illegible]}$ ④ $1.03\times10^{[illegible]}$

해설

주어진 수치 $M=9.8\times10^{-5}$[Wb·m], $H=10.5$[AT/m], 90°이므로

회전시 필요한 일에너지는

$$W=MH(1-\cos\theta)$$
$$=9.8\times10^{-5}\times10.5\times(1-\cos 90°)$$
$$=1.03\times10^{-3}[\text{J}]$$

22 1×10^{-6}[Wb·m]의 자기 모멘트를 가진 봉자석을 자계의 수평성분이 10[AT/m]인 곳에 자기 자오면으로부터 90도 회전하는 데 필요한 일은 몇 [J]인가?

① 3×10^{-5} ② 2.5×10^{-5}
③ 10^{-5} ④ 10^{-8}

해설

90° 회전시 필요한 일에너지는

$$W=MH(1-\cos\theta)$$
$$=1\times10^{-6}\times10(1-\cos 90°)=10^{-5}[\text{J}]$$

정답 20 ① 21 ④ 22 ③

Engineer Electricity
ustrial Engineer Electricity

전류에 의한 자계

Chapter 08

SECTION 08

전류에 의한 자계

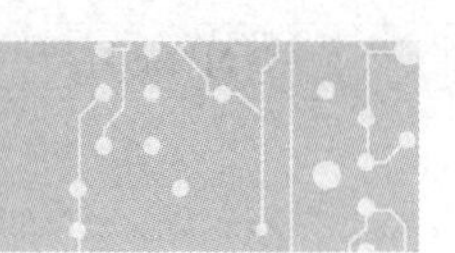

① 앙페르의 오른나사 법칙(Ampere's law)

핵심 NOTE

■ 앙페르의 오른나사(오른손)법칙
전류에 의한 자계의 방향결정

도체에 전류를 흘려주었을 때 도체주변에 수직으로 발생하는 회전하는 자계(자장)의 방향을 결정한다. 즉, 전류에 의한 자계의 방향을 결정하는 법칙

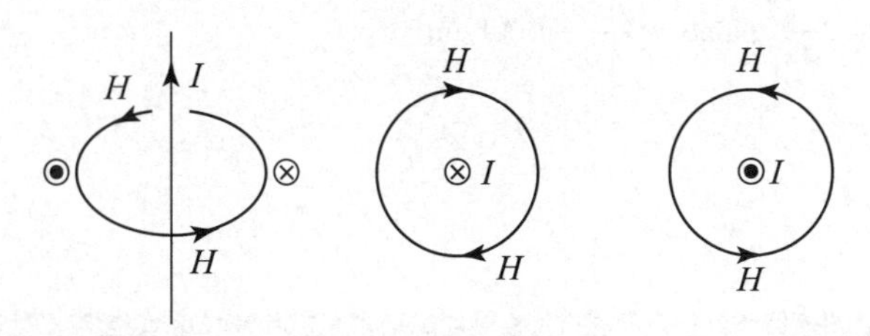

예제문제 앙페르의 오른나사법칙

1 전류에 의한 자계의 방향을 결정하는 법칙은?

① 렌쯔의 법칙 ② 플레밍의 오른손 법칙
③ 플레밍의 왼손 법칙 ④ 암페어의 오른손 법칙

해설
렌쯔의 법칙 : 전자유도에 의한 유기기전력의 방향결정
플레밍의 오른손 법칙 : 자계내 도체이동시 유기전압발생
플레밍의 왼손 법칙 : 자계내 도체에 전류 흐름시 도체에 작용하는 힘
암페어(앙페르)의 오른손 법칙 : 전류에 의한 자계의 방향을 결정

답 ④

② 비오-사바르의 법칙(Biot-Savart's low)

■ 비오-사바르의 법칙
전류에 의한 자계의 크기결정

도체에 전류가 흘러 만든 회전자계의 크기를 결정한다.

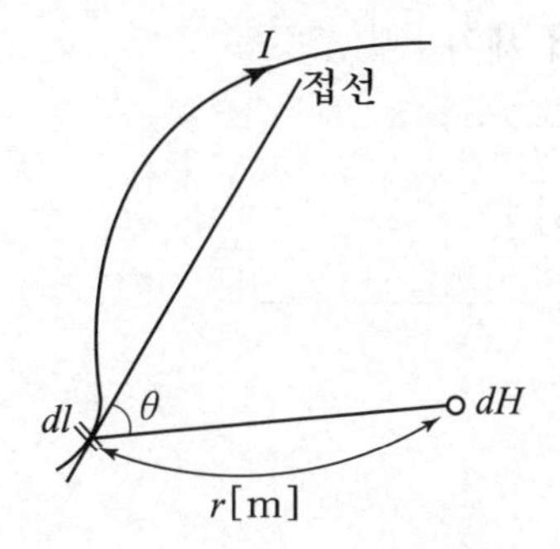

$$dH = \frac{Idl}{4\pi r^2}\sin\theta[\mathrm{AT/m}]$$

전류에 의한 자계의 세기는 투자율과 관계없다.

핵심 NOTE

예제문제 비오-사바르의 법칙

2 진공 중에 미소 선전류소 $I \cdot d\ell$[A/m]에 기인된 r[m] 떨어진 점 P에 생기는 자계 dH[A/m]를 나타내는 식은?

① $dH = \dfrac{I \times a_r}{4\pi r^2} d\ell$[A/m]
② $dH = \dfrac{a_r \times I}{8\pi \mu_0 r^2} d\ell$[A/m]
③ $dH = \dfrac{I \times a_r}{4\pi \mu_0 r^2} d\ell$[A/m]
④ $dH = \dfrac{a_r \times I}{8\pi r^2} d\ell$[A/m]

해설
비오-사바르의 법칙에 의하여 임의점 P의 자계의 세기는 아래와 같다.

$$dH = \frac{Idl}{4\pi r^2}\sin\theta = \frac{I \times a_r}{4\pi r^2} d\ell[\text{AT/m}]$$

답 ①

3 원형도체(코일) 중심축상의 자계

반지름이 a [m] 인 원형코일에 권선수 N 회 감고 전류 I[A]가 흐르는 경우 중심 축상 r [m] 떨어진 지점의 자계의 세기를 구한다.

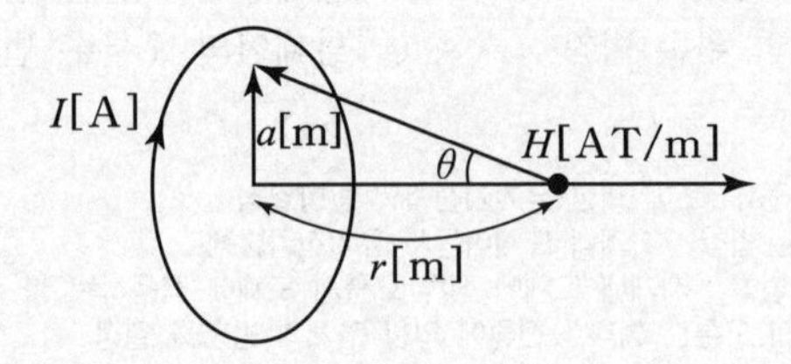

1. 중심축상의 자계의 세기

$$H_r = \frac{Na^2 I}{2(a^2 + r^2)^{\frac{3}{2}}} = \frac{NI}{2a}\sin^3\theta[\text{AT/m}]$$

2. 원형코일 중심점($r = 0$) 의 자계의 세기

$$H = \frac{NI}{2a}[\text{AT/m}]$$

핵심 NOTE

예제문제 원형코일 중심축상의 자계

3 반지름 1[cm]인 원형코일에 전류 10[A]가 흐를 때, 코일의 중심에서 코일면에 수직으로 $\sqrt{3}$[cm] 떨어진 점의 자계의 세기는 몇 [AT/m]인가?

① $\frac{1}{16}\times10^3$ ② $\frac{3}{16}\times10^3$

③ $\frac{5}{16}\times10^3$ ④ $\frac{7}{16}\times10^3$

해설

$a=1$[cm], $I=10$[A], $r=\sqrt{3}$[cm] 이므로 원형코일 중심축상의 자계의 세기는

$$H=\frac{a^2I}{2(a^2+x^2)^{\frac{3}{2}}}=\frac{(1\times10^{-2})^2(10)}{2[(1\times10^{-2})^2+(\sqrt{3}\times10^{-2})^2]^{\frac{3}{2}}}=\frac{1}{16}\times10^3[\text{AT/m}]$$

답 ①

예제문제 원형코일 중심축상의 자계

4 그림과 같이 반지름 r[m]인 원의 임의의 2점 a, b(각도θ) 사이에 전류 I[A]가 흐른다. 원의 중심 O에서의 자계의 세기는 몇 [A/m] 인가?

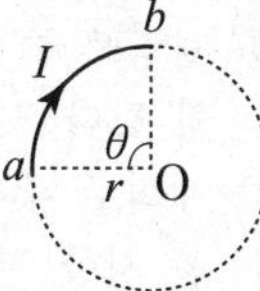

① $\frac{I\theta}{4\pi r^2}$ ② $\frac{I\theta}{4\pi r}$

③ $\frac{I\theta}{2\pi r^2}$ ④ $\frac{I\theta}{2\pi r}$

해설

전류가 흐르는 부분은 전체 2π 에서 θ부분만 흐르므로 원형 코일 중심점의 자계의 세기는 $H=\frac{I}{2r}\times\frac{\theta}{2\pi}=\frac{I\theta}{4\pi r}$[A/m]로 구할 수도 있다.

답 ②

예제문제 원형코일 중심축상의 자계

5 반지름이 40[cm]인 원형 코일에 전류 100[A]가 흐르고 있다. 이 때, 중심점에 있어서 자계의 세기[AT/m]는?

① 125 ② 75

③ 25 ④ 200

해설

원형코일 중심점의 자계의 세기 $H=\frac{NI}{2a}=\frac{1\times100}{2\times4\times10^{-2}}=125$[AT/m]

답 ①

핵심 NOTE

■ 앙페르의 주회 적분법칙
자계를 자계경로따라 선적분값은 폐회로내 전류 총합과 같다.
즉, 전류와 자계의 관계

4 앙페르의 주회 적분법칙

자계를 자계 경로를 따라 선적분시키면 폐회로내 흐르는 전류의 대수합(총합)과 같다.

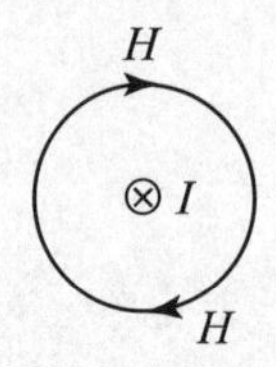

$$\oint_l H\, dl = \sum NI$$

전류와 자계의 관계

예제문제 앙페르의 주회 적분법칙

6 앙페르의 주회 적분의 법칙(Ampere's circuital law)을 설명한 것으로 올바른 것은?

① 폐회로 주위를 따라 전계를 선적분한 값은 폐회로내의 총 저항과 같다.
② 폐회로 주위를 따라 전계를 선적분한 값은 폐회로내의 총 전압과 같다.
③ 폐회로 주위를 따라 자계를 선적분한 값은 폐회로내의 총 전류와 같다.
④ 폐회로 주위를 따라 전계와 자계를 선적분한 값은 폐회로내의 총 저항, 총 전압, 총 전류의 합과 같다.

답 ③

5 전류에 의한 자계의 세기

■ 무한장 직선도체에 의한 자계
$H = \dfrac{I}{2\pi r}$ [AT/m]
자계는 거리 r에 반비례한다.

1. 무한장 직선도체 전류에 의한 자계의 세기

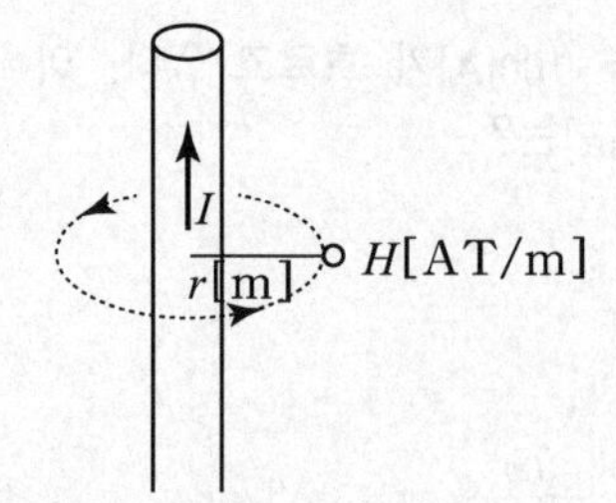

$$H = \frac{I}{2\pi r}\ \text{[AT/m]}$$

자계의 세기는 거리 r에 반비례한다.

예제문제 무한장 직선전류에 의한 자계의 세기

7 π[A]가 흐르고 있는 무한장 직선도체로부터 수직으로 10[cm] 떨어진 점의 자계의 세기는 몇 [AT/m]인가?

① 0.05 ② 0.5
③ 5 ④ 10

해설

$I = \pi$[A], $r = 10$[cm]이므로 $H = \dfrac{I}{2\pi r} = \dfrac{\pi}{2\pi(10\times10^{-2})} = 5$[AT/m]

답 ③

2. 원주(원통)도체 전류에 의한 내 · 외 자계의 세기

(1) 전류 균일하게 흐를 시 (내부에 전류 존재한다.)

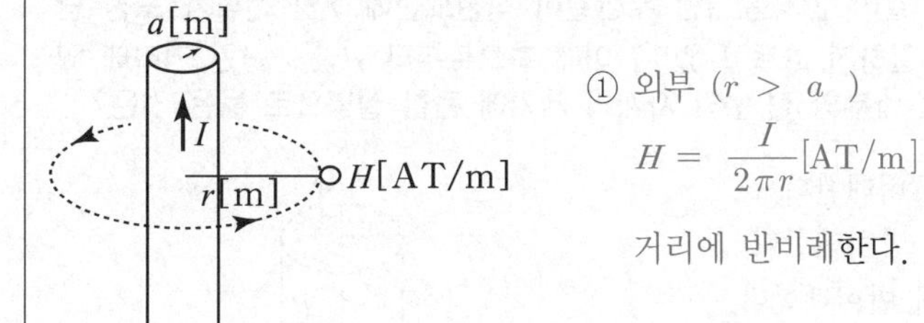

① 외부 ($r > a$)

$$H = \frac{I}{2\pi r}[\text{AT/m}]$$

거리에 반비례한다.

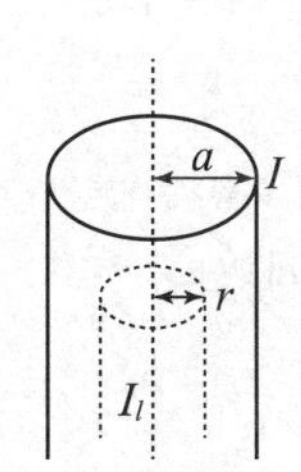

② 내부 ($r < a$)

내부전류 $I_i = \dfrac{r^2}{a^2} I$[A]

내부자계

$$H_i = \frac{rI}{2\pi a^2}[\text{AT/m}]$$

거리에 비례한다.

(2) 전류도체 표면에만 흐를 시 (내부에 전류 존재하지 않는다.)

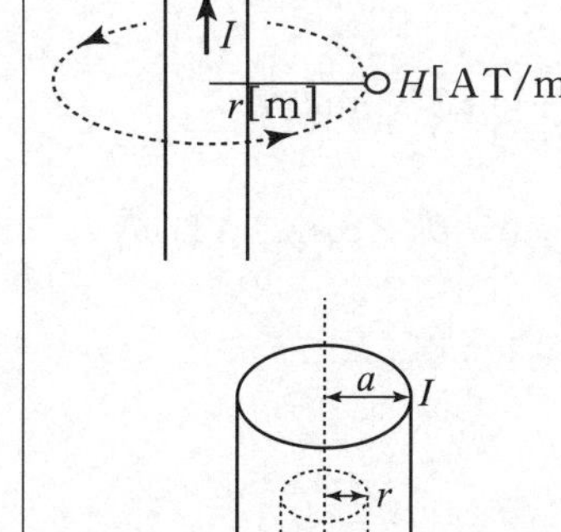

① 외부 ($r > a$)

$$H = \frac{I}{2\pi r}[\text{AT/m}]$$

거리에 반비례한다.

② 내부 ($r < a$)

내부전류 $I_i = 0$ [A]

내부자계 $H_i = 0$[AT/m]

존재하지 않는다.

핵심 NOTE

■ 원주(원통)도체 내외 자계

① 전류 균일 시

외부 $H = \dfrac{I}{2\pi r}$[AT/m]

거리에 반비례

내부 $H_i = \dfrac{rI}{2\pi a^2}$[AT/m]

거리에 비례

② 전류 표면에만 흐를 시

외부 $H = \dfrac{I}{2\pi r}$[AT/m]

거리에 반비례

내부 $H_i = 0$[AT/m]
존재하지 않는다.

핵심 NOTE

자계와 거리와의 관계	
전류 균일 시	전류 표면에만 흐를 시
H, O, a[m], r, 내부, 외부	H, O, a[m], r, 내부, 외부
$H_i \propto r \quad H \propto \dfrac{1}{r}$	$H_i = 0 \quad H \propto \dfrac{1}{r}$

예제문제 원주도체에 의한 내외자계

8 그림과 같이 반지름 a인 무한길이 직선도선에 I인 전류가 도선 단면에 균일하게 흐르고 있다. 이때 축으로부터 $r(a > r)$인 거리에 있는 도선 내부의 점 P의 자계의 세기에 관한 설명으로 옳은 것은?

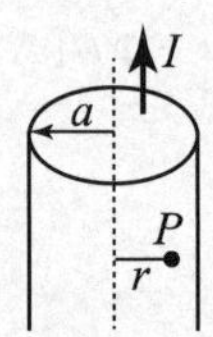

① r에 비례한다.
② r에 반비례한다.
③ r^2에 반비례한다.
④ r에 관계없이 항상 0이다.

해설

원통(원주) 도체에 의한 자계의 세기에서 전류가 균일하게 흐를시 내부에도 전류가 존재하므로 내부자계는 $H_i = \dfrac{rI}{2\pi a^2}$[AT/m] 에서 거리 r에 비례한다.

답 ①

3. 유한장 직선 전류에 의한 자계

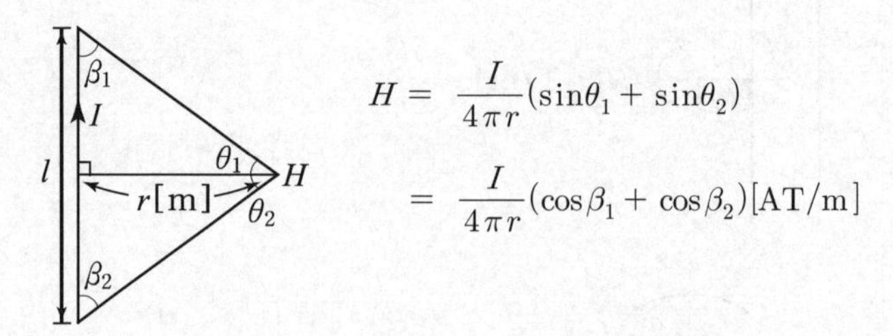

$$H = \frac{I}{4\pi r}(\sin\theta_1 + \sin\theta_2)$$

$$= \frac{I}{4\pi r}(\cos\beta_1 + \cos\beta_2)\text{[AT/m]}$$

4. 각 도형에 전류 흐를시 중심점의 자계

(1) 정삼각형

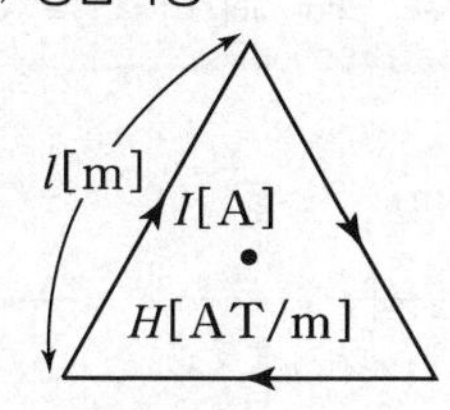

$$H = \frac{9I}{2\pi l}[\text{AT/m}]$$

단, l[m]은 한 변의 길이

(2) 정사각형(정방형)

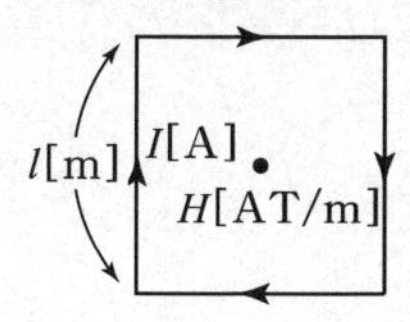

$$H = \frac{2\sqrt{2}I}{\pi l}[\text{AT/m}]$$

단, l[m]은 한 변의 길이

(3) 정육각형

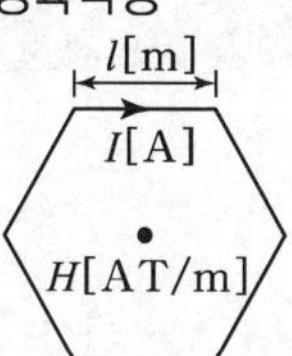

$$H = \frac{\sqrt{3}I}{\pi l}[\text{AT/m}]$$

단, l[m]은 한 변의 길이

예제문제 정삼각형 중심점 자계

9 한 변의 길이가 2[cm]인 정삼각형 회로에 100[mA]의 전류를 흘릴 때, 삼각형 중심점의 자계의 세기 [AT/m]는?

① 3.6　② 5.4
③ 7.2　④ 2.7

해설

정삼각형 코일에 의한 중심점에 작용하는 자계는 $H = \frac{9I}{2\pi l}$ [AT/m] 이므로

주어진 수치를 대입하면 $H = \frac{9\times100\times10^{-3}}{2\pi\times2\times10^{-2}} = 7.2[\text{AT/m}]$

답 ③

핵심 NOTE

■ 각 도형별 중심점 자계

1. 정삼각형

$H = \frac{9I}{2\pi l}[\text{AT/m}]$

2. 정사각형

$H = \frac{2\sqrt{2}I}{\pi l}[\text{AT/m}]$

3. 정육각형

$H = \frac{\sqrt{3}I}{\pi l}[\text{AT/m}]$

단. l[m]은 한 변의 길이

핵심 NOTE

예제문제 정사각형 중심점 자계

10 길이 $8[\mathrm{m}]$의 도선으로 정사각형을 만들고 직류 $\pi[\mathrm{A}]$를 흘렸을 때 그 중심점에서의 자계의 세기는?

① $\dfrac{\sqrt{2}}{2}[\mathrm{A/m}]$　　② $\sqrt{2}[\mathrm{A/m}]$
③ $2\sqrt{2}[\mathrm{A/m}]$　　④ $4\sqrt{2}[\mathrm{A/m}]$

해설
한 변의 길이가 $l[\mathrm{m}]$인 정사각형 코일 중심점 자계의 세기는 $H=\dfrac{2\sqrt{2}\,I}{\pi l}[\mathrm{AT/m}]$이므로 한 변의 길이 $l=\dfrac{8}{4}=2[\mathrm{m}]$, 전류 $I=\pi[\mathrm{A}]$를 대입하면 $H=\dfrac{2\sqrt{2}\times\pi}{\pi\times 2}=\sqrt{2}[\mathrm{AT/m}]$

답 ②

6 솔레노이드(solenoid)에 의한 자계의 세기

1. 환상 솔레노이드

철심을 원형으로 만들고 철심주변에 코일을 감아 준 것을 환상 솔레노이드라 하며 권선 N [회]를 감고 전류 $I[\mathrm{A}]$를 흐려주었을 때 내외 자계의 세기는 다음 아래와 같이 발생한다.

■ 환상 솔레노이드 내외 자계
1. 내부자계
$H=\dfrac{NI}{l}=\dfrac{NI}{2\pi a}[\mathrm{AT/m}]$
단, $a[\mathrm{m}]$는 평균반지름
2. 외부자계
$H_0=0[\mathrm{AT/m}]$

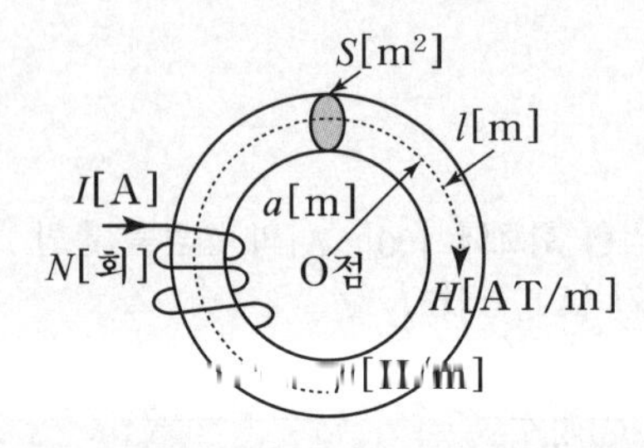

① 내부 자계의 세기

$$H=\frac{NI}{l}=\frac{NI}{2\pi a}[\mathrm{AT/m}]$$

단, $a[\mathrm{m}]$는 평균반지름

② 외부 자계의 세기

$$H_0=0[\mathrm{AT/m}]$$

예제문제 환상솔레노이드에 의한 자계

11 평균반지름 $10[\mathrm{cm}]$의 환상솔레노이드에 $5[\mathrm{A}]$의 전류가 흐를 때 내부 자계가 $1{,}600[\mathrm{AT/m}]$이었다. 권수는 약 얼마인가?

① 180회　　② 190회
③ 200회　　④ 210회

해설
$a=10[\mathrm{cm}]$, $I=5[\mathrm{A}]$, $H=1{,}600[\mathrm{AT/m}]$ 이므로
환상솔레노이드 내부자계 $H=\dfrac{NI}{2\pi a}[\mathrm{AT/m}]$ 에서 권선수
$N=\dfrac{2\pi Ha}{I}=\dfrac{2\pi(1{,}600)(10\times10^{-2})}{5}=200$회

답 ③

2. 무한장 솔레노이드

철심의 단면적에 비해서 길이를 충분히 길게 만들고 철심주변에 코일을 감아 준 것을 무한장 솔레노이드라 한다.

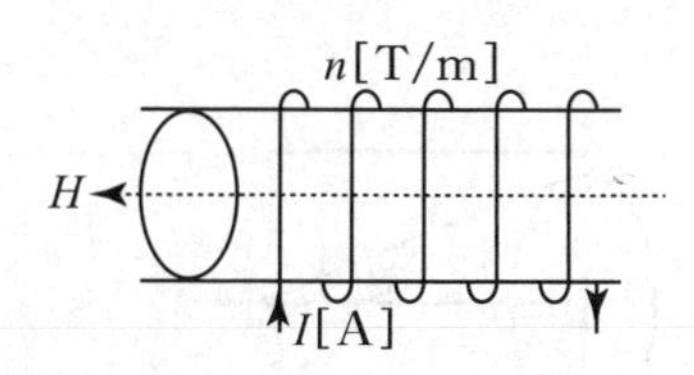

1) 내부의 자계의 세기

$H = nI$[AT/m]

n [T/m] : 단위길이당 권선수

2) 내부 자장은 평등 자장이며 균등 자장이다.

3) 외부의 자계의 세기

$H' = 0$ [AT/m]

핵심 NOTE

■ 무한장 솔레노이드 내외 자계

① 내부자계

$H = nI$[AT/m]

단, n [T/m]는 단위길이당권선수

② 외부자계

$H_0 = 0$[AT/m]

존재하지 않는다.

예제문제 무한장 솔레노이드에 의한 자계

12 1[cm]마다 권수가 100인 무한장 솔레노이드에 20[mA]의 전류를 유통시킬 때 솔레노이드 내부의 자계의 세기[AT/m]는?

① 10 ② 20

③ 100 ④ 200

해설

단위길이당 권선수 $n = \frac{N}{l} = \frac{100}{0.01} = 10000$ [T/m] 이므로

무한장 솔레노이드의 자계의 세기는 $H = nI = 10000 \times 20 \times 10^{-3} = 200$ [AT/m]

답 ④

7 전류에 의한 자위

반지름 a [m]인 원형코일에 전류 I[A]가 흐르는 경우 중심축상 x[m] 떨어진 지점의 자위구하면 아래와 같다.

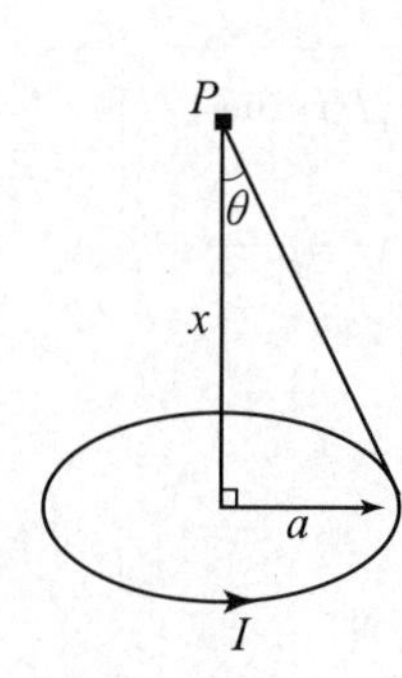

1. 전류 $I = \frac{M_\delta}{\mu_o}$[A]

단, $M_\delta = \sigma_s \delta$[Wb/m] : 판자석의 세기

2. 입체각 $\omega = 2\pi(1 - \cos\theta)$[Sr]

3. 전류에 의한 자위

$$U = \frac{I}{4\pi}\omega = \frac{I}{2}\left(1 - \frac{x}{\sqrt{a^2 + x^2}}\right) \text{[A]}$$

■ 전류에 의한 자위

$U = \frac{I}{4\pi}\omega$

$= \frac{I}{2}\left(1 - \frac{x}{\sqrt{a + x^2}}\right)$ [A]

핵심 NOTE

예제문제 전류에 의한 자위

13 그림과 같은 반지름 a[m]인 원형코일에 I[A]가 흐르고 있다. 이 도체 중심축상 x[m]인 점 P의 자위[A]는?

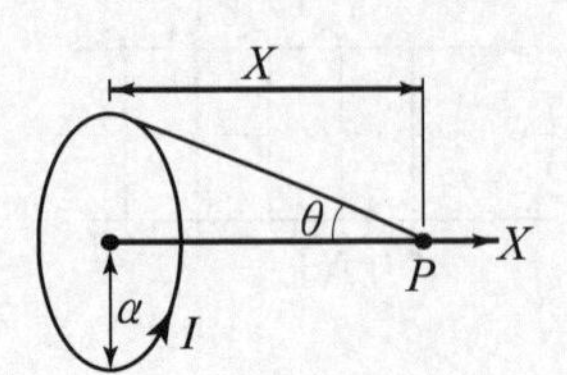

① $\frac{I}{2}\left(1-\frac{x}{\sqrt{a^2+x^2}}\right)$

② $\frac{I}{2}\left(1-\frac{a}{\sqrt{a^2+x^2}}\right)$

③ $\frac{I}{2}\left(1-\frac{x^2}{(a^2+x^2)^{\frac{2}{3}}}\right)$

④ $\frac{I}{2}\left(1-\frac{a^2}{(a^2+x^2)^{\frac{3}{2}}}\right)$

해설
전류에 의한 자위 $U=\frac{\omega I}{4\pi}=\frac{I}{4\pi}\times 2\pi(1-\cos\theta)=\frac{I}{2}\left(1-\frac{x}{\sqrt{a^2+x^2}}\right)$ [A]

답 ①

8 플레밍(Fleming's)의 왼손 법칙

■ 플레밍의 왼손법칙
자계내 도체에 전류 흐를시 작용하는 힘
1. 전동기의 원리
2. 작용하는 힘(전자력)
$F=IBl\sin\theta$
$=I\mu_o Hl\sin\theta$
$=(\vec{I}\times\vec{B})l$ [N]

■ 왼손 손가락 방향

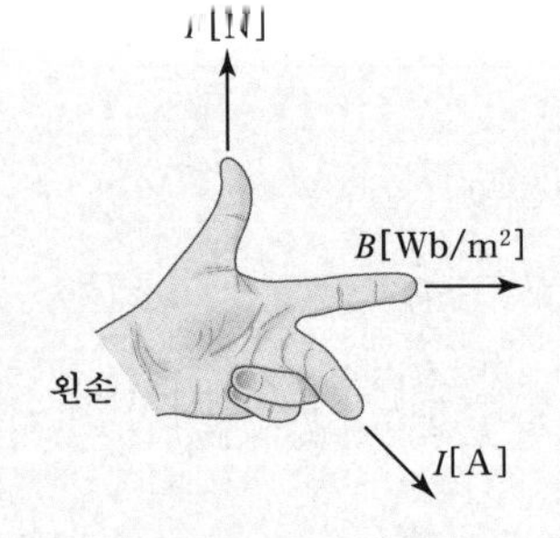

전동기의 원리가 되며 자계 H[AT/m]내에 놓인 길이가 l[m]인 도체에 전류 I[A]가 흐르면 이 도체에 힘 F[N]이 작용하며 이를 플레밍의 왼손 법칙이라 하며 이 힘을 전자력이라 한다.

1. 왼손 손가락 방향
   (1) 힘의 방향 : 엄지
   (2) 자속밀도의 방향 : 검지
   (3) 전류의 방향 : 중지

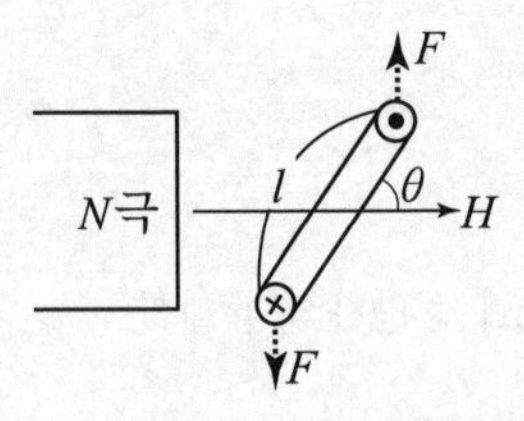

2. 작용하는 힘(전자력)

$$F=IBl\sin\theta=I\mu_o Hl\sin\theta=(\vec{I}\times\vec{B})l\ [\text{N}]$$

단, I : 전류
B : 자속밀도
l : 도체의 길이
H : 자계의 세기
θ : 자계와 이루는 각

핵심 NOTE

예제문제 플레밍의 왼손법칙

14 자속밀도가 30[Wb/m²]인 평등자계 내에 5[A]의 전류가 흐르고 있는 길이 1[m]인 직선도체를 자계의 방향에 대하여 60°의 각도로 놓았을 때 이 도체가 받는 힘은 약 몇 [N]인가?

① 75 ② 120

③ 130 ④ 150

해설 $B = 30[\text{Wb/m}^2]$, $I = 5[\text{A}]$, $l = 1[\text{m}]$ 왼손법칙에 의한 힘, $\theta = 60°$이므로
플레밍의 $F = IBl\sin\theta = 5\times30\times\sin60° = 129.90$ [N]

답 ③

9 로렌쯔의 힘

자계 H[AT/m]내에 전하 q[C]이 속도v[m/s]로 이동시에 전하가 받는 힘

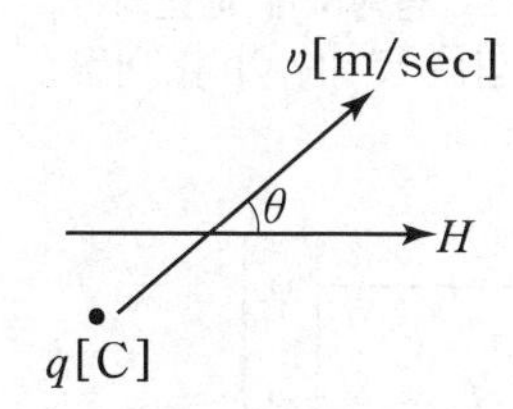

(1) 자계만 존재시 전하가 받는 힘

$$F = Bqv\sin\theta = \mu_o Hqv\sin\theta = (\vec{v}\times\vec{B})q[\text{N}]$$

(2) 전계와 자계가 동시에 존재시 전하가 받는 힘

$$F = F_H + F_E = q(\vec{v}\times\vec{B}+\vec{E})[\text{N}]$$

■ 로렌쯔의 힘
자계내 전하를 입사시 전하가 받는 힘
1. 자계만 존재시
$F = Bqv\sin\theta = \mu_o Hqv\sin\theta = (\vec{v}\times\vec{B})q[\text{N}]$
2. 전계와 자계 동시 존재시
$F = q(\vec{v}\times\vec{B}+\vec{E})[\text{N}]$

예제문제 로렌쯔의 힘

15 전하 q[C]가 진공중의 자계 H[AT/m]에 수직 방향으로 v [m/s]의 속도로 움직일 때 받는 힘은 몇[N]인가?

① $\dfrac{qH}{\mu_o v}$ ② qvH

③ $\dfrac{1}{\mu_o}qvH$ ④ $\mu_o qvH$

해설
자계내 전하 입사시 전하가 받는 힘은 로렌쯔의 힘이 작용하므로
$F = Bqv\sin\theta = \mu_o Hqv\sin\theta = (\vec{v}\times\vec{B})q$[N]에서 수직입사시 $\theta = 90°$이므로
$F = \mu_o Hqv\sin90° = \mu_o Hqv$ [N]가 된다.

답 ④

핵심 NOTE

■ 평행도선 사이에 작용하는 힘
1. 단위길이당 작용하는 힘
$$F=\frac{\mu_o I_1 I_2}{2\pi d}=\frac{2I_1 I_2}{d}\times 10^{-7}[\mathrm{N/m}]$$
2. 힘의 방향
전류방향반대 : 반발력
전류방향동일 : 흡인력

10 평행도선 사이에 작용하는 힘

d[m] 떨어진 평행한 도선에 각각의 전류 I_1, I_2[A]가 흐르는 경우 평행도선간 단위길이당 작용하는 힘을 구하면 아래와 같다.

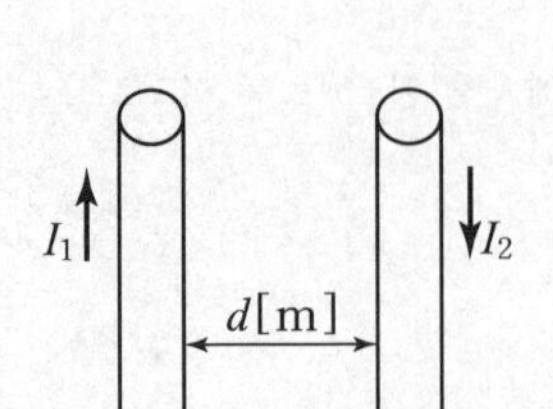

1. 단위길이당 작용하는 힘

$$F=\frac{\mu_o I_1 I_2}{2\pi d}=\frac{2I_1 I_2}{d}\times 10^{-7}[\mathrm{N/m}]$$

2. 힘의 방향

전류가 평행도선에 반대 방향(왕복전류)으로 흐르면 반발력이 작용하고 전류의 방향 같으면 흡인력이 작용한다.

예제문제 평행도선 사이의 작용하는 힘

16 그림과 같이 직류전원에서 부하에 공급하는 전류는 50[A]이고 전원전압은 480[V]이다. 도선이 10[cm] 간격으로 평행하게 배선되어 있다면 단위길이당 두 도선 사이에 작용하는 힘은 몇 [N]이며, 어떻게 작용하는가?

① 5×10^{-3}, 흡인력
② 5×10^{-3}, 반발력
③ 5×10^{-2}, 흡인력
④ 5×10^{-2}, 반발력

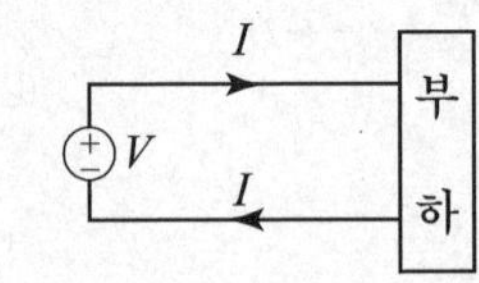

해설

$I_1=I_2=50[\mathrm{A}]$, $r=10[\mathrm{cm}]$ 이므로 평행도선 사이에 단위길이당 작용하는 힘은

$$F=\frac{\mu_o I_1 I_2}{2\pi r}=\frac{2I_1 I_2}{r}\times10^{-7}=\frac{2\times50\times50}{10\times10^{-2}}\times10^{-7}=5\times10^{-3}\,[\mathrm{N/m}]$$ 이며

전류방향이 반대이므로 반발력이 작용한다. 답 ②

11 자계내에 전자가 수직으로 입사

자계내 전자를 수직으로 입사시 플레밍의 왼손법칙에 의한 힘(전자력)에 의해서 전자가 원운동을 하므로 전자가 원 밖으로 나갈려는 힘 원심력도 작용하게 된다.

1. 원운동을 한다.

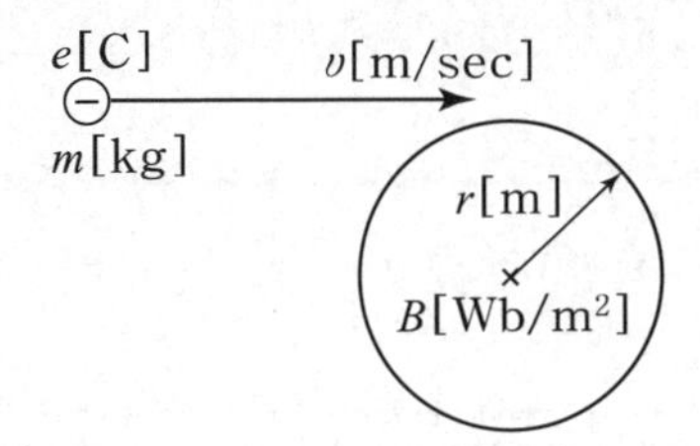

2. 원의 반지름(반경)

$$r = \frac{mv}{Be} = \frac{mv}{\mu_o He}[\text{m}]$$

자장의 세기(H)에 반비례하고 속도(v)에 비례한다.

3. 각속도 w [rad/sec]

단위시간에 대한 각도의 변화율을 각속도 또는 각주파수라 한다.

$$w = \frac{\theta}{t} = \frac{2\pi}{T} = 2\pi f = 2\pi n = 2\pi\frac{N}{60} = \frac{v}{r}[\text{rad/sec}]$$

$$w = \frac{v}{r} = \frac{v}{\frac{mv}{Be}} = \frac{Be}{m}[\text{rad/sec}]$$

4. 주기 T[sec]

전자가 1회전 하는 데 걸리는 시간

$$T = \frac{2\pi}{w} = \frac{2\pi}{\frac{Be}{m}} = \frac{2\pi m}{Be}[\text{sec}]$$

예제문제 각속도

17 **그림에서 질량 m[kg], 전기량 q[C]인 대전입자가 속도 v[m/sec]로 지면(紙面)에 수직인 균등자장 B[Wb/m²]에 들어올 때 입자는 원운동을 시작한다. 이 원운동의 각속도 ω는 몇 [rad/sec]인가?**

① $\omega = \frac{qB}{2\pi m}$

② $\omega = \frac{qB}{m}$

③ $\omega = \frac{2\pi m}{qB}$

④ $\omega = mqB$

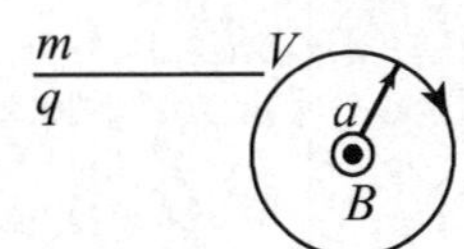

해설

$$\omega = \frac{v}{r} = \frac{v}{\frac{mv}{Be}} = \frac{Be}{m} = \frac{Bq}{m}[\text{rad/sec}]$$

답 ②

핵심 NOTE

■ 자계내 전자 수직입사

1. 원운동한다.
2. 원의 반지름(반경)
   $r = \frac{mv}{Be} = \frac{mv}{\mu_o He}[\text{m}]$
3. 각속도
   $w = \frac{Be}{m}[\text{rad/sec}]$
4. 주기
   $T = \frac{2\pi m}{Be}[\text{sec}]$

출제예상문제

01 자장에 대한 설명 중 옳은 것은?

① 자장은 보존장이다.
③ 자장은 스칼라장이다.
③ 자장은 발산성장이다.
④ 자장은 회전성장이다.

해설

전류에 의한 자계는 회전성장이다.

02 그림과 같은 x, y, z의 직각 좌표계에서 z축 상에 있는 무한 길이 직선 도선에 $+z$ 방향으로 직류 전류가 흐를 때, $y>0$인 $+y$축상의 임의의 점에서의 자계의 방향은?

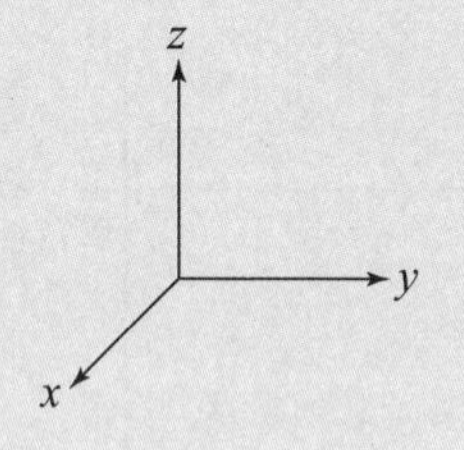

① $-x$축 방향
② $-y$축 방향
③ $+x$축 방향
④ $+y$축 방향

해설

암페어의 오른손 법칙에 의하여 $+y$축에서 자계는 $-x$축으로 향하게 된다.

03 철편의 ( ) 부분에 대한 극성의 설명으로 옳은 것은?

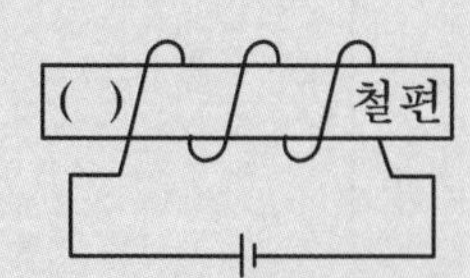

① N극이다.
② S극이다.
③ N극과 S극이 교번한다.
④ 자극이 생기지 않는다.

해설

코일에 전류가 흐르면 전류가 흐르는 쪽으로 오른손을 감았을 때 엄지손가락의 방향이 자계의 방향이 되므로 자계가 나가는 방향이 되기 때문에 N극이다.

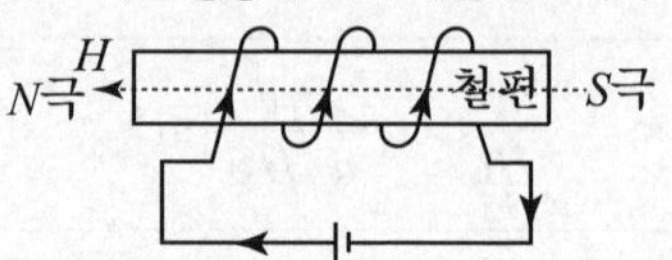

04 암페어의 주회 적분 법칙은 직접적으로 다음의 어느 관계를 표시하는가?

① 전하와 전계
② 전류와 인덕턴스
③ 전류와 자계
④ 전하와 전위

해설

자계를 자계경로에 따라 선적분값은 전류의 대수합과 같다는 것을 암페어의 주회적분 법칙이라 하며

수식은 $\oint_l H\,dl = \sum NI$이므로 전류와 자계의 관계를 표시한다.

05 전류 및 자계와 직접 관련이 없는 것은?

① 앙페르의 오른손 법칙
② 플레밍의 왼손 법칙
③ 비오-사바르의 법칙
④ 렌쯔의 법칙

해설

① 암페어의 오른나사 법칙 : 전류에 의한 자계 방향 결정
② 비오사바르의 법칙 : 전류에 의한 자계 크기 결정
③ 플레밍의 왼손 법칙 : 전류에 의한 도체에 작용하는 힘
④ 렌쯔의 법칙 : 전자유도에 의한 유기기전력 방향 결정

정답 01 ④ 02 ① 03 ① 04 ③ 05 ④

06 그림과 같이 전류 I[A]가 흐르고 있는 직선 도체로부터 r[m] 떨어진 P점의 자계의 세기 및 방향을 바르게 나타낸 것은? (단, ⊗은 지면을 들어가는 방향, ⊙은 지면을 나오는 방향)

① 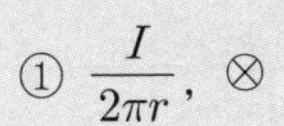 $\frac{I}{2\pi r}$, ⊗

② 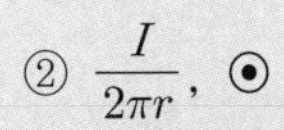 $\frac{I}{2\pi r}$, ⊙

③ 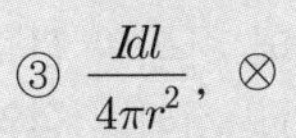 $\frac{Idl}{4\pi r^2}$, ⊗

④ $\frac{Idl}{4\pi r^2}$, ⊙

해설

무한장 직선전류에 의한 자계의 세기 $H=\frac{I}{2\pi r}$[AT/m]이고 그림상에 자장의 방향은 암페의 오른나사의 법칙을 적용하면 들어가는 (⊗) 방향이 된다.

07 무한장직선 전류에 의한 자계는 전류에서의 거리에 대하여 (　　)의 형태로 감소한다. (　　)에 알맞은 것은?

① 포물선　② 원
③ 타원　④ 쌍곡선

해설

무한장 직선전류에 의한 자계의 세기 $H=\frac{I}{2\pi r}$[AT/m]이므로 거리에 대하여 반비례하므로 쌍곡선의 형태로 감소한다.

08 10[A]의 무한장직선 전류로부터 10[cm]떨어진 곳의 자계의 세기[AT/m]는?

① 1.59　② 15.0
③ 15.9　④ 159

해설

무한장 직선전류에 의한 자계의 세기

$H=\frac{I}{2\pi r}=\frac{10}{2\pi\times10\times10^{-2}}=15.9$ [AT/m]

09 전류 4π[A]가 흐르고 있는 무한직선도체에 의해 자계가 4[AT/m]인 점은 직선도체로부터 거리가 몇 [m]인가?

① 0.5[m]　② 1[m]
③ 3[m]　④ 4[m]

해설

$I=4\pi$[A], $H=4$[AT/m]이므로

무한장직선도체에 의한 자계 $H=\frac{I}{2\pi r}$[AT/m]에서

거리 $r=\frac{I}{2\pi H}=\frac{4\pi}{2\pi(4)}=0.5$[m]

10 무한장 직선형 도체에 I[A]의 전류가 흐를 경우, 도선으로부터 R[m]떨어진 점의 자속밀도 B의 크기는?

① $B=\frac{1}{4\pi R}$　② $B=\frac{1}{2\pi\mu R}$
③ $B=\frac{\mu I}{2\pi R}$　④ $B=\frac{\mu I}{4\pi R}$

해설

무한장 직선전류에 의한 자속밀도

$B=\mu H=\mu\frac{I}{2\pi R}$ [Wb/m^2]

11 전류 2π[A]가 흐르고 있는 무한직선도체로부터 2[m]만큼 떨어진 자유공간 내 P점의 자속밀도의 세기[Wb/m^2]는?

① $\frac{\mu_0}{8}$　② $\frac{\mu_0}{4}$
③ $\frac{\mu_0}{2}$　④ μ_0

해설

무한장직선에 의한 자속밀도

$B=\mu_o H=\mu_o\frac{I}{2\pi r}=\mu_o\times\frac{2\pi}{2\pi\times2}=\frac{\mu_o}{2}$ [Wb/m^2]

정답　06 ①　07 ④　08 ③　09 ①　10 ③　11 ③

12 무한장 직선도선에 흐르는 직류전류 I 에 의해, 무한장 직선도선의 전류 상하에 존재하는 자침이, 그림과 같이 자침중심축을 중심으로 회전하여 정지하였다. (ㄱ) (ㄴ) (ㄷ) (ㄹ)의 극을 순서적으로 잘 배열한 것은?

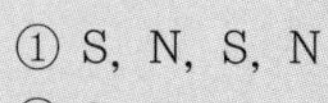

① S, N, S, N
② S, N, N, S
③ N, S, N, S
④ N, S, S, N

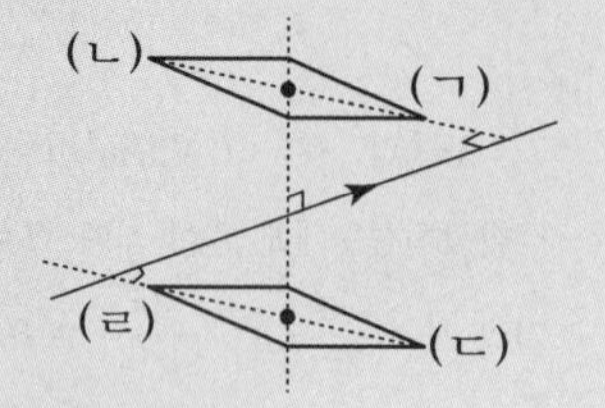

해설

무한장 직선도체 전류에 의한 자계의 방향은 암페어의 오른나사 법칙에 의해 결정되므로 그림과 같이 된다.
자장이 들어가는 쪽은 S극 자장이 나가는 쪽은 N극이 된다.

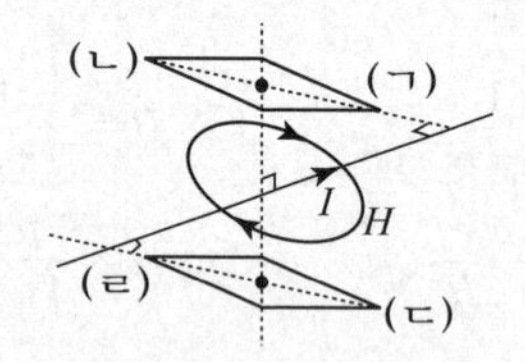

13 그림과 같이 평행 왕복 도선에 $\pm I$[A]가 흐르고 있을 때 점 $P(\theta=90°)$의 자계의 세기는 몇 [AT/m]인가?

① $\dfrac{I}{2\pi d}$
② $\dfrac{I}{2\pi r_1 r_2}$
③ $\dfrac{I\sqrt{r_1+r_2}}{2\pi d}$
④ $\dfrac{Id}{2\pi r_1 r_2}$

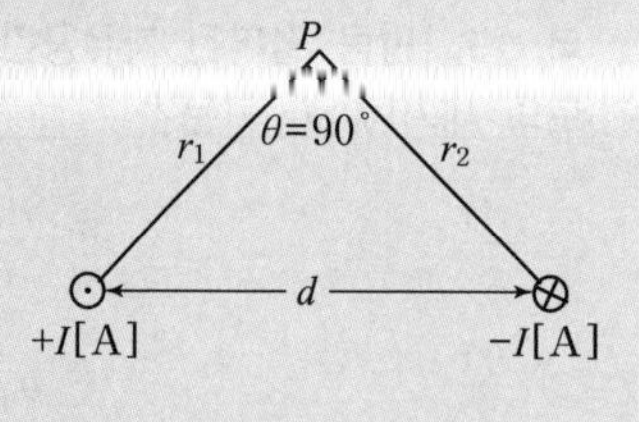

해설

그림에서 P 점의 자계의 세기는 두 개가 존재하고 같은 방향이므로 각각 구하여 벡터 합으로 계산하면 된다.

$$H=\dot{H}_1+\dot{H}_2=\sqrt{H_1^2+H_2^2}$$
$$=\sqrt{\left(\frac{I}{2\pi r_1}\right)^2+\left(\frac{I}{2\pi r_2}\right)^2}=\sqrt{\left(\frac{I}{2\pi}\right)^2\left(\frac{1}{r_1^2}+\frac{1}{r_2^2}\right)}$$
$$=\frac{I}{2\pi}\sqrt{\frac{r_1^2+r_2^2}{(r_1r_2)^2}}=\frac{I\sqrt{r_1^2+r_2^2}}{2\pi r_1 r_2}=\frac{Id}{2\pi r_1 r_2}\text{[AT/m]}$$

여기서 $d=\sqrt{r_1^2+r_2^2}$: 직각삼각형 빗변의 크기

14 반지름 25 [cm]인 원주형 도선에 π[A]의 전류가 흐를 때 도선의 중심축에서 50 [cm]되는 점의 자계의 세기[AT/m]는? (단, 도선의 길이 l은 매우 길다.)

① 1 ② π
③ $\dfrac{1}{2}\pi$ ④ $\dfrac{1}{4}\pi$

해설

$a=25$[cm] , $r=50$[cm] , $I=\pi$ [A]일 때 원주형 도체에 의한 자계에서 떨어진 거리가 반지름 보다 크므로 외부자계의 세기는 $H=\dfrac{I}{2\pi r}=\dfrac{\pi}{2\pi\times 0.5}=1$[AT/m]가 된다.

15 전류 I[A]가 반지름 a[m]의 원주를 균일하게 흐를 때 원주 내부의 중심에서 r[m] 떨어진 원주 내부 점의 자계의 세기는 몇 [AT/m] 인가?

① $\dfrac{Ir}{2\pi a^2}$[AT/m]
② $\dfrac{Ir}{2\pi a}$[AT/m]
③ $\dfrac{Ir}{\pi a^2}$[AT/m]
④ $\dfrac{Ir}{\pi a}$[AT/m]

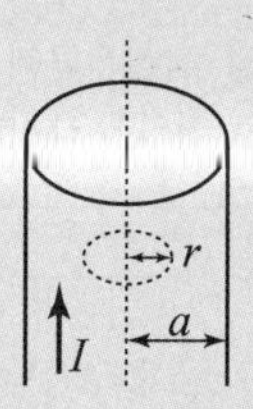

해설

원주 내부에서 자계의 세기는
$H=\dfrac{Ir}{2\pi a^2}$[AT/m]이며 거리 r에 비례한다.

정 답 12 ④ 13 ④ 14 ① 15 ①

16 전류 분포가 균일한 반지름 a [m]인 무한장 원주형 도선에 1[A]의 전류를 흘렸더니, 도선 중심에서 $a/2$ [m]되는 점에서의 자계 세기가 $\frac{1}{2\pi}$ [AT/m]이었다. 이 도선의 반지름은 몇 [m]인가?

① 4　　② 2

③ 1/2　　④ 1/4

해설

a[m] , $I=1$[A] , $r=\frac{a}{2}$[m] , $H_i=\frac{1}{2\pi}$ [AT/m]

일 때 원주형 도체의 반지름 a 는

$r<a$ 이므로 내부자계의 세기는 $H_i=\frac{rI}{2\pi a^2}$[AT/m]에서

$\frac{1}{2\pi}=\frac{\frac{a}{2}\times 1}{2\pi a^2}$, $a=\frac{1}{2}$ [m]

17 반지름 a인 무한히 긴 원통상의 도체에 전류 I가 균일하게 흐를 때 도체 내외에 발생하는 자계의 모양은? (단, 전류는 도체의 중심축에 대하여 대칭이고, 그 전류밀도는 중심에서의 거리 r의 함수로 주어진다고 한다.)

①
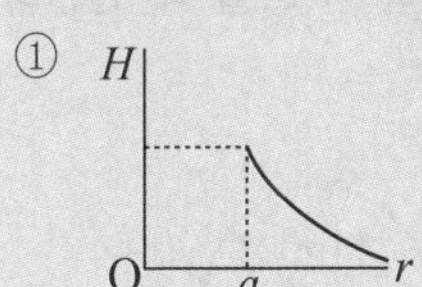

②
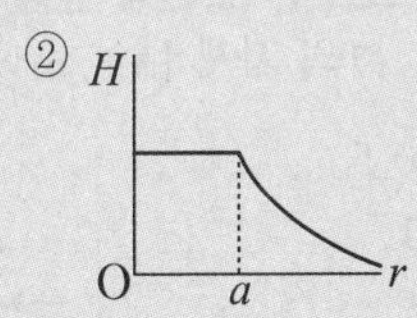

③
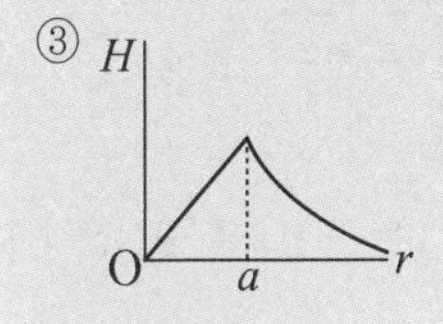

④
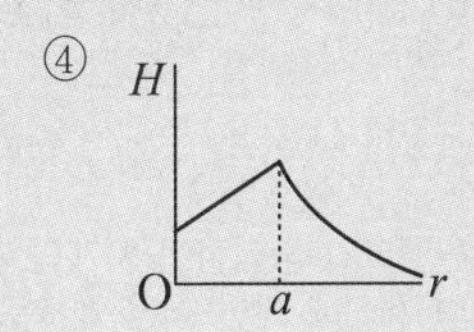

해설

원통(원주) 도체에 의한 자계의 세기에서 전류가 균일하게 흐를시 내부에도 전류가 존재한다.

외부 자계는 $H=\frac{I}{2\pi r}$ [AT/m]이므로 거리 r에 반비례하고 내부 자계는 $H_i=\frac{rI}{2\pi a^2}$ [AT/m]이므로 거리 r에 비례한다.

18 그림과 같이 반지름 a [m]인 원형 전류가 흐르고 있을 때 원형 전류의 중심 0에서 중심축상 x [m]인 점 P의 자계 [AT/m]를 나타낸 식은?

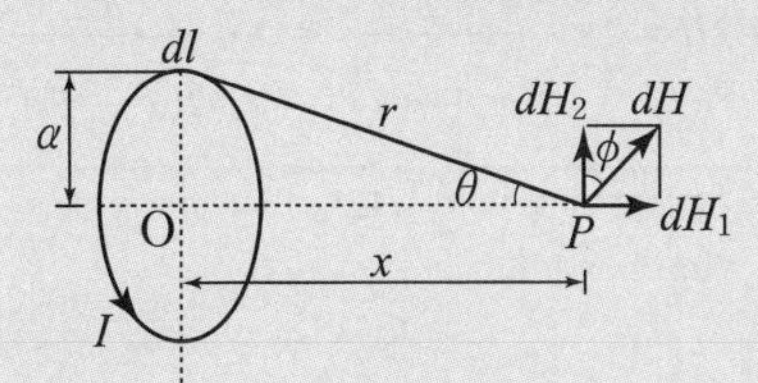

① $\frac{a^2 I}{2(a^2+x^2)}$　　② $\frac{a^2 I}{2(a^2+x^2)^{\frac{3}{2}}}$

③ $\frac{I}{2}\left(1-\frac{x}{\sqrt{a^2+x^2}}\right)$　　④ $\frac{xI}{2\sqrt{a^2+x^2}}$

해설

원형코일 중심축상의 자계의 세기는

$H=\frac{a^2 I}{2(a^2+x^2)^{\frac{3}{2}}}$[AT/m]

19 반지름 a [m]인 2개의 원형 선조 루프가 $\pm Z$ 축상에 그림과 같이 놓여진 경우 I [A]의 전류가 흐를 때 원형전류 중심축상의 자계 H_z[AT/m]는? (단, a_z, a_Φ는 단위벡터이다.)

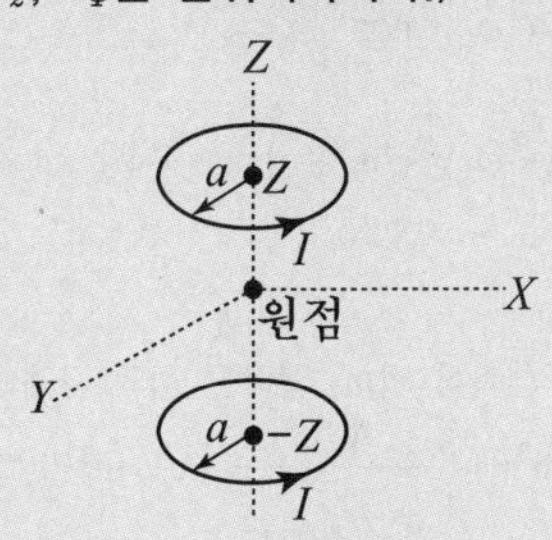

① $H_z=\frac{a^2 I a_z}{(a^2+z^2)^{\frac{3}{2}}}$　　② $H_z=\frac{a^2 I a_\Phi}{(a^2+z^2)^{\frac{3}{2}}}$

③ $H_z=\frac{a^2 I a_z}{2(a^2+z^2)^{\frac{3}{2}}}$　　④ $H_z=\frac{a^2 I a_\Phi}{2(a^2+z^2)^{\frac{3}{2}}}$

정답　16 ③　17 ③　18 ②　19 ①

해설

반지름 a[m], 중심축상의 거리 $r = z$[m]
이므로 원점에서의 자계는 원형코일이 2개이며 자계의 방향이 동일하므로 2배가 된다.

$$H_z = 2H = 2 \cdot \frac{a^2 I}{2(a^2 + r^2)^{\frac{3}{2}}} = 2 \cdot \frac{a^2 I}{2(a^2 + z^2)^{\frac{3}{2}}} a_z$$

$$= \frac{a^2 I}{(a^2 + z^2)^{\frac{3}{2}}} a_z \,[\mathrm{AT/m}]$$

20 각각 반지름이 a[m]인 두 개의 원형코일이 그림과 같이 서로 $2a$[m] 떨어져 있고 전류 I[A] 가 표시된 방향으로 흐를 때, 중심선상에 있는 P점의 자계 세기는 몇 [A/m]인가?

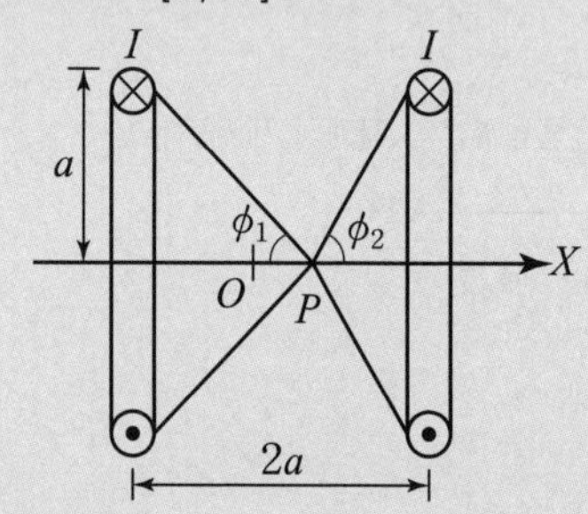

① $\frac{I}{2a}(\sin^3\phi_1 + \sin^3\phi_2)$

② $\frac{I}{2a}(\sin^2\phi_1 + \sin^2\phi_2)$

③ $\frac{I}{2a}(\cos^3\phi_1 + \cos^3\phi_2)$

④ $\frac{I}{2a}(\cos^2\phi_1 + \cos^2\phi_2)$

해설

원형코일 중심축상 x[m] 떨어진 점의 자계의 세기

$$H = \frac{NI}{2a}\sin^3\theta = \frac{NIa^2}{2(a^2 + x^2)^{\frac{3}{2}}} \,[\mathrm{AT/m}]$$일 때

반지름이 a[m]인 두 개의 원형코일에 흐르는 전류의 방향이 서로 같은 방향이므로 각 원형코일에 의한 자계의 세기 H_1, H_2를 구하여 합성하면 P점의 자계의 세기를 구할 수 있다.

$$H_1 = \frac{I}{2a}\sin^3\phi_1 \,[\mathrm{AT/m}],\ H_2 = \frac{I}{2a}\sin^3\phi_2 \,[\mathrm{AT/m}]$$

$$\therefore\ H = H_1 + H_2 = \frac{I}{2a}\sin^3\phi_1 + \frac{I}{2a}\sin^3\phi_2$$

$$= \frac{I}{2a}\left(\sin^3\phi_1 + \sin^3\phi_2\right) [\mathrm{AT/m}]$$

21 그림과 같이 권수 1이고 반지름 a[m]인 원형 전류 I[A]가 만드는 중심의 자계의 세기는 몇 [AT/m]인가?

① $\frac{I}{a}$ ② $\frac{I}{2a}$

③ $\frac{I}{3a}$ ④ $\frac{I}{4a}$

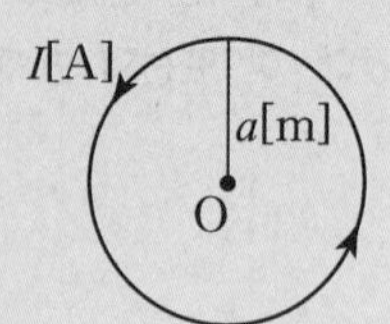

해설

원형코일 중심점의 자계의 세기

$H = \frac{NI}{2a}$ [AT/m]이므로

권선수 $N = 1$회 일 때 $H = \frac{I}{2a}$ [AT/m]

22 그림과 같이 반지름 1[m]인 반원과 2줄의 반 직선으로 된 도선에 전류 4[A]가 흐를 때 반원의 중심 O의 자계 [AT/m]는?

① 0.5
② 1
③ 2
④ 4

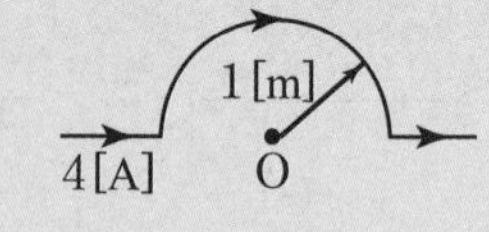

해설

반원형코일 중심점의 자계의 세기는 원형코일 중심점의 자계의 세기에 반만 작용 하므로

$H = \frac{I}{2a} \times \frac{1}{2} = \frac{I}{4a}$ [AT/m] 가 된다.

$a = 1$[m], $I = 4$[A] 를 대입하면

$H = \frac{I}{4a} = \frac{4}{4 \times 1} = 1$[AT/m]

정답 20 ① 21 ② 22 ②

23 전류의 세기가 I[A], 반지름 r[m]인 원형 선전류 중심에 m[Wb]인 가상 점자극을 둘 때 원형 선전류가 받는 힘은 몇 [N]인가?

① $\dfrac{mI}{2\pi r}$ ② $\dfrac{mI}{2r}$

③ $\dfrac{mI^2}{2\pi r}$ ④ $\dfrac{mI}{2\pi r^2}$

해설

반지름 r[m]인 원형 선전류(코일) 중심에서 자계의 세기 $H=\dfrac{I}{2r}$[AT/m]이므로

원형 선전류(코일)가 받는 힘은

$F=mH=\dfrac{mI}{2r}$[N]

24 한 변의 길이가 l[m]인 정방형 도체 회로에 직류 I[A]를 흘릴 때 회로의 중심점 자계의 세기 [A/m]는?

① $\dfrac{eI}{2\pi l}$ ② $\dfrac{\sqrt{2}I}{2\pi l}$

③ $\dfrac{2I}{\pi l}$ ④ $\dfrac{2\sqrt{2}I}{\pi l}$

해설

한 변의 길이가 l인 정사각형 코일에 의한

중심점에 작용하는 자계는 $H=\dfrac{2\sqrt{2}I}{\pi l}$[AT/m]

25 그림과 같이 한 변의 길이가 l[m]인 정6각형 회로에 전류I[A]가 흐르고 있을 때 중심 자계의 세기는 몇 [A/m]인가?

① $\dfrac{1}{2\sqrt{3}\pi l}\times I$

② $\dfrac{2\sqrt{2}}{\pi l}\times I$

③ $\dfrac{\sqrt{3}}{\pi l}\times I$

④ $\dfrac{\sqrt{3}}{2\pi l}\times I$

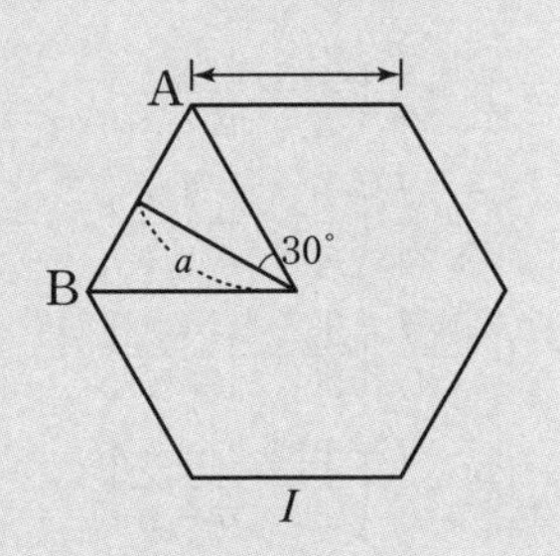

해설

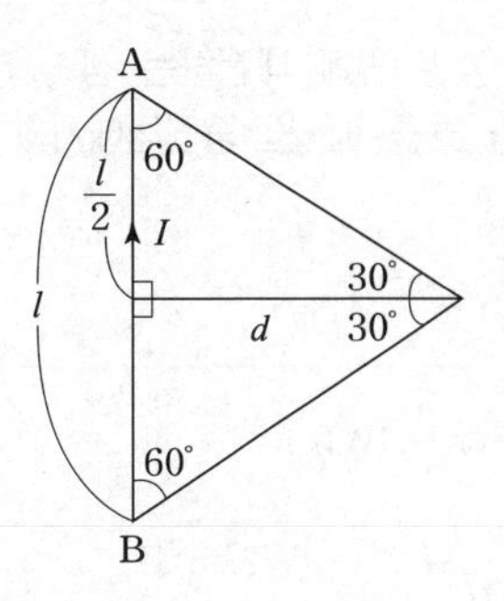

정6각형 한 변 AB에 의한 자계의 세기

$H_1=\dfrac{I}{4\pi a}(\sin\theta_1+\sin\theta_2)$ [AT/m]이 된다.

이 때 $\theta_1=\theta_2=30^\circ$, $a=\dfrac{\frac{l}{2}}{\tan30^\circ}=\dfrac{\sqrt{3}}{2}l$

이므로 이를 대입하면

$$H_1=\dfrac{I}{4\pi\dfrac{\sqrt{3}}{2}l}(\sin30^\circ+\sin30^\circ)$$

$$=\dfrac{I}{2\pi\sqrt{3}l}\times\left(2\times\dfrac{1}{2}\right)=\dfrac{\sqrt{3}I}{6\pi l}\text{ [AT/m]}$$ 가 되므로

정6각형 중심점 자계의 세기는 한 변의 자계의 6배이므로

$$H_2=6H_1=6\times\dfrac{\sqrt{3}I}{6\pi l}=\dfrac{\sqrt{3}I}{\pi l}\text{ [AT/m]}$$

26 반지름 a[m]인 원에 내접하는 정 n 변형의 회로에 I[A]가 흐를 때, 그 중심에서의 자계의 세기[AT/m]는?

① $\dfrac{nI\tan\frac{\pi}{n}}{2\pi a}$ ② $\dfrac{nI\sin\frac{\pi}{n}}{2\pi a}$

③ $\dfrac{nI\tan\frac{\pi}{n}}{\pi a}$ ④ $\dfrac{nI\sin\frac{\pi}{n}}{\pi a}$

해설

반지름 a[m]인 원에 내접하는 정 n 변형의 회로에 I[A]가 흐를 때 중심에서의 자계의 세기는

$$H=\dfrac{nI\tan\frac{\pi}{n}}{2\pi a}\text{ [AT/m]}$$

정답 23 ② 24 ④ 25 ③ 26 ①

27 반경 R인 원에 내접하는 정 n각형의 회로에 전류 I가 흐를 때 원 중심점에서의 자속 밀도는 얼마인가?

① $\dfrac{n\mu_0 I}{2\pi R}\tan\dfrac{\pi}{n}$ [Wb/m²]

② $\dfrac{\mu_0 I}{\pi R}\cos\dfrac{\pi}{n}$ [Wb/m²]

③ $\dfrac{I}{2\pi\mu_0 R}\tan\dfrac{2\pi}{n}$ [Wb/m²]

④ $\dfrac{2\pi R}{\tan\dfrac{\pi}{n}}$ [Wb/m²]

해설

반지름 R[m]인 원에 내접하는 정 n변형의 회로에 I[A]가 흐를 때 중심에서의 자속밀도는

$B = \mu_o H = \dfrac{\mu_o n I}{2\pi R}\tan\dfrac{\pi}{n}$[Wb/m²] 이 된다.

28 그림과 같이 l_1[m]에서 l_2[m]까지 전류 I[A]가 흐르고 있는 직선 도체에서 수직거리 a[m] 떨어진 P 점의 자계를 구하면 몇 [AT/m]인가?

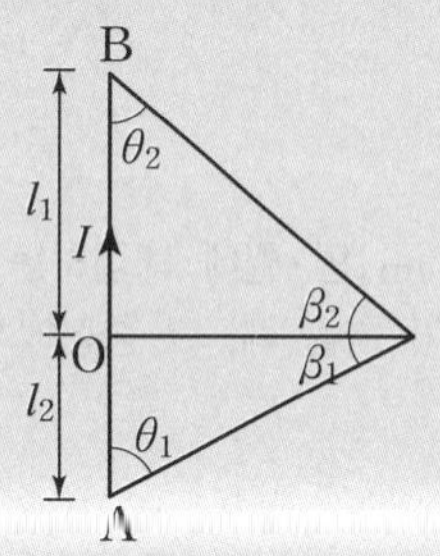

① $\dfrac{I}{4\pi a}(\sin\theta_1 + \sin\theta_2)$

② $\dfrac{I}{4\pi a}(\cos\theta_1 + \cos\theta_2)$

③ $\dfrac{I}{2\pi a}(\sin\theta_1 + \sin\theta_2)$

④ $\dfrac{I}{2\pi a}(\cos\theta_1 + \cos\theta_2)$

해설

유한장 직선 도체에 의한 자계의 세기는

$H = \dfrac{I}{4\pi a}(\cos\theta_1 + \cos\theta_2)$

$= \dfrac{I}{4\pi a}(\sin\beta_1 + \sin\beta_2)$[AT/m]

29 그림과 같은 길이 $\sqrt{3}$[m]인 유한장 직선도선에 π[A]의 전류가 흐를 때, 도선의 일단 B에서 수직하게 1[m] 되는 P점의 자계 세기[AT/m]는?

① $\dfrac{\sqrt{3}}{8}$

② $\dfrac{\sqrt{3}}{4}$

③ $\dfrac{\sqrt{3}}{2}$

④ $\sqrt{3}$

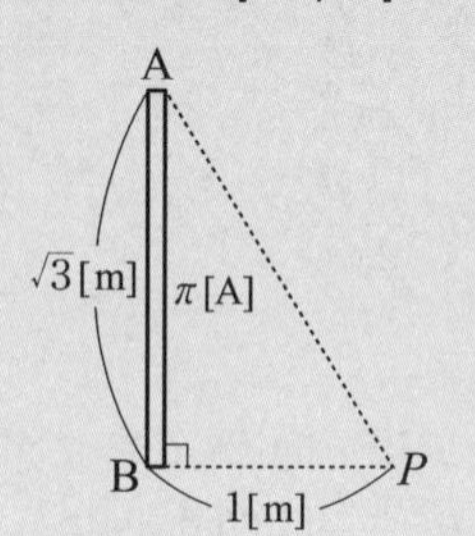

해설

유한장 직선도체에 의한 자계의 세기

$H = \dfrac{I}{4\pi r}(\cos\theta_1 + \cos\theta_2)$[AT/m]이므로

$I = \pi$[A], $r = 1$[m], $\theta_1 = 30°$, $\theta_2 = 90°$일 때

$\therefore\ H = \dfrac{\pi}{4\pi \times 1} \times (\cos 30° + \cos 90°) = \dfrac{\sqrt{3}}{8}$[AT/m]

30 반지름 a[m], 중심간 거리 d[m]인 두 개의 무한장 왕복선로에 서로 반대방향으로 전류 I[A]가 흐를 때, 한 도체에서 x[m]거리인 A 점의 자계의 세기는 몇 [AT/m]인가? (단, $d \gg a$, $x \gg a$ 라고 한다.)

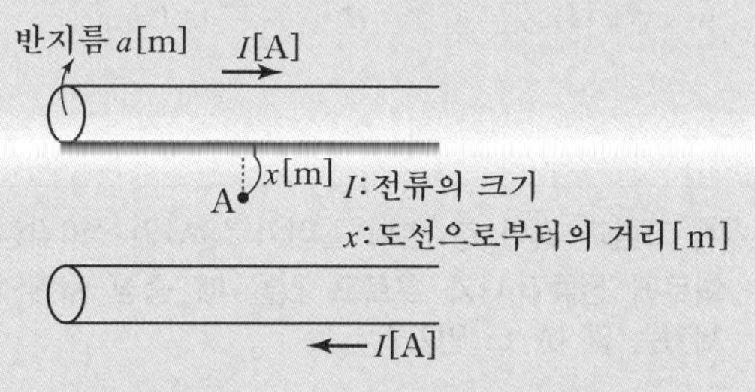

① $\dfrac{I}{2\pi}\left(\dfrac{1}{x} + \dfrac{1}{d-x}\right)$

② $\dfrac{I}{2\pi}\left(\dfrac{1}{x} - \dfrac{1}{d-x}\right)$

③ $\dfrac{I}{4\pi}\left(\dfrac{1}{x} + \dfrac{1}{d-x}\right)$

④ $\dfrac{I}{4\pi}\left(\dfrac{1}{x} - \dfrac{1}{d-x}\right)$

정답 27 ① 28 ② 29 ① 30 ①

해설

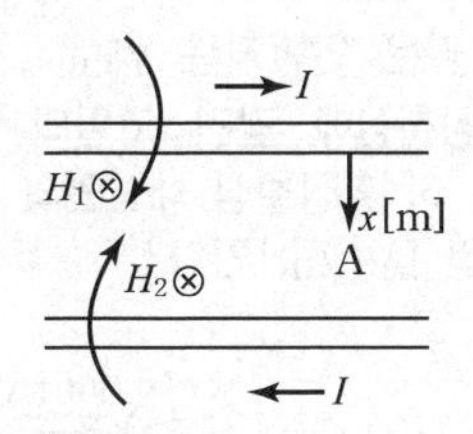

그림에서 A지점의 자계의 세기는 두 개가 존재하고 같은 방향이므로 각각 구하여 합산된다.

$$H = H_1 + H_2 = \frac{I}{2\pi x} + \frac{I}{2\pi(d-x)}$$
$$= \frac{I}{2\pi}\left(\frac{1}{x} + \frac{1}{d-x}\right)\,[\text{AT/m}]$$

31 그림과 같이 평행한 무한장 직선도선에 I, $4I$ 인 전류가 흐른다. 두 선 사이의 점 P의 자계의 세기가 0이라고 하면 $\frac{a}{b}$는 얼마인가?

① $\frac{a}{b} = 2$
② $\frac{a}{b} = 4$
③ $\frac{a}{b} = \frac{1}{2}$
④ $\frac{a}{b} = \frac{1}{4}$

해설

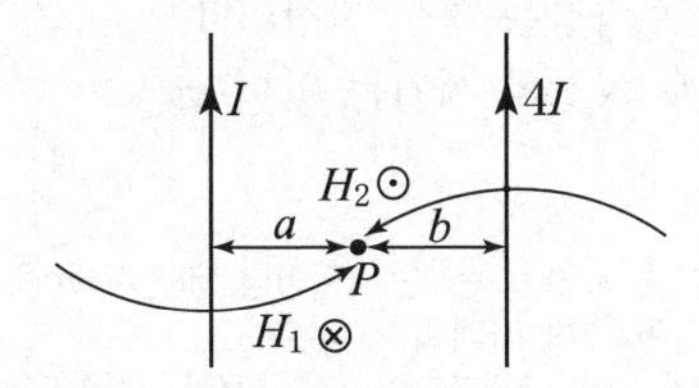

무한장 직선도체에 의한 자계의 세기는

$H = \frac{I}{2\pi r}\,[\text{AT/m}]$이므로

P점에 작용하는 자계의 세기가 0인 경우는 크기는 같고 방향이 반대인 경우이므로

$H_1 = \frac{I}{2\pi a}[\text{AT/m}]$, $H_2 = \frac{4I}{2\pi b}[\text{AT/m}]$에서

$H_1 = H_2 \Rightarrow \frac{I}{2\pi a} = \frac{4I}{2\pi b} \Rightarrow \frac{a}{b} = \frac{1}{4}$가 된다.

32 그림과 같이 무한히 긴 두 개의 직선상 도선이 $1\,[\text{m}]$ 간격으로 나란히 놓여 있을 때 도선①에 $4\,[\text{A}]$, 도선②에 $8\,[\text{A}]$가 흐르고 있을 때 두 선간 중앙점 P에 있어서의 자계의 세기는 몇 $[\text{AT/m}]$인가? (단, 지면의 아래쪽에서 위쪽으로 향하는 방향을 정(+)으로 한다.)

① $\frac{4}{\pi}$
② $\frac{12}{\pi}$
③ $-\frac{4}{\pi}$
④ $-\frac{5}{\pi}$

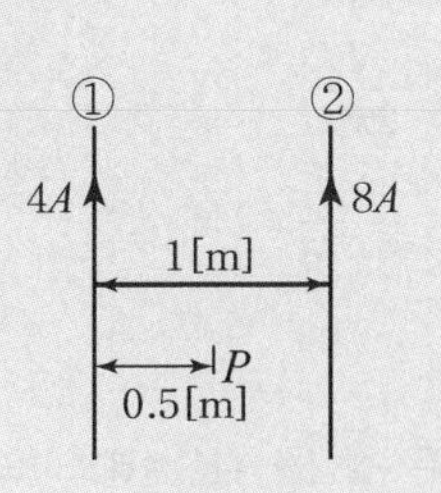

해설

도선 ①의 자계의 세기 $H_1 = \frac{I_1}{2\pi r}\,[\text{N/m}]$

도선 ②의 자계의 세기 $H_2 = \frac{I_2}{2\pi r}\,[\text{N/m}]$이며 중앙점 P에 있어서의 자계의 세기는 방향이 반대가 되므로

$$H = H_2 - H_1 = \frac{I_2}{2\pi r} - \frac{I_1}{2\pi r}$$
$$= \frac{8-4}{2\pi(0.5)} = \frac{4}{\pi}\,[\text{N/m}]$$

33 환상 솔레노이드 (Solenoid) 내의 자계의 세기 $[\text{AT/m}]$는? (단, N은 코일의 감긴 수, a는 환상 솔레노이드의 평균 반지름이다.)

① $\frac{2\pi a}{NI}$
② $\frac{NI}{2\pi a}$
③ $\frac{NI}{\pi a}$
④ $\frac{NI}{4\pi a}$

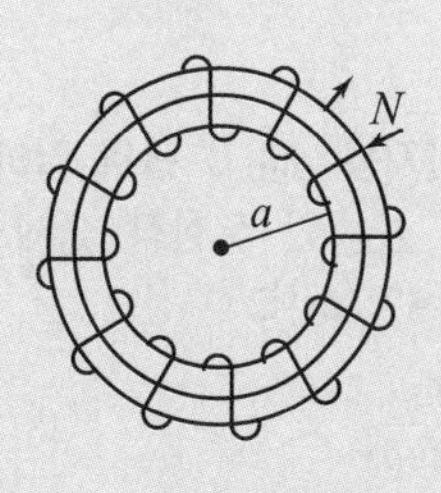

해설

환상 솔레노이드에 의한 내부 자계의 세기는

$H = \frac{NI}{l} = \frac{NI}{2\pi a}\,[\text{AT/m}]$

외부 자계의 세기는 $H' = 0\,[\text{AT/m}]$

정답 31 ④ 32 ① 33 ②

34 그림과 같이 권수 N[회], 평균반지름 r[m]인 환상솔레노이드에 I[A]의 전류가 흐를 때 중심 O점의 자계의 세기는 몇 [AT/m]인가? (단, 누설 자속은 없다고 함)

① 0
② NI
③ $\frac{NI}{2\pi r}$
④ $\frac{NI}{2\pi r^2}$

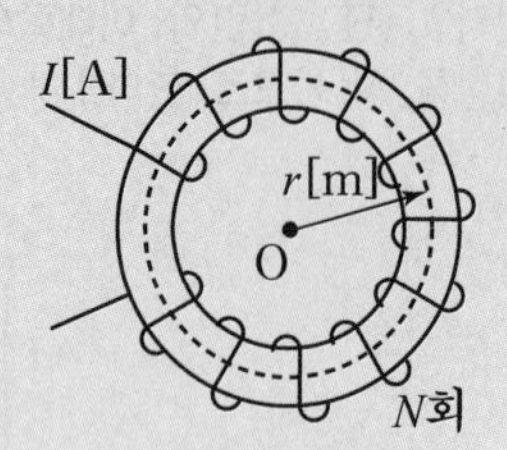

해설

O점은 철심을 환상솔레노이드 외부점이므로 자계의 세기 $H' = 0$[AT/m]이 된다.

35 평균 반지름 50[cm]이고 권수 100회인 환상 솔레노이드 내부의 자계가 200[A/m]로 되도록 하기 위해서 코일에 흐르는 전류는 몇 [A]로 하여야 되는가?

① 6.28 ② 12.15
③ 15.8 ④ 18.6

해설

환상 솔레노이드에 의한 내부자계의 세기는

$H = \frac{NI}{l} = \frac{NI}{2\pi a}$[AT/m]이므로 코일에 흐르는 전류는

$I = \frac{2\pi a H}{N} = \frac{2\pi \times 50 \times 10^{-2} \times 200}{100} = 6.28$[A]

36 반지름 a[m], 단위 길이당 권회수 n_o[회/m], 전류 I[A]인 무한장 솔레노이드의 내부 자계의 세기[AT/m]는?

① $\frac{n_o I}{2\pi a}$ ② $\frac{n_o I}{2a}$
③ $n_o I$ ④ $\frac{n_o I}{2\pi}$

해설

무한장 솔레노이드는 단위길이당 권선수 n[T/m]를 동일하게 하면 내부 자계의 세기는
평등자장이며 균등자장이 되며 $H = nI$[AT/m]이며 외부 자계는 $H' = 0$ [AT/m] 으로 존재하지 않는다.

37 그림과 같은 안반지름 7[cm], 바깥반지름 9[cm]인 환상철심에 감긴 코일의 기자력이 500[AT]일 때, 이 환상철심 내단면의 중심부의 자계의 세기는 몇 [AT/m]인가?

① $\frac{2778}{\pi}$
② $\frac{3125}{\pi}$
③ $\frac{3571}{\pi}$
④ $\frac{6349}{\pi}$

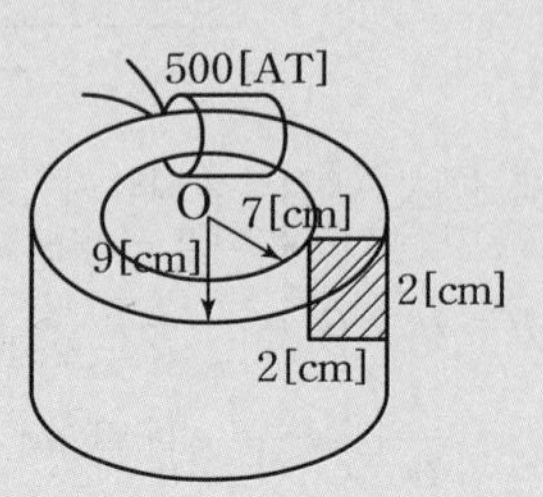

해설

환상철심의 내부 자계의 세기는

$H = \frac{NI}{l} = \frac{NI}{2\pi a}$[AT/m] 이므로 평균반지름

$a = \frac{7+9}{2} = 8$ [cm],

기자력 $F = NI = 500$ [AT]를 대입하면

$H = \frac{NI}{2\pi a} = \frac{500}{2\pi \times 8 \times 10^{-2}} = \frac{3125}{\pi}$[AT/m]

38 무한장 솔레노이드에 전류가 흐를 때 발생되는 자장에 관한 설명 중 옳은 것은?

① 내부 자장은 평등 자장이다.
② 외부와 내부 자장의 세기는 같다.
③ 외부 자장은 평등 자장이다.
④ 내부 자장의 세기는 0 이다.

해설

무한장 솔레노이드는 단위길이당 권선수 n[T/m]를 동일하게 하면 내부 자계의 세기는
평등자장이며 균등자장이 되며 $H = nI$[AT/m]이며 외부 자계는 존재하지 않는다.

39 1[cm]당 권선수가 50인 무한길이 솔레노이드에 10[mA]의 전류가 흐르고 있을 때 솔레노이드 외부 자계의 세기는 몇 [AT/m]인가?

① 0 ② 5
③ 10 ④ 50

해설

무한장 솔레노이드의 외부자계는 존재하지 않는다.

정답 34 ① 35 ① 36 ③ 37 ② 38 ① 39 ①

40 무한장 솔레노이드의 외부자계에 대한 설명 중 옳은 것은?

① 솔레노이드 내부의 자계와 같은 자계가 존재한다.
② $\frac{1}{2\pi}$의 배수가 되는 자계가 존재한다.
③ 솔레노이드 외부에는 자계가 존재하지 않는다.
④ 권회수에 비례하는 자계가 존재한다.

해설
무한장 솔레노이드의 외부자계는 존재하지 않는다.

41 평등 자계를 얻는 방법으로 가장 알맞은 것은?

① 길이에 비하여 단면적이 충분히 큰 솔레노이드에 전류를 흘린다.
② 길이에 비하여 단면적이 충분히 큰 원통형 도선에 전류를 흘린다.
③ 단면적에 비하여 길이가 충분히 긴 솔레노이드에 전류를 흘린다.
④ 단면적에 비하여 길이가 충분히 긴 원통형 도선에 전류를 흘린다.

해설
무한장 솔레노이드에 의한 내부 자계의 세기가 평등자계이므로 단면적에 비하여 길이가 충분히 긴 솔레노이드에 전류를 흘려주면 된다.

42 전류가 흐르는 도선을 자계 안에 놓으면, 이 도선에 힘이 작용한다. 평등자계의 진공 중에 놓여 있는 직선 전류 도선이 받는 힘에 대하여 옳은 것은?

① 전류의 세기에 반비례한다.
② 도선의 길이에 비례한다.
③ 자계의 세기에 반비례한다.
④ 전류와 자계의 방향이 이루는 각의 탄젠트 각에 비례한다.

해설
플레밍의 왼손법칙은 전동기의 원리가 되며 자계내 도체를 놓고 전류를 흘렸을 때 도체가 힘을 받아 회전하게 된다. 이때 작용하는 힘은
$F = IBl\sin\theta = I\mu_o Hl\sin\theta = (\vec{I}\times\vec{B})l$ [N]이므로
전류(I), 자계(H), 도선의 길이(l), sin 각에 비례한다.

43 자계 B의 안에 놓여 있는 전류 I의 회로 C가 받는 힘 F의 식으로 옳은 것은? (단, dl은 미소 변위.)

① $F = \int_c (Idl)\times B$　② $F = \int_c (IB)\times dl$
③ $F = \int_c (Idl)\cdot(B)$　④ $F = \int_c (-IB)\cdot(dl)$

해설
$F = (\vec{I}\times\vec{B})l = \int \vec{I}\times\vec{B}\,dl$ [N]

44 1 [Wb/m²]의 자속밀도에 수직으로 놓인 10 [cm]의 도선에 10[A]의 전류가 흐를 때 도선이 받는 힘은 몇 [N]인가?

① 0.5　② 1
③ 5　④ 10

해설
플레밍의 왼손 법칙에 의한 힘
$F = IBl\sin\theta$ [N] 이므로 주어진 수치를 대입하면
$F = IBl\sin\theta = 10\times1\times0.1\sin90° = 1$ [N]이 된다.

45 플레밍(Flaming)의 왼손법칙을 나타내는 $F-B-I$에서 F는 무엇인가?

① 전동기 회전자의 도체의 운동방향을 나타낸다.
② 발전기 정류자의 도체의 운동방향을 나타낸다.
③ 전동기 자극의 운동방향을 나타낸다.
④ 발전기 전기자의 도체 운동방향을 나타낸다.

해설
플레밍의 왼손법칙은 전동기의 원리가 되며 자계내 도체를 놓고 전류를 흘렸을 때 도체가 힘을 받아 회전하게 된다.
이때 작용하는 힘은
$F = IBl\sin\theta = (\vec{I}\times\vec{B})l = \oint_c (\vec{I}\times\vec{B})\,dl$ [N]이 된다.
단, I : 전류, B : 자속밀도, l : 도체의 길이,
θ : 자계와 이루는 각

정답　40 ③　41 ③　42 ②　43 ①　44 ②　45 ①

46 플레밍의 왼손법칙(Fleming's left hand rule)에서 왼손의 엄지, 인지, 중지의 방향에 해당 되지 않는 것은?

① 전압　② 전류
③ 자속밀도　④ 힘

해설

엄지 : 힘, 인지: 자속, 중지 : 전류의 방향

47 공기 중에서 $12[Wb/m^2]$인 평등자계내에 길이 $80[cm]$인 도선을 자계에 대하여 $30°$의 각을 이루는 위치에 두었을 때 $24[N]$의 힘을 받았다면 도선에 흐르는 전류는 몇[A]인가?

① 2[A]　② 3[A]
③ 4[A]　④ 5[A]

해설

플레밍의 왼손 법칙에 의한 힘

$F = IBl\sin\theta = I\mu_o Hl\sin\theta = (\vec{I} \times \vec{B})l\,[N]$이므로

자속밀도 $B = 12[Wb/m^2]$, 길이에 $l = 80[cm]$,
각도 $\theta = 30°$, 힘 $F = 24[N]$을 대입하면

전류 $I = \dfrac{F}{Bl\sin\theta} = \dfrac{24}{12 \times 80 \times 10^{-2}\sin 30°} = 5\,[A]$

48 $0.2[C]$의 점전하가 전계 $E = 5a_y + a_z[V/m]$ 및 자속밀도 $B = 2a_y + 5a_z[Wb/m^2]$ 내로 속도 $v = 2a_x + 3a_y[m/s]$로 이동할 때 점전하에 작용하는 힘 $F[N]$은? (단, a_x, a_y, a_z는 단위 벡터이다.)

① $2a_z - a_y + 3a_z$　② $3a_x - a_y + a_z$
③ $a_x + a_y - 2a_z$　④ $5a_z + a_y - 3a_z$

해설

전계와 자계동시 존재하는 공간에 전하이동시 받는 힘은

$F = F_H + F_E = q(\vec{v} \times \vec{B} + \vec{E})\,[N]$이므로

$$\vec{v} \times \vec{B} = \begin{vmatrix} a_x & a_y & a_z \\ 2 & 3 & 0 \\ 0 & 2 & 5 \end{vmatrix}$$

$= (15-0)a_x - (10-0)a_y + (4-0)a_z$

$= 15a_x - 10a_y + 4a_z$

$\vec{v} \times \vec{B} + \vec{E} = 15a_x - 10a_y + 4a_z + 5a_y + a_z$

$= 15a_x - 5a_y + 5a_z$

$F = q(\vec{v} \times \vec{B} + \vec{E}) = 0.2(15a_x - 5a_y + 5a_z)$

$= 3a_x - a_y + a_z\,[N]$

49 평등자계 $H[AT/m]$에 수직으로 전자가 속도 $v[m/s]$로 입사할 때, 이 전자의 궤도 $r[m]$는? (단, 전자의 전하를 $e[C]$, 질량을 $m[kg]$이라 한다.)

① $r = \dfrac{me}{\mu_o Hv}$　② $r = \dfrac{\mu_o He}{mv}$

③ $r = \dfrac{mve}{\mu_o H}$　④ $r = \dfrac{mv}{e\mu_o H}$

해설

평등자계내 전자 수직 입사시

① 원운동 한다.

② 반지름 $r = \dfrac{mv}{Be} = \dfrac{mv}{\mu_o He}[m]$

③ 각속도 $w = \dfrac{Be}{m}[rad/sec]$

④ 주기 $T = \dfrac{2\pi m}{Be}[sec]$

50 평등자계내에 수직으로 돌입한 전자의 궤적은?

① 원운동을 하는데 반지름은 자계의 세기에 비례한다.
② 구면위에서 회전하고 반지름은 자계의 세기에 비례한다.
③ 원운동을 하고 반지름은 전자의 처음 속도에 반비례한다.
④ 원운동을 하고 반지름은 자계의 세기에 반비례한다.

해설

평등자계내 전자 수직 입사시 전자는 원운동하며 이때 반지름은 $r = \dfrac{mv}{Be} = \dfrac{mv}{\mu_o He}[m]$이므로 처음 속도$v$에 비례하고 자계의 세기 H에 반비례한다.

정답　46 ①　47 ④　48 ②　49 ④　50 ④

51 그림과 같이 d[m] 떨어진 두 평행 도선에 I[A]의 전류가 흐를 때 도선 단위 길이당 작용하는 힘 F[N]은?

① $\frac{\mu_0 I}{2\pi d}$

② $\frac{\mu_0 I^2}{2\pi d^2}$

③ $\frac{\mu_0 I^2}{2\pi d}$

④ $\frac{\mu_0 I^2}{2d}$

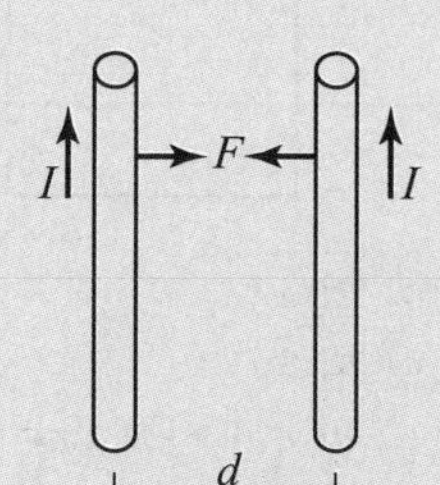

해설

평행도선 사이에 단위 길이당 작용하는 힘은

$F = \frac{\mu_o I_1 I_2}{2\pi d} = \frac{2 I_1 I_2}{d} \times 10^{-7}$ [N/m]이고

힘의 방향은 전류방향 반대(왕복전류)이면 반발력, 전류방향 동일하면 흡인력이 작용 한다.

그림상에서 $I_1 = I_2 = I$이므로

$F = \frac{\mu_o I_1 I_2}{2\pi d} = \frac{\mu_o I \times I}{2\pi d} = \frac{\mu_o I^2}{2\pi d}$[N/m]이 된다.

52 평행 도선에 같은 크기의 왕복 전류가 흐를 때 두 도선 사이에 작용하는 힘과 관계 되는 것 중 옳은 것은?

① 간격의 제곱에 반비례

② 간격의 제곱에 반비례하고 투자율에 반비례

③ 전류의 제곱에 비례

④ 주위 매질의 투자율에 반비례

해설

평행도선에 같은 크기의 왕복전류이므로

$I_1 = I_2 = I$가 되므로

$F = \frac{\mu_o I_1 I_2}{2\pi d} = \frac{\mu_o I^2}{2\pi d}$[N/m]가 되므로 전류의 제곱에 비례하고 간격에 반비례하고 매질의 투자율에 비례한다.

53 간격 d=4[cm]인 2개의 평행한 도선에 각각 전류 I=10[kA]가 흐르고 있을 경우 도선의 단위 길이당 작용하는 힘[N/m]은?

① 500 ② 600

③ 700 ④ 800

해설

평행도선에 단위 길이당 작용하는 힘은

$F = \frac{2 I_1 I_2}{d} \times 10^{-7} = \frac{2 \times (10 \times 10^3)^2}{4 \times 10^{-2}} \times 10^{-7}$

$= 500$ [N/m]

54 진공 중에 선간거리 1[m]의 평행왕복 도선이 있다. 두 선간에 작용하는 힘이 4×10^{-7}[N/m] [N/m]이었다면 전선에 흐르는 전류는?

① 1[A] ② $\sqrt{2}$ [A]

③ $\sqrt{3}$ [A] ④ 2[A]

해설

평행왕복전류가 흐를시 $I_1 = I_2$ 이므로 주어진 수치를 대입하면 흐르는 전류는

$F = \frac{2 I_1^2}{d} \times 10^{-7}$ [N/m] 에서 전류

$I_1 = I_2 = \sqrt{\frac{Fd}{2 \times 10^{-7}}} = \sqrt{\frac{4 \times 10^{-7} \times 1}{2 \times 10^{-7}}}$

$= \sqrt{2}$ [A]

55 그림과 같이 직류전원에서 부하에 공급하는 전류는 50[A]이고 전원전압은 480[V]이다. 도선이 10[cm] 간격으로 평행하게 배선되어 있다면 1[cm] 당 두 도선 사이에 작용하는 힘은 몇 [N]이며, 어떻게 작용하는가?

① 5×10^{-3}, 흡인력

② 5×10^{-3}, 반발력

③ 5×10^{-2}, 흡인력

④ 5×10^{-2}, 반발력

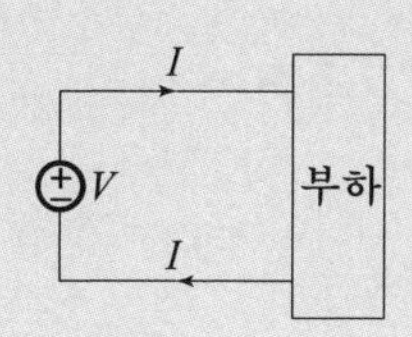

정답 51 ③ 52 ③ 53 ① 54 ② 55 ②

해설

평행도선 사이의 작용하는 힘은

$F=\dfrac{\mu_0 I_1 I_2}{2\pi r}=\dfrac{2I_1 I_2}{r}\times 10^{-7}$[N/m]이므로

$I_1=I_2=50$[A], $r=10$[cm]일 때

$F=\dfrac{2I^2}{r}\times 10^{-7}=\dfrac{2\times 50^2}{10\times 10^{-2}}\times 10^{-7}=5\times 10^{-3}$[N/m]

두 도선의 전류방향이 반대이므로 반발력이 작용한다.

$\therefore$ 5×10^{-3}[N/m], 반발력이다.

56 **두 개의 길고 직선인 도체가 평행으로 그림과 같이 위치하고 있다. 각 도체에는 10[A]의 전류가 같은 방향으로 흐르고 있으며, 이격거리는 0.2[m]일 때 오른쪽 도체의 단위길이당 힘은? (단, a_x, a_z는 단위벡터이다.)**

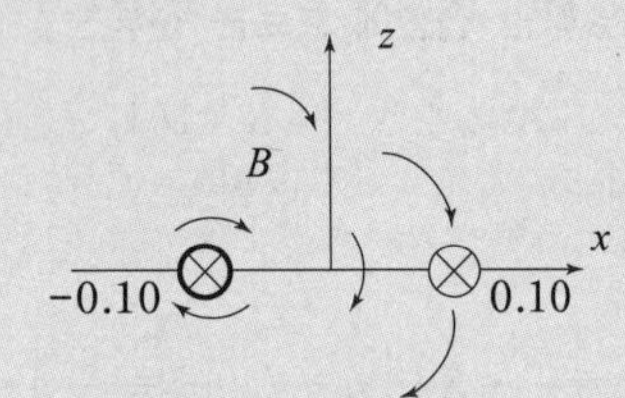

① $10^{-2}(-a_x)$[N/m] ② $10^{-4}(-a_x)$[N/m]

③ $10^{-2}(-a_z)$[N/m] ④ $10^{-4}(-a_z)$[N/m]

해설

평행도선 사이의 작용력은

$F=\dfrac{\mu_0 I_1 I_2}{2\pi r}=\dfrac{2I_1 I_2}{r}\times 10^{-7}$[N/m]이므로

$I_1=I_2=10$[A], $r=0.2$[m]일 때

$F=\dfrac{2I^2}{r}\times 10^{-7}=\dfrac{2\times 10^2}{0.2}\times 10^{-7}=10^{-4}$[N/m]이며

오른쪽 도체에 작용하는 힘은 플레밍의 왼손법칙을 적용하면 전류방향(중지)은 지면 속으로 향하는 방향이며 자계방향(검지)은 $-z$방향이므로 힘의 방향(엄지)은 $-x$방향을 가리키게 된다.

$\therefore$ $F=10^{-4}(-a_x)$[N/m]

57 **그림과 같이 가요성 전선으로 직사각형의 회로를 만들어 대전류를 흘렸을 때 일어나는 현상은?**

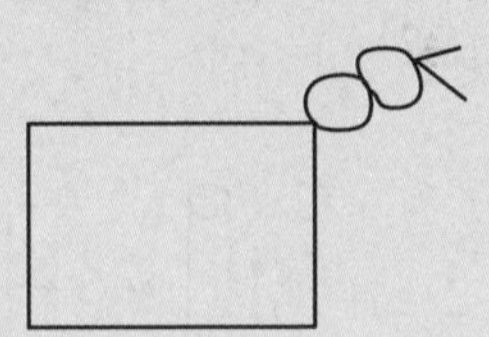

① 변함이 없다.

② 원형이 된다.

③ 맞보는 변끼리 합쳐진다.

④ 이웃하는 변끼리 합쳐진다.

해설

스트레칭효과

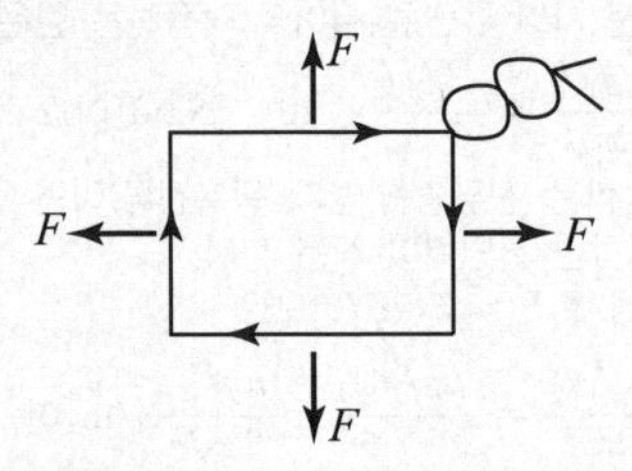

그림상에서 전류가 서로 반대 방향이므로 서로 반발력이 작용하여 원형이 된다.

58 **반지름 a인 원형코일의 중심축상 r[m]의 거리에 있는 점 P의 자위는 몇[A]인가? (단, 점 P에 대한 원의 입체각을 ω, 전류를 I[A]라 한다.)**

① $\dfrac{\omega}{4\pi I}$ ② $4\pi\omega I$

③ $\dfrac{I}{4\pi\omega}$ ④ $\dfrac{\omega I}{4\pi\omega}$

해설

전류에 의한 자위 $U=\omega\dfrac{I}{4\pi}$[A]이며

$\omega=2\pi(1-\cos\theta)$[Sr]은 입체각이다.

정답 56 ② 57 ② 58 ④

Engineer Electricity
Industrial Engineer Electricity

자성체 및 자기회로

Chapter 09

SECTION

09 자성체 및 자기회로

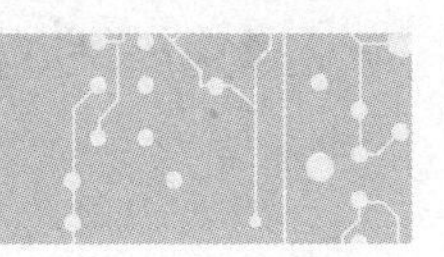

① 자성체

핵심 NOTE

자석에 못을 붙이면 못이 자석이 되어 자성을 가지게 되는데 이러한 현상을 자화라 하며 자석에 의하여 자화되는 현상을 자기유도라 한다. 이때 자석화 되는 성질을 가진 물질을 자성체라 한다.

1. 자화의 근본적인 원인

전자의 자전운동

2. 자성체의 투자율 $\mu = \mu_o \mu_s [\mathrm{H/m}]$

진공시투자율 $\mu_o = 4\pi \times 10^{-7} [\mathrm{H/m}]$ 비투자율 $\mu_s = \dfrac{\mu}{\mu_o}$

3. 자성체의 종류

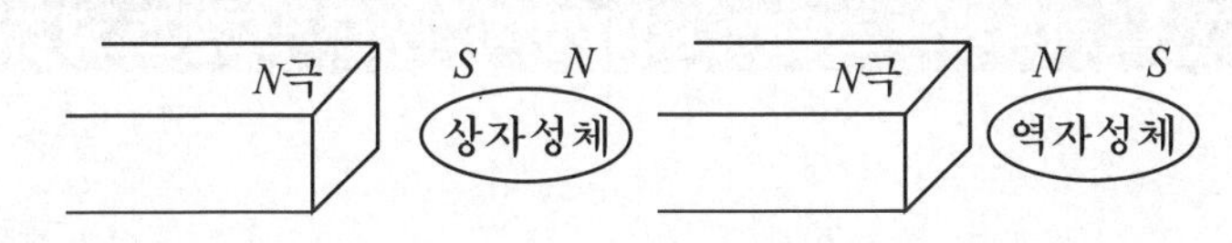

(1) 상자성체 $\mu_s > 1$

백금(Pt), 알루미늄(Al), 산소(O_2)

(2) 역자성체 $\mu_s < 1$

은(Ag), 구리(Cu), 비스무트(Bi), 물(H_2O)

(3) 강자성체 $\mu_s \gg 1$

① 강자성체의 대표물질 : 철(Fe), 니켈(Ni), 코발트(Co)

② 강자성체의 특징

- 고투자율을 갖는다.
- 자기포화특성을 갖는다.
- 히스테리시스특성을 갖는다.
- 자구의 미소영역을 가지고 있다.

▪ 자화되는 원인
전자의 자전운동

▪ 자성체 종류에 따른 비투자율
상자성체 $\mu_s > 1$
역자성체 $\mu_s < 1$
강자성체 $\mu_s \gg 1$

▪ 강자성체 대표물질
철(Fe), 니켈(Ni), 코발트(Co)

▪ 강자성체 특징
- 고투자율을 갖는다.
- 자기포화특성을 갖는다.
- 히스테리시스특성을 갖는다.
- 자구의 미소영역을 존재.

핵심 NOTE

■ 자기쌍극자 배열
- 상자성체 : 방향이 불규칙
- 강자성체 : 크기와 방향이 동일
- 반강자성체 : 크기가 같고 방향이 반대

예제문제 자화

1 물질의 자화 현상은?

① 전자의 이동　　② 전자의 공전
③ 전자의 자전　　④ 분자의 운동

해설
물질이 자화되는 근본적인 원인은 전자의 자전(spin)운동에 기인한다.　답 ③

예제문제 강자성체

2 다음 금속 물질 중 철, 백금, 니켈, 코발트 중에서 강자성체가 아닌 것은?

① 철　　② 니켈
③ 백금　　④ 코발트

해설
철(Fe), 니켈(Ni), 코발트(Co) 는 강자성체의 대표물질이다.　답 ③

② 자성체의 스핀(Spin)배열(자기쌍극자모멘트 배열)

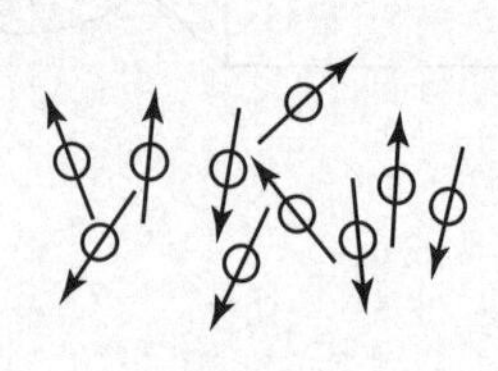

상자성체　　강자성체

반강자성체　　페리자성체

예제문제 자기쌍극자 배열

3 인접 영구 자기 쌍극자가 크기는 같으나 방향이 서로 반대 방향으로 배열된 자성체를 어떤 자성체라 하는가?

① 반자성체　　② 상자성체
③ 강자성체　　④ 반강자성체

해설
반자성체 : 인접자기 쌍극자가 없는 재질
상자성체 : 인접 영구자기 쌍극자의 방향이 불규칙적인 재질
강자성체 : 인접 영구자기 쌍극자의 크기가 같고 방향이 동일한 재질
반강자성체 : 인접 영구자기 쌍극자의 크기가 같고 방향이 반대인 재질　답 ④

핵심 NOTE

③ 자화의 세기 J[Wb/m²]

자성체를 자계내에 놓았을 때 물질이 자석화되는 정도를 양적으로 표현한 값으로서 단위 체적당($v[\mathrm{m}^3]$) 자기 모멘트($M[\mathrm{Wb \cdot m}]$)를 그 점의 자화의 세기라 한다.

1. 자화의 세기

$$J = \mu_o(\mu_s - 1)H = B\left(1 - \frac{1}{\mu_s}\right) = xH = \frac{M}{v}\ [\mathrm{Wb/m^2}]$$

2. 자화율 $x = \mu_o(\mu_s - 1)$

3. 비자화율 $\frac{x}{\mu_o} = x_m = \mu_s - 1$

예제문제 자화의 세기

4 다음 설명 중 잘못된 것은?

① 초전도체는 임계온도 이하에서 완전 반자성을 나타낸다.
② 자화의 세기는 단위면적당의 자기모멘트이다.
③ 상자성체에서 자극 N극을 접근시키면 S극이 유도된다.
④ 니켈(Ni), 코발트(Co) 등은 강자성체에 속한다.

해설
자화의 세기는 단위체적당 자기모멘트값이다.

답 ②

예제문제 자화의 세기

5 비투자율 350인 환상철심 중의 평균자계의 세기가 280[AT/m]일 때 자화의 세기는 약 몇 [Wb/m²]인가?

① 0.12[Wb/m²] ② 0.15[Wb/m²]
③ 0.18[Wb/m²] ④ 0.21[Wb/m²]

해설
$\mu_s = 350,\ H = 280[\mathrm{AT/m}]$ 이므로
$J = \mu_o(\mu_s - 1)H = (4\pi \times 10^{-7})(350 - 1)(280) = 0.12[\mathrm{Wb/m^2}]$

답 ①

❹ 감자력 H'[AT/m]

외부자계 H_o중에 어떤 상자성체를 두면, 자성체는 자화되어 외부자극 N극에 가까운 곳에 S극이 유도되므로, 자성체내 내부자계 H는 H'만큼 감소된다. 이 H'를 자기 감자력이라 하며 자화의 세기에 비례한다.

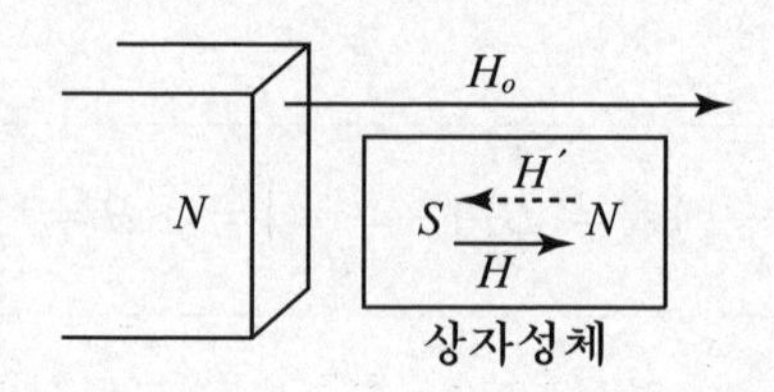

1. 감자력

$$H' = H_o - H = \frac{N}{\mu_o}J$$

단, 여기서 H_o : 외부자계, H : 내부자계, N : 감자율 ,
J : 자화의 세기

2. 환상솔레노이드(환상철심) 감자율 $N = 0$

구자성체 : 감자율 $N = \frac{1}{3}$

예제문제 감자력

6 감자력은?

① 자계에 반비례한다.
② 자극의 세기에 반비례한다.
③ 자화의 세기에 비례한다.
④ 자속에 반비례한다.

해설
감자력 $H' = H_o - H = \frac{N}{\mu_o}J$이므로 자화의 세기 J 에 비례한다.

답 ③

5 자성체의 경계면 조건

1. 경계면 양측에서 수평(접선)성분의 자계의 세기가 서로 같다.

μ_1 ⟶ H_{t1}
경계면
μ_2 ⟶ H_{t2}

$H_{t1} = H_{t2}$: 연속적이다.
$B_{t1} \neq B_{t2}$: 불연속적이다.
여기서 t 는 접선(수평)성분을 의미한다.

입사각θ_1, 굴절각 θ_2가 주어진 경우

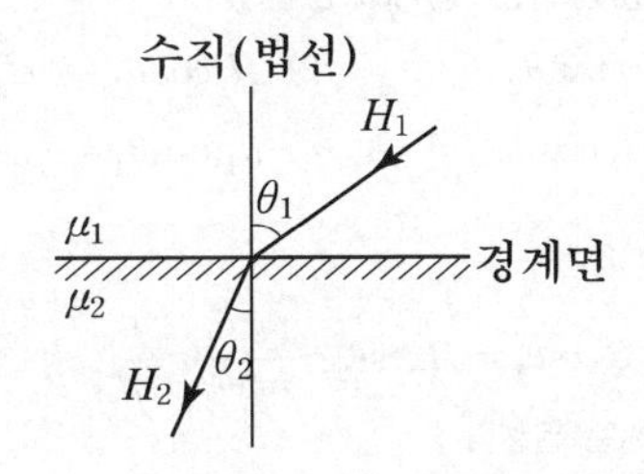

$H_1 \sin\theta_1 = H_2 \sin\theta_2$ → ①식

2. 경계면 양측에서 수직(법선)성분의 자속밀도가 서로 같다.

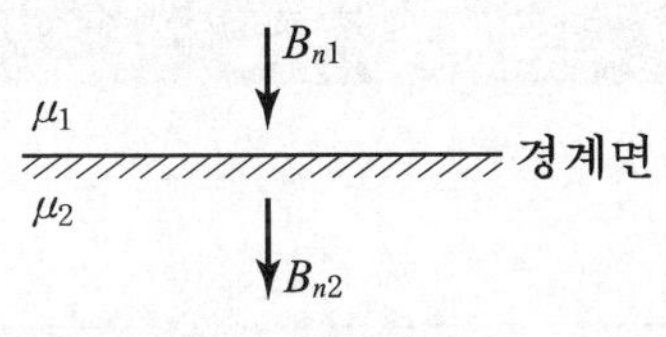

$B_{n1} = B_{n2}$: 연속적이다.
$H_{n1} \neq H_{n2}$: 불연속적이다.
여기서 n는 법선(수직)성분을 의미한다.

입사각θ_1, 굴절각 θ_2가 주어진 경우

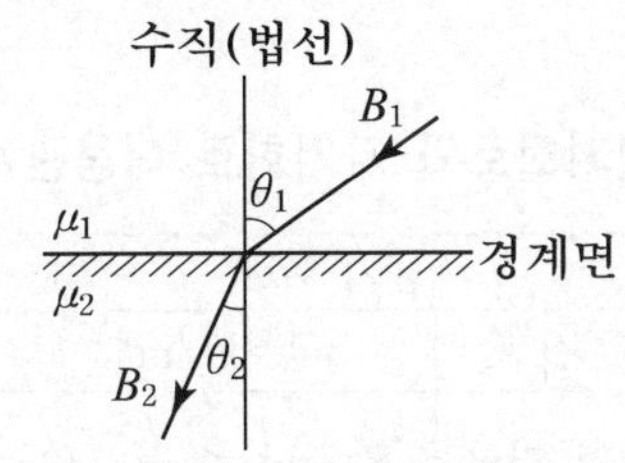

$B_1 \cos\theta_1 = B_2 \cos\theta_2$ → ②식

3. $\dfrac{①}{②} = \dfrac{H_1 \sin\theta_1}{B_1 \cos\theta_1} = \dfrac{H_2 \sin\theta_2}{B_2 \cos\theta_2} \Rightarrow \dfrac{H_1 \sin\theta_1}{\mu_1 H_1 \cos\theta_1} = \dfrac{H_2 \sin\theta_2}{\mu_2 H_2 \cos\theta_2}$

$\dfrac{\tan\theta_1}{\tan\theta_2} = \dfrac{\mu_1}{\mu_2}$ → ③식

4. 비례 관계

(1) $\mu_2 > \mu_1$, $\theta_2 > \theta_1$, $B_2 > B_1$: 비례 관계에 있다.
(2) $H_1 > H_2$: 반비례 관계에 있다.

5. 자속선은 투자율이 큰 쪽으로 집속된다.

핵심 NOTE

- 자성체의 경계면 조건
  접선성분 자계가 서로 같다.
  법선성분 자속밀도가 서로 같다.
- 입사각θ_1, 굴절각 θ_2가 주어진 경우
  $H_1 \sin\theta_1 = H_2 \sin\theta_2$
  $B_1 \cos\theta_1 = B_2 \cos\theta_2$
  $\dfrac{\tan\theta_1}{\tan\theta_2} = \dfrac{\mu_1}{\mu_2}$

핵심 NOTE

예제문제 자성체 경계면조건

7 **투자율이 서로 다른 두 자성체의 경계면에서의 굴절각은?**

① 투자율에 비례한다.
② 투자율에 반비례한다.
③ 자속에 비례한다.
④ 투자율에 관계없이 일정하다.

해설

경계면에서의 굴절각은 투자율에 비례한다.

답 ①

예제문제 자성체 경계면조건

8 **투자율이 다른 두 자성체가 평면으로 접하고 있는 경계면에서 전류 밀도가 0일 때 성립하는 경계조건은?**

① $\mu_2 \tan\theta_1 = \mu_1 \tan\theta_2$
② $H_1 \cos\theta_1 = H_2 \cos\theta_2$
③ $B_1 \sin\theta_1 = B_2 \cos\theta_2$
④ $\mu_1 \tan\theta_1 = \mu_2 \tan\theta_2$

해설

$H_1 \sin\theta_1 = H_2 \sin\theta_2$, $B_1 \cos\theta_1 = B_2 \cos\theta_2$, $\dfrac{\tan\theta_1}{\tan\theta_2} = \dfrac{\mu_1}{\mu_2}$

여기서 θ_1는 입사각, θ_2는 굴절각

답 ①

❻ 전기회로와 자기회로의 대응관계

■ 자기회로
철심에 코일을 감고 전류를 흘려주면 철심을 따라 자속이 흘러가는 회로를 자기회로라 한다.

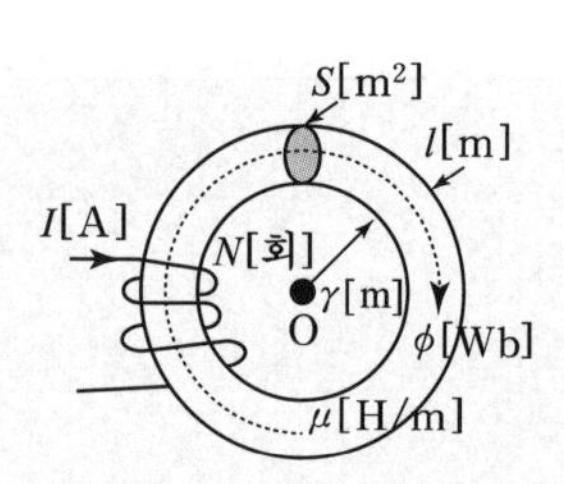

자기저항 $R_m = \dfrac{l}{\mu S}$ [AT/Wb]

기자력 $F = NI$[AT]

자속 $\phi = \dfrac{F}{R_m} = \dfrac{\mu SNI}{l}$ [Wb]

1. 전기회로와 자기회로 대응관계

전기 회로		자기 회로	
도 전 율	k [℧/m]	투 자 율	μ[H/m]
전기 저항	$R = \rho\dfrac{l}{S} = \dfrac{l}{kS}$ [Ω]	자기 저항	$R_m = \dfrac{l}{\mu S}$ [AT/Wb]
기 전 력	E [V]	기 자 력	$F = NI$[AT]
전 류	$I = \dfrac{E}{R}$ [A]	자 속	$\phi = \dfrac{F}{R_m} = \dfrac{\mu SNI}{l}$ [Wb]
전류밀도	$i = \dfrac{I}{S}$ [A/m²]	자속밀도	$B = \dfrac{\phi}{S}$ [Wb/m²]

2. 전기저항에 의한 저항손은 존재하나 자기저항에 의한 손실은 없다.

핵심 NOTE

3. 두 개의 합성자기저항

(1) 직렬연결 : 자속이 흘러가는 길이 하나밖에 없는 경우

$$R_m = R_{m1} + R_{m2}\,[\mathrm{AT/Wb}]$$

(2) 병렬연결 : 자속이 흘러가는 길이 두 개 이상 존재하는 경우

$$R_m = \frac{R_{m1} \cdot R_{m2}}{R_{m1} + R_{m2}}\,[\mathrm{AT/Wb}]$$

예제문제 자기회로

9 **다음 중 기자력(Magnetomotive Force)에 대한 설명으로 옳지 않은 것은?**

① 전기회로의 기전력에 대응한다.
② 코일에 전류를 흘렸을 때 전류밀도와 코일의 권수의 곱의 크기와 같다.
③ 자기회로의 자기저항과 자속의 곱과 동일하다.
④ SI 단위는 암페어[A] 이다.

해설
기자력은 권선수(N)와 전류(I)의 곱으로 $F = NI[\mathrm{AT}]$이다.

답 ②

예제문제 자기회로

10 **길이 1[m], 단면적 15[cm²]인 무한솔레노이드에 0.01[Wb]의 자속을 통하는 데 필요한 기자력은?**

① $\frac{10^8}{6\pi}[\mathrm{AT}]$　② $\frac{10^7}{6\pi}[\mathrm{AT}]$
③ $\frac{10^6}{6\pi}[\mathrm{AT}]$　④ $\frac{10^5}{6\pi}[\mathrm{AT}]$

해설
$\phi = 0.01[\mathrm{Wb}]$, $l = 1[\mathrm{m}]$, $S = 15[\mathrm{cm^2}]$ 이므로 기자력

$$F = NI = \phi R_m = \phi \frac{l}{\mu_o S} = (0.01) \times \frac{1}{(4\pi \times 10^{-7})(15 \times 10^{-4})} = \frac{10^8}{6\pi}[\mathrm{AT}]$$

답 ①

핵심 NOTE

■ 미소공극시 전체자기저항

$$R = \frac{l}{\mu_o \mu_s S} + \frac{l_g}{\mu_o S}[\text{AT/Wb}]$$

■ 미소공극시 전체자기저항은 처음 자기저항의 배수

$$\frac{R}{R_m} = 1 + \frac{\mu_s l_g}{l}[\text{배}]$$

7 미소공극시 자기저항

1. 철심부의 처음의 자기저항

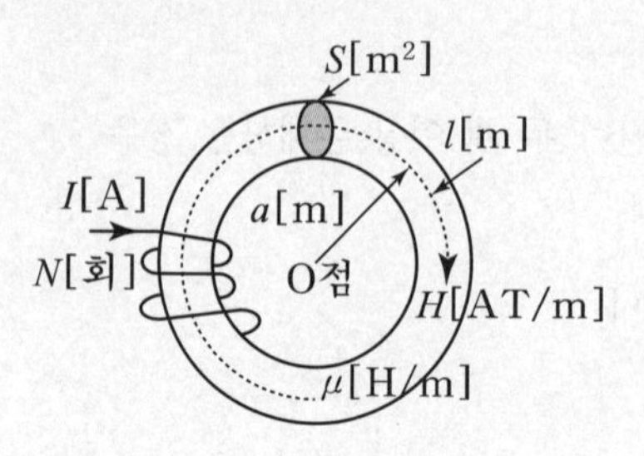

$$R_m = \frac{l}{\mu S} = \frac{l}{\mu_o \mu_s S}[\text{AT/Wb}]$$

2. 미소공극시 전체자기저항

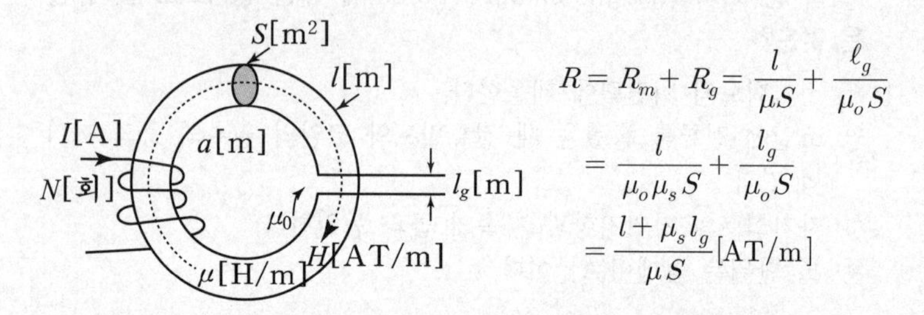

$$R = R_m + R_g = \frac{l}{\mu S} + \frac{\ell_g}{\mu_o S} = \frac{l}{\mu_o \mu_s S} + \frac{l_g}{\mu_o S} = \frac{l + \mu_s l_g}{\mu S}[\text{AT/m}]$$

3. 미소공극시 전체자기저항은 처음 자기저항의 배수

$$\frac{R}{R_m} = \frac{\dfrac{l + \mu_s l_g}{\mu S}}{\dfrac{l}{\mu S}} = \frac{l + \mu_s l_g}{l} = 1 + \frac{\mu_s l_g}{l}\ [\text{배}]$$

여기서 l_g 는 미소 공극의 길이, l 은 자성체의 길이, S 는 단면적이다.

예제문제 미소공극시 자기저항

11 코일로 감겨진 자기 회로에서 철심의 투자율을 μ 라 하고 회로의 길이를 l 이라 할 때, 그 회로 일부에 미소 공극 l_g를 만들면 자기저항은 처음의 몇 배가 되는가? (단, $l \gg l_g$ 이다.)

① $1 + \dfrac{\mu l}{\mu_o l_g}$ ② $1 + \dfrac{\mu_o l_g}{\mu l}$

③ $1 + \dfrac{\mu_o l}{\mu l_g}$ ④ $1 + \dfrac{\mu l_g}{\mu_o l}$

해설

미소공극시 자기저항은 처음의 자기저항의 배수

$$\frac{R}{R_m} = 1 + \frac{\mu_s l_g}{l} = 1 + \frac{\mu_o \mu_s l_g}{\mu_o l} = 1 + \frac{\mu l_g}{\mu_o l}$$

답 ④

핵심 NOTE

8 히스테리시스 곡선

강자성체를 자화할 경우 자계와 자속밀도의 관계를 나타내는 곡선

■ 히스테리시스 곡선의기울기
투자율

1. $B-H$ 곡선 및 μ 곡선

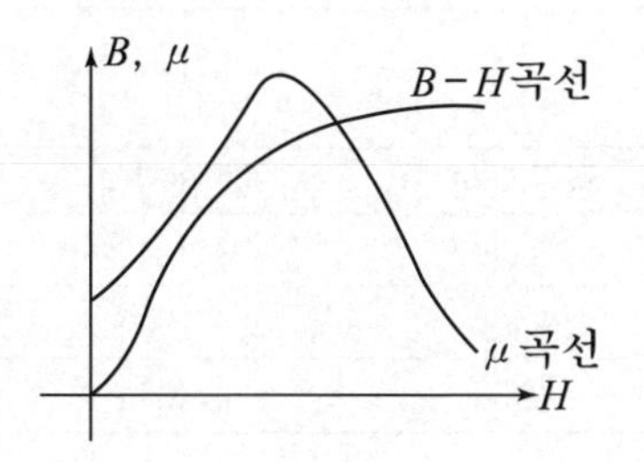

히스테리시스 곡선의 기울기

$$\frac{B}{H} = \mu \text{ (투자율)}$$

2. 교번자계에 의한 $B-H$ 곡선(히스테리시스 루프)

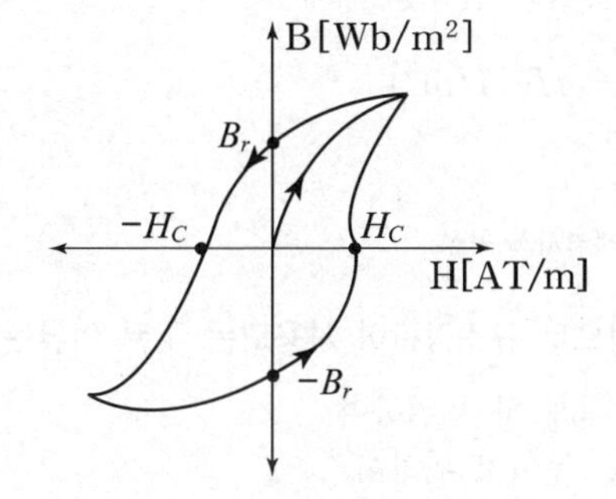

(1) 횡축 : 자계(보자력)

(2) 종축 : 자속밀도(잔류자기)

3. 잔류 자기 B_r[Wb/m^2]

가해준 자계를 제거시 자성체내에 남아있는 자속밀도로서 자석화 됨을 의미한다.

4. 보자력 H[AT/m]

잔류 자기를 완전히 소멸하기 위하여 철심에 역으로 가해준 자화력을 말한다.

5. 히스테리시스손 P_h[W/m^3]

교번자계에 의해서 자성체가 자석화 될 때 열로 소비되는 전력손실을 히스테리시스손이라 하며 방지책으로는 규소 강판을 사용하며 규소강판 사용시 규소함류량은 대략 4%정도이다.

$$P_h = \eta f \ B_m^{1.6} \ [\text{W/m}^3]$$

■ 히스테리시손
$P_h = \eta f \ B_m^{1.6}$ [W/m^3]
방지책 규소강판 사용
규소 함류량 약 4%

핵심 NOTE

■ 와전류(맴돌이전류)손
$P_e = \eta(fB_m)^2$ [W/m³]
방지책 성층결산 사용
성층결선시 판의 두께
약 0.35[mm]

■ 영구자석
영구자석은 잔류자기 및 보자력이 크고 히스테리시스루프의 면적이 모두 커야 된다.

■ 전자석
영구자석은 잔류자기는 크고 보자력과 히스테리시스루프의 면적이 모두 작아야 된다.

6. 맴돌이 전류손(와전류손)

철심의 단면에 변화하는 자속이 통과시 자속 주변에 수직으로 와전류가 흘러 발생되는 손실을 와전류손이라 하며 방지책으로는 성층결선을 사용하며 성층사용시 판의 두께는 약 0.35[mm] 정도 사용한다.

$$P_e = \eta(fB_m)^2 \, [\mathrm{W/m^3}]$$

7. 영구 자석과 전자석의 재료

	영구자석	전자석
잔류자기	크다	크다
보자력	크다	작다
히스테리시스 루프 면적	크다	작다

8. 강자성체의 히스테리시스 루프의 면적의 의미

강자성체의 단위체적당 필요한 에너지

$$S = W = \int_0^B H\,dB \, [\mathrm{J/m^3}]$$

예제문제 히스테리시스 곡선

12 변압기 철심으로 규소강판이 사용되는 주된 이유는?

① 와류손을 적게 하기 위하여
② 큐리온도를 높이기 위하여
③ 히스테리시스손을 적게 하기 위하여
④ 부하손(동손)을 적게 하기 위하여

해설
히스테리시스손을 감소시키기 위해 규소강판을 사용한다. 답 ③

예제문제 히스테리시스 곡선

13 영구 자석의 재료로 사용되는 철에 요구되는 사항은?

① 잔류 자기 및 보자력이 작은 것
② 잔류 자기가 크고 보자력이 작은 것
③ 잔류 자기는 작고 보자력이 큰 것
④ 잔류 자기 및 보자력이 큰 것

해설
영구자석은 잔류자기 및 보자력이 크고 히스테리시스루프의 면적이 모두 커야 된다.
답 ④

핵심 NOTE

9 자계내에 축적되는 에너지

1. 자계내 단위체적당 축적되는 에너지

$$W = \frac{B^2}{2\mu} = \frac{1}{2}BH = \frac{1}{2}\mu H^2 \ [\mathrm{J/m^3}]$$

2. 전자석에 의한 단위 면적당 받는 흡인력

$$f = \frac{F}{S} = \frac{B^2}{2\mu} = \frac{1}{2}BH = \frac{1}{2}\mu H^2 \ [\mathrm{N/m^2}]$$

3. 전자석에 의한 전체 작용하는 흡인력

$F = f \cdot S[\mathrm{N}]$

예제문제 자계내 단위체적당 축적에너지

14 비투자율이 2,500인 철심의 자속밀도가 $5[\mathrm{Wb/m^2}]$이고 철심의 부피가 $4\times10^{-6}[\mathrm{m^3}]$일 때, 이 철심에 저장된 자기에너지는 몇 [J]인가?

① $\frac{1}{\pi}\times10^{-2}[\mathrm{J}]$　② $\frac{3}{\pi}\times10^{-2}[\mathrm{J}]$

③ $\frac{4}{\pi}\times10^{-2}[\mathrm{J}]$　④ $\frac{5}{\pi}\times10^{-2}[\mathrm{J}]$

해설

단위체적당 자기에너지밀도 $W = \frac{B^2}{2\mu} = \frac{B^2}{2\mu_o\mu_s}[\mathrm{J/m^3}]$, 체적

$v = 4\times10^{-6}[\mathrm{m^3}]$ 이므로 철심에 저장된 자기에너지

$$W\cdot v = \frac{B^2}{2\mu_o\mu_s}\cdot v = \frac{(5)^2}{2(4\pi\times10^{-7})(2,500)}\cdot(4\times10^{-6}) = \frac{5}{\pi}\times10^{-2}[\mathrm{J}]$$

답 ④

예제문제 전자석에의한 흡인력

15 그림과 같이 Gap의 단면적 $S[\mathrm{m^2}]$의 전자석에 자속밀도 $B[\mathrm{Wb/m^2}]$의 자속이 발생될 때 철편을 흡입하는 힘은 몇 [N]인가?

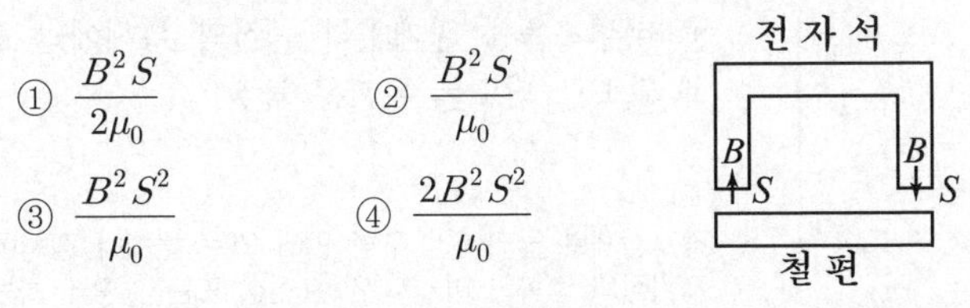

① $\frac{B^2S}{2\mu_0}$　② $\frac{B^2S}{\mu_0}$

③ $\frac{B^2S^2}{\mu_0}$　④ $\frac{2B^2S^2}{\mu_0}$

해설

철편을 흡입하는 힘 $F = f\cdot S = \frac{B^2}{2\mu_o}\cdot S[\mathrm{N}]$이 된다.

그림상에서 작용하는 힘은 양쪽에서 작용하므로 전체적인 힘은

$F' = F\times2 = \frac{B^2}{\mu_o}\cdot S[\mathrm{N}]$이 된다.

답 ②

SECTION 09

출제예상문제

01 반자성체에 속하는 물질은?

① Ni ② Co
③ Ag ④ Pt

해설
Ni(니켈) : 강자성체, Co(코발트) : 강자성체
Ag(은) : 반자성체 , Pt(백금) : 상자성체

02 그림들은 전자의 자기모멘트의 크기와 배열상태를 그 차이에 따라 배열한 것이다. 강자성체에 속하는 것은?

①
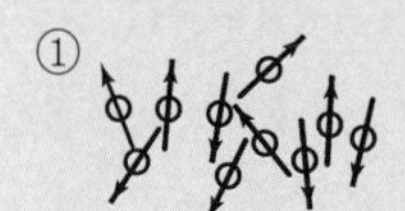
②
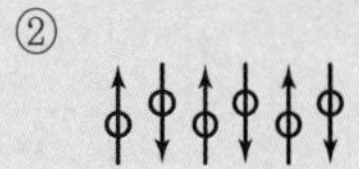
③
④

03 비투자율 μ_s는 역자성체에서 다음 어느 값을 갖는가?

① $\mu_s = 1$ ② $\mu_s < 1$
③ $\mu_s > 1$ ④ $\mu_s = 0$

해설
상자성체 $\mu_s > 1$
강자성체 $\mu_s \gg 1$
역자성체 $\mu_s < 1$

04 강자성체의 세 가지 특성이 아닌 것은?

① 와전류 특성 ② 히스테리시스 특성
③ 고투자율 특성 ④ 포화 특성

해설 강자성체의 특징
① 고투자율을 갖는다.
② 자기포화특성을 갖는다.
③ 히스테리시스특성을 갖는다.
④ 자구의 미소영역이 있다.

05 일반적으로 자구를 가지는 자성체는?

① 상자성체 ② 강자성체
③ 역자성체 ④ 비자성체

06 다음 중 비투자율이 가장 큰 것은?

① 금 ② 은
③ 구리 ④ 니켈

해설
금 : 0.999964 , 은 : 0.99998
구리 : 0.999991 , 니켈 : 180

07 내부 장치 또는 공간을 물질로 포위시켜 외부자계의 영향을 차폐시키는 방식을 자기 차폐라 한다. 자기 차폐에 좋은 물질은?

① 강자성체 중에서 비투자율이 큰 물질
② 강자성체 중에서 비투자율이 작은 물질
③ 비투자율이 1보다 작은 역자성체
④ 비투자율에 관계없이 물질의 두께에만 관계되므로 되도록 두꺼운 물질

해설
강자성체로 둘러싸인 구역 안에 있는 물체나 장치에 외부자기장의 영향이 미치지 않는 현상 또는 그렇게 하는 조작이다. 자기력선속이 차폐하는 물질에 흡수되는 방식으로 차폐하며, 투자율이 큰 자성체일수록 자기차폐가 더욱 효과적으로 일어난다.

정답 01 ③ 02 ③ 03 ② 04 ① 05 ② 06 ④ 07 ①

08 자화된 철의 온도를 높일 때 자화가 서서히 감소하다가 급격히 강자성이 상자성으로 변하면서 강자성을 잃어버리는 온도는?

① 켈빈(Kelvin)온도
② 연화(Transition)온도
③ 전이 온도
④ 퀴리(Curie)온도

해설

자계의 세기에 관계없이 강자성을 잃어버리는 온도를 퀴리온도(임계온도)라 하며 철의 임계온도는 약 770[℃]이다.

09 자계의 세기에 관계없이 급격히 자성을 잃는 점을 자기 임계 온도 또는 큐리점(Curie point)이라고 한다. 다음 중에서 철의 임계 온도는?

① 약 0 [℃] ② 370 [℃]
③ 약 570 [℃] ④ 770 [℃]

10 전자석에 사용하는 연철(soft iron)은 다음 어느 성질을 가지는가?

① 잔류 자기,보자력이 모두 크다.
② 보자력이 크고 히스테리시스 곡선의 면적이 작다.
③ 보자력과 히스테리시스 곡선의 면적이 모두 작다.
④ 보자력이 크고 잔류 자기가 작다.

해설 자석의 재료

	영구자석	전자석
잔류자기	크다	크다
보자력	크다	작다
히스테리시스 루프 면적	크다	작다

11 영구 자석에 관한 설명 중 옳지 않은 것은?

① 히스테리시스 현상을 가진 재료만이 영구 자석이 될 수 있다.
② 보자력이 클수록 자계가 강한 영구 자석이 된다.
③ 잔류 자속 밀도가 높을수록 자계가 강한 영구 자석이 된다.
④ 자석 재료로 폐회로를 만들면 강한 영구 자석이 된다.

12 히스테리시스 곡선에서 횡축과 종축은 각각 무엇을 나타내는가?

① 자속밀도(횡축), 자계(종축)
② 기자력(횡축), 자속 밀도(종축)
③ 자계(횡축), 자속 밀도(종축)
④ 자속 밀도(횡축), 기자력(종축)

해설

횡축 : 자계, 보자력
종축 : 자속밀도, 잔류자기

13 자기이력곡선(Hysteresis loop)에 대한 설명 중 틀린 것은?

① 자화의 경력이 있을 때나 없을 때나 곡선은 항상 같다.
② Y축은 자속밀도이다.
③ 자화력이 0일 때 남아있는 자기가 잔류자기이다.
④ 잔류자기를 상쇄시키려면 역방향의 자화력을 가해야 한다.

해설

자기이력곡선(Hysteresis loop)는 자화의 경력이 있을 때와 없을 때 곡선은 다르다.

정답 08 ④ 09 ④ 10 ③ 11 ④ 12 ③ 13 ①

14 히스테리시스 곡선의 기울기는 다음의 어떤 값에 해당하는가?

① 투자율
② 유전율
③ 자화율
④ 감자율

해설

자속밀도 $B = \dfrac{\phi}{S} = \dfrac{m}{S} = \mu H$이므로
히스테리시스($B-H$) 곡선은
투자율 $\mu = \dfrac{B}{H}$인 기울기로 하는 형태를 보인다.

15 히스테리시스손은 최대 자속 밀도의 몇 승에 비례하는가?

① 1
② 1.6
③ 2
④ 2.6

해설

히스테리시스손 $P_h = \eta f B^{1.6}$ [W/m³] ⇒ 방지책 : 규소강판사용

와전류손(맴돌이전류손)$P_e = \eta(fB)^2$ [W/m³]
⇒ 방지책 : 성층결선사용

여기서 f 는 주파수, B 는 최대자속밀도

16 와전류의 방향은?

① 일정치 않다.
② 자력선 방향과 동일
③ 자계와 평행되는 면을 관통
④ 자속에 수직되는 면을 회전

해설

와전류는 자속에 수직되는 단면을 회전한다.

17 강자성체에 있어서 히스테리시스 루프의 면적은?

① 강자성체의 단위 체적당에 필요한 에너지이다.
② 강자성체의 단위 면적당에 필요한 에너지이다.
③ 강자성체의 단위 길이당에 필요한 에너지이다.
④ 강자성체의 전체 체적에 필요한 에너지이다.

해설

히스테리시스 루프의 면적은
$S = W_h = \int_0^B H dB$[J/m³]로서 강자성체의 단위 체적당 필요한 에너지를 의미한다.

18 그림과 같은 모양의 자화곡선을 나타내는 자성체 막대를 충분히 강한 평등자계 중에서 매분 3,000회 회전시킬 때 자성체는 단위체적당 약 몇 [kcal/s]의 열이 발생하는가?
(단, $B_r = 2$ [Wb/m²], $H_L = 500$ [AT/m], $B = \mu H$ 에서 $\mu \neq$ 일정)

① 11.7
② 47.8
③ 70.2
④ 200

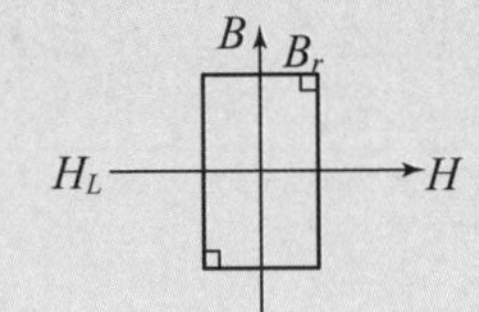

해설

분당회전수 $N = 3000$[rpm], 잔류자기 자속밀도 $B_r = 2$[Wb/m²], 자계 $H_L = 500$[AT/m]일 때
자화곡선의 면적

$S = W_h = 4\int_0^B H\,dB = 4H_L B$

$= 4 \times 500 \times 2 = 4000$[J/m³]

이 때 단위체적당 단위시간당 열량

$Q = 0.24 W_h \times \dfrac{N}{60} \times 10^{-3}$

$= 0.24 \times 4000 \times \dfrac{3000}{60} \times 10^{-3}$

$= 48$[kcal/m³sec]

정답 14 ① 15 ② 16 ④ 17 ① 18 ②

19 그림과 같은 히스테리시스 루프를 가진 철심이 강한 평등 자계에 의해 매초 60[Hz]로 자화할 경우 히스테리스 손실은 몇 [W]인가? (단, 철심의 체적은 20 [cm^3], B_r =5 [Wb/m^2], H_c = 2 [AT/m]이다.)

① 1.2×10^{-2}
② 2.4×10^{-2}
③ 3.6×10^{-2}
④ 4.8×10^{-2}

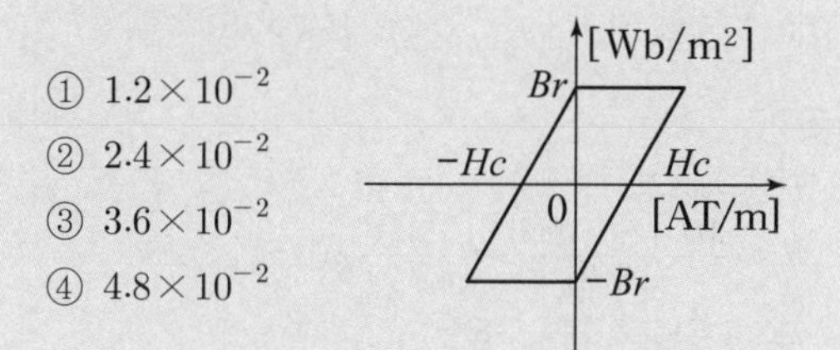

해설

주파수 $f = 60[\text{Hz} = 1/\text{sec}]$,
체적 $v = 20[\text{cm}^3]$, 잔류자기 자속밀도
$B_r = 5[\text{Wb/m}^2]$, 보자력 $H_c = 2[\text{AT/m}]$일 때
자화곡선의 히스테리시시 손실은
$S = W_h = 4HBvf = 4\times2\times5\times20\times10^{-6}\times60$
$= 4.8\times10^{-2}[\text{W}]$

20 반경이 3 [cm]인 원형 단면을 가지고 있는 원환 연철심에 같은 코일에 전류를 흘려서 철심 중의 자계의 세기가 400 [AT/m]되도록 여자할 때 철심 중의 자속 밀도[Wb/m^2]는 얼마인가? (단, 철심의 비투자율은 400이라고 한다.)

① 0.2　② 2.0
③ 0.02　④ 2.2

해설

자속밀도
$B = \mu_o\mu_s H$
$= 4\pi\times10^{-7}\times400\times400 = 0.2[\text{Wb/m}^2]$

21 자계의 세기 1500[AT/m]되는 점의 자속밀도가 2.8[Wb/m^2]이다. 이 공간의 비투자율은 약 얼마인가?

① 1.86×10^{-3}　② 1.86×10^{-2}
③ 1.48×10^{3}　④ 1.48×10^{2}

해설

자속밀도 $B = \mu_o\mu_s H[\text{Wb/m}^2]$ 에서
비투자율 $\mu_s = \dfrac{B}{\mu_o H} = \dfrac{2.8}{4\pi\times10^{-7}\times1500} = 1480$

22 단면적 4[cm^2]의 철심에 6×10^{-4}[Wb]의 자속을 통하게 하려면 2800[AT/m]의 자계가 필요하다. 이 철심의 비투자율은?

① 약 357　② 약 375
③ 약 407　④ 약 426

해설

자속밀도 $B = \dfrac{\phi}{S} = \mu_o\mu_s H[\text{Wb/m}^2]$에서
비투자율 $\mu_s = \dfrac{\phi}{\mu_o HS}$이므로 주어진 수치를 대입하면
$\mu_s = \dfrac{6\times10^{-4}}{4\pi\times10^{-7}\times2800\times4\times10^{-4}} = 426$가 된다.

23 평균길이 1[m], 권수 1000회의 솔레노이드 코일에 비투자율 1000의 철심을 넣고 자속밀도 1[Wb/m^2]를 얻기 위해 코일에 흘려야 할 전류는?

① 0.4[A]　② 0.6[A]
③ 0.8[A]　④ 1.0[A]

해설

철심의 자속밀도
$B = \mu_o\mu_s H = \mu_o\mu_s\dfrac{NI}{l}[\text{Wb/m}^2]$이므로
흘려야 할 전류
$I = \dfrac{Bl}{\mu_o\mu_s N} = \dfrac{1\times1}{4\pi\times10^{-7}\times1000\times1000} = 0.8[\text{A}]$

24 자화의 세기로 정의할 수 있는 것은?

① 단위 체적당 자기모우멘트
② 단위 면적당 자위 밀도
③ 자화선 밀도
④ 자력선 밀도

해설

자성체를 자계내에 놓았을 때 자석화되는 정도로서 단위 체적당 자기모우멘트로 정의 할 수 있다

정답　19 ④　20 ①　21 ③　22 ④　23 ③　24 ①

25 자화의 세기 P_m [Wb/m²]을 자속밀도 B[Wb/m²]과 비투자율 μ_r로 나타내면?

① $P_m = (1-\mu_r)B$ ② $P_m = \left(1-\frac{1}{\mu_r}\right)B$

③ $P_m = (\mu_r-1)B$ ④ $P_m = \left(\frac{1}{\mu_r}-1\right)B$

해설

자화의 세기

$J = \mu_o(\mu_s-1)H = B(1-\frac{1}{\mu_s})$

$= xH = \frac{M}{v}$ [Wb/m²]

자화율 $x = \mu_o(\mu_s-1)$

비자화율 $x_m = \frac{x}{\mu_o} = \mu_s - 1$

26 비투자율 $\mu_s = 400$인 환상 철심 내의 평균 자계의 세기가 $H = 3000$[AT/m]이다. 철심 중의 자화의 세기 J [Wb/m²]는?

① 0.15 ② 1.5

③ 0.75 ④ 7.5

해설

자화의 세기

$J = \mu_o(\mu_s-1)H$

$= 4\pi\times10^{-7}(400-1)\times3000 = 1.5$ [Wb/m²]

27 길이 l [m], 단면적의 지름 d[m]인 원통이 길이방향으로 균일하게 자화되어 자화의 세기가 J[Wb/m²]인 경우 원통 양단에서의 전자극의 세기는 몇 [Wb]인가?

① $\pi d^2 J$ ② $\pi d J$

③ $\frac{4J}{\pi d^2}$ ④ $\frac{\pi d^2 J}{4}$

해설

자화의 세기

$J = \frac{M[\text{자기모멘트}]}{v[\text{체적}]} = \frac{m \cdot l}{\pi a^2 \cdot l} = \frac{m}{\pi a^2}$[Wb/m²]

이므로 자극의 세기는

$m = \pi a^2 \cdot J = \pi\times\left(\frac{d}{2}\right)^2 \cdot J = \frac{\pi d^2 J}{4}$[Wb]

28 길이 10[cm], 단면의 반지름 $a = 1$[cm]인 원통형 자성체가 길이의 방향으로 균일 하게 자화되어 있을 때 자화의 세기가 $J = 0.5$[Wb/m²] 이라면, 이 자성체의 자기 모멘트 [Wb·m]는?

① 1.57×10^{-4} ② 1.57×10^{-5}

③ 15.7×10^{-4} ④ 15.7×10^{-5}

해설

자화의 세기

$J = \frac{M[\text{자기모멘트}]}{v[\text{체적}]} = \frac{M}{\pi a^2 \cdot l}$[Wb/m²] 이므로

자기모우멘트 M를 구하면

$M = \pi a^2 \cdot l \cdot J = \pi\times(10^{-2})^2\times10\times10^{-2}\times0.5$

$= 1.57\times10^{-5}$[Wb·m] 가 된다.

29 강자성체의 자속밀도 B의 크기와 자화의 세기 J의 크기 사이에는 어떤 관계가 있는가?

① J는 B와 같다.

② J는 B보다 약간 작다.

③ J는 B보다 대단히 크다.

④ J는 B보다 약간 크다.

해설

강자성체는 $\mu_s \gg 1$ 이므로 $J = B\left(1-\frac{1}{\mu_s}\right)$

에서 $1-\frac{1}{\mu_s}$ 는 1보다 약간 적어지므로

J는 B보다 약간 적어진다.

30 다음의 관계식 중 성립할 수 없는 것은? (단, μ는 투자율, x는 자화율, μ_o는 진공의 투자율, J는 자화의 세기이다.)

① $\mu = \mu_o + x$ ② $B = \mu H$

③ $\mu_s = 1 + \frac{x}{\mu_o}$ ④ $J = xB$

해설

자화의 세기 $J = xH$[Wb/m²]

정답 25 ② 26 ② 27 ④ 28 ② 29 ② 30 ④

31 자화율 x와 비투자율 μ_r의 관계에서 상자성체로 판단할 수 있는 것은?

① $x > 0,\ \mu_r > 1$　② $x < 0,\ \mu_r > 1$
③ $x > 0,\ \mu_r < 1$　④ $x < 0,\ \mu_r < 1$

해설

상자성체는 비투자율 $\mu_s > 1$ 이므로
자화율 $x = \mu_o(\mu_s - 1) > 0$이 된다.

32 비투자율이 500인 철심을 이용한 환상 솔레노이드에서 철심속의 자계의 세기가 200[AT/m]일 때 철심속의 자속밀도 B[Wb/m²]와 자화율 χ[H/m]는 얼마인가?

① $B = \pi \times 10^{-2}$, $\chi = 3.2 \times 10^{-4}$
② $B = \pi \times 10^{-2}$, $\chi = 6.3 \times 10^{-4}$
③ $B = 4\pi \times 10^{-2}$, $\chi = 6.3 \times 10^{-4}$
④ $B = 4\pi \times 10^{-2}$, $\chi = 12.6 \times 10^{-4}$

해설

$\mu_s = 500$, $H = 200$[AT/m]이므로
자속밀도
$B = \mu_o \mu_s H = (4\pi \times 10^{-7})(500)(200)$
$= 4\pi \times 10^{-2}$[Wb/m²]
자화율
$\chi = \mu_o(\mu_s - 1) = (4\pi \times 10^{-7})(500 - 1)$
$= 6.3 \times 10^{-4}$[H/m]

33 자율이 μ 이고, 감자율 N인 자성체를 외부 자계 H_o중에 놓았을 때의 자성체의 자화의 세기 J[Wb/m²]를 구하면?

① $\dfrac{\mu_o(\mu_s+1)}{1+N(\mu_s+1)}H_o$　② $\dfrac{\mu_o\mu_s}{1+N(\mu_s+1)}H_o$
③ $\dfrac{\mu_o\mu_s}{1+N(\mu_s-1)}H_o$　④ $\dfrac{\mu_o(\mu_s-1)}{1+N(\mu_s-1)}H_o$

해설

자성체의 감자력
$H' = H_o - H = \dfrac{N}{\mu_o}J$ → ①식 이고
자성체의 자화의 세기는
$J = \mu_o(\mu_s - 1)H$[Wb/m²] → ②식 이므로
②식에서 자성체 내부의 자계
$H = \dfrac{J}{\mu_o(\mu_s - 1)}$[AT/m]를 ①식에 대입하여
정리하면
$H' = H_o - \dfrac{J}{\mu_o(\mu_s - 1)} = \dfrac{N}{\mu_o}J$에서
$J = \dfrac{\mu_o(\mu_s - 1)}{1 + N(\mu_s - 1)}H_o$[Wb/m²]이 된다.

34 다음 중 감자율이 0 인 것은?

① 가늘고 짧은 막대 자성체
② 굵고 짧은 막대 자성체
③ 가늘고 긴 막대 자성체
④ 환상 솔레노이드

해설

환상솔레노이드(환상철심) : 감자율 $N=0$
구자성체 : 감자율 $N=\dfrac{1}{3}$

35 투자율이 다른 두 자성체의 경계면에서 굴적각과 입사각의 관계가 옳은 것은? (단, μ:투자율, θ_1:입사각, θ_2:굴절각)

① $\dfrac{\sin\theta_1}{\sin\theta_2} = \dfrac{\mu_1}{\mu_2}$　② $\dfrac{\tan\theta_2}{\tan\theta_1} = \dfrac{\mu_1}{\mu_2}$
③ $\dfrac{\cos\theta_1}{\cos\theta_2} = \dfrac{\mu_1}{\mu_2}$　④ $\dfrac{\tan\theta_1}{\tan\theta_2} = \dfrac{\mu_1}{\mu_2}$

해설

자성체의 경계면 조건
$H_1\sin\theta_1 = H_2\sin\theta_2$
$B_1\cos\theta_1 = B_2\cos\theta_2$
$\dfrac{\tan\theta_1}{\tan\theta_2} = \dfrac{\mu_1}{\mu_2}$
여기서 θ_1는 입사각, θ_2는 굴절각

정답　31 ①　32 ③　33 ④　34 ④　35 ④

36 두 자성체의 경계면에서 경계 조건을 설명한 것 중 옳은 것은?

① 자계의 성분은 서로 같다.
② 자계의 법선 성분은 서로 같다.
③ 자속밀도의 법선 성분은 서로 같다.
④ 자속밀도의 접선 성분은 서로 같다.

해설

자성체의 경계면에서 자계의 접선성분 및 자속밀도의 법선 성분은 서로 같다.

37 두 자성체 경계면에서 정자계가 만족하는 것은?

① 양측 경계면상의 두 점간의 자위차가 같다.
② 자속은 투자율이 작은 자성체에 모은다.
③ 자계의 법선성분이 같다.
④ 자속밀도의 접선성분이 같다.

해설

자성체의 경계면에서 양측 경계면상의 두 점간의 자위차는 같다.

38 전기 회로에서 도전도[℧/m]에 대응하는 것은 자기 회로에서 무엇인가?

① 자속 ② 기자력
③ 투자율 ④ 자기 저항

해설 전기회로와 자기회로 비교

전기회로		자기회로	
전기저항	$R=\rho\frac{l}{S}=\frac{l}{kS}[\Omega]$	자기저항	$R_m=\frac{l}{\mu S}$[AT/Wb]
도전율	k[℧/m]	투자율	μ[H/m]
기전력	E[V]	기자력	$F=NI$[AT]
전류	$I=\frac{E}{R}$[A]	자속	$\phi=\frac{F}{R_m}=\frac{\mu SNI}{l}$[Wb]
전류밀도	$i=\frac{I}{S}$[A/m²]	자속밀도	$B=\frac{\phi}{S}$[Wb/m²]

39 자기회로의 퍼미언스(permeance)에 대응하는 전기회로의 요소는?

① 도전율 ② 컨덕턴스
③ 정전용량 ④ 엘라스턴스

해설

퍼미언스는 자기저항의 역수이므로 전기저항의 역수인 콘덕턴스가 된다.

40 도전율의 단위는?

① $\left[\frac{m}{\Omega}\right]$ ② $\left[\frac{\Omega}{m^2}\right]$
③ $\left[\frac{1}{J\cdot m}\right]$ ④ $\left[\frac{℧}{m}\right]$

41 자기회로와 전기회로의 대응관계가 잘못된 것은?

① 투자율 - 도전도
② 자속밀도 - 전속밀도
③ 퍼미언스 - 컨덕턴스
④ 기자력 - 기전력

해설

자기회로의 자속밀도 $B=\frac{\phi}{S}$[Wb/m²]에 대응되는 전기회로의 성질은 전류밀도 $i=\frac{I}{S}$[A/m²]이다.

42 자기회로에 대한 설명으로 틀린 것은?

① 전기회로의 정전용량에 해당되는 것은 없다.
② 자기저항에는 전기저항의 줄손실에 해당되는 손실이 있다.
③ 기자력과 자속은 변화가 비직선성을 갖고 있다.
④ 누설자속은 전기회로의 누설전류에 비하여 대체로 많다.

해설

전기회로에 전류가 흐르면 줄의 법칙으로 알려진 줄손실이 발생하지만, 자기회로에 자속이 통과하면 에너지 손실이 발생하지 않는다.

정답 36 ③ 37 ① 38 ③ 39 ② 40 ④ 41 ② 42 ②

43 자기 회로의 단면적 $S[m^2]$, 길이 l[m], 비투자율 μ_s, 진공의 투자율 μ_o[H/m]일 때의 자기저항[AT/Wb]은?

① $\dfrac{l}{\mu_o \mu_s S}$ ② $\dfrac{\mu_o \mu_s l}{S}$

③ $\dfrac{S}{\mu_o \mu_s l}$ ④ $\dfrac{\mu_o \mu_s S}{l}$

해설

자기저항 $R_m = \dfrac{l}{\mu S} = \dfrac{l}{\mu_o \mu_s S}$ [AT/Wb]

44 자기회로의 자기저항에 대한 설명으로 옳은 것은?

① 자기회로의 길이에 반비례한다.
② 자기회로의 단면적에 비례한다.
③ 비투자율에 반비례한다.
④ 길이의 제곱에 비례하고 단면적에 반비례한다.

해설

자기저항은 $R_m = \dfrac{l}{\mu S} = \dfrac{l}{\mu_o \mu_s S}$ [AT/Wb]
이므로 길이(l)에 비례하고 비투자율(μ_s) 및 단면적 (S)에 반비례한다.

45 어떤 막대꼴 철심이 있다. 단면적이 $0.5[m^2]$, 길이가 0.8[m], 비투자율이 20이다. 이 철심의 자기저항[AT/Wb]은?

① 6.37×10^4 ② 9.7×10^5
③ 3.6×10^4 ④ 4.45×10^4

해설

자기저항
$$R_m = \frac{l}{\mu S} = \frac{l}{\mu_o \mu_s S} = \frac{0.8}{4\pi\times10^{-7}\times20\times0.5}$$
$= 6.37\times10^4$ [AT/Wb]

46 길이가 100[cm]인 자기회로를 구성할 때 비투자율이 50인 철심을 이용한다면, 자기저항을 2.5×10^7[AT/Wb] 이하로 하기 위해서는 단면적을 약 몇 $[m^2]$이상으로 하여야 하는가?

① $3.6\times10^{-4}[m^2]$ ② $6.4\times10^{-4}[m^2]$
③ $7.9\times10^{-4}[m^2]$ ④ $9.2\times10^{-4}[m^2]$

해설

철심의 자기저항 $R_m = \dfrac{l}{\mu_o \mu_s S}$ [AT/m] 에서
철심의 단면적
$$S = \frac{l}{\mu_o \mu_s R_m} = \frac{100\times10^{-2}}{4\pi\times10^{-7}\times50\times2.5\times10^7}$$
$= 6.4\times10^{-4}\ [m^2]$

47 아래의 그림과 같은 자기회로에서 A부분에만 코일을 감아서 전류를 인가할 때의 자기저항과 B 부분에만 코일을 감아서 전류를 인가할 때의 자기저항[AT/Wb]을 각각 구하면 어떻게 되는가? (단, 자기저항 $R_1 = 1$, $R_2 = 0.5$, $R_3 = 0.5$ [AT/Wb]이다.)

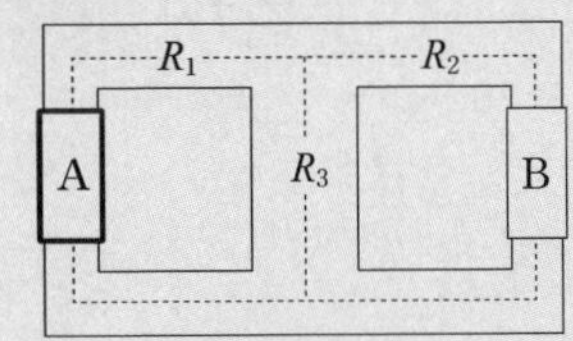

① $R_A = 1.25$, $R_B = 0.83$
② $R_A = 1.25$, $R_B = 1.25$
③ $R_A = 0.83$, $R_B = 0.83$
④ $R_A = 0.83$, $R_B = 1.25$

해설

자기회로의 A부분에만 코일을 감았을 경우 자기저항은 R_2, R_3가 병렬을 이루고 R_1과 직렬을 이루게 되며
자기회로의 B부분에만 코일을 감았을 경우 자기저항은 R_1과 R_3가 병렬을 이루고 R_2와 직렬을 이루게 된다.
따라서 각각의 경우의 자기저항의 합성을 R_A, R_B라 하면 $R_1 = 1$, $R_2 = 0.5$, $R_3 = 0.5$[AT/Wb]일 때
$$R_A = R_1 + \frac{R_2 R_3}{R_2 + R_3} = 1 + \frac{0.5\times0.5}{0.5+0.5} = 1.25\,[AT/Wb]$$
$$R_B = R_2 + \frac{R_1 R_3}{R_1 + R_3} = 0.5 + \frac{1\times0.5}{1+0.5} = 0.83\,[AT/Wb]$$

정답 43 ① 44 ③ 45 ① 46 ② 47 ①

[참고] R_1, R_2 자기저항이 직렬일 때

합성 자기저항 $= R_1 + R_2$

R_1, R_2 자기저항이 병렬일 때

합성 자기저항 $= \dfrac{R_1 R_2}{R_1 + R_2}$

48 환상 철심에 감은 코일에 5[A]의 전류를 흘리면 2,000[AT]의 기자력이 생기는 것으로 한다면 코일의 권수는 얼마로 하여야 한는가?

① 1,000 회 ② 500 회
③ 250 회 ④ 400 회

해설

기자력 $F = N \cdot I$[AT] 에서

권수 $N = \dfrac{F}{I} = \dfrac{2000}{5} = 4 \times 10^2$[회]가 된다.

49 기자력의 단위는?

① [V] ② [Wb]
③ [AT] ④ [N]

50 다음 중 기자력(Magnetomotive Force)에 대한 설명으로 옳지 않은 것은?

① 전기회로의 기전력에 대응한다.
② 코일에 전류를 흘렸을 때 전류밀도와 코일의 권수의 곱의 크기와 같다.
③ 자기회로의 자기저항과 자속의 곱과 동일하다.
④ SI 단위는 암페어[A]이다.

해설

자기회로의 코일권수를 N, 전류를 I, 자기저항을 R_m, 자속을 ϕ, 자계의 세기를 H, 길이를 l이라 하면 기자력 F는 $F = NI = R_m \phi = Hl$[A]이므로

(1) 전기회로의 기전력에 대응한다.
(2) 코일에 흐르는 전류와 코일권수의 곱의 크기와 같다.
(3) 자기회로의 자기저항과 자속의 곱과 동일하다.
(4) 단위는 [AT] 또는 [A]이다.

51 단면적 S[m^2], 길이 l[m], 투자율 μ[H/m]의 자기 회로에 N회의 코일을 감고 I[A]의 전류를 통할 때의 옴의 법칙은?

① $B = \dfrac{\mu SNI}{l}$ ② $\phi = \dfrac{\mu SI}{lN}$
③ $\phi = \dfrac{\mu SNI}{l}$ ④ $\phi = \dfrac{l}{\mu SNI}$

해설

자속 $\phi = \dfrac{F}{R_m} = \dfrac{NI}{\dfrac{l}{\mu S}} = \dfrac{\mu SNI}{l}$ [Wb]

52 공심 환상 솔레노이드의 단면적이 10[cm^2], 자로의 길이20[cm],코일의 권수가 500회, 코일에 흐르는 전류가2[A]일 때 솔레노이드의 내부 자속[Wb]은 얼마인가?

① $4\pi \times 10^{-4}$ ② $4\pi \times 10^{-6}$
③ $2\pi \times 10^{-4}$ ④ $2\pi \times 10^{-6}$

해설

자속

$\phi = \dfrac{\mu_o SNI}{l} = \dfrac{4\pi \times 10^{-7} \times 10 \times 10^{-4} \times 500 \times 2}{20 \times 10^{-2}}$

$= 2\pi \times 10^{-6}$[Wb]

53 철심이 든 환상솔레노이드에서 2000[AT]의 가자력에 의하여 철심내에 4×10^{-5}[Wb]의 자속이 통할 때 이 철심의 자기저항은 몇 [AT/Wb]인가?

① 2×10^7 ② 3×10^7
③ 4×10^7 ④ 5×10^7

해설

자기저항

$R_m = \dfrac{F}{\phi} = \dfrac{2000}{4 \times 10^{-5}} = 5 \times 10^7$ [AT/Wb]

정답 48 ④ 49 ③ 50 ② 51 ③ 52 ④ 53 ④

54 철심에 도선을 250회 감고 1.2[A]의 전류를 흘렸더니 1.5×10^{-3}[Wb]의 자속이 생겼다. 자기저항[AT/Wb]은?

① 2×10^5 ② 3×10^5
③ 4×10^5 ④ 5×10^5

해설

자기저항

$$R_m=\frac{F}{\phi}=\frac{NI}{\phi}=\frac{250\times1.2}{1.5\times10^{-3}}$$
$$=2\times10^5\ [\text{AT/Wb}]$$

55 그림과 같은 자기회로에서 $R_1=0.1$[AT/Wb], $R_2=0.2$[AT/Wb], $R_3=0.3$[AT/Wb]이고 코일은 10[회] 감았다. 이때 코일에 10[A]의 전류를 흘리면 $\overline{ACB}$ 간에 투과하는 자속 Φ은 약 몇 [Wb] 인가?

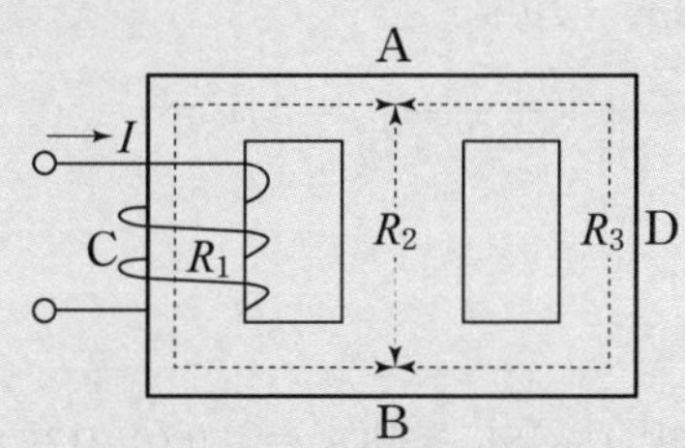

① 2.25×10^2 ② 4.55×10^2
③ 6.50×10^2 ④ 8.45×10^2

해설

자기회로의 합성 자기저항은 R_2, R_3가 병렬을 이루고 R_1과 직렬이 되므로

$$R_m=R_1+\frac{R_2R_3}{R_2+R_3}=0.1+\frac{0.2\times0.3}{0.2+0.3}=0.22\,[\text{AT/Wb}]$$

가 된다. 이 때 자속은

$$\Phi=\frac{F}{R_m}=\frac{NI}{R_m}=\frac{10\times10}{0.22}=4.55\times10^2\ [\text{Wb}]$$

56 길이 1[m], 단면적 15[cm²]인 무단 솔레노이드에 0.01[Wb]의 자속을 통하는 데 필요한 기자력은?

① $\frac{10^8}{6\pi}$[AT] ② $\frac{10^7}{6\pi}$[AT]
③ $\frac{10^6}{6\pi}$[AT] ④ $\frac{10^5}{6\pi}$[AT]

해설

기자력은

$$F=\phi R_m=\phi\frac{l}{\mu_o S}$$
$$=0.01\times\frac{1}{4\pi\times10^{-7}\times15\times10^{-4}}=\frac{10^8}{6\pi}\ [\text{AT}]$$

57 다음 중 자기회로에서 키르히호프의 법칙으로 알맞은 것은? (단, R : 자기저항, ϕ : 자속, N : 코일 권수, I : 전류 이다.)

① $\sum_{i=1}^{n}\phi_i=\infty$

② $\sum_{i=1}^{n}N_i\phi_i=0$

③ $\sum_{i=1}^{n}R_i\phi_i=\sum_{i=1}^{n}N_iI_i$

④ $\sum_{i=1}^{n}R_i\phi_i=\sum_{i=1}^{n}N_iL_i$

해설

임의의 폐자기 회로에 있어 각부의 자기저항과 자속의 총합은 폐자기 회로의 기자력의 총합과 같다.

$$\sum_{i=1}^{n}F=\sum_{i=1}^{n}R_i\phi_i=\sum_{i=1}^{n}N_iI_i$$

58 전자석의 흡인력은 자속 밀도를 B라 할 때 어떻게 되는가?

① B 에 비례
② $B^{\frac{3}{2}}$에 비례
③ $B^{1.6}$에 비례
④ B^2에 비례

해설

전자석에 의한 단위면적당 작용하는 힘은

$$f=\frac{F}{S}=\frac{B^2}{2\mu}=\frac{1}{2}\mu H^2=\frac{1}{2}BH\,[\text{N/m}^2]$$ 이므로

자속밀도 B^2에 비례한다.

정답 54 ① 55 ② 56 ① 57 ③ 58 ④

59 그림과 같이 진공 중에 자극면적이 $2[\text{cm}^2]$, 간격이 $0.1[\text{cm}]$인 자성체내에서 포화자속밀도가 $2[\text{Wb/m}^2]$일 때 두 자극면 사이에 작용하는 힘의 크기는 약 몇 [N]인가?

① 53
② 106
③ 159
④ 318

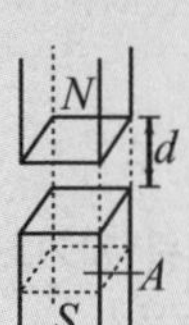

해설

자극면 사이에 작용하는 힘은

$$F = f \cdot S = \frac{B^2}{2\mu_o} \cdot S$$
$$= \frac{2^2}{2\times 4\pi\times 10^{-7}}\times 2\times 10^{-4} = 318[\text{N}]$$ 가 된다.

60 단면적 $15[\text{cm}^2]$의 자석 근처에 같은 단면적을 가진 철편을 놓을 때 그 곳을 통하는 자속이 $3\times 10^{-4}[\text{Wb}]$이면 철편에 작용하는 흡인력은 약 몇 [N]인가?

① 12.2 ② 23.9
③ 36.6 ④ 48.8

해설

자극면 사이에 작용하는 힘은

$$F = f \cdot S = \frac{B^2}{2\mu_o} \cdot S = \frac{\left(\frac{\phi}{S}\right)^2}{2\mu_o} \cdot S = \frac{\phi^2}{2\mu_o S}$$
$$= \frac{(3\times 10^{-4})^2}{2\times 4\pi\times 10^{-7}\times 15\times 10^{-4}} = 23.88[\text{N}]$$ 가 된다.

61 두 개의 자극판이 놓여 있다. 이때의 자극판 사이의 자속밀도 $B[\text{Wb/m}^2]$, 자계의 세기 $H[\text{AT/m}]$, 투자율 μ라 하는 곳의 자계의 에너지 밀도 $[\text{J/m}^3]$은?

① $\frac{1}{2}HB^2$ ② HB
③ $\frac{1}{2\mu}H^2$ ④ $\frac{1}{2\mu}B^2$

해설

단위체적당 축적된 에너지는

$$W = \frac{B^2}{2\mu} = \frac{1}{2}\mu H^2 = \frac{1}{2}BH[\text{J/m}^3]$$

62 비투자율이 4000인 철심을 자화하여 자속 밀도가 $0.1[\text{Wb/m}^2]$으로 되었을 때 철심의 단위 체적에 저축된 에너지$[\text{J/m}^3]$는?

① 1
② 3
③ 2.5
④ 5

해설

단위체적당 축적된 에너지는

$$W = \frac{B^2}{2\mu} = \frac{B^2}{2\mu_o\mu_s}$$
$$= \frac{0.1^2}{2\times 4\pi\times 10^{-7}\times 4000} = 1[\text{J/m}^3]$$

63 길이 $1[\text{m}]$의 철심$(\mu_s = 1000)$ 자기 회로에 $1[\text{mm}]$의 공극이 생겼을 때 전체의 자기 저항은 약 몇 배로 증가 되는가? (단, 각부의 단면적은 일정하다.)

① 1.5
② 2
③ 2.5
④ 3

해설

미소공극시 자기저항은 처음의 자기저항의

$\frac{R}{R_m} = 1 + \frac{\mu_s l_g}{l}$ 배 이므로 주어진 수치를 대입하면

$$\frac{R}{R_m} = 1 + \frac{\mu_s l_g}{l} = 1 + \frac{1000\times 10^{-3}}{1} = 2$$배가 된다.

정답 59 ④ 60 ② 61 ④ 62 ① 63 ②

64 비투자율 $\mu_s = 500$, 자로의 길이 l인 환상철심 자기회로에 $l_g = \frac{l}{500}$의 공극을 내면 자속은 공극이 없을 때의 대략 몇 배가 되는가? (단, 기자력은 같다.)

① 1　　② $\frac{1}{2}$

③ 5　　④ $\frac{1}{199}$

해설

$$R = \left(1 + \frac{\mu_s l_g}{l}\right) R_m = \left(1 + \frac{500 \times \frac{\ell}{500}}{\ell}\right) R_m$$
$$= 2R_m \text{ [AT/Wb]}$$

기자력 $F = R_m \phi$[AT]이므로 기자력이 일정하면 자기저항(R_m)과 자속(ϕ)은 반비례하여 자속은 $\frac{1}{2}$배로 줄어든다.

정답　64 ②

memo

ustrial Engineer Electricity
Engineer Electricity

전자유도

Chapter 10

SECTION 10

전자유도

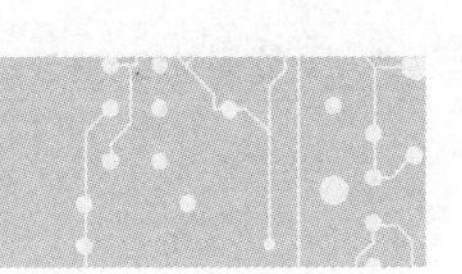

1 전자유도현상(법칙)

코일에 자속이 시간적으로 변화하는 경우 코일 양단에 전압이 유기되는 현상을 전자유도법칙이라 하며 변압기의 원리가 된다.

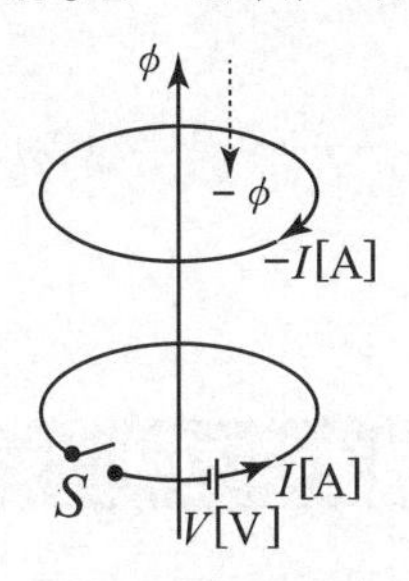

스위치를 개, 폐를 하면 코일에 전류가 흘러 자속이 형성되고, 상대편 코일에 자속의 변화가 생기면 역으로 상쇄되려고 역 자속이 형성되어 유기 기전력이 발생한다.
이러한 현상을 전자 유도 현상이라 한다.

1. 자속 변화에 의한 코일에 유기되는 기전력

$$e = -N\frac{d\phi}{dt}[\mathrm{V}]$$

단, N : 코일수(권선수), $d\phi$: 자속의 변화율, dt ; 시간의 변화율

2. 패러데이 법칙(유기 기전력의 크기를 결정)

전자유도에 의해 회로에 발생하는 기전력은 쇄교 자속수의 시간에 대한 변화율에 비례한다.

3. 렌쯔의 법칙(유기 기전력의 방향을 결정)

전자유도에 의해서 생기는 유도전압의 방향은 쇄교자속의 변화를 방해하는 방향이 된다.

예제문제 코일에 유도되는 기전력

1 권수 1회의 코일에 $5[\mathrm{Wb}]$의 자속이 쇄교하고 있을 때 $t = 10^{-1}$초 사이에 이 자속이 0으로 변하였다면 코일에 유도되는 기전력은 몇 [V]가 되는가?

① 5　　② 25
③ 50　　④ 100

해설
$N = 1$ 회, 자속의 변화량 $d\phi = 0 - 5 = -5[\mathrm{Wb}]$, 시간의 변화량
$dt = 10^{-1}[\sec]$이므로 유기기전력은 $e = -N\frac{d\phi}{dt} = -1 \times \frac{-5}{10^{-1}} = 50[\mathrm{V}]$가 된다.

답 ③

핵심 NOTE

■ 전자유도법칙
코일에 자속이 시간적으로 변하는 경우 코일 양단에 전압 유기되는 현상(변압기의 원리)

■ 유기기전력
$e = -N\frac{d\phi}{dt}[\mathrm{V}]$

■ 패러데이 법칙
유기기전력의 크기 결정

■ 렌쯔의 법칙
유기기전력의 방향 결정

핵심 NOTE

예제문제 전자유도

2 **전자유도에 의하여 회로에 발생되는 기전력은 자속 쇄교수의 시간에 대한 감소비율에 비례한다는 ㉠법칙에 따르고, 특히 유도된 기전력의 방향은 ㉡법칙에 따른다. ㉠, ㉡에 알맞은 것은?**

① ㉠ 패러데이 ㉡ 플레밍의 왼손
② ㉠ 패러데이 ㉡ 렌쯔
③ ㉠ 렌쯔 ㉡ 패러데이
④ ㉠ 플레밍의 왼손 ㉡ 패러데이

해설

패러데이 법칙 : 전자유도에 의한 유기기전력의 크기 결정
렌쯔의 법칙 : 전자유도에 의한 유기기전력의 방향 결정

답 ②

2 정현파 자속에 의한 코일에 유기되는 기전력

■ $\frac{d}{dt}sin\omega t = \cos\omega t \cdot \omega$

■ $-\cos\omega t = \sin(\omega t - \frac{\pi}{2})$

■ 각속도 $\omega = 2\pi f$ [rad/sec],
■ 자속 $\phi = B \cdot S$[Wb]

아래 그림과 같이 자장 B[Wb/m^2]내 직사각형코일을 ω [rad/sec]의 각속도로 회전시 코일내 쇄교되는 자속이 변화하여 코일 양단에 전자유도에 의해서 전압이 아래와 같이 유도된다.

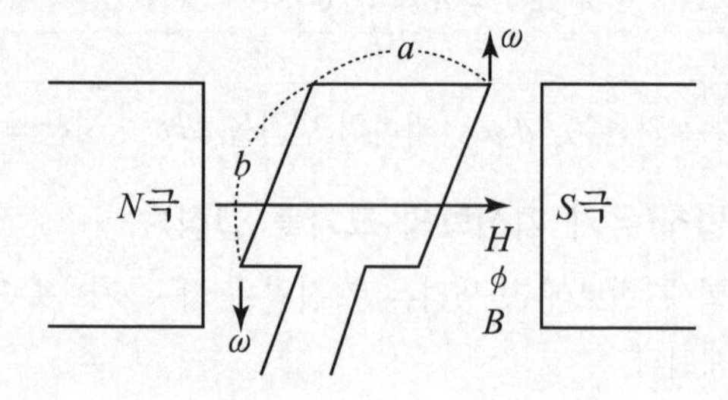

■ 정현파 자속에 의한 유기되는 전압
1. 유기전압
$e = -\omega N\phi_m \cos\omega t$
$= \omega N\phi_m \sin(\omega t - \frac{\pi}{2})$[V]
2. 기전력은 자속보다 위상이 $\frac{\pi}{2}$만큼 늦다.
3. 최대유기전압
$e_{\max} = \omega N\phi_m$[V]
4. 비례관계
$e \propto f \cdot B$

1. 직사각형코일을 ω [rad/sec]의 각속도로 회전시 코일에 쇄교되는 자속이 변화하므로 이를 정현파 자속이라 한다.
$\phi = \phi_m \sin\omega t$ [Wb]
2. 코일에 유기되는 기전력
$$e = -N\frac{d\phi}{dt} = -N\frac{d}{dt}\phi_m \sin\omega t = -N\phi_m \cos\omega t \cdot \omega$$
$$= -\omega N\phi_m \cos\omega t = \omega N\phi_m \sin(\omega t - \frac{\pi}{2})[V]$$
3. 유기기전력과 자속의 위상관계
유기 기전력은 자속에 비하여 위상이 $\frac{\pi}{2}$만큼 늦다.
4. 유기기전력의 최대값 $e_{\max} = \omega N\phi_m = \omega NBS$[V]
5. 비례관계 $e \propto f \cdot B$

핵심 NOTE

예제문제 정현파자속에 의한 유기기전력

3 자속 밀도 $B[\text{Wb/m}^2]$가 도체 중에서 $f[\text{Hz}]$로 변화할 때 도체 중에 유기되는 기전력 e는 무엇에 비례하는가?

① $e \propto \frac{B}{f}$　　② $e \propto \frac{B^2}{f}$

③ $e \propto \frac{f}{B}$　　④ $e \propto B \cdot f$

해설

코일에 유기되는 기전력
$e = \omega N\phi_m \sin(\omega t - 90°) = 2\pi f N B_m S \sin(\omega t - 90°)$ [V]이므로
주파수(f)와 자속밀도(B)에 비례한다.

답 ④

예제문제 정현파자속에 의한 유기기전력

4 정현파 자속의 주파수를 2배로 높이면 유기 기전력은?

① 변하지 않는다.　　② 2배로 증가한다.

③ 4배로 증가한다.　　④ $\frac{1}{2}$이 된다.

해설

정현파 자속에 의한 코일에 유기 되는 기전력 $e \propto f$이므로 주파수를 2배로 하면 유기 기전력도 2배가 된다.

답 ②

3 원판 회전시 발생되는 기전력

고정된 자극 N에서 나오는 자장 $B[\text{Wb/m}^2]$에 수직인 반지름이 a[m]인 원판을 각속도 ω [rad/sec]로 회전시 유기되는 전압을 구한다.

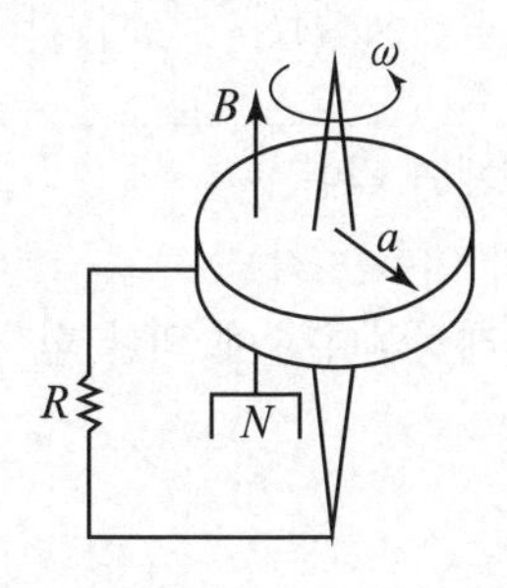

1. 원판 회전시 유기전압

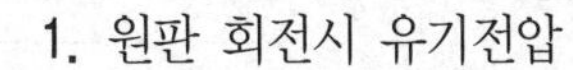

$$e = \frac{\omega B a^2}{2} [\text{V}]$$

2. 저항 R에 흐르는 전류

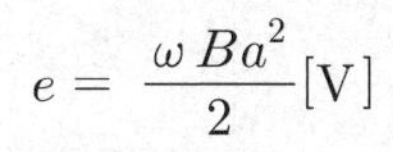

$$I = \frac{e}{R} = \frac{\omega B a^2}{2R} [\text{A}]$$

3. 원판회전시 전류가 흐르지 않는 경우
자극과 원판을 동시에 같은 방향 같은 속도로 회전시

■ 원판회전시 흐르는 전류

$$I = \frac{e}{R} = \frac{\omega B a^2}{2R} [\text{A}]$$

각속도 $\omega = 2\pi \frac{N}{60}$ [rad/sec]

단, N[rpm]은 분당회전수

핵심 NOTE

예제문제 원판회전시 유기전압

5 그림과 같이 자속밀도 $60[\text{Wb/m}^2]$의 평등 자계와 평행인 축 주위를 $1000[\text{rpm}]$의 등각속도로 회전하는 반지름 $10[\text{m}]$의 원판에 브러시를 접촉시키고 그 사이에 $2[\Omega]$의 외부저항을 연결하였을 때 $2[\Omega]$에 흐르는 전류는?

① $\pi \times 10^5\,[\text{A}]$

② $\dfrac{\pi}{2} \times 10^5\,[\text{A}]$

③ $10^5\,[\text{A}]$

④ $2\pi \times 10^5\,[\text{A}]$

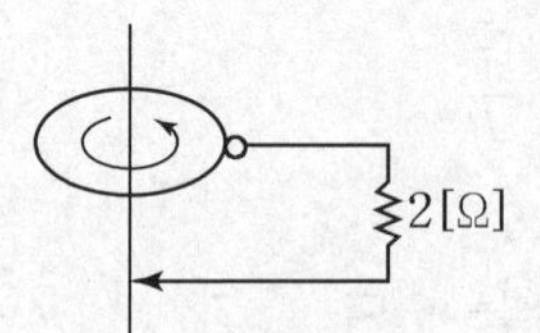

해설

원판 회전시 흐르는 전류

$$I = \frac{wBa^2}{2R} = \frac{2\pi \frac{N}{60} Ba^2}{2R} = \frac{2\pi \frac{1000}{60} \times 60 \times 10^2}{2 \times 2} = \frac{\pi}{2} \times 10^5\,[\text{A}]$$

답 ②

4 플레밍(Fleming's)의 오른손 법칙

- 플레밍의 오른손법칙
  자계내 도체를 놓고 이동시 전압이 유기되는 현상(발전기의 원리)
- 유기기전력
  $e = Blv\sin\theta = (\vec{v} \times \vec{B})l = \dfrac{F}{I}v\,[\text{V}]$
- 오른손 손가락 방향

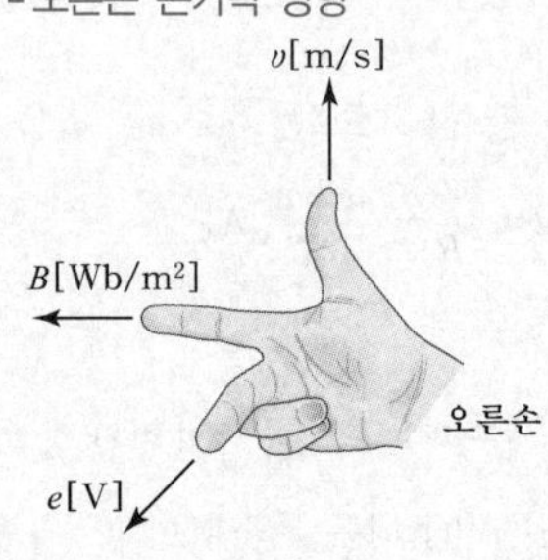

발전기의 원리가 되며 자계 $B[\text{Wb/m}^2]$내 길이가 $l\,[\text{m}]$인 도체를 놓고 $v\,[\text{m/sec}]$의 속도로 이동시 도체가 자속을 끊어 도체에 전압이 유기되는 현상

1. 오른손 손가락 방향

① 엄지 : 이동속도 $v\,[\text{m/sec}]$

② 검지 : 자속밀도 $B\,[\text{Wb/m}^2]$

③ 중지 : 유기전압 $e\,[\text{V}]$

2. 유기기전력

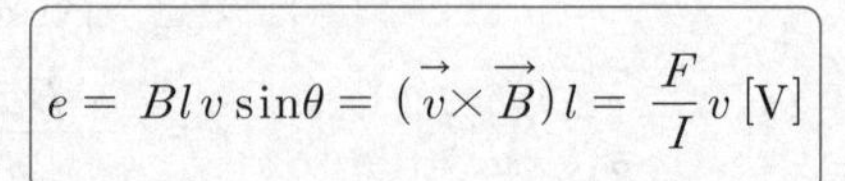

$$e = Blv\sin\theta = (\vec{v} \times \vec{B})l = \frac{F}{I}v\,[\text{V}]$$

단, $l\,[\text{m}]$: 도체의 길이

θ : 자계와 이루는 각

$F[\text{N}]$: 플레밍의 왼손에 의한 힘

핵심 NOTE

예제문제 플레밍의 오른손 법칙

6 0.2[Wb/m²]인 평등자계 속에 자계와 직각방향으로 놓인 길이 90[cm]인 도선을 자계와 30°각도의 방향으로 50[m/sec]의 속도로 이동할 때, 도체 양단에 유기되는 기전력은 몇 [V]인가?

① 0.45[V] ② 0.9 [V]
③ 4.5 [V] ④ 9.0[V]

해설

$B = 0.2\,[\mathrm{Wb/m^2}]$, $l = 90\,[\mathrm{cm}]$, $v = 50\,[\mathrm{m/sec}]$, $\theta = 30°$ 이므로 자계내 도체 이동시 전압이 유기되는 플레밍의 오른손 법칙에 의하여 유기전압은

$e = Bl\,v\sin\theta = 0.2\times 90\times 10^{-2}\times 50\times \sin 30° = 4.5\,[\mathrm{V}]$

답 ③

5 표피효과(Skin effect)

도선에 교류 전류가 흐를시 도선 표면 부근에 집중해서 전류가 흐르므로 표면 전류밀도가 커지는 현상을 표피효과라 한다.

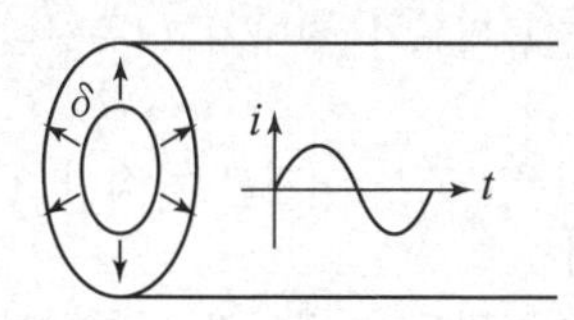

■ 표피효과
도선에 교류전류가 흐를시 표면 전류밀도가 커지는 현상

1. 표피두께(침투깊이)

$$\delta = \sqrt{\frac{1}{\pi f \mu \sigma}} = \sqrt{\frac{\rho}{\pi f \mu}}\ [\mathrm{m}]$$

단, $\mu[\mathrm{H/m}]$: 투자율, $\sigma[℧/\mathrm{m}]$: 도전율,
$f[\mathrm{Hz}]$: 주파수, $\rho\,[\Omega\cdot\mathrm{m}]$: 고유저항

■ 표피두께

$\delta = \sqrt{\frac{1}{\pi f \mu \sigma}} = \sqrt{\frac{\rho}{\pi f \mu}}$

표피효과는 주파수가 높을수록, 도전율이 높을수록, 투자율이 높을수록 커진다.

2. 표피효과는 침투깊이 δ에 반비례하므로 주파수가 높을수록, 도전율이 높을수록, 투자율이 높을수록 표피두께 δ가 감소하므로 표피효과는 증대되어 도선의 실효 저항이 증가하고 표면 전류밀도가 커진다.

핵심 NOTE

예제문제 표피두께(침투길이)

7 도전율이 $5.8\times10^{7}[℧/m]$, 비투자율이 1인 구리에 $60[Hz]$의 주파수를 갖는 전류가 흐를 때, 표피두께는 몇 $[mm]$인가?

① 8.53 ② 9.78
③ 11.28 ④ 13.03

해설

$\sigma = 5.8\times10^{7}[℧/m]$, $\mu_s = 1$, $f = 60[Hz]$ 이므로 표피두께

$$\delta = \sqrt{\frac{1}{\pi f \mu \sigma}} = \sqrt{\frac{1}{\pi f \mu_o \mu_s \sigma}} = \sqrt{\frac{1}{\pi(60)(4\pi\times10^{-7})(1)(5.8\times10^{7})}}$$

$$= 0.00853\,[m] = 8.53\,[mm]$$

답 ①

예제문제 표피효과

8 도체에 교류가 흐르는 경우 표피효과에 대한 설명으로 가장 알맞은 것은?

① 도체 표면의 전류밀도가 커지고 중심이 될수록 전류밀도가 작아지는 현상
② 도체 표면의 전류밀도가 작아지고 중심이 될수록 전류밀도가 커지는 현상
③ 도체 표면의 전류밀도가 커지고 중심이 될수록 전류밀도가 더욱 커지는 현상
④ 도체 표면의 전류밀도가 작아지고 중심이 될수록 전류밀도가 더욱 작아지는 현상

답 ①

SECTION 10

출제예상문제

01 **전자유도에 의하여 회로에 발생되는 기전력은 자속쇄교수의 시간에 대한 감쇠비율에 비례한다고 정의하는 법칙은?**

① 쿨롱의 법칙　② 가우스 법칙
③ 노이만의 법칙　④ 패러데이의 법칙

02 **패러데이의 법칙에 대한 설명으로 가장 적합한 것은?**

① 전자 유도 의해 회로에 발생되는 기전력은 자속 쇄교수의 시간에 대한 증가율에 비례 한다.
② 전자 유도에 의해 회로에 발생되는 기전력은 자속의 변화를 방해하는 반대방향 으로 기전력이 유도된다.
③ 정전 유도에 의해 회로에 발생하는 기자력은 자속의 변화 방향으로 유도된다.
④ 전자 유도에 의해 회로에 발생하는 기전력은 자속 쇄교수의 시간에 대한 감쇄율에 비례 한다.

해설

(1) 패러데이 법칙 : 전자유도에 의한 유기기전력의 크기는 쇄교자속수의 시간에 대한 변화율에 비례한다.
(2) 렌쯔의 법칙 : 전자유도에 의한 유기기전력의 방향은 쇄교자속의 변화를 방해하는 반대 방향으로 유기된다.

03 **렌쯔의 법칙을 올바르게 설명한 것은?**

① 전자유도에 의하여 생기는 전류의 방향은 항상 일정하다.
② 전자유도에 의하여 생기는 방향은 자속변화를 방해하는 방향이다.
③ 전자유도에 의하여 생기는 전류의 방향은 자속변화를 도와주는 방향이다.
④ 전자유도에 의하여 생기는 전류의 방향은 자속변화와는 관계가 없다.

04 **자장 중에서 발생되는 유기기전력의 방향은 어떤 법칙에 의하여 설명되는가?**

① 패러데이(Faraday)의 법칙
② 앙페르(Ampere)의 오른나사 법칙
③ 렌쯔(Lents)의 법칙
④ 가우스(Gauss)의 법칙

해설

전자유도 법칙
(1) 렌쯔의 법칙 : 유기기전력의 방향 결정
(2) 패러데이의 법칙 : 유기기전력의 크기 결정

05 **다음 중 폐회로에 유도되는 유도기전력에 관한 설명 중 가장 알맞은 것은?**

① 렌쯔의 법칙은 유도기전력의 크기를 결정하는 법칙이다.
② 자계가 일정한 공간 내에서 폐회로가 운동하여도 유도기전력이 유도된다.
③ 유도기전력은 권선수의 제곱에 비례한다.
④ 전계가 일정한 공간 내에서 폐회로가 운동하여도 유도기전력이 유도된다.

해설

① 렌쯔의 법칙은 유도기전력의 방향을 결정하는 법칙이다.
③ 유도기전력은 권선수에 비례한다.
④ 유도기전력은 전계가 아닌 자계의 변화, 도체회로의 운동, 폐회로의 운동이다.

06 **다음 (　)안에 들어갈 내용으로 알맞은 것은?**

> 유도기전력은 (　)의 변화를 방해하는 방향으로 생기며, 그 크기는 (　)의 시간적인 변화율과 같다.

① 전압　② 전류
③ 전자파　④ 쇄교자속

정답　01 ④　02 ④　03 ②　04 ③　05 ②　06 ④

해설

유기기전력은 시간의 변화율(dt)에 대한 쇄교자속의 변화율($d\phi$)이다.

07 패러데이 법칙에서 회로와 쇄교하는 전자속수를 ϕ[Wb], 회로의 권회수를 N이라 할 때 유도기전력 V는 얼마인가?

① $2\pi\mu N\phi$ ② $4\pi\mu N\phi$

③ $-N\dfrac{d\phi}{dt}$ ④ $-\dfrac{1}{N}\cdot\dfrac{d\phi}{dt}$

해설

코일에 쇄교자속수의 시간에 대한 감쇄율(변화율)에 비례하여 전압이 발생하는 법칙을 패러데이 법칙이라 하며

유기기전력 $e = -N\dfrac{d\phi}{dt}$[V] 이다.

단, $d\phi$는 자속의 변화량이다.

08 다음에서 전자유도 법칙과 관계가 먼 것은?

① 노이만의 법칙

② 렌쯔의 법칙

③ 암페어 오른나사의 법칙

④ 패러데이의 법칙

해설

암페어 오른나사의 법칙은 전류에 의한 자계의 방향을 결정하는 법칙

09 권수 500[T]의 코일 내를 통하는 자속이 다음 그림과 같이 변화하고 있다. $\overline{bc}$ 기간 내에 코일 단자 간에 생기는 유기 기전력 [V]은?

① 1.5

② 0.7

③ 1.4

④ 0

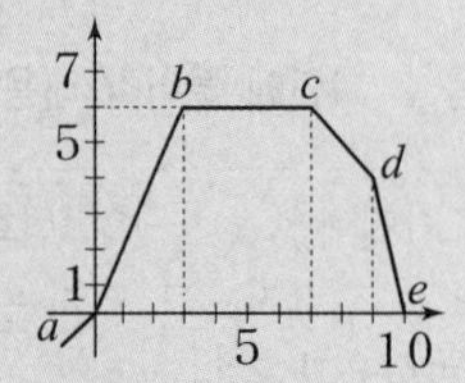

해설

그림상에서 bc구간은 자속의 변화가 없으므로 유기기전력은 없다.

10 100회 감은 코일과 쇄교하는 자속이 $\dfrac{1}{10}$초 동안 0.5[Wb]에서 0.3[Wb]로 감소했다. 이 때 유기되는 기전력은 몇 [V]인가?

① 20 ② 80

③ 200 ④ 800

해설

권선수 $N = 100$회

자속의 변화량 $d\phi = 0.3 - 0.5 = -0.2$[Wb]

시간의 변화량 $dt = \dfrac{1}{10}$[sec]이므로

유기기전력은

$$e = -N\frac{d\phi}{dt} = -100 \times \frac{-0.2}{\frac{1}{10}} = 200[\text{V}]$$ 가 된다.

11 자속 ϕ[Wb]가 주파수 f[Hz]로 $\phi = \phi_m \sin 2\pi ft$[Wb]일 때, 이 자속과 쇄교하는 권수 N 회인 코일에 발생하는 기전력은 몇 [V]인가?

① $-\pi fN\phi_m \cos 2\pi ft$

② $-2\pi fN\phi_m \cos 2\pi ft$

③ $-\pi fN\phi_m \sin 2\pi ft$

④ $-2\pi fN\phi_m \sin 2\pi ft$

해설

자속$\phi = \phi_m \sin 2\pi ft$ [Wb] 일 때 코일에 유기되는 기전력은 전자유도현상에 의한 패러데이법칙을 이용하면

$$e = -N\frac{d\phi}{dt} = -N\frac{d}{dt}\phi_m \sin 2\pi ft$$
$$= -N\phi_m \frac{d}{dt}\sin 2\pi ft = -N\phi_m(\cos 2\pi ft)\cdot 2\pi f$$
$$= -2\pi fN\phi_m \cos 2\pi ft[\text{V}]$$ 가 된다.

12 $\phi = \phi_m \sin \omega t$[Wb]인 정현파로 변화하는 자속이 권수 N인 코일과 쇄교할 때의 유기 기전력의 위상은 자속에 비해 어떠한가?

① $\dfrac{\pi}{2}$만큼 빠르다. ② $\dfrac{\pi}{2}$만큼 늦다

③ π 만큼 빠르다 ④ 동위상이다

정답 07 ③ 08 ③ 09 ④ 10 ③ 11 ② 12 ②

해설

코일에 유기되는 기전력

$e = -N\frac{d\phi}{dt} = -N\frac{d}{dt}\phi_m \sin\omega t = -N\phi_m \frac{d}{dt}\sin\omega t$

$= -N\phi_m(\cos\omega t)\cdot\omega = -\omega N\phi_m \cos\omega t$

$= \omega N\phi_m \sin(\omega t - 90°)$ [V]가 되므로

유기기전력은 자속에 비해서 위상이 $\frac{\pi}{2}$ 만큼 늦다.

13 N회의 권선에 최대값 1[V], 주파수 f[Hz] 인 기전력을 유기시키기 위한 쇄교 자속의 최대값[Wb]은?

① $\frac{f}{2\pi N}$　② $\frac{2N}{\pi f}$

③ $\frac{1}{2\pi f N}$　④ $\frac{N}{2\pi f}$

해설

코일에 유기되는 최대기전력

$e_{max} = \omega N\phi_m$[V]이므로

최대자속 $\phi_m = \frac{e_{max}}{\omega N} = \frac{1}{2\pi f N}$[Wb]가 된다.

14 자속 밀도 B[Wb/m²]의 평등 자계와 평행한 축 둘레에 각속도 ω[rad/s]로 회전하는 반지름 a[m]의 도체 원판에 그림과 같이 브러시를 접촉시킬 때 저항 R[Ω]에 흐르는 전류[A]는?

① $\frac{\omega Ba^2}{2R}$

② $\frac{\omega Ba^2}{R}$

③ $\frac{\omega Ba}{2R}$

④ $\frac{\omega Ba}{R}$

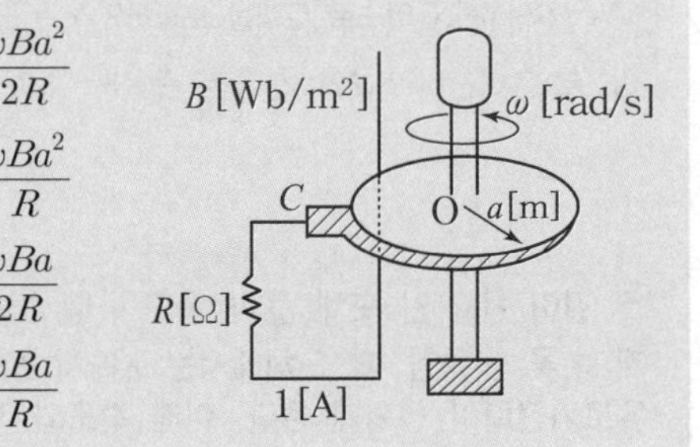

해설

원판 회전시 유기전압 $e = \frac{\omega Ba^2}{2}$ [V]

원판 회전시 흐르는 전류 $I = \frac{e}{R} = \frac{\omega Ba^2}{2R}$ [A]

단, 각속도 $\omega = 2\pi\frac{N}{60}$ [rpm], 분당회전수 N[rpm]

15 권수 n, 가로 a[m], 세로 b[m]인 구형 코일이 자속 밀도 B[Wb/m²]되는 평등 자계내에서 각 속도 ω[rad/s]로 회전할 때 발생하는 유기 기전력의 최대값[V]은?

① ωnB　② ωabB^2

③ $\omega nabB$　④ $\omega nabB^2$

해설

최대 유기전압

$e_{max} = \omega N\phi_{max} = \omega nBS = \omega nBab$ [V]이 된다.

16 저항 24[Ω]의 코일을 지나는 자속이 $0.3\cos 800t$[Wb]일 때 코일에 흐르는 전류의 최대값은?

① 10[A]　② 20[A]

③ 30[A]　④ 40[A]

해설

자속이 $0.3\cos 800t$[Wb]일 때 유기전압은

$e = -\frac{d\phi}{dt} = -\frac{d}{dt}0.3\cos 800t$

$= -0.3(-\sin 800t)\times 800 = 240\sin 800t$ [V]이므로

최대전류는 $I_{max} = \frac{e_{max}}{R} = \frac{240}{24} = 10$ [A]가 된다.

17 0.2[Wb/m²]의 평등 자계 속에 자계와 직각 방향으로 놓인 길이 30[cm]의 도선을 자계와 30° 각의 방향으로 30[m/s]의 속도로 이동시킬 때 도체 양단에 유기 되는 기전력은 몇[V]인가?

① $0.9\sqrt{3}$　② 0.9

③ 1.8　④ 90

해설

자계내 도체 이동시 전압이 유기되는 플레밍의 오른손 법칙에 의하여 유기전압을 구하면

$e = Blv\sin\theta = 0.2\times 0.3\times 30\times \sin 30° = 0.9$ [V]

정답　13 ③　14 ①　15 ③　16 ①　17 ②

18 막대자석 위쪽에 동축도체 원판을 놓고 회로의 한 끝은 원판의 주변에 접촉시켜 습동하도록 해놓은 그림과 같은 패러데이 원판실험을 할 때 검류계에 전류가 흐르지 않는 경우는?

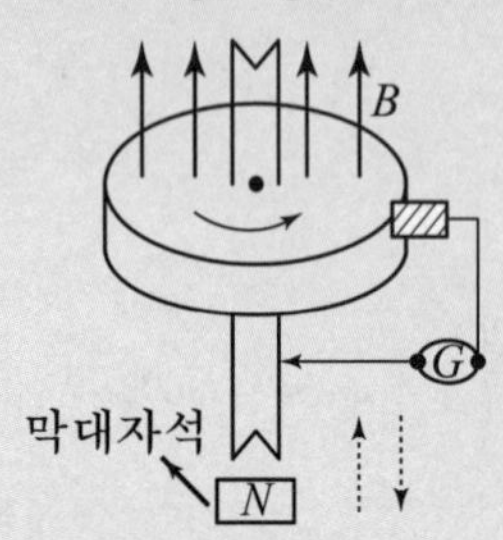

① 자석을 축 방향으로 전진시킨 후 후퇴시킬 때
② 자석만을 일정한 방향으로 회전시킬 때
③ 원판만을 일정한 방향으로 회전시킬 때
④ 원판과 자석을 동시에 같은 방향, 같은 속도로 회전시킬 때

해설

원판과 자석을 동시에 같은 방향, 같은 속도로 회전시 자속을 끊지 못해 전압이 유기되지 않으므로 전류가 흐르지 못한다.

19 자속밀도 $0.5[\mathrm{Wb/m^2}]$의 균일한 자계내에 길이 $1[\mathrm{m}]$의 도선을 자계와 수직방향으로 운동시킬 때 도선에 $50[\mathrm{V}]$의 기전력이 유기된다면 이 도선의 속도는 몇 $[\mathrm{m/s}]$인가?

① 10 ② 25
③ 50 ④ 100

해설

자계내 도체 이동시 유기전압
$e = Blv\sin\theta\,[\mathrm{V}]$에서 속도는
$v = \dfrac{e}{Bl\sin\theta}\,[\mathrm{m/sec}]$ 이므로
주어진 수치를 대입하면
$v = \dfrac{50}{0.5\times1\times\sin 90°} = 100\,[\mathrm{m/sec}]$가 된다.

20 자계 중에 이것과 직각으로 놓인 도선에 $I[\mathrm{A}]$의 전류를 흘리니 $F[\mathrm{N}]$의 힘이 작용하였다. 이 도선을 $v[\mathrm{m/s}]$의 속도로 자계와 직각으로 운동시키면 기전력은 몇$[\mathrm{V}]$인가?

① $\dfrac{vI}{F}$ ② $\dfrac{F^2v}{I}$
③ $\dfrac{Fv}{I}$ ④ $\dfrac{Fv^2}{I}$

해설

자계내 도체 이동시 유기전압
$e = Blv\sin\theta\,[\mathrm{V}]$
자계내 도체가 받는 힘 $F = IBl\sin\theta\,[\mathrm{N}]$ 이므로
두식을 조합하면 $e = \dfrac{F}{I}v\,[\mathrm{V}]$가 된다.

21 자계 중에 한 코일이 있다. 이 코일에 전류 $I=2[\mathrm{A}]$가 흐르면 $F=2[\mathrm{N}]$ 의 힘이 작용한다. 또, 이 코일을 $v=5[\mathrm{m/s}]$로 운동시키면 $e[\mathrm{V}]$의 기전력이 발생한다. 기전력$[\mathrm{V}]$은?

① 3 ② 5
③ 7 ④ 9

해설

자계내 도체 이동시 유기전압
$e = Blv\sin\theta\,[\mathrm{V}]$
자계내 도체가 받는 힘
$F = IBl\sin\theta[\mathrm{N}]$ 이므로 두식을 조합하면 $e = \dfrac{F}{I}v$
이므로 주어진 수치대입하면 $e = \dfrac{2}{2}\times5 = 5[\mathrm{V}]$가 된다.

22 길이 $l[\mathrm{m}]$인 도체 ab가 속도 $v\,[\mathrm{m/sec}]$로 자계 속을 운동할 때 도체에서는 a에서 b방향으로 유도기전력이 생기게 된다. 이때 속도와 자속밀도가 평행이 된다면 기전력은 얼마인가?

① 0 ② 3.14
③ $v\,l\sin\theta$ ④ $v\,Bl\sin\theta$

해설

도체의 이동속도와 자속밀도가 평행할 때는
$\theta = 0°$ 이므로 $\sin\theta = 0$ 이 되므로
유기되는 전압 $e = Bl\,v\sin\theta = 0$

정답 18 ④ 19 ④ 20 ③ 21 ② 22 ①

23 그림과 같이 평등자장 및 두 평행도선이 놓여 있을 때 두 평행도선상을 한 도선봉이 의 일정한 속도로 이동한다면 부하에서 줄열로 소비되는 전력은 어떻게 표시되는가? (단, 도선봉과 두 평행도선은 완전도체로 저항이 없는 것으로 한다.)

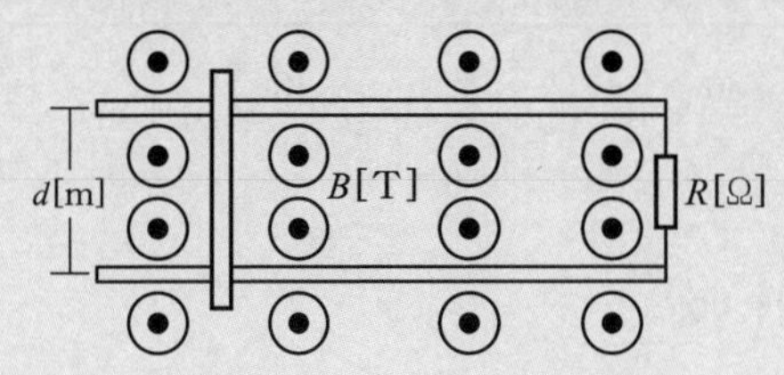

① $\dfrac{Bd^2v^2}{R}$　② $\dfrac{B^2dv^2}{R}$
③ $\dfrac{B^2d^2v^2}{R}$　④ $\dfrac{B^2d^2v^2}{2R}$

해설

자계와 도체이동방향이 수직이므로 $\theta = 0°$가 되고
도체이동시 유기되는 전압
$e = Blv\sin\theta = Bdv$ [V]이므로
소비전력 $P = \dfrac{e^2}{R} = \dfrac{B^2d^2v^2}{R}$ [W]가 된다.

24 50[A]의 전류가 흐르고 있는 도선에 0.2초 동안 0.03[Wb]의 자속을 끊었다. 이 때 일률[W]은 얼마인가?

① 3　② 20
③ 7.5　④ 5.5

해설

$I = 50$ [A], $dt = 0.2$ [sec], $d\phi = 0.03$ [Wb]일 때
일률 P[W]는
$P = e \cdot I = \dfrac{d\phi}{dt} \cdot I = \dfrac{0.03}{0.2} \times 50 = 7.5$ [W]이다.

25 도전율 σ, 투자율 μ인 도체에 교류 전류가 흐를 때의 표피 효과에 대한 설명으로 옳은 것은?

① 도전율이 클수록 크다.
② 도전율과 투자율에는 관계가 없다.
③ 교류 전류의 주파수가 높을수록 작다.
④ 투자율이 클수록 작다.

해설

도선에 교류를 인가시 전류가 도선 바깥(표피)쪽으로 집중되어 흐르려는 현상을 표피 효과라 하며 표피효과에 의한 침투 깊이(표피두께)
$\delta = \sqrt{\dfrac{1}{\pi f\sigma\mu}}$ [m]이므로
주파수(f), 도전율(σ), 투자율(μ)가 클수록 작아지고
표피효과는 $\dfrac{1}{\delta} = \dfrac{1}{\sqrt{\dfrac{1}{\pi f\sigma\mu}}} = \sqrt{\pi f\sigma\mu}$ 이므로
주파수(f), 도전율(σ), 투자율(μ)가 클수록 커진다.

26 도전율 σ, 투자율 μ인 도체에 교류 전류가 흐를 때 표피 효과에 의한 침투 깊이 δ는 σ와 μ, 그리고 주파수 f에 어떤 관계가 있는가?

① 주파수 f와 무관하다.
② σ가 클수록 작다.
③ σ와 μ에 비례한다.
④ μ가 클수록 크다.

해설

도선에 교류를 인가시 전류가 도선 바깥(표피)쪽으로 집중되어 흐르려는 현상을 표피효과라 하며 표피효과에 의한 침투 깊이(표피두께)
$\delta = \sqrt{\dfrac{1}{\pi f\sigma\mu}}$ [m]이므로
주파수(f), 도전율(σ), 투자율(μ)가 클수록 작아진다.

27 표피효과(Skin effect)에 관한 설명으로 옳지 않은 것은?

① 도체에 교류가 흐르면 전류밀도는 표면에 가까울수록 커진다.
② 고주파일수록 심하지 않아 실효저항이 감소한다.
③ 고주파일수록 현저하게 나타난다.
④ 내부 도체는 전도에 거의 관여하지 않으므로 외견상 단면적이 감소하여 저항이 커진 것 같은 현상이다.

해설

표피효과에 의한 침투 깊이(표피두께)
$\delta = \sqrt{\dfrac{1}{\pi f\sigma\mu}}$ [m]이므로 주파수(f)에 반비례하므로
고주파일수록 δ가 작아지므로 표피효과가 커지므로 표면전류밀도가 커지고 전류가 흐르는 단면적이 작아지므로 실효저항은 증가한다.

정답　23 ③　24 ③　25 ①　26 ②　27 ②

28 주파수의 증가에 대하여 가장 급속히 증가하는 것은?

① 표피효과의 두께의 역수
② 히스테리시스 손실
③ 교번자속에 의한 기전력
④ 와전류 손실

해설

주파수(f)의 관계

표피두께의 역수 $\frac{1}{\delta} = \sqrt{\pi f \mu \sigma}$

히스테리시스 손실 $P_h = \eta f B^{1.6}$

교번자속에 의한 유기기전력 $e = 2\pi f N \phi_m \cos\omega t$

와전류 손실 $P_e = \eta (f B)^2$이므로 f^2에 비례하므로 가장 큰 영향을 받는다.

29 고유저항 $\rho = 2 \times 10^{-8}\,[\Omega \cdot \text{m}]$, $\mu = 4\pi \times 10^{-7}\,[\text{H/m}]$인 동선에 50[Hz]의 주파수를 갖는 전류가 흐를 때 표피 두께는 몇 [mm]인가?

① 5.13　　② 7.15
③ 10.07　　④ 12.3

해설

표피효과에 의한 침투 깊이(표피두께)

$$\delta = \sqrt{\frac{1}{\pi f \sigma \mu}} = \sqrt{\frac{\rho}{\pi f \mu}}$$

$$= \sqrt{\frac{2 \times 10^{-8}}{\pi \times 50 \times 4\pi \times 10^{-7}}} \times 10^3 = 10.07\,[\text{mm}]$$

30 도전도 $k = 6 \times 10^{17}\,[\mho/\text{m}]$, 투자율 $\mu = \frac{6}{\pi} \times 10^{-7}[\text{H/m}]$인 평면도체 표면에 10[kHz]의 전류가 흐를 때, 침투되는 깊이 δ[m]는?

① $\frac{1}{6} \times 10^{-7}$[m]　　② $\frac{1}{8.5} \times 10^{-7}$[m]
③ $\frac{36}{\pi} \times 10^{-10}$[m]　　④ $\frac{36}{\pi} \times 10^{-6}$[m]

해설

침투깊이

$$\delta = \sqrt{\frac{1}{\pi f k \mu}}$$

$$= \sqrt{\frac{1}{\pi \times 10 \times 10^3 \times 6 \times 10^{17} \times \frac{6}{\pi} \times 10^{-7}}}$$

$$= \frac{1}{6} \times 10^{-7}\,[\text{m}]$$

정 답　28 ④　29 ③　30 ①

Engineer Electricity
ustrial Engineer Electricity

인덕턴스(inductance)

Chapter 11

SECTION
11 인덕턴스(inductance)

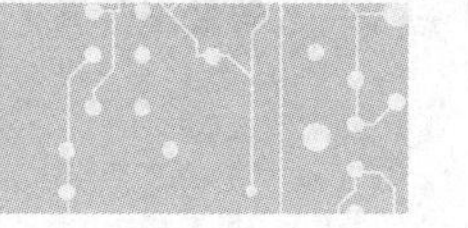

① 자기인덕턴스 L[H]

권선수 N 회인 코일에 전류 I[A]가 흐르면 코일 주변에 자속 ϕ[Wb]가 발생되고 이때 전류에 대한 자속의 비를 자기인덕턴스라 한다.

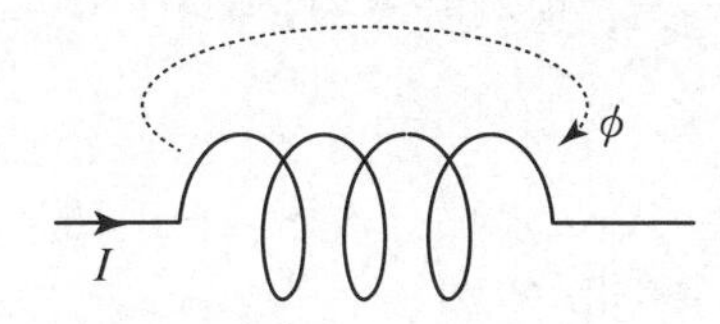

1. 권선수 N 회인 자기인덕턴스

$$L = \frac{N\phi}{I}[\text{H}]$$

2. 코일에 전류의 변화에 의한 유기기전력

$$e = -L\frac{di}{dt}[\text{V}]$$

3. 자기인덕턴스의 단위

$$L[\text{H} = \Omega \cdot \text{sec} = \frac{\text{V}}{\text{A}} \cdot \text{sec}]$$

4. 코일에 축적(저당)되는 에너지

$$W = \frac{1}{2}\phi I = \frac{1}{2}LI^2 = \frac{\phi^2}{2L}[\text{J}]$$

핵심 NOTE

- 자기인덕턴스
  전류에 대한 자속의 비
  $L = \frac{N\phi}{I}[\text{H}]$
- 코일에 유기되는 기전력
  $e = -L\frac{di}{dt}[\text{V}]$
- 인덕턴스의 단위
  $L[\text{H} = \Omega \cdot \text{sec} = \frac{\text{V}}{\text{A}} \cdot \text{sec}]$
- 코일에 축적(저장)되는 에너지
  $W = \frac{1}{2}\phi I = \frac{1}{2}LI^2 = \frac{\phi^2}{2L}[\text{J}]$

예제문제 자기인덕턴스

1 권수 600, 자기 인덕턴스 1[mH]인 코일에 3[A]의 전류가 흐를 때 이 코일면을 지나는 자속은 몇 [Wb]인가?

① 2×10^{-6}　② 3×10^{-6}
③ 5×10^{-6}　④ 9×10^{-6}

해설
$N = 600$, $L = 1$[mH], $I = 3$[A]
$L = \frac{N\phi}{I}$[H] 에서 $\phi = \frac{LI}{N} = \frac{(1\times10^{-3})(3)}{600} = 5\times10^{-6}$[Wb]

답 ③

핵심 NOTE

예제문제 유기기전력

2 어느 코일의 전류가 0.04 [sec]사이에 4[A] 변화하여 기전력 2.5 [V]를 유기하였다고 하면 이 회로의 자기인덕턴스는 몇 [mA] 인가?

① 25 ② 42
③ 58 ④ 62

해설

$dt = 0.04$ [sec] , $di = 4$ [A], $e = 2.5$[V] 이므로

코일에 유기되는 전압 $e = L\dfrac{di}{dt}$ [V] 에서 자기인덕턴스는

$L = e\dfrac{dt}{di} = 2.5 \times \dfrac{0.04}{4} = 0.025\,[\mathrm{H}] = 25\,[\mathrm{mH}]$

답 ①

예제문제 코일에 축적되는 에너지

3 자기인덕턴스 L[H]인 코일에 I[A]의 전류를 흘렸을 때 코일에 축적되는 에너지 W[J]과 전류 I[A] 사이의 관계를 그래프로 표시하면 어떤 모양이 되는가?

① 직선 ② 원
③ 포물선 ④ 타원

해설

$W = \dfrac{1}{2}\phi I = \dfrac{1}{2}LI^2 = \dfrac{\phi^2}{2L}$ [J]에서 $W \propto I^2$ 이므로 포물선이 된다.

답 ③

2 솔레노이드의 자기 인덕턴스

1. 환상 솔레노이드

철심을 원형으로 만들고 철심주변에 코일을 감아 준 것을 환상 솔레노이드라 하며 권선 N [회]를 감고 전류 I[A]를 흐려주었을 자기인덕턴스는 다음 아래와 같이 발생한다.

(1) 내부자계의 세기

$$H = \frac{NI}{l} = \frac{NI}{2\pi a}\,[\mathrm{AT/m}]$$

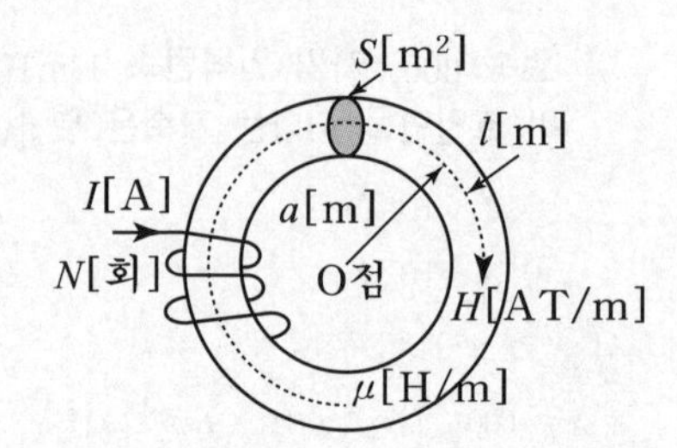

(2) 내부자속

$$\phi = BS = \mu HS = \frac{\mu NIS}{l}\,[\mathrm{Wb}]$$

핵심 NOTE

(3) 자기인덕턴스

$$L = \frac{N\phi}{I} = \frac{\mu S N^2}{l} = \frac{\mu S N^2}{2\pi a} = \frac{N^2}{R_m}[\text{H}]$$

(4) 비례관계

인덕턴스는 $L \propto N^2$이므로 권선수 제곱에 비례한다.

예제문제 환상솔레노이드 자기인덕턴스

4 N회 감긴 환상 코일의 단면적 $S[\text{m}^2]$이고 길이가 $l[\text{m}]$이다. 이 코일의 권수를 반으로 줄이고 인덕턴스를 일정하게 하려면?

① 길이를 $\frac{1}{4}$배로 한다. ② 단면적을 2배로 한다.
③ 전류의 세기를 2배로 한다. ④ 전류의 세기를 4배로 한다.

해설

환상 솔레노이드의 자기인덕턴스 $L = \frac{\mu S N^2}{l}$ [H] 이므로 권선수 N을 $\frac{1}{2}$배로 하면 자기 인덕턴스 L는 $\frac{1}{4}$배가 되므로 자기인덕턴스를 일정하게 하려면 자로의 길이 l을 $\frac{1}{4}$배로 하면 된다.

답 ①

2. 무한장 솔레노이드

철심의 단면적에 비해서 길이를 충분히 길게 만들고 철심주변에 코일을 감아준 것을 무한장 솔레노이드라 하며 이때의 자기인덕턴스는 다음과 같다.

(1) 내부 자계의 세기
$H = nI[\text{AT/m}]$

(2) 내부자속
$\phi = BS = \mu HS = \mu nIS[\text{Wb}]$

(3) 자기인덕턴스

$$L = \frac{n\phi}{I} = \mu S n^2 = \mu \pi a^2 n^2 [\text{H/m}]$$

(4) 비례관계

$$L \propto a^2 \cdot n^2$$

핵심 NOTE

예제문제 무한장솔레노이드 자기인덕턴스

5 그림과 같은 $1[\text{m}]$ 당 권선수 n, 반지름 $a[\text{m}]$의 무한장 솔레노이드에서 자기인덕턴스는 n과 a 사이에 어떤 관계가 있는가?

① a와는 상관없고 n^2에 비례한다.
② a와 n의 곱에 비례한다.
③ a^2과 n^2의 곱에 비례한다.
④ a^2에 반비례하고 n^2에 비례한다.

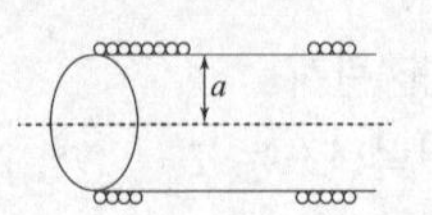

해설

무한장 솔레노이드의 자기인덕턴스는 $L = \mu S n^2 = \mu \pi a^2 n^2 [\text{H/m}]$ 이므로 a^2과 n^2의 곱에 비례한다.

답 ③

3 도체모양에 따른 자기인덕턴스

■ 동심원통(동축케이블) 자기인덕턴스

$L = \frac{\mu_o}{2\pi} \ln \frac{b}{a} [\text{H/m}]$

자기인덕턴스는 동축선간 투자율 비례한다.

■ 원주(원통)도체 자기인덕턴스

$L_i = \frac{\mu l}{8\pi} [\text{H}]$

■ 전류 균일시 내부 축적 에너지

$W_i = \frac{1}{2} L_i I^2 = \frac{1}{2} \times \frac{\mu l}{8\pi} \times I^2 = \frac{\mu l I^2}{16\pi} [\text{J}]$

■ 평행도선사이의 자기인덕턴스

$L' = \frac{\mu_o}{\pi} \ln \frac{D}{r} [\text{H/m}]$

■ L 과 C 의 관계

$LC = \mu\varepsilon$

(1) 동심원통(동축원통, 동축케이블)

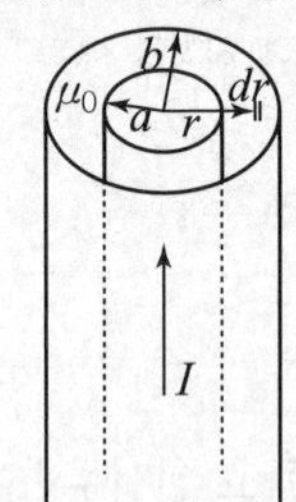

1. 자기인덕턴스

$$L = \frac{\phi}{I} = \frac{\mu_o l}{2\pi} \ln \frac{b}{a} [\text{H}]$$

2. 단위 길이당 인덕턴스는

$$L' = \frac{L}{l} = \frac{\mu_o}{2\pi} \ln \frac{b}{a} [\text{H/m}]$$

3. 자기인덕턴스는 동축선 간 투자율에 비례한다.

(2) 원주(원통)도체

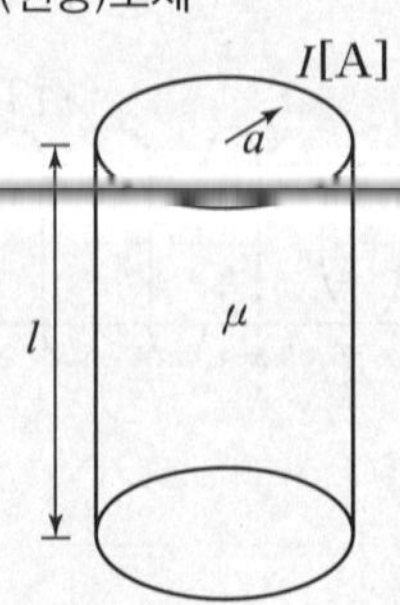

1. 내부 자기인덕턴스

$$L_i = \frac{\mu l}{8\pi} [\text{H}]$$

2. 단위길이당 내부 자기인덕턴스

$$L_i' = \frac{L_i}{l} = \frac{\mu}{8\pi} [\text{H/m}]$$

3. 전류균일시 내부 축적에너지

$$W_i = \frac{\mu l I^2}{16\pi} [\text{J}]$$

⇒ 도체의 단면적과는 관계없다..

(3) 평행도선

1. 평행도선사이의 자기인덕턴스

$$L = \frac{\phi}{I} = \frac{\mu_o l}{\pi} \ln \frac{D}{r} [\text{H}]$$

2. 단위 길이당 자기인덕턴스

$$L' = \frac{L}{l} = \frac{\mu_o}{\pi} \ln \frac{D}{r} [\text{H/m}]$$

3. L 과 C 의 관계

$LC = \mu\varepsilon$

핵심 NOTE

예제문제 동축케이블의 자기인덕턴스

6 내경의 반지름이 $1[\text{mm}]$, 외경이 반지름이 $3[\text{mm}]$인 동축 케이블의 단위 길이 당 인덕턴스는 약 몇 $[\mu\text{H/m}]$인가? (단, 이때 $\mu_r = 1$ 이며, 내부 인덕턴스는 무시한다.)

① $0.1[\mu\text{H/m}]$　② $0.2[\mu\text{H/m}]$
③ $0.3[\mu\text{H/m}]$　④ $0.4[\mu\text{H/m}]$

해설

동축 케이블(원통)사이의 자기인덕턴스 $L = \dfrac{\mu_o}{2\pi}\ln\dfrac{b}{a}[\text{H/m}]$ 이므로

$$L = \frac{\mu_o}{2\pi}\ln\frac{b}{a} = \frac{4\pi\times10^{-7}}{2\pi}\ln\frac{3}{1}\times10^6 = 0.2\,[\mu\text{H}]$$

답 ②

예제문제 원주도체내부인덕턴스

7 무한히 긴 원주 도체의 내부 인덕턴스의 크기는 어떻게 결정되는가?

① 도체의 인덕턴스는 0이다.
② 도체의 기하학적 모양에 따라 결정된다.
③ 주위 자계의세기에 따라 결정된다.
④ 도체의 재질에 따라 결정된다.

해설

원주도체 내부의 자기인덕턴스 $L_i = \dfrac{\mu}{8\pi}[\text{H/m}]$ 이므로 투자율(매질상수) μ에 따라 달라진다.

답 ④

4 상호 인덕턴스 $M[\text{H}]$

철심에 코일을 양쪽으로 감았을 때 코일과 코일 사이에 작용하는 인덕턴스를 상호 인덕턴스라 한다.

1. 1차측 전류변화에 의한 2차 유기전압

$$e_2 = M\frac{di_1}{dt}[\text{V}]$$

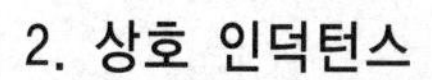

2. 상호 인덕턴스

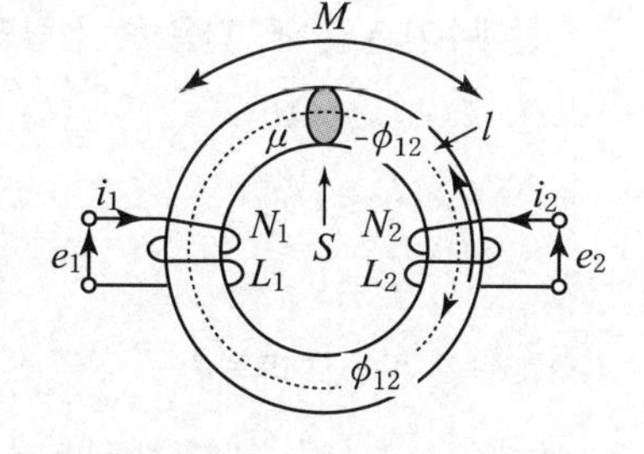

$$M = \frac{\mu S N_1 N_2}{l}[\text{H}]$$

단, 자속이 통과하는 면의 반지름이 $a[\text{m}]$이면 단면적$S = \pi a^2[\text{m}^2]$ 를 대입한다.

■ 1차측 전류변화에 의한 2차 유기전압

$$e_2 = M\frac{di_1}{dt}[\text{V}]$$

■ 상호인덕턴스

$$M = \frac{\mu S N_1 N_2}{l}[\text{H}]$$

핵심 NOTE

예제문제 상호인덕턴스

8 송전선의 전류가 0.01초간에 10[KA] 변화할 때 송전선과 평행한 통신선에 유도되는 전압은? (단, 송전선과 통신선간의 상호 유도계수는 0.3[mH]이다.)

① 3[V] ② 300[V]
③ 3,000[V] ④ 300,000[V]

해설

$dt = 0.01$ [sec], $di = 10$[KA], $M = 0.3$[mH]이므로 상호유도에 의한 유도전압은

$e = M\dfrac{di}{dt} = (0.3\times10^{-3})\ \dfrac{10\times10^{3}}{0.01} = 300$ [V]

답 ②

5 결합계수 K

두 코일간의 자속의 결합정도를 나타내는 수치를 결합계수라 한다.

1. 결합계수

$$K = \frac{M}{\sqrt{L_1 \cdot L_2}}$$

2. 상호인덕턴스 $M = K\sqrt{L_1 \cdot L_2}$ [H]
3. 누설자속이 없는 경우 = 완전 결합인 경우의 결합계수
   $K = 1$
4. 상호 쇄교 자속이 없는 경우의 결합계수
   $K = 0$
5. 결합계수의 범위 $0 \le K \le 1$

예제문제 상호인덕턴스

9 자기 인덕턴스가 L_1, L_2이고 상호 인덕턴스가 M인 두 회로의 결합계수가 1일 때, 다음 중 성립되는 식은?

① $L_1 \cdot L_2 = M$ ② $L_1 \cdot L_2 < M^2$
③ $L_1 \cdot L_2 > M^2$ ④ $L_1 \cdot L_2 = M^2$

해설

결합계수가 $K = 1$ 이므로 $K = \dfrac{M}{\sqrt{L_1 \cdot L_2}} = 1$에서 상호 인덕턴스

$M = \sqrt{L_1 \cdot L_2}\ [H]$ 양변을 제곱하면 $M^2 = L_1 \cdot L_2$

답 ④

예제문제 상호인덕턴스

10 그림과 같이 단면적이 균일한 환상 철심에 권수 N_1 인 A 코일과 권수 N_2 인 B 코일이 있을 때 A코일의 자기 인덕턴스가 L_1[H]라면 두 코일의 상호 인덕턴스 M[H]는? (단, 누설 자속은 0이다.)

① $\dfrac{L_1 N_1}{N_2}$ ② $\dfrac{N_2}{L_1 N_1}$

③ $\dfrac{N_1}{L_1 N_2}$ ④ $\dfrac{L_1 N_2}{N_1}$

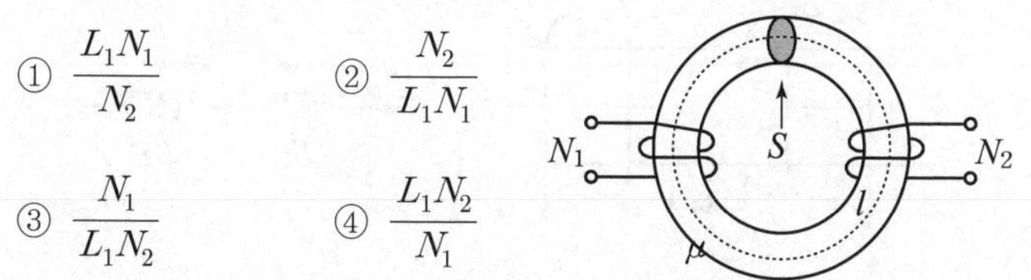

해설

결합계수 $k = \dfrac{M}{\sqrt{L_1 \cdot L_2}}$ 에서 상호 인덕턴스는 $M = k\sqrt{L_1 \cdot L_2}$ 가 된다.

환상 솔레노이드의 자기인덕턴스 $L \propto N^2$ 이므로 $L_1 : N_1^2 = L_2 : N_2^2$ 에서

$L_2 = \left(\dfrac{N_2}{N_1}\right)^2 \cdot L_1$ 이 된다. 또한 누설자속이 없는 경우는 결합계수가 $k = 1$이므로

$$M = k\sqrt{L_1 \cdot L_2} = 1 \times \sqrt{L_1 \cdot \left(\dfrac{N_2}{N_1}\right)^2 \cdot L_1} = \dfrac{N_2}{N_1} \cdot L_1$$

답 ④

6 직렬연결시 합성인덕턴스

1. 가동 결합

코일에 흐르는 전류의 방향이 같은 방향이면 두 자속이 같은 방향이 되어 합하여지므로 이때의 결합을 가동결합이라 한다.

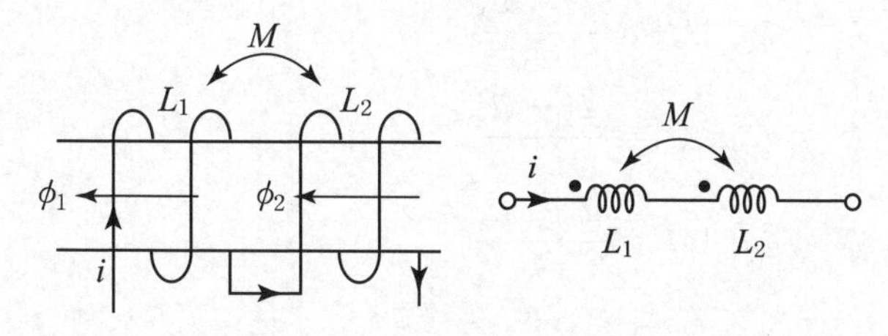

합성 인덕턴스

$$L_o = L_1 + L_2 + 2M = L_1 + L_2 + 2K\sqrt{L_1 \cdot L_2} \text{ [H]}$$

핵심 NOTE

2. 차동 결합

코일에 흐르는 전류의 방향이 반대 방향이면 두 자속이 반대 방향이 되어 차가 되는 경우의 결합을 차동결합이라 한다.

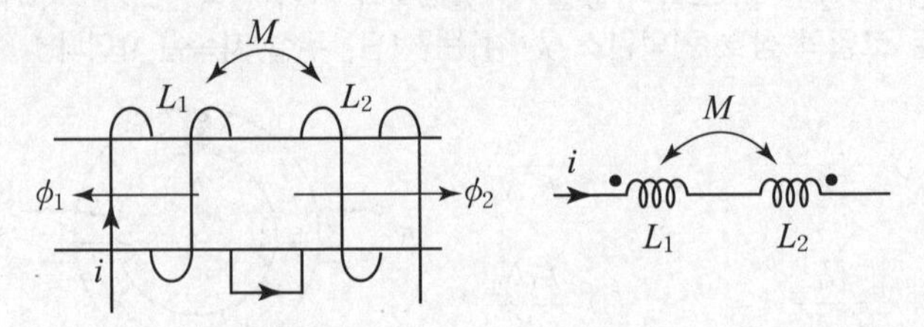

합성인덕턴스

$$L_o = L_1 + L_2 - 2M = L_1 + L_2 - 2K\sqrt{L_1 L_2}\,[\mathrm{H}]$$

예제문제 상호인덕턴스

11 서로 결합하고 있는 두 코일 C_1과 C_2의 자기인덕턴스가 각각 L_{C_1}, L_{C_2}라고 한다. 이 둘을 직렬로 연결하여 합성인덕턴스값을 얻은 후 두 코일 간 상호인덕턴스의 크기($|M|$)를 얻고자 한다. 직렬로 연결할 때, 두 코일간 자속이 서로 가해져서 보강되는 방향이 있고, 서로 상쇄되는 방향이 있다. 전자의 경우 얻은 합성인덕턴스의 값이 L_1, 후자의 경우 얻은 합성인덕턴스의 값이 L_2일 때, 다음 중 알맞은 식은?

① $L_1 < L_2$, $|M| = \dfrac{L_2 + L_1}{4}$

② $L_1 > L_2$, $|M| = \dfrac{L_1 + L_2}{4}$

③ $L_1 < L_2$, $|M| = \dfrac{L_2 - L_1}{4}$

④ $L_1 > L_2$, $|M| = \dfrac{L_1 - L_2}{4}$

해설

가동 결합시 $L_1 = L_{C_1} + L_{C_2} + 2M$

차동 접속시 $L_2 = L_{C_1} + L_{C_2} - 2M$ 이므로

$L_1 > L_2$일 때 두 식을 연립하면 풀면 상호 인덕턴스는 $|M| = \dfrac{L_1 - L_2}{4}$

답 ④

SECTION 11

출제예상문제

01 권수 200회 이고, 자기 인덕턴스 20[mH]의 코일에 2[A]의 전류를 흘리면 자속[Wb]은?

① 0.04 ② 0.01
③ 4×10^{-4} ④ 2×10^{-4}

해설

$N\phi = L \cdot I$ 에서 자속은

$$\phi = \frac{L \cdot I}{N} = \frac{20\times10^{-3}\times2}{200} = 2\times10^{-4}\,[Wb]$$

02 권수 500회이고 자기인덕턴스가 0.05[H]인 코일이 있을 때 여기에 전류 5[A]를 흘리면 자속 쇄교수는 몇 P[Wb] 인가?

① 0.15Wb ② 0.25Wb
③ 15Wb ④ 25Wb

해설

자속의 쇄교수(총자속)

$N\phi = LI = 0.05\times5 = 0.25\,[Wb]$

03 인덕턴스의 단위에서 1[H]는?

① 1[A]의 전류에 대한 자속이 1[Wb]인 경우이다.
② 1[A]의 전류에 대한 유전율이 1[F/m]이다.
③ 1[A]의 전류가 1초 간에 변화하는 양이다.
④ 1[A]의 전류에 대한 자계가 1[AT/m]인 경우이다.

해설

$\phi = L \cdot I$ 에서 $L = \frac{\phi}{I} = \frac{1[Wb]}{1[A]} = 1[H]$

이므로 1[A]의 전류에 대한 자속이 1[Wb]인 경우이다.

04 단면적 100[cm²], 비투자율 1000인 철심에 500회의 코일을 감고 여기에 1[A]의 전류를 흘릴 때 자계가 1.28[AT/m]이었다면 자기 인덕턴스 [mH]는?

① 8.04 ② 0.16
③ 0.81 ④ 16.08

해설

$N\phi = L \cdot I$ 에서

$$L = \frac{N \cdot \phi}{I} = \frac{NBS}{I} = \frac{N\mu_o\mu_s HS}{I}$$

$$= \frac{500\times4\pi\times10^{-7}\times1000\times1.28\times100\times10^{-4}}{1}\times10^3$$

$= 8.04\,[mH]$가 된다.

05 [ohm·sec]와 같은 단위는?

① [farad] ② [farad/m]
③ [henry] ④ [henry/m]

해설

자기인덕턴스의 단위

$L[H = \Omega \cdot sec = \frac{V}{A} \cdot sec]$

06 다음 중 자기인덕턴스의 성질을 옳게 표현한 것은?

① 항상 부(負)이다.
② 항상 정(正)이다.
③ 항상 0이다.
④ 유도되는 기전력에 따라 정(正)도 되고 부(負)도 된다.

해설

전기소자 R, L, C 는 비례상수이므로 항상 정(+)의 값이다.

정답 01 ④ 02 ② 03 ① 04 ① 05 ③ 06 ②

07 그림 (a)의 인덕턴스에 전류가 그림 (b)와 같이 흐를 때 2초에서 6초 사이의 인덕턴스 전압 V_L은 몇 [V]인가? (단, $L=1$[H]이다.)

① 0
② 5
③ 10
④ -5

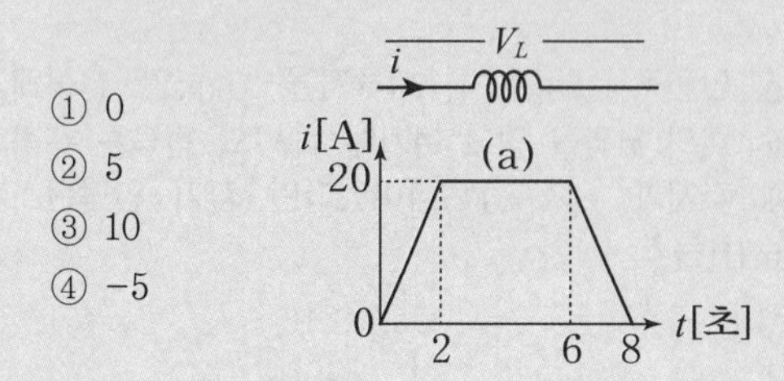

해설

코일에서 전류변화(di)에 의한 유기전압은

$e=-L\frac{di}{dt}$ [V] 이므로

그림상에서 2~6초 사이에는 전류의 변화가 없으므로 유기전압은 없다.

08 자기 인덕턴스 0.5[H]의 코일에 1/200[s]동안에 전류가 25[A]로부터 20[A]로 줄었다. 이 코일에 유기된 기전력의 크기 및 방향은?

① 50[V], 전류와 같은 방향
② 50[V], 전류와 반대 방향
③ 500[V], 전류와 같은 방향
④ 500[V], 전류와 반대 방향

해설

$L=0.5$[H], 시간의 변화량 $dt=\frac{1}{200}$[sec],

전류의 변화량 $di=20-25=-5$[A] 이므로

유기기전력은

$e=-L\frac{di}{dt}=-0.5\times\frac{-5}{\frac{1}{200}}=500$ [V]

유기기전력이 0보다 크므로 전류와 같은 방향이 된다.

09 자기 인덕턴스 0.05[H]의 회로에 흐르는 전류가 매초 530[A]의 비율로 증가할 때 자기 유도 기전력[V]을 구하면?

① -25.5 ② -26.5
③ 25.5 ④ 26.5

해설

$L=0.05$[H], $\frac{di}{dt}=530$[A/sec]일 때

유기기전력은

$e=-L\frac{di}{dt}=-0.05\times 530=-26.5$ [V]

10 두 코일이 있다. 한 코일의 전류가 매초 120[A]의 비율로 변화할 때 다른 코일에는 15[V]의 기전력이 발생하였다면 두 코일의 상호 인덕턴스[H]는?

① 0.125 ② 0.255
③ 0.515 ④ 0.615

해설

$\frac{di_1}{dt}=120$ [A/sec], $e_2=15$ [V]일 때

상호인덕턴스 M은

상대편 전류 변화에 의한 상대편 전압

$e_2=M\frac{di_1}{dt}$ [V]이므로 주어진 수치를 대입하면

$15=M\times 120$

$M=\frac{15}{120}=0.125$ [H]

11 그림과 같이 환상의 철심에 일정한 권선이 감겨진 권수 N회, 단면 S[m²], 평균 자로의 길이 l [m]인 환상 솔레노이드에 전류 i[A]를 흘렸을 때 이 환상 솔레노이드의 자기 인덕턴스를 옳게 표현한 식은?

① $\frac{\mu^2 SN}{l}$
② $\frac{\mu S^2 N}{l}$
③ $\frac{\mu SN}{l}$
④ $\frac{\mu SN^2}{l}$

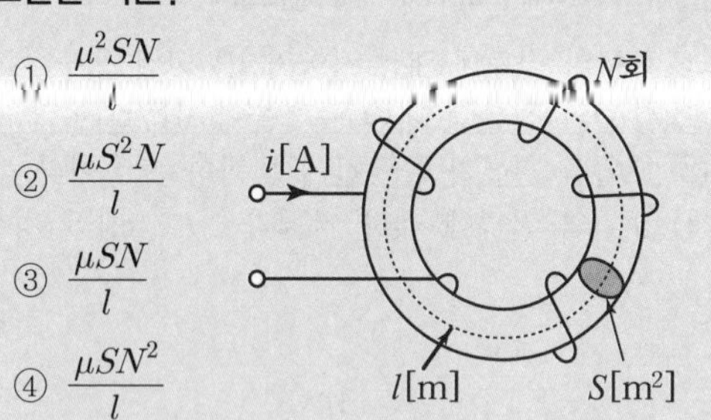

해설

환상 솔레노이드의 자기인덕턴스

$L=\frac{\mu SN^2}{l}=\frac{\mu SN^2}{2\pi a}=\frac{N^2}{R_m}$ [H]

단, a[m]는 평균반지름, R_m [AT/Wb]는 자기저항

정답 07 ① 08 ③ 09 ② 10 ① 11 ④

12 **평균 반지름이 a[m]이고 단면적이 S[m²]인 원환철심(투자율 μ)에 권선수 N인 코일을 감았을 때, 자기인덕턴스는 몇 [H]가 되는가?**

① $a\mu N^2 S$ ② $2\pi a\mu N^2 S$
③ $\dfrac{\mu N^2 S}{2\pi a^2}$ ④ $\dfrac{\mu N^2 S}{2\pi a}$

해설

환상 솔레노이드의 자기인덕턴스

$L = \dfrac{\mu SN^2}{l} = \dfrac{\mu SN^2}{2\pi a} = \dfrac{N^2}{R_m}$ [H]이므로

권선수 자승 및 단면적에 비례하고 평균반지름에 반비례한다.

13 **권수가 N인 철심이 든 환상 솔레노이드가 있다. 철심의 투자율은 일정하다고 하면, 이 솔레노이드의 자기 인덕턴스 L은? (단, 여기서 R_m은 철심의 자기 저항이고 솔레노이드에 흐르는 전류를 I라 한다.)**

① $L = \dfrac{R_m}{N^2}$ ② $L = \dfrac{N^2}{R_m}$
③ $L = R_m N^2$ ④ $L = \dfrac{N}{R_m}$

14 **코일에 있어서 자기인덕턴스는 다음의 어떤 매질 상수에 비례하는가?**

① 저항률 ② 유전율
③ 투자율 ④ 도전율

해설

환상 솔레노이드의 자기인덕턴스

$L = \dfrac{\mu SN^2}{l}$ [H]이므로 투자율(μ)에 비례한다.

15 **단면적 S, 평균반지름 r, 권회수 N인 토로이드코일에 누설자속이 없는 경우, 자기인덕턴스의 크기는?**

① 권선수의 자승에 비례하고 단면적에 반비례한다.
② 권선수 및 단면적에 비례한다.
③ 권선수의 자승 및 단면적에 비례한다.
④ 권선수의 자승 및 평균 반지름에 비례한다.

16 **솔레노이드의 자기인덕턴스는 권수를 N이라 하면 어떻게 되는가?**

① N에 비례 ② $\sqrt{N}$에 비례
③ N^2에 비례 ④ $\dfrac{1}{N^2}$에 비례

해설

환상 솔레노이드의 자기인덕턴스

$L = \dfrac{\mu SN^2}{l} = \dfrac{\mu SN^2}{2\pi a} = \dfrac{N^2}{R_m}$ [H]이므로

권선수 N^2에 비례한다.

17 **자기회로의 자기저항이 일정할 때 코일의 권수를 $\dfrac{1}{2}$로 줄이면 자기인덕턴스는 원래의 몇 배가 되는가?**

① $\dfrac{1}{\sqrt{2}}$ ② $\dfrac{1}{2}$
③ $\dfrac{1}{4}$ ④ $\dfrac{1}{8}$

해설

환상 솔레노이드의 자기인덕턴스 $L \propto N^2$

이므로 권선수를 1/2배로 하면 1/4배가 된다.

18 **권수 3000회인 공심 코일의 자기 인덕턴스는 0.06 [mH]이다. 지금 자기 인덕턴스를 0.135 [mH]로 하자면 권수는 몇 회로 하면 되는가?**

① 3500회 ② 4500회
③ 5500회 ④ 6750회

정답 12 ④ 13 ② 14 ③ 15 ③ 16 ③ 17 ③ 18 ②

해설

$N_1 = 3000$회, $L_1 = 0.06$[mH], $L_2 = 0.135$[mH]
일 때 N_2는
환상 솔레노이드의 자기인덕턴스 $L \propto N^2$이므로
$L_1 : N_1^2 = L_2 : N_2^2$ 에서

$$N_2 = \sqrt{\frac{L_2}{L_1}} \cdot N_1 = \sqrt{\frac{0.135}{0.06}} \times 3000 = 4500[\text{회}]$$

19 단면적 $S[\text{m}^2]$, 자로의 길이 l[m], 투자율 μ[H/m]의 환상철심에 1[m]당 N회 균등 하게 코일을 감았을 때 자기 인덕턴스[H]는?

① $\mu N^2 l S$

② $\dfrac{\mu N^2 l}{S}$

③ μNIS

④ $\dfrac{\mu N^2 S}{l}$

해설

단위길이당 솔레노이드의 자기인덕턴스
$L = \mu S N^2$ [H/m]일 때
N[T/m]는 단위길이당 권선수이므로
전체 자기인덕턴스는 $L' = \mu S N^2 l$ [H]가 된다.

20 철심이 들어 있는 환상 코일이 있다. 1차 코일의 권수 $N_1 = 100$회일 때, 자기인덕턴스는 0.01[H]였다. 이 철심에 2차 코일 $N_2 = 200$회를 감았을 때 1, 2차 코일의 상호 인덕턴스는 몇 [H]인가? (단, 결합 계수 $k = 1$로 한다.)

① 0.01

② 0.02

③ 0.03

④ 0.04

해설

결합계수가 $k = 1$인 경우의

$$M = \frac{N_2}{N_1} \cdot L_1 = \frac{200}{100} \times 0.01 = 0.02[\text{H}]$$

21 길이 10[cm], 반지름 1[cm]의 원형 단면을 갖는 공심 솔레노이드의 자기인덕턴스를 1[mH]로 하기 위해서는 솔레노이드의 권선수를 약 몇 회로 하여야 하는가? (단, $\mu_s = 1$이다.)

① 252 ② 504

③ 756 ④ 1,006

해설

$l = 10$[cm], $a = 1$[cm], $L = 1$[mH]이므로
자기인덕턴스

$$L = \frac{\mu_o \mu_s S N^2}{l} = \frac{\mu_o \mu_s \pi r^2 N^2}{l}[\text{H}]\text{에서}$$

권선수는

$$N = \sqrt{\frac{Ll}{\mu_o \mu_s \pi r^2}} = \sqrt{\frac{(1 \times 10^{-3})(10 \times 10^{-2})}{(4\pi \times 10^{-7})(1)(\pi)(1 \times 10^{-2})^2}} = 503.29[\text{회}]$$

22 100[mH]의 자기인덕턴스를 가진 코일에 10[A]의 전류를 통할 때 축적되는 에너지 [J]는?

① 1 ② 5

③ 50 ④ 1000

해설

코일에 축적되는 에너지

$$W = \frac{1}{2}LI^2 = \frac{1}{2}\phi I = \frac{\phi^2}{2L}[\text{J}]\text{이므로}$$

주어진 수치를 대입하면

$$W = \frac{1}{2}LI^2 = \frac{1}{2} \times 100 \times 10^{-3} \times 10^2 = 5[\text{J}]$$

23 자체 인덕턴스가 100[mH]인 코일에 전류가 흘러 20[J]의 에너지가 축적되었다. 이 때 흐르는 전류[A]는?

① 2[A] ② 10[A]

③ 20[A] ④ 50[A]

해설

코일에 축적되는 에너지 $W = \frac{1}{2}LI^2$ [J] 에서

$$\text{전류 } I = \sqrt{\frac{2W}{L}} = \sqrt{\frac{2 \times 20}{100 \times 10^{-3}}} = 20[\text{A}]$$

정답 19 ① 20 ② 21 ② 22 ② 23 ③

24 어떤 자기회로에 3000[AT]의 기자력을 줄 때, 2×10^{-3}[Wb] 의 자속이 통하였다. 이 자기회로의 자화에 필요한 에너지는 몇 [J]인가?

① 3×10^{-3}[J] ② 3.0[J]
③ 1.5×10^{-3}[J] ④ 1.5[J]

해설

자화에 필요한 에너지

$W=\frac{1}{2}N\phi I=\frac{1}{2}F\phi$

$=\frac{1}{2}\times3000\times2\times10^{-3}=3$ [J]

25 단면적 S[m^2], 단위 길이에 대한 권수가 n_o[회/m]인 무한히 긴 솔레노이드의 단위 길이당 자기 인덕턴스[H/m]를 구하면?

① $\mu S n_o$ ② $\mu S n_o^2$
③ $\mu S^2 n_o^2$ ④ $\mu S^2 n_o$

해설

무한장 솔레노이드의 자기인덕턴스

$L=\mu S n^2$ [H/m]

단, n [T/m] : 단위길이당 권선수

26 반지름 a[m]이고 단위길이에 대한 권수가 n인 무한장 솔레노이드의 단위길이당의 자기인덕턴스는 몇 [H/m]인가?

① $\mu\pi a^2 n^2$ ② $\mu\pi a n$
③ $\frac{an}{2\mu\pi}$ ④ $4\mu\pi a^2 n^2$

해설

무한장 솔레노이드의 자기인덕턴스

$L=\mu S n^2=\mu\pi a^2 n^2$ [H/m]

단, n[T/m] : 단위길이당 권선수

$S=\pi a^2$ [m^2] : 원의 단면적

27 반지름 a[m]인 원통 도체가 있다. 이 원통 도체의 길이가 l[m]일 때 내부 인덕턴스[H]는 얼마인가? (단, 원통 도체의 투자율은 μ[H/m]이다.)

① $\frac{\mu}{4\pi}$ ② $\frac{\mu}{4\pi}l$
③ $\frac{\mu}{8\pi}$ ④ $\frac{\mu}{8\pi}l$

해설

원주도체 내부의 자기인덕턴스 $L_i=\frac{\mu l}{8\pi}$ [H]

원주도체 내부의 단위길이당 자기인덕턴스

$L_i'=\frac{L_i}{l}=\frac{\mu}{8\pi}$ [H/m]

원주도체에 전류 균일하게 흐를시 내부에 축적되는 에너지

$W_i=\frac{1}{2}L_i I^2=\frac{\mu l I^2}{16\pi}$ [J]

28 반지름 a의 직선상 도체에 전류 I가 고르게 흐를 때 도체내의 전자 에너지와 관계없는 것은?

① 투자율 ② 도체의 단면적
③ 도체의 길이 ④ 전류의 크기

해설

원주도체에 전류 균일하게 흐를시 내부에 축적되는 에너지는

$W_i=\frac{1}{2}L_i I^2=\frac{\mu l I^2}{16\pi}$ [J]이므로

투자율(μ), 도체의 길이(l), 전류의 크기(I)의 영향을 받고 도체의 단면적과는 관계없다.

29 내도체의 반지름 a[m]이고, 외도체의 내반지름이 b[m], 외반지름이 c[m]인 동축 케이블의 단위 길이당 자기 인덕턴스는 몇[H/m]인가?

① $\frac{\mu_0}{2\pi}\ln\frac{b}{a}$ ② $\frac{\mu_0}{\pi}\ln\frac{b}{a}$
③ $\frac{2\pi}{\mu_0}\ln\frac{b}{a}$ ④ $\frac{\pi}{\mu_0}\ln\frac{b}{a}$

해설

동축 케이블(원통)사이의 자기인덕턴스

$L=\frac{\mu_o}{2\pi}\ln\frac{b}{a}$ [H/m]이다.

정답 24 ② 25 ② 26 ① 27 ④ 28 ② 29 ①

30 동축케이블의 단위길이당 자기인덕턴스는? (단, 동축선 자체의 내부 인덕턴스는 무시하는 것으로 한다.)

① 두 원통의 반지름의 비에 정비례한다.
② 동축선의 투자율에 비례한다.
③ 동축선 간 유전체의 투자율에 비례한다.
④ 동축선에 흐르는 전류의 세기에 비례한다.

해설

동축 케이블(원통) 사이의 자기인덕턴스

$L=\dfrac{\mu_o}{2\pi}\ln\dfrac{b}{a}$ [H/m]이므로

동축선 간 유전체의 투자율에 비례한다.

31 내경의 반지름이 1[mm], 외경의 반지름이 3[mm]인 동축 케이블의 단위 길이 당 인덕턴스는 약 몇 [μH/m] 인가?(단, 이 때 $\mu_r=1$이며, 내부 인덕턴스는 무시한다.)

① 0.12 ② 0.22
③ 0.32 ④ 0.42

해설

동축 케이블(원통) 사이의 자기인덕턴스는

$L=\dfrac{\mu_o}{2\pi}\ln\dfrac{b}{a}$ [H/m]이므로

주어진 수치를 대입하면

$L=\dfrac{\mu_o}{2\pi}\ln\dfrac{b}{a}=\dfrac{4\pi\times10^{-7}}{2\pi}\ln\dfrac{3\times10^{-3}}{1\times10^{-3}}\times10^{6}$

$=0.22$ [μH/m] 가 된다.

32 반지름 a[m], 선간거리 d[m]의 평행 왕복 도선간의 자기인덕턴스는 다음 중 어떤 값에 비례하는가?

① $\dfrac{\pi\mu_0}{\ln\dfrac{d}{a}}$ ② $\dfrac{\pi\mu_0}{\ln\dfrac{a}{d}}$

③ $\dfrac{\mu_0}{2\pi}\ln\dfrac{a}{d}$ ④ $\dfrac{\mu_0}{\pi}\ln\dfrac{d}{a}$

해설

평행 도선간의 자기인덕턴스

$L=\dfrac{\mu_o}{\pi}\ln\dfrac{d}{a}$ [H/m]

33 임의의 단면을 가진 2개의 원주상의 무한히 긴 평행 도체가 있다. 지금 도체의 도전율을 무한대라고 하면 C, L, ε 및 μ 사이의 관계는? (단, C는 두 도체간의 단위 길이당 정전용량, L은 두 도체를 한 개의 왕복회로로 한 경우의 단위 길이당 자기 인덕턴스, ε은 두 도체 사이에 있는 매질의 유전율, μ는 두 도체 사이에 있는 매질의 투자율이다.)

① $C\varepsilon=L\mu$ ② $\dfrac{C}{\varepsilon}=\dfrac{L}{\mu}$

③ $\dfrac{1}{LC}=\varepsilon\mu$ ④ $LC=\varepsilon\mu$

해설

평행도체 사이의 자기 인덕턴스와 정전용량의 곱은

$LC=\dfrac{\mu}{\pi}\ln\dfrac{d}{a}\times\dfrac{\pi\varepsilon}{\ln\dfrac{d}{a}}=\mu\varepsilon$

34 그림과 같이 단면적 S[m^2], 평균 자로의 길이 l[m], 투자율 μ[H/m]인 철심에 N_1, N_2의 권선을 감은 무단 솔레노이드가 있다. 누설자속을 무시할 때 권선의 상호인덕턴스는 몇 [H]가 되는가?

① 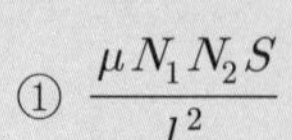

② ③ 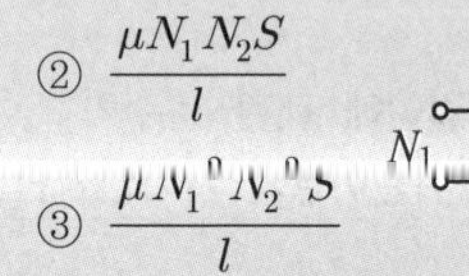

④ 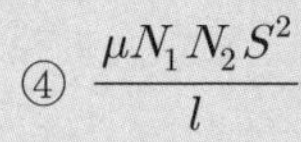

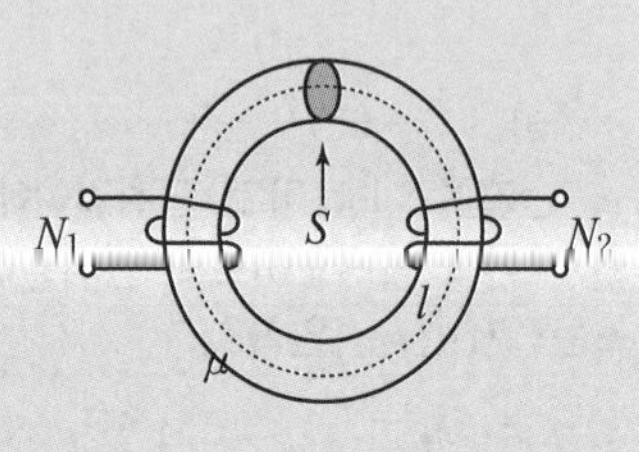

해설

상호 인덕턴스

$M=\dfrac{\mu SN_1N_2}{l}=\dfrac{\mu\pi a^2N_1N_2}{l}$ [H]

정 답 30 ③ 31 ② 32 ④ 33 ④ 34 ②

35 길이 l, 단면 반경($l > a$), 권수 N_1인 단층 원통형 1차 솔레노이드의 중앙 부근에 권수 N_2인 2차 코일을 밀착되게 감았을 경우 상호 인덕턴스[H]는?

① $\frac{\mu\pi a^2}{l}N_1N_2$ ② $\frac{\mu\pi a^2}{l}N_1 N_2^2$

③ $\frac{\mu l}{\pi a^2}N_1N_2$ ④ $\frac{\mu l}{\pi a^2}N_1{}^2 N_2^2$

36 C_1, C_2의 두 폐회로간의 상호인덕턴스를 구하는 노이만의 공식은?

① $\frac{\mu}{2\pi}\oint_{C1}\oint_{C2}\frac{d\ell_1 \cdot d\ell_2}{r^2}$

② $4\pi\mu\oint_{C1}\oint_{C2}\frac{d\ell_1 \cdot d\ell_2}{r}$

③ $\frac{\mu}{4\pi}\oint_{C1}\oint_{C2}\frac{d\ell_1 \cdot d\ell_2}{r}$

④ $\frac{4\pi}{\mu}\oint_{C1}\oint_{C2}\frac{d\ell_1 \cdot d\ell_2}{r}$

37 코일 A 및 B가 있다. 코일 A의 전류가 $\frac{1}{30}$초간에 10[A] 변화할 때 코일 B에 10[V]의 기전력을 유도한다고 한다. 이때의 상호인덕턴스는 몇 [H]인가?

① $\frac{1}{0.3}$ ② $\frac{1}{3}$

③ $\frac{1}{30}$ ④ $\frac{1}{300}$

해설

상호유도에 의한 유기전압 $e_B = M\frac{di_A}{dt}$ 에서

상호인덕턴스는

$$M = e_B\frac{dt}{di_A} = 10 \times \frac{\frac{1}{30}}{10} = \frac{1}{30}\text{[H]}$$

38 그림과 같은 환상 철심에 A, B의 코일이 감겨 있다. 전류 I가 120[A/sec]로 변화할 때, 코일 A에 90[V], 코일 B에 40[V]의 기전력이 유도된 경우, 코일 A의 자기인덕턴스 L_1[H]과 상호 인덕턴스 M[H]의 값은 얼마인가?

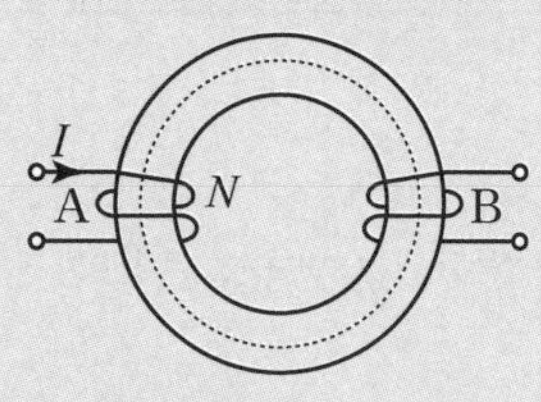

① $L_1 = 0.75$, $M = 0.33$

② $L_1 = 1.25$, $M = 0.7$

③ $L_1 = 1.75$, $M = 0.9$

④ $L_1 = 1.95$, $M = 1.1$

해설

$\frac{di_A}{dt} = 120$[A/sec], $e_A = 90$[V],

$e_B = 40$[V] 이므로

A 코일의 자기인덕턴스는

$$L_1 = e_A\frac{dt}{di_A} = 90 \times \frac{1}{120} = 0.75\text{[H]}$$

상호 인덕턴스는

$$M = e_B\frac{dt}{di_A} = 40 \times \frac{1}{120} = 0.33\text{[H]}$$

39 자기 인덕턴스 L_1, L_2와 상호 인덕턴스 M과의 결합계수는 어떻게 표시되는가?

① $\frac{M}{\sqrt{L_1L_2}}$ ② $\frac{M}{L_1L_2}$

③ $\frac{\sqrt{L_1L_2}}{M}$ ④ $\frac{L_1L_2}{M}$

해설

결합계수는 두 코일간의 자기적인 결합정도로서

$k = \frac{M}{\sqrt{L_1 \cdot L_2}}$ 이다.

정답 35 ① 36 ③ 37 ③ 38 ① 39 ①

40 두 개의 코일이 있다. 각각의 자기인덕턴스가 0.4 [H], 0.9 [H]이고, 상호인덕턴스가 0.36 [H]일 때 결합 계수는?

① 0.5 ② 0.6
③ 0.7 ④ 0.8

해설

결합계수

$$k = \frac{M}{\sqrt{L_1 \cdot L_2}} = \frac{0.36}{\sqrt{0.4 \times 0.9}} = 0.6$$

41 자기 인덕턴스가 각각 L_1, L_2인 A, B 두 개의 코일이 있다. 이 때, 상호인덕턴스 $M = \sqrt{L_1 L_2}$라면 다음 중 옳지 않은 것은?

① A코일이 만든 자속은 전부 B코일과 쇄교된다.
② 두 코일이 만드는 자속은 항상 같은 방향이다.
③ A코일에 1초 동안에 1[A]의 전류 변화를 주면 B 코일에는 1[V]가 유기된다.
④ L_1, L_2 는 (-) 값을 가질 수 없다.

해설

$$e_B = M\frac{dI_A}{dt} = M\frac{1}{1} = M[\text{V}]$$

42 자기인덕턴스 L_1, L_2이고, 상호인덕턴스가 M[H]인 두 코일을 직렬로 연결하였을 경우 합성인덕턴스는?

① $L_1 + L_2 \pm 2M$
② $\sqrt{L_1 + L_2} \pm 2M$
③ $L_1 + L_2 \pm 2\sqrt{M}$
④ $\sqrt{L_1 + L_2} \pm 2\sqrt{M}$

해설

직렬연결시 합성 인덕턴스 L_o[H]는

가동결합(두 자속이 합하여 지는 경우)

$$L_o = L_1 + L_2 + 2M = L_1 + L_2 + 2k\sqrt{L_1 L_2}\ [\text{H}]$$

차동결합(두 자속이 차가 되는 경우)

$$L_o = L_1 + L_2 - 2M = L_1 + L_2 - 2k\sqrt{L_1 L_2}\ [\text{H}]$$

단, 완전결합일 때 결합계수는 $k = 1$

43 1차, 2차 코일의 자기인덕턴스가 각각 49[mH], 100[mH], 결합 계수 0.9일 때, 이 두 코일을 자속이 합하여지도록 같은 방향으로 직렬로 접속하면 합성 인덕턴스[mH]는?

① 212 ② 219
③ 275 ④ 289

해설

두 자속의 방향이 같으면 가동결합이므로 주어진 수치를 대입하면

$$L_o = L_1 + L_2 + 2k\sqrt{L_1 L_2}$$
$$= 49 + 100 + 2 \times 0.9 \times \sqrt{49 \times 100} = 275[\text{mH}]$$

44 서로 결합된 2개의 코일을 직렬로 연결하면 합성 자기 인덕턴스가 20[mH]이고, 한쪽 코일의 연결을 반대로 하면 8[mH]가 되었다. 두 코일의 상호 인덕턴스는?

① 3[mH] ② 6[mH]
③ 14[mH] ④ 28[mH]

해설

가동 결합시

$L_o = L_1 + L_2 + 2M = 20[\text{mH}] \Rightarrow$ ①

차동 결합시

$L_o = L_1 + L_2 - 2M = 8[\text{mH}] \Rightarrow$ ②

①식에서 ②식을 빼면

$$M = \frac{L - L_0}{4} = \frac{20 - 8}{4} = 3[\text{mH}]$$

45 하나의 철심위에 인덕턴스가 10[H]인 두 코일을 같은 방향으로 감아서 직렬 연결한 후에 5[A]의 전류를 흘리면 여기에 축적되는 에너지는 몇 [J]인가? 단, 두 코일의 결합계수는 0.8이다.

① 50 ② 350
③ 450 ④ 2,250

해설

합성인덕턴스

$$L_o = L_1 + L_2 + 2k\sqrt{L_1 L_2}$$
$$= 10 + 10 + 2 \times 0.8\sqrt{10 \times 10} = 36[\text{H}]$$ 이므로

축적되는 에너지

$$W = \frac{1}{2}L_o I^2 = \frac{1}{2} \times 36 \times 5^2 = 450[\text{J}]$$ 가 된다.

정답 40 ② 41 ③ 42 ① 43 ③ 44 ① 45 ③

46 그림에서 $l=100[\text{cm}]$, $S=10[\text{cm}^2]$, $\mu_s=100$, $N=1000$ 회인 회로에 전류 $I=10[\text{A}]$를 흘렸을 때 저축되는 에너지는 몇[J]인가?

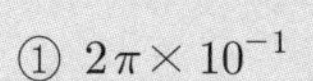
① $2\pi\times10^{-1}$
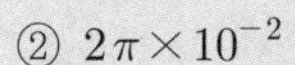
② $2\pi\times10^{-2}$
③ $2\pi\times10^{-3}$
④ 2π

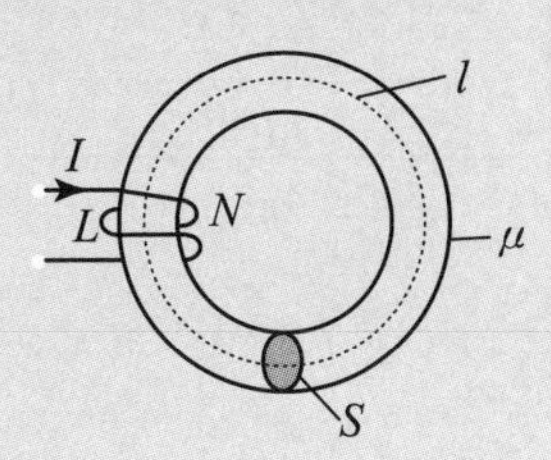

해설

코일에 축적되는 에너지

$$W=\frac{1}{2}LI^2=\frac{1}{2}\phi I=\frac{\phi^2}{2L}\ [\text{J}]$$ 이므로

환상 솔레노이드의 자기인덕턴스

$$L=\frac{\mu SN^2}{l}=\frac{\mu_o\mu_s SN^2}{l}\ [\text{H}]$$ 를 대입하면

코일에 축적되는 에너지는

$$W=\frac{1}{2}LI^2=\frac{1}{2}\cdot\frac{\mu SN^2}{l}I^2=\frac{1}{2}\cdot\frac{\mu_o\mu_s SN^2}{l}I^2\ [\text{J}]$$

이므로

주어진 수치를 대입하면

$$W=\frac{1}{2}\cdot\frac{4\pi\times10^{-7}\times100\times10\times10^{-4}\times1000^2}{100\times10^{-2}}\times10^2$$
$$=2\pi\ [\text{J}]$$

정답 46 ④

memo

Engineer Electricity
ustrial Engineer Electricity

전자장

Chapter 12

SECTION 12

전자장

1 변위전류

전속밀도의 시간적 변화로서 유전체를 통해 흐르는 전류를 변위전류라 하며 주변에 자계를 발생한다.

$i_c[\mathrm{A/m^2}]$ $S[\mathrm{m^2}]$
$v[\mathrm{V}]$ $d[\mathrm{m}]$ ε $i_d[\mathrm{A/m^2}]$

1. 변위 전류 밀도 $i_d = \dfrac{I_d}{S} = \dfrac{\partial D}{\partial t}\ [\mathrm{A/m^2}]$

단, $D[\mathrm{C/m^2}]$: 전속밀도

2. 전압 $v = V_m \sin\omega t\ [\mathrm{V}]$ 인가시

(1) 전속밀도 $D = \varepsilon E = \varepsilon \dfrac{v}{d} = \varepsilon \dfrac{V_m}{d} \sin\omega t [\mathrm{C/m^2}]$

(2) 변위전류밀도

$$i_d = \frac{\partial D}{\partial t} = \frac{\partial}{\partial t}\left(\varepsilon \frac{V_m}{d} \sin\omega t\right) = \omega \frac{\varepsilon}{d} V_m \cos\omega t\ [\mathrm{A/m^2}]$$

(3) 전체변위전류

$$I_d = i_d \times S = \omega \frac{\varepsilon S}{d} V_m \cos\omega t = \omega C V_m \cos\omega t\ [\mathrm{A}]$$

예제문제 변위전류

1 변위전류 또는 변위전류밀도에 대한 설명 중 틀린 것은?

① 변위전류밀도는 전속밀도의 시간적 변화율이다.
② 자유공간에서 변위전류가 만드는 것은 자계이다.
③ 변위전류는 주파수와 관계가 있다.
④ 시간적으로 변화하지 않는 계에서도 변위전류는 흐른다.

해설

변위전류 밀도는 $i_d = \dfrac{\partial D}{\partial t}\ [\mathrm{A/m^2}]$ 이므로 전속밀도의 시간적 변화로 유전체를 통해 흐르는 전류로 자계를 발생한다.
변위전류는 $I_d = \omega C V_m \cos\omega t = 2\pi f C V_m \cos\omega t\ [\mathrm{A}]$ 이므로 주파수(f)와 관계가 있다.

답 ④

핵심 NOTE

■ 변위전류
전속밀도의 시간적변화로 유전체를 통해 흐르는 전류로서 자계를 발생

■ 변위전류밀도
$i_d = \dfrac{\partial D}{\partial t}\ [\mathrm{A/m^2}]$

핵심 NOTE

2 전자파의 파동 고유임피던스 $\eta[\Omega]$

전자파의 자계에 대한 전계와의 비를 파동 고유임피던스라 한다.

1. 고유임피던스

$$\eta = \frac{E}{H} = \sqrt{\frac{\mu}{\varepsilon}}\ [\Omega]$$

2. 진공(공기)중 일 때

(1) 전계 $E = \sqrt{\frac{\mu_o}{\varepsilon_o}}H = 377H$

(2) 자계

$$H = \sqrt{\frac{\varepsilon_o}{\mu_o}}E = \frac{1}{377}E = 0.27\times10^{-2}E$$

단, 진공시유전율 $\varepsilon_o = \frac{10^{-9}}{36\pi} = 8.855\times10^{-12}\ [\mathrm{F/m}]$

진공시투자율 $\mu_o = 4\pi\times10^{-7}\ [\mathrm{H/m}]$

예제문제 고유임피던스

2 콘크리트($\varepsilon_r = 4$, $\mu_r = 1$) 중에서 전자파의 고유임피던스는 약 몇 $[\Omega]$인가?

① $35.4[\Omega]$ ② $70.8[\Omega]$
③ $124.3[\Omega]$ ④ $188.5[\Omega]$

해설

비유전율 및 비투자율이 $\varepsilon_r = 4$, $\mu_r = 1$ 이므로

파동고유임피던스 $\eta = \frac{E}{H} = \sqrt{\frac{\mu}{\varepsilon}} = \sqrt{\frac{\mu_o}{\varepsilon_o}}\sqrt{\frac{\mu_r}{\varepsilon_r}} = 377\sqrt{\frac{1}{4}} = 188.357\ [\Omega]$

답 ④

핵심 NOTE

3 전자파의 전파속도 v[m/sec]

$$v = \frac{1}{\sqrt{\varepsilon\mu}} = \frac{3\times10^8}{\sqrt{\varepsilon_s \mu_s}} = \frac{\omega}{\beta} = \frac{1}{\sqrt{LC}} = \lambda f \,[\text{m/sec}]$$

여기서 $v_o = \dfrac{1}{\sqrt{\varepsilon_o \mu_o}} = 3\times10^8\,[\text{m/s}]$: 진공의 빛의 속도

$\beta = \omega\sqrt{LC}$: 위상 정수, λ[m] : 파장, f[Hz] : 주파수

예제문제 전파속도

3 비투자율 $\mu_r = 4$인 자성체 내에서 주파수 1 [GHz]인 전자기파의 파장[m]은?

① 0.1 [m] ② 0.15 [m]
③ 0.25[m] ④ 0.4[m]

해설

전파속도 $v = \dfrac{3\times10^8}{\sqrt{\varepsilon_s \mu_s}} = \lambda f\,[\text{m/sec}]$ 에서 파장은

$$\lambda = \frac{3\times10^8}{f\sqrt{\varepsilon_s\mu_s}} = \frac{3\times10^8}{1\times10^9\sqrt{1\times4}} = 0.15\,[\text{m}]$$

답 ②

4 전자파(평면파)

전계와 자계가 동시에 존재하는 파를 전자파라 한다.

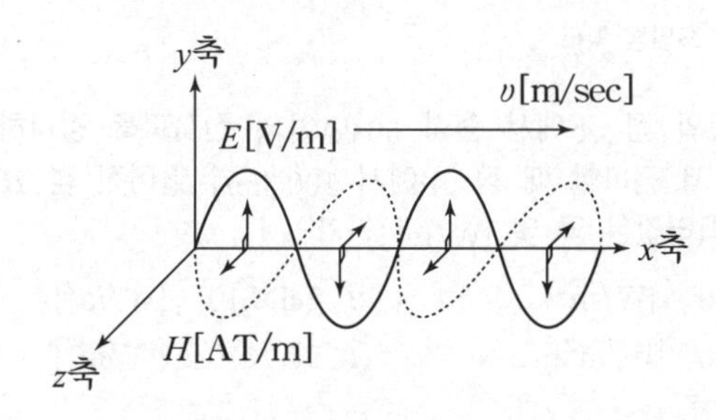

■ 전자파

전계와 자계가 동시 존재하는 파

1. 전자파의 위상은 서로 같다.
2. 전계 에너지와 자계에너지는 같다.
3. 전자파의 진행방향 $\vec{E}\times\vec{H}$
4. 진행방향에 대한 전계와 자계의 성분은 없고 수직성분만 존재한다.

핵심 NOTE

1. 전자파의 위상은 서로 같다(동상이다).
2. 전파파의 전계 에너지(W_e)와 자계에너지(W_m)는 같다.

   $W_e = W_m = \sqrt{\varepsilon\mu}\,\mathrm{E\,H}\,[\mathrm{J/m^3}]$

3. 전자파의 진행 방향은 외적의 방향이 된다.

$$\vec{E} \times \vec{H}$$

4. 전자파는 진행 방향에 대한 전계와 자계의 성분은 없고 진행 방향의 수직성분인 전계와 자계의 성분만 존재한다.
5. 포인팅 벡터 $P'[\mathrm{W/m^2}]$
   전자파가 단위시간에 단위면적을 통과한 에너지

$$P' = \frac{P}{S} = E \times H = EH\sin\theta = EH\sin 90^o = EH[\mathrm{W/m^2}]$$

6. 진공(공기)중에서의 포인팅 벡터

$$P' = \frac{P}{S} = EH = \sqrt{\frac{\mu_o}{\varepsilon_o}}H^2 = \sqrt{\frac{\varepsilon_o}{\mu_o}}E^2 = 377H^2$$
$$= 377H^2 = \frac{1}{377}E^2[\mathrm{W/m^2}]$$

단, $E = \sqrt{\frac{\mu_o}{\varepsilon_o}}H = 377H$, $H = \sqrt{\frac{\varepsilon_o}{\mu_o}}E = \frac{1}{377}E$

예제문제 포인팅 벡터

4 **진공 중의 점 A에서 출력 50 [kW]의 전자파를 방사하여 이것이 구면파로서 전파할 때 점 A에서 100 [km] 떨어진 점 B에 있어서 포인팅 벡터값은 약 몇 [W/m²]인가?**

① 4×10^{-7} [W/m²]　　② 4.5×10^{-7} [W/m²]
③ 5×10^{-7}[W/m²]　　④ 5.5×10^{-7} [W/m²]

해설
$P = 50$ [kW], $r = 100$ [km] 이므로 포인팅 벡터값은

$$P' = \frac{P}{S} = \frac{P}{4\pi r^2} = \frac{50\times10^3}{4\pi(100\times10^3)^2} = 3.978\times10^{-7}\,[\mathrm{W/m^2}]$$

답 ①

핵심 NOTE

예제문제 포인팅 벡터

5 100 [kW]의 전력이 안테나에서 사방으로 균일하게 방사될 때 안테나에서 10 [km]의 거리에 있는 전계의 실효값은 약 몇 [V/m]인가?

① 0.087 ② 0.173
③ 0.346 ④ 0.519

해설

$P = 100$ [kW], $r = 10$ [km]이므로 포인팅 벡터

$P' = \dfrac{P}{S} = \dfrac{1}{377}E^2$ [W/m²]에서

전계의 실효값 $E = \sqrt{\dfrac{377P}{S}} = \sqrt{\dfrac{377P}{4\pi r^2}} = \sqrt{\dfrac{377(100\times10^3)}{4\pi(10\times10^3)^2}} = 0.173$ [V/m]

답 ②

5 맥스웰(Maxwell's)의 전자(미분)방정식

1. 맥스웰의 제 1의 기본 방정식

$$rot\,H = curl\,H = \nabla\times H = i_c + \frac{\partial D}{\partial t} = i_c + \varepsilon\frac{\partial E}{\partial t}\,[\mathrm{A/m^2}]$$

(1) 암페어의 주회적분법칙에서 유도한 식이다.
(2) 전도 전류, 변위 전류는 자계를 형성한다.(전류와 자계와의 관계)
(3) 전류의 연속성을 표현한다.

2. 맥스웰의 제 2의 기본 방정식

$$rot\,E = curl\,E = \nabla\times E = -\frac{\partial B}{\partial t} = -\mu\frac{\partial H}{\partial t}\,[\mathrm{V}]$$

(1) 자속 밀도의 시간적 변화는 전계를 회전 시키고 유기 기전력을 형성한다.
(2) 패러데이의 전자유도법칙에서 유도한 전계에 관한 식

3. 정전계의 가우스 미분형

$$div D = \nabla\cdot D = \rho\,[\mathrm{C/m^3}]$$

(1) 임의의 폐곡면 내의 전하에서 전속선이 발산한다.

핵심 NOTE

■ $rot\,E = -\dfrac{\partial B}{\partial t} = -\dfrac{\partial (rot\,A)}{\partial t}$

$\therefore\ E = -\dfrac{\partial A}{\partial t}$

4. 정자계의 가우스미분형

$$div\,B = \nabla \cdot B = 0$$

(1) N , S 극이 항상 공존한다. (고립된 자극은 없다.)

(2) 자속은 연속적이다.

5. 벡터 포텐셜 $\vec{A}$ 의 회전은 자속 밀도를 형성한다.

$$rot\,\vec{A} = curl\,\vec{A} = \nabla \times \vec{A} = B\,[\mathrm{Wb/m^2}]$$

예제문제 맥스웰 방정식

6 미분방정식의 형태로 나타낸 맥스웰의 전자계 기초 방정식에 해당되는 것은?

① $rot\,E = -\dfrac{\partial B}{\partial t}$, $rot\,H = \dfrac{\partial D}{\partial t}$, $div\,D = 0$, $div\,B = 0$

② $rot\,E = -\dfrac{\partial B}{\partial t}$, $rot\,H = i + \dfrac{\partial D}{\partial t}$, $div\,D = \rho$, $div\,B = H$

③ $rot\,E = -\dfrac{\partial B}{\partial t}$, $rot\,H = i + \dfrac{\partial D}{\partial t}$, $div\,D = \rho$, $div\,B = 0$

④ $rot\,E = -\dfrac{\partial B}{\partial t}$, $rot\,H = i$, $div\,D = 0$, $div\,B = 0$

해설

맥스웰 방정식의 미분형

$rot\,H = i_c + \dfrac{\partial D}{\partial t} = i\,[\mathrm{A/m^2}]$, $rot\,E = -\dfrac{\partial B}{\partial t}$, $div\,D = \rho\,[\mathrm{C/m^3}]$,

$div\,B = 0$

답 ③

SECTION 12

출제예상문제

01 유전체에서 변위 전류를 발생하는 것은?

① 분극 전하 밀도의 시간적 변화
② 전속 밀도의 시간적 변화
③ 자속 밀도의 시간적 변화
④ 분극 전하 밀도의 공간적 변화

해설

변위전류는 전속밀도의 시간적 변화에 의해서 유전체를 통해 평행판 사이에 흐르는 전류로서

변위전류밀도 $i_d = \frac{\partial D}{\partial t}$ $[A/m^2]$ 이며 주변에 자계를 발생한다.

02 변위전류는 (A)의 시간적 변화로 주위에 (B)를 만든다. (A), (B)에 맞는 말은?

① A : 자속밀도, B : 자계
② A : 자속밀도, B : 전계
③ A : 전속밀도, B : 자계
④ A : 전속밀도, B : 전계

해설

변위전류는 전속밀도의 시간적 변화에 의해서 유전체를 통해 평행판 사이에 흐르는 전류로서 주변에 자계를 발생한다.

03 변위전류와 가장 관계가 깊은 것은?

① 반도체 ② 유전체
③ 자성체 ④ 도체

04 전도 전자나 구속 전자의 이동에 의하지 않는 전류는?

① 전도전류 ② 대류전류
③ 분극전류 ④ 변위전류

해설

변위전류는 전속밀도의 시간적 변화에 의해서 유전체를 통해 평행판 사이에 흐르는 전류로서 구속전자의 이동에 의하지 않는 전류이다.

05 간격 $d\,[m]$인 두 개의 평형판 전극 사이에 유전율 ε의 유전체가 있을 때 전극 사이에 전압 $v = V_m \sin\omega t$를 가하면 변위 전류 밀도$[A/m^2]$는?

① $\frac{\varepsilon}{d} V_m \cos\omega t$ ② $\frac{\varepsilon}{d}\omega V_m \cos\omega t$
③ $\frac{\varepsilon}{d}\omega V_m \sin\omega t$ ④ $-\frac{\varepsilon}{d} V_m \cos\omega t$

해설

전압 $v = V_m \sin\omega t\,[V]$일 때 전속밀도는

$D = \varepsilon\frac{V_m}{d}\sin\omega t\,[C/m^2]$이므로

변위전류밀도는

$i_d = \frac{\partial D}{\partial t} = \frac{\partial}{\partial t}\left(\varepsilon\frac{V_m}{d}\sin\omega t\right) = \omega\frac{\varepsilon V_m}{d}\cos\omega t\,[A/m^2]$

06 전력용 유입 커패시터가 있다. 유(기름)의 유전율이 2이고 인가된 전계 $E = 200\sin\omega t\, a_x\,[V/m]$일 때 커패시터 내부에서의 변위 전류밀도는 몇 $[A/m^2]$인가?

① $400\omega\cos\omega t\, a_x$ ② $400\omega\sin\omega t\, a_x$
③ $200\omega\cos\omega t\, a_x$ ④ $200\omega\sin\omega t\, a_x$

해설

변위전류밀도 $i_d = \frac{\partial D}{\partial t}\,[A/m^2]$ 이며 평행판 사이의 유전체를 통해 흐르는 전류로서 주어진 수치

$\varepsilon = 2,\ \overrightarrow{E} = 200\sin\omega t\,\overrightarrow{a_x}\,[V/m]$를 대입하면

$i_d = \frac{\partial D}{\partial t} = \frac{\partial \varepsilon E}{\partial t} = 2\frac{\partial}{\partial t}(200\sin\omega t\, a_x)$

$= \omega \times 2 \times 200\cos\omega t\, a_x$

$= 400\,\omega\cos\omega t\,\overrightarrow{a_x}\,[A/m^2]$이 된다.

정답 01 ② 02 ③ 03 ② 04 ④ 05 ② 06 ①

07 공기 중에서 E[V/m]의 전계를 i_d[A/m²]의 변위 전류로 흐르게 하려면 주파수[Hz]는 얼마가 되어야 하는가?

① $f = \frac{i_d}{2\pi\varepsilon E}$ ② $f = \frac{i_d}{4\pi\varepsilon E}$

③ $f = \frac{\varepsilon\, i_d}{2\pi^2 E}$ ④ $f = \frac{i_d\, E}{4\pi^2 \varepsilon}$

해설

전계 E[V/m], 변위전류밀도 i_d[A/m²]에서

$i_d = \omega\varepsilon E = 2\pi f \varepsilon E$ [A/m²]가 되므로

주파수 $f = \frac{i_d}{2\pi \varepsilon E}$ [Hz]

08 한 공간 내의 전계의 세기가 $E = E_o \cos\omega t$ 일 때 이 공간 내의 변위전류밀도의 크기는?

① ωE_o에 비례한다. ② ωE_o^2에 비례한다.

③ $\omega^2 E_o$에 비례한다. ④ $\omega^2 E_o^2$에 비례한다.

해설

전계 $E = E_o \cos\omega t$ [V/m]일 때 전속밀도는

$D = \varepsilon E_o \cos\omega t$ [C/m²]이므로

변위전류밀도는

$i_d = \frac{\partial D}{\partial t} = \frac{\partial}{\partial t}(\varepsilon E_o \cos\omega t) = -\omega\varepsilon E_o \sin\omega t$ [A/m²] 그러므로 $i_d \propto \omega E_o$인 관계를 갖는다.

09 극판간격 d[m], 면적 S[m²]인 평행판 콘덴서에 교류전압 $v = V_m \sin\omega t$[V]가 가해졌을 때 이 콘덴서에서 전체의 변위전류는 몇 [A]인가?

① $\frac{\varepsilon S}{d}\omega V_m \cos\omega t$ ② $\frac{\varepsilon}{d} V_m \sin\omega t$

③ $\frac{d\omega}{\varepsilon S} V_m \sin\omega t$ ④ $\frac{\varepsilon S}{\omega d} V_m \cos\omega t$

해설

전압 $v = V_m \sin\omega t$ [V] 일 때 전속밀도는

$D = \varepsilon \frac{V_m}{d} \sin\omega t$ [C/m²]이므로

변위전류밀도는

$i_d = \frac{\partial D}{\partial t} = \frac{\partial}{\partial t}(\varepsilon \frac{V_m}{d} \sin\omega t) = \omega \frac{\varepsilon V_m}{d} cos\omega t$ [A/m²]

이때 변위전류는 $I_d = i_d \times S$ [A]이므로

$I_d = \omega \frac{\varepsilon S}{d} V_m \cos\omega t = \omega C V_m \cos\omega t$ [A]

10 도전율 σ, 유전율 ε 인 매질에 교류전압을 가할 때 전도전류와 변위전류의 크기가 같아지는 주파수는?

① $f = \frac{\sigma}{2\pi\varepsilon}$ ② $f = \frac{\varepsilon}{2\pi\sigma}$

③ $f = \frac{2\pi\varepsilon}{\sigma}$ ④ $f = \frac{2\pi\sigma}{\varepsilon}$

해설

전도전류 i_c 와 변위전류 i_d의 크기가 같을 때의 주파수 f 는

$i_d = i_c \Rightarrow \omega\varepsilon E = kE \Rightarrow 2\pi f \varepsilon = k$

$\therefore f = \frac{k}{2\pi\varepsilon} = \frac{\sigma}{2\pi\varepsilon}$ [Hz]

11 유전체에서 임의의 주파수 f 에서의 손실각을 $\tan\delta$라 할 때, 전도 전류 i_c 와 변위 전류 i_d의 크기가 같아지는 주파수 f_c 라 하면 $\tan\delta$ 는?

① $\frac{f_c}{f}$ ② $\frac{f_c}{\sqrt{f}}$

③ $\frac{\sqrt{f_c}}{f}$ ④ $2 f_c f$

해설

전도전류 i_c 와 변위전류 i_d의 크기가 같을 때의 주파수 f_c는

$i_d = i_c \Rightarrow \omega\varepsilon E = kE \Rightarrow 2\pi f_c \varepsilon = k$

$\therefore f_c = \frac{k}{2\pi\varepsilon}$ [Hz]

유전체 역률 $\tan\delta$는

$\tan\delta = \frac{i_c}{i_d} = \frac{kE}{\omega\varepsilon E} = \frac{k}{2\pi f \varepsilon} = \frac{1}{f} \cdot \frac{k}{2\pi\varepsilon} = \frac{f_c}{f}$

정답 07 ① 08 ① 09 ① 10 ① 11 ①

12 유전체의 역률($\tan\delta$)과 무관한 것은?

① 주파수 ② 정전용량
③ 인가전압 ④ 누설저항

해설

유전체 역률

$$\tan\delta = \frac{i_c}{i_d} = \frac{kE}{\omega\varepsilon E} = \frac{k}{2\pi f\varepsilon} = \frac{1}{2\pi f\rho\varepsilon} = \frac{1}{2\pi fRC}$$

이므로 주파수, 정전용량, 누설저항과 관계있고 인가전압과는 관계없다.

13 자유 공간의 고유 임피던스[Ω]는? (단, ε_o는 유전율, μ_o는 투자율이다.)

① $\sqrt{\frac{\varepsilon_o}{\mu_o}}$ ② $\sqrt{\frac{\mu_o}{\varepsilon_o}}$

③ $\sqrt{\varepsilon_o\mu_o}$ ④ $\sqrt{\frac{1}{\varepsilon_o\mu_o}}$

해설

파동 고유임피던스는 자계에 대한 전계와의 비로서

$\eta = \frac{E}{H} = \sqrt{\frac{\mu}{\varepsilon}}$ 이므로 자유공간은 즉 공기중

이므로 $\eta = \sqrt{\frac{\mu_o}{\varepsilon_o}} = 120\pi = 377\,[\Omega]$

14 평면파 전자파의 전계 E와 자계 H사이의 관계식은?

① $E = \sqrt{\frac{\varepsilon}{\mu}}H$ ② $E = \sqrt{\varepsilon\mu}H$

③ $E = \sqrt{\frac{\mu}{\varepsilon}}H$ ④ $E = \sqrt{\frac{1}{\varepsilon\mu}}H$

해설

파동 고유임피던스$\eta = \frac{E}{H} = \sqrt{\frac{\mu}{\epsilon}}$ 이므로

전계$E = \sqrt{\frac{\mu}{\varepsilon}}H$ 가 된다.

15 다음 중 전계와 자계의 관계는?

① $\sqrt{\mu}H = \sqrt{\varepsilon}E$ ② $\sqrt{\mu\varepsilon} = EH$
③ $\sqrt{\varepsilon}H = \sqrt{\mu}E$ ④ $\mu^8 = EH$

해설

파동 고유임피던스 $\eta = \frac{E}{H} = \sqrt{\frac{\mu}{\varepsilon}}$ 이므로

$\sqrt{\mu}H = \sqrt{\varepsilon}\,E$ 가 된다.

16 전계 $E = \sqrt{2}E_e\sin\omega(t - x/c)$[V/m]인 평면 전자파가 있을 때 자계의 실효치[A/m]는? (단, 진공 중이라 한다.)

① $5.4\times10^{-3}E_e$ ② $4.0\times10^{-3}E_e$
③ $2.7\times10^{-3}E_e$ ④ $1.3\times10^{-3}E_e$

해설

파동 고유임피던스$\eta = \frac{E}{H} = \sqrt{\frac{\mu}{\varepsilon}}$ 이므로 자계

$H = \sqrt{\frac{\varepsilon}{\mu}}E$ 이므로 진공시일 때

$H = \sqrt{\frac{\varepsilon_o}{\mu_o}}E = \frac{1}{377}E = 0.265\times10^{-2}E$

$\fallingdotseq 2.7\times10^{-3}E$

17 자유공간의 고유임피던스 $\sqrt{\frac{\mu_0}{\varepsilon_0}}$의 값은 몇 [Ω]인가?

① 60π ② 80π
③ 100π ④ 120π

해설

자유 공간에서 파동 고유임피던스

$$\eta = \sqrt{\frac{\mu_o}{\varepsilon_o}} = \sqrt{\frac{4\pi\times10^{-7}}{\frac{10^{-9}}{36\pi}}} = 120\pi$$

정답 12 ③ 13 ② 14 ③ 15 ① 16 ③ 17 ④

18 $\varepsilon_s = 81$, $\mu_s = 1$인 매질의 전자파의 고유임피던스(intrinsic impedance)는 얼마인가?

① 41.9 [Ω] ② 33.9 [Ω]
③ 21.9 [Ω] ④ 13.9 [Ω]

해설

파동 고유임피던스

$$\eta = \sqrt{\frac{\mu}{\varepsilon}} = \sqrt{\frac{\mu_o}{\varepsilon_o}}\sqrt{\frac{\mu_s}{\varepsilon_s}}$$

$$= 377\sqrt{\frac{\mu_s}{\varepsilon_s}} = 377\sqrt{\frac{1}{81}} = 41.9\,[\Omega]$$

19 평면 전자파에서 전계의 세기가 $E = 5\sin\omega\left(t - \frac{x}{v}\right)$ [μV/m]인 공기 중에서의 자계의 세기는 몇 [μA/m]인가?

① $-\frac{5\omega}{v}\cos\omega\left(t - \frac{x}{v}\right)$

② $s\omega\cos\omega\left(t - \frac{x}{v}\right)$

③ $4.8\times10^{2}\sin\omega\left(t - \frac{x}{v}\right)$

④ $1.3\times10^{-2}\sin\omega\left(t - \frac{x}{v}\right)$

해설

파동 고유임피던스 $\eta = \frac{E}{H} = \sqrt{\frac{\mu}{\varepsilon}}$ 에서

자계는 $H = \sqrt{\frac{\varepsilon}{\mu}}\,E$ 이므로 진공시일 때

$$H = \sqrt{\frac{\varepsilon_o}{\mu_o}}\,E = \sqrt{\frac{8.855\times10^{-12}}{4\pi\times10^{-7}}}\times5\sin\omega(t - \frac{x}{v})$$

$$= 1.3\times10^{-2}\sin\omega(t - \frac{x}{v})[\mu\text{A/m}]$$

20 유전율 ε, 투자율 μ의 공간을 전파하는 전자파의 전파 속도 v [m/s]는?

① $v = \sqrt{\varepsilon\mu}$

② $v = \sqrt{\frac{\varepsilon}{\mu}}$

③ $v = \sqrt{\frac{\mu}{\varepsilon}}$

④ $v = \frac{1}{\sqrt{\varepsilon\mu}}$

해설 전자파의 전파속도

$$v = \frac{1}{\sqrt{\varepsilon\mu}} = \frac{3\times10^8}{\sqrt{\varepsilon_s\mu_s}} = \frac{\omega}{\beta} = \frac{2\pi f}{\beta}$$

$$= \frac{1}{\sqrt{LC}} = \lambda f\,[\text{m/s}]$$

단, 진공의 빛의 속도 $C_o = \frac{1}{\sqrt{\varepsilon_o\mu_o}} = 3\times10^8\,[\text{m/s}]$

위상 정수 $\beta = \omega\sqrt{LC}$, 파장 λ[m]

21 $\frac{1}{\sqrt{\varepsilon\mu}}$ 의 단위는?

① [m/sec] ② [C/H]
③ [Ω] ④ [℧]

해설

$\frac{1}{\sqrt{\varepsilon\mu}}$ 는 속도이므로 속도의 단위 [m/sec]가 된다.

22 도체 내의 전자파의 속도 v, 감쇠 정수 α, 위상 정수 β, 각속도 ω일 때 전자파의 속도 v는?

① $\frac{\beta}{\alpha}$ ② $\frac{\omega}{\beta}$

③ $\frac{\alpha}{\omega}$ ④ $\frac{\omega}{\alpha}$

정답 18 ① 19 ④ 20 ④ 21 ① 22 ②

23 비유전율이 ε_s인 매질내의 전자파의 전파속도는?

① ε_s에 반비례한다.
② ε_s^2에 반비례한다.
③ ε_s에 비례한다.
④ $\sqrt{\varepsilon_s}$에 반비례한다.

해설

전자파의 전파속도는 $v = \dfrac{3\times10^8}{\sqrt{\varepsilon_s\mu_s}}$ 이므로
$\sqrt{\varepsilon_s}$ 에 반비례 한다.

24 비유전율 $\varepsilon_s = 5$인 유전체 내에서의 전자파의 전파 속도[m/s]는 얼마인가? (단, $\mu_s = 1$ 이다.)

① 133×10^6　② 134×10^7
③ 133×10^7　④ 134×10^6

해설

전자파의 전파속도는
$v = \dfrac{3\times10^8}{\sqrt{\varepsilon_s\mu_s}} = \dfrac{3\times10^8}{\sqrt{5\times1}} = 134\times10^6$ [m/sec]

25 유전율 ε, 투자율 μ인 매질 중을 주파수 f[Hz]의 전자파가 전파되어 나갈 때의 파장[m]은?

① $f\sqrt{\varepsilon\mu}$　② $\dfrac{1}{f\sqrt{\varepsilon\mu}}$
③ $\dfrac{f}{\sqrt{\varepsilon\mu}}$　④ $\dfrac{\sqrt{\varepsilon\mu}}{f}$

해설

전자파의 전파속도는
$v = \dfrac{1}{\sqrt{\varepsilon\mu}} = \lambda f$ [m/sec]에서 파장은
$\lambda = \dfrac{1}{f\sqrt{\varepsilon\mu}}$ [m]

26 비유전율 4, 비투자율 4인 매질 내에서의 전자파의 전파속도는 자유공간에서의 빛의 속도의 몇 배인가?

① $\dfrac{1}{3}$　② $\dfrac{1}{4}$
③ $\dfrac{1}{9}$　④ $\dfrac{1}{16}$

해설

전자파의 전파속도는
$v = \dfrac{3\times10^8}{\sqrt{\varepsilon_s\mu_s}} = \dfrac{v_o}{\sqrt{4\times4}} = \dfrac{1}{4}v_o$ [m/sec]

27 주파수 6[MHz]인 전자파의 파장[m]은?

① 2　② 10
③ 50　④ 300

해설

진공시 전자파의 전파속도는
$v = 3\times10^8 = \lambda f$ [m/sec] 이므로
파장 $\lambda = \dfrac{3\times10^8}{f} = \dfrac{3\times10^8}{6\times10^6} = 50$ [m]

28 비유전율 $\varepsilon_s = 3$, 비투자율 $\mu_s = 3$인 공간이 있다고 가정할 때, 이 공간에서의 전자파 파장이 10[m]였을 때 주파수[MHz]는?

① 1　② 3
③ 6　④ 10

해설

전자파의 전파속도 $v = \dfrac{3\times10^8}{\sqrt{\varepsilon_s\mu_s}} = \lambda f$ [m/sec]에서
주파수
$f = \dfrac{3\times10^8}{\lambda\sqrt{\varepsilon_s\mu_s}} = \dfrac{3\times10^8}{10\sqrt{3\times3}}\times10^{-6} = 10$ [MHz]

정답　23 ④　24 ④　25 ②　26 ②　27 ③　28 ④

29 맥스웰 방정식 중에서 전류와 자계의 관계를 직접 나타내고 있는 것은? (단, D는 전속 밀도, σ는 전하 밀도, B는 자속 밀도, E는 자계의 세기, i_c는 전류 밀도, H는 자계의 세기이다.)

① $\mathrm{div}D=\sigma$
② $\mathrm{div}B=0$
③ $\nabla\times H=i_c+\dfrac{\partial D}{\partial t}$
④ $\nabla\times E=-\dfrac{\partial B}{\partial t}$

해설
맥스웰의 제1의 기본 방정식
$rot\,H=curl\,H=\nabla\times H=i_c+\dfrac{\partial D}{\partial t}$
$=i_c+\varepsilon\dfrac{\partial E}{\partial t}=i\,[\mathrm{A/m^2}]$
① 암페어의 주회적분법칙에서 유도한 식이다.
② 전도 전류, 변위 전류는 자계를 형성한다.
(전류와 자계와의 관계)
③ 전류의 연속성을 표현한다.

30 패러데이-노이만 전자 유도 법칙에 의하여 일반화된 맥스웰 전자 방정식의 형태는?

① $\nabla\times E=i_c+\dfrac{\partial D}{\partial t}$
② $\nabla\cdot B=0$
③ $\nabla\times E=-\dfrac{\partial B}{\partial t}$
④ $\nabla\cdot D=\rho$

해설
맥스웰의 제2의 기본 방정식
$rot\,E=curl\,E=\nabla\times E=-\dfrac{\partial B}{\partial t}=-\mu\dfrac{\partial H}{\partial t}$
① 자속 밀도의 시간적 변화는 전계를 회전시키고 유기 기전력을 형성한다.
② 패러데이의 법칙에서 유도한 전계에 관한 식

31 다음 중 맥스웰의 방정식으로 틀린 것은?

① $rotH=J+\dfrac{\partial D}{\partial t}$　② $rot\,E=-\dfrac{\partial B}{\partial t}$
③ $div\,D=\rho$　④ $div\,B=\phi$

해설
$div\,B=\nabla\cdot B=0$
① N, S 극이 공존한다.
② 자기력선(자속)은 연속적이다.

32 공간내의 한 점의 자속밀도 B가 변화할 때 전자유도에 의하여 유기되는 전계 E에 관련된 식으로 옳은 것은?

① $\nabla\cdot E=-\dfrac{\partial B}{\partial t}$
② $curl\,E=-\dfrac{\partial B}{\partial t}$
③ $\nabla\cdot E=-\dfrac{\partial B}{\partial t}$
④ $curl\,E=\dfrac{\partial B}{\partial t}$

33 다음 중 전자계에 대한 맥스웰의 기본 이론이 아닌 것은?

① 전자계의 시간적 변화에 따라 전계의 회전이 생긴다.
② 전도 전류와 변위 전류는 자계를 발생시킨다.
③ 고립된 자극이 존재한다.
④ 전하에서 전속선이 발산한다.

해설
고립된 자극은 존재하지 않는다

34 자계가 비보존적인 경우는 나타내는 것은?(단, j는 공간상에 0이 아닌 전류 밀도를 의미한다.)

① $\nabla\cdot B=0$
② $\nabla\cdot B=j$
③ $\nabla\times H=0$
④ $\nabla\times H=j$

해설
$rotH=\nabla\times H=j\,[\mathrm{A/m^2}]$: 전류의 연속성, 자계의 비보전성
$rotH=\nabla\times H=0\,[\mathrm{A/m^2}]$: 자계의 보존성

정답 29 ③ 30 ③ 31 ④ 32 ② 33 ③ 34 ④

35 자속의 연속성을 나타낸 식은?

① $div B = \rho$
② $div B = 0$
③ $B = \mu H$
④ $div B = \mu H$

해설

$div B = \nabla \cdot B = 0$: 자속의 연속성, 고립된 자극은 없다.

36 자계의 벡터 퍼텐셜을 A [Wb/m]라 할 때 도체 주위에서 자계 B [Wb/m²]가 시간적으로 변화하면 도체에 생기는 전계의 세기 E[V/m]는?

① $E = -\frac{\partial A}{\partial t}$
② $rot\, E = -\frac{\partial A}{\partial t}$
③ $E = rot\, E$
④ $rot\, E = \frac{\partial B}{\partial t}$

해설

자속밀도 $B = rot\, A$ 를 $rot\, E = -\frac{\partial B}{\partial t}$ 에

대입하면 $rot\, E = -\frac{\partial\, rot\, A}{\partial t}$

전계는 $E = -\frac{\partial A}{\partial t}$ 가 된다

37 전류분포가 벡터자기포텐셜 A[Wb/m]를 발생시킬 때 점$(-1,2,5)$[m]에서의 자속밀도 B(T)는? (단, $A = 2yz^2 a_x + y^2 x a_y + 4xyz a_z$ 이다.)

① $20a_x - 40a_y + 30a_z$
② $20a_x + 40a_y - 30a_z$
③ $2a_x + 4a_y + 3a_z$
④ $-20a_x - 46a_z$

해설

$A = 2yz^2 a_x + y^2 x a_y + 4xyz a_z$ 에서

자속밀도 B[T]는

$$rot\, A = B = \nabla \times A = \begin{vmatrix} a_x & a_y & a_z \\ \frac{\partial}{\partial x} & \frac{\partial}{\partial y} & \frac{\partial}{\partial z} \\ 2yz^2 & y^2 x & 4xyz \end{vmatrix}$$

$= (4xz - 0)a_x - (4yz - 4yz)a_y + (y^2 - 2z^2)a_z$

$= 4xz a_x - (4yz - 4yz)a_y + (y^2 - 2z^2)a_z$ 에서

(-1, 2, 5)를 대입하면

$B = 4 \times (-1) \times 5a_x - (4 \times 2 \times 5 - 4 \times 2 \times 5)a_y$
$+ (2^2 - 2 \times 5^2)a_z = -20a_x - 46a_z$ [T] 가 된다.

38 자계분포 $H = jxy - kxz$[A/m]를 발생 시키는 점$(1, 1, 1)$[m]에서의 전류밀도는 몇 [A/m²] 인가?

① 2 ② 3
③ $\sqrt{2}$ ④ $\sqrt{3}$

해설

$H = xyj - xzk$ [A/m], (1, 1, 1)에서

전류밀도 i [A/m²]는

$$rot\, H = i = \nabla \times H = \begin{vmatrix} i & j & k \\ \frac{\partial}{\partial x} & \frac{\partial}{\partial y} & \frac{\partial}{\partial z} \\ 0 & xy & -xz \end{vmatrix}$$

$= (0-0)i - (-z-0)j + (y-0)k = zj + yk$ 에서

점(1, 1, 1)를 대입하면

$|i| = j + k = \sqrt{1^2 + 1^2} = \sqrt{2}$ [A/m²]가 된다.

39 매질이 완전 절연체인 경우의 전자파동방정식을 표시하는 것은?

① $\nabla^2 E = \varepsilon\mu \frac{\partial E}{\partial t}$, $\nabla^2 H = k\mu \frac{\partial H}{\partial t}$
② $\nabla^2 E = \varepsilon\mu \frac{\partial^2 E}{\partial t}$, $\nabla^2 H = k\mu \frac{\partial^2 E}{\partial t^2}$
③ $\nabla^2 E = \varepsilon\mu \frac{\partial^2 E}{\partial t^2}$, $\nabla^2 H = \varepsilon\mu \frac{\partial^2 H}{\partial t^2}$
④ $\nabla^2 E = \varepsilon\mu \frac{\partial E}{\partial t}$, $\nabla^2 H = \varepsilon\mu \frac{\partial H}{\partial t}$

정답 35 ② 36 ① 37 ④ 38 ③ 39 ③

40 자유공간을 진행하는 전자기파의 전계와 자계의 위상차는?

① 전계가 $\frac{\pi}{2}$ 빠르다.
② 자계가 $\frac{\pi}{2}$ 빠르다.
③ 위상이 같다.
④ 전계가 π 빠르다.

해설

전자파의 특징
1) 전자파에서는 전계와 자계가 동시에 존재하고 동상이다.
2) 전자파의 전계 에너지와 자계에너지는 같다.
3) 전자파의 진행방향 $\vec{E}\times\vec{H}$ (외적의 방향)
4) 전자파는 진행방향에 대한 전계와 자계의 성분은 없고 진행방향의 수직성분인 전계와 자계의 성분은 존재한다.

41 전자파는?

① 전계만 존재한다.
② 자계만 존재한다.
③ 전계와 자계가 동시에 존재한다.
④ 전계와 자계가 동시에 존재하되 위상이 90° 다르다.

해설

전자파는 전계와 자계 동시존재하고 동위상이다.

42 전자파의 진행 방향은?

① 전계 E의 방향과 같다.
② 자계 H의 방향과 같다.
③ $E\times H$의 방향과 같다.
④ $H\times E$의 방향과 같다.

해설

전자파의 진행방향은 $E\times H$

43 변위 전류에 의하여 전자파가 발생되었을 때 전자파의 위상은?

① 변위 전류보다 90° 빠르다.
② 변위 전류보다 90° 늦다.
③ 변위 전류보다 30° 빠르다.
④ 변위 전류보다 30° 늦다.

44 전계 E[V/m]및 자계 H[AT/m]의 전자계가 평면파를 이루고 공기 중을 C[m/sec]의 속도로 전파될 때 단위시간당 단위면적을 지나는 에너지는 몇 [W/m²]인가? (단, C[m/sec]는 빛의 속도를 나타낸다.)

① EH ② EH^2
③ E^2H ④ $\frac{1}{2}E^2H^2$

해설

전자파의 포인팅 벡터는 단위시간에 단위 면적을 지나는 에너지로서

$P' = \frac{P}{S} = \vec{E}\times\vec{H} = EH\sin\theta = EH$ [W/m²]

단, 진공(공기)시인 경우는

$P' = \frac{P}{S} = 377H = \frac{1}{377}E^2$ [W/m²]이 된다.

45 전계 및 자계의 세기가 각각 E, H일 때 포인팅벡터 R은 몇 [W/m²]인가?

① $E+H$ ② $V(E\cdot H)$
③ $E\times H$ ④ $\oint E\times H d\ell$

해설

전자파의 포인팅 벡터는 단위시간에 단위 면적을 지나는 에너지로서

$P' = \frac{P}{S} = \vec{E}\times\vec{H} = EH\sin\theta = EH$ [W/m²]

단, 진공(공기)시인 경우는

$P' = \frac{P}{S} = 377H = \frac{1}{377}E^2$ [W/m²]이 된다.

정답 40 ③ 41 ③ 42 ③ 43 ② 44 ① 45 ③

46 자유공간에 있어서의 포인팅 벡터를 $P[\mathrm{W/m^2}]$이라 할 때, 전계의 세기의 실효값 $E_O[\mathrm{V/m}]$를 구하면?

① $377P$
② $\dfrac{P}{377}$
③ $\sqrt{377P}$
④ $\sqrt{\dfrac{P}{377}}$

해설

자유공간에서의 포인팅벡터

$P = \dfrac{1}{377}E^2\ [\mathrm{W/m^2}]$ 이므로

전계는 $E = \sqrt{377P}\ [\mathrm{V/m}]$

47 100[kW]의 전력이 안테나에서 사방으로 균일하게 방사될 때 안테나에서 1[km]의 거리에 있는 전계의 실효값은 몇 [V/m]인가?

① 1.73
② 2.45
③ 3.68
④ 6.21

해설

포인팅벡터 $P' = \dfrac{P}{S} = \dfrac{1}{377}E^2\ [\mathrm{W/m^2}]$에서

전계는 $E = \sqrt{\dfrac{377P}{S}} = \sqrt{\dfrac{377P}{4\pi r^2}}$

$= \sqrt{\dfrac{377\times100\times10^3}{4\pi\times(1\times10^3)^2}} = 1.73\ [\mathrm{V/m}]$

48 공기 중에서 x 방향으로 진행하는 전자파가 있다. $E_y = 3\times10^{-2}\sin\omega(x-vt)\ [\mathrm{V/m}]$, $E_z = 4\times10^{-2}\sin\omega(x-vt)\ [\mathrm{V/m}]$일 때 포인팅 벡터의 크기 $[\mathrm{W/m^2}]$는?

① $6.63\times10^{-6}\sin^2\omega(x-vt)$
② $6.63\times10^{-6}\cos^2\omega(x-vt)$
③ $6.63\times10^{-4}\sin\omega(x-vt)$
④ $6.63\times10^{-4}\cos\omega(x-vt)$

해설

공기중 포인팅벡터는

$P' = \dfrac{P}{S} = \dfrac{1}{377}E^2\ [\mathrm{W/m^2}]$ 에서

전계 $E_y = 3\times10^{-2}\sin\omega(x-vt)\ [\mathrm{V/m}]$

$E_z = 4\times10^{-2}\sin\omega(x-vt)\ [\mathrm{V/m}]$일 때

전체 전계는

$E = \sqrt{E_y^2 + E_z^2} = 5\times10^{-2}\sin\omega(x-vt)\ [\mathrm{V/m}]$

이므로

$P' = \dfrac{1}{377}E^2 = \dfrac{1}{377}(5\times10^{-2}\sin\omega(x-vt))^2$

$= 6.63\times10^{-6}\sin^2\omega(x-vt)\ [\mathrm{W/m^2}]$

49 자유공간에 있어서 포인팅 벡터를 $S[\mathrm{W/m^2}]$라 할 때 전장의 세기의 실효값 $E_e[\mathrm{V/m}]$를 구하면?

① $\sqrt{\dfrac{\mu_o}{\varepsilon_o}}\,S$
② $\sqrt{\dfrac{\varepsilon_o}{\mu_o}}\,S$
③ $\sqrt{S\sqrt{\dfrac{\mu_o}{\varepsilon_o}}}$
④ $\sqrt{S\sqrt{\dfrac{\varepsilon_o}{\mu_o}}}$

해설

포인팅 벡터

$P' = S = EH = E\cdot\sqrt{\dfrac{\varepsilon_o}{\mu_o}}\,E = \sqrt{\dfrac{\varepsilon_o}{\mu_o}}\,E^2\ [\mathrm{W/m^2}]$에서

전계는

$E^2 = S\sqrt{\dfrac{\mu_o}{\varepsilon_o}}$ 이므로 $E = \sqrt{S\sqrt{\dfrac{\mu_o}{\varepsilon_o}}}\ [\mathrm{V/m}]$

50 자계 실효값이 1[mA/m]인 평면 전자파가 공기 중에서 이에 수직되는 수직 단면적 $10[\mathrm{m^2}]$를 통과하는 전력[W]은?

① 3.77×10^{-3}
② 3.77×10^{-4}
③ 3.77×10^{-5}
④ 3.77×10^{-6}

해설

포인팅벡터 $P' = \dfrac{P}{S} = 377H^2\ [\mathrm{W/m^2}]$에서

전력은

$P = 377H^2S = 377\times(10^{-3})^2\times10$

$= 3.77\times10^{-3}\ [\mathrm{W}]$

정답 46 ③ 47 ① 48 ① 49 ③ 50 ①

51 수평 전파는?

① 대지에 대해서 전계가 수직면에 있는 전자파
② 대지에 대해서 전계가 수평면에 있는 전자파
③ 대지에 대해서 자계가 수직면에 있는 전자파
④ 대지에 대해서 자계가 수평면에 있는 전자파

해설

- 수직전파 : 전계가 대지에 대해 수직면에 있는 전자파
- 수평전파 : 전계가 대지에 대해 수평면에 있는 전자파
- 수직자파 : 자계가 대지에 대해서 수직면에 있는 전자파
- 수평자파 : 자계가 대지에 대해서 수평면에 있는 전자파

52 수직 편파는?

① 전계가 대지에 대해서 수직면에 있는 전자파
② 전계가 대지에 대해서 수평면에 있는 전자파
③ 자계가 대지에 대해서 수직면에 있는 전자파
④ 자계가 대지에 대해서 수평면에 있는 전자파

해설

- 수직전파 : 전계가 대지에 대해 수직면에 있는 전자파
- 수평전파 : 전계가 대지에 대해 수평면에 있는 전자파
- 수직자파 : 자계가 대지에 대해서 수직면에 있는 전자파
- 수평자파 : 자계가 대지에 대해서 수평면에 있는 전자파

53 z방향으로 진행하는 평면파(Plane wave)로 맞지 않는 것은?

① z 성분이 0이다.
② x의 미분 계수(도함수)가 0이다.
③ y의 미분 계수가 0이다.
④ z의 미분 계수가 0이다.

해설

z 방향으로 진행하는 전자파는 진행성분인 z 방향의 전계와 자계는 존재하지 않으며 z의 수직성분인 x, y 성분의 전계와 자계는 존재한다.
또한 x, y에 대한 1차도함수(미분계수)는 0이며
z에 대한 1차 도함수(미분계수)는 0이 아니다.

54 TEM(횡전자파)은?

① 진행 방향의 E, H 성분이 모두 존재한다.
② 진행 방향의 E, H 성분이 모두 존재하지 않는다.
③ 진행 방향의 E 성분만 존재하고, H 성분은 존재 하지 않는다.
④ 진행 방향의 H 성분만 존재하고, E 성분은 존재 하지 않는다.

해설

횡전자파는 진행방행의 전계와 자계의 성분은 존재하지 않으며 수직성분만 존재 한다.

55 전자기파의 기본 성질이 아닌 것은?

① 횡파이며 속도는 매질에 따라 다르다.
② 반사, 굴절현상이 있다.
③ 자계의 방향과 전계의 방향은 서로 수직이다.
④ 완전 도체 표면에서는 전부 흡수된다.

해설

전자파는 완전 도체 표면에서는 전부 반사된다.

56 다음에서 무손실 전송 회로의 특성 임피던스를 나타낸 것은?

① $Z_o = \sqrt{\dfrac{C}{L}}$　② $Z_o = \sqrt{\dfrac{L}{C}}$

③ $Z_o = \dfrac{1}{\sqrt{LC}}$　④ $Z_o = \sqrt{LC}$

해설

무손실 전송회로는 선로정수 $R = G = 0$
이므로 특성임피던스는

$$Z_o = \sqrt{\frac{Z}{Y}} = \sqrt{\frac{R + j\omega L}{G + j\omega C}} = \sqrt{\frac{L}{C}}\ [\Omega]$$

[참고] 직렬임피던스 $Z = R + j\omega L[\Omega]$
병렬어드미턴스 $Y = G + j\omega C[\mho]$

정 답 51 ② 52 ① 53 ④ 54 ② 55 ④ 56 ②

57 자유 공간의 특성 임피던스는? (단, ε_0는 유전율, μ_0는 투자율이다.)

① $\sqrt{\frac{\varepsilon_0}{\mu_0}}$　② $\sqrt{\frac{\mu_0}{\varepsilon_0}}$

③ $\sqrt{\varepsilon_0\mu_0}$　④ $\frac{1}{\sqrt{\varepsilon_0\mu_0}}$

해설

자유공간의 특성 임피던스는 파동 고유임피던스와 같으므로

$Z_o = \eta = \sqrt{\frac{\mu_0}{\varepsilon_0}}$

58 높은 주파수의 전자파가 전파될 때 일기가 좋은 날보다 비오는 날 전자파의 감쇠가 심한 원인은?

① 도전율 관계임　② 유전율 관계임

③ 투자율 관계임　④ 분극률 관계임

해설

비오는 날은 일기가 좋은 날보다 습도가 높아 도전율이 증가하여 전자파의 감쇠가 더 심하게 나타난다.

59 상이한 매질의경계면에서 전자파가 만족해야 할 조건이 아닌 것은?

① 경계면의 양측에서 전계의 세기의 접선성분은 서로 같다.

② 경계면의 양측에서 자계의 접선 성분은 서로 같다.

③ 경계면의 양측에서 자속 밀도의 접선 성분은 서로 같다.

④ 이상 도체 표면에서는 자계 세기의 접선 성분은 표면 전류 밀도와 같다.

해설

전자파에 의한 경계면 조건

전계와 자계는 접선(수평)성분일 때 서로 같으며 전속밀도와 자속밀도는 법선(수직)성분이 서로 같다.

정답　57 ②　58 ①　59 ③

memo

Engineer Electricity
ustrial Engineer Electricity

과년도 기출문제

Chapter 13

2019~2023

전기기사

전기산업기사

19 과년도기출문제(2019. 3. 3 시행)

01 평행판 콘덴서에 어떤 유전체를 넣었을 때 전속밀도가 $2.4\times10^{-7}[C/m^2]$이고, 단위 체적중의 에너지가 $5.3\times10^{-3}[J/m^3]$이었다. 이 유전체의 유전율은 약 몇 [F/m]인가?

① 2.17×10^{-11} ② 5.43×10^{-11}
③ 5.17×10^{-12} ④ 5.43×10^{-12}

해설

$D=2.4\times10^{-7}[C/m^2]$, $W=5.3\times10^{-3}[J/m^3]$일 때

유전체의 단위체적당 에너지 $W=\dfrac{D^2}{2\varepsilon}[J/m^3]$이므로

유전율은

$\varepsilon=\dfrac{D^2}{2W}=\dfrac{(2.4\times10^{-7})^2}{2\times5.3\times10^{-3}}=5.43\times10^{-12}[F/m]$가 된다.

02 서로 다른 두 유전체사이의 경계면에 전하분포에 없다면 경계면 양쪽에서의 전계 및 전속밀도는?

① 전계 및 전속밀도의 접선성분은 서로 같다.
② 전계 및 전속밀도의 법선성분은 서로 같다.
③ 전계의 법선성분이 서로 같고, 전속밀도의 접선성분이 서로 같다.
④ 전계의 접선성분이 서로 같고, 전속밀도의 법선성분이 서로 같다.

해설

유전체의 경계면 조건

1) 경계면의 접선(수평)성분은 양측에서 전계가 같다.
 $E_{t1}=E_{t2}$: 연속적이다.
 $D_{t1}\neq D_{t2}$: 불연속적이다.
2) 경계면의 법선(수직)성분의 전속밀도는 양측에서 같다.
 $D_{n1}=D_{n2}$: 연속적이다.
 $E_{n1}\neq E_{n2}$: 불연속적이다.
3) $E_1\sin\theta_1=E_2\sin\theta_2$
4) $D_1\cos\theta_1=D_2\cos\theta_2$
5) $\dfrac{\tan\theta_1}{\tan\theta_2}=\dfrac{\varepsilon_1}{\varepsilon_2}$
6) 비례 관계
 ① $\varepsilon_2>\varepsilon_1$, $\theta_2>\theta_1$, $D_2>D_1$: 비례 관계에 있다.
 ② $E_1>E_2$: 반비례 관계에 있다.

단, t는 접선(수평)성분, n는 법선(수직)성분
 θ_1는 입사각, θ_2는 굴절각

03 와류손에 대한 설명으로 틀린 것은? (단, f : 주파수, B_m : 최대자속밀도, t : 두께, ρ : 저항률이다.)

① t^2에 비례한다. ② f^2에 비례한다.
③ ρ^2에 비례한다. ④ B_m^2에 비례한다.

해설

와류손는 $P_e=\eta(tfB_m)^2[W/m^3]$ 이므로

두께 t, 주파수 f, 최대자속밀도 B_m의 제곱에 비례한다.

04 $x>0$인 영역에 비유전율 $\varepsilon_{r1}=3$인 유전체, $x<0$인 영역에 비유전율 $\varepsilon_{r2}=5$인 유전체가 있다. $x<0$인 영역에서 전계 $E_2=20a_x+30a_y-40a_z[V/m]$일 때 $x>0$인 영역에서의 전속밀도는 몇 $[C/m^2]$인가?

① $10(10a_x+9a_y-12a_z)\varepsilon_0$
② $20(5a_x-10a_y+6a_z)\varepsilon_0$
③ $50(2a_x+3a_y-4a_z)\varepsilon_0$
④ $50(2a_x-3a_y+4a_z)\varepsilon_0$

해설

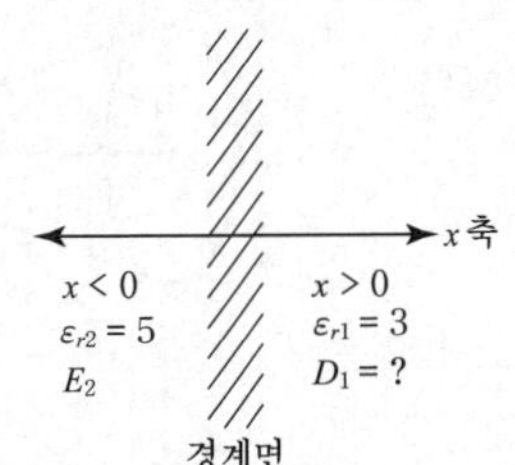

경계면 수직성분이 x축이므로 전속밀도가 서로 같으므로
$D_{x1}=D_{x2}$

정답 01 ④ 02 ④ 03 ③ 04 ①

경계면 수평성분이 y축, z축이므로 전계가 서로 같으므로
$E_{y1}=E_{y2}$, $E_{z1}=E_{z2}$가 되고
$D_{x1}=D_{x2}=\epsilon_2 E_{x2}=\epsilon_0\epsilon_{r2}E_{x2}=\epsilon_0\times5\times20a_x=100\epsilon_0 a_x$
$D_{y1}=\epsilon_1 E_{y1}=\epsilon_0\epsilon_{r1}E_{y2}=\epsilon_0\times3\times30a_y=90\epsilon_0 a_y$
$D_{z1}=\epsilon_1 E_{z1}=\epsilon_0\epsilon_{r1}E_{z2}=\epsilon_0\times3\times(-40a_z)=-120\epsilon_0 a_z$
가 되므로
$D_1=D_{x1}+D_{y1}+D_{z1}=100\epsilon_0 a_x+90\epsilon_0 a_y-120\epsilon_0 a_z$
$=10(10a_x+9a_y-12a_z)\epsilon_0[\text{C/m}^2]$

05 q(C)의 전하가 진공 중에서 $v[\text{m/s}]$의 속도로 운동하고 있을 때, 이 운동방향과 θ의 각으로 $r[\text{m}]$ 떨어진 점의 자계의 세계$[\text{AT/m}]$는?

① $\dfrac{q\sin\theta}{4\pi r^2 v}$ ② $\dfrac{v\sin\theta}{4\pi r^2 q}$
③ $\dfrac{qv\sin\theta}{4\pi r^2}$ ④ $\dfrac{v\sin\theta}{4\pi r^2 q^2}$

해설

비오-사바르 법칙에 의한 전류에 의한 자계의 세기는
$H=\dfrac{Il\sin\theta}{4\pi r^2}[\text{AT/m}]$이므로
전류 $I=\dfrac{q}{t}[\text{A}]$, 속도 $v=\dfrac{l}{t}[\text{m/s}]$를 조합하면
$Il=\dfrac{q}{t}\cdot vt=qv[\text{A·m}]$이므로 이를 대입하면
$H=\dfrac{Il\sin\theta}{4\pi r^2}=\dfrac{qv\sin\theta}{4\pi r^2}[\text{AT/m}]$

06 원형 선전류 $I[\text{A}]$의 중심축상 점 P의 자위$[\text{A}]$를 나타내는 식은? (단, θ는 점 P에서 원형전류를 바라보는 평면각이다.)

① $\dfrac{I}{2}(1-\cos\theta)$
② $\dfrac{I}{4}(1-\cos\theta)$
③ $\dfrac{I}{2}(1-\sin\theta)$
④ $\dfrac{I}{4}(1-\sin\theta)$

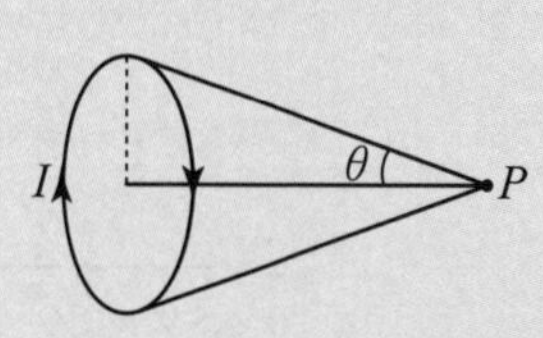

해설

전류에 의한 자위
$U=\dfrac{\omega I}{4\pi}=\dfrac{I}{4\pi}\times2\pi(1-\cos\theta)$
$=\dfrac{I}{2}(1-\cos\theta)$
$=\dfrac{I}{2}\left(1-\dfrac{x}{\sqrt{a^2+x^2}}\right)[\text{A}]$

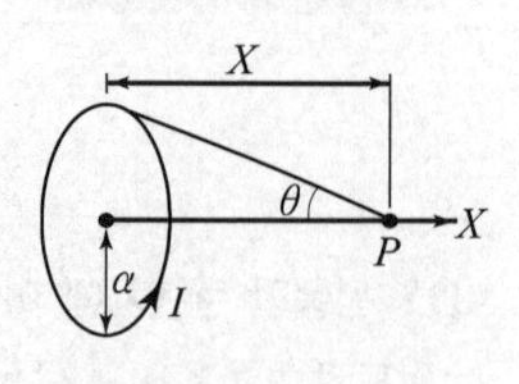

07 진공 중에서 무한장 직선도체에 선전하밀도 $\rho_L=2\pi\times10^{-3}[\text{C/m}]$가 균일하게 분포된 경우 직선도체에서 $2[\text{m}]$와 $4[\text{m}]$떨어진 두 점사이의 전위차는 몇 $[\text{V}]$인가?

① $\dfrac{10^{-3}}{\pi\varepsilon_0}\ln2$ ② $\dfrac{10^{-3}}{\varepsilon_0}\ln2$
③ $\dfrac{1}{\pi\varepsilon_0}\ln2$ ④ $\dfrac{1}{\varepsilon_0}\ln2$

해설

무한장 직선의 전위는
$V=-\int_{r_2}^{r_1}Edr=-\int_4^2\dfrac{\lambda}{2\pi\varepsilon_o r}dr$
$=\dfrac{2\pi\times10^{-3}}{2\pi\varepsilon_o}\Big[\ln r\Big]_2^4$
$=\dfrac{10^{-3}}{\varepsilon_o}\ln2[\text{V}]$

08 균일한 자장 내에 놓여 있는 직선도선에 전류 및 길이를 각각 2배로 하면 이 도선에 작용하는 힘은 몇 배가 되는가?

① 1 ② 2
③ 4 ④ 8

해설

전자력
자장 내 직선도체를 놓고 전류를 흘려주었을 때 도체가 받는 힘은 플레밍의 왼손법칙에 의한 힘이 작용하므로
$F=IBl\sin\theta[\text{N}]$이므로 전류$(I)$ 및 길이(l)를 각각 2배로하면 힘은 4배가 된다.

정답 05 ③ 06 ① 07 ② 08 ③

09 환상철심에 권수 3000회 A코일과 권수 200회 B코일이 감겨져 있다. A코일의 자기인덕턴스가 360[mH]일 때 A, B 두 코일의 상호 인덕턴스는 몇 [mH]인가? (단, 결합계수는 1이다.)

① 16 ② 24
③ 36 ④ 72

해설

A코일의 권선수 $N_1 = 3000$회
B코일의 권선수 $N_2 = 200$회 이고
A코일의 인덕턴스가 $L_1 = 360[\mathrm{mH}]$일 때
두코일의 상호인덕턴스 M은 결합계수가 $k=1$이므로
$k = \dfrac{M}{\sqrt{L_1 \cdot L_2}} = 1$에서 $M = \sqrt{L_1 \cdot L_2}$가 된다.
환상 솔레노이드의 자기인덕턴스 $L \propto N^2$이므로
$L_1 : N_1^2 = L_2 : N_2^2$에서 $L_2 = (\dfrac{N_2}{N_1})^2 \cdot L_1$이 된다.
그러므로

$$M = \sqrt{L_1 \cdot L_2} = \sqrt{L_1 \cdot \left(\frac{N_2}{N_1}\right)^2 \cdot L_1} = \frac{N_2}{N_1} \cdot L_1$$

$$= \frac{200}{3000} \cdot 360 = 24[\mathrm{mH}]$$

10 맥스웰방정식 중 틀린 것은?

① $\oint_s BS \cdot dS = \rho_s$
② $\oint_s D \cdot dS = \int_v \rho dv$
③ $\oint_c E \cdot dl = -\int_s \dfrac{\partial B}{\partial t} \cdot dS$
④ $\oint_c H \cdot dl = I + \int_s \dfrac{\partial D}{\partial t} \cdot dS$

해설

$\phi = \oint_s B \cdot ds = \oint_v divB \cdot dv = 0$ 이므로 $divB = 0$
이 되며 고립된 자극은 없고 자속의 연속성을 의미한다.

11 자기회로의 자기저항에 대한 설명으로 옳은 것은?

① 투자율에 반비례한다.
② 자기회로의 단면적에 비례한다.
③ 자기회로의 길이에 반비례한다.
④ 단면적에 반비례하고, 길이의 제곱에 비례한다.

해설

자기회로
자기저항은 $R_m = \dfrac{l}{\mu S} = \dfrac{l}{\mu_o \mu_s S}$ [AT/Wb]이므로
길이(l)에 비례하고 투자율(μ) 및 단면적 (S)에 반비례한다.

12 접지된 구도체와 감전하 간에 작용하는 힘은?

① 항상 흡인력이다.
② 항상 반발력이다.
③ 조건적 흡인력이다.
④ 조건적 반발력이다.

해설

접지구도체와 점전하에서
점전하 Q에 의한 영상전하 $Q' = -\dfrac{a}{d}Q$이므로
전하량의 부호가 반대이므로 항상 흡인력이 작용한다.

13 그림과 같이 전류가 흐르는 반원형 도선이 평면 $Z=0$ 상에 놓여 있다. 이 도선이 자속밀도 $B = 0.6a_x - 0.5a_y - a_z[\mathrm{Wb/m^2}]$인 균일 자계 내에 놓여 있을 때 도선의 직선 부분에 작용하는 힘 [N]은?

① $4a_x + 2.4a_z$
② $4a_x - 2.4a_z$
③ $5a_x - 3.5a_z$
④ $-5a_x + 3.5a_z$

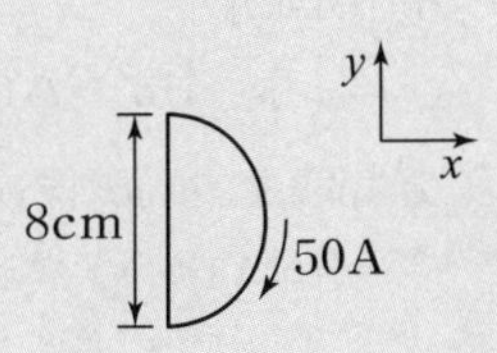

정답 09 ② 10 ① 11 ① 12 ① 13 ②

해설

반원형 도선에 흐르는 전류의 방향이 $+y$축 방향이므로 전류벡터는 $\dot{I}=50a_y$[A]이다.

플레밍의 왼손법칙을 이용하면 $F=(I\times B)l$ [N]이므로

$$F=(I\times B)l=\begin{vmatrix} a_x & a_y & a_z \\ 0 & 50 & 0 \\ 0.6 & -0.5 & 1 \end{vmatrix}\times 0.08$$

$=0.08\times(50a_x-30a_z)$[N]

$\therefore\ F=4a_x-2.4a_z$[N]

14 평행한 두 도선간의 전자력은? (단, 두 도선간의 거리는 r[m]라 한다.)

① r에 비례 ② r^2에 비례

③ r에 반비례 ④ r^2에 반비례

해설

평행도선에 전류 I_1, I_2이 흐르고
두 도선간의 거리 r[m]일 때
두 도선간 단위길이당 전자력은

$F=\dfrac{\mu_o I_1 I_2}{2\pi r}=\dfrac{2I_1 I_2}{r}\times 10^{-7}$[N/m]가 되므로

전류 곱에 비례하고 간격에 반비례하고 매질의 투자율에 비례한다.

15 다음의 관계식 중 성립할 수 없는 것은? (단, μ는 투자율, χ는 자화율, μ_0는 진공의 투자율, J는 자화의 세기이다.)

① $J=\chi B$ ② $B=\mu H$

③ $\mu=\mu_0+\chi$ ④ $\mu_s=1+\dfrac{\chi}{\mu_0}$

해설

① 자화의 세기

$J=\mu_o(\mu_s-1)H=B(1-\dfrac{1}{\mu_s})=\chi H=\dfrac{M}{v}$ [Wb/m^2]

② 자속밀도 $B=\mu H$[wb/m^2]

③ 자화율 $\chi=\mu_o(\mu_s-1)=\mu_o\mu_s-\mu_o=\mu-\mu_o$

$\mu=\mu_o+\chi$

④ $\chi=\mu_o\mu_s-\mu_o$, $\mu_o+\chi=\mu_o\mu_s$, $\mu_s=1+\dfrac{\chi}{\mu_o}$

16 평행판 콘덴서의 극판 사이에 유전율 ε, 저항률 ρ인 유전체를 삽입하였을 때, 두 전극간의 저항 R과 정전용량 C의 관계는?

① $R=\rho\varepsilon C$ ② $RC=\dfrac{\varepsilon}{\rho}$

③ $RC=\rho\varepsilon$ ④ $RC\rho\varepsilon=1$

해설

전기저항 $R=\rho\dfrac{l}{S}$[Ω]과 정전용량 $C=\dfrac{\varepsilon S}{l}$[F]의 곱은 고유저항과 유전율의 곱과 같으므로

$RC=\rho\varepsilon$

17 비투자율 $\mu_s=1$, 비유전율 $\varepsilon_s=90$인 매질 내의 고유임피던스는 약 몇 [Ω]인가?

① 32.5 ② 39.7

③ 42.3 ④ 45.6

해설

파동 고유임피던스

$\eta=\sqrt{\dfrac{\mu}{\varepsilon}}=\sqrt{\dfrac{\mu_o}{\varepsilon_o}}\sqrt{\dfrac{\mu_s}{\varepsilon_s}}=377\sqrt{\dfrac{\mu_s}{\varepsilon_s}}$

$=377\sqrt{\dfrac{1}{90}}=39.7$[Ω]이 된다.

18 사이클로트론에서 양자가 매초 3×10^{15}개의 비율로 가속되어 나오고 있다. 양자가 15[MeV]의 에너지를 가지고 있다고 할 때, 이 사이클로트론은 가속용 고주파 전계를 만들기 위해서 150[kW]의 전력을 필요로 한다면 에너지 효율[%]은?

① 2.8 ② 3.8

③ 4.8 ④ 5.8

해설

매초 양자의 수 $n=3\times10^{15}$[개/sec]일 때

문제에서 15[MeV]에서 $M=10^6$, $e=1.602\times10^{-19}$[C]인 전자의 전하량, V는 전압의 단위이므로

15[MeV]$=W=15\times10^6\times1.602\times10^{-19}$[C・V=J]

이므로 양자의 전체 출력은

정답 14 ③ 15 ① 16 ③ 17 ② 18 ③

$P_o = nW$

$= 3\times10^{15}\times15\times10^{6}\times1.602\times10^{-19}$ [J/sec = W]가 되므로 입력 전력 $P = 150$[kW]일 때 사이클로트론 가속기의 에너지효율은

$$\eta = \frac{nW}{P} = \frac{3\times10^{15}\times15\times10^{6}\times1.602\times10^{-19}}{15\times10^{3}}$$

$= 0.048 = 4.8$ [%]가 된다.

19 단면적 4[cm²]의 철심에 6×10^{-4}[Wb]의 자속을 통하게 하려면 2800[AT/m]의 자계가 필요하다. 이 철심의 비투자율은 약 얼마인가?

① 346 ② 375
③ 407 ④ 426

해설

자속밀도 $B = \dfrac{\phi}{S} = \mu_o\mu_s H$[Wb/m²]에서

비투자율 $\mu_s = \dfrac{\phi}{\mu_o HS}$ 이므로 주어진 수치를 대입하면

$\mu_s = \dfrac{6\times10^{-4}}{4\pi\times10^{-7}\times2800\times4\times10^{-4}} = 426$가 된다.

20 대전된 도체의 특징으로 틀린 것은?

① 가우스정리에 의해 내부에는 전하가 존재한다.
② 전계는 도체 표면에 수직인 방향으로 진행된다.
③ 도체에 인가된 전하는 도체 표면에만 분포한다.
④ 도체 표면에서의 전하밀도는 곡률이 클수록 높다.

해설

대전도체 내부에는 내부전하가 존재하지 않고 도체 표면에만 분포하며 전계는 도체표면에 수직방향으로 진행되며 곡률반지름이 작고 곡률이 클수록 표면전하밀도는 높게 된다.

정답 19 ④ 20 ①

19 과년도기출문제(2019. 4. 27 시행)

01 **어떤 환상 솔레노이드의 단면적이 S이고, 자로의 길이가 ℓ, 투자율이 μ라고 한다. 이 철심에 균등하게 코일을 N회 감고 전류를 흘렸을 때 자기 인덕턴스에 대한 설명으로 옳은 것은?**

① 투자율 μ에 반비례한다.
② 권선수 N^2에 비례한다.
③ 자로의 길이 ℓ에 비례한다.
④ 단면적 S에 반비례한다.

해설

환상 솔레노이드의 자기인덕턴스

$L = \frac{\mu S N^2}{l} = \frac{\mu S N^2}{2\pi r} = \frac{N^2}{R_m}$ [H]이므로

권선수(N) 제곱 및 단면적(S) 및 투자율(μ)에 비례하고 자로의 길이(ℓ) 및 평균반지름(r)에 반비례한다.

02 **상이한 매질의 경계면에서 전자파가 만족해야 할 조건이 아닌 것은? (단, 경계변은 두 개의 무손실 매질 사이이다.)**

① 경계면의 양측에서 전계의 접선성분은 서로 같다.
② 경계면의 양측에서 자계의 접선성분은 서로 같다.
③ 경계변의 양측에서 자속밀도의 접선성분은 서로 같다.
④ 경계면의 양측에서 전속밀도의 법선성분은 서로 같다.

해설

전자파에 의한 경계면 조건
전계와 자계는 접선(수평)성분일 때 서로 같으며 전속밀도와 자속밀도는 법선(수직)성분이 서로 같다.

03 **유전율이 ε, 도전율이 σ, 반경이 r_1, $r_2(r_1 < r_2)$, 길이가 ℓ인 동축케이블에서 저항 R은 얼마인가?**

① $\dfrac{2\pi r l}{\ln\frac{r_2}{r_1}}$　② $\dfrac{2\pi\varepsilon l}{\frac{1}{r_1}-\frac{1}{r_2}}$

③ $\dfrac{1}{2\pi\sigma l}\ln\dfrac{r_2}{r_1}$　④ $\dfrac{1}{2\pi r l}\ln\dfrac{r_2}{r_1}$

해설

동축케이블의 정전용량은 $C = \dfrac{2\pi\varepsilon l}{\ln\frac{r_2}{r_1}}$ [F] 이므로

양원통간 저항은

$$R = \frac{\rho\varepsilon}{C} = \frac{\rho\varepsilon}{\frac{2\pi\varepsilon l}{\ln\frac{r_2}{r_1}}} = \frac{\rho}{2\pi l}\ln\frac{r_2}{r_1} = \frac{1}{2\pi\sigma l}\ln\frac{r_2}{r_1}\ [\Omega]$$

여기서 고유저항$\rho = \frac{1}{\sigma}$ [Ω · m] ,도전율 $\sigma = \frac{1}{\rho}$ [℧/m]

04 **단면적 S, 길이 l, 투자율 μ인 자성체의 자기회로에 권선을 N회 감아서 I의 전류를 흐르게 할 때 자속은?**

① $\dfrac{\mu SI}{Nl}$　② $\dfrac{\mu NI}{Sl}$

③ $\dfrac{NIl}{\mu S}$　④ $\dfrac{\mu SNI}{l}$

해설

자기회로에서 자속 $\phi = \dfrac{F}{R_m} = \dfrac{NI}{\frac{l}{\mu S}} = \dfrac{\mu SNI}{l}$[Wb]

정답　01 ②　02 ③　03 ③　04 ④

05 30[V/m]의 전계내의 80[V]되는 점에서 1[C]의 전하를 전계 방향으로 80[cm] 이동한 경우, 그 점의 전위[V]는?

① 9 ② 24
③ 30 ④ 56

해설

$V_A = 80$ $V_B = ?$ $E = 30[V/m]$
$r = 80[cm]$

전위차 $V_{AB} = E \cdot r = 30 \times 0.8 = 24\,[V]$이며
전계의 방향은 전위가 감소하는 방향이므로
$V_B = V_A - V_{AB} = 80 - 24 = 56\,[V]$가 된다.

06 도전율 σ인 도체에서 전장 E에 의해 전류밀도 J가 흘렀을 때 이 도체에서 소비되는 전력을 표시한 식은?

① $\int_v E \cdot Jdv$ ② $\int_v E \times Jdv$
③ $\frac{1}{\sigma}\int E \cdot Jdv$ ④ $\frac{1}{\sigma}\int_v E \times Jdv$

해설

전력 $P = VI\,[W]$ 이며
이때 전위 $V = El[V]$ 이고
전류밀도 $J = \frac{I}{S}\,[A/m^2]$ 이므로 전류 $I = JS[A]$가 되어
$P = El\,JS = EJv[W]$이 된다.
이를 적분형으로 표현하면
$P = \int_v E \cdot J\,dv\ [W]$
여기서 $v = Sl[m^3]$ 인 도선의 체적

07 자극의 세기가 8×10^{-6}[Wb], 길이가 3[cm]인 막대자석을 120AT/m의 평등자계 내에 자력선과 30°의 각도로 놓으면 이 막대자석이 받는 회전력은 몇 [N·m]인가?

① 1.44×10^{-4} ② 1.44×10^{-5}
③ 3.02×10^{-4} ④ 3.02×10^{-5}

해설

막대자석에 작용하는 회전력
막대자석에 의한 회전력은
$T = mHl\sin\theta = 8\times10^{-6}\times120\times3\times10^{-2}\times\sin30°$
$= 1.44\times10^{-5}[N \cdot m]$

08 정상전류계에서 옴의 법칙에 대한 미분형은? (단, i는 전류밀도, k는 도전율, ρ는 고유저항, E는 전계의 세기이다.)

① $i = kE$ ② $i = \frac{E}{k}$
③ $i = \rho E$ ④ $i = -kE$

해설

전류밀도

$$i = \frac{I}{S} = \frac{-\frac{V}{R}}{S} = -\frac{V}{RS} = -\frac{V}{\rho\frac{l}{S}\times S}$$

$$= -\frac{V}{\rho l} = \frac{1}{\rho}\times\left(-\frac{V}{l}\right) = \frac{E}{\rho} = kE[A/m^2]$$

[참고] 도전율 $k = \frac{1}{\rho}\,[℧/m]$

전계의 세기 $E = -\frac{V}{l}\,[V/m]$

09 자기인덕턴스의 성질을 옳게 표현한 것은?

① 항상 0 이다.
② 항상 정(正)이다.
③ 항상 부(負)이다.
④ 유도되는 기전력에 따라 정(正)도 되고 부(負)도 된다.

해설

자기 인덕턴스
자기회로에 전위 전류가 흐를 때 발생되는 자속 쇄교수를 인덕턴스 또는 자기유도계수라 하며 성질은 항상 정(+)이다.

정답 05 ④ 06 ① 07 ② 08 ① 09 ②

10 4[A]전류가 흐르는 코일과 쇄교하는 자속수가 4[Wb]이다. 이 전류 회로에 축적되어 있는 자기 에너지[J]는?

① 4　　② 2

③ 8　　④ 16

해설

전자에너지

코일에 축적(저장)되는 에너지 = 전자에너지

$W = \frac{1}{2}\phi I = \frac{1}{2}LI^2 = \frac{\phi^2}{2L} = \frac{1}{2}N\phi I = \frac{1}{2}F\phi[\mathrm{J}]$ 이므로

주어지 수치를 대입하면

$W = \frac{1}{2}\phi I = \frac{1}{2}\times 4\times 4 = 8[\mathrm{J}]$

여기서 $L[\mathrm{H}]$: 인덕턴스, $\phi[\mathrm{Wb}]$: 자속, $I[\mathrm{A}]$: 전류
$N[\mathrm{T}]$: 권수, $F = NI[\mathrm{AT}]$: 기자력

11 진공 중에서 빛의 속도와 일치하는 전자파의 전파속도를 얻기 위한 조건으로 옳은 것은?

① $\epsilon_r = 0,\ \mu_r = 0$　　② $\epsilon_r = 1,\ \mu_r = 1$

③ $\epsilon_r = 0,\ \mu_r = 1$　　④ $\epsilon_r = 1,\ \mu_r = 0$

해설

전자파의 전파속도

$$v = \frac{1}{\sqrt{\varepsilon\mu}} = \frac{3\times 10^8}{\sqrt{\varepsilon_r\,\mu_r}} = \frac{\omega}{\beta} = \frac{2\pi f}{\beta}$$

$$= \frac{1}{\sqrt{LC}} = \lambda f[\mathrm{m/s}]$$

에서 진공의 빛의 속도 $v_o = 3\times 10^8[\mathrm{m/s}]$ 과 일치하려면 비유전율 $\epsilon_r = 1$, 비투자율 $\mu_r = 1$이 되어야 한다.

단, $\beta = \omega\sqrt{LC}$: 위상정수, $\lambda[\mathrm{m}]$: 파장

12 그림과 같이 평행한 무한장 직선도선에 I[A], $4I$[A]인 전류가 흐른다. 두 선 사이의 점 P에서 자계의 세기가 0이라고 하면 $\frac{a}{b}$는?

① 2

② 4

③ $\frac{1}{2}$

④ $\frac{1}{4}$

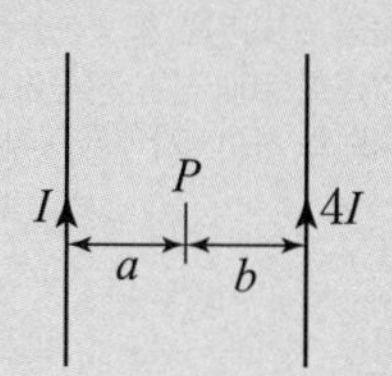

해설

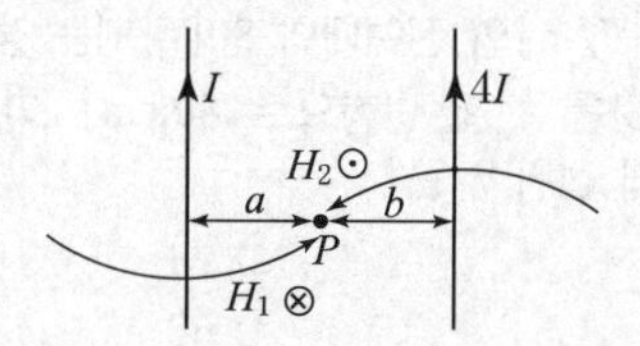

무한장 직선도체에 의한 자계의 세기는

$H = \frac{I}{2\pi r}$ [AT/m] 이므로

P점에 작용하는 자계의 세기가 0인 경우는 크기는 같고 방향이 반대인 경우이므로

$H_1 = \frac{I}{2\pi a}[\mathrm{AT/m}]$, $H_2 = \frac{4I}{2\pi b}[\mathrm{AT/m}]$ 에서

$H_1 = H_2 \Rightarrow \frac{I}{2\pi a} = \frac{4I}{2\pi b} \Rightarrow \frac{a}{b} = \frac{1}{4}$ 가 된다.

13 자기회로와 전기회로의 대응으로 틀린 것은?

① 자속 ↔ 전류

② 기자력 ↔ 기전력

③ 투자율 ↔ 유전율

④ 자계의 세기 ↔ 전계의 세기

해설

전기회로와 자기회로 대응관계

전 기 회 로		자 기 회 로	
전기 저항	$R = \rho\frac{l}{S} = \frac{l}{kS}[\Omega]$	자기 저항	$R_m = \frac{l}{\mu S}$ [AT/Wb]
도전율	k [℧/m]	투자율	μ [H/m]
기전력	E[V]	기자력	$F = NI$ [AT]
전류	$I = \frac{E}{R}$ [A]	자속	$\phi = \frac{F}{R_m} = \frac{\mu SNI}{l}$[Wb]
전류 밀도	$i = \frac{I}{S}$ [A/m²]	자속 밀도	$B = \frac{\phi}{S}$ [Wb/m²]

정답 10 ③ 11 ② 12 ④ 13 ③

14 자속밀도가 0.3[Wb/m^2]인 평등자계 내에 5[A]의 전류가 흐르는 길이 2[m]인 직선도체가 있다 이 도체를 자계 방향에 대하여 60°의 각도로 놓았을 때 이 도체가 받는 힘은 약 몇 [N]인가?

① 1.3 ② 2.6
③ 4.7 ④ 5.7

해설

플레밍의 왼손 법칙에 의한 힘
$F = IBl\sin\theta$ [N]이므로 주어진 수치를 대입하면
$F = IBl\sin\theta = 5\times0.3\times2\times\sin60° = 2.6$ [N]이 된다.

15 진공 중에서 한 변이 a[m]인 정사각형 단일 코일이 있다. 코일에 I[A]의 전류를 흘릴 때 정사각형 중심에서 자계의 세기는 몇 [AT/m]인가?

① $\dfrac{2\sqrt{2}I}{\pi a}$ ② $\dfrac{I}{\sqrt{2}a}$
③ $\dfrac{I}{2a}$ ④ $\dfrac{4I}{a}$

해설

(1) 정삼각형

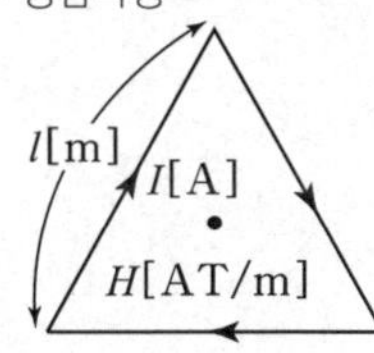

$H = \dfrac{9I}{2\pi l}$[AT/m]
단, l[m]은 한 변의 길이

(2) 정사각형(정방형)

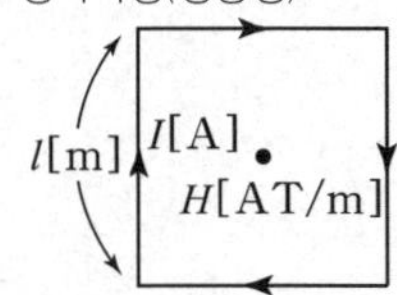

$H = \dfrac{2\sqrt{2}I}{\pi l}$[AT/m]
단, l[m]은 한 변의 길이

(3) 정육각형

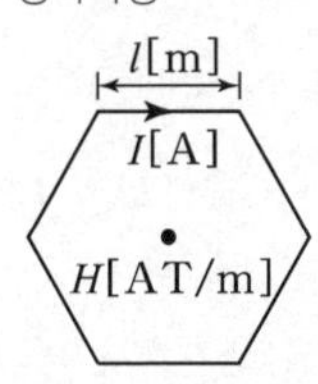

$H = \dfrac{\sqrt{3}I}{\pi l}$[AT/m]
단, l[m]은 한 변의 길이

16 진공내의 점(3, 0, 0) (m)에 4×10^{-9}[C]의 전하가 있다. 이 때 점(6, 4, 0)[m]의 전계의 크기는 약 몇 [V/m]이며, 전계의 방향을 표시하는 단위벡터는 어떻게 표시되는가?

① 전계의 크기 : $\dfrac{36}{25}$, 단위벡터 : $\dfrac{1}{5}(3a_x + 4a_y)$
② 전계의 크기 : $\dfrac{36}{125}$, 단위벡터 : $3a_x + 4a_y$
③ 전계의 크기 : $\dfrac{36}{25}$, 단위벡터 : $a_x + a_y$
④ 전계의 크기 : $\dfrac{36}{125}$, 단위벡터 : $\dfrac{1}{5}(a_x + a_y)$

해설

점(3, 0, 0)에서 점(6, 4, 0)에 대한 거리벡터
$\vec{r} = (6-3)a_x + (4-0)a_y = 3a_x + 4a_y$
거리벡터의 크기 $|\vec{r}| = \sqrt{3^2+4^2} = 5$[m]
전계 방향의 단위벡터
$\vec{n} = \dfrac{\vec{r}}{|\vec{r}|} = \dfrac{3a_x + 4a_y}{5} = \dfrac{1}{5}(3a_x + 4a_y)$

점전하 $Q = 4\times10^{-9}$[C]에 의한 전계의 세기
$E = 9\times10^9\times\dfrac{Q}{r^2} = 9\times10^9\times\dfrac{4\times10^{-9}}{5^2} = \dfrac{36}{25}$ [V/m]

17 전속밀도 $D = X^2i + Y^2j + Z^2k$[C/m^2]를 발생시키는 점(1, 2, 3)에서의 체적 전하밀도는 몇 [C/m^3]인가?

① 12 ② 13
③ 14 ④ 15

해설

가우스의 미분형 $div D = \rho$ [V/m^3] 이므로
$div D = \nabla\cdot D = \left(\dfrac{\partial}{\partial x}i + \dfrac{\partial}{\partial y}j + \dfrac{\partial}{\partial z}k\right)\cdot D$
$= \dfrac{\partial}{\partial x}(x^2) + \dfrac{\partial}{\partial y}(y^2) + \dfrac{\partial}{\partial z}(z^2)$
$= 2x + 2y + 2z$ [C/m^3]이므로
주어진 수치를 대입하면
$\rho = 2x + 2y + 2z|_{x=1, y==2, z=3} = 12$ [C/m^3]

정답 14 ② 15 ① 16 ① 17 ①

18 다음 식 중에서 틀린 것은?

① $E=-grad\ V$

② $\int_s E \cdot nds = \frac{Q}{\epsilon_o}$

③ $grad\ V = i\frac{\partial^2 V}{\partial x^2} + j\frac{\partial^2 V}{\partial y^2} + k\frac{\partial^2 V}{\partial z^2}$

④ $V = \int_p^\infty E \cdot d\ell$

해설

여러 가지 방정식

① $E=-grad\ V$: 전위 기울기

② $\int_s E \cdot nds = \frac{Q}{\epsilon_o}$: 가우스의 정리

③ $grad\ V = i\frac{\partial V}{\partial x} + j\frac{\partial V}{\partial y} + k\frac{\partial V}{\partial z}$: 전위 경도

④ $V = \int_p^\infty E \cdot d\ell$: 전위

19 어떤 대전체가 진공 중에서 전속이 Q[C]이었다. 이 대전체를 비유전율 10인 유전체 속으로 가져갈 경우에 전속[C]은?

① Q ② $10Q$

③ $\frac{Q}{10}$ ④ $10\epsilon_0 Q$

해설

전속선은 매질과 관계가 없으므로 유전체 내 전속선은 $\psi = Q$가 된다.

20 다음 중 스토크스(stokes)의 정리는?

① $\oint H \cdot ds = \int\int_s (\nabla \cdot H) \cdot ds$

② $\int B \cdot ds = \int_s (\nabla \times H) \cdot ds$

③ $\oint_c H \cdot ds = \int (\nabla \cdot H) \cdot dl$

④ $\oint_c H \cdot dl = \int_s (\nabla \times H) \cdot ds$

해설

스토크스 정리는 선적분과 면적적분의 변환식

$\oint_c H\,dl = \int_s rot\,H\,ds = \int_s (\nabla \times H) \cdot ds$

선적분을 면적분으로 변환시 rot를 추가

정답 18 ③ 19 ① 20 ④

19 과년도기출문제(2019. 8. 4 시행)

01 원통 좌표계에서 일반적으로 벡터가 $A = 5r\sin\phi a_z$로 표현될 때 점$\left(2, \frac{\pi}{2}, 0\right)$에서 $\text{curl}\, A$를 구하면?

① $5a_r$　② $5\pi a_\phi$
③ $-5a_\phi$　④ $-5\pi a_\phi$

해설

원통 좌표계에서 $A = 5r\sin\phi a_z$일 때
벡터 A의 회전은

$$rot\ A = curl A = \nabla \times A = \frac{1}{r}\begin{vmatrix} a_r & ra_\phi & a_z \\ \frac{\partial}{\partial r} & \frac{\partial}{\partial \phi} & \frac{\partial}{\partial z} \\ 0 & 0 & 5r\sin\phi \end{vmatrix}$$

$$= \frac{1}{r}\left[a_r\left(\frac{\partial}{\partial \phi}5r\sin\phi\right) - ra_\phi\left(\frac{\partial}{\partial r}5r\sin\phi\right)\right]$$

$$= \frac{1}{r}a_r(5r\cos\phi) - a_\phi(5\sin\phi)$$

$$= a_r 5\cos\phi - a_\phi 5\sin\phi \text{ 이므로}$$

주어진 수치 $r=2$, $\phi = \frac{\pi}{2}$, $z=0$을 대입하면

$$\text{curl}\, A = a_r 5\cos\frac{\pi}{2} - a_\phi 5\sin\frac{\pi}{2} = -5a_\phi$$

02 전하 q[C]가 진공 중의 자계H[AT/m]에 수직방향으로 v[m/s]의 속도로 움직일 때 받는 힘은 몇 [N]인가?(단, 진공 중의 투자율은 μ_o이다.)

① qvH　② $\mu_o qH$
③ πqvH　④ $\mu_o qvH$

해설

자계내 전하 입사시 전하가 받는 힘은 로렌쯔의 힘이 작용하므로

$F = Bqv\sin\theta = \mu_o Hqv\sin\theta = (\vec{v} \times \vec{B})q$[N]에서

수직입사시 $\theta = 90°$ 이므로

$F = \mu_o Hqv\sin 90° = \mu_o Hqv$[N]가 된다.

03 환상철심의 평균 자계의 세기가 3000[AT/m]이고, 비투자율이 600인 철심 중의 자화의 세기는 약 몇 [Wb/m²]인가?

① 0.75　② 2.26
③ 4.52　④ 9.04

해설

자화의 세기

$J = \mu_o(\mu_s - 1)H$

$= 4\pi \times 10^{-7}(600-1) \times 3000 = 2.26$ [Wb/m²]

04 강자성체의 세 가지 특성에 포함되지 않는 것은?

① 자기포화 특성
② 와전류 특성
③ 고투자율 특성
④ 히스테리시스 특성

해설

강자성체의 특징
① 고투자율을 갖는다.
② 자기포화특성을 갖는다.
③ 히스테리시스특성을 갖는다.
④ 자구의 미소영역이 있다.

05 전기 저항에 대한 설명으로 틀린 것은?

① 저항의 단위는 옴(Ω)을 사용한다.
② 저항률(ρ)의 역수를 도전율이라고 한다.
③ 금속선의 저항 R은 길이 ℓ에 반비례한다.
④ 전류가 흐르고 있는 금속선에 있어서 임의 두 점간의 전위차는 전류에 비례한다.

해설

도체의 전기 저항은 $R = \rho\frac{l}{S}$ [Ω]이므로 길이 l[m]에 비례하고 단면적 S[m²]에 반비례한다.

정답　01 ③　02 ④　03 ②　04 ②　05 ③

06 변위전류와 가장 관계가 깊은 것은?

① 도체　　② 반도체
③ 유전체　　④ 자성체

해설

변위전류는 전속밀도의 시간적 변화에 의해서 유전체를 통해 평행판 사이에 흐르는 전류이므로 유전체와 관계가 깊다.

07 전자파의 특성에 대한 설명으로 틀린 것은?

① 전자파의 속도는 주파수와 무관하다.
② 전파 E_x를 고유임피던스로 나누면 자파 H_y가 된다.
③ 전파 E_x와 자파 H_y의 진동방향은 진행 방향에 수평인 종파이다.
④ 매질이 도전성을 갖지 않으면 전파 E_x와 자파 H_y는 동위상이 된다.

해설

전자파의 특징
1) 전자파에서는 전계와 자계가 동시에 존재하고 동상이다.
2) 전자파의 전계 에너지와 자계에너지는 같다.
3) 전자파의 진행방향 $\vec{E} \times \vec{H}$ (외적의 방향)
4) 전자파는 진행방향에 대한 전계와 자계의 성분은 없고 진행방향의 수직성분인 전계와 자계의 성분은 존재하는 수직 횡파이다.
5) 전자파의 고유임피던스 $\eta = \frac{E}{H} = \sqrt{\frac{\mu}{\varepsilon}}\,[\Omega]$

08 도전도 $k = 6 \times 10^{17}[℧/m]$, 투자율 $\mu = \frac{6}{\pi} \times 10^{-7}[H/m]$인 평면도체 표면에 $10[kHz]$의 전류가 흐를 때, 침투깊이 $\delta[m]$은?

① $\frac{1}{6} \times 10^{-7}$　　② $\frac{1}{8.5} \times 10^{-7}$
③ $\frac{36}{\pi} \times 10^{-6}$　　④ $\frac{36}{\pi} \times 10^{-10}$

해설

침투깊이

$$\delta = \sqrt{\frac{1}{\pi f k \mu}}$$
$$= \sqrt{\frac{1}{\pi \times 10 \times 10^3 \times 6 \times 10^{17} \times \frac{6}{\pi} \times 10^{-7}}}$$
$$= \frac{1}{6} \times 10^{-7}\,[m]$$

09 평행판 콘덴서의 극간 전압이 일정한 상태에서 극간에 공기가 있을 때의 흡인력을 F_1, 극판 사이에 극판 간격의 $\frac{2}{3}$ 두께의 유리판($\varepsilon_r = 10$)을 삽입할 때의 흡인력을 F_2라 하면 $\frac{F_2}{F_1}$은?

① 0.6　　② 0.8
③ 1.5　　④ 2.5

해설

매질이 공기인 경우 정전용량 $C_1 = \frac{\varepsilon_0 S}{d}\,[F]$

비유전율 $\varepsilon_r = 10$을 극판간격 $\frac{2}{3}$ 두께만큼 삽입시

직렬연결이므로 정전용량은

$$C_2 = \frac{\varepsilon_1 \varepsilon_2 S}{\varepsilon_1 d_2 + \varepsilon_2 d_1} = \frac{\varepsilon_0 \varepsilon_0 \varepsilon_r S}{\varepsilon_0 \frac{2d}{3} + \varepsilon_0 \varepsilon_r \frac{d}{3}} = \frac{3\varepsilon_0 \varepsilon_r S}{d(2+\varepsilon_r)}$$
$$= \frac{3\varepsilon_r}{2+\varepsilon_r} C_1\,[F]$$가 된다.

극판사이에 작용하는 힘은 정전용량에 비례하므로

$$\frac{F_2}{F_1} \propto \frac{C_2}{C_1} = \frac{\frac{3\varepsilon_r}{2+\varepsilon_r} C_1}{C_1} = \frac{3\varepsilon_r}{2+\varepsilon_r} = \frac{3 \times 10}{2+10} = 2.5$$

10 자계의 벡터포텐셜을 A라 할 때 자계의 시간적 변화에 의하여 생기는 전계의 세기 E는?

① $E = \mathrm{rot}A$　　② $\mathrm{rot}E = A$
③ $E = -\frac{\partial A}{\partial t}$　　④ $\mathrm{rot}E = -\frac{\partial A}{\partial t}$

정답　06 ③　07 ③　08 ①　09 ④　10 ③

해설

자속밀도 $B = rot\,A$ 를 $rot\,E = -\dfrac{\partial B}{\partial t}$ 에 대입하면

$rot\,E = -\dfrac{\partial rot\,A}{\partial t}$ 이므로

전계는 $E = -\dfrac{\partial A}{\partial t}$ 가 된다

11 무한한 직성형 도선에 I[A]의 전류가 흐를 경우 도선으로부터 R[m] 떨어진 점의 자속밀도 B[Wb/m^2]는?

① $B = \dfrac{\mu I}{2\pi R}$　② $B = \dfrac{I}{2\pi\mu R}$

③ $B = \dfrac{\mu I}{4\pi R}$　④ $B = \dfrac{I}{4\pi\mu R}$

해설

무한장 직선전류에 의한 자속밀도

$B = \mu H = \mu\dfrac{I}{2\pi R}$ [Wb/m^2]

12 송전선의 전류가 0.01초 사이에 10[kA] 변화될 때 이 송전선에 나란한 통신성에 유도되는 유도 전압은 몇 [V]인가? (단, 송전선과 통신선 간의 상호유도계수는 0.3[mH]이다.)

① 30　② 300

③ 3000　④ 30000

해설

시간변화율 $dt = 0.01$ [sec],

1차측 전류변화율 $di_1 = 10$ [kA],

상호유도계수 $M = 0.3$ [mH]일 때 유도전압

$e_2 = M\dfrac{di_1}{dt} = 0.3 \times 10^{-3} \times \dfrac{10 \times 10^3}{0.01} = 3 \times 10^2$ [V]

13 단면적 15[cm^2]의 자석 근처에 같은 단면적을 가진 철편을 놓을 때 그 곳을 통하는 자속이 3×10^{-4}[Wb]이면 철편에 작용하는 흡인력은 약 몇 [N]인가?

① 12.2　② 23.9

③ 36.6　④ 48.8

해설

자극면 사이에 작용하는 힘은

$$F = f \cdot S = \frac{B^2}{2\mu_o} \cdot S = \frac{\left(\frac{\phi}{S}\right)^2}{2\mu_o} \cdot S = \frac{\phi^2}{2\mu_o S}$$

$$= \frac{(3\times10^{-4})^2}{2\times4\pi\times10^{-7}\times15\times10^{-4}} = 23.88\text{[N]}$$ 가 된다.

14 길이 ℓ[m]인 동축 원통 도체의 내외원통에 각각 $+\lambda$, $-\lambda$[C/m]의 전하가 분포되어 있다. 내외원통 사이에 유전율 ε인 유전체가 채워져 있을 때, 전계의 세기[V/m]는? (단, V는 내외원통 간의 전위차, D는 전속밀도이고, a, b는 내외원통의 반지름이며, 원통 중심에서의 거리 r은 $a<r<b$인 경우이다.)

① $\dfrac{V}{r\cdot\ln\frac{b}{a}}$　② $\dfrac{V}{\varepsilon\cdot\ln\frac{b}{a}}$

③ $\dfrac{D}{r\cdot\ln\frac{b}{a}}$　④ $\dfrac{D}{\varepsilon\cdot\ln\frac{b}{a}}$

해설

(1) 동심 원통에서의 임의의 한 점 dr 지점의 전계의 세기

$E = \dfrac{\rho_l}{2\pi\varepsilon_o r}$ [V/m]

(2) 동심 원통사이의 전위차

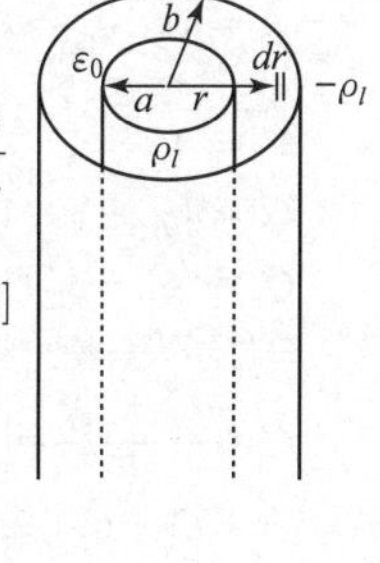

$$V = -\int_b^a E\,dr = \frac{\rho_l}{2\pi\varepsilon_o}\ln\frac{b}{a}$$

$$= \frac{\rho_l r}{2\pi\varepsilon_o r}\ln\frac{b}{a} = Er\ln\frac{b}{a}\text{ [V]}$$

이므로 전계의 세기는

$E = \dfrac{V}{r\ln\frac{b}{a}}$ [V/m]

정답　11 ①　12 ②　13 ②　14 ①

15 정전용량이 $1[\mu F]$이고 판의 간격이 d인 공기 콘덴서가 있다. 두께 $\frac{1}{2}$d, 비유전율 $\varepsilon_r = 2$ 유전체를 그 콘덴서의 한 전극면에 접촉하여 넣었을 때 전체의 정전용량$[\mu F]$은?

① 2
② $\frac{1}{2}$
③ $\frac{4}{3}$
④ $\frac{5}{3}$

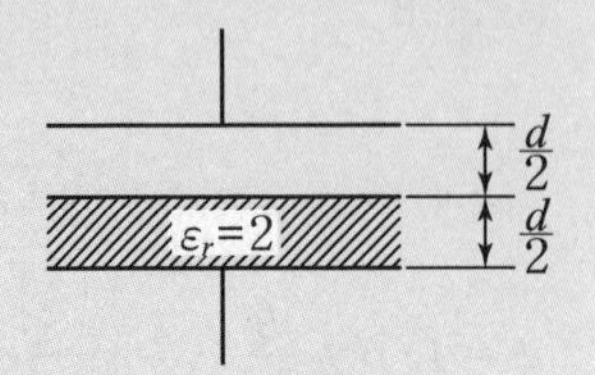

해설

공기콘덴서 정전용량 $C_o = 1[\mu F]$, 비유전율 $\varepsilon_s = 2$일 때 공기콘덴서 판간격 절반 두께에 유전체를 평행판에 수평으로 채운경우의 정전용량은

$$C = \frac{2\varepsilon_s}{1+\varepsilon_s} C_o = \frac{2\times2}{1+2}\times1 = \frac{4}{3}[\mu F]$$

16 정전용량이 각각 C_1, C_2, 그 사이의 상호 유도계수가 M인 절연된 두 도체가 있다. 두 도체를 가는 선으로 연결할 경우, 정전용량은 어떻게 표현되는가?

① $C_1 + C_2 - M$ ② $C_1 + C_2 + M$
③ $C_1 + C_2 + 2M$ ④ $2C_1 + 2C_2 + M$

해설

두 도체에 축적되는 전하

$Q_1 = q_{11}V_1 + q_{12}V_2\,[F]$

$Q_2 = q_{21}V_1 + q_{22}V_2$ 식에서

$q_{11} = C_1$, $q_{22} = C_2$, $q_{12} = q_{21} = M$일 때

가는 선으로 두 도체를 연결시 병렬연결이 되므로

$V_1 = V_2 = V$ 가 되어

$Q_1 = (q_{11} + q_{12})V = (C_1 + M)V[C]$

$Q_2 = (q_{21} + q_{22})V = (M + C_2)V[C]$ 가 되므로

합성정전용량은

$$C = \frac{Q_1 + Q_2}{V} = \frac{(C_1+M)V + (M+C_2)V}{V}$$

$$= C_1 + C_2 + 2M[F]$$

17 진공 중에서 점 P(1, 2, 3) 및 점 Q(2, 0, 5)에 각각 $300[\mu C]$, $-100[\mu C]$인 점전하가 놓여 있을 때 점전하 $-100[\mu C]$에 작용하는 힘은 몇 N인가?

① $10i - 20j + 20k$ ② $10i + 20j - 20k$
③ $-10i + 20j + 20k$ ④ $-10i + 20j - 20k$

해설

두 전하사이에 작용하는 힘

$$F = \frac{Q_1\,Q_2}{4\pi\epsilon_o|r|^2}\cdot n = 9\times10^9\times\frac{Q_1\,Q_2}{|r|^2}\cdot n\,[N]$$이므로

점 $P(1,2,3)$에서 점 $Q(2,0,5)$에 대한 거리벡터는

$\vec{r} = (2-1)i + (0-2)j + (5-3)k = i - 2j + 2k\,[m]$이며

거리벡터의 크기는

$|r| = \sqrt{1^2 + (-2)^2 + 2^2} = 3[m]$이므로

방향벡터 $n = \frac{\vec{r}}{|r|} = \frac{i-2j+2k}{3}$ 가 된다.

그러므로 작용하는 힘은

$$F = 9\times10^9\times\frac{300\times10^{-6}\times(-100\times10^{-6})}{3^2}\cdot\frac{i-2j+2k}{3}$$

$$= -10i + 20j - 20k\,[N]$$

18 단면적이 $s[m^2]$, 단위 길이에 대한 권수가 n[회/m]인 무한히 긴 솔레노이드의 단위 길이당 자기인덕턴스[H/m]는?

① $\mu\cdot s\cdot n$ ② $\mu\cdot s\cdot n^2$
③ $\mu\cdot s^2\cdot n$ ④ $\mu\cdot s^2\cdot n^2$

해설

무한장 솔레노이드의 단위길이당 자기인덕턴스는

$L = \mu Sn^2 = \mu\pi a^2 n^2\,[H/m]$이므로

a^2과 n^2의 곱에 비례한다.

단, $n[T/m]$: 단위길이당 권선수, $a[m]$: 원의 반지름, $S = \pi a^2\,[m^2]$: 원의 단면적

정답 15 ③ 16 ③ 17 ④ 18 ②

19 반지름 a[m]의 구 도체에 전하 Q[C]가 주어질 때 구 도체 표면에 작용하는 정전응력은 몇 [N/m²]인가?

① $\frac{9Q^2}{16\pi^2\epsilon_o a^6}$ ② $\frac{9Q^2}{32\pi^2\epsilon_o a^6}$

③ $\frac{Q^2}{16\pi^2\epsilon_o a^4}$ ④ $\frac{Q^2}{32\pi^2\epsilon_o a^4}$

해설

단위 면적당 정전응력 $f = \frac{1}{2}\varepsilon_o E^2 [\mathrm{N/m^2}]$이고

구도체 표면의 전계의 세기 $E = \frac{Q}{4\pi\varepsilon_0 a^2} [\mathrm{V/m}]$이다.

이를 정리하면

$$f = \frac{1}{2}\varepsilon_o\left(\frac{Q}{4\pi\varepsilon_0 a^2}\right)^2 = \frac{Q^2}{32\pi^2\varepsilon_0 a^4}[\mathrm{N/m^2}]$$

20 다음 금속 중 저항률이 가장 작은 것은?

① 은 ② 철

③ 백금 ④ 알루미늄

해설

금속도체의 저항률(단위 $10^{-8}[\Omega\cdot\mathrm{m}]$) 20[℃] 기준

은 1.62	니켈 6.9
구리 1.69	철 10.0
알루미늄 2.62	백금 10.5
마그네슘 4.46	주석 11.4
몰디브덴 4.77	납 21.9
아연 6.1	수은 95.8

정답 19 ④ 20 ①

20 과년도기출문제(2020. 6. 6 시행)

01 **면적이 매우 넓은 두 개의 도체 판을 d[m]간격으로 수평하게 평행 배치하고, 이 평행도체 판 사이에 놓인 전자가 정지하고 있기 위해서 그 도체 판 사이에 가하여야할 전위차[V]는? (단, g는 중력 가속도이고, m은 전자의 질량이고, e는 전자의 전하량이다.)**

① $mged$　② $\dfrac{ed}{mg}$

③ $\dfrac{mgd}{e}$　④ $\dfrac{mge}{d}$

해설

평행판 사이의 전계내 전하 $Q=e[C]$를 놓았을 때 작용하는 힘 $F=QE=e\dfrac{V}{d}$ [N]와

전자 질량 m [kg]에 작용하는 중력 $F=mg$ [N] 이 서로 같으면 힘이 상쇄되어 정지하므로

$F=e\dfrac{V}{d}=mg$ [N]에서 전위차를 구하면

$V=\dfrac{mgd}{e}$ [V]가 된다.

02 **자기회로에서 자기저항의 크기에 대한 설명으로 옳은 것은?**

① 자기회로의 길이에 비례
② 자기회로의 단면적에 비례
③ 자성체의 비투자율에 비례
④ 자성체의 비투자율의 제곱에 비례

해설

자기저항은 $R_m=\dfrac{l}{\mu S}=\dfrac{l}{\mu_o\mu_s S}$ [AT/Wb]이므로 길이(l)에 비례하고 비투자율(μ_s) 및 단면적(S)에 반비례한다.

03 **전위함수 $V=x^2+y^2$ [V]일 때 점 (3, 4)[m]에서의 등전위선의 반지름은 몇 [m]이며, 전기력선 방정식은 어떻게 되는가?**

① 등전위선의 반지름 : 3,
　전기력선의 방정식 : $y=\dfrac{3}{4}x$

② 등전위선의 반지름 : 4,
　전기력선의 방정식 : $y=\dfrac{4}{3}x$

③ 등전위선의 반지름 : 5,
　전기력선의 방정식 : $y=\dfrac{4}{3}x$

④ 등전위선의 반지름 : 5,
　전기력선의 방정식 : $y=\dfrac{3}{4}x$

해설

전위 $V=x^2+y^2$ [V]일 때 전계의 세기는

$E=-grad\,V=-\nabla V$

$=-\left(\dfrac{\partial V}{\partial x}i+\dfrac{\partial V}{\partial y}j+\dfrac{\partial V}{\partial z}k\right)$

$=-2xi-2yj$ [V/m]이며

(3, 4)에서의 등전위선의 반지름은 $r=\sqrt{3^2+4^2}=5$[m]가 되고 전기력선의 방정식을 구하면

전기력선의 방정식 $\dfrac{dx}{Ex}=\dfrac{dy}{Ey}$이므로

$\dfrac{dx}{2x}=\dfrac{dy}{2y}\rightarrow\dfrac{1}{x}dx=\dfrac{1}{y}dy$ 에서

양변을 적분하면

$\ln x=\ln y+\ln c$, $\ln x-\ln y=\ln c$, $\ln\dfrac{x}{y}=\ln c$,

$\dfrac{x}{y}=c$가 되므로 ($x=3$, $y=4$)을 대입하면

$\dfrac{x}{y}=c=\dfrac{3}{4}$에서 $y=\dfrac{4}{3}x$가 된다.

정답　01 ③　02 ①　03 ③

04 10[mm]의 지름을 가진 동선에 50[A]의 전류가 흐르고 있을 때 단위 시간에 동선의 단면을 통과하는 전자의 수는 약 몇 개인가?

① 7.85×10^{16}　② 20.45×10^{15}
③ 31.21×10^{19}　④ 50×10^{19}

해설
$I = 50[A]$, $t = 1[\sec]$일 때 전류는
$I = \frac{Q}{t} = \frac{ne}{t}$ [C/sec = A] 이므로
이동 전자의 개수는
$n = \frac{I \cdot t}{e} = \frac{50 \times 1}{1.602 \times 10^{-19}} = 31.25 \times 10^{19}$ [개]

05 자기 인덕턴스와 상호 인덕턴스와의 관계에서 결합계수의 범위는?

① $0 \leq k \leq \frac{1}{2}$　② $0 \leq k \leq 1$
③ $1 \leq k \leq 2$　④ $1 \leq k \leq 10$

해설
(1) 결합계수 $K = \frac{M}{\sqrt{L_1 \cdot L_2}}$
(2) 상호인덕턴스 $M = K\sqrt{L_1 \cdot L_2}$ [H]
(3) 누설자속이 없는 경우 = 완전 결합인 경우의 결합계수 $K = 1$
(4) 상호 쇄교 자속이 없는 경우의 결합계수 $K = 0$
(5) 결합계수의 범위 $0 \leq K \leq 1$

06 면적이 $S[m^2]$이고 극판간의 거리가 d[m]인 평행판 콘덴서에 비유전율이 ϵ_r인 유전체를 채울 때 정전용량[F]은? (단, ϵ_0는 진공의 유전율이다.)

① $\frac{2\epsilon_0\epsilon_r S}{d}$　② $\frac{\epsilon_0\epsilon_r S}{\pi d}$
③ $\frac{\epsilon_0\epsilon_r S}{d}$　④ $\frac{2\pi\epsilon_0\epsilon_r S}{d}$

해설
비유전율이 ϵ_r인 유전체 내 평행판 사이의 정전용량은
$C = \frac{\varepsilon_o \varepsilon_r S}{d}$ [F]

07 반자성체의 비투자율(μ_r) 값의 범위는?

① $\mu_r = 1$　② $\mu_r < 1$
③ $\mu_r > 1$　④ $\mu_r = 0$

해설
(1) 상자성체 $\mu_r > 1$
백금(Pt), 알루미늄(Al), 산소(O_2)
(2) 역(반)자성체 $\mu_r < 1$
은(Ag), 구리(Cu), 비스무트(Bi), 물(H_2O)
(3) 강자성체 $\mu_r \gg 1$
① 강자성체의 대표물질 : 철(Fe), 니켈(Ni), 코발트(Co)
② 강자성체의 특징
- 고투자율을 갖는다.
- 자기포화특성을 갖는다.
- 히스테리시스특성을 갖는다.
- 자구의 미소영역을 가지고 있다.

08 반지름 r[m]인 무한장 원통형 도체에 전류가 균일하게 흐를 때 도체 내부에서 자계의 세기 [AT/m]는?

① 원통 중심축으로부터 거리에 비례한다.
② 원통 중심축으로부터 거리에 반비례한다.
③ 원통 중심축으로부터 거리의 제곱에 비례한다.
④ 원통 중심축으로부터 거리의 제곱에 반비례한다.

해설
반지름이 r[m]이고 원통 중심축에서 내부인 점의 거리가 a[m]인 원통(원주) 도체에 의한 자계의 세기에서 전류가 균일하게 흐를시 내부에도 전류가 존재하므로 내부자계는 $H_i = \frac{aI}{2\pi r^2}$ [AT/m] 이므로 중심축으로부터 거리 a에 비례한다.

정답 04 ③ 05 ② 06 ③ 07 ② 08 ①

09 정전계 해석에 관한 설명으로 틀린 것은?

① 포아송 방정식은 가우스 정리의 미분형으로 구할 수 있다.
② 도체 표면에서의 전계의 세기는 표면에 대해 법선 방향을 갖는다.
③ 라플라스 방정식은 전극이나 도체의 형태에 관계없이 체적전하밀도가 0인 모든 점에서 $\nabla^2 V = 0$을 만족한다.
④ 라플라스 방정식은 비선형 방정식이다.

해설

라플라스 방정식은 선형 방정식이다.

10 비유전율 ϵ_r이 4인 유전체의 분극률은 진공의 유전율 ϵ_0의 몇 배인가?

① 1 ② 3
③ 9 ④ 12

해설

비분극률

$$\chi_e = \frac{\chi}{\varepsilon_0} = \varepsilon_r - 1 = 4 - 1 = 3$$

11 공기 중에 있는 무한히 긴 직선 도선에 10[A]의 전류가 흐르고 있을 때 도선으로부터 2[m] 떨어진 점에서의 자속밀도는 몇 [Wb/m²]인가?

① 10^{-5} ② 0.5×10^{-6}
③ 10^{-6} ④ 2×10^{-6}

해설

무한장 직선에 의한 자속밀도

$$B = \mu_o H = \mu_o \frac{I}{2\pi r} = 4\pi\times10^{-7}\times\frac{10}{2\pi\times2} = 10^{-6}\,[\text{Wb/m}^2]$$

12 그림에서 $N = 1000$[회], $l = 100$[cm], $S = 10$[cm²]인 환상 철심의 자기회로에 전류 $I = 10$[A]를 흘렸을 때 축적되는 자계 에너지는 몇 [J]인가? (단, 비투자율 $\mu_r = 100$이다.)

① $2\pi\times10^{-3}$
② $2\pi\times10^{-2}$
③ $2\pi\times10^{-1}$
④ 2π

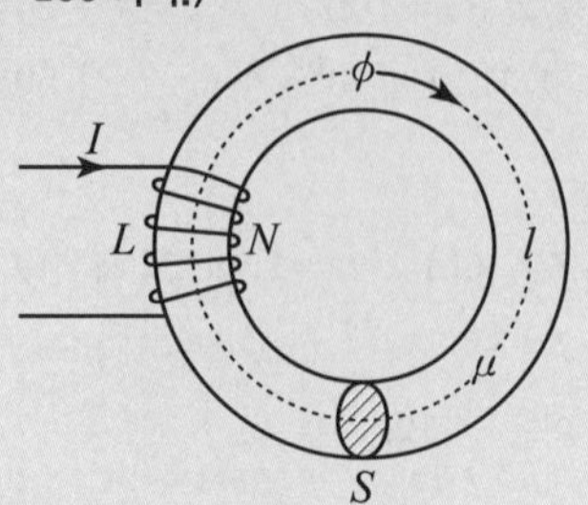

해설

코일에 축적되는 에너지

$$W = \frac{1}{2}LI^2 = \frac{1}{2}\phi I = \frac{\phi^2}{2L}\,[\text{J}]$$ 이므로

환상 솔레노이드의 자기인덕턴스

$$L = \frac{\mu S N^2}{l} = \frac{\mu_o\mu_s S N^2}{l}\,[\text{H}]$$ 를 대입하면

코일에 축적되는 에너지는

$$W = \frac{1}{2}LI^2 = \frac{1}{2}\cdot\frac{\mu S N^2}{l}I^2 = \frac{1}{2}\cdot\frac{\mu_o\mu_s S N^2}{l}I^2\,[\text{J}]$$

이므로

주어진 수치를 대입하면

$$W = \frac{1}{2}\cdot\frac{4\pi\times10^{-7}\times100\times10\times10^{-4}\times1000^2}{100\times10^{-2}}\times10^2 = 2\pi\,[\text{J}]$$

13 자기유도계수 L의 계산방법이 아닌 것은? (단, N : 권수, ϕ : 자속[Wb], I : 전류[A], A : 벡터 퍼텐셜[Wb/m], i : 전류밀도[A/m²], B : 자속밀도[Wb/m²], H : 자계의 세기 [AT/m]이다.)

① $L = \dfrac{N\phi}{I}$

② $L = \dfrac{\int_v A\cdot i\,dv}{I^2}$

③ $L = \dfrac{\int_v B\cdot H\,dv}{I^2}$

④ $L = \dfrac{\int_v A\cdot i\,dv}{I}$

정답 09 ④ 10 ② 11 ③ 12 ④ 13 ④

해설

$N\phi = LI$에서 $L = \frac{N\phi}{I}$[H]

코일에 축적되는 에너지는 $W = \frac{1}{2}LI^2 = \frac{1}{2}BHv$[J]에서

$$L = \frac{BHv}{I^2} = \frac{\int_v B \cdot H\, dv}{I^2}$$
$$= \frac{\int_v rot A \cdot H\, dv}{I^2} = \frac{\int_v rot H \cdot A\, dv}{I^2}$$
$$= \frac{\int_v A \cdot i\, dv}{I^2}$$

14 20℃에서 저항의 온도계수가 0.002인 니크롬선의 저항이 100[Ω]이다. 온도가 60℃로 상승되면 저항은 몇 [Ω]이 되겠는가?

① 108　② 112
③ 115　④ 120

해설

처음온도 $t = 20$℃, 온도계수 $\alpha_t = 0.002$, 처음 온도시 저항 $R_t = 100$[Ω], 나중온도 $T = 60$℃일 때 나중온도시 저항값은

$$R_T = R_t(1 + \alpha_t(T - t)) = 100(1 + 0.002(60 - 20))$$
$$= 108\ [\Omega]$$

15 전계 및 자계의 세기가 각각 E[V/m], H[AT/m]일 때, 포인팅벡터 P[W/m²]의 표현으로 옳은 것은?

① $P = \frac{1}{2}E \times H$　② $P = E\, rot\, H$
③ $P = E \times H$　④ $P = H\, rot\, E$

해설

전자파의 포인팅 벡터는 단위시간에 단위 면적을 지나는 에너지로서

$$P' = \frac{P}{S} = \vec{E} \times \vec{H} = EH\sin\theta = EH\ [\mathrm{W/m^2}]$$

단, 진공(공기)시인 경우는

$$P' = \frac{P}{S} = 377H = \frac{1}{377}E^2\ [\mathrm{W/m^2}]$$이 된다.

16 평등 자계 내에 전자가 수직으로 입사 하였을 때 전자의 운동에 대한 설명으로 옳은 것은?

① 원심력은 전자속도에 반비례 한다.
② 구심력은 자계의 세기에 반비례 한다.
③ 원운동을 하고, 반지름은 자계의 세기에 비례한다.
④ 원운동을 하고, 반지름은 전자의 회전속도에 비례한다.

해설

평등자계내 전자 수직 입사시 전자는 원운동하며

이때 반지름은 $r = \frac{mv}{Be} = \frac{mv}{\mu_o He}$[m]이므로

속도 v에 비례하고 자계의 세기 H에 반비례한다.

17 진공 중 3[m] 간격으로 두 개의 평행한 무한 평판 도체에 각각 +4[C/m²], −4[C/m²]의 전하를 주었을 때, 두 도체 간의 전위차는 약 몇 [V]인가?

① 1.5×10^{11}　② 1.5×10^{12}
③ 1.36×10^{11}　④ 1.36×10^{12}

해설

무한 평행판 사이의 전계 $E = \frac{\sigma}{\varepsilon_o}$[V/m]

무한 평행판 사이의 전위차 $V = E \cdot d = \frac{\sigma}{\varepsilon_o}d$[V]이므로

주어진 수치를 대입하면

$$V = \frac{\sigma}{\varepsilon_o}d = \frac{4}{8.855 \times 10^{-12}} \times 3 = 1.36 \times 10^{12}\ [\mathrm{V}]$$

정답　14 ①　15 ③　16 ④　17 ④

18 자속밀도 $B[\text{Wb/m}^2]$의 평등 자계 내에서 길이 $l[\text{m}]$인 도체 ab가 속도 $v[\text{m/s}]$로 그림과 같이 도선을 따라서 자계와 수직으로 이동할 때, 도체 ab에 의해 유기된 기전력의 크기 $e[\text{V}]$와 폐회로 $abcd$ 내 저항 R에 흐르는 전류의 방향은? (단, 폐회로 $abcd$ 내 도선 및 도체의 저항은 무시한다.)

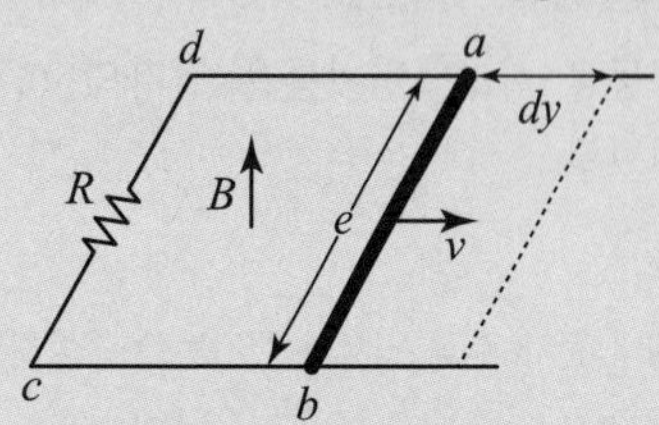

① $e = Blv$, 전류 방향 : $c \to d$
② $e = Blv$, 전류 방향 : $d \to c$
③ $e = Blv^2$, 전류 방향 : $c \to d$
④ $e = Blv^2$, 전류 방향 : $d \to c$

해설

자계내 도체를 이동시 유기 기전력은 플레밍의 오른손 법칙에 의해서 $e = Blv\sin\theta[\text{V}]$에서 도선과 자계와 수직이므로 $\theta = 90°$를 대입하면
$e = Blv\sin\theta = Blv\sin 0° = Blv[\text{V}]$가 되고
유기기전력의 방향은 오른손 손가락 방향으로 구하면 아래와 같으므로

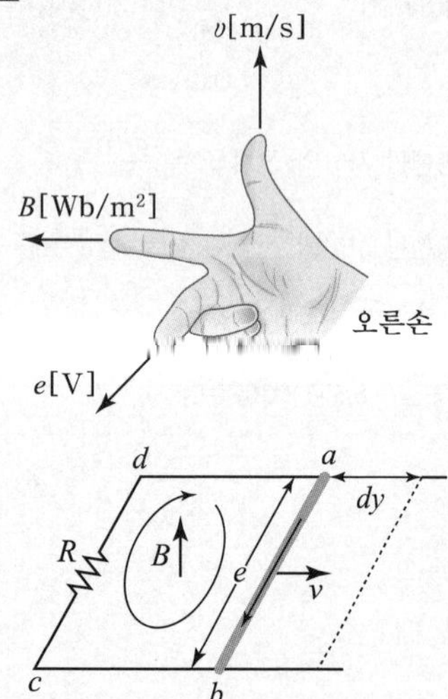

저항 R에 흐르는 전류는 $c \to d$가 된다.

19 그림과 같이 내부 도체구 A에 $+Q[\text{C}]$, 외부 도체구 B에 $-Q[\text{C}]$를 부여한 동심 도체구 사이의 정전용량 $C[\text{F}]$는?

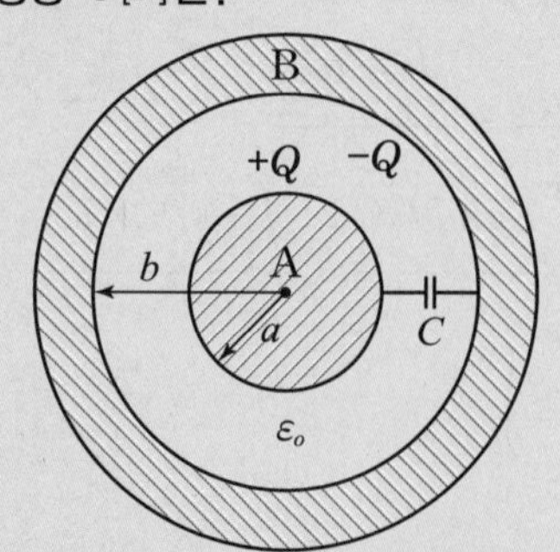

① $4\pi\epsilon_0(b-a)$
② $\dfrac{4\pi\epsilon_0 ab}{b-a}$
③ $\dfrac{ab}{4\pi\epsilon_0(b-a)}$
④ $4\pi\epsilon_0\left(\dfrac{1}{a}-\dfrac{1}{b}\right)$

해설

동심구도체 사이의 정전용량은

$$C = \frac{4\pi\varepsilon_o}{\frac{1}{a}-\frac{1}{b}} = \frac{4\pi\varepsilon_o ab}{b-a} = \frac{1}{9\times10^9}\cdot\frac{ab}{b-a}[\text{F}]$$

20 유전율이 ϵ_1, ϵ_2 $[\text{F/m}]$인 유전체 경계면에 단위 면적당 작용하는 힘의 크기는 몇 $[\text{N/m}^2]$인가? (단 전계가 경계면에 수직인 경우이며, 두 유전체에서의 전속밀도는 $D_1 = D_2 = D[\text{C/m}^2]$이다.)

① $2\left(\dfrac{1}{\epsilon_1}-\dfrac{1}{\epsilon_2}\right)D^2$
② $2\left(\dfrac{1}{\epsilon_1}+\dfrac{1}{\epsilon_2}\right)D^2$
③ $\dfrac{1}{2}\left(\dfrac{1}{\epsilon_1}+\dfrac{1}{\epsilon_2}\right)D^2$
④ $\dfrac{1}{2}\left(\dfrac{1}{\epsilon_2}-\dfrac{1}{\epsilon_1}\right)D^2$

해설

전계가 경계면에 수직인 경우 전속밀도가 같으므로 경계면에 작용하는 힘은

$\varepsilon_1 > \varepsilon_2$ 인 경우 $f = \dfrac{D^2}{2}\left(\dfrac{1}{\varepsilon_2}-\dfrac{1}{\varepsilon_1}\right)[\text{N/m}^2]$가 되고

작용하는 힘은 유전율이 큰 쪽에서 작은 쪽으로 작용한다.

정답 18 ① 19 ② 20 ④

20 과년도기출문제(2020. 8. 22 시행)

01 주파수가 100[MHz]일 때 구리의 표피두께(skin depth)는 약 몇 [mm]인가? (단, 구리의 도전율은 5.9×10^7[℧/m]이고, 비투자율은 0.99이다.)

① 3.3×10^{-2} ② 6.6×10^{-2}
③ 3.3×10^{-3} ④ 6.6×10^{-3}

해설

$\sigma=5.9\times10^7$[℧/m], $\mu_s=0.99$, $f=100$[MHz]이므로

표피두께

$$\delta=\sqrt{\frac{1}{\pi f\mu\sigma}}=\sqrt{\frac{1}{\pi f\mu_o\mu_s\sigma}}$$

$$=\sqrt{\frac{1}{\pi(100\times10^6)(4\pi\times10^{-7})(0.99)(5.9\times10^7)}}$$

$$=6.6\times10^{-6}\text{[m]}=6.6\times10^{-3}\text{[mm]}$$

02 정전용량이 0.03[μF]인 평행판 공기 콘덴서의 두 극판 사이에 절반 두께의 비유전율 10인 유리판을 극판과 평행하게 넣었다면 이 콘덴서의 정전용량은 몇 [μF]이 되는가?

① 1.83 ② 18.3
③ 0.055 ④ 0.55

해설

공기콘덴서 정전용량 $C_o=0.03$[μF],

비유전율 $\varepsilon_s=10$일 때 공기콘덴서 판간격 절반 두께에 유리판을 평행판에 평행하게 채운경우의 정전용량은

$$C=\frac{2\varepsilon_s}{1+\varepsilon_s}C_o=\frac{2\times10}{1+10}\times0.03=0.055\text{[μF]}$$이 된다.

03 2장의 무한평판 도체를 4[cm]의 간격으로 놓은 후 평판 도체 표면에 2[μC/m²]의 전하밀도가 생겼다. 이때 평행 도체 표면에 작용하는 정전응력은 약 몇 [N/m²]인가?

① 0.057 ② 0.226
③ 0.57 ④ 2.26

해설

평행판 표면의 단위면적당 정전응력

$$f=\frac{\rho_s^2}{2\varepsilon_o}=\frac{D^2}{2\varepsilon_o}=\frac{1}{2}\varepsilon_oE^2=\frac{1}{2}ED\text{[N/m}^2\text{]}$$이므로

주어진 수치를 대입하면

$$f=\frac{\rho_s^2}{2\varepsilon_o}=\frac{(2\times10^{-6})^2}{2\times8.855\times10^{-12}}=0.226\text{[N/m}^2\text{]}$$

04 공기 중에서 2[V/m]의 전계의 세기에 의한 변위 전류 밀도의 크기를 2[A/m²]으로 흐르게 하려면 전계의 주파수는 약 몇 [MHz]가 되어야 하는가?

① 9000 ② 18000
③ 36000 ④ 72000

해설

전계 $E=2$[V/m], 변위전류밀도 $i_d=2$[A/m²]일 때

변위전류밀도는 $i_d=\omega\epsilon_oE=2\pi f\epsilon_oE$[A/m²]이므로

$$\text{주파수 } f=\frac{i_d}{2\pi\epsilon_oE}=\frac{2}{2\pi\times8.855\times10^{-12}\times2}\times10^{-6}$$

$$=18000\text{[MHz]}$$

05 정전계에서 도체에 정(+)의 전하를 주었을 때의 설명으로 틀린 것은?

① 도체 표면의 곡률 반지름이 작은 곳에 전하가 많이 분포한다.
② 도체 외측의 표면에만 전하가 분포한다.
③ 도체 표면애서 수직으로 전기력선이 출입한다.
④ 도체 내에 있는 공동면에도 전하가 골고루 분포한다.

해설

도체에 전하를 대전하면 전하 사이에 반발력이 작용하여 전하는 도체 표면에만 존재하고 내부에는 전하가 존재하지 않는다.

정답 01 ④ 02 ③ 03 ② 04 ② 05 ④

06 대지의 고유저항이 $\rho[\Omega \cdot \mathrm{m}]$일 때 반지름이 $a[\mathrm{m}]$인 그림과 같은 반구 접지극의 접지저항$[\Omega]$은?

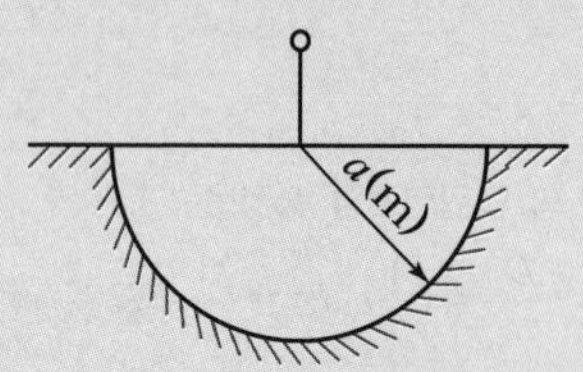

① $\dfrac{\rho}{4\pi a}$　② $\dfrac{\rho}{2\pi a}$

③ $\dfrac{2\pi\rho}{a}$　④ $2\pi \rho a$

해설

반구도체의 정전용량은

$C = 4\pi\varepsilon a \times \dfrac{1}{2} = 2\pi\varepsilon a[\mathrm{F}]$이므로

반구도체의 접지저항은

$R = \dfrac{\rho\varepsilon}{C} = \dfrac{\rho\varepsilon}{2\pi\varepsilon a} = \dfrac{\rho}{2\pi a}[\Omega]$

07 그림과 같은 직사각형의 평면 코일이 $B = \dfrac{0.05}{\sqrt{2}}(a_x + a_y)\ [\mathrm{Wb/m^2}]$인 자계에 위치하고 있다. 이 코일에 흐르는 전류가 $5[\mathrm{A}]$일 때 z축에 있는 코일에서의 토크는 약 몇 $[\mathrm{N \cdot m}]$인가?

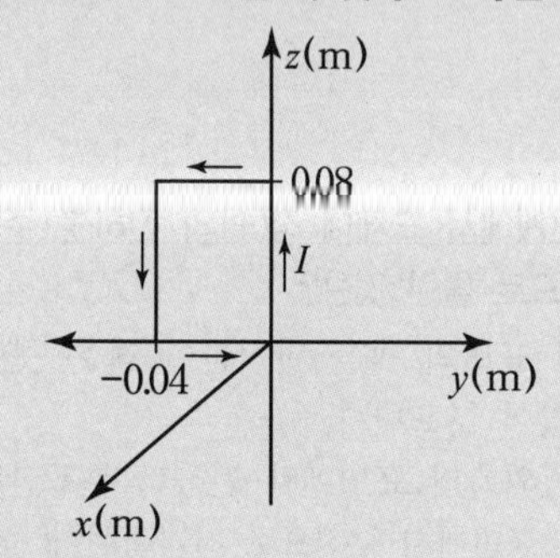

① $2.66 \times 10^{-4}\, a_x$　② $5.66 \times 10^{-4}\, a_x$

③ $2.66 \times 10^{-4}\, a_z$　④ $5.66 \times 10^{-4}\, a_z$

해설

자계 B내의 전류 루우프에 작용하는 회전력은

$T = I\vec{S} \times \vec{B} = 5(0.04 \times 0.08 a_x) \times \dfrac{0.05}{\sqrt{2}}(a_x + a_y)$

$= 5.66 \times 10^{-4}[a_x \times (a_x + a_y)]$

$= 5.66 \times 10^{-4} a_z\ [\mathrm{N \cdot m}]$

[참고] 외적(×)의 성질

$a_x \times a_x = a_y \times a_y = a_z \times a_z = 0$

$a_x \times a_y = a_z = -\, a_y \times a_x$

$a_y \times a_z = a_x = -\, a_z \times a_y$

$a_z \times a_x = a_y = -\, a_x \times a_z$

08 분극의 세기 P, 전계 E, 전속밀도 D의 관계를 나타낸 것으로 옳은 것은? (단, ϵ_0는 진공의 유전율이고, ϵ_r은 유전체의 비유전율이고, ϵ은 유전체의 유전율이다.)

① $P = \epsilon_0(\epsilon + 1)E$　② $\mathrm{E} = \dfrac{\mathrm{D+P}}{\epsilon_0}$

③ $P = D - \epsilon_0 E$　④ $\epsilon_0 = \mathrm{D - E}$

해설

분극의 세기는

$P = \epsilon_0(\epsilon_s - 1)E = \epsilon_o \epsilon_s E - \epsilon_o E$

$= \epsilon E - \epsilon_o E = D - \epsilon_o E[\mathrm{C/m^2}]$

09 반지름이 $5[\mathrm{mm}]$, 길이가 $15[\mathrm{mm}]$, 비투자율이 50인 자성체 막대에 코일을 감고 전류를 흘려서 자성체 내의 자속밀도를 $50[\mathrm{Wb/m^2}]$으로 하였을 때 자성체 내에서의 자계의 세기는 몇 $[\mathrm{A/m}]$인가?

① $\dfrac{10^7}{\pi}$　② $\dfrac{10^7}{2\pi}$

③ $\dfrac{10^7}{4\pi}$　④ $\dfrac{10^7}{8\pi}$

해설

자성체 내의 자속밀도 $B = \mu_o \mu_s H\ [\mathrm{Wb/m^2}]$이므로

자계의 세기는

$H = \dfrac{B}{\mu_o \mu_s} = \dfrac{50}{4\pi \times 10^{-7} \times 50} = \dfrac{10^7}{4\pi}\ [\mathrm{AT/m}]$

정답　06 ②　07 ④　08 ③　09 ③

10 **내부 장치 또는 공간을 물질로 포위시켜 외부 자계의 영향을 차폐시키는 방식을 자기차폐라 한다. 자기차폐에 가장 적합한 것은?**

① 비투자율이 1 보다 작은 역자성체
② 강자성체 중에서 비투자율이 큰 물질
③ 강자성체 중에서 비투자율이 작은 물질
④ 비투자율에 관계없이 물질의 두께에만 관계되므로 되도록 두꺼운 물질

해설
강자성체로 둘러싸인 구역 안에 있는 물체나 장치에 외부 자기장의 영향이 미치지 않는 현상 또는 그렇게 하는 조작이다. 자기력선속이 차폐하는 물질에 흡수되는 방식으로 차폐하며, 투자율이 큰 자성체일수록 자기차폐가 더욱 효과적으로 일어난다.

11 **자성체 내의 자계의 세기가 H[AT/m]이고 자속밀도가 B[Wb/m²]일 때, 자계 에너지 밀도 [J/m³]는?**

① HB
② $\frac{1}{2\mu}H^2$
③ $\frac{\mu}{2}B^2$
④ $\frac{1}{2\mu}B^2$

해설
단위체적당 축적된 에너지는

$$W = \frac{B^2}{2\mu} = \frac{1}{2}\mu H^2 = \frac{1}{2}BH\,[\mathrm{J/m^3}]$$

12 **임의의 방향으로 배열되었던 강자성체의 자구가 외부 자기장의 힘이 일정치 이상이 되는 순간에 급격히 회전하여 자기장의 방향으로 배열되고 자속밀도가 증가하는 현상을 무엇이라 하는가?**

① 자기여효
② 바크하우젠 효과
③ 자기왜현상
④ 핀치 효과

해설
바크하우젠 효과
자성체내에서 임의의 방향으로 배열되었던 자구가 외부자장의 힘이 일정치 이상이 되면 순간적으로 회전하여 자장의 방향으로 배열되기 때문에 자속밀도가 증가하는 현상 B-H곡선을 자세히 관찰하면 매끈한 곡선이 아니라 B가 계단적으로 증가 또는 감소함을 할 수가 있다.

13 **반지름이 30[cm]인 원판 전극의 평행판 콘덴서가 있다. 전극의 간격이 0.1[cm]이며 전극 사이 유전체의 비유전율이 4.0이라 한다. 이 콘덴서의 정전용량은 약 몇 [μF]인가?**

① 0.01
② 0.02
③ 0.03
④ 0.04

해설
원판 반지름 $a = 30\,[\mathrm{cm}]$, 극판 간격 $d = 0.1\,[\mathrm{cm}]$, 비유전율 $\varepsilon_s = 4$일 때 평행판사이의 정전용량은

$$C = \frac{\epsilon_o \epsilon_s S}{d} = \frac{\epsilon_o \epsilon_s \pi a^2}{d}\,[\mathrm{F}]$$ 이므로

주어진 수치를 대입하면

$$C = \frac{8.855\times10^{-12}\times4\times\pi\times(0.3)^2}{0.1\times10^{-2}}\times10^6 = 0.01\,[\mu\mathrm{F}]$$

14 **평행 도선에 같은 크기의 왕복 전류가 흐를 때 두 도선 사이에 작용하는 힘에 대한 설명으로 옳은 것은?**

① 흡인력이다.
② 전류의 제곱에 비례한다.
③ 주위 매질의 투자율에 반비례한다.
④ 두 도선 사이 간격의 제곱에 반비례한다.

해설
평행도선에 같은 크기의 왕복전류이므로 $I_1 = I_2 = I$가 되고 평행도선 사이에 작용하는 힘은 전류의 방향이 반대이므로 반발력이 작용하고

$$F = \frac{\mu_o I_1 I_2}{2\pi d} = \frac{\mu_o I^2}{2\pi d}\,[\mathrm{N/m}]$$ 가 되므로 전류의 제곱에 비례하고 간격에 반비례하고 매질의 투자율에 비례한다.

정답 10 ② 11 ④ 12 ② 13 ① 14 ②

15 압전기 현상에서 전기 분극이 기계적 응력에 수직한 방향으로 발생하는 현상은?

① 종효과　　② 횡효과
③ 역효과　　④ 직접효과

해설

- 종효과 : 결정에 가한 기계적 응력과 전기분극이 같은 방향(수평)으로 발생하는 경우
- 횡효과 : 결정에 가한 기계적 응력과 전기분극이 수직으로 발생하는 경우

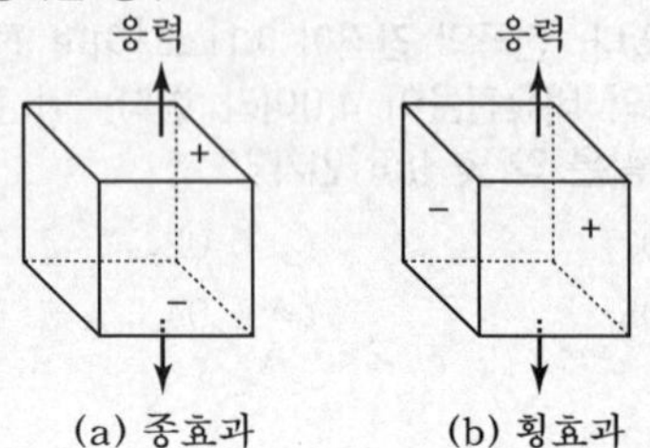

(a) 종효과　　(b) 횡효과

16 구리의 고유저항은 20[°C]에서 1.69×10^{-8} [Ω·m]이고 온도계수는 0.00393이다. 단면적이 2[mm²]이고 100[m]인 구리선의 저항값은 40[°C]에서 약 몇 [Ω]인가?

① 0.91×10^{-3}　　② 1.89×10^{-3}
③ 0.91　　④ 1.89

해설

처음온도 $t=20$℃ 에서 고유저항 $\rho=1.69\times10^{-8}[\Omega\cdot\text{m}]$,
단면적 $S=2[\text{mm}^2]$, 길이 $l=100[\text{m}]$일 때
저항 $R_t=\rho\frac{l}{S}=1.69\times10^{-8}\frac{100}{2\times10^{-6}}=0.845[\Omega]$이다.
온도계수 $\alpha_t=0.00393$이고 나중온도 $T=40$℃일 때
나중 온도시 저항값은
$R_T=R_t(1+\alpha_t(T-t))$
$=0.845\{(1+0.00393(40-20)\}=0.91\,[\Omega]$

17 한 변의 길이가 l[m]인 정사각형 도체 회로에 전류 $I[A]$를 흘릴 때 회로의 중심점에서의 자계의 세기는 몇 [AT/m]인가?

① $\frac{2I}{\pi l}$　　② $\frac{I}{\sqrt{2}\pi l}$
③ $\frac{\sqrt{2}I}{\pi l}$　　④ $\frac{2\sqrt{2}I}{\pi l}$

해설

한 변의 길이가 l인 정사각형 코일에 의한 중심점에 작용하는 자계는 $H=\frac{2\sqrt{2}I}{\pi l}[\text{AT/m}]$

18 정전용량이 각각 $C_1=1[\mu\text{F}]$, $C_2=2[\mu\text{F}]$인 도체에 전하 $Q_1=-5[\mu\text{C}]$, $Q_2=2[\mu\text{C}]$을 각각 주고 각 도체를 가는 철사로 연결하였을 때 C_1에서 C_2로 이동하는 전하 $Q[\mu C]$는?

① −4　　② −3.5
③ −3　　④ −1.5

해설

$C_1=1[\mu\text{F}]$, $C_2=2[\mu\text{F}]$, $Q_1=-5[\mu\text{C}]$, $Q_2=2\,[\mu\text{C}]$
일 때 두 도체를 가는 철사로 연결시는 병렬연결로 간주하므로 전하량 분배 법칙에 의하여 C_1에 분배된 전하량은

$$Q_1'=\frac{C_1}{C_1+C_2}(Q_1+Q_2)=\frac{1}{1+2}(-5+2)=-1[\mu\text{C}]$$

이 된다. 그러므로 C_1에서 C_2로 이동한 전하량은
$Q=Q_1-Q_1'=-5-(-1)=-4[\mu\text{F}]$이 된다.

19 비유전율 3, 비투자율 3인 매질에서 전자기파의 진행속도 v[m/s]와 진공에서의 속도 v_0[m/s]의 관계는?

① $v=\frac{1}{9}v_0$　　② $v=\frac{1}{3}v_0$
③ $v=3v_0$　　④ $v=9v_0$

해설

전자파의 전파속도는

$$v=\frac{3\times10^8}{\sqrt{\varepsilon_s\mu_s}}=\frac{v_o}{\sqrt{3\times3}}=\frac{1}{3}v_o\ [\text{m/sec}]$$

20 전위경도 V와 전계 E의 관계식은?

① $E=\text{grad}\,V$　　② $E=\text{div}\,V$
③ $E=-\text{grad}\,V$　　④ $E=-\text{div}\,V$

해설

전위경도는 $\text{grad}\,V$[V/m]이므로 전계는 크기는 같고 방향이 반대이므로 $E=-\text{grad}V$ [V/m]가 된다.

정답　15 ②　16 ③　17 ④　18 ①　19 ②　20 ③

20 과년도기출문제(2020. 9. 26 시행)

01 환상 솔레노이드 철심 내부에서 자계의 세기 [AT/m]는? (단, N은 코일 권선수, r은 환상 철심의 평균 반지름, I는 코일에 흐르는 전류이다.)

① NI　② $\frac{NI}{2\pi r}$

③ $\frac{NI}{2r}$　④ $\frac{NI}{4\pi r}$

해설

환상 솔레노이드에 의한 내부 자계의 세기는

$H = \frac{NI}{l} = \frac{NI}{2\pi r}$ [AT/m]

외부 자계의 세기는 $H' = 0$ [AT/m]

02 전류 I가 흐르는 무한 직선 도체가 있다. 이 도체로부터 수직으로 0.1[m] 떨어진 점에서 자계의 세기가 180[AT/m]이다. 도체로부터 수직으로 0.3[m] 떨어진 점에서 자계의 세기[AT/m]는?

① 20　② 60

③ 180　④ 540

해설

무한장 직선도체 전류에 의한 자계의 세기

$H = \frac{I}{2\pi r}$ [AT/m] 이므로

$r = 0.1$ [m]일 때 $H = 180$ [AT/m]이므로

$180 = \frac{I}{2\pi \times 0.1}$ [AT/m], $I = 36\pi$ [A]

$r' = 0.3$ [m] 일 때 H'는

$\therefore H' = \frac{36\pi}{2\pi \times 0.3} = 60$ [AT/m]

03 길이가 l[m], 단면적의 반지름이 a[m]인 원통의 길이 방향으로 균일하게 자화되어 자화의 세기가 J[Wb/m^2]인 경우, 원통 양단에서의 자극의 세기 m[WB]은?

① alJ　② $2\pi alJ$

③ $\pi a^2 J$　④ $\frac{J}{\pi a^2}$

해설

자화의 세기

$J = \frac{M[\text{자기모멘트}]}{v[\text{체적}]} = \frac{m \cdot l}{\pi a^2 \cdot l}$

$= \frac{m}{\pi a^2}$ [Wb/m^2] 이므로

자극의 세기는

$m = \pi a^2 \cdot J$ [Wb]

04 임의의 형상의 도선에 전류 I[A]가 흐를 때, 거리 r[m]만큼 떨어진 점에서의 자계의 세기 H[AT/m]를 구하는 비오-사바르의 법칙에서, 자계의 세기 H[AT/m]와 거리 r[m]의 관계로 옳은 것은?

① r에 반비례　② r에 비례

③ r^2에 반비례　④ r^2에 비례

해설

비오-사바르의 법칙에 의하여 임의점 P의 자계의 세기는

$dH = \frac{Idl}{4\pi r^2}\sin\theta$ [AT/m]이므로 r^2에 반비례 한다.

정답 01 ② 02 ② 03 ③ 04 ③

05 **진공 중에서 전자파의 전파속도[m/s]는?**

① $C_0 = \dfrac{1}{\sqrt{\epsilon_0 \mu_0}}$　② $C_0 = \sqrt{\epsilon_0 \mu_0}$

③ $C_0 = \dfrac{1}{\sqrt{\epsilon_0}}$　④ $C_0 = \dfrac{1}{\sqrt{\mu_0}}$

해설

전자파의 전파속도는

$C = \dfrac{1}{\sqrt{\varepsilon\mu}} = \dfrac{3\times10^8}{\sqrt{\varepsilon_s \mu_s}} = \dfrac{\omega}{\beta} = \dfrac{1}{\sqrt{LC}}$

$= \lambda f$ [m/sec] 이므로

진공시 전파속도는

$C_o = \dfrac{1}{\sqrt{\varepsilon_o \mu_o}} = 3\times10^8$ [m/s]가 된다.

[참고] $\beta = \omega\sqrt{LC}$

위상 정수, λ[m] : 파장, f[Hz] : 주파수

06 **영구자석 재료로 사용하기에 적합한 특성은?**

① 잔류자기와 보자력이 모두 큰 것이 적합하다.
② 잔류자기는 크고 보자력은 작은 것이 적합하다.
③ 잔류자기는 작고 보자력은 큰 것이 적합하다.
④ 잔류자기와 보자력이 모두 작은 것이 적합하다.

해설

자석의 재료

	영구자석	전자석
잔류자기	크다	크다
보자력	크다	작다
히스테리시스 루프 면적	크다	작다

07 **변위전류와 관계가 가장 깊은 것은?**

① 도체　② 반도체
③ 자성체　④ 유전체

해설

변위전류는 전속밀도의 시간적 변화에 의해서 유전체를 통해 평행판 사이에 흐르는 전류로서 주변에 자계를 발생한다.

08 **자속밀도가 10[Wb/m²]인 자계 내에 길이 4[cm]의 도체를 자계와 직각으로 놓고 이 도체를 0.4초 동안 1[m]씩 균일하게 이동 하였을 때 발생하는 기전력은 몇 [V]인가?**

① 1　② 2
③ 3　④ 4

해설

자계내 도체 이동시 도체에 유기되는 전압은 플레밍의 오른손 법칙에 의해서

$e = Blv\sin\theta = (\vec{v}\times\vec{B})l = \dfrac{F}{I}v$ [V]

이므로 주어진 수치

$B = 10$ [Wb/m²], $l = 4$[cm], $\theta = 90°$,
$t = 0.4$[sec]이므로

속도 $v = \dfrac{l}{t} = 2.5$[m/sec]를 대입하면

$e = 10\times 4\times 10^{-2}\times 2.5\times\sin 90° = 1$ [V]

가 된다.

09 **내부 원통의 반지름이 a, 외부 원통의 반지름이 b인 동축 원통 콘덴서의 내외 원통 사이에 공기를 넣었을 때 정전용량이 C_1이었다. 내외 반지름을 모두 3배로 증가시키고 공기 대신 비유전율이 3인 유전체를 넣었을 경우 정전용량 C_2는?**

① $C_2 = \dfrac{C_1}{9}$　② $C_2 = \dfrac{C_1}{3}$

③ $C_2 = 3C_1$　④ $C_2 = 9C_1$

해설

동심원통사이의 공기중 단위 길이당 정전 용량은

$C_1 = \dfrac{2\pi\epsilon_o}{\ln\dfrac{b}{a}}$ [F/m]이고

내외 반지름 $a' = 3a,\ b' = 3b,\ \epsilon_s = 3$인

유전체의 정전용량은

$C_2 = \dfrac{2\pi\epsilon_o\epsilon_s}{\ln\dfrac{b'}{a'}} = \dfrac{2\pi\epsilon_o\times3}{\ln\dfrac{3b}{3a}} = 3C_1$ [F/m]가 된다.

정 답　05 ①　06 ①　07 ④　08 ①　09 ③

10 **다음 정전계에 관한 식 중에서 틀린 것은? (단, D는 전속밀도, V는 전위, ρ는 공간(체적)전하밀도, ϵ은 유전율이다.)**

① 가우스의 정리 : $\mathrm{div} D = \rho$

② 포아송의 방정식 : $\nabla^2 V = \frac{\rho}{\epsilon}$

③ 라플라스의 방정식 : $\nabla^2 V = 0$

④ 발산의 정리 : $\oint_s D \cdot ds = \int_v \mathrm{div} D dv$

해설

포아송의 방정식 : $\nabla^2 V = -\frac{\rho}{\epsilon}$

11 **질량(m)이 10^{-10}[kg] 이고, 전하량(Q)이 10^{-8}[C]인 전하가 전기장에 의해 가속되어 운동하고 있다. 가속도 $a = 10^2 i + 10^2 j$[m/s²]일 때 전기장의 세기 E[V/m]는?**

① $E = 10^4 i + 10^5 j$ ② $E = i + 10j$

③ $E = i + j$ ④ $E = 10^{-6} i + 10^{-4} j$

해설

$m = 10^{-10}$[kg], $q = 10^{-8}$[C],
$a = 10^2 i + 10^2 j$[m/s²]일 때 전계 E는

$F = qE = ma$[N]에서 전계 $E = m\frac{a}{q}$[V/m]가 된다.

이에 수치를 대입하면

$E = \frac{10^{-10}}{10^{-8}}(10^2 i + 10^2 j) = i + j$[V/m]이 된다.

12 **유전율이 ϵ_1, ϵ_2인 유전체 경계면에 수직으로 전계가 작용할 때 단위 면적당 수직으로 작용하는 힘[N/m²]은? (단, E는 전계[V/m], D는 전속밀도[C/m²]이다.)**

① $2\left(\frac{1}{\epsilon_2} - \frac{1}{\epsilon_1}\right)E^2$ ② $2\left(\frac{1}{\epsilon_2} - \frac{1}{\epsilon_1}\right)D^2$

③ $\frac{1}{2}\left(\frac{1}{\epsilon_2} - \frac{1}{\epsilon_1}\right)E^2$ ④ $\frac{1}{2}\left(\frac{1}{\epsilon_2} - \frac{1}{\epsilon_1}\right)D^2$

해설

전계가 경계면에 수직인 경우 전속밀도가 같으므로 경계면에 작용하는 힘은 $\varepsilon_1 > \varepsilon_2$인 경우

$f = \frac{D^2}{2}\left(\frac{1}{\varepsilon_2} - \frac{1}{\varepsilon_1}\right)$[N/m²]가 되고 작용하는 힘은 유전율이 큰 쪽에서 작은 쪽으로 작용한다.

13 **진공 중에서 2[m] 떨어진 두 개의 무한 평행 도선에 단위 길이 당 $10^{-7}N$의 반발력이 작용할 때 각 도선에 흐르는 전류의 크기와 방향은? (단, 각 도선에 흐르는 전류의 크기는 같다.)**

① 각 도선에 2A가 반대 방향으로 흐른다.

② 각 도선에 2A가 같은 방향으로 흐른다.

③ 각 도선에 1A가 반대 방향으로 흐른다.

④ 각 도선에 1A가 같은 방향으로 흐른다.

해설

평행 도선에 단위길이당 반발력이 작용하므로 전류의 방향은 반대 방향으로 흐르고
평행도선에 흐르는 전류 $I_1 = I_2$이고
떨어진 거리 $d = 2$[m]이므로
평행도선의 단위길이당 작용력

$F = \frac{2 I_1 I_2}{d} \times 10^{-7}$ [N/m]에 주어진 수치를 대입하면

흐르는 전류는 $F = \frac{2 I_1^2}{d} \times 10^{-7}$ [N/m]에서

$I_1 = I_2 = \sqrt{\frac{Fd}{2 \times 10^{-7}}} = \sqrt{\frac{10^{-7} \times 2}{2 \times 10^{-7}}} = 1$ [A]

14 **자기 인덕턴스(self inductance) L[H]을 나타낸 식은? (단, N은 권선수, I는 전류[A], ϕ는 자속[Wb], B는 자속밀도[Wb/m²], A는 벡터 퍼텐셜[Wb/m], J는 전류밀도 [A/m²]이다.)**

① $L = \frac{N\phi}{I^2}$ ② $L = \frac{1}{2I^2}\int B \cdot H dv$

③ $L = \frac{1}{I^2}\int A \cdot J dv$ ④ $L = \frac{1}{I}\int B \cdot H dv$

정답 10 ② 11 ③ 12 ③ 13 ③ 14 ③

해설

$N\phi = LI$ 에서 $L = \frac{N\phi}{I}$[H]

코일에 축적되는 에너지는

$W = \frac{1}{2}LI^2 = \frac{1}{2}BHv$[J]에서

$$L = \frac{BHv}{I^2} = \frac{\int_v B \cdot H\,dv}{I^2}$$

$$= \frac{\int_v rotA \cdot H\,dv}{I^2} = \frac{\int_v rotH \cdot A\,dv}{I^2}$$

$$= \frac{1}{I^2}\int_v A \cdot J\,dv$$

15 반지름이 a[m], b[m]인 두 개의 구 형상 도체 전극이 도전율 k인 매질 속에 거리 r[m] 만큼 떨어져 있다. 양 전극 간의 저항[Ω]은? (단, $r \gg a$, $r \gg b$ 이다.)

① $4\pi k\left(\frac{1}{a}+\frac{1}{b}\right)$ ② $4\pi k\left(\frac{1}{a}-\frac{1}{b}\right)$

③ $\frac{1}{4\pi k}\left(\frac{1}{a}+\frac{1}{b}\right)$ ④ $\frac{1}{4\pi k}\left(\frac{1}{a}-\frac{1}{b}\right)$

해설

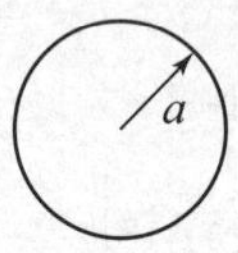

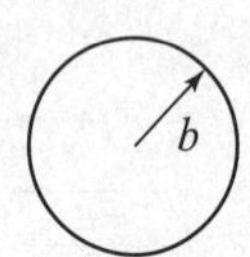

$C_1 = 4\pi\varepsilon a$[F] $C_2 = 4\pi\varepsilon b$[F]

$R_1 = \frac{\rho\varepsilon}{C_1} = \frac{\rho\varepsilon}{4\pi\varepsilon a}$ $R_2 = \frac{\rho\varepsilon}{C_2} = \frac{\rho\varepsilon}{4\pi\varepsilon b}$

$= \frac{\rho}{4\pi a}$ $= \frac{\rho}{4\pi b}$

$= \frac{1}{4\pi ka}$[Ω] $= \frac{1}{4\pi kb}$[Ω]

전체저항은

$$R = R_1 + R_2 = \frac{1}{4\pi ka} + \frac{1}{4\pi kb} = \frac{1}{4\pi k}\left(\frac{1}{a}+\frac{1}{b}\right)[\Omega]$$

16 정전계 내 도체 표면에서 전계의 세기가 $E = \frac{a_x - 2a_y + 2a_z}{\epsilon_0}$[V/m]일 때 도체 표면상의 전하 밀도 ρ_s[C/m²]를 구하면? (단, 자유공간이다.)

① 1 ② 2

③ 3 ④ 5

해설

전계의 크기

$$E = \frac{a_x - 2a_y + 2a_z}{\epsilon_0} = \frac{1}{\epsilon_o}\sqrt{1^2 + (-2^2) + 2^2}$$

$= \frac{3}{\epsilon_o}$[V/m]이므로

면전하밀도 $\rho_s = \epsilon_o E = \epsilon_o \times \frac{3}{\epsilon_o} = 3$[C/m²]

17 저항의 크기가 1[Ω]인 전선이 있다. 전선의 체적을 동일하게 유지하면서 길이를 2배로 늘였을 때 전선의 저항[Ω]은?

① 0.5 ② 1

③ 2 ④ 4

해설

전기저항 $R = \rho\frac{l}{S}$ [Ω]에서

전선의 체적은 $v = S \cdot l$[m³]이므로

단면적 $S = \frac{v}{l}$[m²]를 대입하면

$R = \rho\frac{l^2}{v} \propto l^2$이 된다.

그러므로 길이 2배 증가시 저항은 $l^2 = 2^2 = 4$배로 증가하므로 4[Ω]이 된다.

정답 15 ③ 16 ③ 17 ④

18 **반지름이 3[cm]인 원형 단면을 가지고 있는 환상 연철심에 코일을 감고 여기에 전류를 흘려서 철심 중의 자계 세기가 400[AT/m]가 되도록 여자할 때, 철심 중의 자속 밀도는 약 몇 [Wb/m^2] 인가? (단, 철심의 비투자율은 400이라고 한다.)**

① 0.2 ② 0.8
③ 1.6 ④ 2.0

해설

자속밀도

$B = \mu_o \mu_s H$

$= 4\pi \times 10^{-7} \times 400 \times 400 = 0.2\,[\text{Wb/m}^2]$

19 **자기회로와 전기회로에 대한 설명으로 틀린 것은?**

① 자기저항의 역수를 컨덕턴스라 한다.
② 자기회로의 투자율은 전기회로의 도전율에 대응된다.
③ 전기회로의 전류는 자기회로의 자속에 대응된다.
④ 자기저항의 단위는 [AT/Wb]이다.

해설

자기저항의 역수를 퍼미언스라 한다.

20 **서로 같은 2개의 구 도체에 동일양의 전하로 대전시킨 후 20[cm] 떨어뜨린 결과 구 도체에 서로 8.6×10^{-4}[N]의 반발력이 작용하였다. 구 도체에 주어진 전하는 약 몇 [C]인가?**

① 5.2×10^{-8} ② 6.2×10^{-8}
③ 7.2×10^{-8} ④ 8.2×10^{-8}

해설

주어진 수치

$Q_1 = Q_2\,[\text{C}],\ r = 20\,[\text{cm}],\ F = 8.6 \times 10^{-4}\,[\text{N}]$

일 때 두 전하 사이에 작용하는 힘

$F = \dfrac{Q_1 \cdot Q_2}{4\pi\varepsilon_o r^2} = 9 \times 10^9 \dfrac{Q_1^{\,2}}{r^2}$ [N]이므로

주어진 수치를 대입하여 구하면

$Q_1 = Q_2 = \sqrt{\dfrac{Fr^2}{9 \times 10^9}} = \sqrt{\dfrac{8.6 \times 10^{-4} \times 0.2^2}{9 \times 10^9}}$

$= 6.2 \times 10^{-8}\,[\text{C}]$

정답 18 ① 19 ① 20 ②

21 과년도기출문제(2021. 3. 7 시행)

01 비투자율 $\mu r=800$, 원형 단면적이 $S=10\text{cm}^2$, 평균 자로 길이 $l=16\pi\times10^{-2}$(m)의 환상 철심에 600회의 코일을 감고 이 코일에 1A의 전류를 흘리면 환상 철심 내부의 자속은 몇 Wb인가?

① $1.2\times10-3$ ② $1.2\times10-5$
③ $2.4\times10-3$ ④ $2.4\times10-5$

해설

자속

$$\phi=\frac{\mu_o\mu_s SNI}{l}=\frac{4\pi\times10^{-7}\times800\times10\times10^{-4}\times600\times1}{16\pi\times10^{-2}}$$
$$=1.2\times10^{-3}\,[\text{Wb}]$$

02 정상전류계에서 $\nabla\cdot i=0$에 대한 설명으로 틀린 것은?

① 도체 내에 흐르는 전류는 연속이다.
② 도체 내에 흐르는 전류는 일정하다.
③ 단위 시간당 전하의 변화가 없다.
④ 도체 내에 전류가 흐르지 않는다.

03 동일한 금속 도선의 두 점 사이에 온도차를 주고 전류를 흘렸을 때 열의 발생 또는 흡수가 일어나는 현상은?

① 펠티에(Peltier) 효과
② 볼타(Volta) 효과
③ 제벡(Seebeck) 효과
④ 톰슨(Thomson) 효과

해설

동일한 금속 도선의 두 점 사이에 온도차를 주고 전류를 흘렸을 때 열의 발생 또는 흡수가 일어나는 현상을 톰슨효과라 한다.

04 비유전율이 2이고, 비투자율이 2인 매질 내에서의 전자파의 전파속도 v(m/s)와 진공 중의 빛의 속도 v_0(m/s)사이 관계는?

① $V=\frac{1}{2}v_0$ ② $V=\frac{1}{4}v_0$
③ $V=\frac{1}{6}v_0$ ④ $V=\frac{1}{8}v_0$

해설

전자파의 전파속도는

$$v=\frac{3\times10^8}{\sqrt{\varepsilon_s\mu_s}}=\frac{v_o}{\sqrt{2\times2}}=\frac{1}{2}v_o\,[\text{m/sec}]$$

여기서, 진공시 빛의 속도 $v_o=3\times10^8\,[\text{m/sec}]$

05 진공 내의 점 (2, 2, 2)에 10−9의 전하가 놓여 있다. 점 (2, 5, 6)에서의 전계 E는 약 몇 V/m 인가? (단, a_y, a_z는 단위벡터이다.)

① $0.278a_y+2.888a_z$
② $0.216a_y+0.288a_z$
③ $0.288a_y+0.216a_z$
④ $0.291a_y+0.288a_z$

해설

점(2, 2, 2)에서 점(5, 5, 6)에 대한 거리벡터

$\vec{r}=(2-2)a_x+(5-2)a_y+(6-2)a_z=3a_y+4a_y$

거리벡터의 크기 $|\vec{r}|=\sqrt{3^2+4^2}=5\,[\text{m}]$

전계 방향의 단위벡터

$$\vec{n}=\frac{\vec{r}}{|\vec{r}|}=\frac{3a_y+4a_z}{5}=\frac{1}{5}(3a_y+4a_z)$$

점전하 $Q=10^{-9}\,[\text{C}]$에 의한 전계의 세기

$$E=9\times10^9\times\frac{Q}{r^2}\vec{n}$$
$$=9\times10^9\times\frac{10^{-9}}{5^2}\times\frac{1}{5}(3a_y+4a_z)$$
$$=0.216a_y+0.288a_z\,[\text{V/m}]$$

정답 01 ① 02 ④ 03 ④ 04 ① 05 ②

06 한 변의 길이가 l(m)인 정사각형 도체에 전류 I(A)가 흐르고 있을 때 중심점 P에서의 자계의 세기는 몇 A/m인가?

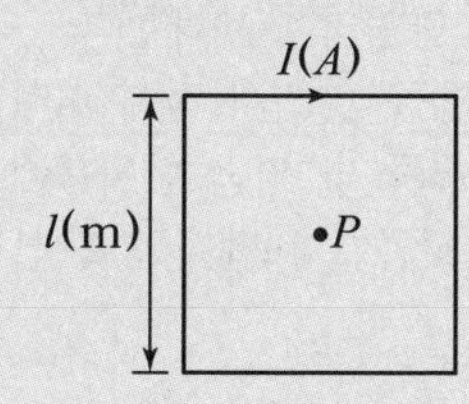

① $16\pi lI$　② $4\pi lI$
③ $\frac{\sqrt{3}\pi}{2l}I$　④ $\frac{2\sqrt{2}}{\pi l}I$

해설
한 변의 길이가 l인 정사각형 코일에 의한 중심점에 작용하는 자계는 $H=\frac{2\sqrt{2}I}{\pi l}$[AT/m]

07 간격이 3cm이고, 면적이 30cm²인 평판의 공기 콘덴서에 220V의 전압을 가하면 두 판 사이에 작용하는 힘은 약 몇 N인가?

① 6.3×10−6　② 7.14×10−7
③ 8×10−5　④ 5.75×10−4

해설
극간 흡인력은 $F=\ f\ S$[N] 이므로 정리하면

$$F=\frac{1}{2}\varepsilon_o E^2 S=\frac{1}{2}\varepsilon_o\left(\frac{V}{d}\right)^2 S$$
$$=\frac{1}{2}\times 8.855\times 10^{-12}\times\left(\frac{220}{3\times 10^{-2}}\right)^2\times 30\times 10^{-4}$$
$$=7.14\times 10^{-7}[\text{N}]$$

08 전계 E(V/m), 전속밀도 D(C/m²), 유전율 ε=ε0εr(F/m), 분극의 세기 P(C/m²) 사이의 관계를 나타낸 것으로 옳은 것은?

① $P=D+\varepsilon_0 E$　② $P=D-\varepsilon_0 E$
③ $P=\frac{D+E}{\varepsilon_0}$　④ $P=\frac{D-E}{\varepsilon_0}$

해설
분극의 세기는
$$P=\varepsilon_0(\varepsilon_s-1)E=\varepsilon_o\varepsilon_s E-\varepsilon_o E$$
$$=\varepsilon E-\varepsilon_o E=D-\varepsilon_o E[\text{C/m}^2]$$

09 커패시터를 제조하는 데 4가지 (A, B, C, D)의 유전재료가 있다. 커패시터 내의 전계를 일정하게 하였을 때, 단위체적당 가장 큰 에너지 밀도를 나타내는 재료부터 순서대로 나열한 것은? (단, 유전재료 A, B, C, D의 비유전율은 각각 ε_{rA} $\varepsilon_{rB}=10$, $\varepsilon_{rC}=2$, $\varepsilon_{rD}=4$이다.)

① $C>D>A>B$　② $B>A>D>C$
③ $D>A>C>B$　④ $A>B>D>C$

해설
전계일정시 단위체적당 에너지는
$W=\frac{1}{2}\epsilon E^2=\frac{1}{2}\epsilon_0\epsilon_r E^2[\text{J/m}^3]$ 이므로
비유전율 ϵ_r에 비례하므로
비유전율이 큰순서 B>A>D>C가 된다.

10 내구의 반지름이 2cm, 외구의 반지름이 3cm인 동심 구 도체 간의 고유저항이 1.884×102 Ω·m인 저항 물질로 채어져 있을 때, 내외구 간의 합성 저항은 약 몇 Ω인가?

① 2.5　② 5.0
③ 250　④ 500

해설
동심구도체간의 정전용량은 $C=\frac{4\pi\varepsilon}{\frac{1}{a}-\frac{1}{b}}$[F]

이므로 양원통간 저항은
$$R=\frac{\rho\varepsilon}{C}=\frac{\rho\varepsilon}{\frac{4\pi\varepsilon}{\frac{1}{a}-\frac{1}{b}}}=\frac{\rho}{4\pi}\left(\frac{1}{a}-\frac{1}{b}\right)$$
$$=\frac{1.884\times 10^2}{4\pi}\left(\frac{1}{0.02}-\frac{1}{0.03}\right)=250\,[\Omega]$$

정답　06 ④　07 ②　08 ②　09 ②　10 ③

11 **영구자석의 재료로 적합한 것은?**

① 잔류 자속밀도(Br)는 크고, 보자력(Hc)은 작아야 한다.
② 잔류 자속밀도(Br)는 작고, 보자력(Hc)은 커야 한다.
③ 잔류 자속밀도(Br)와 보자력(Hc) 모두 작아야 한다.
④ 잔류 자속밀도(Br)와 보자력(Hc) 모두 커야 한다.

해설

자석의 재료

	영구자석	전자석
잔류자기	크다	크다
보자력	크다	작다
히스테리시스 루프 면적	크다	작다

12 **평등 전계 중에 유전체 구에 의한 전속 분포가 그림과 같이 되었을 때 ε_1과 ε_2의 크기 관계는?**

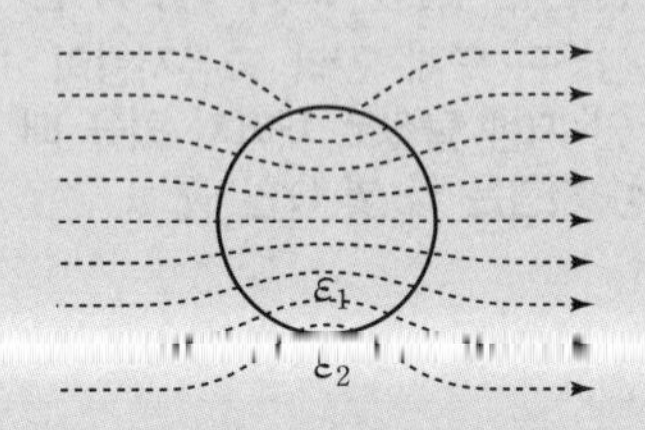

① $\varepsilon_1 > \varepsilon_2$　　② $\varepsilon_1 < \varepsilon_2$
③ $\varepsilon_1 = \varepsilon_2$　　④ $\varepsilon_1 \le \varepsilon_2$

해설

전속선은 유전율이 큰 쪽으로 집속되므로
$\varepsilon_1 > \varepsilon_2$이 된다.

13 **환상 솔레노이드 단면적이 S, 평균 반지름이 r, 권선수가 N이고, 누설자속이 없는 경우 자기 인덕턴스의 크기는?**

① 권선수 및 단면적에 비례한다.
② 권선수의 제곱 및 단면적에 비례한다.
③ 권선수의 제곱 및 평균 반지름에 비례한다.
④ 권선수의 제곱에 비례하고 단면적에 반비례한다.

해설

환상 솔레노이드의 자기인덕턴스

$L = \frac{\mu S N^2}{l} = \frac{\mu S N^2}{2\pi a} = \frac{N^2}{R_m}$ [H]이므로

권선수 제곱 및 단면적에 비례하고 평균반지름에 반비례한다.

14 **전하 e(C), 질량 m(kg)인 전자가 전계 E(V/m)내에 놓여 있을 때 최초에 정지하고 있었다면 t초 후에 전자의 속도 (m/s)는?**

① $\frac{meE}{t}$　　② $\frac{me}{E}t$
③ $\frac{mE}{e}t$　　④ $\frac{Ee}{m}t$

해설

$Q = e$[C]
F ← ⊖
(+) ——→ (−)
E

전계내 전하를 놓았을 때 작용하는 힘은
$F = QE = ma$[N] → $eE = ma$ 이므로

먼저 가속도를 구하면 $a = \frac{eE}{m}$ [m/sec²]이 된다.

전자의 이동속도 $v = \int \frac{eE}{m} dt = \frac{eE}{m} t$ [m/sec]가 된다.

15 **다음 중 비투자율 (μr)이 가장 큰 것은?**

① 금　　② 은
③ 구리　　④ 니켈

해설

금 : 0.999964, 은 : 0.99998
구리 : 0.999991, 니켈 : 180

정답　11 ④　12 ①　13 ②　14 ④　15 ④

16 그림과 같은 환상 솔레노이드 내의 철심 중심에서의 자계의 세기 H(AT/m)는? (단, 환상 철심의 평균 반지름은 r(m), 코일의 권수는 N회, 코일에 흐르는 전류는 I(A)이다.)

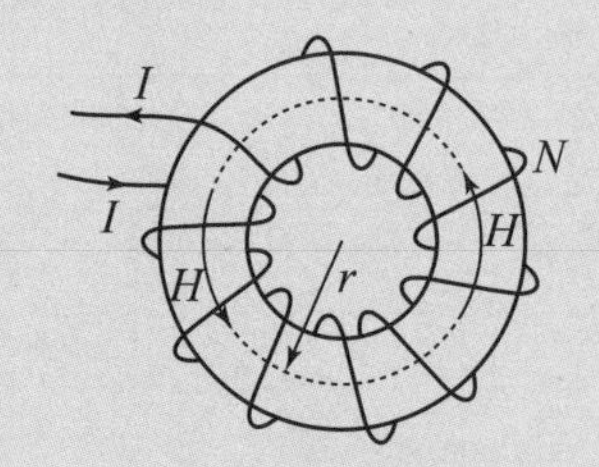

① $\frac{NI}{\pi r}$ ② $\frac{NI}{2\pi r}$
③ $\frac{NI}{4\pi r}$ ④ $\frac{NI}{2r}$

해설
환상 솔레노이드에 의한 내부 자계의 세기는
$H=\frac{NI}{l}=\frac{NI}{2\pi r}$[AT/m]
외부 자계의 세기는 $H'=0$[AT/m]

17 강자성체가 아닌 것은?

① 코발트 ② 니켈
③ 철 ④ 구리

해설
(1) 상자성체 $\mu_s > 1$
백금(Pt), 알루미늄(Al), 산소(O_2)
(2) 역자성체 $\mu_s < 1$
은(Ag), 구리(Cu), 비스무트(Bi), 물(H_2O)
(3) 강자성체 $\mu_s \gg 1$
철(Fe), 니켈(Ni), 코발트(Co)

18 반지름이 a(m)인 원형 도선 2개의 루프가 z축 상에 그림과 같이 놓인 경우 I(A)의 전류가 흐를 때 원형전류 중심축상의 자계 H(A/m)는? (단, az, aø는 단위벡터이다.)

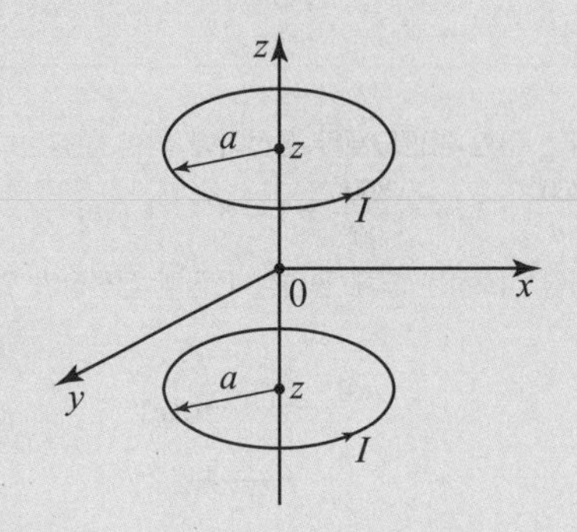

① $H-\frac{a^2I}{(a^2+z^2)^{3/2}}a_ø$ ② $H-\frac{a^2I}{(a^2+z^2)^{3/2}}a_z$
③ $H-\frac{a^2I}{2(a^2+z^2)^{3/2}}a_ø$ ④ $H-\frac{a^2I}{2(a^2+z^2)^{3/2}}a_z$

해설
반지름 a[m], 중심축상의 거리 $r=z$[m]
이므로 원점에서의 자계는 원형코일이 2개이며 자계의 방향은 z방으로 동일하므로 2배가 된다.

$$H_z=2H=2\cdot\frac{a^2I}{2(a^2+r^2)^{\frac{3}{2}}}=2\cdot\frac{a^2I}{2(a^2+z^2)^{\frac{3}{2}}}a_z$$

$$=\frac{a^2I}{(a^2+z^2)^{\frac{3}{2}}}a_z\,[\mathrm{AT/m}]$$

19 방송국 안테나 출력이 W(W)이고 이로부터 진공 중에 r(m) 떨어진 점에서 자계의 세기의 실효치는 약 몇 A/m인가?

① $\frac{1}{r}\sqrt{\frac{W}{377\pi}}$ ② $\frac{1}{2r}\sqrt{\frac{W}{377\pi}}$
③ $\frac{1}{2r}\sqrt{\frac{W}{188\pi}}$ ④ $\frac{1}{r}\sqrt{\frac{2W}{377\pi}}$

해설
진공시 포인팅벡터
$P'=\frac{W}{S}=377H^2=\frac{1}{377}E^2$ [W/m²] 이므로
자계의 세기는
$H=\sqrt{\frac{W}{377S}}=\sqrt{\frac{W}{377\times4\pi r^2}}=\frac{1}{2r}\sqrt{\frac{W}{377\pi}}$ [A/m]

정답 16 ② 17 ④ 18 ② 19 ②

20 **직교하는 무한 평판도체와 점전하에 의한 영상전하는 몇 개 존재하는가?**

① 2 ② 3
③ 4 ④ 5

해설

직교하는 무한 평판도체와 점전하에 의한 영상전하는

$n = \frac{360^0}{\theta} - 1 == \frac{360^0}{90^0} - 1 = 3$개 가 되며

그림처럼 직교하는 도체 평면상 P점에 점전하가 있는 경우

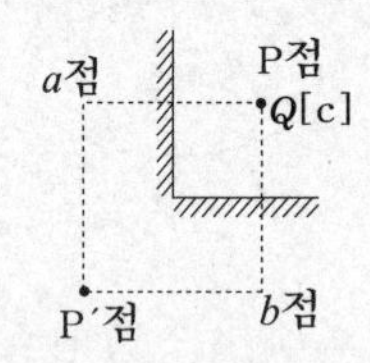

영상전하는 a점, b점, P′점에 3개의 영상전하가 나타나며
각점의 영상전하는
a점의 영상전하 = $-Q$[C]
b점의 영상전하 = $-Q$[C]
P점의 영상전하 = Q[C] 가 된다.

정 답 20 ②

21 과년도기출문제(2021. 5. 15 시행)

01 두 종류의 유전율 ($\varepsilon_1, \varepsilon_2$)을 가진 유전체 경계면에 진전하가 존재하지 않을 때 성립하는 경계조건을 옳게 나타낸 것은? (단, θ_1, θ_2 는 각각 유전체 경계면의 법선 벡터와 E_1, E_2가 이루는 각이다.)

① $E_1\sin\theta_1 = E_2\sin\theta_2$,
$D_1\sin\theta_1 = D_2\sin\theta_2$, $\dfrac{\tan\theta_1}{\tan\theta_2} = \dfrac{\varepsilon_2}{\varepsilon_1}$

② $E_1\cos\theta_1 = E_2\cos\theta_2$,
$D_1\cos\theta_1 = D_2\cos\theta_2$, $\dfrac{\tan\theta_1}{\tan\theta_2} = \dfrac{\varepsilon_1}{\varepsilon_2}$

③ $E_1\cos\theta_1 = E_2\cos\theta_2$,
$D_1\sin\theta_1 = D_2\sin\theta_2$, $\dfrac{\tan\theta_1}{\tan\theta_2} = \dfrac{\varepsilon_2}{\varepsilon_1}$

④ $E_1\sin\theta_1 = E_2\sin\theta_2$,
$D_1\cos\theta_1 = D_2\cos\theta_2$, $\dfrac{\tan\theta_1}{\tan\theta_2} = \dfrac{\varepsilon_1}{\varepsilon_2}$

해설

유전체의 경계면 조건
1) 경계면의 접선(수평)성분은 양측에서 전계가 같다.
$E_{t1} = E_{t2}$: 연속적이다.
$D_{t1} \neq D_{t2}$: 불연속적이다.
2) 경계면의 법선(수직)성분의 전속밀도는 양측에서 같다.
$D_{n1} = D_{n2}$: 연속적이다.
$E_{n1} \neq E_{n2}$: 불연속적이다.
3) $E_1\sin\theta_1 = E_2\sin\theta_2$
4) $D_1\cos\theta_1 = D_2\cos\theta_2$
5) $\dfrac{\tan\theta_1}{\tan\theta_2} = \dfrac{\varepsilon_1}{\varepsilon_2}$
6) 비례 관계
① $\varepsilon_2 > \varepsilon_1$, $\theta_2 > \theta_1$, $D_2 > D_1$: 비례 관계에 있다.
② $E_1 > E_2$: 반비례 관계에 있다.
단, t는 접선(수평)성분, n는 법선(수직)성분, θ_1 입사각, θ_2 굴절각

02 공기 중에서 반지름 0.03m의 구도체에 줄 수 있는 최대 전하는 약 몇 C인가? (단, 이 구도체의 주위 공기에 대한 절연내력은 5×106V/m이다.)

① 5×10−7 ② 2×10−6
③ 5×10−5 ④ 2×10−4

해설

구도체 표면에서 최대전계가 발생하므로
$E = \dfrac{Q}{4\pi\epsilon_0 r^2} = 9\times10^9\dfrac{Q}{r^2}$[V/m]에서
$Q = \dfrac{Er^2}{9\times10^9} = \dfrac{5\times10^6\times0.03^2}{9\times10^9} = 5\times10^{-7}$[C]

03 진공 중의 평등자계 H_0 중에 반지름이 a(m)이고, 투자율이 μ인 구 자성체가 있다. 이 구 자성체의 감자율은? (단, 구 자성체 내부의 자계는 $H = \dfrac{3\mu_0}{2\mu_0+\mu}H_0$이다.)

① 1 ② $\dfrac{1}{2}$
③ $\dfrac{1}{3}$ ④ $\dfrac{1}{4}$

해설

환상솔레노이드(환상철심) 감자율 $N=0$
구자성체 : 감자율 $N = \dfrac{1}{3}$

04 유전율 ε, 전계의 세기 E인 유전체의 단위 체적당 축적되는 정전에너지는?

① $\dfrac{E}{2\varepsilon}$ ② $\dfrac{\varepsilon E}{2}$
③ $\dfrac{\varepsilon E^2}{2}$ ④ $\dfrac{\varepsilon^2 E^2}{2}$

정답 01 ④ 02 ① 03 ③ 04 ③

해설

단위 체적당 축적된 에너지

$$W = \frac{\rho_s^2}{2\varepsilon} = \frac{D^2}{2\varepsilon} = \frac{1}{2}\varepsilon E^2 = \frac{1}{2}ED\ [J/m^3]$$

05 단면적이 균일한 환상철심에 권수 N_A인 A코일과 권수 N_B인 B코일이 있을 때, B코일의 자기 인덕턴스가 L_A(H)라면 두 코일의 상호 인덕턴스 (H)는? (단, 누설자속은 0이다.)

① $\frac{L_A N_A}{N_B}$ ② $\frac{L_A N_B}{N_A}$

③ $\frac{N_A}{L_A N_B}$ ④ $\frac{N_B}{L_A N_A}$

해설

A코일의 권선수와 자기인덕턴스 N_A , L_B

B코일의 권선수와 자기인덕턴스 N_B , L_A 일 때

결합계수 $k = \frac{M}{\sqrt{L_A \cdot L_B}}$ 에서

상호 인덕턴스는 $M = k\sqrt{L_A \cdot L_B}$ 가 된다.

환상 솔레노이드의 자기인덕턴스 $L \propto N^2$이므로

$L_A : N_B^2 = L_B : N_A^2$ 에서 $L_B = \left(\frac{N_A}{N_B}\right)^2 \cdot L_A$ 이 된다.

또한 누설자속이 없는 경우는 결합계수가 $k=1$이므로

$$M = k\sqrt{L_A \cdot L_B} = 1 \times \sqrt{L_A \cdot \left(\frac{N_A}{N_B}\right)^2 \cdot L_A} = \frac{N_A}{N_B} \cdot L_A$$

06 비투자율이 350인 환상철심 내부의 평균 자계의 세기가 342AT/m일 때 자화의 세기는 약 몇 Wb/m^2인가?

① 0.12 ② 0.15

③ 0.18 ④ 0.21

해설

$\mu_s = 350$, $H = 342\ [AT/m]$ 이므로

$J = \mu_o(\mu_s - 1)H = 4\pi \times 10^{-7} \times (350-1) \times 342$

$= 0.15\ [Wb/m^2]$

07 진공 중에 놓인 Q(C)의 전하에서 발산되는 전기력선의 수는?

① Q ② ε_0

③ $\frac{Q}{\varepsilon_0}$ ④ $\frac{\varepsilon_0}{Q}$

08 비투자율이 50인 환상 철심을 이용하여 100cm 길이의 자기회로를 구성할 때 자기저항을 2.0×107AT/Wb 이하로 하기 위해서는 철심의 단면적을 약 몇 m^2 이상으로 하여야 하는가?

① 3.6×10−4 ② 6.4×10−4

③ 8.0×10−4 ④ 9.2×10−4

해설

철심의 자기저항 $R_m = \frac{l}{\mu_o \mu_s S}$ [AT/m] 에서

철심의 단면적

$$S = \frac{l}{\mu_o \mu_s R_m} = \frac{100 \times 10^{-2}}{4\pi \times 10^{-7} \times 50 \times 2.0 \times 10^7}$$

$= 8 \times 10^{-4}\ [m^2]$

09 자속밀도가 $10Wb/m^2$인 자계 중에 10cm 도체를 자계와 60°의 각도로 30m/s로 움직일 때, 이 도체에 유기되는 기전력은 몇 V인가?

① 15 ② $15\sqrt{3}$

③ 1500 ④ $1500\sqrt{3}$

해설

$B = 10\ [Wb/m^2]$, $l = 10\ [cm]$, $v = 30\ [m/sec]$

$\theta = 60°$ 이므로 자계내 도체 이동시 전압이 유기되는 플레밍의 오른손 법칙에 의하여 유기전압은

$e = Blv\sin\theta = 10 \times 10 \times 10^{-2} \times 30 \times \sin 60°$

$= 15\sqrt{3}\ [V]$

정 답 05 ① 06 ② 07 ③ 08 ③ 09 ②

10 전기력선의 성질에 대한 설명으로 옳은 것은?

① 전기력선은 등전위면과 평행하다.
② 전기력선은 도체 표면과 직교한다.
③ 전기력선은 도체 내부에 존재할 수 있다.
④ 전기력선은 전위가 낮은 점에서 높은 점으로 향한다.

해설

① 전기력선은 등전위면과 수직(직교)하다.
② 전기력선은 도체 표면과 직교한다.
③ 전기력선은 도체 내부에 존재할 수 없다.
④ 전기력선은 전위가 높은 점에서 낮은 점으로 향한다.

11 평등자계와 직각방향으로 일정한 속도로 발사된 전자의 원운동에 관한 설명으로 옳은 것은?

① 플레밍의 오른손법칙에 의한 로렌츠의 힘과 원심력의 평형 원운동이다.
② 원의 반지름은 전자의 발사속도와 전계의 세기의 곱에 반비례한다.
③ 전자의 원운동 주기는 전자의 발사 속도와 무관하다.
④ 전자의 원운동 주파수는 전자의 질량에 비례한다.

해설

① 플레밍의 왼손법칙에 의한 로렌츠의 힘과 원심력의 평형 원운동이다.
② 원의 반지름은 $r=\frac{mv}{Be}=\frac{mv}{\mu_o He}$[m]이므로 전자의 발사속도($v$)에 비례하고 자자의세기($H$)에 반비례한다.
③ 전자의 원운동 주기는 $T=\frac{2\pi m}{Be}$[sec] 이므로 전자의 발사 속도(v)와 무관하다.
④ 전자의 원운동 주파수는 $f=\frac{1}{T}=\frac{Be}{2\pi m}$[Hz] 이므로 전자의 질량($m$)에 반비례한다.

12 전계 E(V/m)가 두 유전체의 경계면에 평행으로 작용하는 경우 경계면에 단위면적당 작용하는 힘의 크기는 몇 N/m^{2}인가? (단, ε1, ε2는 각 유전체의 유전율이다.)

① $f=E^2(\varepsilon_1-\varepsilon_2)$　② $f=\frac{1}{E^2}(\varepsilon_1-\varepsilon_2)$
③ $f=\frac{1}{2}E^2(\varepsilon_1-\varepsilon_2)$　④ $f=\frac{1}{2E^2}(\varepsilon_1-\varepsilon_2)$

해설

전계가 경계면에 평행입사시 경계면 양측에서 전계의세기가 같으므로 경계면에 작용하는 힘은 $f=\frac{1}{2}(\varepsilon_1-\varepsilon_2)E^2$ [N/m^2] 가 되고 작용하는 힘은 유전율이 큰 쪽에서 작은 쪽으로 작용한다.

13 공기 중에 있는 반지름 a(m)의 독립 금속구의 정전용량은 몇 F인가?

① $2\pi\varepsilon_0 a$　② $4\pi\varepsilon_0 a$
③ $\frac{1}{2\pi\varepsilon_0 a}$　④ $\frac{1}{4\pi\varepsilon_0 a}$

해설

구도체의 정전용량 $C=4\pi\varepsilon_0 a$[F]

14 와전류가 이용되고 있는 것은?

① 수중 음파 탐지기
② 레이더
③ 자기 브레이크(magnetic brake)
④ 사이클로트론 (cyclotron)

정답 10 ② 11 ③ 12 ③ 13 ② 14 ③

15 송전계 $E=\frac{2}{x}\hat{x}+\frac{2}{y}\hat{y}(V/m)$에서 점 $(3,\ 5)m$를 통과하는 전기력선의 방정식은? (단, $\hat{x}$, $\hat{y}$는 단위벡터이다.)

① $x^2+y^2=12$　② $y^2-x^2=12$
③ $x^2+y^2=16$　④ $y^2-x^2=16$

해설

전계의 세기가 $E=\frac{2}{x}\hat{x}+\frac{2}{y}\hat{y}$일 때
(3, 5)을 지나는 전기력선의 방정식을 구하면
전기력선의 방정식 $\frac{dx}{Ex}=\frac{dy}{Ey}$ 이므로
$\frac{dx}{\frac{2}{x}}=\frac{dy}{\frac{2}{y}} \Rightarrow xdx=ydy$ 에서
양변을 적분하면
$\frac{1}{2}x^2=\frac{1}{2}y^2+c$, $x^2=y^2+2c$
$(x=3,\ y=5)$을 대입하면
$3^2=5^2+2c$에서 $2c=-16$ 이므로
$x^2=y^2-16$ 에서 $y^2-x^2=16$ 이 된다.

16 전계 $E=\sqrt{2}E_e\sin\omega\left(t-\frac{x}{c}\right)(V/m)$ 의 평면 전자파가 있다. 진공 중에서 자계의 실효값은 몇 A/m 인가?

① $\frac{1}{4\pi}E_e$　② $\frac{1}{36\pi}E_e$
③ $\frac{1}{120\pi}E_e$　④ $\frac{1}{360\pi}E_e$

해설

파동 고유임피던스 $\eta=\frac{E}{H}=\sqrt{\frac{\mu}{\varepsilon}}$ 에서
자계는 $H=\sqrt{\frac{\varepsilon}{\mu}}E$ 이므로 진공시일 때
$H=\sqrt{\frac{\varepsilon_o}{\mu_o}}E=\sqrt{\frac{\frac{10^{-9}}{36\pi}}{4\pi\times10^{-7}}}E=\frac{1}{120\pi}E$ 이므로
자계의 실효값은 $H_e=\frac{1}{120\pi}E_e$

17 진공 중에 서로 떨어져 있는 두 도체 A, B가 있다. 도체 A에만 1C의 전하를 줄 때, 도체 A, B의 전위가 각각 3V, 2V이었다. 지금 도체 A, B에 각각 1C과 2C의 전하를 주면 도체 A의 전위는 몇 V인가?

① 6　② 7
③ 8　④ 9

해설

A도체에만 1[C]의 전하를 주었으므로 B도체의 전하량은 0이 되므로 전위계수에 의한 두 도체의 전위
$V_1=P_{11}Q_1+P_{12}Q_2$, $V_2=P_{21}Q_1+P_{22}Q_2$ 에
$Q_1=1[C]$, $Q_2=0[C]$, $V_1=3$, $V_2=2$ 을 대입하면.
$3=1\times P_{11}$ 에서 $P_{11}=3$, $2=1\times P_{21}$ 에서 $P_{21}=2$ 가 된다.
두 도체에 전하 $Q_1=1[C]$, $Q_2=2[C]$ 을 주었을 때의 A도체의 전위는
$V_1=P_{11}Q_1+P_{12}Q_2=3\times1+2\times2=7[V]$

18 한 변의 길이가 4m인 정사각형의 루프에 1A의 전류가 흐를 때, 중심점에서의 자속밀도 B는 약 몇 Wb/m^2인가?

① $2.83\times10-7$　② $5.65\times10-7$
③ $11.31\times10-7$　④ $14.14\times10-7$

해설

한 변의 길이가 l인 정사각형 코일에 의한
중심점에 작용하는 자계는 $H=\frac{2\sqrt{2}I}{\pi l}[AT/m]$ 이므로
자속밀도는 $B=\mu_0H=\mu_0\frac{2\sqrt{2}I}{\pi l}[wb/m^2]$ 가 되므로
주어진 수치를 대입하면
$B=4\pi\times10^{-7}\times\frac{2\sqrt{2}\times1}{\pi\times4}=2.83\times10^{-7}[wb/m^2]$

정답　15 ④　16 ③　17 ②　18 ①

19 원점에 $1\mu C$의 점전하가 있을 때 점 p(2,−2, 4)m 에서의 전계의 세기에 대한 단위벡터는 약 얼마인가?

① $0.41a_x - 0.41a_y + 0.8a_z$
② $-0.33a_x + 0.33a_y - 0.6a_z$
③ $-0.41a_x + 0.41a_y - 0.8a_z$
④ $0.33a_x - 0.33a_y + 0.6a_z$

해설

원점(0, 0, 0)에서 점(2, −2, 4)에 대한 거리벡터

$\vec{r} = (2-0)a_x + (-2-0)a_y + (4-0)a_z$
$= 2a_x - 2a_y + 4a_z$

거리벡터의 크기 $|\vec{r}| = \sqrt{2^2 + (-2)^2 + 4^2} = \sqrt{24}$ [m]

전계 방향의 단위벡터

$\vec{n} = \frac{\vec{r}}{|\vec{r}|} = \frac{2a_x - 2a_y + 4a_z}{\sqrt{24}}$
$= 0.41a_x - 0.41a_y + 0.82a_z$

20 공기 중에서 전자기파의 파장이 3m 라면 그 주파수는 몇 MHz 인가?

① 100 ② 300
③ 1000 ④ 3000

해설

진공시 전자파의 전파속도는
$v = 3\times10^8 = \lambda f$ [m/sec] 이므로
파장 $f = \frac{3\times10^8}{\lambda} = \frac{3\times10^8}{3} = 10^8$ [Hz] $= 100$ [MHz]

정답 19 ① 20 ①

21 과년도기출문제(2021. 8. 14 시행)

01 자기 인덕턴스가 각각 L_1, L_2인 두 코일의 상호 인덕턴스가 M일 때 결합 계수는?

① $\dfrac{M}{L_1L_2}$　② $\dfrac{L_1L_2}{M}$

③ $\dfrac{M}{\sqrt{L_1L_2}}$　④ $\dfrac{\sqrt{L_1L_2}}{M}$

해설

결합계수 $k=\dfrac{M}{\sqrt{L_1L_2}}$

02 정상 전류계에서 J 는 전류밀도, σ는 도전율, ρ는 고유저항, E는 전계의 세기일 때, 옴의 법칙의 미분형은?

① $J=\sigma E$　② $J=\dfrac{E}{\sigma}$

③ $J=\rho E$　④ $J=\rho\sigma E$

해설

전류밀도

$$i=\frac{I}{S}=\frac{-\frac{V}{R}}{S}=-\frac{V}{RS}=-\frac{V}{\rho\frac{l}{S}\times S}$$

$$=-\frac{V}{\rho l}=\frac{1}{\rho}\times\left(-\frac{V}{l}\right)=\frac{E}{\rho}=\sigma E[\mathrm{A/m^2}]$$

[참고] 도전율 $\sigma=\dfrac{1}{\rho}$ [℧/m]

전계의 세기 $E=-\dfrac{V}{l}$ [V/m]

03 길이가 10[cm]이고 단면의 반지름이 1[cm]인 원통형 자성체가 길이 방향으로 균일하게 자화되어 있을 때 자화의 세기가 0.5[Wb/m²]이라면 이 자성체의 자기모멘트 [Wb·m]는?

① 1.57×10^{-5}　② 1.57×10^{-4}

③ 1.57×10^{-3}　④ 1.57×10^{-2}

해설

자화의 세기

$J=\dfrac{M[\text{자기모멘트}]}{v[\text{체적}]}=\dfrac{M}{\pi a^2\cdot l}[\mathrm{Wb/m^2}]$이므로

자기모우멘트 M를 구하면

$M=\pi a^2\cdot l\cdot J=\pi\times(10^{-2})^2\times10\times10^{-2}\times0.5$

$=1.57\times10^{-5}[\mathrm{Wb\cdot m}]$가 된다.

04 그림과 같이 공기 중 2개의 동심 구도체에서 내구 (A)에만 전하 Q를 주고 외구 (B)를 접지하였을 때 내구 (A)의 전위는?

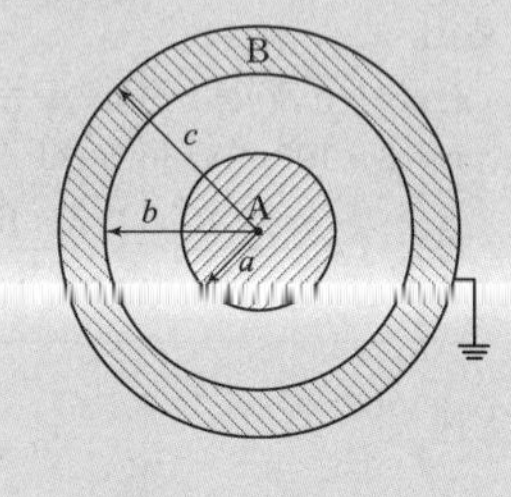

① $\dfrac{Q}{4\pi\epsilon_0}\left(\dfrac{1}{a}-\dfrac{1}{b}+\dfrac{1}{c}\right)$

② $\dfrac{Q}{4\pi\epsilon_0}\left(\dfrac{1}{a}-\dfrac{1}{b}\right)$

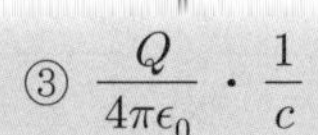

③ $\dfrac{Q}{4\pi\epsilon_0}\cdot\dfrac{1}{c}$

④ 0

해설

내구 A에 전하 Q를 주면 외구 B는 접지되어 있으므로 −Q가 분포하므로 내구 A의 전위는

$V_a=\dfrac{Q}{4\pi\epsilon_0}\left(\dfrac{1}{a}-\dfrac{1}{b}\right)$[V]이 된다.

정답　01 ③　02 ①　03 ①　04 ②

05 평행판 커패시터에 어떤 유전체를 넣었을 때 전속밀도가 4.8×10^{-7}c[C/m²]이고 단위 체적당 정전에너지가 5.3×10^{-3}[J/m³]이었다. 이 유전체의 유전율은 약 몇 [F/m]인가?

① 1.15×10^{-11} ② 2.17×10^{-11}
③ 3.19×10^{-11} ④ 4.21×10^{-11}

해설

$D=4.8\times10^{-7}$ [C/m²], $W=5.3\times10^{-3}$ [J/m³] 일 때 유전체의 단위체적당 에너지

$W=\dfrac{D^2}{2\varepsilon}$ [J/m³] 에서 유전율

$\varepsilon=\dfrac{D^2}{2W}=\dfrac{(4.8\times10^{-7})^2}{2\times5.3\times10^{-3}}=2.17\times10^{-11}$ [F/m]가 된다.

06 히스테리시스 곡선에서 히스테리시스 손실에 해당하는 것은?

① 보자력의 크기
② 잔류자기의 크기
③ 보자력과 잔류자기의 곱
④ 히스테리시스 곡선의 면적

해설

히스테리시스 곡선의 면적은 단위체적당 에너지손실 즉, 자기이력 손실(히스테리시스 손실)에 대응하므로 면적이 적은 것이 좋다.

07 그림과 같이 극판의 면적이 S(m²)인 평행판 커패시터에 유전율이 각각 $\epsilon_1=4$, $\epsilon_2=2$인 유전체를 채우고 a, b 양단에 V[V]의 전압을 인가했을 때, ϵ_1, ϵ_2인 유전체 내부의 전계의 세기 E_1과 E_2의 관계식은? (단, σ(C/m²)는 면전하밀도이다.)

① $E_1=2E_2$
② $E_1=4E_2$
③ $2E_1=E_2$
④ $E_1=E_2$

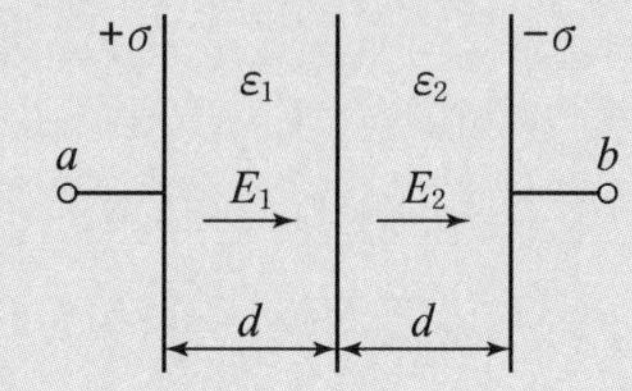

해설

전계가 경계면에 수직입사이므로 경계면 양측에서 전속밀도는 같아야 된다.

$D_1=D_2$, $\epsilon_1E_1=\epsilon_2E_2$

$4E_1=2E_2$, $2E_1=E_2$ 가 된다.

08 간격이 d[m]고 면적이 S[m²]인 평행판커패시터의 전극 사이에 유전율이 ϵ인 유전체를 넣고 전극 간에 V[V]의 전압을 가했을 때, 이 커패시터의 전극판을 떼어내는데 필요한 힘의 크기[N]는?

① $\dfrac{1}{2\epsilon}\dfrac{V^2}{d^2S}$ ② $\dfrac{1}{2\epsilon}\dfrac{dV^2}{S}$
③ $\dfrac{1}{2}\epsilon\dfrac{V}{d}S$ ④ $\dfrac{1}{2}\epsilon\dfrac{V^2}{d^2}S$

해설

전극간 흡인력은 $F=fS$[N]이므로 정리하면

$F=\dfrac{1}{2}\epsilon E^2S=\dfrac{1}{2}\epsilon\left(\dfrac{V}{d}\right)^2S=\dfrac{1}{2}\dfrac{\epsilon V^2}{d^2}S$[N]

09 다음 중 기자력(magnetomotive force)에 대한 설명으로 틀린 것은?

① SI 단위는 암페어[A]이다.
② 전기회로의 기전력에 대응한다.
③ 자기회로의 자기저항과 자속의 곱과 동일하다.
④ 코일에 전류를 흘렸을 때 전류밀도와 코일의 권수의 곱의 크기와 같다.

해설

기자력은 권선수(N)와 전류(I)의 곱으로 $F=NI$[AT] 이다.

정답 05 ② 06 ④ 07 ③ 08 ④ 09 ④

10 유전율 ϵ, 투자율 μ인 매질 내에서 전자파의 전파속도는?

① $\sqrt{\dfrac{\mu}{\epsilon}}$　② $\sqrt{\mu\epsilon}$

③ $\sqrt{\dfrac{\epsilon}{\mu}}$　④ $\dfrac{1}{\sqrt{\mu\epsilon}}$

해설

전자파의 전파속도

$$v = \frac{1}{\sqrt{\varepsilon\mu}} = \frac{3\times10^8}{\sqrt{\varepsilon_s\mu_s}} = \frac{\omega}{\beta} = \frac{2\pi f}{\beta} = \frac{1}{\sqrt{LC}} = \lambda f\ [\mathrm{m/s}]$$

단, 진공의 빛의 속도 $v_o = \dfrac{1}{\sqrt{\varepsilon_o\mu_o}} = 3\times10^8[\mathrm{m/s}]$

위상 정수 $\beta = \omega\sqrt{LC}$, 파장 $\lambda[\mathrm{m}]$

11 평균 반지름 (r)이 20[cm], 단면적 (S)이 6[cm^2]인 환상 철심에서 권선수 (N)가 500회인 코일에 흐르는 전류 (I)가 4[A]일 때 철심 내부에서의 자계의 세기 (H)는 약 몇 [AT/m]인가?

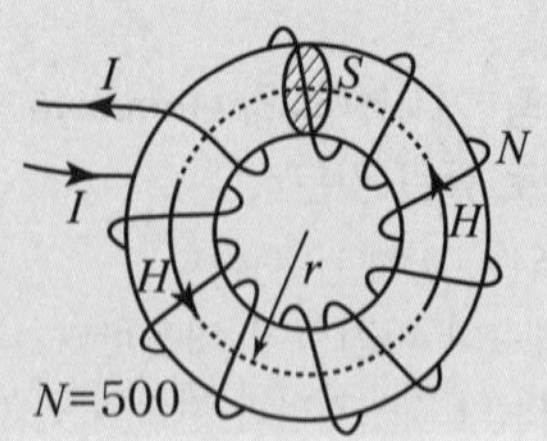

① 1590　② 1700

③ 1870　④ 2120

해설

환상철심의 내부 자계의 세기는

$H = \dfrac{NI}{l} = \dfrac{NI}{2\pi r}[\mathrm{AT/m}]$ 이므로

$H = \dfrac{NI}{2\pi r} = \dfrac{500\times4}{2\pi\times20\times10^{-2}} = 1590[\mathrm{AT/m}]$

12 패러데이관(Faraday tube)의 성질에 대한 설명으로 틀린 것은?

① 패러데이관 중에 있는 전속수는 그 관속에 진전하가 없으면 일정하며 연속적이다.

② 패러데이관의 양단에는 양 또는 음의 단위 진전하가 존재하고 있다.

③ 패러데이관 한 개의 단위 전위차 강 보유 에너지는 $\dfrac{1}{2}$J이다.

④ 패러데이관의 밀도는 전속밀도와 같지 않다.

해설

패러데이관의 성질

- 패러데이관 내의 전속선 수는 일정하다.
- 진전하가 없는 점에서는 패러데이관은 연속적이다.
- 패러데이관의 밀도는 전속밀도와 같다.
- 패러데이관 양단에 정, 부의 단위 전하가 있다.
- 패러데이관 한 개의 단위 전위차 강 보유 에너지는 $\dfrac{1}{2}$J 이다.

13 공기 중 무한 평면도체의 표면으로부터 2[m] 떨어진 곳에 4[C]의 점전하가 있다. 이 점전하가 받는 힘은 몇 [N]인가?

① $\dfrac{1}{\pi\epsilon_0}$　② $\dfrac{1}{4\pi\epsilon_0}$

③ $\dfrac{1}{8\pi\epsilon_0}$　④ $\dfrac{1}{16\pi\epsilon_0}$

해설

접지무한평면과 점전하 사이에 작용하는 힘은

$F = -\dfrac{Q^2}{16\pi\epsilon_o a^2} = -2.25\times10^9\dfrac{Q^2}{a^2}[\mathrm{N}]$ 이므로

수치 $Q = 4[\mathrm{C}]$, $a = 2[\mathrm{m}]$ 를 대입하면

$F = \dfrac{Q^2}{16\pi\epsilon_o a^2} = \dfrac{4^2}{16\pi\epsilon_o\times2^2} = \dfrac{1}{4\pi\epsilon_o}[\mathrm{N}]$

정답　10 ④　11 ①　12 ④　13 ②

14 반지름이 r[m]인 반원형 전류 I[A]에 의한 반원의 중심 (O)에서 자계의 세기 [AT/m]는?

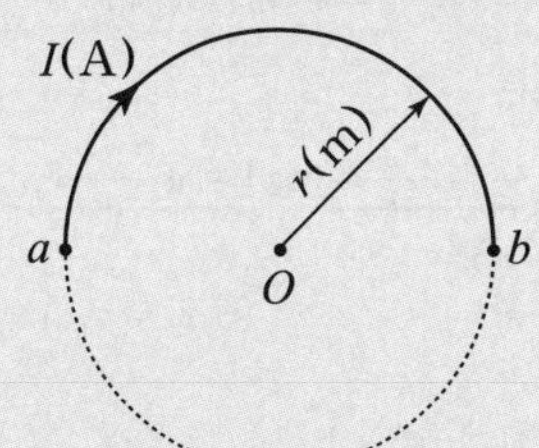

① $\frac{2I}{r}$ ② $\frac{I}{r}$

③ $\frac{I}{2r}$ ④ $\frac{I}{4r}$

해설

원형 코일 중심점의 자계의 세기는 $H=\frac{I}{2r}$ [AT/m] 이므로 반원의 중심 자계의 세기는 전류가 흐르는 부분이 $\frac{1}{2}$만 흐르므로 $H=\frac{I}{2r}\times\frac{1}{2}=\frac{I}{4r}$[AT/m]로 구할 수도 있다.

15 진공 중에서 점(0,1) m의 위치에 -2−2×10^{-9} [C]의 점전하가 있을 때, 점 (2,0)[m]에 1[C]의 점전하에 작용하는 힘은 몇 N인가?

① $-\frac{18}{3\sqrt{5}}\hat{x}+\frac{36}{3\sqrt{5}}\hat{y}$

② $-\frac{36}{5\sqrt{5}}\hat{x}+\frac{18}{5\sqrt{5}}\hat{y}$

③ $-\frac{36}{3\sqrt{5}}\hat{x}+\frac{18}{3\sqrt{5}}\hat{y}$

④ $\frac{36}{5\sqrt{5}}\hat{x}+\frac{18}{5\sqrt{5}}\hat{y}$

해설

점(0, 1)에서 점(2, 0)에 대한 거리벡터

$\vec{r}=(2-0)\hat{x}+(0-1)\hat{y}=2\hat{x}-\hat{y}$

거리벡터의 크기 $|\vec{r}|=\sqrt{2^2+(-1)^2}=\sqrt{5}$ [m]

방향의 단위벡터

$\vec{n}=\frac{\vec{r}}{|\vec{r}|}=\frac{2\hat{x}-\hat{y}}{\sqrt{5}}$

두 점전하 $Q_1=-2\times10^{-9}$[C], $Q_2=1$[C] 사이에 작용하는 힘은

$$F=9\times10^9\times\frac{Q_1Q_2}{r^2}\vec{n}$$
$$=9\times10^9\times\frac{-2\times10^{-9}\times1}{(\sqrt{5})^2}\times\frac{2\hat{x}-\hat{y}}{\sqrt{5}}$$
$$=-\frac{36}{5\sqrt{5}}\hat{x}+\frac{18}{5\sqrt{5}}\hat{y}$$

16 내압이 2.0[kV]이고 정전용량이 각각 0.01 0.01[μF], 0.02[μF], 0.040.04[μF]인 3개의 커패시터를 직렬로 연결했을 때 전체 내압은 몇 [V]인가?

① 1750 ② 2000

③ 3500 ④ 4000

해설

$C_1=0.01$ [μF], $C_2=0.02$ [μF], $C_3=0.04$ [μF]이고

내압이 $V_1=V_2=V_3=2$ [kV]일 때

각 콘덴서의 축적 최대 전하량은

$Q_1=C_1V_1=0.02$[mC], $Q_2=C_2V_2=0.04$[mC],

$Q_3=C_3V_3=0.08$[mC]이므로

전하량이 가장 작은 C_1 콘덴서가 먼저 파괴되므로 이를 기준하면

$$V_1=\frac{\frac{1}{C_1}}{\frac{1}{C_1}+\frac{1}{C_2}+\frac{1}{C_3}}V$$ 에서 주어진 수치를 대입하면

전체 내압은

$$V=\frac{\frac{1}{C_1}+\frac{1}{C_2}+\frac{1}{C_3}}{\frac{1}{C_1}}V_1$$
$$=\frac{\frac{1}{0.01}+\frac{1}{0.02}+\frac{1}{0.04}}{\frac{1}{0.01}}\times2000=3500\text{ [V]}$$

정답 14 ④ 15 ② 16 ③

17 그림과 같이 단면적 S(m²)가 균일한 환상철심에 권수 N_1인 A코일과 권수 N_2인 B코일이 있을 때, A코일의 자기 인덕턴스가 L_1(H)이라면 두 코일의 상호 인덕턴스 M(H)는? (단, 누설자속은 0이다.)

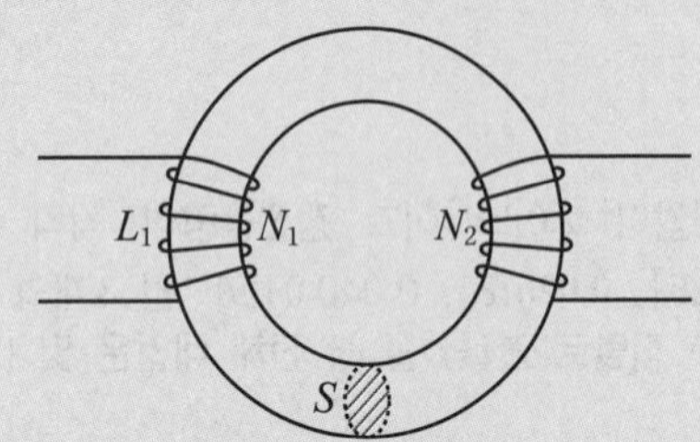

① $\frac{L_1 N_2}{N_1}$　② $\frac{N_2}{L_1 N_1}$

③ $\frac{L_1 N_1}{N_2}$　④ $\frac{N_1}{L_1 N_2}$

해설

결합계수 $k = \frac{M}{\sqrt{L_1 \cdot L_2}}$ 에서 상호 인덕턴스는

$M = k\sqrt{L_1 \cdot L_2}$ 가 된다.

환상 솔레노이드의 자기인덕턴스 $L \propto N^2$이므로

$L_1 : N_1^2 = L_2 : N_2^2$에서 $L_2 = \left(\frac{N_2}{N_1}\right)^2 \cdot L_1$ 이 된다.

또한 누설자속이 없는 경우는 결합계수가 $k=1$이므로

$M = k\sqrt{L_1 \cdot L_2} = 1 \times \sqrt{L_1 \cdot \left(\frac{N_2}{N_1}\right)^2 \cdot L_1} = \frac{N_2}{N_1} \cdot L_1$

18 간격 d(m), 면적 S(m²)의 평행판 전극 사이에 유전율이 ϵ인 유전체가 있다. 전극 간에 v(t) = $V_m \sin\omega t$의 전압을 가했을 때, 유전체속의 변위전류밀도 (A/m²)는?

① $\frac{\epsilon\omega V_m}{d}\cos\omega t$　② $\frac{\epsilon\omega V_m}{d}\sin\omega t$

③ $\frac{\epsilon V_m}{\omega d}\cos\omega t$　④ $\frac{\epsilon V_m}{\omega d}\sin\omega t$

해설

전압 $v(t) = V_m \sin\omega t$ [V] 일 때 전속밀도는

$D = \epsilon E = \epsilon\frac{v(t)}{d} = \epsilon\frac{V_m}{d}\sin\omega t$ [C/m²]이므로

변위전류밀도는

$i_d = \frac{\partial D}{\partial t} = \frac{\partial}{\partial t}(\epsilon\frac{V_m}{d}\sin\omega t) = \omega\frac{\epsilon V_m}{d}\cos\omega t$ [A/m²]

19 속도 v의 전자가 평등자계 내에 수직으로 들어갈 때, 이 전자에 대한 설명으로 옳은 것은?

① 구면위에서 회전하고 구의 반지름은 자계의 세기에 비례한다.
② 원운동을 하고 원의 반지름은 자계의 세기에 비례한다.
③ 원운동을 하고 원의 반지름은 자계의 세기에 반비례한다.
④ 원운동을 하고 원의 반지름은 전자의 처음 속도의 제곱에 비례한다.

해설

평등자계내 전자 수직 입사시 전자는 원운동하며 이때 반지름은 $r = \frac{mv}{Be} = \frac{mv}{\mu_o He}$ [m]이므로 처음 속도v에 비례하고 자계의 세기 H에 반비례한다.

20 쌍극자 모멘트가 M(C·m)인 전기쌍극자에 의한 임의의 점 P에서의 전계의 크기는 전기쌍극자의 중심에서 축방향과 점 P를 잇는 선분 사이의 각이 얼마일 때 최대가 되는가?

① 0　② $\frac{\pi}{2}$

③ $\frac{\pi}{3}$　④ $\frac{\pi}{4}$

해설

전기 쌍극자에 의한 전계는

$E = \frac{M}{4\pi\varepsilon_o r^3}\sqrt{1+3\cos^2\theta}$ [V/m]이므로

전계가 최대일 때는 $\cos^2\theta = 1$일 때 이므로

$\theta = 0^0$일 때이다.

정 답　17 ①　18 ①　19 ③　20 ①

22 과년도기출문제(2022. 3. 5 시행)

01 면적이 $0.02[m^2]$, 간격이 $0.03[m]$이고, 공기로 채워진 평행평판의 커패시터에 $1.0\times10^{-6}[C]$의 전하를 충전시킬 때, 두 판 사이에 작용하는 힘의 크기는 약 몇 [N]인가?

① 1.13 ② 1.41
③ 1.89 ④ 2.83

해설

$S=0.02[m^2]$, $d=0.03[m]$, $Q=1.0\times10^{-6}[C]$일 때
평행평판 콘덴서에 작용하는 힘은

$$F=f\times S=\frac{\rho_s^2}{2\epsilon_o}S=\frac{(\frac{Q}{S})^2}{2\epsilon_o}S=\frac{Q^2}{2\epsilon_o S}$$ 이므로

주어진 수치를 대입하면

$$F=\frac{(1\times10^{-6})^2}{2\times8.855\times10^{12}\times0.02}=2.83[N]$$

02 자극의 세기가 $7.4\times10^{-5}[Wb]$, 길이가 $10[cm]$인 막대자석이 $100[AT/m]$의 평등자계 내에 자계의 방향과 $30°$로 놓여 있을 때 이 자석에 작용하는 회전력 $[N\cdot m]$은?

① 2.5×10^{-3} ② 3.7×10^{-4}
③ 5.3×10^{-5} ④ 6.2×10^{-6}

해설

$m=7.4\times10^{-5}[Wb]$, $l=10\ [cm]$
$H=100\ [AT/m]$, $\theta=30°$이므로
막대자석에 의한 회전력은

$$T=mHl\sin\theta$$
$$=7.4\times10^{-5}\times100\times10\times10^{-2}\times\sin30°$$
$$=3.7\times10^{-4}[N\cdot m]$$

03 유전율이 $\epsilon=2\epsilon_0$이고 투자율이 μ_0인 비도전성 유전체에서 전자파의 전계의 세기가 $E=(z,t)=120\pi\cos(10^9t-\beta z)\hat{y}[V/m]$일 때, 자계의 세기 $H[A/m]$는? (단, $\hat{x}$, $\hat{y}$는 단위벡터이다.)

① $-\sqrt{2}\cos(10^9t-\beta z)\hat{x}$
② $\sqrt{2}\cos(10^9t-\beta z)\hat{x}$
③ $-2\cos(10^9t-\beta z)\hat{x}$
④ $2\cos(10^9t-\beta z)\hat{x}$

해설

전자파의 자계의 세기는

$$H=\sqrt{\frac{\epsilon}{\mu}}E=\sqrt{\frac{2\epsilon_0}{\mu_0}}E=\sqrt{2}\sqrt{\frac{8.855\times10^{-12}}{4\pi\times10^{-7}}}\times120\pi$$
$=\sqrt{2}\ [AT/m]$이며

전자파의 진행방향은 $E\times H$인 외적의 방향벡터이므로

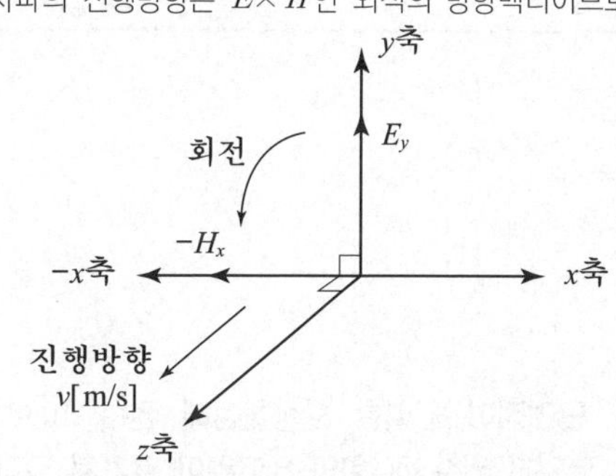

위의 직각좌표계에서 전계가 y축의 값이므로 자계가 $-x$축의 값을 가져야 진행방향이 z축이 되므로
$H=-\sqrt{2}\cos(10^9t-\beta z)\hat{x}[AT/m]$가 된다.

정답 01 ④ 02 ② 03 ①

04 자기회로에서 전기회로의 도전율 σ[℧/m]에 대응되는 것은?

① 자속 ② 기자력
③ 투자율 ④ 자기저항

해설

전기회로(전류계)와 자기회로(자계) 비고

전기회로		자기회로	
전기저항	$R=\rho\frac{l}{S}=\frac{l}{kS}[\Omega]$	자기저항	$R_m=\frac{l}{\mu S}$[AT/Wb]
도전율	k [℧/m]	투자율	μ [H/m]
기전력	E[V]	기자력	$F=NI$ [AT]
전류	$I=\frac{E}{R}$ [A]	자속	$\phi=\frac{F}{R_m}=\frac{\mu SNI}{l}$[Wb]
전류밀도	$i=\frac{I}{S}$[A/m^2]	자속밀도	$B=\frac{\phi}{S}$ [Wb/m^2]
컨덕턴스	$G=\frac{1}{R}$[℧]	퍼미언스	$P=\frac{1}{R_m}$[Wb/AT]

05 단면적이 균일한 환상철심에 권수 1000회인 A 코일과 권수 N_B회인 B코일이 감겨져 있다. A 코일의 자기 인덕턴스가 100[mH]이고, 두 코일 사이의 상호 인덕턴스가 20[mH]이고, 결합계수가 1일 때, B코일의 권수 [N_B]는 몇 회인가?

① 100 ② 200
③ 300 ④ 400

해설

결합계수가 $k=1$인 경우의

상호인덕턴스는 $M=\frac{N_B}{N_A}\cdot L_A$ [H]에서

B코일의 권수 $N_B=\frac{MN_A}{L_A}$ [회]이므로

주어진 수치 $N_A=1000$, $L_A=100$[mH], $M=20$[mH]를 대입하면

$\therefore N_B=\frac{20\times1000}{100}=200$[회]

06 공기 중에서 1[V/m]의 전계의 세기에 의한 변위전류밀도의 크기를 2[A/m^2]으로 흐르게 하려면 전계의 주파수는 몇 [MHz]가 되어야 하는가?

① 9000 ② 18000
③ 36000 ④ 72000

해설

전계 $E=1$[V/m], 변위전류밀도 $i_d=2$[A/m^2] 일 때

변위전류밀도는 $i_d=\omega\epsilon_o E=2\pi f\epsilon_o E$ [A/m^2]이므로

주파수는

$$f=\frac{i_d}{2\pi\epsilon_o E}=\frac{2}{2\pi\times8.855\times10^{-12}\times1}\times10^{-6}$$
$$=36000\text{[MHz]}$$

07 내부 원통 도체의 반지름이 a[m], 외부 원통 도체의 반지름이 b[m]인 동축 원통 도체에서 내외 도체 간 물질의 도전율이 σ[℧/m]일 때 내외 도체 간의 단위 길이당 컨덕턴스 σ[℧/m]는?

① $\frac{2\pi\sigma}{\ln\frac{b}{a}}$ ② $\frac{2\pi\sigma}{\ln\frac{a}{b}}$
③ $\frac{4\pi\sigma}{\ln\frac{b}{a}}$ ④ $\frac{4\pi\sigma}{\ln\frac{a}{b}}$

해설

동축 원통 도체 사이의 단위길이당 정전용량은

$C=\frac{2\pi\varepsilon}{\ln\frac{b}{a}}$ [F/m][F]이므로

$RC=\rho\varepsilon=\frac{\varepsilon}{\sigma}$에서 저항은

$R=\frac{\varepsilon}{\sigma C}=\frac{\varepsilon}{\sigma\frac{2\pi\varepsilon}{\ln\frac{b}{a}}}=\frac{1}{2\pi\sigma}\ln\frac{b}{a}$ [Ω/m] 이므로

단위길이당 컨덕턴스는

$G=\frac{1}{R}=\frac{2\pi\sigma}{\ln\frac{b}{a}}$ [℧/m]

정 답 04 ③ 05 ② 06 ③ 07 ①

08 z축 상에 놓인 길이가 긴 직선 도체에 10[A]의 전류가 $+z$ 방향으로 흐르고 있다. 이 도체 주위의 자속밀도가 $3\hat{x}-4\hat{y}$ [Wb/m^2]일 때 도체가 받는 단위 길이당 힘 [N/m]은? (단, $\hat{x}, \hat{y}$는 단위 벡터이다.)

① $-40\hat{x}+30\hat{y}$　② $-30\hat{x}+40\hat{y}$
③ $30\hat{x}+40\hat{y}$　④ $40\hat{x}+30\hat{y}$

해설

긴 직선도체에 흐르는 전류의 방향이 $+z$축 방향이므로 전류벡터는 $\dot{I}=50\hat{z}$ [A]가 되고
자속밀도 $B=3\hat{x}-4\hat{y}$ [Wb/m^2], 단위길이 $l=1$ [m]이므로 플레밍의 왼손법칙을 이용하면
단위길이당 힘 이므로 $F=(\vec{I}\times\vec{B})l=\vec{I}\times\vec{B}$ [N/m] 은

$$F=\vec{I}\times\vec{B}=\begin{vmatrix}\hat{x} & \hat{y} & \hat{z}\\ 0 & 0 & 10\\ 3 & -4 & 0\end{vmatrix}$$
$$=\hat{x}(0-(-40))-\hat{y}(0-30)+\hat{z}(0-0)$$
$$=40\hat{x}+30\hat{y}\text{[N/m]}$$

09 진공 중 한 변의 길이가 0.1[m]인 정삼각형의 3정점 A, B, C에 각각 2.0×10^{-6}[C]의 점전하가 있을 때, 점 A의 전하에 작용하는 힘은 몇 [N]인가?

① $1.8\sqrt{2}$　② $1.8\sqrt{3}$
③ $3.6\sqrt{2}$　④ $3.6\sqrt{3}$

해설

그림에서 $F_1=F_2=\dfrac{Q^2}{4\pi\epsilon_0 a^2}$ [N]이며
정삼각형 정점에 작용하는 전체 힘은 벡터합으로 구하므로 평행 사변형의 원리에 의하여
$F=\sqrt{F_1^2+F_2^2+2F_1F_2\cos\theta}$ 가 된다. 여기서 F_1 과 F_2는 같고 정삼각형 이므로 $\theta=60°$가 되어 이를 넣어 정리하면

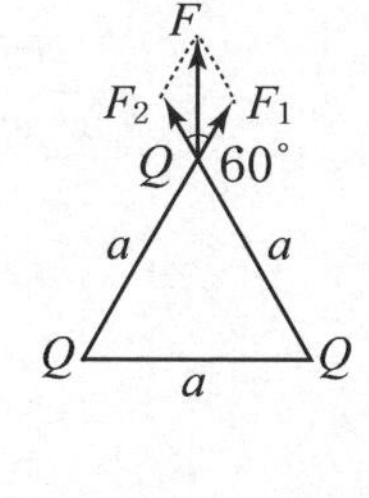

$$F=\sqrt{F_1^2+F_1^2+2F_1F_1\cos60°}$$
$$=\sqrt{3F_1^2}=\sqrt{3}F_1$$
$$=\frac{\sqrt{3}Q^2}{4\pi\epsilon_0 a^2}\text{[N]이 된다.}$$

주어진 수치 $a=0.1$[m], $Q=2.0\times10^{-6}$[C]를 대입하면
$$F=\frac{\sqrt{3}Q^2}{4\pi\epsilon_0 a^2}=\sqrt{3}\times9\times10^9\frac{(2\times10^{-6})^2}{0.1^2}=3.6\sqrt{3}\text{ [N]}$$

10 투자율이 μ[H/m], 자계의 세기가 H[AT/m], 자속밀도가 B[Wb/m^2]인 곳에서의 자계에너지 밀도[J/m^2]는?

① $\dfrac{B^2}{2\mu}$　② $\dfrac{H^2}{2\mu}$
③ $\dfrac{1}{2}\mu H$　④ BH

해설

단위체적당 축적된 에너지는
$$W=\frac{B^2}{2\mu}=\frac{1}{2}\mu H^2=\frac{1}{2}BH\text{[J/m}^3\text{]}$$

11 전공 내 전위함수가 $V=x^2+y^2$[V]로 주어졌을 때, $0\le x\le1, 0\le y\le1, 0\le z\le1$인 공간에 저장되는 정전에너지 [J]는?

① $\dfrac{4}{3}\epsilon_0$　② $\dfrac{2}{3}\epsilon_0$
③ $4\epsilon_0$　④ $2\epsilon_0$

해설

전계의 세기
$$E=-grad\,V=-i\frac{\partial V}{\partial x}-j\frac{\partial V}{\partial y}-k\frac{\partial V}{\partial z}$$
$$=-2xi-2yj\text{ [V/m]}$$
$$E^2=E\cdot E$$
$$=(-2xi-2yj)\cdot(-2xi-2yj)$$
$$=4x^2+4y^2$$
자유공간중의 저장되는 에너지는
$$W=\frac{1}{2}\epsilon_o E^2 v=\int_v \frac{1}{2}\epsilon_0 E^2 dv$$
$$=\frac{1}{2}\epsilon_0\int_0^1\int_0^1\int_0^1 4x^2+4y^2\,dx\,dy\,dz=\frac{2}{3}\epsilon_o\text{[J]}$$

정답　08 ④　09 ④　10 ①　11 ②

12 전계가 유리에서 공기로 입사할 때 입사각 θ_1과 굴절각 θ_2의 관계와 유리에서의 전계 E_1과 공기에서의 전계 E_2의 관계는?

① $\theta_1 > \theta_2, E_1 > E_2$ ② $\theta_1 < \theta_2, E_1 > E_2$
③ $\theta_1 > \theta_2, E_1 < E_2$ ④ $\theta_1 < \theta_2, E_1 < E_2$

해설

유리의 유전율 ϵ_1이 공기의 유전율 ϵ_2보다 크므로
$\epsilon_1 > \epsilon_2$, $\theta_1 > \theta_2$, $D_1 > D_2$, $E_1 < E_2$

13 진공 중 4[m] 간격으로 평행한 두 개의 무한 평판 도체에 각각 $+4[C/m^2]$, $-4[C/m^2]$의 전하를 주었을 때, 두 도체 간의 전위차는 약 몇 [V]인가?

① 1.36×10^{11} ② 1.36×10^{12}
③ 1.8×10^{11} ④ 1.8×10^{12}

해설

무한 평행판 사이의 전계 $E=\dfrac{\sigma}{\varepsilon_o}$ [V/m]

무한 평행판 사이의 전위차 $V=E\cdot d=\dfrac{\sigma}{\varepsilon_o}d$ [V] 이므로

주어진 수치 $d=4$[m], $\sigma=4[C/m^2]$를 대입하면

$V=\dfrac{4}{8.855\times10^{-12}}\times4=1.8\times10^{12}$ [V]

14 인덕턴스 [H]의 단위를 나타낸 것으로 틀린 것은?

① $\Omega\cdot s$ ② Wb/A
③ J/A^2 ④ $N/(A\cdot Tm)$

해설

자기인덕턴스의 단위

$L[H=\Omega\cdot\sec=\dfrac{V}{A}\cdot\sec=Wb/A=J/A^2]$

15 진공 중 반지름이 a[m]인 무한길이의 원통도체 2개가 간격 로 평행하게 배치되어 있다. 두 도체 사이의 정전용량 [C]을 나타낸 것으로 옳은 것은?

① $\pi\epsilon_0\ln\dfrac{d-a}{a}$ ② $\dfrac{\pi\epsilon_0}{\ln\dfrac{d-a}{a}}$

③ $\pi\epsilon_0\ln\dfrac{a}{d-a}$ ④ $\dfrac{\pi\epsilon_0}{\ln\dfrac{a}{d-a}}$

해설

평행도선 사이의 정전용량은

$C=\dfrac{\pi\epsilon_0}{\ln\dfrac{d-a}{a}}$ [F/m]

단, a[m] : 도선의 반지름, d[m] : 선간 거리

16 진공 중에 4[m]의 간격으로 놓여진 평행 도선에 같은 크기와 왕복 전류가 흐를 때 단위 길이당 2.0×10^{-7}[N]의 힘이 작용하였다. 이 때 평행 도선에 흐르는 전류는 몇 [A]인가?

① 1 ② 2
③ 4 ④ 8

해설

평행 왕복전류가 흐를시 $I_1=I_2$ 이므로
주어진 수치를 대입하면 흐르는 전류는

$F=\dfrac{2I_1^2}{d}\times10^{-7}$ [N/m] 에서 전류

$I_1=I_2=\sqrt{\dfrac{Fd}{2\times10^{-7}}}=\sqrt{\dfrac{2\times10^{-7}\times4}{2\times10^{-7}}}=2$ [A]

정답 12 ③ 13 ④ 14 ④ 15 ② 16 ②

17 **평행 극판 사이 간격이 d[m]이고 정전용량이 0.3[μF]인 공기 커패시터가 있다. 그림과 같이 두 극판 사이에 비유전율이 5인 유전체를 절반두께 만큼 넣었을 때 이 커패시터의 정전용량은 몇 [μF]이 되는가?**

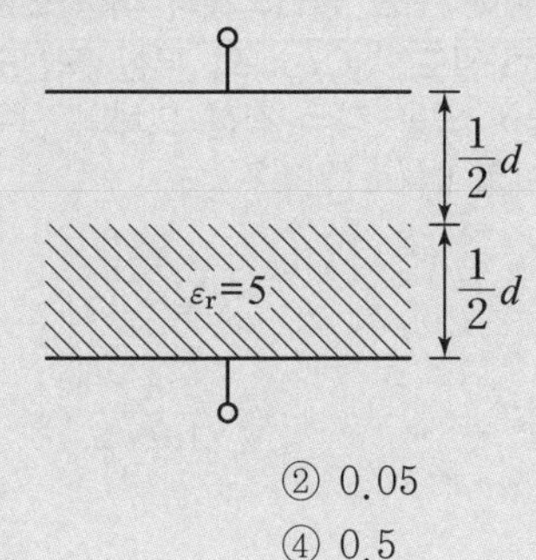

① 0.01　　② 0.05
③ 0.1　　④ 0.5

해설

공기콘덴서 정전용량 $C_o = 0.3[\mu F]$, 비유전율 $\epsilon_s = 5$일 때 공기콘덴서 판간격 절반 두께에 유전체를 평행판에 수평으로 채운경우의 정전용량은

$$C = \frac{2\epsilon_s}{1+\epsilon_s} C_o = \frac{2\times5}{1+5}\times0.3 = 0.5[\mu F]$$

18 **반지름이 a[m]인 접지된 구도체와 구도체의 중심에서 거리 d[m] 떨어진 곳에 점전하가 존재할 때, 점전하에 의한 접지된 구도체에서의 영상전하에 대한 설명으로 틀린 것은?**

① 영상전하는 구도체 내부에 존재한다.
② 영상전하는 점전하와 구도체 중심을 이은 직선상에 존재한다.
③ 영상전하의 전하량과 점전하의 전하량은 크기는 같고 부호는 반대이다.
④ 영상전하의 위치는 구도체의 중심과 사이 거리 (d[m])와 구도체의 반지름(a[m])에 의해 결정된다.

해설

접지구도체와 점전하에서

점전하 Q, 영상전하 $Q' = -\frac{a}{d}Q$ 이므로 부호는 반대지만 크기는 같지 않다.

19 **평등 전계 중에 유전체 구에 의한 전속 분포가 그림과 같이 되었을 때 ϵ_1과 ϵ_2의 크기 관계는?**

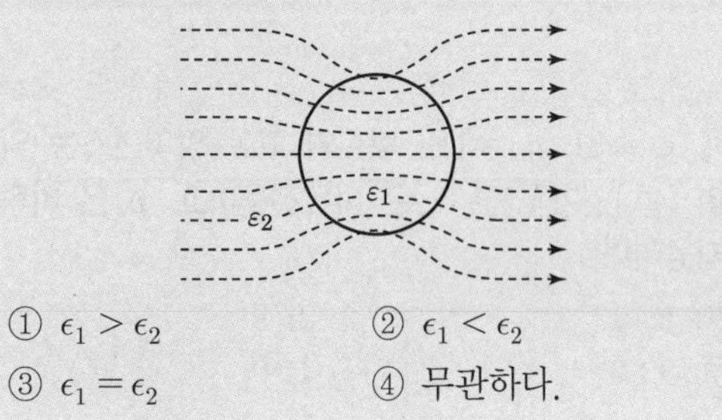

① $\epsilon_1 > \epsilon_2$　　② $\epsilon_1 < \epsilon_2$
③ $\epsilon_1 = \epsilon_2$　　④ 무관하다.

해설

전속선은 유전율이 큰 쪽으로 집속되므로 $\epsilon_1 > \epsilon_2$이 된다.

20 **어떤 도체에 교류 전류가 흐를 때 도체에서 나타나는 표피 효과에 대한 설명으로 틀린 것은?**

① 도체 중심부보다 도체 표면부에 더 많은 전류가 흐르는 것을 표피 효과라 한다.
② 전류의 주파수가 높을수록 표피 효과는 작아진다.
③ 도체의 도전율이 클수록 표피 효과는 커진다.
④ 도체의 투자율이 클수록 표피 효과는 커진다.

해설

도선에 교류를 인가시 전류가 도선 바깥(표피)쪽으로 집중되어 흐르려는 현상을 표피 효과라 하며 표피효과에 의한

침투 깊이(표피두께) $\delta = \sqrt{\frac{1}{\pi f\sigma\mu}}$ [m]이므로

주파수(f), 도전율(σ), 투자율(μ)가 클수록 작아지고

표피효과는 $\frac{1}{\delta} = \frac{1}{\sqrt{\frac{1}{\pi f\sigma\mu}}} = \sqrt{\pi f\sigma\mu}$ 이므로

주파수(f), 도전율(σ), 투자율(μ)가 클수록 커진다.

정답　17 ④　18 ③　19 ①　20 ②

22 과년도기출문제(2022. 4. 24 시행)

01 $\epsilon_r = 81$, $\mu_r = 1$인 매질의 고유 임피던스는 약 몇 [Ω]인가? (단, ϵ_r은 비유전율이고, μ_r은 비투자율이다.)

① 13.9　② 21.9
③ 33.9　④ 41.9

해설

비유전율 및 비투자율이 $\varepsilon_r = 81$, $\mu_r = 1$ 이므로
파동고유임피던스

$$\eta = \frac{E}{H} = \sqrt{\frac{\mu}{\epsilon}} = \sqrt{\frac{\mu_o}{\epsilon_o}}\sqrt{\frac{\mu_r}{\epsilon_r}} = 377\sqrt{\frac{1}{81}} = 41.9[\Omega]$$

02 강자성체의 $B-H$ 곡선을 자세히 관찰하면 매끈한 곡선이 아니라 자속밀도가 어느 순간 급격히 계단적으로 증가 또는 감소하는 것을 알 수 있다. 이러한 현상을 무엇이라 하는가?

① 퀴리점 (Curie point)
② 자왜현상 (Magneto-striction)
③ 바크하우젠 효과 (Barkhausen effect)
④ 자기여자 효과 (Magnetic after effect)

해설

바크하우젠 효과
자성체내에서 임의의 방향으로 배열되었던 자구가 외부자장의 힘이 일정치 이상이 되면 순간적으로 회전하여 자장의 방향으로 배열되기 때문에 자속밀도가 증가하는 현상 B-H곡선을 자세히 관찰하면 매끈한 곡선이 아니라 B가 계단적으로 증가 또는 감소함을 할 수가 있다

03 진공 중에 무한 평면도체와 d[m]만큼 떨어진 곳에 선전하밀도 λ[C/m]의 무한 직선도체가 평행하게 놓여 있을 경우 직선 도체의 단위 길이당 받는 힘은 몇 [N/m]인가?

① $\dfrac{\lambda^2}{\pi\epsilon_0 d}$　② $\dfrac{\lambda^2}{2\pi\epsilon_0 d}$
③ $\dfrac{\lambda^2}{4\pi\epsilon_0 d}$　④ $\dfrac{\lambda^2}{16\pi\epsilon_0 d}$

해설

무한평판과 선전하 사이에 작용하는 힘은

$$F = \frac{\lambda^2}{4\pi\epsilon_o d}[\mathrm{N/m}]$$

04 평행 극판 사이에 유전율이 각각 ϵ_1, ϵ_2인 유전체를 그림과 같이 채우고, 극판 사이에 일정한 전압을 걸었을 때 두 유전체 사이에 작용하는 힘은? (단, $\epsilon_1 > \epsilon_2$)

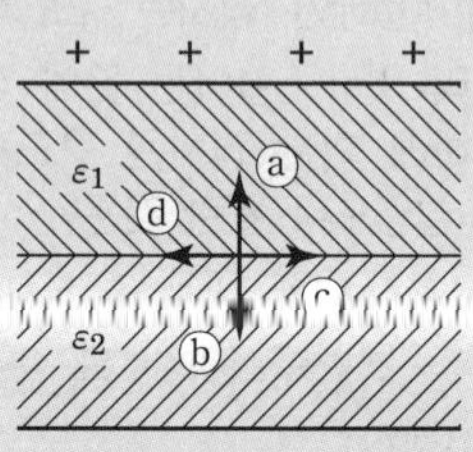

① ⓐ의 방향　② ⓑ의 방향
③ ⓒ의 방향　④ ⓓ의 방향

해설

경계면에 작용하는 힘은 유전율이 큰 쪽에서 작은 쪽으로 작용하므로 ϵ_1에서 ϵ_2로 작용하는 ②번이 된다.

정답　01 ④　02 ③　03 ③　04 ②

05 정전용량이 $20[\mu F]$인 공기의 평행판 커패시터에 $0.1[C]$의 전하량을 충전하였다. 두 평행판 사이에 비유전율이 10인 유전체를 채웠을 때 유전체 표면에 나타나는 분극 전하량[C]은?

① 0.009 ② 0.01
③ 0.09 ④ 0.1

해설

분극 전하량

$$Q_p = Q\left(1-\frac{1}{\epsilon_s}\right) = 0.1\left(1-\frac{1}{10}\right) = 0.09[C]$$

06 유전율이 ϵ_1과 ϵ_2인 두 유전체가 경계를 이루어 평행하게 접하고 있는 경우 유전율이 ϵ_1인 영역에 전하 Q가 존재할 때 이 전하와 ϵ_2인 유전체 사이에 작용하는 힘에 대한 설명으로 옳은 것은?

① $\epsilon_1 > \epsilon_2$인 경우 반발력이 작용한다.
② $\epsilon_1 > \epsilon_2$인 경우 흡인력이 작용한다.
③ ϵ_1과 ϵ_2에 상관없이 반발력이 작용한다.
④ ϵ_1과 ϵ_2에 상관없이 흡인력이 작용한다.

해설

경계면에 작용하는 힘은 유전율이 큰 쪽에서 작은 쪽으로 작용하므로 ϵ_1의 유전체에서 ϵ_2의 방향으로 작용하고 ϵ_1인 영역에 전하 Q는 반발력이 작용한다.

07 단면적이 균일한 환상철심에 권수 100회인 A코일과 권수 400회인 B코일이 있을 때 A코일의 자기 인덕턴스가 4[H]라면 두 코일의 상호 인덕턴스가 몇 [H]인가? (단, 누설자속은 0이다.)

① 4 ② 8
③ 12 ④ 16

해설

결합계수 $k = \dfrac{M}{\sqrt{L_1 \cdot L_2}}$에서

상호 인덕턴스는 $M = k\sqrt{L_1 \cdot L_2}$가 된다.

환상 솔레노이드의 자기인덕턴스 $L \propto N^2$이므로

$L_1 : N_1^2 = L_2 : N_2^2$ 에서 $L_2 = \left(\dfrac{N_2}{N_1}\right)^2 \cdot L_1$ 이 된다.

또한 누설자속이 없는 경우는 결합계수가 $k=1$이므로

$$M = k\sqrt{L_1 \cdot L_2} = 1 \times \sqrt{L_1 \cdot \left(\frac{N_2}{N_1}\right)^2 \cdot L_1} = \frac{N_2}{N_1} \cdot L_1$$

이므로 주어진 수치

$N_1 = 100$회, $N_2 = 400$회, $L_1 = 4[H]$를 대입하면

$$M = \frac{N_2}{N_1} \cdot L_1 = \frac{400}{100} \cdot 4 = 16[H]$$

08 평균 자로의 길이가 10[cm], 평균 단면적이 2[cm^2]인 환상 솔레노이드의 자기 인덕턴스를 5.4[mH] 정도로 하고자 한다. 이때 필요한 코일의 권선수는 약 몇 회인가? (단, 철심의 비투자율은 15000이다.)

① 6 ② 12
③ 24 ④ 29

해설

$l = 10[cm]$, $S = 2[cm^2]$, $L = 5.4[mH]$,
$\mu_s = 15000$이므로 자기인덕턴스

$L = \dfrac{\mu_o \mu_s S N^2}{l}$ [H]에서 권선수는

$$N = \sqrt{\frac{Ll}{\mu_o \mu_s S}}$$

$$= \sqrt{\frac{5.4\times10^{-3}\times10\times10^{-2}}{4\pi\times10^{-7}\times15000\times2\times10^{-4}}} = 12 \text{ 회}$$

09 투자율이 μ[H/m], 단면적이 S[m^2], 길이가 l[m]인 자성체에 권선을 N회 감아서 I[A]의 전류를 흘렸을 때 이 자성체의 단면적 S[m^2]를 통과하는 자속 [Wb]은?

① $\mu\dfrac{I}{Nl}S$ ② $\mu\dfrac{NI}{Sl}$
③ $\dfrac{NI}{\mu S}l$ ④ $\mu\dfrac{NI}{l}S$

정답 05 ③ 06 ① 07 ④ 08 ② 09 ④

해설

자기회로의 옴의 법칙에 의해서

자속 $\phi = \dfrac{F}{R_m} = \dfrac{NI}{\dfrac{l}{\mu S}} = \dfrac{\mu SNI}{l}$ [Wb]

10 그림은 커패시터의 유전체 내에 흐르는 변위전류를 보여준다. 커패시터의 전극 면적을 $S[\mathrm{m}^2]$, 전극에 축적된 전하를 $q[C]$, 전극의 표면전하 밀도를 $\sigma[\mathrm{C/m^2}]$, 전극 사이의 전속밀도를 $D[\mathrm{C/m^2}]$라 하면 변위전류밀도 $i_d[\mathrm{A/m^2}]$는?

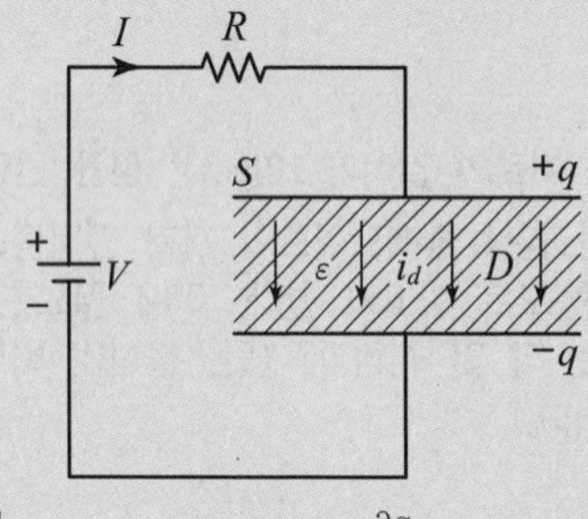

① $\dfrac{\partial D}{\partial t}$　② $\dfrac{\partial q}{\partial t}$

③ $S\dfrac{\partial D}{\partial t}$　④ $\dfrac{1}{S}\dfrac{\partial D}{\partial t}$

해설

변위전류 밀도는 $i_d = \dfrac{\partial D}{\partial t}[\mathrm{A/m^2}]$이므로 전속밀도의 시간적 변화로 유전체를 통해 흐르는 전류로 자계를 발생한다.

11 진공 중에서 점(1, 3)[m]의 위치에 -2×10^{-9}[C]의 점전하가 있을 때 점(2, 1)[m]에 있는 1[C]의 점전하에 작용하는 힘은 몇 [N]인가? (단, $\hat{x}, \hat{y}$는 단위벡터이다.)

① $-\dfrac{18}{5\sqrt{5}}\hat{x}+\dfrac{36}{5\sqrt{5}}\hat{y}$　② $-\dfrac{36}{5\sqrt{5}}\hat{x}+\dfrac{18}{5\sqrt{5}}\hat{y}$

③ $-\dfrac{36}{5\sqrt{5}}\hat{x}-\dfrac{18}{5\sqrt{5}}\hat{y}$　④ $\dfrac{18}{5\sqrt{5}}\hat{x}+\dfrac{36}{5\sqrt{5}}\hat{y}$

해설

점(1, 3)에서 점(2, 1)에 대한 거리벡터

$\vec{r} = (2-1)\hat{x}+(1-3)\hat{y} = 1\hat{x}-2\hat{y}$

거리벡터의 크기 $|\vec{r}| = \sqrt{1^2+(-2)^2} = \sqrt{5}$ [m]

방향의 단위벡터

$\vec{n} = \dfrac{\vec{r}}{|\vec{r}|} = \dfrac{1\hat{x}-2\hat{y}}{\sqrt{5}}$

두 점전하 $Q_1 = -2\times10^{-9}$[C], $Q_2 = 1$[C] 사이에 작용하는 힘은

$$F = 9\times10^9\times\frac{Q_1Q_2}{r^2}\vec{n}$$

$$= 9\times10^9\times\frac{-2\times10^{-9}\times1}{(\sqrt{5})^2}\times\frac{1\hat{x}-2\hat{y}}{\sqrt{5}}$$

$$= -\frac{18}{5\sqrt{5}}\hat{x}+\frac{36}{5\sqrt{5}}\hat{y}$$

12 정전용량이 $C_0[\mu\mathrm{F}]$인 평행판의 공기 커패시터가 있다. 두 극판 사이에 극판과 평행하게 절반을 비유전율이 ϵ_r인 유전체로 채우면 커패시터의 정전용량 $[\mu\mathrm{F}]$은?

① $\dfrac{C_0}{2(1+\dfrac{1}{\epsilon_r})}$　② $\dfrac{C_0}{1+\dfrac{1}{\epsilon_r}}$

③ $\dfrac{2C_0}{1+\dfrac{1}{\epsilon_r}}$　④ $\dfrac{4C_0}{1+\dfrac{1}{\epsilon_r}}$

해설

공기 콘덴서에 판간격 반만 평행하게 채운 경우의 정전용량은

$$C = \frac{2\epsilon_r}{1+\epsilon_r}C_o = \frac{2\epsilon_r}{1+\epsilon_r}C_o\times\frac{\dfrac{1}{\epsilon_r}}{\dfrac{1}{\epsilon_r}} = \frac{2C_o}{1+\dfrac{1}{\epsilon_r}}\ [\mathrm{F}]$$

정답　10 ①　11 ①　12 ③

13 그림과 같이 점 O를 중심으로 반지름이 a[m]인 구도체 1과 안쪽 반지름이 b[m]이고 바깥쪽 반지름이 c[m]인 구도체가 2가 있다. 이 도체계에서 전위계수 P_{11}[1/F]에 해당되는 것은?

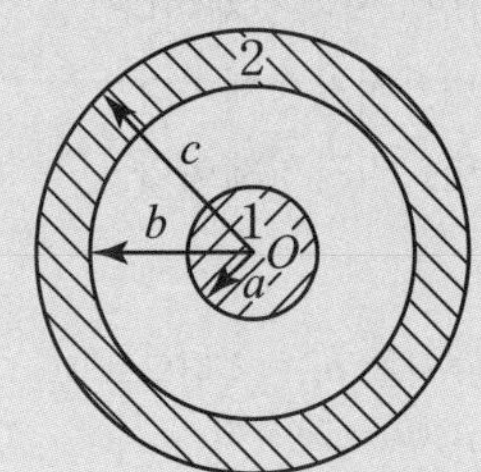

① $\frac{1}{4\pi\epsilon}\frac{1}{a}$　② $\frac{1}{4\pi\epsilon}(\frac{1}{a}-\frac{1}{b})$

③ $\frac{1}{4\pi\epsilon}(\frac{1}{b}-\frac{1}{c})$　④ $\frac{1}{4\pi\epsilon}(\frac{1}{a}-\frac{1}{b}+\frac{1}{c})$

해설

동심구도체 내구(도체1)에 Q_1을 주었을 때

내구의 전위 $V_1 = \frac{Q_1}{4\pi\varepsilon_0}\left(\frac{1}{a}-\frac{1}{b}+\frac{1}{c}\right)$ 이므로 전위계수

$P_{11} = \frac{V_1}{Q_1} = \frac{1}{4\pi\varepsilon_0}\left(\frac{1}{a}-\frac{1}{b}+\frac{1}{c}\right)$[1/F]

14 자계의 세기를 나타내는 단위가 아닌 것은?

① A/m　② N/Wb

③ (H · A)/m^2　④ Wb/(H · m)

해설

자계의 세기 단위

H[N/Wb= A/m = Wb/H · m]

15 그림과 같이 평행한 무한장 직선의 두 도선에 I[A], 4I[A]인 전류가 각각 흐른다. 두 도선 사이 점 P에서의 자계의 세기가 0이라면 $\frac{a}{b}$는?

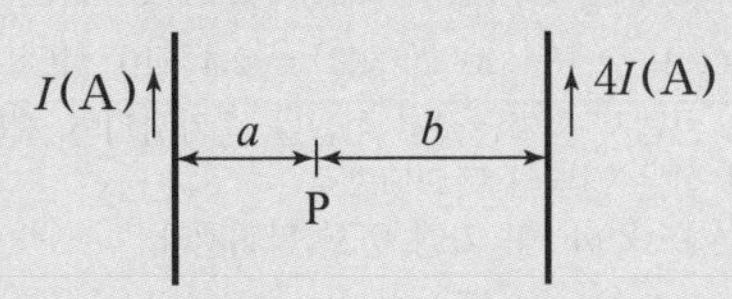

① 2　② 4

③ $\frac{1}{2}$　④ $\frac{1}{4}$

해설

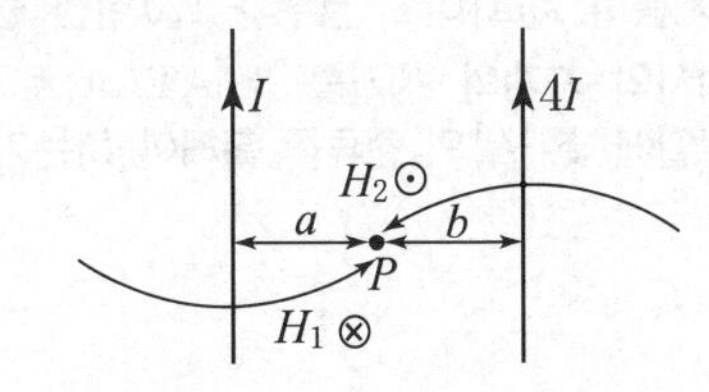

무한장 직선도체에 의한 자계의 세기는

$H= \frac{I}{2\pi r}$ [AT/m] 이므로

P점에 작용하는 자계의 세기가 0인 경우는 크기는 같고 방향이 반대인 경우이므로

$H_1 = \frac{I}{2\pi a}$[AT/m], $H_2 = \frac{4I}{2\pi b}$[AT/m]에서

$H_1 = H_2 \Rightarrow \frac{I}{2\pi a} = \frac{4I}{2\pi b} \Rightarrow \frac{a}{b} = \frac{1}{4}$가 된다.

16 내압 및 정전용량이 각각 1000V−2[μF], 700V−3[μF], 600V−4[μF], 300V−8[μF]인 4개의 커패시터가 있다. 이 커패시터들을 직렬로 연결하여 양단에 전압을 인가한 후 전압을 상승시키면 가장 먼저 절연이 파괴되는 커패시터는? (단, 커패시터의 재질이나 형태는 동일하다.)

① 1000V−2μF　② 700V−3μF

③ 600V−4μF　④ 300V−8μF

정답　13 ④　14 ③　15 ④　16 ①

해설

각 콘덴서의 최대 축적 전하량은

$Q_1 = C_1 V_1 = (2\times10^{-6})(1{,}000) = 2\times10^{-3}$[C]

$Q_2 = C_2 V_2 = (3\times10^{-6})(700) = 2.1\times10^{-3}$[C]

$Q_3 = C_3 V_3 = (4\times10^{-6})(600) = 2.4\times10^{-3}$[C]

$Q_4 = C_4 V_4 = (8\times10^{-6})(300) = 2.4\times10^{-3}$[C]

이므로 콘덴서 직렬연결시 전압을 증가시키면 최대축적 전하량이 작은 것부터 파괴되므로

1,000[V] − 2[μF]이 가장 먼저 파괴된다.

17 반지름이 2[m]이고 권수가 120회인 원형코일 중심에서의 자계의 세기를 30[AT/m]로 하려면 원형코일에 몇 [A]의 전류를 흘려야 하는가?

① 1 ② 2
③ 3 ④ 4

해설

원형코일 중심점의 자계의 세기

$H = \dfrac{NI}{2a}$ [AT/m]에서 전류는

$I = \dfrac{2aH}{N} = \dfrac{2\times2\times30}{120} = 1$[A]

18 내구의 반지름이 $a=5$[cm], 외구의 반지름이 $b=10$[cm]이고, 공기로 채워진 동심구형 커패시터의 정전용량은 약 몇 [pF]인가?

① 11.1 ② 22.2
③ 33.3 ④ 44.4

해설

$a = 5$[cm], $b = 10$[cm] 일 때

동심구도체 사이의 정전용량은

$$C = 4\pi\varepsilon_o \times \frac{ab}{b-a} = \frac{1}{9\times10^9}\times\frac{5\times10^{-2}\times10\times10^{-2}}{10\times10^{-2}-5\times10^{-2}}$$

$$= 1.11\times10^{-11}[\text{F}] = 11.1[\text{pF}]$$

19 자성체의 종류에 대한 설명으로 옳은 것은? (단, χ_m는 자화율이고, μ_r은 비투자율이다.)

① $\chi_m > 0$이면, 역자성체이다.
② $\chi_m < 0$이면, 상자성체이다.
③ $\mu_r > 1$이면, 비자성체이다.
④ $\mu_r < 1$이면, 역자성체이다.

해설

상자성체는 비투자율 $\mu_r > 1$ 이므로

자화율 $\chi_m = \mu_o(\mu_r - 1) > 0$

역자성체는 비투자율 $\mu_r < 1$ 이므로

자화율 $\chi_m = \mu_o(\mu_r - 1) < 0$

20 구좌표계에서 $\nabla^2 r$의 값은 얼마인가? (단, $r = \sqrt{x^2+y^2+z^2}$)

① $\dfrac{1}{r}$ ② $\dfrac{2}{r}$
③ r ④ $2r$

해설

구 좌표계에서

$$\nabla^2 r = \frac{1}{r^2}\frac{\partial}{\partial r}\left(r^2\frac{\partial r}{\partial r}\right) + \frac{1}{r^2\sin\theta}\frac{\partial}{\partial\theta}\left(\sin\theta\frac{\partial r}{\partial\theta}\right)$$

$$+ \frac{1}{r^2\sin^2\theta}\frac{\partial^2 r}{\partial^2\phi} = \frac{1}{r^2}\frac{\partial}{\partial r}r^2 = \frac{1}{r^2}\times2r = \frac{2}{r}$$

정답 17 ① 18 ① 19 ④ 20 ②

22 과년도기출문제(2022. 7. 2 시행)

※ 본 기출문제는 수험자의 기억을 바탕으로 하여 복원한 문제이므로 실제 문제와 다를 수 있음을 미리 알려드립니다.

01 어떤 철심에 단면적 $4.26\times10^{-2}[m^2]$인 공극이 있다. 이 공극의 길이가 5.6[mm]일 때 공극의 자기저항[AT/Wb]을 구하시오

① 1.05×10^{5} ② 5.1×10^{5}
③ 5.1×10^{-5} ④ 1.05×10^{-5}

해설

자기저항

$$R_m=\frac{l}{\mu_o S}=\frac{5.6\times10^{-3}}{4\pi\times10^{-7}\times4.26\times10^{-2}}$$
$$=1.05\times10^{-5}\,[AT/Wb]$$

02 주파수가 100[MHz]일 때 구리의 표피두께(skin depth)는 약 몇 [mm]인가? (단, 구리의 도전율은 5.9×10^{7}[℧/m]이고, 비투자율은 0.99이다.)

① 3.3×10^{-2} ② 6.6×10^{-2}
③ 3.3×10^{-3} ④ 6.6×10^{-3}

해설

표피두께(침투깊이)

$$\delta=\sqrt{\frac{1}{\pi f k\mu}}$$
$$=\sqrt{\frac{1}{\pi\times100\times10^{6}\times5.9\times10^{7}\times4\pi\times10^{-7}\times0.99}}$$
$$=6.6\times10^{-6}\,[m]=6.6\times10^{-3}\,[mm]$$

03 권수 25[회]인 코일에 전류 1[A]를 흘려보냈을 때 0.01[Wb]의 자속이 발생했다. 이 코일의 인덕턴스를 1[H]로 만들기 위해서는 코일의 권수는 몇 회 감아야 하는가?

① 100 ② 50
③ 5 ④ 1

해설

$N=25$, $I=1[A]$, $\phi=0.01[wb]$ 일 때

인덕턴스는 $L=\frac{N\phi}{I}=\frac{25\times0.01}{1}=0.25[H]$이므로

인덕턴스 $L'=1[H]$로 만들기 위한 권선수 N'는 $L\propto N^2$이므로

$L: N=L': N'^2$

$$N'=\sqrt{\frac{L'}{L}}N=\sqrt{\frac{1}{0.25}}\times25=50\,[회]$$

04 진공 내의 점(3,1)[m]에 -2×10^{-9}[C] 의 전하가 있다. 이 때 점 (1,2)[m]에 있는 1[C]의 점전하에 작용하는 힘은 몇 [N]인가? (단, $\hat{x}$, $\hat{y}$는 단위벡터이다.)

① $-\frac{18}{5\sqrt5}\hat{x}+\frac{36}{5\sqrt5}\hat{y}$

② $-\frac{36}{5\sqrt5}\hat{x}+\frac{18}{5\sqrt5}\hat{y}$

③ $\frac{36}{5\sqrt5}\hat{x}-\frac{18}{5\sqrt5}\hat{y}$

④ $\frac{18}{5\sqrt5}\hat{x}-\frac{36}{5\sqrt5}\hat{y}$

해설

점(1, 3)에서 점(2, 1)에 대한 거리벡터

$\vec{r}=(2-1)\hat{x}+(1-3)\hat{y}=1\hat{x}-2\hat{y}$

거리벡터의 크기 $|\vec{r}|=\sqrt{1^2+(-2)^2}=\sqrt5\,[m]$

방향의 단위벡터 $\vec{n}=\frac{\vec{r}}{|\vec{r}|}=\frac{1\hat{x}-2\hat{y}}{\sqrt5}$

두 점전하 $Q_1=-2\times10^{-9}[C]$, $Q_2=1[C]$ 사이에 작용하는 힘은

$$F=9\times10^{9}\times\frac{Q_1Q_2}{r^2}\vec{n}$$
$$=9\times10^{9}\times\frac{-2\times10^{-9}\times1}{(\sqrt5)^2}\times\frac{1\hat{x}-2\hat{y}}{\sqrt5}$$
$$=-\frac{18}{5\sqrt5}\hat{x}+\frac{36}{5\sqrt5}\hat{y}$$

정 답 01 ④ 02 ④ 03 ② 04 ①

05 강자성체의 히스테리시스 루프의 면적은?

① 강자성체의 단위체적당의 필요한 에너지이다.
② 강자성체의 단위 면적당의 필요한 에너지이다.
③ 강자성체의 단위길이당의 필요한 에너지이다
④ 강자성체의 전체 체적의 필요한 에너지이다.

해설

히스테리시스 루프의 면적은

$S = W_h = \int_0^B HdB\,[\mathrm{J/m^3}]$ 로서 강자성체의 단위 체적당 필요한 에너지를 의미한다.

06 자유공간에서 정육각형의 꼭짓점에 동량, 동질의 점전하 Q가 각각 놓여 있을 때 정육각형 한 변의 길이가 a라 하면 정육각형 중심의 전계의 세기 [V/m]는?

① $\dfrac{Q}{4\pi\epsilon_0 a^2}$　② $\dfrac{3Q}{4\pi\epsilon_0 a^2}$
③ $6Q$　④ 0

해설

① 정육각형 중심점 전계 : $E = 0$
② 정육각형 중심점 전위 : $V = \dfrac{3Q}{2\pi\epsilon_o a}$ [V]

07 같은 크기를 가진 두 전하가 20[cm]의 거리를 두고 놓여 있다. 두 전하 사이에 8.6×10^{-4}[N]의 반발력이 작용할 때, 이 전하의 전하량[C]를 구하시오.

① 6.2×10^{-6}　② 3.1×10^{-6}
③ 6.2×10^{-8}　④ 3.1×10^{-8}

해설

주어진 수치 $Q_1 = Q_2$ [C], $r = 20$ [cm]

$F = 8.6\times10^{-4}$ [N] 일 때 두 전하 사이에 작용하는 힘

$F = \dfrac{Q_1 \cdot Q_2}{4\pi\varepsilon_o r^2} = 9\times10^9 \dfrac{Q_1^{\,2}}{r^2}$ [N]이므로 주어진 수치를 대입하여 구하면

$Q_1 = Q_2 = \sqrt{\dfrac{Fr^2}{9\times10^9}} = \sqrt{\dfrac{8.6\times10^{-4}\times0.2^2}{9\times10^9}}$

$= 6.2\times10^{-8}$ [C]

08 임의의 단면을 가진 2개의 원주상의 무한히 긴 평행도체가 있다. 지금 도체의 도전율을 무한대라고 하면 C, L, ϵ및 μ사이의 관계는? (단, C는 두 도체간의 단위길이당 정전용량, L은 두 도체를 한개의 왕복회로로 한 경우의 단위길이당 자기인덕턴스, ε은 두 도체사이에 있는 매질의 유전율, μ는 두 도체사이에 있는 매질의 투자율이다.)

① $C\epsilon = L\mu$　② $\dfrac{C}{\epsilon} = \dfrac{L}{\mu}$
③ $\dfrac{1}{LC} = \mu\epsilon$　④ $LC = \mu\epsilon$

해설

평행도체 사이의 자기 인덕턴스와 정전용량의 곱은

$LC = \dfrac{\mu}{\pi}\ln\dfrac{d}{a} \times \dfrac{\pi\epsilon}{\ln\dfrac{d}{a}} = \mu\epsilon$

09 내반경 a[m], 외반경 b[m]인 동축케이블에서 극간 매질의 도전율이 σ[℧/m]일 때 단위 길이당 이 동축 케이블의 컨덕턴스 [℧/m]는?

① $\dfrac{2\pi\sigma}{\ln\dfrac{b}{a}}$　② $\dfrac{2\pi\sigma}{\ln\dfrac{a}{b}}$
③ $\dfrac{4\pi\sigma}{\ln\dfrac{b}{a}}$　④ $\dfrac{4\pi\sigma}{\ln\dfrac{a}{b}}$

해설

동축 원통 도체 사이의 단위길이당 정전용량은

$C = \dfrac{2\pi\varepsilon}{\ln\dfrac{b}{a}}$ [F/m][F]이므로

$RC = \rho\varepsilon = \dfrac{\varepsilon}{\sigma}$ 에서 저항은

$R = \dfrac{\varepsilon}{\sigma C} = \dfrac{\varepsilon}{\sigma\dfrac{2\pi\varepsilon}{\ln\dfrac{b}{a}}} = \dfrac{1}{2\pi\sigma}\ln\dfrac{b}{a}$ [Ω/m] 이므로

단위길이당 컨덕턴스는

$G = \dfrac{1}{R} = \dfrac{2\pi\sigma}{\ln\dfrac{b}{a}}$ [℧/m]

정답　05 ①　06 ④　07 ③　08 ④　09 ①

10 간격이 d[m]이고 면적이 S[m^2]인 평행판 커패시터의 전극 사이에 유전율이 ϵ인 유전체를 넣고 전극 간에 V[V]의 전압을 가했을 때, 이 커패시터의 전극판을 떼어내는데 필요한 힘의 크기 [N]는?

① $\frac{1}{2\epsilon}\frac{V^2}{d^2 S}$ ② $\frac{1}{2\varepsilon}\frac{dV^2}{S}$

③ $\frac{1}{2}\varepsilon\frac{V}{d}S$ ④ $\frac{1}{2}\varepsilon\frac{V^2}{d^2}S$

해설

극간 흡인력은 $F = f\ S$[N] 이므로 정리하면

$F = \frac{1}{2}\epsilon E^2 S = \frac{1}{2}\epsilon\left(\frac{V}{d}\right)^2 S = \frac{1}{2}\epsilon\frac{V^2}{d^2}S$[N]

11 판 간격이 d[m]인 평행판 콘덴서 중에 두께 t[m]이고, 비유전율이 ϵ_r 인 유전체를 삽입하였을 경우, 삽입 전 – 후 정전용량의 비율은?

① $\frac{t}{\epsilon_r(d-t)}$ ② $\frac{\epsilon_r d}{\epsilon_r(d-t)+t}$

③ $\frac{d}{\epsilon_r t+d}$ ④ $\frac{1}{\epsilon_r(d-t)+d}$

해설

공기중 평행판 콘덴서 $C_0 = \frac{\epsilon_0 S}{d}$ [F]

유전체를 두께 t[m]에 비유전률 ϵ_r를 채운 경우 직렬 연결이므로 이때 복합유전체의 합성 정전용량은

$C = \frac{\epsilon_0\epsilon_0\epsilon_r S}{\epsilon_0 t + \epsilon_0\epsilon_r(d-t)} = \frac{\epsilon_0\epsilon_r S}{t+\epsilon_r(d-t)}$ [F]이 된다.

이때 삽입전후 정전용량의 비는

$$\frac{C}{C_o} = \frac{\frac{\epsilon_0\epsilon_r S}{t+\epsilon_r(d-t)}}{\frac{\epsilon_0 S}{d}} = \frac{\epsilon_r d}{t+\epsilon_r(d-t)}$$

12 어떤 환상 철심의 평균반지름이 100[mm], 비투자율 3000, 철심 단면의 지름은 20[mm]이며, 5[mm]의 공극이 있다고 한다. 이 철심에 코일을 감아 9.5[mA]의 전류를 흘릴 때, 5×10^{-6}[Wb]의 자속이 발생했다. 이 코일의 권수는 약 몇 회인가?

① 8000 ② 7000

③ 6000 ④ 5000

해설

미소공극시 자기저항은

$R = R_m + R_g = \frac{l}{\mu S} + \frac{\ell_g}{\mu_o S} = \frac{l}{\mu_o\mu_s S} + \frac{l_g}{\mu_o S}$

$= \frac{l+\mu_s l_g}{\mu S}$[AT/m] 이므로

자기회로 옴의 법칙에서

$F = NI = \phi R$[AT] 이므로

권선수는

$N = \frac{\phi R}{I} = \frac{\phi}{I}\cdot\frac{l+\mu_s l_g}{\mu S}$

$= \frac{5\times10^{-6}}{9.5\times10^{-3}}\times\frac{2\pi\times100\times10^{-3}+3000\times5\times10^{-3}}{4\pi\times10^{-7}\times3000\times\pi\times(10\times10^{-3})^2}$

$= 6951 \fallingdotseq 7000$[회]

13 다음 중에서 옳지 않은 것은?

① 유전체의 전속밀도는 도체에 준 진전하 밀도와 같다.

② 유전체의 분극도는 분극전하 밀도와 같다.

③ 유전체의 분극선의 방향은 – 분극전하에서 + 분극전하로 향하는 방향이다.

④ 유전체의 전속밀도는 유전체의 분극전하 밀도와 같다.

해설

분극의 세기(분극전하밀도)는

$P = \epsilon_0(\epsilon_s - 1)E = \epsilon_o\epsilon_s E - \epsilon_o E$

$= \epsilon E - \epsilon_o E = D - \epsilon_o E$[C/$m^2$]에서

전속밀도 $D = P + \epsilon_o E$ [C/m^2] 이므로

유전체의 전속밀도와 분극전하밀도는 같지 않다.

정답 10 ④ 11 ② 12 ② 13 ④

14 정전용량이 $0.3[\mu F]$인 평행판 공기 콘덴서의 두 극판 사이에 절반 두께의 비유전율 5인 유리판을 극판과 평행하게 넣었다면 이 콘덴서의 정전용량은 약 몇 $[\mu F]$이 되는가?

① 5 ② 3
③ 0.5 ④ 0.1

해설

공기콘덴서 정전용량 $C_o = 0.3[\mu F]$, 비유전율 $\epsilon_s = 5$일 때 공기콘덴서 판간격 절반
두께에 유리판을 평행판에 평행하게 채운경우의 정전용량은 $C = \frac{2\epsilon_s}{1+\epsilon_s} C_o = \frac{2\times5}{1+5} \times 0.3 = 0.5[\mu F]$이 된다.

15 전위함수 $V = x^2 + y[V]$인 자유공간 내의 전하밀도는 몇 $[C/m^3]$인가?

① $\frac{5}{\epsilon_0}$ ② $-2\epsilon_0$
③ $-\frac{2}{\epsilon_0}$ ④ $-5\epsilon_0$

해설

포아손의 방정식을 이용하면

$\nabla^2 V = -\frac{\rho}{\varepsilon_0}$ 이므로

$$\nabla^2 V = \left(\frac{\partial^2}{\partial^2 x} + \frac{\partial^2}{\partial^2 y} + \frac{\partial^2}{\partial^2 z}\right) V = \left(\frac{\partial^2 V}{\partial^2 x} + \frac{\partial^2 V}{\partial^2 y} + \frac{\partial^2 V}{\partial^2 z}\right) = 2 = -\frac{\rho}{\epsilon_o}$$ 에서

공간전하밀도 $\rho[C/m^3]$를 구하면
$\rho = -2\epsilon_o [C/m^3]$ 가 된다.

16 자극의 세기 $m[Wb]$의 점자극으로부터 $r[m]$ 떨어진 점의 자계의 세기 $[AT/m]$는?

① $\frac{m}{2\pi\mu_0 r^2}$ ② $\frac{m}{2\pi\mu_0 r}$
③ $\frac{m}{4\pi\mu_0 r}$ ④ $\frac{m}{4\pi\mu_0 r^2}$

해설

자극의 세기 $m[Wb]$의 점자극으로부터 $r[m]$ 떨어진 점의 자계의 세기는

$$H = \frac{m}{4\pi\mu_0 r^2} = 6.33\times10^4 \frac{m}{r^2} [AT/m]$$

17 도전성이 없고 유전율과 투자율이 일정하며, 전하분포가 없는 균질완전절연체 내에서 전계 및 자계가 만족하는 미분방정식의 형태는? (단, $\alpha = \sqrt{\epsilon\mu}$, $v = \frac{1}{\sqrt{\epsilon\mu}}$)

① $\nabla^2 \overline{F} = \overline{O}$

② $\nabla^2 \overline{F} = \frac{1}{\alpha^2}\frac{\partial \overline{F}}{\partial t}$

③ $\nabla^2 \overline{F} = \frac{1}{v^2}\frac{\partial^2 \overline{F}}{\partial t^2}$

④ $\nabla^2 \overline{F} = \frac{1}{\alpha^2}\frac{\partial \overline{F}}{\partial t} + \frac{1}{v^2}\frac{\partial^2 \overline{F}}{\partial t^2}$

해설

매질이 완전 절연체인 경우의 전자파동방정식은

$$\nabla^2 \overline{F} = \frac{1}{v^2}\frac{\partial^2 \overline{F}}{\partial t^2}$$

18 면적 $S[m^2]$, 간격 $d[m]$인 평행판 콘덴서에 전하 $Q[C]$를 충전 하였을 때 정전 에너지 $W[J]$는?

① $W = \frac{dQ^2}{\epsilon S}$ ② $W = \frac{dQ^2}{2\epsilon S}$
③ $W = \frac{dQ^2}{4\epsilon S}$ ④ $W = \frac{dQ^2}{8\epsilon S}$

해설

평행한 콘덴서의 정전 용량 $C = \frac{\epsilon S}{d}[F]$

정전 에너지 $W = \frac{Q^2}{2C} = \frac{Q^2}{2\cdot\frac{\epsilon S}{d}} = \frac{Q^2 d}{2\epsilon S}[J]$

정 답 14 ③ 15 ② 16 ④ 17 ③ 18 ②

19 **교류전압 $v = V_m \cos\omega t$[V] 인가시, 변위전류밀도는 무엇에 비례하는가?**

① $\omega\epsilon$　② ωE^2

③ $\omega \dfrac{\epsilon^2}{d}$　④ $\omega^2 E$

해설

전압 $v = V_m \cos\omega t$ [V]일 때 전속밀도는

$D = \epsilon \dfrac{V_m}{d} \cos\omega t$ [C/m²]이므로

변위전류밀도는

$i_d = \dfrac{\partial D}{\partial t} = \dfrac{\partial}{\partial t}(\epsilon \dfrac{V_m}{d} \cos\omega t) = -\omega \dfrac{\epsilon V_m}{d} \sin\omega t$ [A/m²]

이므로 $\omega\epsilon$에 비례한다.

20 **무한평면에 전류가 일정한 방향으로 흐를 때, 무한평면에서 r[m] 떨어진 지점의 자계는 2r[m] 떨어진 지점의 자계의 몇 배인가?**

① 4　② 2

③ 1　④ 0.5

해설

무한평면 전류에 의한 자계는

$H = \dfrac{i}{2}$[AT/m]이므로 거리와 관계없으므로 거리를 2배 증가해도 자계는 일정하므로 1배가 된다.

정답　19 ①　20 ③

23 과년도기출문제(2023. 3. 1 시행)

※ 본 기출문제는 수험자의 기억을 바탕으로 하여 복원한 문제이므로 실제 문제와 다를 수 있음을 미리 알려드립니다.

01 정전계에서 도체에 정전하를 주었을 때의 설명으로 틀린 것은?

① 도체 표면에서 수직으로 전기력선이 출입한다.
② 도체 외측의 표면에만 전하가 분포한다.
③ 도체 내에 있는 공동면에도 전하가 골고루 분포한다.
④ 도체 표면의 곡률 반지름이 작은 곳에 전하가 많이 분포한다.

해설

전하는 도체 표면에 존재하고 도체 내부에는 존재하지 않는다.

02 비오-사바르의 법칙으로 무엇을 구할 수 있는가?

① 자계의 방향　② 자계의 세기
③ 전계의 방향　④ 전계의 세기

해설

비오-사바르의 법칙은 전류에 의한 자계의 크기를 결정하는 법칙이다.

03 반지름이 1[m]인 구의 중심으로부터 5[m] 떨어진 지점의 전위가 2[V]일 때 구도체의 공간전하밀도[C/m^3]는?

① $\dfrac{\epsilon_0}{15}$　② $\dfrac{\epsilon_0}{30}$
③ $15\epsilon_0$　④ $30\epsilon_0$

해설

구도체의 부피(체적) $v = \dfrac{4}{3}\pi a^3$ 이므로 구도체 외부의 전위는 $V = \dfrac{Q}{4\pi\epsilon_0 r} = \dfrac{\rho_v v}{4\pi\epsilon_0 r} = \dfrac{\rho_v \frac{4}{3}\pi a^3}{4\pi\epsilon_0 r} = \dfrac{\rho_v a^3}{3\epsilon_0 r}$ [V]이므로

공간전하밀도

$$\rho_v = V\frac{3\epsilon_0 r}{a^3} = 2\times\frac{3\times\epsilon_0\times5}{1^3} = 30\epsilon_0\,[\mathrm{C/m^3}]$$

04 두 종류의 금속선으로 된 회로에 전류를 통하면 각 접속점에서 열의 흡수 또는 발생이 일어나는 현상은?

① 톰슨 효과　② 펠티에 효과
③ 볼타 효과　④ 제벡 효과

해설

서로 다른 금속으로 이루어진 폐회로에 전류를 흘리면 양 접속점에서 열의 발생 또는 흡수가 일어나는 현상을 펠티에 효과라 하며 전자 냉동기의 원리로 이용한다.

05 단면적 S[m^2], 단위 길이에 대한 권수가 n[T/m]인 무한히 긴 솔레노이드의 단위 길이당 자기 인덕턴스[H/m]를 구하면?

① μSn　② μSn^2
③ μS^2n^2　④ μS^2n

해설

무한장 솔레노이드 자기 인덕턴스 $L = \mu Sn^2$ [H/m]

정답　01 ③　02 ②　03 ④　04 ②　05 ②

06 정전계와 정자계의 대응관계로 올바른 것은?

① $E=9\times10^9\times\dfrac{Q}{r^2} \leftrightarrow H=6.33\times10^{-4}\times\dfrac{m}{r^2}$

② $W=\dfrac{1}{2}CV^2 \leftrightarrow W=\dfrac{1}{2}LI^2$

③ $\nabla\cdot D=\rho \leftrightarrow \nabla\cdot B=\rho_m$

④ $F=QE \leftrightarrow F=\mu_0 H$

해설

정전계 정자계 대응관계

① 전계의 세기 $E=\dfrac{Q}{4\pi\epsilon_0 r^2}=9\times10^9\times\dfrac{Q}{r^2}$ ↔ 자계의 세기 $H=\dfrac{m}{4\pi\mu_0 r^2}=6.33\times10^4\times\dfrac{m}{r^2}$

② 콘덴서에 저장되는 에너지 $W=\dfrac{1}{2}CV^2$ ↔ 코일에 저장되는 에너지 $W=\dfrac{1}{2}LI^2$

③ 정전계의 가우스 미분형 $\nabla\cdot D=\rho$ ↔ 정자계의 가우스 미분형 $\nabla\cdot B=0$

④ 전계 내 전하가 받는 힘 $F=QE$ ↔ 자계 내 자하가 받는 힘 $F=mH$

07 공기 중에 $0.3[\mathrm{Wb/m^2}]$인 평등자계 내에 $5[\mathrm{A}]$의 전류가 흐르고 있는 길이 $2[\mathrm{m}]$인 직선도체를 자계의 방향에 대하여 60°의 각도로 놓았을 때 이 도체가 받는 힘은 약 몇 $[\mathrm{N}]$인가?

① 5.5 ② 4.7
③ 3.3 ④ 2.6

해설

자계(장)내 도체에 전류 흐를시 도체에 힘이 작용하며 이를 플레밍의 왼손법칙이라하며 작용하는 힘은
$F=IBl\sin\theta=I\mu_o Hl\sin\theta=(\vec{I}\times\vec{B})l\,[\mathrm{N}]$ 식에서
$B=0.3[\mathrm{Wb/m^2}]$, $I=5[\mathrm{A}]$, $l=2[\mathrm{m}]$, $\theta=60°$를 대입하면
$\therefore F=IBl\sin\theta=5\times0.3\times2\times\sin60°=2.6[\mathrm{N}]$

08 무한히 넓은 두 장의 도체판을 $d[\mathrm{m}]$의 간격으로 평행하게 놓은 후 두 판 사이에 $V[\mathrm{V}]$의 전압을 가한 경우 단위 면적당 작용하는 힘은 몇 $[\mathrm{N/m^2}]$인가?

① $\epsilon_0\dfrac{V^2}{d}$ ② $\dfrac{1}{2}\epsilon_0\dfrac{V^2}{d}$

③ $\dfrac{1}{2}\epsilon_0\left(\dfrac{V}{d}\right)^2$ ④ $\dfrac{1}{2}\dfrac{1}{\epsilon_0}\left(\dfrac{V}{d}\right)^2$

해설

단위 면적당 정전 흡인력

$f=\dfrac{\sigma^2}{2\epsilon_0}=\dfrac{D^2}{2\epsilon_0}=\dfrac{1}{2}\epsilon_0E^2=\dfrac{1}{2}ED[\mathrm{N/m^2}]$이므로

전위차 $V=Ed[\mathrm{V}]$, 전계 $E=\dfrac{V}{d}[\mathrm{V/m}]$이므로

$f=\dfrac{1}{2}\epsilon_0E^2=\dfrac{1}{2}\epsilon_0\left(\dfrac{V}{d}\right)^2[\mathrm{N/m^2}]$

09 벡터포텐셜 $A=-3xyz\,a_x+2x^2a_y$일 때 자속밀도는?

① $-3xy\,a_y+(4x+3xz)a_z$

② $3x\,a_y+(3xz+4y)a_z$

③ $(4x+3xz)a_x-3xya_y$

④ $3yz\,a_x$

해설

벡터포텐셜 $rot\,A=B[\mathrm{wb/m^2}]$이므로

$$rot A=\nabla\times A=\begin{vmatrix} a_x & a_y & a_z \\ \dfrac{\partial}{\partial x} & \dfrac{\partial}{\partial y} & \dfrac{\partial}{\partial z} \\ -3xyz & 2x^2 & 0 \end{vmatrix}$$

$$=\left\{\frac{\partial}{\partial y}0-\frac{\partial}{\partial z}2x^2\right\}a_x-\left\{\frac{\partial}{\partial x}0-\frac{\partial}{\partial z}(-3xyz)\right\}a_y+\left\{\frac{\partial}{\partial x}2x^2-\frac{\partial}{\partial y}(-3xyz)\right\}a_z$$

$$=-3xya_y+(4x+3xz)a_z$$

정답 06 ② 07 ④ 08 ③ 09 ①

10 전속밀도에 대한 설명으로 가장 옳은 것은?

① 전속은 스칼라량이기 때문에 전속밀도도 스칼라량이다.
② 전속밀도는 전계의 세기의 방향과 반대 방향이다.
③ 전속밀도는 유전체와 관계없이 크기는 일정하다.
④ 전속밀도는 유전체 내에 분극의 세기와 같다.

해설

전속밀도의 성질
① 전속밀도는 벡터량이다.
② $D=\epsilon_0 E$이므로 전속밀도의 방향과 전계의 세기는 같은 방향이다.
③ 전속밀도는 면적당 전속수이므로 $D=\frac{\Psi}{S}=\frac{Q}{S}$[C/m²]이므로 유전체와 관계없이 크기가 일정하다.
④ $P=D-\epsilon_0 E$이므로 전속밀도가 분극의 세기보다 약간 크다.

11 $0.2[\mu F]$인 평행판 공기 콘덴서가 있다. 전극간에 그 간격의 절반 두께의 유리판을 넣었다면 콘덴서의 용량은 약 몇 $[\mu F]$인가? (단, 유리의 비유전율은 10이다.)

① 0.26　② 0.36
③ 0.46　④ 0.56

해설

공기 콘덴서 정전용량 $C_0 = 0.2[\mu F]$일 때
공기 콘덴서에 유전체를 판 간격 절반만 평행하게 채운 경우 정전용량

$$C=\frac{2\epsilon_s}{1+\epsilon_s}C_0=\frac{2\times 10}{1+10}\times 0.2=0.36[\mu F]$$

12 전위함수 $V=3xy+z+4$[V]일 때 전계의 세기[V/m]는?

① $3xi+yj+k$　② $-3yi+3xj+k$
③ $3xi-3yj-k$　④ $-3yi-3xj-k$

해설

전계의 세기는

$$E=-grad V=-\nabla V=-\left(\frac{\partial V}{\partial x}i+\frac{\partial V}{\partial y}j+\frac{\partial V}{\partial z}k\right)$$
$$=-3yi-3xj-k[V/m]$$

13 전하 q[C]가 진공중의 자계 H[AT/m]에 수직 방향으로 v[m/s]의 속도로 움직일 때 받는 힘은 몇 [N]인가?

① $\frac{qH}{\mu_0 v}$　② qvH
③ $\frac{1}{\mu_0}qvH$　④ $\mu_0 qvH$

해설

자계 내 전하가 v[m/s]의 속도로 이동시 전하가 받는 로렌쯔의 힘은
$F=Bqv\sin\theta=\mu_0 Hqv\sin\theta=q(v\times B)$[N]이므로
자계와 수직방향으로 이동하므로
$F=\mu_0 Hqv\sin 90°=\mu_0 Hqv$[N]

14 렌쯔의 법칙에 대한 설명으로 가장 적합한 것은?

① 전자 유도에 의해 생기는 전류의 방향은 항상 일정하다.
② 전자유도에 의하여 생기는 전류의 방향은 자속 변화를 방해하는 방향이다.
③ 전자유도에 의하여 생기는 전류의 방향은 자속 변화를 도와주는 방향이다.
④ 전자유도에 의하여 생기는 전류의 방향은 자속 변화와는 관계가 없다.

해설

렌츠의 법칙은 유도기전력의 방향을 결정하는 법칙으로 전자유도에 의하여 발생하는 전류의 방향은 자속의 변화를 방해하는 방향이다.

정답　10 ③　11 ②　12 ④　13 ④　14 ②

15 공극(air gap)이 δ[m]인 강자성체로 된 환상 영구자석에서 성립하는 식은? (단 l[m]는 영구자석의 길이이며 $l \gg \delta$이고, 자속밀도와 자계의 세기를 각각 B[Wb/m^2], H[AT/m]라 한다.

① $\frac{B}{H}=-\frac{l\mu_0}{\delta}$　② $\frac{B}{H}=-\frac{\delta\mu_0}{l}$

③ $\frac{B}{H}=\frac{\delta\mu_0}{l}$　④ $\frac{B}{H}=\frac{l\mu_0}{\delta}$

해설

영구자석은 외부 기자력이 영(0)이므로 공극 존재시 전체 자기저항은

$R_m=\frac{l}{\mu S}+\frac{\delta}{\mu_0 S}$ [AT/wb]

자기회로의 옴의 법칙에 의해서 기자력

$F=\phi R_m=BS\left(\frac{l}{\mu S}+\frac{\delta}{\mu_0 S}\right)=\frac{l}{\mu}+\frac{\delta}{\mu_0}=0$

자속밀도 $B=\mu H$[wb/m^2], $\frac{B}{H}=\mu$이므로

$\frac{l}{\mu}=-\frac{\delta}{\mu_0}$, $\mu=-\frac{\mu_0 l}{\delta}=\frac{B}{H}$

16 한 변의 길이가 l[m]인 정삼각형 회로에 전류 I[A]가 흐르고 있을 때 정삼각형 중심에서의 자계의 세기[AT/m]는?

① $\frac{9I}{2\pi l}$　② $\frac{9I}{\pi l}$

③ $\frac{\sqrt{2}\,I}{2\pi l}$　④ $\frac{2\sqrt{2}\,I}{\pi l}$

해설

도형 중심점 자계

① 정삼각형 중심의 자계의 세기 : $H=\frac{9I}{2\pi l}$ [AT/m]

② 정사각형 중심의 자계의 세기 : $H=\frac{2\sqrt{2}\,I}{\pi l}$ [AT/m]

③ 정육각형 중심의 자계의 세기 : $H=\frac{\sqrt{3}\,I}{\pi l}$ [AT/m]

단, l[m] : 한변의 길이

17 전위함수 $V=\frac{1}{x^2+y^2}$[V]일 때 전계의 세기[V/m]는?

① $-\frac{yi+xj}{(x^2+y^2)^2}$　② $\frac{xi+yj}{(x^2+y^2)^2}$

③ $-\frac{2yi+2xj}{(x^2+y^2)^2}$　④ $\frac{2xi+2yj}{(x^2+y^2)^2}$

해설

전계의 세기는

$$E=-grad\,V=-\nabla V=-\left(\frac{\partial V}{\partial x}i+\frac{\partial V}{\partial y}j+\frac{\partial V}{\partial z}k\right)$$
$$=-\left\{-\frac{2x}{(x^2+y^2)^2}i-\frac{2y}{(x^2+y^2)^2}j\right\}$$
$$=\frac{2xi+2yj}{(x^2+y^2)^2}\ [\mathrm{V/m}]$$

18 유전율이 다른 두 유전체의 경계면에 작용하는 힘은? (단, 유전체의 경계면과 전계방향은 수직이다.)

① 유전율의 차이에 비례

② 유전율의 차이에 반비례

③ 경계면의 전계의 세기의 제곱에 비례

④ 경계면의 전하밀도의 제곱에 비례

해설

유전체 경계면에 작용하는 힘(=맥스웰의 변형력)은

경계면에 전계가 수직인 경우($D_1=D_2$이며 $\epsilon_1>\epsilon_2$라 하면)

$f=\frac{1}{2}\left(\frac{1}{\epsilon_2}-\frac{1}{\epsilon_1}\right)D^2$[N/m^2]에서

$D=\rho_s$[C/m^2] 이므로

∴ 경계면에 작용하는 힘은 전속밀도(D)의 제곱에 비례하거나 또는 면전하밀도(ρ_s)의 제곱에 비례한다.

정답 15 ① 16 ① 17 ④ 18 ④

19 자기 인덕턴스 L[H]인 코일에 전류 I[A]를 흘렸을 때, 자계의 세기가 H[AT/m]이었다. 이 코일을 진공 중에서 자화시키는데 필요한 에너지 밀도[J/m^3]는?

① LI^2
② $\frac{1}{2}LI^2$
③ $\mu_0 H^2$
④ $\frac{1}{2}\mu_0 H^2$

해설

자계 내 단위 체적당 축적 에너지

$$W = \frac{B^2}{2\mu_0} = \frac{1}{2}\mu_0 H^2 = \frac{1}{2}BH\,[\text{J/m}^3]$$

20 1[μA]의 전류가 흐르고 있을 때, 1초 동안 통과하는 전자 수는 약 몇 개인가? (단, 전자 1개의 전기량은 1.602×10^{-19}[C]이다.)

① 6.24×10^{-10}
② 6.24×10^{-11}
③ 6.24×10^{-12}
④ 6.24×10^{-13}

해설

전류 $I = \frac{Q}{t} = \frac{ne}{t}\,[\text{C/sec} = A]$이므로

$$n = \frac{It}{e} = \frac{1\times10^{-6}\times1}{1.602\times10^{-19}} = 6.24\times10^{-12}$$

정답 19 ④ 20 ③

23 과년도기출문제(2023. 5. 13 시행)

※ 본 기출문제는 수험자의 기억을 바탕으로 하여 복원한 문제이므로 실제 문제와 다를 수 있음을 미리 알려드립니다.

01 전계 E[V/m], 전속밀도 D[C/m^2], 유전율 $\epsilon=\epsilon_0\epsilon_s$[F/m] 분극의 세기 P[C/m^2] 사이 관계는?

① $P=P+\epsilon_0 E$　② $P=P-\epsilon_0 E$

③ $P=\dfrac{P+E}{\epsilon_0}$　④ $P=\dfrac{P-E}{\epsilon_0}$

해설

분극의 세기

$$P=D-\epsilon_0 E=\epsilon_0(\epsilon_s-1)E=D\left(1-\frac{1}{\epsilon_s}\right)$$

$$=\chi E=\frac{M}{v}[\mathrm{C/m^2}]$$

02 반지름 2[mm]의 두 개의 무한히 긴 원통 도체가 중심 간격 2[m] 간격으로 진공 중에 평행하기 놓여 있을 때 1[km]당 정전용량은 약 몇 [μF]인가?

① 3×10^{-3}　② 6×10^{-3}

③ 5×10^{-3}　④ 4×10^{-3}

해설

평행도선 사이의 정전용량

$$C=\frac{\pi\epsilon_0 l}{\ln\frac{d}{a}}=\frac{\pi\times8.855\times10^{-12}\times1\times10^3}{\ln\frac{2}{2\times10^{-3}}}\times10^6$$

$$=4.03\times10^{-3}[\mu\mathrm{F}]$$

03 4π[A]의 전류가 흐르고 있는 무한직선도체로부터 일정 거리 떨어진 자유 공간 내 P점의 자계의 세기가 4[AT/m]이다. 떨어진 거리[m]는?

① 2　② 4

③ 0.5　④ 1

해설

무한장 직선도체에 의한 자계는

$H=\dfrac{I}{2\pi r}$[AT/m]이므로 떨어진 거리는

$$r=\frac{I}{2\pi H}=\frac{4\pi}{2\pi\times4}=0.5[\mathrm{m}]$$

04 평등 자계 내 수직으로 돌입한 전자의 궤적은?

① 원운동을 하는데 반지름은 자계의 세기에 비례한다.

② 구면위에서 회전하고 반지름은 자계의 세기에 비례한다.

③ 원운동을 하고 반지름은 전자의 처음 속도에 반비례한다.

④ 원운동을 하고 반지름은 자계의 세기에 반비례한다.

해설

자계 내 전자가 수직으로 입사 시 원심력과 로렌쯔의 힘에 의해 전자가 항상 원운동을 한다.

이 때, 전자의 반지름 $r=\dfrac{mv}{eB}=\dfrac{mv}{\mu_0 He}$[m]이므로 자계의 세기와 반비례한다.

05 공기 중에서 무한 평면 도체 표면 아래의 1[m] 떨어진 곳에 4[C]의 전하가 있다. 전하가 받는 힘의 크기[N]는?

① 3.6×10^{10}　② 4.6×10^{10}

③ 5.6×10^{10}　④ 6.6×10^{10}

해설

접지무한평면과 점전하사이에 작용하는 힘

$$F=\frac{Q^2}{16\pi\epsilon_0 a^2}=\frac{9}{4}\times10^9\times\frac{4^2}{1^2}=3.6\times10^{10}[\mathrm{N}]$$

정답　01 ②　02 ④　03 ③　04 ④　05 ①

06 반지름 a인 접지된 구형도체와 점전하가 유전율 ϵ인 공간에서 각각 원점과 (d, 0, 0)인 점에 있다. 구형도체를 제외한 공간의 전계를 구할 수 있도록 구형도체를 영상전하로 대치할 때의 영상 점전하의 위치는?

① $\left(-\dfrac{a^2}{d}, 0, 0\right)$　② $\left(\dfrac{a^2}{d}, 0, 0\right)$

③ $\left(0, +\dfrac{a^2}{d}, 0\right)$　④ $\left(\dfrac{d^2}{4a}, 0, 0\right)$

해설

접지도체구와 점전하사이에

영상전하 위치 $x=\dfrac{a^2}{d}$[m]이며

이 때 접지구도체 중심과 점전하를 지나는 일직선상인 $\left(\dfrac{a^2}{d}, 0, 0\right)$에 존재한다.

07 자유공간 중에서 전위 $V=3x+y$[V]로 주어질 때 $0 \le x \le 1$, $0 \le y \le 1$, $0 \le z \le 1$인 입방체에 존재하는 정전에너지는 몇 [J]인가?

① 2.15×10^{-11}　② 5.62×10^{-11}

③ 4.43×10^{-11}　④ 6.98×10^{-11}

해설

정전에너지

$E=-grad V=-\left(\dfrac{\partial V}{\partial x}i+\dfrac{\partial V}{\partial y}j+\dfrac{\partial V}{\partial z}k\right)$

$=-3i-j$[V/m]

$|E|=\sqrt{(-3)^2+(-1)^2}=\sqrt{10}$[V/m]

$0 \le x \le 1$, $0 \le y \le 1$, $0 \le z \le 1$인 입방체의 체적은 $1[m^3]$, 즉 단위체적이므로

정전에너지

$W=\dfrac{1}{2}\epsilon_0 E^2=\dfrac{1}{2}\times8.855\times10^{-12}\times(\sqrt{10})^2$

$=4.43\times10^{-11}$[J]

08 내부도체 반지름이 a, 외부도체 내반지름이 b인 동축 케이블에서 내부도체 표면에 전류가 흐르고 얇은 외부도체에는 크기는 같고 반대방향인 전류가 흐를 때 단위 길이당 외부 인덕턴스는 약 몇 [H/m]인가?

① $2\times10^{-7}\ln\dfrac{b}{a}$　② $4\times10^{-7}\ln\dfrac{b}{a}$

③ $\dfrac{1}{2\times10^{-7}}\ln\dfrac{b}{a}$　④ $\dfrac{1}{4\times10^{-7}}\ln\dfrac{b}{a}$

해설

동심 원통 사이 자기 인덕턴스

$L=\dfrac{\mu_0}{2\pi}\ln\dfrac{b}{a}=\dfrac{4\pi\times10^{-7}}{2\pi}\ln\dfrac{b}{a}$

$=2\times10^{-7}\ln\dfrac{b}{a}$[H/m]

09 무손실 매질에서 고유 임피던스 $\eta=60\pi$, 비투자율 $\mu_s=1$, 자계 $H=-0.1\cos(\omega t-z)\hat{x}+0.5\sin(\omega t-z)\hat{y}$[AT/m]일 때 각주파수[rad/s]는?

① 6×10^8　② 3×10^8

③ 0.5×10^8　④ 1.5×10^8

해설

자계 $H=-0.1\cos(\omega t-\beta z)\hat{x}+0.5\sin(\omega t-\beta z)\hat{y}$[AT/m]이므로

위상정수 $\beta=1$[rad/m]이 되고

전파속도 $v=\dfrac{\omega}{\beta}=\dfrac{1}{\sqrt{\epsilon\mu}}$[m/sec]에서

각주파수 $\omega=\dfrac{\beta}{\sqrt{\epsilon\mu}}=\dfrac{1}{\sqrt{\epsilon\mu}}$[rad/sec]가 된다.

이때 고유 임피던스 $\eta=\sqrt{\dfrac{\mu}{\epsilon}}=60\pi[\Omega]$에서

$\sqrt{\epsilon}=\dfrac{\sqrt{\mu}}{60\pi}$가 되므로

$\omega=\dfrac{1}{\sqrt{\epsilon}\sqrt{\mu}}=\dfrac{1}{\dfrac{\sqrt{\mu}}{60\pi}\sqrt{\mu}}=\dfrac{60\pi}{\mu}=\dfrac{60\pi}{\mu_0\mu_s}$

$=\dfrac{60\pi}{4\pi\times10^{-7}\times1}=1.5\times10^8$[rad/sec]

정답　06 ②　07 ③　08 ①　09 ④

10 그림과 같은 유전속의 분포에서 ϵ_1과 ϵ_2의 관계는?

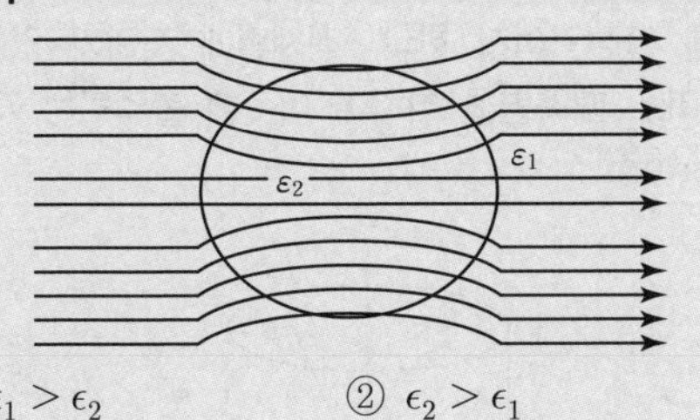

① $\epsilon_1 > \epsilon_2$ ② $\epsilon_2 > \epsilon_1$
③ $\epsilon_1 = \epsilon_2$ ④ $\epsilon_1 > 0,\ \epsilon_2 > 0$

해설

전속선은 유전율이 큰 쪽으로 집속되므로 $\epsilon_2 > \epsilon_1$

11 자계의 벡터 포텐셜(Vector potential)을 $A[\text{Wb/m}^2]$라 할 때 도체 주위에서 자계 $B[\text{Wb/m}^2]$가 시간적으로 변화하면 도체에 발생하는 전계의 세기 $E[\text{V/m}]$는?

① $E=-\frac{\partial A}{\partial t}$ ② $rotE=-\frac{\partial A}{\partial t}$
③ $rotE=\frac{\partial B}{\partial t}$ ④ $E=rotB$

해설

맥스웰의 전자방정식에서
$rotA=B$ 이므로
$rotE=-\frac{\partial B}{\partial t}=-\frac{\partial}{\partial t}rotA$
양변의 rot를 소거하면 $E=-\frac{\partial A}{\partial t}[\text{V/m}]$

12 점전하 $Q[\text{C}]$에 의한 무한 평면 도체의 영상전하는?

① $-Q[\text{C}]$보다 작다.
② $-Q[\text{C}]$과 같다.
③ $Q[\text{C}]$보다 크다.
④ $Q[\text{C}]$과 같다.

해설

접지무한평면과 점전하 Q에 의한 영상전하는 크기는 같고 부호가 반대이므로
$Q'=-Q[\text{C}]$

13 인덕턴스의 단위[H]와 같지 않은 것은?

① $[\Omega/\text{s}]$ ② $[\text{Wb/A}]$
③ $[\text{J/A}\cdot\text{s}]$ ④ $[\text{J/A}^2]$

해설

자기 인덕턴스의 단위
$L[\text{Wb/A}=\text{Vsec/A}=\Omega\cdot\text{sec}=\text{J/A}^2=\text{H}]$

14 자화율(magnetic susceptibility) χ는 상자성체에서 일반적으로 어떤 값을 갖는가?

① $\chi=0$ ② $\chi=1$
③ $\chi<0$ ④ $\chi>0$

해설

상자성체는 비투자율 $\mu_s>1$이므로 자화율
$\chi=\mu_0(\mu_s-1)>0$

15 $x>0$인 영역에 비유전율 $\epsilon_{r1}=3$인 유전체, $x<0$인 영역에 비유전율 $\epsilon_{r2}=5$인 유전체가 있다. $x<0$인 영역에서 전계 $E_2=20a_x+30a_y-40a_z$ $[\text{V/m}]$일 때 $x>0$인 영역에서의 전속밀도는 몇 $[\text{C/m}^2]$인가?

① $10(10a_x+9a_y-12a_z)\epsilon_0$
② $20(5a_x-10a_y+6a_z)\epsilon_0$
③ $50(5a_x-10a_y+6a_z)\epsilon_0$
④ $50(2a_x-3a_y+4a_z)\epsilon_0$

정답 10 ② 11 ① 12 ② 13 ③ 14 ④ 15 ①

해설

유전체의 경계면 조건

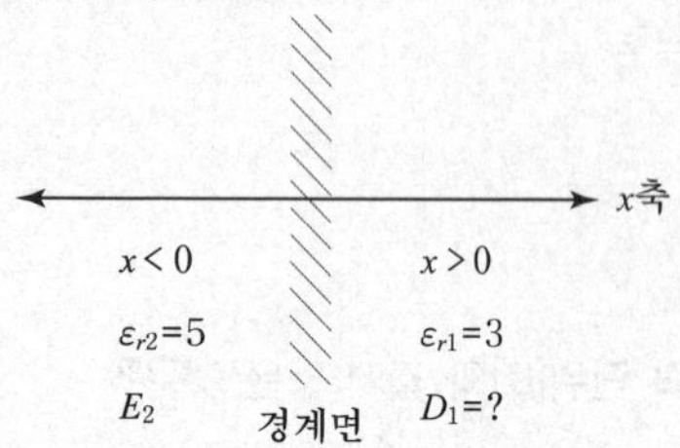

경계면 수직성분이 x축이므로 전속밀도가 서로 같으므로
$D_{x1} = D_{x2}$
경계면 수평성분이 y축, z축이므로 전계가 서로 같으므로
$E_{y1} = E_{y2}$, $E_{z1} = E_{z2}$가 되고
$D_{x1} = D_{x2} = \epsilon_2 E_{x2} = \epsilon_0 \epsilon_{r2} E_{x2} = \epsilon_0 \times 5 \times 20 a_x$
$= 100\epsilon_0 a_x$
$D_{y1} = \epsilon_1 E_{y1} = \epsilon_0 \epsilon_{r1} E_{y2} = \epsilon_0 \times 3 \times 30 a_y = 90\epsilon_0 a_y$
$D_{z1} = \epsilon_1 E_{z1} = \epsilon_0 \epsilon_{r1} E_{z2} = \epsilon_0 \times 3 \times (-40 a_z)$
$= -120\epsilon_0 a_z$가 되므로
$D_1 = D_{x1} + D_{y1} + D_{z1} = 100\epsilon_0 a_x + 90\epsilon_0 a_y - 120\epsilon_0 a_z$
$= 10(10a_x + 9a_y - 12a_z)\epsilon_0 [\mathrm{C/m^2}]$

16 저항 $10[\Omega]$의 코일을 지나는 자속이 $5\sin 10t[\mathrm{Wb}]$일 때 코일에 흐르는 전류의 최대치는?

① 5　　② 15
③ 10　　④ 12

해설

정현파 자속에 의한 최대유기전압
$e_{\max} = \omega N\phi_m = 10 \times 1 \times 5 = 50[\mathrm{V}]$이므로
최대전류는 $I_m = \dfrac{e_m}{R} = \dfrac{50}{10} = 5[\mathrm{A}]$

17 그림과 같이 비투자율이 μ_{s1}, μ_{s2}인 각각 다른 자성체를 접하여 놓고 θ_1을 입사각이라 하고, θ_2를 굴절각이라 한다. 경계면에 자하가 없을 경우 미소 폐곡면을 취하여 이곳에 출입하는 자속수를 구하면?

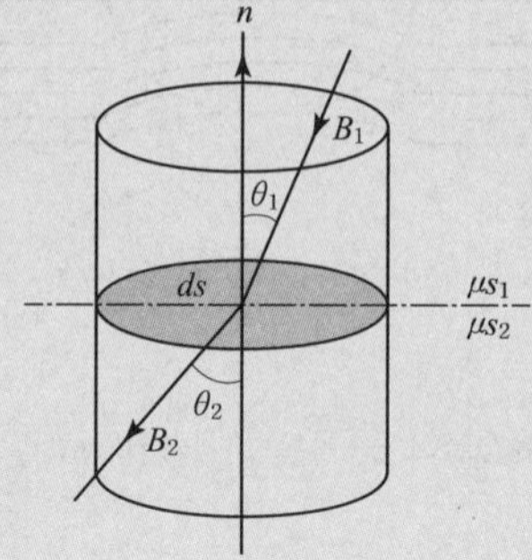

① $\int B \cdot n ds = 0$
② $\int B \cdot n dl = 0$
③ $\int B \cdot n \sin\theta ds = 0$
④ $\int B ds = 0$

해설

자성체 내에서 키르히호프의 제1법칙은
$\Sigma\phi = 0[\mathrm{Wb}]$이므로
$\Sigma\phi = \int_s B \cdot n ds = \int_v div\, B dv$
$= \int_v \nabla \cdot B dv = 0[\mathrm{Wb}]$이다.
$\therefore \int_s B \cdot n ds = \int_v div\, B dv = 0[\mathrm{Wb}]$이란
자성체 내에서 자속은 발산하지 않으며
경계면을 기준으로 법선성분(수직성분)은 연속임을 의미한다.
이것을 자속의 연속성이라 한다.

18 진공 중에서 한 변이 $a[\mathrm{m}]$인 정사각형 단일 코일이 있다. 코일에 $I[\mathrm{A}]$의 전류를 흘릴 때 정사각형 중심에서 자계의 세기는 몇 $[\mathrm{AT/m}]$인가?

① $\dfrac{2\sqrt{2}I}{\pi a}$　　② $\dfrac{I}{\sqrt{2}a}$
③ $\dfrac{I}{2a}$　　④ $\dfrac{4I}{a}$

정답　16 ①　17 ①　18 ①

해설

도형 중심점 자계

① 정삼각형 중심의 자계의 세기 : $H=\frac{9I}{2\pi l}$[AT/m]

② 정사각형 중심의 자계의 세기 :
$H=\frac{2\sqrt{2}I}{\pi l}$[AT/m]

③ 정육각형 중심의 자계의 세기 : $H=\frac{\sqrt{3}I}{\pi l}$[AT/m]

19 자극의 세기 8×10^{-6}[Wb], 길이 3[cm]인 막대자석을 120[AT/m]의 평등 자계 내에 자계와 30°의 각도로 놓았다면 자석이 받는 회전력은 몇 [N·m]인가?

① 1.44×10^{-5}　② 2.49×10^{-5}
③ 1.44×10^{-4}　④ 2.49×10^{-4}

해설

자계내 막대자석에 의한 회전력

$T=mlH\sin\theta=8\times10^{-6}\times3\times10^{-2}\times120\times\sin30°$
$=1.44\times10^{-5}$[N·m]

20 진공 중 4[m] 간격으로 두 개의 평행한 무한 평판 도체에 각각 $+4$[C/m^2], -4[C/m^2]의 전하를 주었을 때, 두 도체 간의 전위차는 몇 [V]인가?

① 1.5×10^{12}　② 1.8×10^{12}
③ 1.5×10^{11}　④ 1.8×10^{11}

해설

평행판 사이 전위차

$V=Ed=\frac{\sigma}{\epsilon_0}d$
$=\frac{4}{8.855\times10^{-12}}\times4=1.8\times10^{12}$[V]

정답　19 ①　20 ②

과년도기출문제(2023. 7. 8 시행)

※ 본 기출문제는 수험자의 기억을 바탕으로 하여 복원한 문제이므로 실제 문제와 다를 수 있음을 미리 알려드립니다.

01 평면도체 표면에서 r[m]의 거리에 점전하 Q[C]이 있을 때 이 전하를 무한원까지 운반하는 데 필요한 일은 몇 [J]인가?

① $\dfrac{Q^2}{16\pi\epsilon_0 r}$　② $\dfrac{Q^2}{8\pi\epsilon_0 r}$

③ $\dfrac{Q^2}{4\pi\epsilon_0 r}$　④ $\dfrac{Q^2}{32\pi\epsilon_0 r}$

해설

무한평면도체에서 점전하 Q이동시 필요한 일은

$$W=-\int_r^\infty F dr=-\int_r^\infty \left(-\frac{Q^2}{16\pi\epsilon_0 r^2}\right)dr$$

$$=\frac{Q^2}{16\pi\epsilon_0 r}[\mathrm{J}]$$

02 인접 영구 자기 쌍극자가 크기는 같으나 방향이 서로 반대방향으로 배열된 자성체를 어떤 자성체라 하는가?

① 강자성체　② 상자성체
③ 반자성체　④ 반강자성체

해설

자성체의 스핀배열
① 상자성체 : 배열이 불규칙하다.
② 강자성체 : 크기가 같고 방향이 동일하다.
③ 반강자성체 : 크기는 같으나 방향이 서로 반대이다.
④ 페리자성체 : 크기와 방향 모두 다르다.

03 두 개의 자극판이 놓여 있다. 이 때 자극판 사이의 자속밀도 B[Wb/m²], 자계의 세기 H[AT/m], 투자율이 μ인 곳의 자계의 에너지 밀도[J/m³]는?

① $\dfrac{1}{2}BH$　② BH

③ $\dfrac{1}{2}H^2$　④ $\dfrac{1}{2}HB^2$

해설

자계 내 축적되는 단위 체적당 에너지 밀도

$$W=\frac{B^2}{2\mu}=\frac{1}{2}\mu H^2=\frac{1}{2}BH[\mathrm{J/m^3}]$$

04 비유전율이 6인 등방 유전체의 한 점에서 전계의 세기가 10^4[V/m]일 때 이 점의 분극의 세기는 몇 [C/m²]인가?

① $\dfrac{5}{9\pi}\times10^{-5}$　② $\dfrac{5}{36\pi}\times10^{-4}$

③ $\dfrac{5}{9\pi}\times10^{-4}$　④ $\dfrac{5}{36\pi}\times10^{-5}$

해설

분극의 세기

$$P=\epsilon_0(\epsilon_s-1)E=\frac{10^{-9}}{36\pi}(6-1)\times10^4$$

$$=\frac{5}{36\pi}\times10^{-5}[\mathrm{C/m^2}]$$

05 유전율이 각각 ϵ_1, ϵ_2인 두 유전체가 접한 경계면에서 전하가 존재하지 않는다고 할 때 유전율이 ϵ_1인 유전체에서 유전율이 ϵ_2인 유전체로 전계 E_1이 입사각 $\theta=0°$로 입사할 때 성립하는 식은?

① $\dfrac{E_2}{E_1}=\dfrac{\epsilon_1}{\epsilon_2}$　② $E_1=E_2$

③ $\dfrac{E_1}{E_2}=\dfrac{\epsilon_1}{\epsilon_2}$　④ $E_1=\epsilon_1\epsilon_2 E_2$

해설

입사각이 $\theta=0°$인 경우 유전체경계면에 수직입사이므로 경계면 양측에서 전속밀도가 같으므로

$D_1=D_2$, $\epsilon_1 E_1=\epsilon_2 E_2$, 이를 정리하면 $\dfrac{E_2}{E_1}=\dfrac{\epsilon_1}{\epsilon_2}$

정답　01 ①　02 ③　03 ①　04 ④　05 ①

06 정현파 자속의 주파수를 2배, 최대값을 3배로 늘렸을 때 코일에 유기되는 기전력의 최대값을 몇 배가 되는가?

① 2배 ② 3배
③ 6배 ④ 9배

해설

정현파 자속에 의한 유기기전력의 최대값은
$e_{\max} = \omega N\phi_m = 2\pi fN\phi_m$[V]이므로
$e_{\max} \propto f \cdot \phi_m$이므로 $2\times3=6$배

07 전계 6[V/m], 주파수 10[MHz]인 전자파에서 포인팅벡터는 몇 [W/m²]인가?

① 4.8×10^{-2} ② 9.5×10^{-2}
③ 4.8×10^{-3} ④ 9.5×10^{-3}

해설

진공(공기)시 포인팅벡터
$P' = \frac{P}{S} = EH = 377H^2 = \frac{1}{377}E^2$ [W/m²]이므로
주어진 수치를 대입하면
$P' = \frac{1}{377}\times6^2 = 9.5\times10^{-2}$[W/m²]

08 플레밍의 왼손법칙을 이용한 것은?

① 직류발전기 ② 직류전동기
③ 교류전동기 ④ 교류발전기

해설

플레밍의 왼손법칙은 직류전동기의 원리이다.

09 $\epsilon_r=81$, $\mu_r=1$인 매질의 고유 임피던스는 약 [Ω]인가? (단, ϵ_r은 비유전율이고, μ_r은 비투자율이다.)

① 13.9 ② 21.9
③ 33.9 ④ 41.9

해설

파동 고유 임피던스
$\eta = \frac{E}{H} = \sqrt{\frac{\mu}{\epsilon}} = 377\sqrt{\frac{\mu_r}{\epsilon_r}} = 377\sqrt{\frac{1}{81}} = 41.89[\Omega]$

10 대지면에 높이 h[m]로 평행 가설된 매우 긴 선전하(선전하밀도[C/m])가 지면으로부터 받는 힘[N/m]은?

① h에 비례한다. ② h에 반비례한다.
③ h^2에 비례한다. ④ h^2에 반비례한다.

해설

무한평면도체(대지면)와 선전하 λ[C/m]에 의한 단위길이당 작용하는 힘은
$F = \frac{-\lambda^2}{4\pi\epsilon_0 h} = -9\times10^9\frac{\lambda^2}{h}$ [N/m]이므로
높이 h에 반비례한다.

11 전계 E[V/m] 및 자계 H[AT/m]의 전자계가 평면파를 이루고 공기 중을 C_0[m/s]의 속도로 전파될 때 단위시간당 단위면적을 지나는 에너지는 몇 [W/m²]인가? (단 C_0는 빛의 속도를 나타낸다.)

① EH^2 ② EH
③ E^2H ④ $\frac{1}{2}E^2H^2$

해설

진공(공기)시 단위시간당 단위면적을 지나는 에너지를 포인팅벡터 P'라 하고
$P' = \frac{P}{S} = E\times S = EH = 377H^2 = \frac{1}{377}E^2$ [W/m²]

12 공기 중 두 점전하 사이에 작용하는 힘이 5[N]이었다. 두 전하 사이에 유전체를 넣었더니 힘이 2[N]이 되었다면 유전체의 비유전율은 얼마인가?

① 15 ② 10
③ 5 ④ 2.5

정답 06 ③ 07 ② 08 ② 09 ④ 10 ② 11 ② 12 ④

해설

공기 중 작용하는 힘 $F_0 = \frac{Q_1 Q_2}{4\pi\epsilon_0 r^2}$[N]

유전체 내 작용하는 힘 $F = \frac{Q_1 Q_2}{4\pi\epsilon_0 \epsilon_s r^2} = \frac{F_0}{\epsilon_s}$[N]이므로

비유전율은 $\epsilon_s = \frac{F_0}{F} = \frac{5}{2} = 2.5$[N]

13 $\nabla \cdot J = -\frac{\partial \rho}{\partial t}$에 대한 설명으로 옳지 않은 것은?

① "−" 부호는 전류가 폐곡면에서 유출되고 있음을 뜻한다.
② 단위 체적당 전하 밀도의 시간당 증가 비율이다.
③ 전류가 정상 전류가 흐르면 폐곡면에 통과하는 전류는 0(Zero)이다.
④ 폐곡면에서 수직으로 유출되는 전류밀도는 미소체적인 한 점에서 유출되는 단위체적당 전류가 된다.

해설

$\nabla \cdot J = div J = -\frac{\partial \rho}{\partial t}$은 단위체적당 전하 밀도의 시간당 감소 비율을 나타낸다.

14 자계 내 전자가 반경 0.35×10^{-10}[m], 각속도 2×10^{16}[rad/sec]의 원운동을 지속하기 위한 구심력은 약 몇 [N]인가? (단, 전자의 질량은 9.109×10^{-31}[kg]이다.)

① 1.28×10^{-7} ② 2.56×10^{-7}
③ 1.28×10^{-8} ④ 2.56×10^{-8}

해설

자계 내 전자 수직 입사시

구심력 $F = \frac{mv^2}{r} = \frac{mv^2 r}{r^2} = m\omega^2 r$ [N] 이므로

주어진 수치를 대입하면

$F = 9.109\times10^{-31}\times(2\times10^{16})^2\times0.35\times10^{-10}$
$= 1.28\times10^{-8}$[N]

15 그림과 같은 동축 원통의 왕복 전류회로가 있다. 도체 단면에 고르게 퍼진 일정 크기의 전류가 내부 도체로 흘러 들어가고 외부 도체로 흘러나올 때, 전류에 의해 생기는 자계에 대하여 틀린 것은?

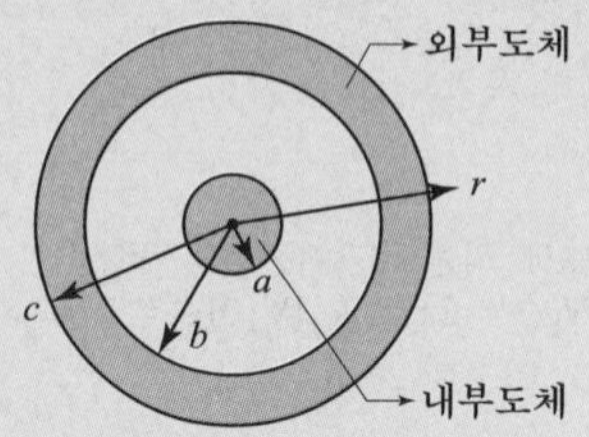

① 외부공간($r>c$)의 자계는 영(0)이다.
② 내부 도체 내($r<a$)에 생기는 자계의 크기는 중심으로부터 거리에 비례한다.
③ 외부 도체 내($b<r<c$)에 생기는 자계의 크기는 중심으로부터 거리에 관계없이 일정하다.
④ 두 도체 사이(내부공간)($a<r<b$)에 생기는 자계의 크기는 중심으로부터 거리에 반비례한다.

해설

동축 원통 내외 자계의 세기

① $r>c$: $H_1 = \frac{I}{2\pi r} - \frac{I}{2\pi r} = 0$[AT/m]로 외부 공간의 자계는 0이다.

② $r<a$: $H_2 = \frac{Ir}{2\pi a^2}$[AT/m]로 중심으로부터 거리에 비례한다.

③ $b<r<c$: $H_3 = \frac{I}{2\pi r}\left(1 - \frac{r^2-b^2}{c^2-b^2}\right)$[AT/m]로 중심으로부터 거리와 관계있다.

④ $a<r<b$: $H_4 = \frac{I}{2\pi r}$[AT/m]로 중심으로부터 거리에 반비례한다.

16 균등하게 자화된 구 자성체의 반지름을 a[m], 자화의 세기를 J[Wb/m^2]라 할 때, 자기 모멘트 [Wb·m]는?

① $\frac{4}{3}\pi a^3 J$ ② $\pi a^2 J$
③ $2\pi a J$ ④ $\frac{\pi a^2 J}{4}$

정답 13 ② 14 ③ 15 ③ 16 ①

해설

자화의 세기는 단위체적당 자기 모멘트값이므로

구자성의 체적 $v = \frac{4}{3}\pi a^3 [m^3]$ 이므로

$J = \frac{M}{v} [Wb/m^2]$ 에서 자기모멘트는

$M = vJ = \frac{4}{3}\pi a^3 J [Wb \cdot m]$

17 다음 설명으로 옳지 않은 것은?

① 초전도체는 온도가 높아질수록 저항이 낮아진다.
② 자화의 세기는 단위 체적당의 자기 모멘트이다.
③ 상자성체에서 자극 N극을 접근시키면 S극이 유도된다.
④ 니켈, 코발트 등은 강자성체에 속한다.

해설

초전도체
특정온도 이하에서 저항이 0이 되는 물질을 초전도체라 하며 온도가 낮아질수록 저항이 낮아지는 성질이 있다.

18 반지름이 a[m]이고 단위길이에 대한 권수가 n인 무한장 솔레노이드의 단위길이당 자기 인덕턴스는 몇 [H/m]인가?

① $\mu\pi an$　② $\frac{an}{2\mu\pi}$
③ $\mu\pi a^2n^2$　④ $4\mu\pi a^2n^2$

해설

무한장 솔레노이드 자기 인덕턴스
$L = \mu S n^2 = \mu\pi a^2 n^2 [H/m]$

19 투자율이 μ, 길이가 l[m]인 원주도체 내부에 균일한 전류 I[A]가 흐를 때 원주도체 내부에 저장되는 에너지[J]는?

① $\frac{\mu l}{8\pi}$　② $\frac{\mu Il}{4\pi}$
③ $\frac{\mu}{8\pi}$　④ $\frac{\mu I^2 l}{16\pi}$

해설

원주도체 내부 저장 에너지
$W_i = \frac{1}{2}L_i I^2 = \frac{1}{2}\left(\frac{\mu l}{8\pi}\right)I^2 = \frac{\mu l I^2}{16\pi} [J]$

20 평행판 콘덴서에 어떤 유전체를 넣었을 때 전속밀도가 $2.4 \times 10^{-7} [C/m^2]$이고, 단위 체적중의 에너지가 $5.3 \times 10^{-3} [J/m^3]$이었다. 이 유전체의 유전율은 약 몇 [F/m]인가?

① 2.17×10^{-11}　② 5.43×10^{-11}
③ 5.17×10^{-12}　④ 5.43×10^{-12}

해설

단위체적당 정전에너지는
$W = \frac{\sigma^2}{2\epsilon} = \frac{D^2}{2\epsilon} = \frac{1}{2}\epsilon E^2 = \frac{1}{2}ED [J/m^3]$ 이므로

유전율
$\epsilon = \frac{D^2}{2w} = \frac{(2.4 \times 10^{-7})^2}{2 \times 5.3 \times 10^{-3}} = 5.43 \times 10^{-12} [F/m]$

정답　17 ①　18 ③　19 ④　20 ④

19 과년도기출문제(2019. 3. 3 시행)

01 그림과 같은 동축케이블에 유전체가 채워졌을 때의 정전용량[F]은? (단, 유전체의 비유전율은 ε_s이고 내반지름과 외반지름은 각각 a[m], b[m]이며 케이블의 길이는 ℓ[m]이다.

① $\dfrac{2\pi\varepsilon_s\ell}{\ln\dfrac{b}{a}}$

② $\dfrac{2\pi\varepsilon_o\varepsilon_s\ell}{\ln\dfrac{b}{a}}$

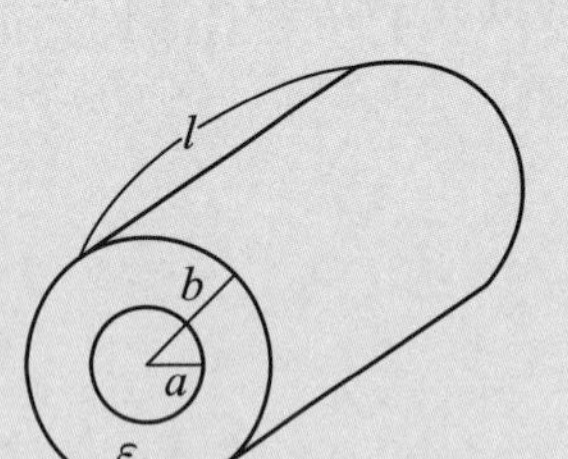

③ $\dfrac{\pi\varepsilon_s\ell}{\ln\dfrac{b}{a}}$

④ 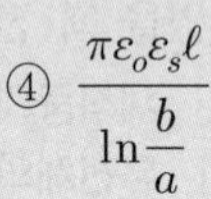 $\dfrac{\pi\varepsilon_o\varepsilon_s\ell}{\ln\dfrac{b}{a}}$

해설

동심원통(동축케이블)의 정전 용량은

$$C=\frac{2\pi\varepsilon\, l}{\ln\frac{b}{a}}=\frac{2\pi\varepsilon_o\,\varepsilon_s\, l}{\ln\frac{b}{a}}\,[\mathrm{F}]$$

02 두 벡터가 $A=2a_x+4a_y-3a_z$, $B=a_x-a_y$일 때 $A\times B$는?

① $6a_x-3a_y+3a_z$

② $-3a_x-3a_y-6a_z$

③ $6a_x+3a_x-3a_z$

④ $-3a_x+3a_y+6a_z$

해설

$$A\times B=\begin{vmatrix} a_x & a_y & a_z \\ 2 & 4 & -3 \\ 1 & -1 & 0 \end{vmatrix}$$
$$=(0-3)\,a_x-(0-(-3))a_y+(-2-4)\,a_z$$
$$=-3a_x-3a_y-6a_z$$

03 두 유전체가 접했을 때 $\dfrac{\tan\theta_1}{\tan\theta_2}=\dfrac{\varepsilon_1}{\varepsilon_2}$의 관계식에서 $\theta_1=0°$일 때의 표현으로 틀린 것은?

① 전속밀도는 불변이다.

② 전기력선은 굴절하지 않는다.

③ 전계는 불연속적으로 변한다.

④ 전기력선은 유전율이 큰 쪽에 모여진다.

해설

입사각 $\theta_1=0°$인 경우 경계면에 수직 입사시 이므로

- 전기력선은 굴절하지 않는다.
- 전속밀도가 서로 같으므로 불변이다.
- 전계는 서로 같지 않으므로 불연속이다.
- 전속선은 유전율이 큰 쪽에 모이고 전기력선은 유전율이 작은 쪽으로 모여진다.

04 공기 중 임의의 점에서 자계의 세기(H)가 20[AT/m]라면 자속밀도(B)는 약 몇 [Wb/m²]인가?

① 2.5×10^{-5}　② 3.5×10^{-5}

③ 4.5×10^{-5}　④ 5.5×10^{-5}

해설

공기중 자속밀도

$B=\mu_o H=4\pi\times10^{-7}\times20=2.5\times10^{-5}\,[\mathrm{Wb/m^2}]$

05 전자석의 흡인력은 공극(air gap)의 자속밀도를 B라 할 때 다음의 어느 것에 비례하는가?

① B　② $B^{0.5}$

③ $B^{1.6}$　④ $B^{2.0}$

해설

전자석에 의한 단위면적당 작용하는 흡인력은

$f=\dfrac{F}{S}=\dfrac{B^2}{2\mu}=\dfrac{1}{2}\mu H^2=\dfrac{1}{2}BH\,[\mathrm{N/m^2}]$이므로

자속밀도 B^2에 비례한다.

정답　01 ②　02 ②　03 ④　04 ①　05 ④

06 그림과 같이 평행한 두 개의 무한 직선 도선에 전류가 각각 I, $2I$인 전류가 흐른다. 두 도선 사이의 점 P에서 자계의 세기가 0이다. 이때 $\frac{a}{b}$는?

① 4
② 2
③ $\frac{1}{2}$
④ $\frac{1}{4}$

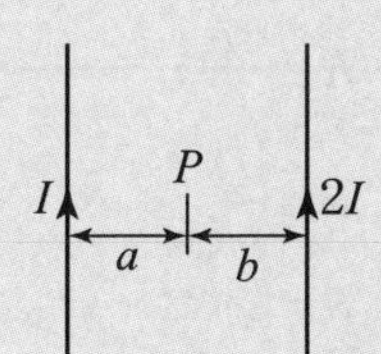

해설

전류에 의한 자계 −1

P점에 작용하는 자계의 세기는 2개이며 자계의 방향이 반대이므로 크기가 같으면 P점의 자계의 세기가 0이 된다.

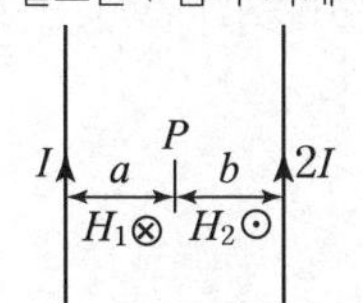

$H_1 = \frac{I}{2\pi a}$[AT/m], $H_2 = \frac{2I}{2\pi b}$[AT/m] 자계의 세기가 0이 되는 조건 $H_1 = H_2$이고 $\frac{I}{2\pi a} = \frac{2I}{2\pi b}$이다. 이를 정리하면 $\frac{a}{b} = \frac{1}{2}$이다.

07 감자율(Demagnetization factor)이 "0"인 자성체로 가장 알맞은 것은?

① 환상 솔레노이드
② 굵고 짧은 막대 자성체
③ 가늘고 긴 막대 자성체
④ 가늘고 짧은 막대 자성체

해설

환상솔레노이드(환상철심) : 감자율 $N=0$

구자성체 : 감자율 $N=\frac{1}{3}$

08 질량이 m[kg]인 작은 물체가 전하 Q[C]를 가지고 중력 방향과 직각인 무한도체평면 아래쪽 d[m]의 거리에 놓여있다. 정전력이 중력과 같게 되는데 Q[C]의 크기는?

① $d\sqrt{\pi\varepsilon_o mg}$　② $\frac{d}{2}\sqrt{\pi\varepsilon_o mg}$
③ $2d\sqrt{\pi\varepsilon_o mg}$　④ $4d\sqrt{\pi\varepsilon_o mg}$

해설

접지무한평면과 점전하

중력에 의한 힘 $F_1 = mg$[N]

무한평판과 점전하 사이에 작용하는 힘

$F_2 = \frac{Q^2}{16\pi\varepsilon_o d^2}$[N]에서

$F_1 = F_2$,

$mg = \frac{Q^2}{16\pi\varepsilon_o d^2}$이므로

$Q = \sqrt{16\pi\varepsilon_o d^2 mg} = 4d\sqrt{\pi\varepsilon_o mg}$ [C]

09 극판의 면적 $S=10[cm^2]$, 간격 $d=1$[mm]의 평행판 콘덴서에 비유전율 $\varepsilon_s=3$인 유전체를 채웠을 때 전압 100[V]를 인가하면 축적되는 에너지는 약 몇 [J]인가?

① 0.3×10^{-7}　② 0.6×10^{-7}
③ 1.3×10^{-7}　④ 2.1×10^{-7}

해설

극판의 면적 $S=10[cm^2]$, 간격 $d=1$[mm]

비유전율 $\varepsilon_s=3$, 전압 $V=100$[V]일 때

평행판 사이에 축적(저장)되는 에너지는

$$W = \frac{1}{2}CV^2 = \frac{1}{2}\cdot\frac{\varepsilon_o\varepsilon_s S}{d}\cdot V^2$$

$$W = \frac{1}{2}\cdot\frac{8.855\times10^{-12}\times3\times10\times10^{-4}}{1\times10^{-3}}\cdot100^2$$

$= 1.33\times10^{-7}$[J]

정답　06 ③　07 ①　08 ④　09 ③

10 자기인덕턴스 0.5[H]의 코일에 1/200[초] 동안에 전류가 25[A]로부터 20[A]로 줄었다. 이 코일에 유기된 기전력의 크기 및 방향은?

① 50V, 전류와 같은 방향
② 50V, 전휴와 반대 방향
③ 500V, 전류와 같은 방향
④ 500V, 전류와 반대 방향

해설

$L=0.5$[H], 시간의 변화량 $dt=\frac{1}{200}$[sec],

전류의 변화량 $di=20-25=-5$[A]이므로

유기기전력은

$$e=-L\frac{di}{dt}=-0.5\times\frac{-5}{\frac{1}{200}}=500\,[\text{V}]$$

유기기전력이 0보다 크므로 전류와 같은 방향이 된다.

11 어느 점전하에 의하여 생기는 전위를 처음 전위의 $\frac{1}{2}$이 되게 하려면 전하로부터의 거리를 어떻게 해야 하는가?

① $\frac{1}{2}$로 감소시킨다. ② $\frac{1}{\sqrt{2}}$로 감소시킨다.
③ 2배 증가시킨다. ④ $\sqrt{2}$배 증가시킨다.

해설

점전하에 의한 전위는 $V=\frac{Q}{4\pi\varepsilon_o r}=9\times10^9\frac{Q}{r}$[V]이므로 전위와 거리는 반비례 관계를 갖는다. 그러므로 전위 V를 $\frac{1}{2}$배로 감소하려면 거리 r을 2배로 증가하면 된다.

12 자계의 세기를 표시하는 단위가 아닌 것은?

① A/m ② Wb/m
③ N/Wb ④ AT/m

해설

자계의 세기의 단위
H[N/Wb= A/m= AT/m]

13 그림과 같이 면적 S[m^2], 간격 d[m]인 극판 간에 유전율 ε, 저항률 ρ인 매질을 채웠을 때 극판간의 정전용량 C와 저항 R의 관계는? (단, 전극판의 저항률은 매우 작은 것으로 한다.)

① $R=\frac{\varepsilon\rho}{C}$
② $R=\frac{C}{\varepsilon\rho}$
③ $R=\varepsilon\rho C$
④ $R=\frac{1}{\varepsilon\rho C}$

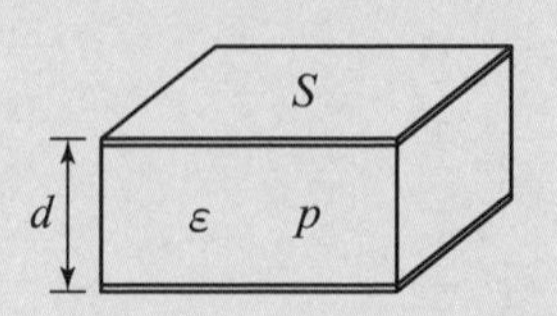

해설

전기저항 $R=\rho\frac{d}{S}$[Ω]과 정전용량 $C=\frac{\varepsilon S}{d}$[F]의 곱은 고유저항과 유전율의 곱과 같으므로 $RC=\rho\varepsilon$에서 전기저항 $R=\frac{\rho\varepsilon}{C}$[Ω]이 된다.

14 점전하 Q[C]와 무한평면도체에 대한 영상전하는?

① Q[C]와 같다. ② $-Q$[C]와 같다.
③ Q[C]보다 크다. ④ Q[C]보다 작다.

해설

무한평면 도체에 의한 영상 전하는 크기는 같고 부호는 반대이므로 $Q=-Q$[C]이 된다.

15 전계의 세기 E, 자계의 세기가 H일 때 포인팅 벡터[P]는?

① P = E×H ② $\text{P}=\frac{1}{2}\text{E}\times\text{H}$
③ P = H curl E ④ P = E curl H

해설

전자파의 포인팅 벡터는 단위시간에 단위 면적을 지나는 에너지로서

$$P'=\frac{P}{S}=\vec{E}\times\vec{H}=EH\sin\theta=EH\,[\text{W/m}^2]$$

단, 진공(공기)시인 경우는

$$P'=\frac{P}{S}=377H^2=\frac{1}{377}E^2\,[\text{W/m}^2]$$이 된다.

정답 10 ③ 11 ③ 12 ② 13 ① 14 ② 15 ①

16 철심환의 일부에 공극(air gap)을 만들어 철심부의 길이 ℓ[m], 단면적 A[m^2], 비투자율이 μ_r이고 공극부의 길이 δ[m]일 때 철심부에서 총권수 N회인 도선을 감아 전류 I[A]를 흘리면 자속이 누설되지 않는다고 하고 공극 내에 생기는 자계의 자속 ϕ_0[Wb]는?

① $\dfrac{\mu_0 ANI}{\delta\mu_r+\ell}$　② $\dfrac{\mu_0 ANI}{\delta+\mu_r\ell}$

③ $\dfrac{\mu_0\mu_r ANI}{\delta\mu_r+\ell}$　④ $\dfrac{\mu_0\mu_r ANI}{\delta+\mu_r\ell}$

해설

환상솔레노이드에서 미소공극(δ)시 전체 자기저항은

$R_m = \dfrac{l}{\mu A}+\dfrac{\delta}{\mu_0 A} = \dfrac{l+\mu_r\delta}{\mu\cdot A}$ [AT/Wb]이므로

자속 $\phi_o = \dfrac{NI}{R_m} = \dfrac{NI}{\dfrac{l+\mu_r\delta}{\mu\cdot A}} = \dfrac{\mu_0\mu_r ANI}{l+\mu_r\delta}$ [Wb]

17 내구의 반지름이 6[cm], 외구의 반지름이 8[cm]인 동심구 콘덴서의 외구를 접지하고 내구에 전위 1800[V]를 가했을 경우 내구에 충전된 전기량은 몇 [C]인가?

① 2.8×10^{-8}　② 3.8×10^{-8}

③ 4.8×10^{-8}　④ 5.8×10^{-8}

해설

$b>a$인 동심구 사이의 정전용량은

$C=\dfrac{4\pi\varepsilon_o}{\dfrac{1}{a}-\dfrac{1}{b}}=\dfrac{4\pi\varepsilon_o ab}{b-a}=\dfrac{1}{9\times10^9}\cdot\dfrac{ab}{b-a}$[F]이므로

이때 충전되는 전하량은

$Q=CV=\dfrac{4\pi\varepsilon_0 ab}{b-a}V$[C]이므로 주어진 수치를 대입하면

$Q=\dfrac{4\pi\times8.855\times10^{-12}\times6\times10^{-2}\times8\times10^{-2}}{8\times10^{-2}-6\times10^{-2}}\times1800$

$=4.807\times10^{-8}$[C]

18 다음 중 ( )에 들어갈 내용으로 옳은 것은?

> 맥스웰은 전극간의 유전체를 통하여 흐르는 전류를 해석하기 위해 (㉠)의 개념을 도입하였고, 이것도 (㉡)를 발생한다고 가정하였다.

① ㉠ 와전류, ㉡ 자계
② ㉠ 변위전류, ㉡ 자계
③ ㉠ 전자전류, ㉡ 전계
④ ㉠ 파동전류, ㉡ 전계

해설

변위전류는 전속밀도의 시간적 변화에 의해서 유전체를 통해 평행판 사이에 흐르는 전류로서 주변에 자계를 발생한다.

19 권선수가 N회인 코일에 전류 I[A]를 흘릴 경우, 코일에 ϕ[Wb]의 자속이 지나간다면 이 코일에 저장된 자계에너지[J]는?

① $\dfrac{1}{2}N\phi^2 I$　② $\dfrac{1}{2}N\phi I$

③ $\dfrac{1}{2}N^2\phi I$　④ $\dfrac{1}{2}N\phi I^2$

해설

코일에 축적(저장)되는 에너지

$W=\dfrac{1}{2}LI^2=\dfrac{\phi^2}{2L}=\dfrac{1}{2}\phi I=\dfrac{1}{2}\phi NI=\dfrac{1}{2}\phi F$[J]

여기서 L[H] : 인덕턴스, ϕ[Wb] : 자속, I[A] : 전류
N[T] : 권수, $F=NI$[AT] : 기자력

20 다음 중 인덕턴스의 공식이 옳은 것은? (단, N은 권수, I는 전류, ℓ은 철심의 길이, R_m은 자기저항, μ는 투자율, S는 철심 단면적이다.)

① $\dfrac{NI}{R_m}$　② $\dfrac{N^2}{R_m}$

③ $\dfrac{\mu NS}{\ell}$　④ $\dfrac{\mu_0 NIS}{\ell}$

해설

환상 솔레노이드의 자기인덕턴스

$L=\dfrac{N\phi}{I}=\dfrac{\mu SN^2}{l}=\dfrac{N^2}{R_m}$[H] 이므로

권선수 N^2에 비례한다.

정답　16 ③　17 ③　18 ②　19 ②　20 ②

19 과년도기출문제(2019. 4. 27 시행)

01 전자파의 에너지 전달방향은?

① ▽ × E의 방향과 같다.
② E × H의 방향과 같다.
③ 전계 E의 방향과 같다.
④ 자계 H의 방향과 같다.

해설

전자파의 특징
1) 전자파에서는 전계와 자계가 동시에 존재하고 동상이다.
2) 전자파의 전계 에너지와 자계에너지는 같다.
3) 전자파의 진행방향 $\overrightarrow{E} \times \overrightarrow{H}$ (외적의 방향)
4) 전자파는 진행방향에 대한 전계와 자계의 성분은 없고 진행방향의 수직성분인 전계와 자계의 성분은 존재한다.

02 자기 회로의 자기저항에 대한 설명으로 틀린 것은?

① 단위는 AT/Wb이다.
② 자기회로의 길이에 반비례한다.
③ 자기회로의 단면적에 반비례한다.
④ 자성체의 비투자율에 반비례한다.

해설

자기저항은 $R_m = \dfrac{l}{\mu S} = \dfrac{l}{\mu_o \mu_s S}$ [AT/Wb]이므로 길이(l)에 비례하고 비투자율(μ_s) 및 단면적(S)에 반비례한다.

03 자위의 단위에 해당되는 것은?

① A ② J/C
③ N/Wb ④ Gauss

해설

자위 U[A]
전위 V[J/C = V]
자계 H[N/Wb = AT/m]
자속밀도 B[gauss]

04 자기 유도계수가 20[mH]인 코일에 전류를 흘릴 때 코일과의 쇄교 자속수가 0.2[Wb]였다면 코일에 축적된 에너지는 몇 [J]인가?

① 1 ② 2
③ 3 ④ 4

해설

코일에 축적(저장)되는 에너지는

$$W = \frac{1}{2}LI^2 = \frac{\phi^2}{2L} = \frac{1}{2}\phi I = \frac{1}{2}\phi NI = \frac{1}{2}\phi F[\text{J}]$$

여기서 L[H] : 인덕턴스, ϕ[Wb] : 자속, I[A] : 전류
N[T] : 권수, $F = NI$[AT] : 기자력

$$W = \frac{\phi^2}{2L} = \frac{0.2^2}{2 \times 20 \times 10^{-3}} = 1[\text{J}]$$

05 비자화율 $\chi_m = 2$, 자속밀도 $B = 20ya_x$[Wb/m²]인 균일 물체가 있다. 자계의 세기 H는 약 몇 [AT/m]인가?

① $0.53 \times 10^7 ya_x$ ② $0.13 \times 10^7 ya_x$
③ $0.53 \times 10^7 xa_y$ ④ $0.13 \times 10^7 xa_y$

해설

자속밀도 $B = \dfrac{\phi}{S} = \mu_0 \mu_s H$[Wb/m²]이므로

자계 $H = \dfrac{B}{\mu_0 \mu_s}$[AT/m]가 된다.

비자화율 $\chi_m = \dfrac{\chi}{\mu_0} = \mu_s - 1$에서

비투자율 $\mu_s = \chi_m + 1 = 2 + 1 = 3$ 이므로

$$H = \frac{B}{\mu_0 \mu_s} = \frac{20ya_x}{4\pi \times 10^{-7} \times 3} = 0.53 \times 10^7 ya_x \text{ [AT/m]}$$

정답 01 ② 02 ② 03 ① 04 ① 05 ①

06 **맥스웰 전자방정식에 대한 설명으로 틀린 것은?**

① 폐곡면을 통해 나오는 전속은 폐곡면 내의 전하량과 같다.
② 폐곡면을 통해 나오는 자속은 폐곡면 내의 자극의 세기와 같다.
③ 폐곡선에 따른 전계의 선적분은 폐곡선 내를 통하는 자속의 시간 변화율과 같다.
④ 폐곡선에 따른 자계의 선적분은 폐곡선 내를 통하는 전류와 전속의 시간적 변화율을 더한 것과 같다.

해설

$\phi = \int Bds = \int div Bdv = 0$이며

N극과 S극이 항상 공존하므로 고립(독립)된 자극은 존재할 수 없으므로 폐곡면을 통해 나오는 자속은 0이 된다.

07 **진공 중 반지름이 a[m]인 원형 도체판 2매를 사용하여 극판거리 d[m]인 콘덴서를 만들었다. 만약 이 콘덴서의 극판거리를 2배로 하고 정전용량은 일정하게 하려면 이 도체판의 반지름 a는 얼마로 하면 되는가?**

① $2a$　② $\frac{1}{2}a$
③ $\sqrt{2}a$　④ $\frac{1}{\sqrt{2}}a$

해설

정전용량

원판의 반지름a[m], 극판 간격 d[m]인 원형 도체판의 정전용량은 $C = \frac{\varepsilon_o S}{d} = \frac{\varepsilon_o \pi a^2}{d}$ [F]이므로

극판의 거리를 2배 증가시 정전용량이 일정하려면 a^2이 2배가 되면 되므로 $a = \sqrt{2}$ 배가 되면 된다.

08 **비유전율 $\varepsilon_r = 5$인 유전체 내의 한 점에서 전계의 세기가 10^4[V/m]라면, 이 점의 분극의 세기는 약 몇 [C/m²]인가?**

① 3.5×10^{-7}　② 4.3×10^{-7}
③ 3.5×10^{-11}　④ 4.3×10^{-11}

해설

비유전율 $\varepsilon_r = 5$, 전계 $E = 10^4$ [V/m]일 때

분극의 세기는

$P = \varepsilon_0(\epsilon_r - 1)E = 8.855 \times 10^{-12}(5-1) \times 10^4$
$= 3.54 \times 10^{-7}$ [C/m²]

09 **진공 중에 서로 떨어져 있는 두 도체 A, B가 있다. A에만 1[C]의 전하를 줄 때 도체 A, B의 전위가 각각 3[V], 2[V]였다고 하면, A에 2[C], B에 1[C]의 전하를 주면 도체 A의 전위는 몇 [V]인가?**

① 6　② 7
③ 8　④ 9

해설

A도체에만 1[C]의 전하를 주었으므로 B도체의 전하량은 0이 되므로 전위계수에 의한 두 도체의 전위

$V_1 = P_{11}Q_1 + P_{12}Q_2$, $V_2 = P_{21}Q_1 + P_{22}Q_2$에

$Q_1 = 1$[C], $Q_2 = 0$[C], $V_1 = 3$, $V_2 = 2$을 대입하면,

$3 = P_{11}$, $2 = P_{21} = P_{12}$가 된다.

A도체에 2[C], B도체에 1[C]을 주었을 때의 A도체의 전위는

$V_1 = P_{11}Q_1 + P_{12}Q_2 = 3 \times 2 + 2 \times 1 = 8$[V]

10 **자기 인덕턴스 0.05[H]의 회로에 흐르는 전류가 매초 500[A]의 비율로 증가할 때 자기 유도기전력의 크기는 몇 [V]인가?**

① 2.5　② 25
③ 100　④ 1000

해설

$L = 0.05$[H], $\frac{di}{dt} = 500$[A/sec]일 때

유기기전력은

$e = -L\frac{di}{dt} = -0.05 \times 500 = -25$ [V]

정답　06 ②　07 ③　08 ①　09 ③　10 ②

11 MKS 단위계에서 진공 유전율 값은?

① $4\pi\times10^{-7}$[H/m]

② $\dfrac{1}{9\times10^{9}}$[F/m]

③ $\dfrac{1}{4\pi\times9\times10^{9}}$[F/m]

④ 6.33×10^{-4}[H/m]

해설

쿨롱상수를 이용 $k=\dfrac{1}{4\pi\varepsilon_0}=9\times10^{9}$이므로

진공시 유전율 $\varepsilon_0=\dfrac{1}{4\pi\times9\times10^{9}}$ [F/m]

12 원점 주위의 전류 밀도가 $j=\dfrac{2}{r}a_r$[A/m²]의 분포를 가질 때 반지름 5[cm]의 구면을 지나는 전 전류는 몇 [A]인가?

① 0.1π　② 0.2π
③ 0.3π　④ 0.4π

해설

단위 면적당 전류인 전류밀도는

$j=\dfrac{I}{S}$ [A / m²]이므로

반지름이 r[m]인 구의 표면적 $S=4\pi r^2$[m²]을 대입하면

전류

$I=jS=\dfrac{2}{r}\times4\pi r^2=8\pi r=8\pi\times5\times10^{-2}=0.4\pi$[A]

13 유전체의 초전효과(pyroelectric effect)에 대한 설명이 아닌 것은?

① 온도변화에 관계없이 일어난다.

② 자발 분극을 가진 유전체에서 생긴다.

③ 초전효과가 있는 유전체를 공기 중에 놓으면 중화된다.

④ 열에너지를 전기에너지로 변화시키는 데 이용된다.

해설

온도 변화에 따른 전기 발생 현상으로 자발분극을 보이는 물질의 온도가 올라가면 자발분극 크기가 변화하여 표면에 전하가 나타나며 강유전체 전기 현상 중 하나이며 초전효과가 있는 유전체를 공기 중에 놓으면 중화되며 열에너지를 전기에너지로 변화시키는 데 이용 된다.

14 권선수가 400[회], 면적이 π[cm²]인 장방형 코일에 1[A]의 직류가 흐르고 있다. 코일의 장방형 면과 평행한 방향으로 자속밀도가 0.8[Wb/m²]인 균일한 자계가 가해져 있다. 코일의 평행한 두 변의 중심을 연결하는 선을 축으로 할 때 이 코일에 작용하는 회전력은 약 몇 [N·m]인가?

① 0.3　② 0.5
③ 0.7　④ 0.9

해설

직사각형 코일에 작용하는 회전력(T)은

$T=NIBS\cos\theta$[N·m]이므로 주어진 수치

$N=400$, $S=9\pi$[cm²], $I=1$[A], $B=0.8$[Wb/m²],

$\theta=0°$(평행)를 대입하면

$T=NIBS\cos\theta$

$=400\times1\times0.8\times9\pi\times10^{-4}\times\cos0°=0.904$[N · m]

15 점전하 $+Q$의 무한 평면도체에 대한 영상전하는?

① $+Q$　② $-Q$
③ $+2Q$　④ $-2Q$

해설

무한평면 도체에 의한 영상 전하는 크기는 같고 부호는 반대이므로 $Q'=-Q$[C]이 된다.

정답　11 ③　12 ④　13 ①　14 ④　15 ②

16 다음 조건 중 틀린 것은? (단, χ_m: 비자화율, μ_r: 비투자율이다.)

① $\mu_r \gg 1$이면 강자성체
② $\chi_m > 0$, $\mu_r < 1$이면 상자성체
③ $\chi_m < 0$, $\mu_r < 1$이면 반자성체
④ 물질은 χ_m 또는 μ_r의 값에 따라 반자성체, 상자성체, 강자성체 등으로 구분한다.

해설

상자성체는 비투자율 $\mu_s > 1$이므로 비자화율 $\chi_m = \mu_s - 1 > 0$이 되고 반자성체는 비투자율 $\mu_s < 1$이므로 비자화율 $\chi_m = \mu_s - 1 < 0$이 된다.

17 등전위면을 따라 전하 Q[C]를 운반하는데 필요한 일은?

① 항상 0이다.
② 전하의 크기에 따라 변한다.
③ 전위의 크기에 따라 변한다.
④ 전하의 극성에 따라 변한다.

해설

등전위면은 전위차가 0이므로 전하 이동시 하는 일 에너지는 0이 된다.

18 접지된 직교 도체 평면과 점전하 사이에는 몇 개의 영상 전하가 존재하는가?

① 1　② 2
③ 3　④ 4

해설

집지된 직교 도체 평면과 점전하 사이의 영상전하 수는
$n = \frac{360}{\theta} - 1$이며
직교시 $\theta = 90°$이므로 $n = \frac{360}{90} - 1 = 3$개가 발생한다.

19 두 개의 코일에서 각각의 자기인덕턴스가 $L_1 = 0.35$[H], $L_2 = 0.5$[H]이고, 상호인덕턴스는 $M = 0.1$[H]이라고 하면 이때 코일의 결합계수는 약 얼마인가?

① 0.175　② 0.239
③ 0.392　④ 0.586

해설

결합계수 $k = \frac{M}{\sqrt{L_1 \cdot L_2}} = \frac{0.1}{\sqrt{0.35 \times 0.5}} = 0.239$

20 두 종류의 유전체 경계면에서 전속과 전기력선이 경계면에 수직으로 도달할 때에 대한 설명으로 틀린 것은?

① 전속밀도는 변하지 않는다.
② 전속과 전기력선은 굴절하지 않는다.
③ 전계의 세기는 불연속적으로 변한다.
④ 전속선은 유전율이 작은 유전체 쪽으로 모이려는 성질이 있다.

해설

경계면에 수직 입사시
- 전기력선은 굴절하지 않는다.
- 전속밀도가 서로 같으므로 불변이다.
- 전계는 서로 같지 않으므로 불연속이다.
- 전속선은 유전율이 큰 쪽에 모이고 전기력선은 유전율이 작은 쪽으로 모여진다.

정답 16 ② 17 ① 18 ③ 19 ② 20 ④

19 과년도기출문제(2019. 8. 4 시행)

01 인덕턴스가 20[mH]인 코일에 흐르는 전류가 0.2[초] 동안 6[A]가 변화되었다면 코일에 유기되는 기전력은 몇 [V]인가?

① 0.6　② 1
③ 6　④ 30

해설

$L = 20$[mH], $dt = 0.2$ [sec], $di = 6$ [A]일 때

코일에 유기되는 전압 $e = L\frac{di}{dt}$ [V]이므로 주어진 수치를 대입하면

$e = L\frac{di}{dt} = 20 \times 10^{-3} \times \frac{6}{0.2} = 0.6$[V]

02 어떤 물체에 $F_1 = -3i + 4j - 5k$와 $F_2 = 6i + 3j - 2k$의 힘이 작용하고 있다. 이 물체에 F_3을 가하였을 때 세 힘이 평형이 되기 위한 F_3은?

① $F_3 = -3i - 7j + 7k$
② $F_3 = 3i + 7j - 7k$
③ $F_3 = 3i - j - 7k$
④ $F_3 = 3i - j + 3k$

해설

$F_1 = -3i + 4j - 5k$, $F_2 = 6i + 3j - 2k$일 때
세 힘이 평형이 되는 경우는
$\Sigma F = F_1 + F_2 + F_3 = 0$ 에서
$F_3 = -(F_1 + F_2)$
$= -[(-3i + 4j - 5k) + (6i + 3j - 2k)]$
$= -3i - 7j + 7k$[N]이 된다.

03 직류 500[V] 절연저항계로 절연저항을 측정하니 2[MΩ]이 되었다면 누설전류[μA]는?

① 25　② 250
③ 1000　④ 1250

해설

누설전류 $I = \frac{V}{R}$ [A]

$I = \frac{500}{2 \times 10^6} \times 10^6 = 250[\mu A]$

04 동심구에서 내부도체의 반지름이 a, 절연체의 반지름이 b, 외부도체의 반지름이 c이다. 내부도체에만 전하 Q를 주었을 때 내부도체의 전위는? (단, 절연체의 유전율은 ε_0이다.)

① $\frac{Q}{4\pi\varepsilon_o a}(\frac{1}{a} + \frac{1}{b})$
② $\frac{Q}{4\pi\varepsilon_o a}(\frac{1}{a} - \frac{1}{b})$
③ $\frac{Q}{4\pi\varepsilon_o}(\frac{1}{a} - \frac{1}{b} - \frac{1}{c})$
④ $\frac{Q}{4\pi\varepsilon_o}(\frac{1}{a} - \frac{1}{b} + \frac{1}{c})$

해설

A 도체에 $+Q$[C]　B도체 $Q = 0$[C]인 경우의
동심구 내구 A도체의 전위 V_A

$V_A = \frac{Q}{4\pi\epsilon_0}\left(\frac{1}{a} - \frac{1}{b} + \frac{1}{c}\right)$[V]

정답　01 ①　02 ①　03 ②　04 ④

05 인덕턴스의 단위에서 1[H]는?

① 1[A]의 전류에 대한 자속이 1[Wb]이다.
② 1[A]의 전류에 대한 유전율이 1[F/m]이다.
③ 1[A]의 전류가 1초간에 변화하는 양이다.
④ 1[A]의 전류에 대한 자계가 1[AT/m]인 경우 이다.

해설

$\phi = L \cdot I$ 에서 $L = \frac{\phi}{I} = \frac{1[Wb]}{1[A]} = 1[H]$

이므로 1[A]의 전류에 대한 자속이 1[Wb]인 경우이다.

06 M.K.S 단위로 나타낸 진공에 대한 유전율은?

① 8.855×10^{-12}[N/m]
② 8.855×10^{-10}[N/m]
③ 8.855×10^{-12}[F/m]
④ 8.855×10^{-10}[F/m]

해설

진공(공기)의 유전율

$\varepsilon_o = \frac{1}{\mu_o C_o^2} = \frac{10^7}{4\pi C_o^2} = \frac{10^{-9}}{36\pi} = \frac{1}{120\pi C_o}$

$= 8.855 \times 10^{-12}$ [F/m]

여기서 $C_o = \frac{1}{\sqrt{\epsilon_o \mu_o}} = 3 \times 10^8$ [m/sec] : 진공 중 빛(광)속도

$\mu_0 = 4\pi \times 10^{-7}$ [H/m] : 진공 중 투자율

07 자유공간의 변위전류가 만드는 것은?

① 전계 ② 전속
③ 자계 ④ 분극지력선

해설

변위전류는 전속밀도의 시간적 변화에 의해서 유전체를 통해 평행판 사이에 흐르는 전류로서

변위전류밀도 $i_d = \frac{\partial D}{\partial t}$ [A/m²]이며

주변에 자계를 발생한다.

08 평행한 두 도선간의 전자력은? (단, 두 도선간의 거리는 r[m]라 한다.)

① r에 반비례 ② r에 비례
③ r^2에 비례 ④ r^2에 반비례

해설

평행도선 사이에 단위 길이당 작용하는 힘은

$F = \frac{\mu_o I_1 I_2}{2\pi r} = \frac{2 I_1 I_2}{r} \times 10^{-7}$ [N/m]이고

힘의 방향은 전류방향 반대(왕복전류)이면 반발력, 전류방향 동일하면 흡인력이 작용 한다.

그러므로 두 도선간 전자력은 거리 r에 반비례한다.

09 간격 d[m]인 두 평행판 전극 사이에 유전율 ε인 유전체를 넣고 전극 사이에 전압 $e = E_m \sin \omega t$[V]를 가했을 때 변위 전류 밀도[A/m²]는?

① $\frac{\varepsilon \omega E_m \cos \omega t}{d}$ ② $\frac{\varepsilon E_m \cos \omega t}{d}$
③ $\frac{\varepsilon \omega E_m \sin \omega t}{d}$ ④ $\frac{\varepsilon E_m \sin \omega t}{d}$

해설

전압 $e = E_m \sin\omega t$ [V]일 때 전속밀도는

$D = \varepsilon E = \varepsilon \frac{e}{d} = \varepsilon \frac{E_m}{d} \sin\omega t$ [C/m²]이므로

변위전류밀도는

$i_d = \frac{\partial D}{\partial t} = \frac{\partial}{\partial t}(\varepsilon \frac{E_m}{d} \sin\omega t) = \omega \frac{\varepsilon E_m}{d} \cos\omega t$ [A/m²]

10 10^6[cal]의 열량은 약 몇 [kWh]의 전력량인가?

① 0.06 ② 1.16
③ 2.27 ④ 4.17

해설

열량 860[kcal] = 1[kWh]이므로 10^6[cal] = 10^3[kcal]일 때의 전력량은 비례식을 이용하면

$860 : 1 = 10^3 : x$

$10^3 = 860x$

$x = \frac{10^3}{860} = 1.16$[kWh]

정답 05 ① 06 ③ 07 ③ 08 ① 09 ① 10 ②

11 전기기기의 철김(자심)재료로 규소강판을 사용하는 이유는?

① 동손을 줄이기 위해
② 와전류손을 줄이기 위해
③ 히스테리시스손을 줄이기 위해
④ 제작을 쉽게 하기 위하여

해설

히스테리시스손의 방지책 : 규소강판사용
와전류손의 방지책 : 성층결선사용

12 접지 구도체와 점전하 사이에 작용하는 힘은?

① 항상 반발력이다.
② 항상 흡인력이다.
③ 조건적 반발력이다.
④ 조건적 흡인력이다.

해설

접지 구도체와 점전하에서
점전하 Q에 의한 영상전하 $Q' = -\frac{a}{d}Q$ 이므로
전하량의 부호가 반대이므로 항상 흡인력이 작용한다.

13 플레밍의 왼손법칙에서 왼손의 엄지, 검지, 중지의 방향에 해당되지 않는 것은?

① 전압　② 전류
③ 자속밀도　④ 힘

해설

플레밍의 왼손법칙에서
엄지 : 힘, 인지 : 자속밀도, 중지 : 전류의 방향

14 반지름 1[m]의 원형 코일에 1[A]의 전류가 흐를 때 중심점의 자계의 세기[AT/m]는?

① $\frac{1}{4}$　② $\frac{1}{2}$
③ 1　④ 2

해설

원형코일 중심점의 자계의 세기
$H = \frac{I}{2a} = \frac{1}{2\times 1} = \frac{1}{2}$ [AT/m]

15 전류가 흐르는 도선을 자계 내에 놓으면 이 도선에 힘이 작용한다. 평등자계의 진공 중에 놓여 있는 직선전류 도선이 받는 힘에 대한 설명으로 옳은 것은?

① 도선의 길이에 비례한다.
② 전류의 세기에 반비례한다.
③ 자계의 세기에 반비례한다.
④ 전류와 자계 사이의 각에 대한 정현(sine)에 반비례한다.

해설

플레밍의 왼손법칙은 전동기의 원리가 되며 자계내 도체를 놓고 전류를 흘렸을 때 도체가 힘을 받아 회전하게 된다.
이때 작용하는 힘은
$F = IBl\sin\theta = I\mu_o Hl\sin\theta = (\vec{I}\times\vec{B})l$ [N] 이므로
전류(I), 자계(H), 도선의 길이(l), sin 각에 비례한다.

16 여러 가지 도체의 전하 분포에 있어서 각 도체의 전하를 n배할 경우, 중첩의 원리가 성립하기 위해서 그 전위는 어떻게 되는가?

① $\frac{1}{2}n$이 된다.　② n배가 된다.
③ $2n$배가 된다.　④ n^2배가 된다.

해설

전위는 전하에 비례하므로 전하가 n배이면 전위도 n배가 된다.

정답　11 ③　12 ②　13 ①　14 ②　15 ①　16 ②

17 $E=i+2j+3k$[V/cm]로 표시되는 전계가 있다. 0.02[μC]의 전하를 원점으로부터 $r=3i$[m]로 움직이는데 필요로 하는 일[J]은?

① 3×10^{-6}　② 6×10^{-6}
③ 3×10^{-8}　④ 6×10^{-8}

해설

$E=i+2j+3k$[V/cm], $Q=0.02$[μC], $r=3i$[m]일 때
전하 이동시 하는 일 에너지 W[J]은
$W=QV=QE\cdot r$
$=0.02\times 10^{-6}(i+2j+3k)\cdot(3i)\times 10^2$
$=6\times 10^{-6}$[J]

18 동의 용량 C[μF]의 커패시터 n개를 병렬로 연결하였다면 합성정전용량은 얼마인가?

① n^2C　② nC
③ $\frac{C}{n}$　④ C

해설

1) 같은 정전용량 C[μF]를 n개 직렬연결시 합성 정전용량
$C_o=\frac{C}{n}$[μF]
2) 같은 정전용량 C[μF]를 n개 병렬연결시 합성 정전용량
$C_o=nC$[μF]

19 무한장 직선 도체에 선전하밀도 λ[C/m]의 전하가 분포되어 있는 경우, 이 직선 도체를 축으로 하는 반지름 r[m]의 원통면상의 전계[V/m]는?

① $\frac{\lambda}{2\pi\epsilon_o r^2}$　② $\frac{\lambda}{2\pi\epsilon_o r}$
③ $\frac{\lambda}{4\pi\epsilon_o r^2}$　④ $\frac{\lambda}{4\pi\epsilon_o r}$

해설

무한장 직선도체에서 r[m] 지점의 전계의 세기는
$E=\frac{\lambda}{2\pi\varepsilon_o r}=18\times 10^9\frac{\lambda}{r}$[V/m]이며 수직거리 r[m]에 반비례한다.

20 전류 2π[A]가 흐르고 있는 무한직선 도체로부터 2[m]만큼 떨어진 자유공간 내 P점의 자속밀도의 세기[Wb/m²]는?

① $\frac{\mu_0}{8}$　② $\frac{\mu_0}{4}$
③ $\frac{\mu_0}{2}$　④ μ_0

해설

무한장직선에 의한 자속밀도
$B=\mu_o H=\mu_o\frac{I}{2\pi r}=\mu_o\times\frac{2\pi}{2\pi\times 2}=\frac{\mu_o}{2}$[Wb/m^2]

정답 17 ② 18 ② 19 ② 20 ③

20 과년도기출문제(2020. 6. 13 시행)

01 유전율이 각각 다른 두 종류의 유전체 경계면에 전속이 입사 될 때 이 전속은 어떻게 되는가? (단, 경계면에 수직으로 입사하지 않은 경우이다.)

① 굴절　　② 반사
③ 회전　　④ 직진

해설
유전체의 경계면에 전속이 입사시 경계면 통과시 굴절한다.

02 반지름이 $9[\mathrm{cm}]$인 도체구 A에 $8[\mathrm{C}]$의 전하가 균일하게 분포되어 있다. 이 도체구에 반지름 $3[\mathrm{cm}]$인 도체구 B를 접촉시켰을 때 도체구 B로 이동한 전하는 몇 $[\mathrm{C}]$인가?

① 1　　② 2
③ 3　　④ 4

해설
$a=9\,[\mathrm{cm}]$, $b=3\,[\mathrm{cm}]$, $Q_1=8[\mathrm{C}]$, $Q_2=0\,[\mathrm{C}]$일 때
두 도체구를 접촉시는 병렬연결로 간주하므로 구도체의 정전용량은
$C_1=4\pi\varepsilon_o a=4\pi\varepsilon_o\times 9=36\pi\varepsilon_o\,[\mathrm{F}]$
$C_2=4\pi\varepsilon_o b=4\pi\varepsilon_o\times 3=12\pi\varepsilon_o\,[\mathrm{F}]$이므로
전하량 분배 법칙에 의하여 작은 구 C_2로 이동한 전기량은

$$Q_2'=\frac{C_2}{C_1+C_2}Q=\frac{C_2}{C_1+C_2}(Q_1+Q_2)$$
$$=\frac{12\pi\epsilon_o}{36\pi\epsilon_o+12\pi\epsilon_o}(8+0)=2[\mathrm{C}]$$ 이 된다.

03 내구의 반지름 $a[\mathrm{m}]$, 외구의 반지름 $b[\mathrm{m}]$인 동심 구 도체 간에 도전율이 $k[\mathrm{S/m}]$인 저항 물질이 채워져 있을 때의 내외구간의 합성저항$[\Omega]$은?

① $\frac{1}{8\pi k}\left(\frac{1}{a}-\frac{1}{b}\right)$　　② $\frac{1}{4\pi k}\left(\frac{1}{a}-\frac{1}{b}\right)$
③ $\frac{1}{2\pi k}\left(\frac{1}{a}-\frac{1}{b}\right)$　　④ $\frac{1}{\pi k}\left(\frac{1}{a}-\frac{1}{b}\right)$

해설
동심 구도체의 정전용량은 $C=\dfrac{4\pi\varepsilon}{\frac{1}{a}-\frac{1}{b}}\,[\mathrm{F}]$이므로

동심 구도체간 저항은
$$R=\frac{\rho\varepsilon}{C}=\frac{\rho\varepsilon}{\dfrac{4\pi\varepsilon}{\frac{1}{a}-\frac{1}{b}}}=\frac{\rho}{4\pi}\left(\frac{1}{a}-\frac{1}{b}\right)$$
$$=\frac{1}{4\pi k}\left(\frac{1}{a}-\frac{1}{b}\right)[\Omega]$$

04 대전된 도체 표면의 전하밀도를 $\sigma[\mathrm{C/m^2}]$이라고 할 때, 대전된 도체 표면의 단위 면적이 받는 정전응력 $[\mathrm{N/m^2}]$은 전하밀도 σ와 어떤 관계에 있는가?

① $\sigma^{\frac{1}{2}}$에 비례　　② $\sigma^{\frac{3}{2}}$에 비례
③ σ에 비례　　④ σ^2에 비례

해설
단위 면적당 받는 힘은
$$f=\frac{\rho_s^2}{2\varepsilon_o}=\frac{D^2}{2\varepsilon_o}=\frac{1}{2}\varepsilon_o E^2=\frac{1}{2}ED\,[\mathrm{N/m^2}]$$
이므로 $f\propto\rho_s^2=\sigma^2$이 된다.

정답　01 ①　02 ②　03 ②　04 ④

05 양극판의 면적이 $S[\text{m}^2]$, 극판 간의 간격이 $d[\text{m}]$, 정전용량이 $C_1[\text{F}]$인 평행판 콘덴서가 있다. 양극판 면적을 각각 $3S[\text{m}^2]$로 늘이고 극판 간격을 $\frac{1}{3}d[\text{m}]$로 줄었을 때의 정전용량 $C_2[\text{F}]$는?

① $C_2 = C_1$　② $C_2 = 3C_1$
③ $C_2 = 6C_1$　④ $C_2 = 9C_1$

해설

평행판 사이의 정전용량 $C_1 = \frac{\varepsilon_o S}{d}[\text{F}]$이므로

면적 S'를 $3S$, 간격 d'를 $\frac{1}{3}d$로 하면

$C_2 = \frac{\varepsilon_o(3S)}{\frac{1}{3}d} = \frac{9\varepsilon_o S}{d} = 9C_1$이 된다.

06 투자율이 각각 μ_1, μ_2인 두 자성체의 경계면에서 자기력선의 굴절의 법칙을 나타 낸 식은?

① $\frac{\mu_1}{\mu_2} = \frac{\sin\theta_1}{\sin\theta_2}$　② $\frac{\mu_1}{\mu_2} = \frac{\sin\theta_2}{\sin\theta_1}$
③ $\frac{\mu_1}{\mu_2} = \frac{\tan\theta_1}{\tan\theta_2}$　④ $\frac{\mu_1}{\mu_2} = \frac{\tan\theta_2}{\tan\theta_1}$

해설

자성체의 경계면 조건
$H_1\sin\theta_1 = H_2\sin\theta_2$
$B_1\cos\theta_1 = B_2\cos\theta_2$
$\frac{\tan\theta_1}{\tan\theta_2} = \frac{\mu_1}{\mu_2}$
여기서 θ_1는 입사각, θ_2는 굴절각

07 전계 내에서 폐회로를 따라 단위 전하가 일주할 때 전계가 한일은 몇 [J]인가?

① ∞　② π
③ 1　④ 0

해설

전하 일주시 에너지 보존의 법칙에 의해 일 에너지는 0이 된다.

08 진공 중에서 멀리 떨어져 있는 반지름이 각각 $a_1[\text{m}]$, $a_2[\text{m}]$인 두 도체구를 $V_1[\text{V}]$ $V_2[\text{V}]$인 전위를 갖도록 대전시킨 후 가는 도선으로 연결 할 때 연결 후의 공통 전위 $V[\text{V}]$는?

① $\frac{V_1}{a_1} + \frac{V_2}{a_2}$　② $\frac{V_1 + V_2}{a_1 a_2}$
③ $a_1V_1 + a_2V_2$　④ $\frac{a_1V_1 + a_2V_2}{a_1 + a_2}$

해설

반지름이 $a_1[\text{m}]$, $a_2[\text{m}]$ 이고 전위가 $V_1[\text{V}]$, $V_2[\text{V}]$일 때 가는 도선으로 연결시는 병렬연결로 간주하므로
$C_1 = 4\pi\varepsilon_o a_1[\text{F}]$, $C_2 = 4\pi\varepsilon_o a_2[\text{F}]$이므로 공통 전위는

$V = \frac{\text{합성전하량}}{\text{합성정전용량}} = \frac{Q_1 + Q_2}{C_1 + C_2}$

$= \frac{C_1V_2 + C_2V_2}{C_1 + C_2} = \frac{a_1V_1 + a_2V_2}{a_1 + a_2}[\text{V}]$

09 그림과 같이 도체 1을 도체 2로 포위하여 도체2를 일정 전위로 유지하고 도체 1과 도체2의 외측에 도체3이 있을 때 용량계수 및 유도계수의 성질로 옳은 것은?

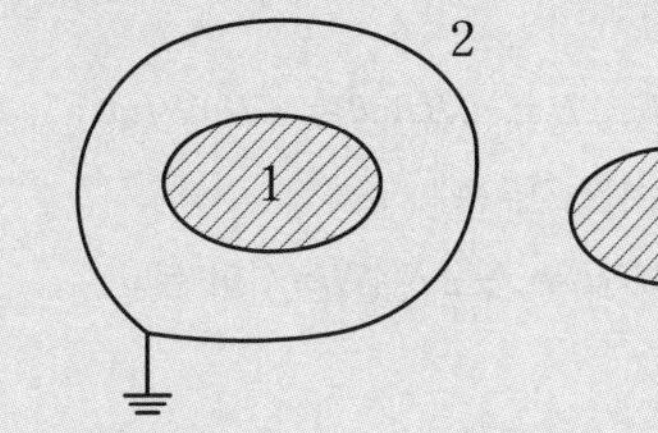

① $q_{23} = q_{11}$　② $q_{13} = -q_{11}$
③ $q_{31} = q_{11}$　④ $q_{21} = -q_{11}$

해설

도체 1를 도체 2로 정전 차폐하였으므로 도체 1, 3간의 유도계수는 0이고 2도체는 1도체를 포함하고 있으므로 용량계수와 유도계수관계는 $q_{11} = -q_{21}$가 된다.

정답　05 ④　06 ③　07 ④　08 ④　09 ④

10 와전류(eddy current)손에 대한 설명으로 틀린 것은?

① 주파수에 비례한다.
② 저항에 반비례한다.
③ 도전율이 클수록 크다.
④ 자속밀도의 제곱에 비례한다.

해설

와전류손 P_e 는 철심의 단면에 변화하는 자속이 통과시 자속 주변에 수직으로 와전류가 흘러 발생되는 손실을 와전류손이라 하며 방지책으로는 성층결선을 사용하며 성층 사용시 판의 두께는 약 0.35[mm] 정도 사용한다.

$P_e = \eta(tfB_m)^2[\mathrm{W/m^3}]$이므로

판의 두께(t), 주파수(f), 자속밀도(B_m) 제곱에 비례한다.

11 전계 E[V/m] 및 자계 H[AT/m]의 에너지가 자유공간 사이를 C[m/s]의 속도로 전파될 때 단위 시간에 단위 면적을 지나는 에너지($\mathrm{W/m^2}$)는?

① $\frac{1}{2}\mathrm{EH}$ ② EH
③ EH^2 ④ $\mathrm{E^2H}$

해설

전자파의 포인팅 벡터는 단위시간에 단위 면적을 지나는 에너지로서

$P' = \frac{P}{S} = \vec{E} \times \vec{H} = EH\sin\theta = EH\,[\mathrm{W/m^2}]$

단, 진공(공기)시인 경우는

$P' = \frac{P}{S} = 377H^2 = \frac{1}{377}E^2\,[\mathrm{W/m^2}]$이 된다.

12 공기 중에 선간거리 10[cm]의 평행왕복 도선이 있다. 두 도선 간에 작용하는 힘이 4×10^{-6}[N/m]이었다면 도선에 흐르는 전류는 몇 A인가?

① 1 ② 2
③ $\sqrt{2}$ ④ $\sqrt{3}$

해설

평행왕복전류가 흐를시 $I_1 = I_2$이므로

평행도선 사이의 단위길이당 작용하는 힘은

$F = \frac{2I_1I_2}{d}\times10^{-7} = \frac{2I_1^2}{d}\times10^{-7}$ [N/m]에서 전류를 구하면

$I_1 = I_2 = \sqrt{\frac{Fd}{2\times10^{-7}}} = \sqrt{\frac{4\times10^{-6}\times10\times10^{-2}}{2\times10^{-7}}}$

$= \sqrt{2}$ [A]

13 자기 인덕턴스가 L_1, L_2이고 상호 인덕턴스가 M인 두회로의 결합계수가 1일 때, 성립되는 식은?

① $L_1 \cdot L_2 = M$ ② $L_1 \cdot L_2 < M^2$
③ $L_1 \cdot L_2 > M^2$ ④ $L_1 \cdot L_2 = M^2$

해설

결합계수가 $K = 1$이므로 $K = \frac{M}{\sqrt{L_1 \cdot L_2}} = 1$에서

상호 인덕턴스 $M = \sqrt{L_1 \cdot L_2}$ [H]

양변을 제곱하면 $M^2 = L_1 \cdot L_2$

14 어떤 콘덴서에 비유전율 ϵ_s인 유전체로 채워져 있을 때의 정전용량 C와 공기로 채워져 있을 때의 정전용량 C_0의 비 $\left(\frac{C}{C_0}\right)$는?

① ϵ_s ② $\frac{1}{\epsilon_s}$
③ $\sqrt{\epsilon_s}$ ④ $\frac{1}{\sqrt{\epsilon_s}}$

해설

공기 중 정전용량은 $C_0 = \frac{\varepsilon_o S}{d}$ [F]일 때

유전체 내 정전용량 $C = \frac{\varepsilon_o \varepsilon_s S}{d} = \varepsilon_s C_0$이므로

$\frac{C}{C_0} = \varepsilon_s$이 된다.

정 답 10 ① 11 ② 12 ③ 13 ④ 14 ①

15 유전체에서의 변위전류에 대한 설명으로 틀린 것은?

① 변위전류가 주변에 자계를 발생시킨다.
② 변위전류의 크기는 유전율에 반비례한다.
③ 전속밀도의 시간적 변화가 변위전류를 발생시킨다.
④ 유전체 중의 변위전류는 진공 중의 전계 변화에 의한 변위전류와 구속전자의 변위에 의한 분극전류와의 합이다.

해설

변위전류는 전속밀도의 시간적 변화로 유전체를 통해 흐르는 전류로 주변에 자계를 발생한다.
전압 $v = V_m \sin\omega t$ [V]일 때 전속밀도는

$D = \epsilon E = \epsilon \dfrac{v}{d} = \epsilon \dfrac{V_m}{d} \sin\omega t$ [C/m^2]이므로

변위전류밀도는

$i_d = \dfrac{\partial D}{\partial t} = \dfrac{\partial}{\partial t}(\varepsilon \dfrac{V_m}{d} \sin\omega t) = \omega \dfrac{\varepsilon V_m}{d} \cos\omega t$ [A/m^2]

가 되므로 유전율에 비례한다.

$i_d = \dfrac{\partial D}{\partial t} = \dfrac{\partial}{\partial t}(\varepsilon_o E + P) = \dfrac{\partial}{\partial t}\varepsilon_o E + \dfrac{\partial}{\partial t} P$ [A/m^2]

이므로 진공 중의 전계 변화에 의한 변위전류와 구속전자의 변위에 의한 분극전류와의 합이다.

16 환상 솔레노이드의 자기 인덕턴스(H)와 반비례하는 것은?

① 철심의 투자율　② 철심의 길이
③ 철심의 단면적　④ 코일의 권수

해설

환상 솔레노이드의 자기인덕턴스는

$L = \dfrac{\mu S N^2}{l} = \dfrac{\mu S N^2}{2\pi a} = \dfrac{N^2}{R_m}$ [H]이므로 투자율(μ) 권선수(N) 자승 및 단면적(S)에 비례하고 철심의 길이(l)에 반비례한다.

17 자성체에 대한 자화의 세기를 정의한 것으로 틀린 것은?

① 자성체의 단위 체적당 자기모멘트
② 자성체의 단위 면적당 자화된 자하량
③ 자성체의 단위 면적당 자화선의 밀도
④ 자성체의 단위 면적당 자기력선의 밀도

해설

자성체를 자계 내에 놓았을 때 단위 체적당(v[m^3]) 자기모멘트(M[Wb·m])를 그 점의 자화의 세기 J라 하고

$J = \dfrac{M}{v} = \dfrac{ml}{Sl} = \dfrac{m}{S} = \sigma_s$ [Wb/m^2]

이므로 단위 면적당 자화된 자하량 또는 단위 면적당 자화선의 밀도와 같다.

18 두 전하 사이 거리의 세제곱에 반비례하는 것은?

① 두 구전하 사이에 작용하는 힘
② 전기쌍극자에 의한 전계
③ 직선 전하에 의한 전계
④ 전하에 의한 전위

해설

두 구전하 사이에 작용하는 힘

$F = \dfrac{Q_1 Q_2}{4\pi\epsilon_o r^2} \propto \dfrac{1}{r^2}$

전기쌍극자에 의한 전계

$E = \dfrac{M}{4\pi\epsilon_o r^3}\sqrt{1+3\cos^2\theta} \propto \dfrac{1}{r^3}$

직선 전하에 의한 전계 $E = \dfrac{\rho_l}{2\pi\epsilon_o r} \propto \dfrac{1}{r}$

전하에 의한 전위 $V = \dfrac{Q}{4\pi\epsilon_o r} \propto \dfrac{1}{r}$

정답　15 ②　16 ②　17 ④　18 ②

19 **정사각형 회로의 면적을 3배로, 흐르는 전류를 2배로 증가시키면 정사각형의 중심에서의 자계의 세기는 약 몇 %가 되는가?**

① 47　　② 115
③ 150　　④ 225

해설

정사각형 면적은 $S=l^2\,[\mathrm{m}^2]$이므로
면적을 2배로시 한변의 길이 $l=\sqrt{S}=\sqrt{3}$ 배이므로 전류 2배 증가시 정사각형 중심점에 작용하는 자계는
$H=\dfrac{2\sqrt{2}I}{\pi l}\propto\dfrac{I}{l}=\dfrac{2}{\sqrt{3}}=1.15=115\%$가 된다.

20 **그림과 같이 권수가 1이고 반지름이 α[m]인 원형 코일에 전류가 I[A]가 흐르고 있다. 원형 코일 중심에서의 자계의 세기 [AT/m]는?**

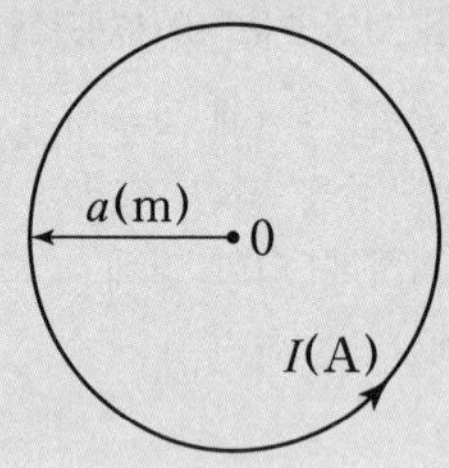

① $\dfrac{I}{a}$　　② $\dfrac{I}{2a}$
③ $\dfrac{I}{3a}$　　④ $\dfrac{I}{4a}$

해설

원형코일 중심점의 자계의 세기 $H=\dfrac{NI}{2a}$ [AT/m]이므로

권선수 $N=1$회일 때 $H=\dfrac{I}{2a}$ [AT/m]

정 답　19 ②　20 ②

20 과년도기출문제(2020. 8. 22 시행)

01 표의 ㉠, ㉡과 같은 단위로 옳게 나열한 것은?

㉠	Ω · s
㉡	s / Ω

① ㉠ H, ㉡ F　② ㉠ H/m, ㉡ F/m
③ ㉠ F, ㉡ H　④ ㉠ F/m, ㉡ H/m

02 진공 중에 판간의 거리가 d[m]인 무한 평판 도체 간의 전위차[V]는? (단, 각 평판 도체에서는 면전하밀도 $+\sigma$[C/m^2], $-\sigma$[C/m^2]가 각각 분포되어 있다.)

① σd　② $\dfrac{\sigma}{\epsilon_0}$
③ $\dfrac{\epsilon_0 \sigma}{d}$　④ $\dfrac{\sigma d}{\epsilon_0}$

해설

무한 평행판 사이의 전계 $E = \dfrac{\sigma}{\varepsilon_o}$ [V/m]

무한 평행판 사이의 전위차 $V = E \cdot d = \dfrac{\sigma}{\varepsilon_o} d$ [V]

03 어떤 자성체 내에서의 자계의 세기가 800[AT/m]이고 자속밀도가 0.05[Wb/m^2] 일 때 이 자성체의 투자율은 몇 [H/m]인가?

① 3.25×10^{-5}　② 4.25×10^{-5}
③ 5.25×10^{-5}　④ 6.25×10^{-5}

해설

자속밀도 $B = \mu H$[Wb/m^2]에서

투자율 $\mu = \dfrac{B}{H} = \dfrac{0.05}{800} = 6.25 \times 10^{-5}$[H/m]

04 자기 인덕턴스의 성질을 설명한 것으로 옳은 것은?

① 경우에 따라 정(+) 또는 부(−)의 값을 갖는다.
② 항상 정(+)의 값을 갖는다.
③ 항상 부(−)의 값을 갖는다.
④ 항상 0이다.

해설

전기소자 R, L, C는 비례상수이므로 항상 정(+)의 값이다.

05 자기회로에 대한 설명으로 틀린 것은? (단, S는 자기회로의 단면적이다.)

① 자기저항의 단위는 H(Henry)의 역수이다.
② 자기저항의 역수를 퍼미언스(permeance)라고 한다.
③ 자기저항 = $\dfrac{\text{자기회로의 단면을 통과하는 자속}}{\text{자기회로의 총 기자력}}$ 이다.
④ 자속밀도 B가 오든 단면에 걸쳐 균일하다면 자기회로의 자속은 BS이다.

해설

자기저항 = $\dfrac{\text{자기회로의 총 기자력}}{\text{자기회로의 단면을 통과하는 자속}}$ 이다.

06 비유전율이 2.8인 유전체에서의 전속밀도가 $D = 3.0 \times 10^{-7}$[C/m^2]일 때 분극의 세기 P는 약 몇 [C/m^2]인가?

① 1.93×10^{-7}　② 2.93×10^{-7}
③ $3.5. \times 10^{-7}$　④ 4.07×10^{-7}

해설

분극의 세기는

$P = D\left(1 - \dfrac{1}{\epsilon_s}\right) = 3 \times 10^{-7}\left(1 - \dfrac{1}{2.8}\right)$

$= 1.93 \times 10^{-7}$ [C/m^2]

정답　01 ①　02 ④　03 ④　04 ②　05 ③　06 ①

07 전계의 세기가 5×10^2[V/m]인 전계 중에 8×10^{-8}[C]의 전하가 놓일 때 전하가 받는 힘은 몇 [N]인가?

① 4×10^{-2}　② 4×10^{-3}
③ 4×10^{-4}　④ 4×10^{-5}

해설

$E=5\times10^2$ [V/m], $Q=8\times10^{-8}$ [C]이므로
$F=QE=8\times10^{-8}\times5\times10^2=4\times10^{-5}$ [N]

08 지름 2[mm]의 동선에 π[A]의 전류가 균일하게 흐를 때 전류밀도는 몇 [A/m²]인가?

① 10^3　② 10^4
③ 10^5　④ 10^6

해설

단위면적당 흐르는 전류인 전류밀도
$i=\dfrac{I}{S}=kE=\dfrac{E}{\rho}=Qv=nev$ [A/m²]
단, ρ[Ω·m] 고유저항, $k=\sigma$[℧/m],
도전율, Q[C/m³] 단위체적당전하량 n[개/m³]
단위체적당 전자의 수, v[m/sec] 전자이동속도
$i=\dfrac{I}{S}=\dfrac{I}{\pi r^2}=\dfrac{\pi}{\pi(1\times10^{-3})^2}=10^6$ [A/m²]

09 반지름이 a[m]인 도체구에 전하 Q[C]을 주었을 때, 구 중심에서 r[m] 떨어진 구 외부($r>a$)의 한 점에서의 전속밀도 D[C/m²]는?

① $\dfrac{Q}{4\pi a^2}$　② $\dfrac{Q}{4\pi r^2}$
③ $\dfrac{Q}{4\pi\epsilon a^2}$　④ $\dfrac{Q}{4\pi\epsilon r^2}$

해설

단위면적당 전속의 수를 전속밀도라 하며
$D=\dfrac{\Psi}{S}=\dfrac{Q}{S}=\dfrac{Q}{4\pi r^2}=\varepsilon_o E=\rho_s$ [C/m²]

10 2[Wb/m²] 인 평등 자계 속에 길이가 30[cm]인 도선이 자계와 직각방향으로 놓여 있다. 이도선이 자계와 30°의 방향으로 30[m/s]의 속도로 이동할 때, 도체 양단에 유기되는 기전력[V]의 크기는?

① 3　② 9
③ 30　④ 90

해설

$B=2$ [Wb/m²], $l=30$ [cm], $v=30$ [m/sec],
$\theta=30°$이므로 자계내 도체 이동시 전압이 유기되는 플레밍의 오른손 법칙에 의하여 유기전압은
$e=Blv\sin\theta=2\times30\times10^{-2}\times30\times\sin30°=9$ [V]

11 공기 중에 있는 무한 직선 도체에 전류 I[A]가 흐르고 있을 때 도체에서 r[m] 떨어진 점에서의 자속밀도는 몇 [Wb/m²]인가?

① $\dfrac{I}{2\pi r}$　② $\dfrac{2\mu_0 I}{\pi r}$
③ $\dfrac{\mu_0 I}{r}$　④ $\dfrac{\mu_0 I}{2\pi r}$

해설

무한장 직선전류에 의한 자속밀도
$B=\mu_o H=\mu_o\dfrac{I}{2\pi r}$ [Wb/m²]

12 무한 평면 도체로부터 d[m]인 곳에 점전하 Q[C]가 있을 때 도체 표면상에 최대로 유도되는 전하밀도는 몇 [C/m²]인가?

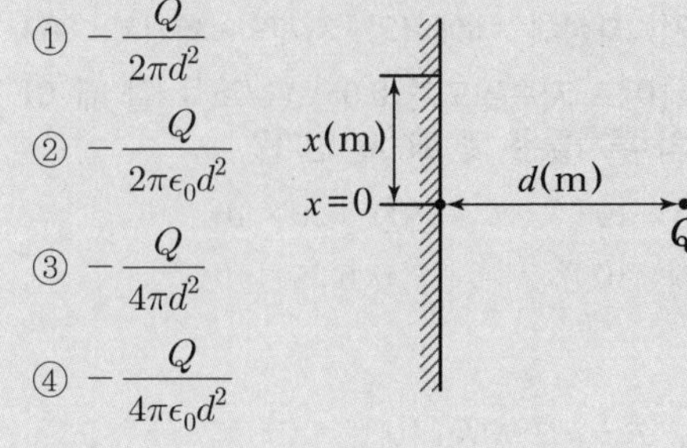

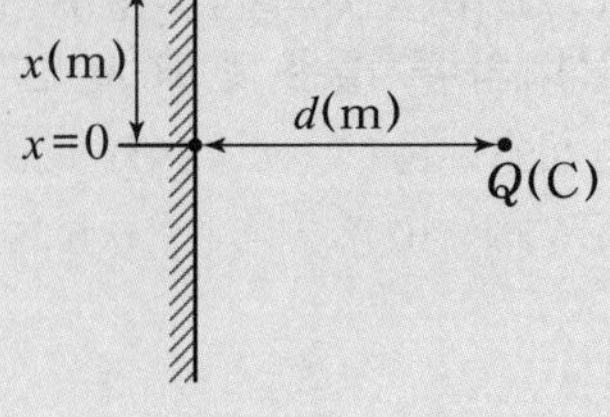

① $-\dfrac{Q}{2\pi d^2}$
② $-\dfrac{Q}{2\pi\epsilon_0 d^2}$
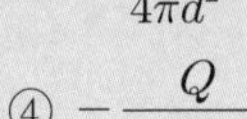
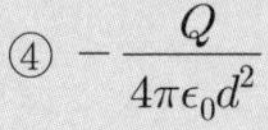
③ $-\dfrac{Q}{4\pi d^2}$
④ $-\dfrac{Q}{4\pi\epsilon_0 d^2}$

해설

무한 평면 도체의 최대전하밀도 $\rho_{s\max}=-\dfrac{Q}{2\pi d^2}$ [C/m²]

정 답　07 ④　08 ④　09 ②　10 ②　11 ④　12 ①

13 선간전압이 66000[V]인 2개의 평행 왕복 도선에 10[KA]의 전류가 흐르고 있을 때 도선 1[m]마다 작용하는 힘의 크기는 몇 [N/m]인가? (단, 도선 간의 간격은 1[m]이다.)

① 1　② 10
③ 20　④ 200

해설
평행도선에 단위 길이당 작용하는 힘은

$$F=\frac{2I_1I_2}{d}\times10^{-7}=\frac{2\times(10\times10^3)^2}{1}\times10^{-7}=20\,[\mathrm{N/m}]$$

14 무손실 유전체에서 평면 전자파의 전계 E와 자계 H 사이 관계식으로 옳은 것은?

① $H=\sqrt{\frac{\epsilon}{\mu}}E$　② $H=\sqrt{\frac{\mu}{\epsilon}}E$
③ $H=\frac{\epsilon}{\mu}E$　④ $H=\frac{\mu}{\epsilon}E$

해설
파동 고유임피던스 $\eta=\frac{E}{H}=\sqrt{\frac{\mu}{\epsilon}}$ 이므로

자계 $H=\sqrt{\frac{\varepsilon}{\mu}}E$

15 대전 도체 표면의 전하밀도는 도체 표면의 모양에 따라 어떻게 되는가?

① 곡률이 작으면 작아진다.
② 곡률 반지름이 크면 커진다.
③ 평면일 때 가장 크다.
④ 곡률 반지름이 작으면 작다.

해설
도체모양에 따른 전하분포도

곡률반지름	작다	크다
곡 률	크다	작다
모 양	뾰족하다	평평하다
전하밀도(전계)	크다	작다

16 1[Ah]의 전기량은 몇 [C]인가?

① $\frac{1}{3600}$　② 1
③ 60　④ 3600

해설
전기량 $Q=1[\mathrm{Ah}]=1\times3600[\mathrm{Asec}]=3600[\mathrm{C}]$

17 강자성체가 아닌 것은?

① 철　② 구리
③ 니켈　④ 코발트

해설
(1) 상자성체 $\mu_s>1$: 백금(Pt), 알루미늄(Al), 산소(O_2)
(2) 역자성체 $\mu_s<1$: 은(Ag), 구리(Cu), 비스무트(Bi), 물(H_2O)
(3) 강자성체 $\mu_s\gg1$: 철(Fe), 니켈(Ni), 코발트(Co)

18 맥스웰(Maxwell) 전자방정식의 물리적 의미 중 틀린 것은?

① 자계의 시간적 변화에 따라 전계의 회전이 발생한다.
② 전도전류와 변위전류는 자계를 발생시킨다.
③ 고립된 자극이 존재한다.
④ 전하에서 전속선이 발산한다.

해설
고립된 자극은 존재하지 않는다.

정답　13 ③　14 ①　15 ①　16 ④　17 ②　18 ③

19 **$2[\mu F]$, $3[\mu F]$, $4[\mu F]$의 커패시터를 직렬로 연결하고 양단에 가한 전압을 서서히 상승시킬 때의 현상으로 옳은 것은? (단, 유전체의 재질 및 두께는 같다고 한다.)**

① $2[\mu F]$의 커패시터가 제일 먼저 파괴된다.
② $3[\mu F]$의 커패시터가 제일 먼저 파괴된다.
③ $4[\mu F]$의 커패시터가 제일 먼저 파괴된다.
④ 3개 커패시터가 동시에 파괴된다.

해설

전압을 서서히 상승시 제일 먼저 파괴되는 커패시터(콘덴서)는 정전용량이 가장 작은 것부터 파괴되므로 $2[\mu F]$의 커패시터가 제일 먼저 파괴된다.

20 **패러데이관의 밀도와 전속밀도는 어떠한 관계인가?**

① 동일하다.
② 패러데이관의 밀도가 항상 높다.
③ 전속밀도가 항상 높다.
④ 항상 틀리다.

해설

패러데이관의 성질
- 패러데이관 내의 전속선 수는 일정하다.
- 진전하가 없는 점에서는 패러데이관은 연속적이다.
- 패러데이관의 밀도는 전속밀도와 같다.
- 패러데이관 양단에 정, 부의 단위 전하가 있다.

정답 19 ① 20 ①

20 과년도기출문제(2020. 9. 26 시행)

※ 본 기출문제는 수험자의 기억을 바탕으로 하여 복원한 문제이므로 실제 문제와 다를 수 있음을 미리 알려드립니다.

01 자기인덕턴스와 상호인덕턴스와의 관계에서 결합계수 k에 영향을 주지 않는 것은?

① 코일의 형상 ② 코일의 크기
③ 코일의 재질 ④ 코일의 상대위치

해설

결합계수 k는 두 코일간 자속의 결합정도로서 코일의 형상, 크기, 코일의 상대위치에 따라서 달라진다.

02 대지면에서 높이 h[m]로 가선된 대단히 긴 평행도선의 선전하(선전하밀도 λ[C/m])가 지면으로부터 받는 힘[N/m]은?

① h에 비례 ② h^2에 비례
③ h에 반비례 ④ h^2에 반비례

해설

대지면(접지무한평판)과 선전하 사이에 작용하는 힘은전기영상법에 의해서 직선도체로부터 영상전하까지의 거리가 $2h$[m] 떨어져 있으므로

$f = -\lambda E = -\lambda \dfrac{\lambda}{2\pi\epsilon_o(2h)} = -\dfrac{\lambda^2}{4\pi\epsilon_o h}$ [N/m]이므로

높이 h에 반비례한다.

03 단위 구면을 통해 나오는 전기력선의 수[개]는? (단 구 내부의 전하량은 Q[C]이다.)

① 1 ② 4π
③ ε_o ④ $\dfrac{Q}{\varepsilon_o}$

해설

진공시 전기력선의 수 N은 폐곡면내 전하량 Q[C]의 $\dfrac{1}{\epsilon_o}$ 배이므로 $N = \dfrac{Q}{\varepsilon_o}$ 개가 된다.

04 여러 가지 도체의 전하 분포에 있어 각 도체의 전하를 n배 하면 중첩의 원리가 성립하기 위해서는 그 전위는 어떻게 되는가?

① $\dfrac{1}{2}n$배가 된다. ② n배가 된다.
③ $2n$배가 된다. ④ n^2배가 된다.

해설

전위는 전하에 비례하므로 전하가 n배이면 전위도 n배가 된다.

05 도체계에서 각 도체의 전위를 $V_1, V_2, \cdots\cdots$으로 하기 위한 각 도체의 유도계수와 용량 계수에 대한 설명으로 옳은 것은?

① $q_{11}, q_{22}\, q_{33}$ 등을 유도계수라 한다.
② $q_{21}, q_{31}\, q_{41}$ 등을 용량계수라 한다.
③ 일반적으로 유도계수는 0보다 작거나 같다.
④ 용량계수와 유도계수의 단위는 모두 V/C이다.

해설

$q_{11}, q_{22}\, q_{33}$: 용량계수
$q_{21}, q_{31}\, q_{41}$: 유도계수
유도계수 q_{rs}는 0보다 작거나 같다.
용량계수와 유도계수의 단위는 모두 C/V

06 콘덴서의 내압(耐壓) 및 정전용량이 각각 1,000[V]−2[μF], 700[V]−3[μF], 600[V]−4[μF], 300[V] − 8[μF]이다. 이 콘덴서를 직렬로 연결할 때 양단에 인가되는 전압을 상승시키면 제일 먼저 절연이 파괴되는 콘덴서는?

① 1000[V] − 2[μF] ② 700[V] − 3[μF]
③ 600[V] − 4[μF] ④ 300[V] − 8[μF]

정답 01 ③ 02 ③ 03 ④ 04 ② 05 ③ 06 ①

해설

각 콘덴서의 축적 전하량

$Q_1 = C_1 V_1 = 2\times10^{-6}\times1000 = 2\times10^{-3}$[C]

$Q_2 = C_2 V_2 = 3\times10^{-6}\times700 = 2.1\times10^{-3}$[C]

$Q_3 = C_3 V_3 = 4\times10^{-6}\times600 = 2.4\times10^{-3}$[C]

$Q_4 = C_4 V_4 = 8\times10^{-6}\times300 = 2.4\times10^{-3}$[C]이므로

직렬회로에서 전압을 증가시키면 전하량이 작은 것부터 파괴되므로 1,000[V]−2[μF]이 가장 먼저 파괴된다.

07 두 유전체의 경계면에서 정전계가 만족하는 것은?

① 전계의 법선 성분이 같다.
② 분극의 세기의 접선 성분이 같다.
③ 전계의 접선 성분이 같다.
④ 전속 밀도의 접선 성분이 같다.

해설

유전체의 경계면 조건
(1) 접선(수평)성분 전계가 서로 같다.
(2) 법선(수직)성분 전속밀도가 서로 같다.
(3) 입사각θ_1, 굴절각 θ_2가 주어진 경우

$E_1\sin\theta_1 = E_2\sin\theta_2$

$D_1\cos\theta_1 = D_2\cos\theta_2$

$\dfrac{\tan\theta_1}{\tan\theta_2} = \dfrac{\epsilon_1}{\epsilon_2}$

08 점전하 Q[C]에 의한 무한 평면 도체의 영상 전하는?

① $-Q$[C]보다 작다.
② Q[C]보다 크다.
③ $-Q$[C]과 같다.
④ Q[C]과 같다.

해설

점전하 Q[C]에 의한 무한 평면 도체의 영상 전하는 크기는 같고 부호는 반대이므로 $Q' = -Q$[C]이 된다.

09 $div\ i = 0$에 대한 설명이 아닌 것은?

① 도체 내에 흐르는 전류는 연속적이다.
② 도체 내에 흐르는 전류는 일정하다.
③ 단위 시간당 전하의 변화는 없다.
④ 도체내에 전류가 흐르지 않는다.

해설

키르히호프의 전류법칙

$\Sigma I = \int_s i\,ds = \int_v \div i\,dv = 0$이므로

$\mathrm{div}\,i = 0$이며 이의 의미는 다음과 같다.
(1) 도체 내에 흐르는 전류는 연속적이다.
(2) 도체 내에 흐르는 전류는 일정하다.
(3) 단위 시간당 전하의 변화는 없다.

10 전계의 세기가 $E = 300$[V/m]일 때 면전하 밀도는 몇 [C/m²]인가?

① 1.65×10^{-9} ② 1.65×10^{-12}
③ 2.65×10^{-9} ④ 2.65×10^{-10}

해설

전계의 세기가 $E = 300$[V/m]일 때 면전하 밀도 ρ_s[C/m²]은

$\rho_s = D = \epsilon_o E = 8.855\times10^{-12}\times300$
$= 2.65\times10^{-9}$[C/m²]

11 전류와 자계 사이의 힘의 효과를 이용한 것으로 자유로이 구부릴 수 있는 도선에 대전류를 통하면 도선 상호간에 반발력에 의하여 도선이 원을 형성하는데 이와 같은 현상은?

① 스트레치 효과 ② 핀치 효과
③ 홀효과 ④ 스킨효과

해설

그림에서와 같이 자유로이 구부릴 수 있는 부드러운 도선을 사각형으로 만들어놓고 전류를 흘리면 전류가 서로 반대 방향이므로 도체사이에 서로 반발력이 작용하여 원형이 된다. 이러한 현상을 스트레치 효과라 한다.

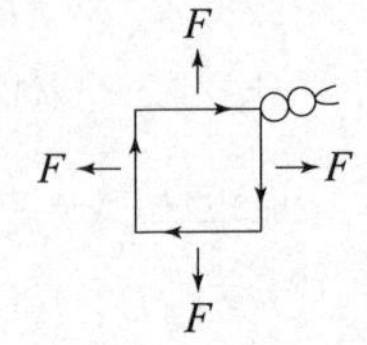

정답 07 ③ 08 ③ 09 ④ 10 ③ 11 ①

12 그림과 같이 전류 I[A]가 흐르고 있는 직선 도체로부터 r[m] 떨어진 P점의 자계의 세기 및 방향을 바르게 나타낸 것은? (단, ⊗은 지면을 들어가는 방향, ⊙은 지면을 나오는 방향)

① $\dfrac{I}{2\pi r}$, ⊗

② $\dfrac{I}{2\pi r}$, ⊙

③ $\dfrac{Idl}{4\pi r^2}$, ⊗

④ $\dfrac{Idl}{4\pi r^2}$, ⊙

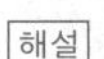

해설

무한장 직선도체 전류에 의한 자계의 세기는 그림과 같이 $H = \dfrac{I}{2\pi r}$ [AT/m]이고 자계의 세기는 거리 r에 반비례하며 자계의 방향은 앙페르의 오른나사법칙에 의해서 지면을 들어가는 방향(⊗)가 된다.

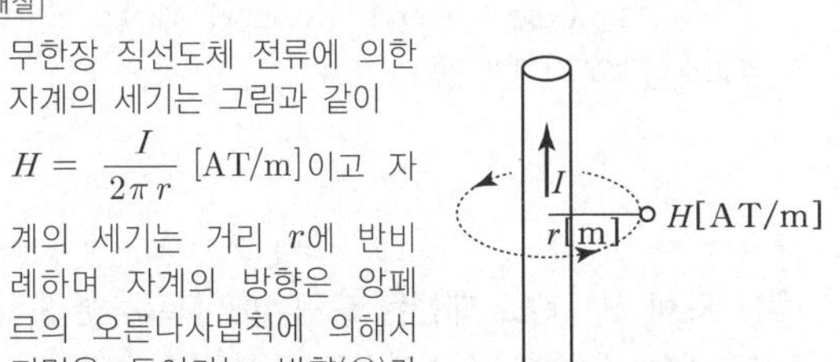

13 반지름 a[m]인 원형 전류가 흐르고 있을 때 원형 전류의 중심 0에서 중심축상 x[m]인 점의 자계[AT/m]를 나타낸 식은?

① $\dfrac{I}{2a}\sin^3\phi$　② $\dfrac{I}{2a}\sin^2\phi$

③ $\dfrac{I}{2a}\cos^3\phi$　④ $\dfrac{I}{2a}\cos^2\phi$

해설

반지름 a[m]이고 중심축상 거리가 x[m]인 원형코일 중심 축상의 자계의 세기는

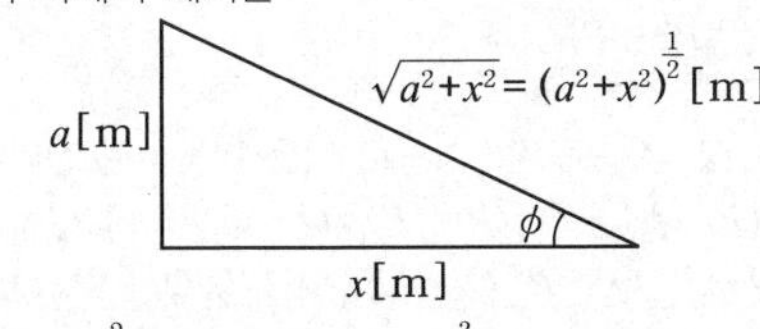

$$H = \frac{a^2 I}{2(a^2+x^2)^{\frac{3}{2}}} = \frac{I}{2a}\frac{a^3}{\left[(a^2+x^2)^{\frac{1}{2}}\right]^3}$$

$= \dfrac{I}{2a}\sin^3\phi$[AT/m]이다.

14 어떤 막대꼴 철심이 있다. 단면적이 0.5[m^2], 길이가 0.8[m], 비투자율이 20이다. 이 철심의 자기 저항[AT/Wb]은?

① 6.37×10^4　② 9.7×10^5

③ 3.6×10^4　④ 4.45×10^4

해설

단면적 $S=0.5$[m^2], 길이 $l=0.8$[m], 비투자율 $\mu_s=20$일 때

자기저항은

$$R_m = \frac{l}{\mu S} = \frac{l}{\mu_o \mu_s S} = \frac{0.8}{4\pi\times10^{-7}\times20\times0.5}$$

$= 6.37\times10^4$[AT/Wb]

15 단면적 15[cm^2]의 자석 근처에 같은 단면적을 가진 철편을 놓을 때 그 곳을 통하는 자속이 3×10^{-4}[Wb]이면 철편에 작용하는 흡인력은 약 몇 [N]인가?

① 12.2　② 23.9

③ 36.6　④ 48.8

해설

자극면 사이에 작용하는 힘은

$$F = f\cdot S = \frac{B^2}{2\mu_o}\cdot S = \frac{\left(\frac{\phi}{S}\right)^2}{2\mu_o}\cdot S = \frac{\phi^2}{2\mu_o S}$$

$$= \frac{(3\times10^{-4})^2}{2\times4\pi\times10^{-7}\times15\times10^{-4}} = 23.9\,[\mathrm{N}]$$

가 된다.

16 환상의 철심에 일정한 권선이 감겨진 권수 N회, 단면 S[m^2], 평균 자로의 길이 l [m]인 환상 솔레노이드에 전류 i[A]를 흘렸을 때 이 환상 솔레노이드의 자기 인덕턴스를 옳게 표현한 식은?

① $\dfrac{\mu^2 SN}{l}$　② $\dfrac{\mu S^2 N}{l}$

③ $\dfrac{\mu SN}{l}$　④ $\dfrac{\mu SN^2}{l}$

정답　12 ①　13 ①　14 ①　15 ②　16 ④

해설

환상솔레노이드의 자기 인덕턴스는

$$L = \frac{\mu SN^2}{l} = \frac{\mu SN^2}{2\pi a} = \frac{N^2}{R_m}[\mathrm{H}]$$

여기서 $a[\mathrm{m}]$: 평균 반지름

$l = 2\pi a\,[\mathrm{m}]$: 자로(철심)의 길이

$R_m = \frac{l}{\mu S}\,[\mathrm{AT/m}]$: 자기저항

17 **솔레노이드의 자기인덕턴스는 권수를 N이라 하면 어떻게 되는가?**

① N에 비례 ② $\sqrt{N}$에 비례

③ N^2에 비례 ④ $\frac{1}{N^2}$에 비례

해설

환상솔레노이드의 자기 인덕턴스는

$$L = \frac{\mu SN^2}{l} = \frac{\mu SN^2}{2\pi a} = \frac{N^2}{R_m}[\mathrm{H}]$$

이므로 자기인덕턴스는 N^2에 비례한다.

18 **$\epsilon_s = 9$, $\mu_s = 1$인 매질의 전자파의 고유임피던스(intrinsic impedance)는 얼마인가?**

① 41.9[Ω] ② 126[Ω]

③ 300[Ω] ④ 13.9[Ω]

해설

파동 고유임피던스 η 는

$$\eta = \frac{E}{H} = \sqrt{\frac{\mu}{\epsilon}} = \sqrt{\frac{\mu_o}{\epsilon_o}}\sqrt{\frac{\mu_s}{\epsilon_s}} = 377\sqrt{\frac{\mu_s}{\epsilon_s}}$$

$$= 377\sqrt{\frac{1}{9}} = 126\,[\Omega]$$ 이 된다.

19 **변위전류 또는 변위전류밀도에 대한 설명 중 옳은 것은?**

① 자유공간에서 변위전류가 만드는 것은 전계이다.

② 변위전류밀도는 전속밀도의 시간적 변화율이다.

③ 변위전류는 주파수와 관계가 없다.

④ 시간적으로 변화하지 않는 계에서도 변위전류는 흐른다.

해설

변위전류 밀도는 $i_d = \frac{\partial D}{\partial t}\,[\mathrm{A/m^2}]$ 이므로 전속밀도의 시간적 변화로 유전체를 통해 흐르는 전류로 자계를 발생한다. 변위전류는

$I_d = \omega CV_m \cos\omega t = 2\pi f CV_m \cos\omega t\,[\mathrm{A}]$ 이므로

주파수(f)와 관계가 있다.

20 **도체 2를 Q로 대전된 도체 1에 접속하면 도체 2가 얻는 전하를 전위계수로 표시하면 얼마나 되는가? (단, P_{11}, P_{12}, P_{21}, P_{22}는 전위계수이다.)**

① $\frac{P_{11}-P_{12}}{P_{11}-2P_{12}+P_{22}}Q$

② $-\frac{P_{11}-P_{12}}{P_{11}-2P_{12}+P_{22}}Q$

③ $\frac{P_{11}-P_{12}}{P_{11}+2P_{12}+P_{22}}Q$

④ $-\frac{P_{11}-P_{12}}{P_{11}+2P_{12}+P_{22}}Q$

해설

도체 1, 2의 전위를 전위계수로 표현시

$V_1 = P_{11}Q_1 + P_{12}Q_2$, $V_2 = P_{21}Q_1 + P_{22}Q_2$ 이며 두 도체를 접속 후에는 병렬연결이므로 전위는 서로 같아지므로 $V_1 = V_2$ 이 된다.

두 도체를 접속 후 도체 1 에 남아 있는 전하 Q_1 은 $Q_1 = Q - Q_2$ 로 감소하므로 이를 이용하여 정리하면

$P_{11}(Q-Q_2) + P_{12}Q_2 = P_{21}(Q-Q_2) + P_{22}Q_2$

$P_{11}Q - P_{11}Q_2 + P_{12}Q_2 = P_{21}Q - P_{21}Q_2 + P_{22}Q_2$

$(\therefore P_{12} = P_{21})$

$(P_{11}-P_{12})Q = (P_{11}-P_{12}-P_{21}-P_{22})Q_2$

$$Q_2 = \frac{P_{11}-P_{12}}{P_{11}-2P_{12}+P_{22}}Q[\mathrm{C}]$$

정답 17 ③ 18 ② 19 ② 20 ①

과년도기출문제(2021. 3. 7 시행)

※ 본 기출문제는 수험자의 기억을 바탕으로 하여 복원한 문제이므로 실제 문제와 다를 수 있음을 미리 알려드립니다.

01 두 개의 똑같은 작은 도체구를 접촉하여 대전시킨 후 3[m]거리에 떼어 놓았더니 작은 도체구는 서로 4×10^{-3}[N]의 힘으로 반발했다. 각 전하는 몇 [C]인가?

① 3×10^{-8}　② 2×10^{-6}

③ 4×10^{-4}　④ 2×10^{-2}

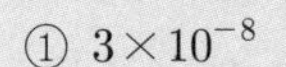

해설

주어진 수치 $Q_1 = Q_2 = Q$[C], $r = 3$[m],
$F = 4\times10^{-3}$[N] 일 때
두 전하 사이에 작용하는 힘
$F = \dfrac{Q_1 \cdot Q_2}{4\pi\varepsilon_o r^2} = 9\times10^9 \dfrac{Q^2}{r^2}$[N]이므로
주어진 수치를 대입하여 구하면
$Q = \sqrt{\dfrac{Fr^2}{9\times10^9}} = \sqrt{\dfrac{4\times10^{-3}\times3^2}{9\times10^9}} = 2\times10^{-6}$[C]

02 한 변의 길이가 2[m]가 되는 정삼각형 3정점 A, B, C에 10^{-4}[C]의 점전하가 있다 점 B에 작용하는 힘 [N]은 다음 중 어느 것인가?

① 29　② 39

③ 45　④ 49

해설

정삼각형 한 정점에 작용하는 힘
$F_1 = F_2 = \dfrac{Q^2}{4\pi\varepsilon_0 a^2}$[N] 이며
정삼각형 정점에 작용하는 전체 힘은
벡터합으로 구하므로 평행 사변형의 원리에 의하여
$F = \sqrt{F_1^2 + F_2^2 + 2F_1 F_2 \cos\theta}$ 가 된다.
여기서 F_1 과 F_2는 같고 정삼각형 이므로 $\theta = 60°$ 가 되어 이를 넣어 정리하면
$F = \sqrt{F_1^2 + F_1^2 + 2F_1 F_1 \cos 60°}$
$= \sqrt{3F_1^2} = \sqrt{3}F_1 = \dfrac{\sqrt{3}Q^2}{4\pi\varepsilon_0 a^2}$[N]이 된다.
그러므로 주어진 수치 $Q = 10^{-4}$[C], a = 2[m]를 대입하면
$F = \dfrac{\sqrt{3}Q^2}{4\pi\varepsilon_0 a^2} = \sqrt{3}\times9\times10^9\dfrac{(10^{-4})^2}{2^2} = 39$[N]

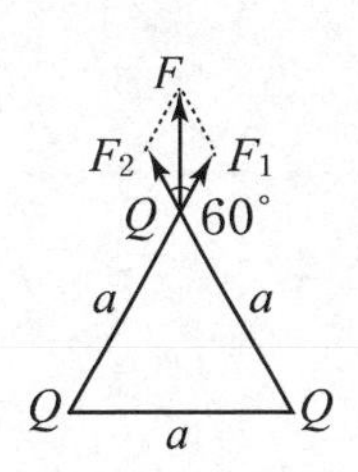

03 전계의 세기 1500[V/m]의 전장에 5[μC]의 전하를 놓으면 얼마의 힘[N]이 작용하는가?

① 4×10^{-3}　② 5.5×10^{-3}

③ 6.5×10^{-3}　④ 7.5×10^{-3}

해설

$E = 1{,}500$[V/m], $Q = 5$[μC]일 때 전계내 전하를 놓았을 때 작용하는 힘은
$F = QE = 5\times10^{-6}\times1500 = 7.5\times10^{-3}$[N]

04 반지름 $r = 1$[m]인 도체구의 표면전하밀도가 $\dfrac{10^{-8}}{9\pi}$[C/m²]가 되도록 하는 도체구의 전위는 몇 [V]인가 ?

① 10　② 20

③ 40　④ 80

해설

구도체의 표면전하밀도가 $\rho_s = \dfrac{10^{-8}}{9\pi}$[C/m²]
반지름 $r = 1$[m]인 구도체의 표면적
$S = 4\pi r^2 = 4\pi\times1^2 = 4\pi$[m²]이므로
구도체 표면전위는
$V = \dfrac{Q}{4\pi\varepsilon_0 r} = \dfrac{\rho_s\times S}{4\pi\varepsilon_0 r}$
$= \dfrac{\dfrac{10^{-8}}{9\pi}\times4\pi}{4\pi\varepsilon_0\times1} = \dfrac{10^{-8}}{9\pi\times8.855\times10^{-12}} = 40$[V]

정답　01 ②　02 ②　03 ④　04 ③

05 무한 평행판 평행 전극 사이의 전위차 V[V]는? (단, 평행판 전하 밀도 σ[C/m^2], 판간 거리 d[m]라 한다.)

① $\dfrac{\sigma}{\varepsilon_o}$ ② $\dfrac{\sigma}{\varepsilon_o}d$
③ σd ④ $\dfrac{\varepsilon_o \sigma}{d}$

해설

무한 평행판 사이의 전계 $E = \dfrac{\sigma}{\varepsilon_o}$ [V/m]

무한 평행판 사이의 전위차 $V = E \cdot d = \dfrac{\sigma}{\varepsilon_o} d$ [V]

06 그림과 같이 등전위면이 존재하는 경우 전계의 방향은?

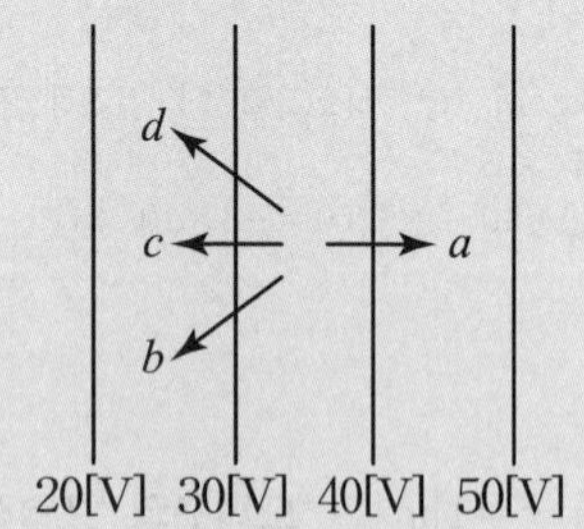

① a ② b
③ c ④ d

해설

전계의 방향은 등전위면에 수직하고 전위가 높은 곳에서 낮은 곳으로 향해야 하므로 C 성분이 된다.

07 다음 물질중 비유전율이 가장 큰 물질은 무엇인가?

① 산화티탄 자기 ② 종이
③ 운모 ④ 변압기유

해설

종이 : 2 ~ 2.6 변압기 기름 : 2.2 ~ 2.4
운모 : 5.5 ~ 6.6 산화티탄 자기 : 115 ~ 5000

08 비유전율이 4이고 전계의 세기가 20[kV/m]인 유전체 내의 전속 밀도[μC/m^2]는?

① 0.708 ② 0.168
③ 6.28 ④ 2.83

해설

$E = 20$ [kV/m], $\varepsilon_s = 4$ 일 때 유전체내
전속밀도 $D = \varepsilon_o \varepsilon_s E$ [C/m^2] 일 때
주어진 수치를 대입하면 전속밀도는
$D = 8.855 \times 10^{-12} \times 4 \times 20 \times 10^3 \times 10^6 = 0.708$ [μC/m^2]

09 평행판 콘덴서 C_1의 양극판 면적을 3배로 하고 간격을 1/2배로 할 때 C_2라하면 정전 용량은 처음의 몇 배가 되는가?

① $3/2C_1$ ② $2/3C_1$
③ $1/6C_1$ ④ $6C_1$

해설

평행판 사이의 정전용량 $C_1 = \dfrac{\varepsilon_o S}{d}$ [F]이므로

면적을 $3S$, 간격을 $\dfrac{1}{2}d$로 하면

$$C_2 = \frac{\varepsilon_o (3S)}{\frac{1}{2}d} = \frac{6\varepsilon_o S}{d} = 6C_1$$

10 간격 d[m]인 무한히 넓은 평행판의 단위 면적당 정전 용량[F/m^2]은? (단, 매질은 공기라 한다.)

① $\dfrac{1}{4\pi\varepsilon_o d}$ ② $\dfrac{4\pi\varepsilon_o}{d}$
③ $\dfrac{\varepsilon_o}{d}$ ④ $\dfrac{\varepsilon_o}{d^2}$

해설

평행판사이의 정전용량 $C = \dfrac{\varepsilon_o S}{d}$ [F] 이므로

단위면적당 정전용량 $C' = \dfrac{C}{S} = \dfrac{\varepsilon_o}{d}$ [F/m^2] 이 된다.

정 답 05 ② 06 ③ 07 ① 08 ① 09 ④ 10 ③

11 10[A]의 무한장 직선 전류로부터 10[cm] 떨어진 곳의 자계의 세기[AT/m]는?

① 1.59 ② 15
③ 15.9 ④ 159

해설

$I=10[A]$, $r=10[cm]$ 일 때 무한장 직선전류에 의한 자계의 세기는

$$H=\frac{I}{2\pi r}=\frac{10}{2\pi\times10\times10^{-2}}=15.9\,[AT/m]$$

12 비투자율 $\mu_s=500$인 환상 철심 내의 평균 자계의 세기가 $H=100[AT/m]$이다. 철심 중의 자화의 세기 $J[Wb/m^2]$는?

① 62.7×10^{-2} ② 6.27×10^{-2}
③ 0.627×10^{-2} ④ 0.0627×10^{-2}

해설

$\mu_s=500$, $H=100[AT/m]$ 일 때 자화의 세기는

$$J=\mu_o(\mu_s-1)H=4\pi\times10^{-7}\times(500-1)\times100$$
$$=6.27\times10^{-2}\,[Wb/m^2]$$

13 $\varepsilon_s=9$, $\mu_s=1$인 매질의 전자파의 고유 임피던스(intrinsic impedance)는 얼마인가?

① 12.6[Ω] ② 126[Ω]
③ 139[Ω] ④ 13.9[Ω]

해설

비유전율 및 비투자율이 $\varepsilon_s=9$, $\mu_s=1$이므로
파동고유임피던스

$$\eta=\frac{E}{H}=\sqrt{\frac{\mu}{\varepsilon}}=\sqrt{\frac{\mu_o}{\varepsilon_o}}\sqrt{\frac{\mu_s}{\varepsilon_s}}=377\sqrt{\frac{1}{9}}=126\,[\Omega]$$

14 매초마다 S면을 통과하는 전자에너지를 $W=\int_S P\cdot ndS[W]$로 표시하는데 이 중 틀린 설명은?

① 벡터 P를 포인팅 벡터라 한다.
② n이 내향일 때는 S 면내에 공급되는 총 전력이다.
③ n이 외향일 때에는 S 면에서 나오는 총 전력이 된다.
④ P의 방향은 전자계의 에너지 흐름의 진행방향과 다르다.

해설

P의 방향은 전자계의 에너지 흐름의 진행방향과 같다.

15 자기인덕턴스가 각각 L_1, L_2인 두 코일을 서로 간섭이 없도록 병렬로 연결했을 때 그 합성 인덕턴스는?

① L_1L_2 ② $\frac{L_1+L_2}{L_1L_2}$
③ L_1+L_2 ④ $\frac{L_1L_2}{L_1+L_2}$

해설

두 코일을 서로 간섭이 없도록하면 합성인덕턴스 $M=0$이 되므로
직렬연결시 합성인덕턴스 $L_o=L_1+L_2\,[H]$
병렬연결시 합성인덕턴스 $L_o=\frac{L_1L_2}{L_1+L_2}[H]$

16 반지름 $a[m]$인 원통 도체가 있다. 이 원통 도체의 길이가 $l[m]$일 때 내부 인덕턴스 $[H/m]$는 얼마인가? (단, 원통 도체의 투자율은 $\mu[H/m]$이다.)

① $\frac{\mu}{4\pi}$ ② $\frac{\mu}{8\pi}$
③ $4\pi\mu$ ④ $8\pi\mu$

정답 11 ③ 12 ② 13 ② 14 ④ 15 ④ 16 ②

해설

원주(원통)도체 내부의 자기인덕턴스 $L_i = \frac{\mu l}{8\pi}$ [H]
원주(원통)도체 내부의 단위길이당 자기인덕턴스
$L_i' = \frac{L_i}{l} = \frac{\mu}{8\pi}$ [H/m]

17 유전체 중의 전계의 세기를 E, 유전율을 ε이라 하면 전기변위 [C/m²]는?

① εE ② εE^2
③ $\frac{\varepsilon}{E}$ ④ $\frac{E}{\varepsilon}$

해설

유전체 중의 전기변위(전속밀도)는 $D = \varepsilon E$[C/m²]

18 변압기의 철심이 갖추어야 할 조건으로 틀린 것은?

① 투자율이 클 것
② 전기 저항이 작을 것
③ 성층 철심으로 할 것
④ 히스테리시스손 계수가 작을 것

해설

변압기 철심은 자기회로를 구성하는 부분이므로 자기저항이 작아야 한다.

19 강자성체의 설명 중 맞는 것은?

① 기자력과 자속 사이에는 선형 특성을 갖고 있다.
② 와전류특성이 있어야 한다.
③ 자화된 강자성체에 온도를 증가시키면 자성이 약해진다.
④ 자화 시 잔류자기밀도가 크고 보자력은 작아야 한다.

해설

자화된 강자성체에 온도를 증가시키면 자성이 약해지고 강자성을 잃어버리는 온도를 퀴리온도(임계온도)라 하며 철의 임계온도는 약 770[℃]이다.

20 평등자계 내에 수직으로 돌입한 전자의 궤적은?

① 원운동을 하는데 반지름은 자계의 세기에 비례한다.
② 구면 위에서 회전하고 반지름은 자계의 세기에 비례한다.
③ 원운동을 하고 반지름은 전자의 처음 속도에 반비례한다.
④ 원운동을 하고 반지름은 자계의 세기에 반비례한다.

해설

평등자계내 전자 수직 입사시 전자는 원운동하며
이때 반지름은 $r = \frac{mv}{Be} = \frac{mv}{\mu_o He}$ [m] 이므로
처음 속도 v에 비례하고 자계의 세기 H에 반비례한다.

정답 17 ② 18 ② 19 ③ 20 ④

과년도기출문제(2021. 5. 15 시행)

※ 본 기출문제는 수험자의 기억을 바탕으로 하여 복원한 문제이므로 실제 문제와 다를 수 있음을 미리 알려드립니다.

01 대전도체 표면의 전하밀도를 $\sigma[C/m^2]$이라 할 때, 대전도체 표면의 단위면적이 받는 정전응력은 전하밀도 σ와 어떤 관계에 있는가?

① $\sigma^{\frac{1}{2}}$에 비례　② $\sigma^{\frac{3}{2}}$에 비례
③ σ에 비례　④ σ^2에 비례

해설

단위 면적당 받는 힘

$f = \frac{\rho_s^2}{2\varepsilon_o} = \frac{D^2}{2\varepsilon_o} = \frac{1}{2}\varepsilon_o E^2 = \frac{1}{2}ED\,[N/m^2]$이므로

$f \propto \rho_s^2 = \sigma^2$이 된다.

02 유전체내의 전속밀도가 $D[C/m^2]$인 전계에 저축되는 단위 체적당 정전에너지 $W[J/m^3]$ 일 때 유전체의 비유전율 ε_s은?

① $\frac{D^2}{2\varepsilon_0 W}$　② $\frac{D^2}{\varepsilon_0 W}$
③ $\frac{2D^2}{\varepsilon_0 W}$　④ $\frac{\varepsilon_0 D^2}{W}$

해설

유전체내의 단위체적당 에너지

$W = \frac{\rho_s^2}{2\varepsilon} = \frac{D^2}{2\varepsilon} = \frac{1}{2}\varepsilon E^2 = \frac{1}{2}ED\,[J/m^3]$에서

$W = \frac{D^2}{2\varepsilon} = \frac{D^2}{2\varepsilon_0\varepsilon_s}\,[J/m^3]$이므로 비유전율

$\varepsilon_s = \frac{D^2}{2\varepsilon_0 W}$가 된다.

03 그림과 같이 권수가 1이고 반지름 a[m]인 원형 전류 I[A]가 만드는 자계의 세기 [AT/m]는?

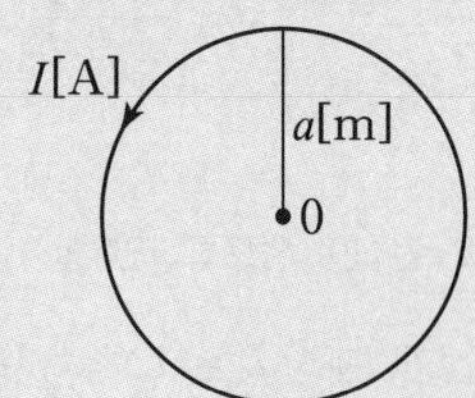

① $\frac{I}{a}$　② $\frac{I}{2a}$
③ $\frac{I}{3a}$　④ $\frac{I}{4a}$

해설

원형코일 중심점의 자계의 세기

$H = \frac{NI}{2a}$ [AT/m]이므로 권선수 $N=1$회 일 때

$H = \frac{I}{2a}$ [AT/m]

04 반지름 a[m]인 접지 도체구의 중심에서 d[m] 되는 거리에 점전하 Q[C]을 놓았을 때 도체구에 유도된 총 전하는 몇 [C]인가?

① 0　② $-Q$
③ $-\frac{a}{d}Q$　④ $-\frac{d}{a}Q$

해설

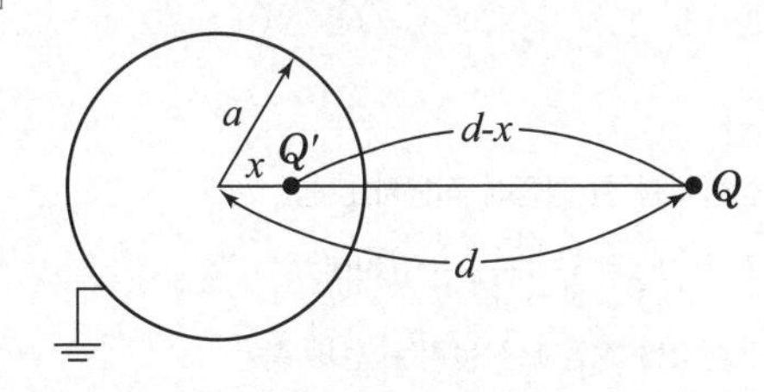

전하량 Q[C]에 의한 구도체 내부에 존재하는

영상전하 $Q' = -\frac{a}{d}Q$[C]

영상전하 위치 $x = \frac{a^2}{d}$ [m]

정답　01 ④　02 ①　03 ②　04 ③

05 자기인덕턴스가 각각 L_1, L_2인 두 코일을 서로 간섭이 없도록 병렬로 연결했을 때 그 합성 인덕턴스는?

① $L_1 L_2$ ② $\dfrac{L_1 + L_2}{L_1 L_2}$

③ $L_1 + L_2$ ④ $\dfrac{L_1 L_2}{L_1 + L_2}$

해설

두 코일을 서로 간섭이 없도록하면 합성인덕턴스 $M = 0$ 이 되므로

직렬연결시 합성인덕턴스 $L_o = L_1 + L_2$ [H]

병렬연결시 합성인덕턴스 $L_o = \dfrac{L_1 L_2}{L_1 + L_2}$[H]

06 유전체 중의 전계의 세기를 E, 유전율을 ε이라 하면 전기변위 [C/m^2]는?

① εE ② εE^2

③ $\dfrac{\varepsilon}{E}$ ④ $\dfrac{E}{\varepsilon}$

해설

유전체 중의 전기변위(전속밀도)는 $D = \varepsilon E$[C/m^2]

07 한 변의 길이가 2[m]가 되는 정3각형 3정점 A, B, C에 10^{-4}[C]의 점전하가 있다 점 B에 작용하는 힘 [N]은 다음 중 어느 것인가?

① 29 ② 39

③ 45 ④ 49

해설

정삼각형 한 정점에 작용하는 힘

$F_1 = F_2 = \dfrac{Q^2}{4\pi\varepsilon_0 a^2}$ [N] 이며

정삼각형 정점에 작용하는 전체 힘은

벡터합으로 구하므로 평행 사변형의 원리에 의하여

$F = \sqrt{F_1^2 + F_2^2 + 2F_1 F_2 \cos\theta}$ 가 된다.

여기서 F_1과 F_2는 같고 정삼각형 이므로 $\theta = 60°$ 가

되어 이를 넣어 정리하면

$F = \sqrt{F_1^2 + F_1^2 + 2F_1 F_1 \cos 60°}$

$= \sqrt{3F_1^2} = \sqrt{3} F_1$

$= \dfrac{\sqrt{3}\,Q^2}{4\pi\varepsilon_0 a^2}$ [N]이 된다. 그러므로

주어진 수치

$Q = 10^{-4}$ [C], a = 2 [m]를 대입하면

$F = \dfrac{\sqrt{3}\,Q^2}{4\pi\varepsilon_0 a^2}$

$= \sqrt{3} \times 9 \times 10^9 \dfrac{(10^{-4})^2}{2^2}$

$= 39$[N]

08 도체계에서 임의의 도체를 일정 전위의 도체로 완전 포위하면 내외 공간의 전계를 완전히 차단할 수 있다. 이것을 무엇이라 하는가?

① 전자차폐 ② 정전차폐

③ 홀(hall) 효과 ④ 핀치(pinch) 효과

09 균질의 철사를 고리 형으로 연결하고 한쪽 면에는 [illegible] 열의 흡수 및 발생이 일어나는 현상

① 볼타(Volta) 효과

② 지벡(Seeback) 효과

③ 펠티에(Peltier) 효과

④ 톰슨(Thomson) 효과

해설

동종(균질)의 금속에서 각부에서 온도가 다르면 그 부분에서 열의 발생 또는 흡수가 일어나는 효과를 톰슨 효과라 한다.

정답 05 ④ 06 ① 07 ② 08 ② 09 ④

10 **직선전류에 의해서 그 주위에 생기는 환상의 자계의 방향은?**

① 전류의 방향
② 전류와 반대방향
③ 오른나사의 진행방향
④ 오른나사의 회전방향

해설

전류에 의한 회전 자계의 방향은 오른나사의 회전방향으로 한다.

11 **두 코일의 인덕턴스가 각각 0.25[H]와 0.4[H]이고 결합계수가 1인 경우 상호인덕턴스의 크기는?**

① 0.32 ② 0.48
③ 0.5 ④ 0.86

해설

결합계수 $k=\dfrac{M}{\sqrt{L_1 \cdot L_2}}$ 에서

상호 인덕턴스는 $M=k\sqrt{L_1 \cdot L_2}$ 가 된다.

주어진 수치 $L_1=0.25[\mathrm{H}]$, $L_2=0.4[\mathrm{H}]$, $k=1$를 대입하면 $M=1\times\sqrt{0.25\times0.4}=0.32[\mathrm{H}]$

12 **환상철심에 감은 코일에 5[A]의 전류를 흘러 2000[AT]의 기자력을 발생시키고자 한다면 코일의 권수는 몇 회로 하면 되는가?**

① 100회 ② 200회
③ 300회 ④ 400회

해설

기자력 $F=N\cdot I[\mathrm{AT}]$ 에서

권수 $N=\dfrac{F}{I}=\dfrac{2000}{5}=400$[회]가 된다.

13 **변압기 철심에서 규소강판이 쓰이는 주요 원인은?**

① 와전류 손을 적게 하기 위하여
② 큐리 온도를 높이기 위하여
③ 부하손(동손)을 적게 하기 위하여
④ 히스테리시스 손을 적게 하기 위하여

해설

히스테리시스손 $P_h=\eta f B^{1.6}\,[\mathrm{W/m^3}]$ 의 방지책 : 규소강판사용

와전류손(맴돌이전류손) $P_e=\eta(fB)^2\,[\mathrm{W/m^3}]$ 의 방지책 : 성층결선사용

여기서 f 는 주파수, B 는 최대자속밀도

14 **권수 1회의 코일에 5[Wb]의 자속이 쇄교하고 있을 때 시간 $t=10^{-1}$[s] 에서 자속이 0으로 변화 하였다면 이때 발생되는 유도 기전력 [V]은?**

① 10 ② 25
③ 50 ④ 70

해설

권선수 $N=1$회, 자속의 변화량 $d\phi=5-0=5[\mathrm{Wb}]$,
시간의 변화량 $dt=10^{-1}[\mathrm{sec}]$일 때

유기기전력은 $e=N\dfrac{d\phi}{dt}=-1\times\dfrac{5}{10^{-1}}=50[\mathrm{V}]$가 된다.

15 **어떤 대전체가 진공 중에서 전속이 Q[C]이었다. 이 대전체를 비유전율 10인 유전체 속으로 가져갈 경우에 전속 [C]은?**

① Q ② 10Q
③ Q/10 ④ $10\varepsilon_0 Q$

해설

전속선은 매질과 관계가 없으므로 유전체 내 전속선은 $\psi=Q$가 된다.

정답 10 ④ 11 ① 12 ④ 13 ④ 14 ③ 15 ①

16 비유전율 4, 비투자율 1인 매질 내에서의 전자파의 전파속도 [m/sec]는 얼마인가?

① 1.5×10^{8} ② 2.5×10^{8}
③ 1.5×10^{-8} ④ 2.5×10^{-8}

해설

전자파의 전파속도는

$$v = \frac{3\times10^8}{\sqrt{\varepsilon_s \mu_s}} = \frac{3\times10^8}{\sqrt{4\times1}} = 1.5\times10^8\ [\text{m/sec}]$$

17 단면적 $S = 5[\text{m}^2]$ 인 도선에 3초동안 30[C]의 전하를 흘릴시 발생되는 전류는?

① 5 ② 10
③ 15 ④ 20

해설

전류 $I = \dfrac{Q}{t} = \dfrac{30}{3} = 10[\text{A}]$

18 점자극에 의한 자위는?

① $U = \dfrac{m}{4\pi\mu_0 \text{r}}$ [Wb/J]

② $U = \dfrac{m}{4\pi\mu_0 \text{r}^2}$ [Wb/J]

③ $U = \dfrac{m}{4\pi\mu_0 \text{r}}$ [J/Wb]

④ $U = \dfrac{m}{4\pi\mu_0 \text{r}^2}$ [J/Wb]

해설

점자극 m[wb]에서 r[m]지점의 자위는

$$U = \frac{m}{4\pi\mu_0 \text{r}}\ [\text{J/Wb}=\text{A}]$$

19 양도체에 있어서 전자파의 전파 정수는? (단, 주파수 f[Hz], 도전율 σ[S/m], 투자율 μ[H/m])

① $\sqrt{\pi f \sigma \mu} + j\sqrt{\pi f \sigma \mu}$
② $\sqrt{2\pi f \sigma \mu} + j\sqrt{2\pi f \sigma \mu}$
③ $\sqrt{2\pi f \sigma \mu} + j\sqrt{\pi f \sigma \mu}$
④ $\sqrt{\pi f \sigma \mu} + j\sqrt{2\pi f \sigma \mu}$

해설

양도체에 있어서 전자파의 전파 정수는
$\gamma = \sqrt{\pi f \sigma \mu} + j\sqrt{\pi f \sigma \mu}$

20 정전용량이 0.5[μF], 1[μF]인 콘덴서에 각각 2×10^{-4}[C] 및 3×10^{-4}[C]의 전하를 주고 극성을 같게 하여 병렬로 접속할 때 콘덴서에 축적된 에너지는 약 몇 [J]가?

① 0.042 ② 0.063
③ 0.083 ④ 0.126

해설

정전용량이 $C_1 = 0.5[\mu\text{F}]$, $C_2 = 1[\mu\text{F}]$와 전하량
$Q_1 = 2\times10^{-4}[\text{C}]$, $Q_2 = 3\times10^{-4}[\text{C}]$가
병렬연결시 합성정전용량과 전하량은
$C = C_1 + C_2 = 1.5[\mu\text{F}]$, $Q = Q_1 + Q_2 = 5\times10^{-4}[\text{C}]$
이므로 콘덴서에 축적 에너지는

$$W = \frac{Q^2}{2C} = \frac{(5\times10^{-4})^2}{2\times1.5\times10^{-6}} = 0.083\ [\text{J}]$$

정 답 16 ① 17 ② 18 ③ 19 ① 20 ③

21 과년도기출문제(2021. 8. 14 시행)

※ 본 기출문제는 수험자의 기억을 바탕으로 하여 복원한 문제이므로 실제 문제와 다를 수 있음을 미리 알려드립니다.

01 반지름 a[m]인 접지 도체구의 중심에서 d[m] 되는 거리에 점전하 Q[C]을 놓았을 때 도체구에 유도된 총 전하는 몇 [C]인가?

① 0 ② $-Q$

③ $-\frac{a}{d}Q$ ④ $-\frac{d}{a}Q$

해설

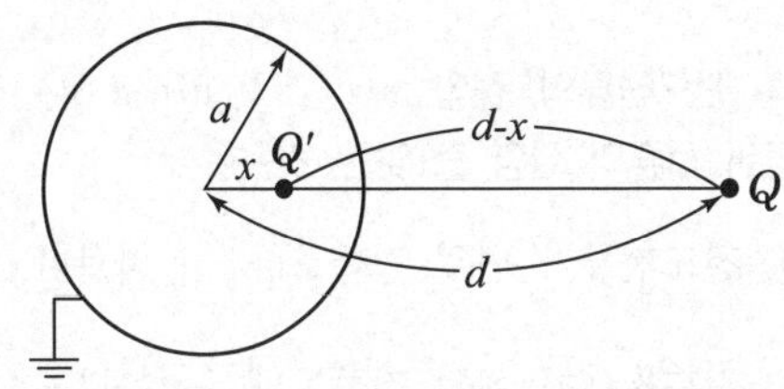

$d > a$ 접지 구도체와 점전하에 의한 접지 구도체에 유기되는 영상전하는 $Q' = -\frac{a}{d}Q$ [C]이며

영상전하의 위치 $x = \frac{a^2}{d}$[m]이다.

02 액체 유전체를 포함한 콘덴서 용량이 30[μF]이다 여기에 500[V]의 전압을 가했을 경우에 흐르는 누설 전류는 약 얼마인가? (단, 유전체의 비유전율은 $\epsilon_s = 2.2$, 고유저항은 $\rho = 10^{11}[\Omega \cdot \text{m}]$이라 한다.)

① 5.5[mA] ② 7.7[mA]

③ 10.2[mA] ④ 15.4[mA]

해설

누설전류 $I = \frac{V}{R} = \frac{V}{\frac{\epsilon\rho}{C}} = \frac{CV}{\rho\epsilon}$ [A]이므로

주어진 수치를 대입하면

$I = \frac{CV}{\rho\epsilon_0\epsilon_s} = \frac{30\times10^{-6}\times500}{10^{11}\times8.855\times10^{-12}\times2.2}\times10^3$
$= 7.699$[mA]

03 그림과 같이 도체 1을 도체 2로 포위하여 도체2를 일정 전위로 유지하고 도체 1과 도체2의 외측에 도체3이 있을 때 용량계수 및 유도계수의 성질로 옳은 것은?

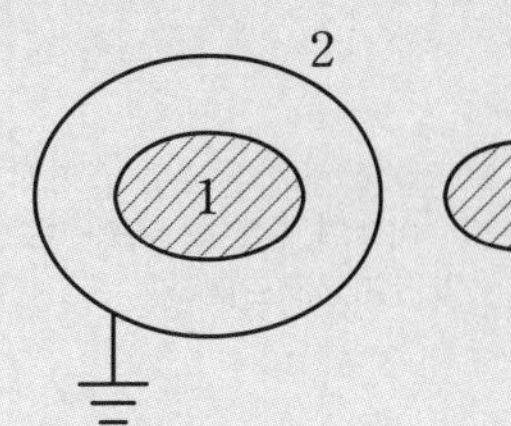

① $q_{23} = q_{11}$

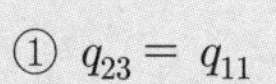

② $q_{13} = -q_{11}$

③ $q_{31} = q_{11}$

④ $q_{21} = -q_{11}$

해설

2도체가 접지되어 있으므로 1도체와 3도체는 유도계수가 발생하지 않아 서로 관계가 없는 상태가 된다. 이를 일정 전위를 가진 도체로 내외 전계를 완전 차단하는 정전차폐라 한다.
1도체가 2도체 포함되어 있는 경우의 유도계수와 용량계수와의 관계는 $q_{21} = -q_{11}$가 된다.

04 평행판 콘덴서 C_1의 양극판 면적을 1/3배로 하고 간격을 1/2배로 할때 C_2라하면 정전 용량은 처음의 몇 배가 되는가 ?

① $3/2C_1$ ② $2/3C_1$

③ $1/6C_1$ ④ $6C_1$

해설

평행판 콘덴서의 정전 용량을 C_1이라 하면

$C_1 = \frac{\epsilon_0 S}{d}$[F] 이며

면적 S를 1/3배하고 $d = \frac{1}{2}$ 배 하면 정전 용량은

$C_2 = \frac{\epsilon_0\frac{1}{3}S}{\frac{1}{2}d} = \frac{2}{3}\frac{\epsilon_0 S}{d} = \frac{2}{3}C_1$가 된다.

정답 01 ③ 02 ② 03 ④ 04 ②

05 강자성체의 설명 중 맞는 것은?

① 기자력과 자속 사이에는 선형 특성을 갖고 있다.
② 와전류특성이 있어야 한다.
③ 자화된 강자성체에 온도를 증가시키면 자성이 약해진다.
④ 자화 시 잔류자기밀도가 크고 보자력은 작아야 한다.

해설

자화 된 강자성체에 온도를 증가시키면 강자성체의 자성이 약해지며 이때의 온도를 큐리온도(임계온도)라 하며 철의 경우는 약 770℃ 정도이다

06 대전도체 표면의 전하밀도를 $\sigma[C/m^2]$이라 할 때, 대전도체 표면의 단위면적이 받는 정전응력은 전하밀도 σ와 어떤 관계에 있는가?

① $\sigma^{\frac{1}{2}}$에 비례　② $\sigma^{\frac{3}{2}}$에 비례
③ σ에 비례　④ σ^2에 비례

해설

대전도체의 단위면적당 작용하는 힘(정전흡인력)은

$f=\frac{\sigma^2}{2\epsilon_o}=\frac{D^2}{2\epsilon_o}=\frac{1}{2}\epsilon_o E^2=\frac{1}{2}ED\ [N/m^2]$이므로

f는 면전하면도 σ^2에 비례한다.

07 자기 인덕턴스가 L_1, L_2이고 상호 인덕턴스가 M인 두 회로의 결합계수가 1일 때, 다음 중 성립되는 식은?

① $L_1 \cdot L_2 = M$　② $L_1 \cdot L_2 < M^2$
③ $L_1 \cdot L_2 > M^2$　④ $L_1 \cdot L_2 = M^2$

해설

결합계수 $k=\frac{M}{\sqrt{L_1 L_2}}$ 이므로

$k=1$일 경우 $M=\sqrt{L_1 L_2}$ 이므로

$M^2 = L_1 L_2$

08 자유공간(진공)에서의 고유임피던스 $[\Omega]$는?

① $\frac{1}{120\pi}$　② 100π
③ 120π　④ $\frac{1}{100\pi}$

해설

자유공간(진공)중 파동 고유임피던스

$\eta=\frac{E}{H}=\sqrt{\frac{\mu_0}{\epsilon_0}}=120\pi=377\ [\Omega]$

09 전도전류의 전압 $v(t)=V_m\sin\omega t\,[V]$ 일 때 변위 전류의 설명 중 맞는 것은?

① 전도전류가 변위 전류보다 $\frac{\pi}{2}$ 빠르다.
② 전도전류가 변위 전류보다 $\frac{\pi}{2}$ 늦다.
③ 변위전류가 전도 전류보다 $\frac{\pi}{2}$ 빠르다.
④ 변위전류가 전도 전류보다 $\frac{\pi}{2}$ 늦다.

해설

변위전류

$I_d=i_d\,S=\frac{\partial D}{\partial t}S=\varepsilon\frac{\partial E}{\partial t}S=\epsilon\frac{\partial}{\partial t}\frac{v(t)}{d}S=C\frac{\partial v(t)}{\partial t}$

$=C\frac{\partial}{\partial t}V_m\sin\omega t=\omega CV_m\cos\omega t=\omega CV_m\sin(\omega t+\frac{\pi}{2})$

이므로 변위 전류의 위상이 $\frac{\pi}{2}$ 빠르다.

10 무한평면 도체에서 $h[m]$의 높이에 반지름 $a[m](a \ll h)$의 도선을 평행하게 가설하였을 때 도체에 대한 도선의 정전 용량은 몇 $[F/m]$인가?

① $\frac{\pi\epsilon_0}{\ln\frac{h}{a}}$　② $\frac{2\pi\epsilon_0}{\ln\frac{2h}{a}}$
③ $\frac{\pi\epsilon_0}{\ln\frac{2h}{a}}$　④ $\frac{2\pi\epsilon_0}{\ln\frac{h}{a}}$

정답　05 ③　06 ④　07 ④　08 ③　09 ③　10 ②

해설

무한평면(대지)와 도선사이의 정전용량은

$$C = \frac{2\pi\varepsilon_0}{\ln\frac{2h}{a}} [F/m]$$

11 10[V]의 기전력을 유기시키려면 5[sec]간에 몇 [Wb]의 자속을 끊어야 하는가?

① 2 ② 0.5
③ 10 ④ 50

해설

전자유도에 의한 유기전압은

$e = -N\dfrac{d\phi}{dt}$ [V]이므로

$d\phi = \dfrac{e\,dt}{N} = \dfrac{10 \times 5}{1} = 50$[Wb]가 된다.

12 표피 깊이 δ를 나타내는 식은? (단, k[S/m]도전율, f[Hz] 주파수, μ[H/m] 투자율)

① $\delta = \dfrac{1}{\pi f \mu k}$

② $\delta = \sqrt{\pi f \mu k}$

③ $\delta = \dfrac{1}{\sqrt{\pi f \mu k}}$

④ $\delta = \pi f \mu k$

해설

표피효과란 도선에 교류를 인가시 도선 표면의 전류밀도는 증가하고 도선중심의 전류 밀도는 감소하는 현상으로 표피효과에 의한 침투깊이(표피두께) $\delta = \sqrt{\dfrac{1}{\pi f \mu k}}$ [m]이다.

13 그림과 같이 균일한 자계의 세기 H[AT/m] 내에 자극의 세기가 $\pm m$[Wb], [N·m]길이 l[m]인 막대 자석을 그 중심 주위에 회전할 수 있도록 놓는다. 이때 자석과 자계의 방향이 이룬 각을 θ라 하면 자석이 받는 회전력 [N·m]은?

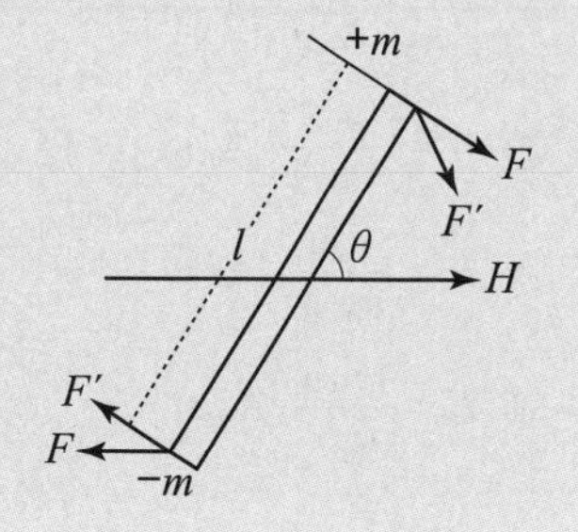

① $mHl\cos\theta$
② $mHl\sin\theta$
③ $2mHl\sin\theta$
④ $2mHl\tan\theta$

해설

막대 자석에 작용하는 회전력(토오크)는

$T = mHl\sin\theta = MH\sin\theta = \vec{M} \times \vec{H}$ [N·m]

14 두 자성체가 접했을 때 $\dfrac{\tan\theta_1}{\tan\theta_2} = \dfrac{\mu_1}{\mu_2}$의 관계식에서 $\theta_1 = 0$일 때, 다음 중에 표현이 잘못된 것은?

① 자기력선은 굴절하지 않는다.
② 자속 밀도는 불변이다.
③ 자계는 불연속이다.
④ 자기력선은 투자율이 큰 쪽에 모여진다.

해설

입사각 $\theta_1 = 0°$인 경우 경계면에 수직 입사시 이므로

- 자기력선은 굴절하지 않는다.
- 자속밀도가 서로 같으므로 불변이다.
- 자계는 서로 같지 않으므로 불연속이다.
- 자속선은 투자율이 큰 쪽에 모이고 자기력선은 투자율이 작은 쪽으로 모여진다.

정답 11 ④ 12 ③ 13 ② 14 ④

15 v[m/s]의 속도로 전자가 반경이 r[m]인 B[Wb/m^2]의 평등 자계에 직각으로 들어가면 원운동을 한다. 이 때 자계의 세기는? (단, 전자의 질량은 m, 전자의 전하는 e이다.)

① $H=\dfrac{\mu_0 e\, r}{m\, v}$ [A/m]

② $H=\dfrac{\mu_0\, r}{em\, v}$ [A/m]

③ $H=\dfrac{mv}{\mu_0 e\, r}$ [A/m]

④ $H=\dfrac{emv}{\mu_0\, r}$ [A/m]

해설

평등자계내 전자 수직 입사시 전자는 원운동하며 이때 반지름은 $r=\dfrac{mv}{Be}=\dfrac{mv}{\mu_o He}$ [m]이므로

처음 속도 v에 비례하고 자계의 세기 H에 반비례한다.

이때 자계의 세기는 $H=\dfrac{m\,v}{\mu_0 er}$ [A/m]가 된다.

16 반지름 $b>a$ (단위 : m)인 동심구 도체의 정전용량은 몇 [F]인가 ?

① $\dfrac{4\pi\epsilon_o ab}{b-a}$ ② $\dfrac{4\pi\epsilon_o ab}{a-b}$

③ $\dfrac{8\pi\epsilon_o ab}{a-b}$ ④ $\dfrac{16\pi\epsilon_o ab}{a-b}$

해설

$b>a$ 일 때 동심구도체의 정전용량은

$$C=\dfrac{4\pi\epsilon_o}{\dfrac{1}{a}-\dfrac{1}{b}}=\dfrac{4\pi\epsilon_o ab}{b-a}=\dfrac{1}{9\times10^9}\cdot\dfrac{ab}{b-a}[\text{F}]$$

단, b : 외구의 반지름, a : 내구의 반지름

17 공기 중에서 5[V], 10[V]로 대전된 반지름 2[cm], 4[cm]의 2개의 구를 가는 철사로 접속시 공통 전위는 몇 [V]인가 ?

① 6.25 ② 7.5

③ 8.33 ④ 10

해설

도체구를 각각 충전 후 두 개를 가는 선으로 연결 시 병렬 접속 이므로 공통전위

$$V=\dfrac{\text{합성전하량}}{\text{합성정전용량}}=\dfrac{Q_1+Q_2}{C_1+C_2}=\dfrac{C_1V_1+C_2V_2}{C_1+C_2}$$

$$=\dfrac{4\pi\epsilon_0(r_1V_1+r_2V_2)}{4\pi\epsilon_0(r_1+r_2)}=\dfrac{r_1V_1+r_2V_2}{r_1+r_2}\ [\text{V}]$$

$$=\dfrac{2\times5+4\times10}{2+4}=8.33[\text{V}]$$ 이다.

18 전전류 I[A]가 반지름 a[m]인 원주를 흐를 때, 원주 내부 중심에서 r[m]떨어진 원주 내부의 점의 자계의 세기 [AT/m]는?

① $\dfrac{rI}{2\pi a^2}$

② $\dfrac{I}{2\pi a^2}$

③ $\dfrac{rI}{\pi a^2}$

④ $\dfrac{I}{\pi a^2}$

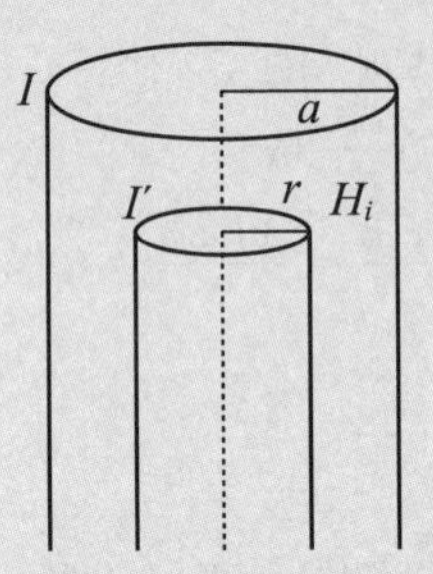

해설

원통(원주)도체에 전류 균일하게 흐를 시

내부자계는 $H_i=\dfrac{I'}{2\pi r}=\dfrac{rI}{2\pi a^2}$ [AT/m] 이며

거리 r에 비례한다.

19 패러데이-노이만 전자 유도 법칙에 의하여 일반화된 맥스웰 전자 방정식의 형태는?

① $\nabla\times E=i_c+\dfrac{\partial D}{\partial t}$

② $\nabla\cdot B=0$

③ $\nabla\times E=-\dfrac{\partial B}{\partial t}$

④ $\nabla\cdot D=\rho$

해설

맥스웰의 제 2의 기본 방정식

$$rot E=curl E=\nabla\times E=-\dfrac{\partial B}{\partial t}=-\mu\dfrac{\partial H}{\partial t}$$

① 자속 밀도의 시간적 변화는 전계를 회전 시켜 유기 기전력을 형성한다.
② 전자유도에 의한 패러데이의 법칙에서 유도한 전계에 관한 식

정답 15 ③ 16 ① 17 ③ 18 ① 19 ③

20 공기 중에서 평등 전계 E[V/m]에 수직으로 비유전율이 ϵ_s인 유전체를 놓았더니 σ_P[C/m^2]의 분극전하가 표면에 생겼다면 유전체 중의 전계 강도 E[V/m]는?

① $\sigma_P / \epsilon_o \epsilon_s$　② $\sigma_P / \epsilon_o(\epsilon_S - 1)$
③ $\epsilon_0 \epsilon_s \sigma_P$　④ $\epsilon_0(\epsilon_s - 1)\sigma_P$

해설

분극의 세기는 분극전하밀도와 같으므로
$P = \sigma_P = \epsilon_0(\epsilon_s - 1)E$[C/m^2] 에서 유전체내 전계는
$E = \dfrac{\sigma_P}{\epsilon_0(\epsilon_s - 1)}$ [V/m]가 된다.

정 답　20 ②

22

과년도기출문제(2022. 3. 2 시행)

※ 본 기출문제는 수험자의 기억을 바탕으로 하여 복원한 문제이므로 실제 문제와 다를 수 있음을 미리 알려드립니다.

01 반지름이 a[m]인 접지 구도체의 중심에서 d[m] 거리에 점전하 Q[C]을 놓았을 때 구도체에 유도된 총 전하는 몇 [C]인가?

① $-Q$ ② $-\frac{d}{a}Q$

③ 0 ④ $-\frac{a}{d}Q$

해설

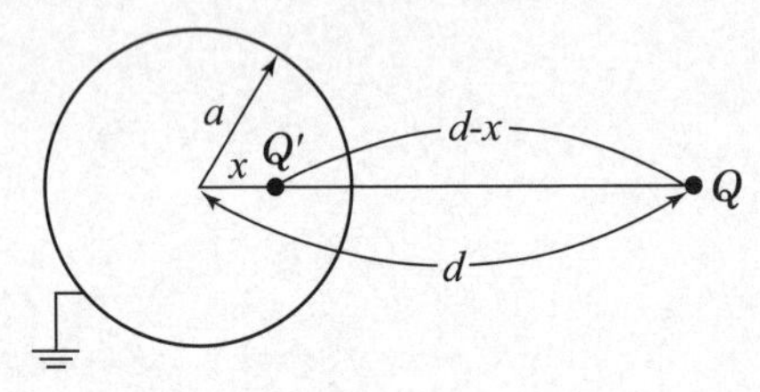

전하량 Q[C]에 의한 구도체 내부에 존재하는

영상전하 $Q' = -\frac{a}{d}Q$[C]

영상전하 위치 $x = \frac{a^2}{d}$ [m]

02 유전체 중의 전계의 세기를 E[V/m], 유전율을 [F/m]이라고 하면 전기 변위 [C/m²]는?

① ϵE ② ϵE^2

③ $\frac{\epsilon}{E}$ ④ $\frac{E}{\epsilon}$

해설

유전체 중의 전기변위(전속밀도)는 $D = \epsilon E$[C/m²]

03 진공 중에 그림과 같이 한 변이 a[m]인 정삼각형의 꼭짓점에 각각 서로 같은 점전하 $+Q$[C]이 있을 때 그 각 전하에 작용하는 힘 F는 몇 [N]인가?

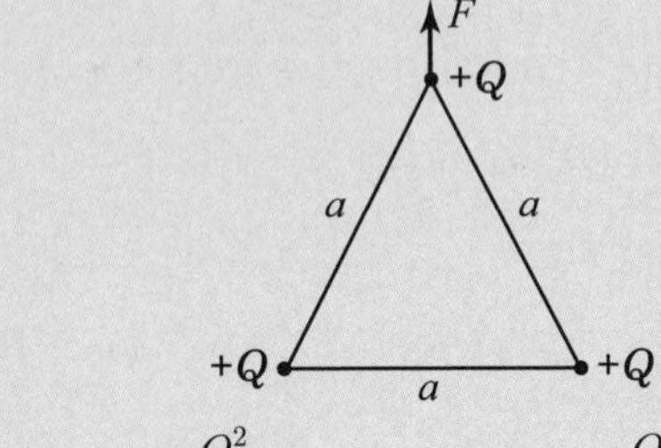

① $F = \frac{Q^2}{4\pi\varepsilon_0 a^2}$ ② $F = \frac{Q^2}{2\pi\varepsilon_0 a^2}$

③ $F = \frac{\sqrt{2}\,Q^2}{4\pi\varepsilon_0 a^2}$ ④ $F = \frac{\sqrt{3}\,Q^2}{4\pi\varepsilon_0 a^2}$

해설

그림에서 $F_1 = F_2 = \frac{Q^2}{4\pi\varepsilon_0 a^2}$ [N]이며

정삼각형 정점에 작용하는 전체 힘은 벡터합으로 구하므로 평행 사변형의 원리에 의하여

$F = \sqrt{F_1^2 + F_2^2 + 2F_1 F_2 \cos\theta}$ 가 된다.

여기서 F_1과 F_2는 같고 정삼각형이므로 $\theta = 60°$가 되어 이를 넣어 정리하면

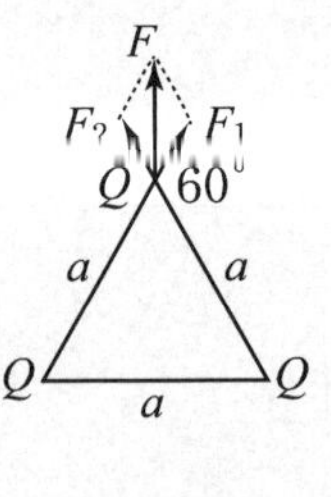

$F = \sqrt{F_1^2 + F_1^2 + 2F_1 F_1 \cos 60°}$

$= \sqrt{3F_1^2} = \sqrt{3}F_1$

$= \frac{\sqrt{3}\,Q^2}{4\pi\varepsilon_0 a^2}$ [N]이 된다.

정답 01 ④ 02 ① 03 ④

04 그림과 같이 권수 1이고 반지름 a[m]인 원형 전류 I[A]가 만드는 중심의 자계의 세기는 몇 [AT/m]인가?

① $\frac{I}{a}$

② $\frac{I}{2a}$

③ $\frac{I}{3a}$

④ $\frac{I}{4a}$

해설

원형코일 중심점의 자계의 세기

$H = \frac{NI}{2a}$ [AT/m]이므로 권선수 $N=1$회 일 때

$H = \frac{I}{2a}$ [AT/m]

05 변압기 철심으로 규소강판이 사용되는 주된 이유는?

① 와전류손을 적게 하기 위하여
② 부하손(동손)을 적게 하기 위하여
③ 히스테리시스손을 적게 하기 위하여
④ 제작을 쉽게 하기 위하여

해설

- 히스테리시스손 $P_h = \eta f B_m^{1.6}$ [W/m³] 의 방지책 : 규소강판사용
- 와전류손(맴돌이전류손) $P_e = \eta(tfB_m)^2$ [W/m³] 의 방지책 : 성층결선사용

여기서 f 는 주파수, B 는 최대자속밀도, t는 판의 두께

06 직선 도선에 전류가 흐를 때 주위에 생기는 자계의 방향은?

① 오른 나사의 진행방향
② 오른 나사의 회전 방향
③ 전류와 반대방향
④ 전류의 방향

해설

전류에 의한 자계의 방향은 앙페르의 오른 나사의 회전 방향이 된다.

07 두 종류의 금속으로 폐회로를 만들고 여기에 전류를 흘리면 양 접속점에서 한 쪽은 온도가 올라가고 한 쪽은 온도가 내려가서 열의 발생 또는 흡수가 생기고, 전류를 반대 방향으로 변화시키면 열의 발생부와 흡수부가 바뀌는 현상이 발생한다. 이 현상을 지칭하는 효과로 알맞은 것은?

① 핀치 효과 ② 펠티어 효과
③ 톰슨 효과 ④ 제어벡 효과

해설

두 종류의(서로 다른) 금속에서 전류를 흘리면 양 접속점에서 열의 발생 또는 흡수가 일어나는 효과를 펠티어 효과라 한다.

08 비유전율 $\epsilon_s = 4$인 유전체 내에서의 전자파의 전파 속도는 얼마인가? (단, $\mu_s = 1$이다.)

① 0.5×10^8 ② 1.0×10^8
③ 1.5×10^8 ④ 2.0×10^8

해설

전자파의 전파속도는

$$v = \frac{3\times10^8}{\sqrt{\varepsilon_s \mu_s}} = \frac{3\times10^8}{\sqrt{4\times1}} = 1.5\times10^8 \text{ [m/sec]}$$

정답 04 ② 05 ③ 06 ② 07 ② 08 ③

09 자기인덕턴스가 각각 L_1, L_2인 두 코일을 서로 간섭이 없도록 병렬로 연결하였을 때 그 합성 인덕턴스는?

① L_1L_2
② $\frac{L_1+L_2}{L_1L_2}$
③ L_1+L_2
④ $\frac{L_1L_2}{L_1+L_2}$

해설

두 코일을 서로 간섭이 없도록 하면 합성인덕턴스 $M=0$이 되므로
직렬연결시 합성인덕턴스 $L_o = L_1 + L_2$ [H]
병렬연결시 합성인덕턴스 $L_o = \frac{L_1L_2}{L_1+L_2}$[H]

10 도체의 단면적이 5[m^2]인 곳을 3[초] 동안에 30[C]의 전하가 통과하였다면 이 때의 전류는 몇 [A]인가?

① 5
② 10
③ 30
④ 90

해설

전류 $I = \frac{Q}{t} = \frac{30}{3} = 10$[A]

11 두 개의 코일이 있다. 각각의 자기 인덕턴스가 0.4[H], 0.9[H]이고, 상호 인덕턴스가 0.36[H]일 때 결합계수는?

① 0.5
② 0.6
③ 0.7
④ 0.8

해설

결합계수
$k = \frac{M}{\sqrt{L_1 \cdot L_2}} = \frac{0.36}{\sqrt{0.4\times0.9}} = 0.6$

12 환상철심에 감은 코일에 5[A]의 전류를 흘려 2000[AT]의 기자력을 발생시키고자 한다면, 코일의 권수는 몇 회로 하면 되는가?

① 100
② 200
③ 300
④ 400

해설

기자력 $F = N \cdot I$[AT]에서
권수 $N = \frac{F}{I} = \frac{2000}{5} = 400$[회]가 된다.

13 도체계에서 임의의 도체를 일정 전위의 도체로 완전 포위하면 내외 공간의 전계를 완전히 차단할 수 있다. 이것을 무엇이라 하는가?

① 전자차폐
② 정전차폐
③ 홀(hall) 효과
④ 핀치(pinch) 효과

해설

전계 차단 : 정전차폐
자계 차단 : 자기차폐

14 면전하밀도 σ[c/m^2]의 대전 도체가 진공 중에 놓여 있을 때 도체 표면에 작용하는 정전응력은?

① σ에 비례한다.
② σ^2에 비례한다.
③ σ에 반비례한다.
④ σ^2에 반비례한다.

해설

단위 면적당 받는 힘
$f = \frac{\rho_s^2}{2\varepsilon_o} = \frac{D^2}{2\varepsilon_o} = \frac{1}{2}\varepsilon_o E^2 = \frac{1}{2}ED$[N/m^2]이므로
$f \propto \rho_s^2 = \sigma^2$이 된다.

정답 09 ④ 10 ② 11 ② 12 ④ 13 ② 14 ②

15 자기 쌍극자에 의한 자위 U[A]에 해당되는 것은? (단, 자기 쌍극자의 자기 모멘트는 M[Wb·m], 쌍극자의 중심으로부터의 거리는 r[m], 쌍극자의 정방향과의 각도는 θ도라 한다.)

① $6.33\times10^4\dfrac{M\sin\theta}{r^3}$　② $6.33\times10^4\dfrac{M\sin\theta}{r^2}$

③ $6.33\times10^4\dfrac{M\cos\theta}{r^3}$　④ $6.33\times10^4\dfrac{M\cos\theta}{r^2}$

해설

자기 쌍극자에 의한

자위 $U=\dfrac{M\cos\theta}{4\pi\mu_o r^2}=6.33\times10^4\dfrac{M\cos\theta}{r^2}$ [A]

자계의 세기 $H=\dfrac{M}{4\pi\mu_o r^3}\sqrt{1+3\cos^2\theta}$ [AT/m]

단, $M=m\cdot l$ [Wb·m]는 자기 쌍극자 모멘트이다.

16 유전율 ϵ_0, ϵ_s의 유전체 내에 있는 전하 Q[C]에서 나오는 전속선의 수는?

① $\dfrac{Q}{\epsilon_0}$　② $\dfrac{Q}{\epsilon_0\epsilon_s}$

③ $\dfrac{Q}{\epsilon_s}$　④ Q

해설

전속선은 매질과 관계가 없으므로 유전체 내 전속선은 $\psi=Q$가 된다.

17 점 $(-2,1,5)$[m]와 점 $(1,3,-1)$[m]에 각각 위치해 있는 점전하 1[μC]과 4[μC]에 의해 발생된 전위장 내에 저장된 정전 에너지는 약 몇 [mJ]인가?

① 2.57　② 5.14

③ 7.71　④ 10.28

해설

점$(-2, 1, 5)$에서 점$(1, 3, -1)$에 대한 거리벡터

$\vec{r}=(1-(-2))i+(3-1)j+(-1-5)k=3i+2j-6k$

거리벡터의 크기 $|\vec{r}|=\sqrt{3^2+2^2+(-6)^2}=7$[m]

두 점전하 $Q_1=1[\mu C]$, $Q_2=4[\mu C]$ 사이에 작용하는 힘은

$F=9\times10^9\times\dfrac{Q_1Q_2}{r^2}$

$=9\times10^9\times\dfrac{1\times10^{-6}\times4\times10^{-6}}{7^2}=0.735\times10^{-3}$[N]

저장에너지는

$W=Fr=0.735\times10^{-3}\times7\times10^3=5.14$[mJ]

18 권수 1[회]의 코일에 5[Wb]의 자속이 쇄교하고 있을 때 10^{-1}[초] 사이에 자속이 0으로 변하였다면 이 때 코일에 유도되는 기전력은 몇 [V]인가?

① 10　② 20

③ 40　④ 50

해설

$N=1$회, 자속의 변화량 $d\phi=0-5=-5$[Wb],

시간의 변화량 $dt=10^{-1}$[sec]이므로

유기기전력은 $e=-N\dfrac{d\phi}{dt}=-1\times\dfrac{-5}{10^{-1}}=50$[V]가 된다.

19 평행판 콘덴서에 어떤 유전체를 넣었을 때 전속밀도가 2.4×10^{-7}[c/m^2]이고, 단위 체적당 에너지가 5.3×10^{-3}[J/m^3]이었다. 이 유전체의 유전율은 약 몇 [F/m] 인가?

① 5.17×10^{-11}　② 5.43×10^{-11}

③ 5.17×10^{-12}　④ 5.43×10^{-12}

해설

$D=2.4\times10^{-7}$ [C/m^2], $W=5.3\times10^{-3}$ [J/m^3]일 때

유전체의 단위체적당 에너지 $W=\dfrac{D^2}{2\varepsilon}$ [J/m^3]에서

유전율은

$\varepsilon=\dfrac{D^2}{2W}=\dfrac{(2.4\times10^{-7})^2}{2\times5.3\times10^{-3}}=5.43\times10^{-12}$ [F/m]가 된다.

정답　15 ④　16 ④　17 ②　18 ④　19 ④

20 다음 중 맥스웰의 방정식으로 틀린 것은?

① $rot H = J + \frac{\partial D}{\partial t}$ ② $rot E = -\frac{\partial B}{\partial t}$

③ $div D = \rho$ ④ $div B = \phi$

해설

$div B = \nabla \cdot B = 0$

① N, S 극이 공존한다.

② 자기력선(자속)은 연속적이다.

정답 20 ④

22 과년도기출문제(2022. 4. 17 시행)

※ 본 기출문제는 수험자의 기억을 바탕으로 하여 복원한 문제이므로 실제 문제와 다를 수 있음을 미리 알려드립니다.

01 10[mm]의 지름을 가진 동선에 50[A]의 전류가 흐를 때 단위 시간에 동선의 단면을 통과하는 전자의 수는 얼마인가?

① 약 50×10^{19}[개]

② 약 20.45×10^{19}[개]

③ 약 31.25×10^{19}[개]

④ 약 7.85×10^{19}[개]

해설

$I=50[A]$, $t=1[sec]$일 때 전류는

$I=\dfrac{Q}{t}=\dfrac{ne}{t}$ [C/sec = A]이므로

이동 전자의 개수는

$n=\dfrac{I\cdot t}{e}=\dfrac{50\times1}{1.602\times10^{-19}}=31.25\times10^{19}$ [개]

02 한 변의 길이가 2[m]인 정삼각형 정점 A, B, C에 각각 10^{-4}[C]의 점전하가 있다. 점 B에 작용하는 힘 [N]은?

① 26 ② 39

③ 48 ④ 54

해설

정삼각형 한 정점에 작용하는 힘

$F_1=F_2=\dfrac{Q^2}{4\pi\varepsilon_0 a^2}$ [N]이며

정삼각형 정점에 작용하는 전체 힘은 벡터합으로 구하므로
평행 사변형의 원리에 의하여
$F=\sqrt{F_1^2+F_2^2+2F_1F_2\cos\theta}$ 가 된다.
여기서 F_1과 F_2는 같고 정삼각형이므로 $\theta=60°$가 되어 이를 넣어 정리하면

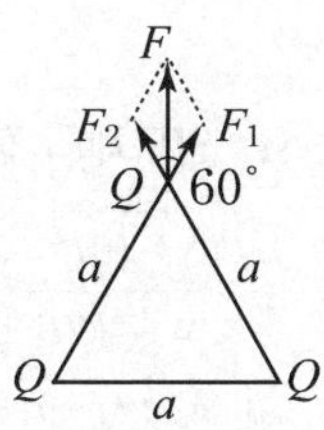

$F=\sqrt{F_1^2+F_1^2+2F_1F_1\cos60°}$

$=\sqrt{3F_1^2}=\sqrt{3}F_1$

$=\dfrac{\sqrt{3}Q^2}{4\pi\varepsilon_0 a^2}$ [N]이 된다.

그러므로 주어진 수치
$Q=10^{-4}$[C], a = 2[m]를 대입하면

$F=\dfrac{\sqrt{3}Q^2}{4\pi\varepsilon_0 a^2}$

$=\sqrt{3}\times9\times10^9\dfrac{(10^{-4})^2}{2^2}$

$=39$[N]

03 표면 전하밀도 $\sigma[C/m^2]$로 대전된 도체 내부의 전속밀도는 몇 $[C/m^2]$인가?

① σ ② $\epsilon_0\sigma$

③ $\dfrac{\sigma}{\epsilon_0}$ ④ 0

해설

대전도체 내부에는 전하가 존재하지 않으므로 내부 전속밀도도 존재하지 않는다.

04 도체계에서 임의의 도체를 일정 전위의 도체로 완전 포위하면 내외 공간의 전계를 완전히 차단할 수 있다. 이것을 무엇이라 하는가?

① 전자차폐 ② 정전차폐

③ 홀 효과 ④ 핀치 효과

해설

전계차단 : 정전전폐
자계차단 : 자기차폐

정답 01 ③ 02 ② 03 ④ 04 ②

05 점자극 m[wb]에 의한 자계 중에서 r[m] 거리에 있는 점의 자위 [A]는?

① $\frac{1}{4\pi\mu_0}\times\frac{m}{r^2}$ ② $\frac{1}{4\pi\mu_0}\times\frac{m}{r}$

③ $\frac{1}{4\pi\mu_0}\times\frac{m^2}{r}$ ④ $\frac{1}{4\pi\mu_0}\times\frac{m^2}{r^2}$

해설

점자극에 의한 자위

$U=\frac{m}{4\pi\mu_o r}=6.33\times10^4\frac{m}{r}$[A]

06 유전율 ϵ, 투자율 μ의 공간을 전파하는 전자파의 전파속도 v[m/s]는?

① $v=\sqrt{\epsilon\mu}$ ② $v=\sqrt{\frac{\epsilon}{\mu}}$

③ $v=\sqrt{\frac{\mu}{\epsilon}}$ ④ $v=\sqrt{\frac{1}{\epsilon\mu}}$

해설

전자파의 전파속도

$v=\frac{1}{\sqrt{\epsilon\mu}}=\frac{3\times10^8}{\sqrt{\epsilon_s\mu_s}}=\frac{\omega}{\beta}=\frac{2\pi f}{\beta}$

$=\frac{1}{\sqrt{LC}}=\lambda f$[m/s]

단, 진공의 빛의 속도 $v_0=\frac{1}{\sqrt{\epsilon_o\mu_o}}=3\times10^8$[m/s]

위상 정수 $\beta=\omega\sqrt{LC}$, 파장 λ[m]

07 권수 1회의 코일에 5[Wb]의 자속이 쇄교하고 있을 때 $t=10^{-1}$[초] 사이에 이 자속이 0[Wb]로 변하였다면 코일에 유도되는 기전력은 몇 [V]가 되는가?

① 5 ② 25

③ 50 ④ 100

해설

권선수 $N=1$회, 자속의 변화량 $d\phi=5-0=5$[Wb],
시간의 변화량 $dt=10^{-1}$[sec]일 때

유기기전력은 $e=N\frac{d\phi}{dt}=-1\times\frac{5}{10^{-1}}=50$[V]가 된다.

08 전류에 의한 자계의 방향을 결정하는 법칙은?

① 렌쯔의 법칙
② 플레밍의 오른손 법칙
③ 플레밍의 왼손 법칙
④ 암페어의 오른손 법칙

해설

전류에 의한 회전 자계의 방향은 암페어의 오른나사(오른손) 법칙으로 결정한다.

09 면전하밀도가 σ[C/m^2]인 대전 도체가 진공 중에 놓여 있을 때 도체 표면에 작용하는 정전 응력[N/m^2]은?

① σ에 비례한다. ② σ^2에 비례한다.

③ σ에 반비례한다. ④ σ^2에 반비례한다.

해설

단위 면적당 받는 힘

$f=\frac{\rho_s^2}{2\varepsilon_o}=\frac{D^2}{2\varepsilon_o}=\frac{1}{2}\varepsilon_o E^2=\frac{1}{2}ED$[N/m^2]이므로

$f\propto\rho_s^2=\sigma^2$이 된다.

10 양도체의 전파정수는?

① $\sqrt{\pi f\sigma\mu}+j\sqrt{\pi f\sigma\mu}$
② $\sqrt{2\pi f\sigma\mu}+j\sqrt{2\pi f\sigma\mu}$
③ $\sqrt{2\pi f\sigma\mu}+j\sqrt{\pi f^2\sigma\mu}$
④ $\sqrt{\pi f^2\sigma\mu}+j\sqrt{2\pi f\sigma\mu}$

해설

양도체에 있어서 전자파의 전파 정수는
$\gamma=\sqrt{\pi f\sigma\mu}+j\sqrt{\pi f\sigma\mu}$

정답 05 ② 06 ④ 07 ③ 08 ④ 09 ② 10 ①

11 지름이 10[cm]인 원형 코일 중심에서 자계가 1000[A/m]이다. 원형코일이 100회 감겨 있을 때 전류는 몇 [A]인가?

① 1 ② 2
③ 3 ④ 5

해설

원형코일 중심점의 자계의 세기

$H = \frac{NI}{2a}$ [AT/m]이므로 전류는

$$I = \frac{2aH}{N} = \frac{2 \times 5 \times 10^{-2} \times 1000}{100} = 1[A]$$

12 점(−2.1.5)[m]와 점 (1,3,−1)[m]에 각각 위치해 있는 점전하 1[μC]과 44[μC]에 의해 발생된 전위장 내에 저장된 정전 에너지는 약 몇 [mJ]인가?

① 2.57 ② 5.14
③ 7.71 ④ 10.28

해설

점(−2, 1, 5)에서 점(1, 3, −1)에 대한 거리벡터

$\vec{r} = (1-(-2))i + (3-1)j + (-1-5)k = 3i + 2j - 6k$

거리벡터의 크기 $|\vec{r}| = \sqrt{3^2 + 2^2 + (-6)^2} = 7[m]$

두 점전하 $Q_1 = 1[\mu C], Q_2 = 4[\mu C]$ 사이에 작용하는 힘은

$$F = 9 \times 10^9 \times \frac{Q_1 Q_2}{r^2}$$

$$= 9 \times 10^9 \times \frac{1 \times 10^{-6} \times 4 \times 10^{-6}}{7^2} = 0.735 \times 10^{-3}[N]$$

저장에너지는

$W = Fr = 0.735 \times 10^{-3} \times 7 \times 10^3 = 5.14[mJ]$

13 접지구도체와 점전하간의 작용력은?

① 항상 반발력이다. ② 항상 흡입력이다.
③ 조건적 반발력이다 ④ 조건적 흡입력이다.

해설

접지 구도체와 점전하에서

점전하 Q, 영상전하 $Q' = -\frac{a}{d}Q$ 이므로

전하량의 부호가 반대이므로 항상 흡인력이 작용한다.

14 동일한 종류의 금속의 2점 사이에 온도차가 있는 경우 전류가 통과할 때 열의 발생 또는 흡수가 일어나는 현상은?

① 제백 효과 ② 펠티어 효과
③ 볼타 효과 ④ 톰슨 효과

해설

동일한(서로 같은) 금속에서 전류를 흘리면 양 접속점에서 열의 발생 또는 흡수가 일어나는 효과를 톰슨 효과라 한다.

15 평행판 콘덴서에 어떤 유전체를 채워 넣었을 때 전속밀도를 $D[C/m^2]$, 단위체적당 정전 에너지를 $W[J/m^3]$라 한다. 이 유전체의 비유전율은?

① $\frac{W}{D}$ ② $\frac{D^2}{2\epsilon_0 W}$
③ $\frac{D}{2\epsilon_0}$ ④ $\frac{WD}{\epsilon_0}$

해설

단위체적당 정전에너지는

$$W = \frac{\rho_s^2}{2\epsilon} = \frac{D^2}{2\epsilon} = \frac{1}{2}\epsilon E^2 = \frac{1}{2}ED[N/m^2]$$

이므로 비유전율은

$$W = \frac{D^2}{2\epsilon} = \frac{D^2}{2\epsilon_0\epsilon_s}[J/m^3] \text{에서}$$

$\epsilon_s = \frac{D^2}{2\epsilon_0 W}$ 가 된다.

정답 11 ① 12 ② 13 ② 14 ④ 15 ②

16 다음 중 자기회로와 전기회로의 대응관계로 옳지 않은 것은?

① 자속 - 전속　　② 자계 - 전계
③ 투자율 - 도전율　　④ 기자력 - 기전력

해설

전기회로와 자기회로 대응관계

전기회로		자기회로	
전기저항	$R=\rho\frac{l}{S}=\frac{l}{kS}[\Omega]$	자기저항	$R_m=\frac{l}{\mu S}$ [AT/Wb]
도전율	k [℧/m]	투자율	μ [H/m]
기전력	E[V]	기자력	$F=NI$ [AT]
전류	$I=\frac{E}{R}$ [A]	자속	$\phi=\frac{F}{R_m}=\frac{\mu SNI}{l}$[Wb]
전류밀도	$i=\frac{I}{S}$[A/m^2]	자속밀도	$B=\frac{\phi}{S}$ [Wb/m^2]
컨덕턴스	$G=\frac{1}{R}$[℧]	퍼미언스	$P=\frac{1}{R_m}$[wb/AT]

17 자기 인덕턴스가 L_1, L_2이고 상호 인덕턴스가 M인 두 회로의 결합계수가 1일 때, 다음 중 성립하는 식은?

① $L_1 \cdot L_2 = M$　　② $L_1 \cdot L_2 < M^2$
③ $L_1 \cdot L_2 > M^2$　　④ $L_1 \cdot L_2 = M^2$

해설

결합계수가 $K=1$ 이므로

$K=\frac{M}{\sqrt{L_1 \cdot L_2}}=1$에서

상호 인덕턴스 $M=\sqrt{L_1 \cdot L_2}$ [H] 양변을 제곱하면

$M^2=L_1 \cdot L_2$

18 공기 중에서 E[V/m]의 전계를 i_d[A/m^2]의 변위전류로 흐르게 하고자 한다. 이 때 주파수 f[Hz]는?

① $f=\frac{i_d}{2\pi\epsilon E}$　　② $f=\frac{i_d}{4\pi\epsilon E}$
③ $f=\frac{i_d}{2\pi^2 E}$　　④ $f=\frac{i_d}{4\pi^2 E}$

해설

전계 E[V/m], 변위전류밀도 i_d[A/m^2]에서

$i_d=\omega\epsilon E=2\pi f\epsilon E$ [A/m^2]가 되므로

주파수 $f=\frac{i_d}{2\pi\epsilon E}$ [Hz]

19 히스테리시스 손실과 히스테리시스 곡선과의 관계는?

① 히스테리시스 곡선의 면적이 클수록 히스테리시스 손실이 적다.
② 히스테리시스 곡선의 면적이 작을수록 히스테리시스 손실이 적다.
③ 히스테리시스 곡선의 잔류자기 값이 클수록 히스테리시스 손실이 적다.
④ 히스테리시스 곡선의 보자력의 값이 클수록 히스테리시스 손실이 적다.

해설

히스테리시스 곡선의 면적은 단위체적당 에너지손실 즉, 히스테리시스 손실에 대응하므로 면적이 적은 것이 좋으며 잔류자기와 보자력이 작을수록 면적으로 작아지므로 히스테리시스 손실이 작다.

정답　16 ①　17 ④　18 ①　19 ②

20 10[mH]의 두 자기 인덕턴스가 있다. 결합 계수를 0.1부터 0.9까지 변화시킬 수 있다면 이것을 직렬 접속시켜 얻을 수 있는 합성 인덕턴스의 최댓값과 최솟값의 비는 얼마인가?

① 9 : 1 ② 13 : 1
③ 16 : 1 ④ 19 : 1

해설

합성인덕턴스
직렬연결시 합성 인덕턴스
$L_0 = L_1 + L_2 \pm 2M = L_1 + L_2 \pm k\sqrt{L_1 L_2}$ [H] 이고
결합계수만 변화 할 수 있으므로
$k = 0.9$ 대입하였을 때 최대, 최소값이 된다.

$$L_0 = L_1 + L_2 \pm 2k\sqrt{L_1 L_2} = 10 + 10 \pm 2\times 0.9\times 10 = 20 \pm 18\,[\mathrm{mH}]$$

$$\frac{L_{최대} = 38}{L_{최소} = 2} = \frac{19}{1}$$

정답 20 ④

과년도기출문제(2022. 7. 2 시행)

※ 본 기출문제는 수험자의 기억을 바탕으로 하여 복원한 문제이므로 실제 문제와 다를 수 있음을 미리 알려드립니다.

01 압전기 현상에서 분극이 응력과 같은 방향으로 발생하는 현상을 무슨 효과라 하는가?

① 직접효과 ② 역효과
③ 종효과 ④ 횡효과

해설

압전기현상에서 분극이 응력과 수직한 방향 : 횡효과
압전기현상에서 분극이 응력과 동일한 방향 : 종효과

02 비유전율이 2.4인 유전체 내의 전계의 세기가 100[mV/m]이다. 유전체에 저축되는 단위체적당 정전에너지는 몇 [J/m³]인가?

① 1.06×10^{-13} ② 1.77×10^{-13}
③ 2.32×10^{13} ④ 2.32×10^{11}

해설

비유전율과 전계가 $\epsilon_s = 2.4$, $E = 100\,[\mathrm{mV/m}]$일 때
단위 체적당 축적된 에너지

$$W = \frac{1}{2}\epsilon E^2 = \frac{1}{2}\epsilon_0\epsilon_s E^2$$

$$= \frac{1}{2}\times 8.855\times10^{-12}\times2.4\times(100\times10^{-3})^2$$

$$= 1.06\times10^{-13}\,[\mathrm{J/m^3}]$$

03 권수가 N인 철심이 들어 있는 환상솔레노이드가 있다. 철심의 투자율이 일정하다고 하면, 이 솔레노이드의 자기인덕턴스 L은 얼마이겠는가? (단, R_m 은 철심의 자기저항이다.)

① $L = \dfrac{R_m}{N^2}$ ② $L = \dfrac{N^2}{R_m}$

③ $L = R_m N^2$ ④ $L = \dfrac{N}{R_m}$

해설

환상 솔레노이드의 자기인덕턴스

$$L = \frac{\mu S N^2}{l} = \frac{\mu S N^2}{2\pi a} = \frac{N^2}{R_m}\,[\mathrm{H}]$$

단, $a\,[\mathrm{m}]$는 평균반지름, $R_m\,[\mathrm{AT/Wb}]$는 자기저항

04 전기전선의 성질에 관한 설명으로 옳지 않은 것은?

① 전기력선의 접선방향은 그 점의 전계의 방향과 일치한다.
② 전기력선은 전위가 높은 점에서 낮은 점으로 향한다.
③ 전기력선 밀도는 전계의 세기가 무관하다.
④ 두 개의 전기력선은 교차하지 않으며, 그 자신만으로 폐곡선이 되지 않는다.

해설

전기력선 밀도는 전계의 세기와 같다.

05 유전율이 각각 ϵ 1, ϵ 2인 두 유전체가 접해 있다. 각 유전체 중의 전계 및 전속밀도가 각각 E_1, D_1 및 E_2, D_2이고, 경계면에 대한 입사각 및 굴절각이 θ_1, θ_2일 때 경계조건으로 옳은 것은?

① $\dfrac{E_1}{E_2} = \dfrac{\sin\theta_1}{\sin\theta_2}$ ② $\dfrac{\sin\theta_1}{\sin\theta_2} = \dfrac{D_1}{D_2}$

③ $\dfrac{\tan\theta_1}{\tan\theta_2} = \dfrac{\epsilon_1}{\epsilon_2}$ ④ $\tan\theta_2 - \tan\theta_1 = \epsilon_2\epsilon_1$

해설

유전체의 경계면 조건

$E_1\sin\theta_1 = E_2\sin\theta_2$

$D_1\cos\theta_1 = D_2\cos\theta_2$

$\dfrac{\tan\theta_1}{\tan\theta_2} = \dfrac{\epsilon_1}{\epsilon_2}$

단, θ_1 입사각, θ_2 굴절각

정답 01 ③ 02 ① 03 ② 04 ③ 05 ③

06 **진공중의 정전계에서 도체의 성질에 대한 설명으로 옳지 않은 것은?**

① 전하는 도체표면에만 존재한다.
② 도체표면의 전하밀도는 표면의 곡률이 클수록 크다.
③ 도체표면은 등전위이다.
④ 도체내부의 전계의 세기는 0이 아니다.

해설

전하는 도체표면에만 존재하므로 내부전하가 없어 도체내부의전계의 세기는 0이 된다.

07 **무한장 직선형 도선에 I[A]의 전류가 흐를 경우 도선으로부터 R[m]떨어진 점의 자속밀도 B의 크기는?**

① $B=\dfrac{1}{4\pi\mu R}$　② $B=\dfrac{1}{2\pi\mu R}$
③ $B=\dfrac{\mu I}{2\pi R}$　④ $B=\dfrac{\mu I}{4\pi R}$

해설

무한장 직선전류에 의한 자속밀도

$B=\mu H=\mu\dfrac{I}{2\pi R}$ [Wb/m^2]

08 **변압기 철심으로 주철을 사용하지 않고 규소강판이 사용되는 주된 이유는?**

① 절연성을 높이기 위해
② 히스테리시스손을 작게 하기 위해
③ 자속을 보다 잘 통하게 하기 위해
④ 와전류에 의한 손실을 작게 하기 위해

해설

- 히스테리시스손 $P_h=\eta f B_m^{1.6}$ [W/m^3] 의 방지책 : 규소강판사용
- 와전류손(맴돌이전류손) $P_e=\eta(fB_m)^2$ [W/m^3]의 방지책 : 성층결선사용

여기서 f는 주파수, B_m는 최대자속밀도

09 **히스테리시스손은 최대 자속밀도 및 주파수의 각각 몇 승에 비례하는가?**

① 최대자속밀도 : 1.6, 주파수 1.0
② 최대자속밀도 : 1.0, 주파수 1.6
③ 최대자속밀도 : 1.0, 주파수 1.0
④ 최대자속밀도 : 1.6, 주파수 1.6

해설

- 히스테리시스손 $P_h=\eta f B_m^{1.6}$ [W/m^3] 의 방지책 : 규소강판사용
- 와전류손(맴돌이전류손) $P_e=\eta(fB_m)^2$ [W/m^3]의 방지책 : 성층결선사용

여기서 f 는 주파수, B_m는 최대자속밀도

10 **비유전율 $\epsilon_r=2.8$인 유전체에 전속밀도 $D=3.0\times10^{-7}$[C/m^2]를 인가할 때 분극의 세기 P는 약 몇 [C/m^2]인가? (단, 유전체는 등질 및 등방향성이라 한다.)**

① 1.92×10^{-7}　② 2.93×10^{-7}
③ 3.50×10^{-7}　④ 4.07×10^{-7}

해설

분극의 세기는

$$P=D\left(1-\frac{1}{\epsilon_r}\right)=3\times10^{-7}\left(1-\frac{1}{2.8}\right)$$
$$=1.92\times10^{-7}\ [\mathrm{C/m^2}]$$

11 **내구의 반지름이 a[m], 외구의 내 반지름이 b[m]인 동심 구형 콘덴서의 내구의 반지름과 외구의 내 반지름을 각각 2a[m], 2b[m]로 증가시키면 이 동심구형 콘덴서의 정전용량은 몇 배로 되는가?**

① 1　② 2
③ 3　④ 4

정답 06 ④ 07 ③ 08 ② 09 ① 10 ① 11 ②

해설

동심구의 정전 용량은 $C = \frac{4\pi\varepsilon_o ab}{b-a}$[F] 이므로

내외 반지름을 각각 2배로하면 $b' = 2b$, $a' = 2a$이므로

$$C' = \frac{4\pi\varepsilon_o a'b'}{b'-a'} = \frac{4\pi\varepsilon_o 2a \cdot 2b}{2b-2a}$$

$= \frac{4\times(4\pi\varepsilon_o ab)}{2(b-a)} = 2C$가 되므로 2배가 된다.

12 자화의 세기 J_m[C/m^2]을 자속밀도 B[Wb/m^2]와 비투자율 μ_s로 나타내면?

① $(1-\mu_\tau)B$
② $(\mu_\tau - 1)B$
③ $(\frac{1}{\mu_\tau} - 1)B$
④ $(\mu_s - 1)\frac{B}{\mu_s}$

해설

자화의 세기

$J = \mu_o(\mu_s - 1)H = B(1-\frac{1}{\mu_s}) = \frac{B}{\mu_s}(\mu_s - 1)$

$= xH = \frac{M}{v}$ [Wb/m^2]

자화율 $x = \mu_o(\mu_s - 1)$

비자화율 $x_m = \frac{x}{\mu_o} = \mu_s - 1$

13 그림과 같이 유전체 경계면에서 $\varepsilon_1 < \varepsilon_2$ 이었을 때 E_1 과 E_2 의 관계식 중 맞는 것은 ?

① $E_1 > E_2$
② $E_1 \cos\theta_1 = E_2 \cos\theta_2$
③ $E_1 = E_2$
④ $E_1 < E_2$

해설

유전체의 경계면 조건
① $\epsilon_2 > \epsilon_1$, $\theta_2 > \theta_1$, $D_2 > D_1$: 비례 관계
② $E_1 > E_2$: 반비례 관계

14 자기인덕턴스가 각각 L_1, L_2인 두 코일을 서로 간섭이 없도록 병렬로 연결했을 때 그 합성 인덕턴스는?

① $L_1 + L_2$
② $L_1 L_2$
③ $\frac{L_1 + L_2}{L_1 L_2}$
④ $\frac{L_1 L_2}{L_1 + L_2}$

해설

두 코일을 서로 간섭이 없도록 하면
상호인덕턴스 $M = 0$ 이 되므로
직렬연결시 합성인덕턴스 $L_o = L_1 + L_2$ [H]
병렬연결시 합성인덕턴스 $L_o = \frac{L_1 L_2}{L_1 + L_2}$[H]

15 다음 식들 중 옳지 못한 것은?

① 라플라스(Laplace)의 방정식 $\nabla^2 V = 0$
② 발산정리 $\oint_s A ds = \int_v div A dv$
③ 포아송(Poisson′s)의 방정식 $\nabla^2 V = \frac{\rho}{\epsilon_0}$
④ 가우스(Gauss)의 정리 $div D = \rho$

해설

포아송(Poisson′s)의 방정식 $\nabla^2 V = -\frac{\rho}{\epsilon_0}$

단, V[V]는 전위, ρ[C/m^3]는 체적(공간)전하밀도

16 내구의 반지름이 6[cm], 외구의 반지름이 8[cm]인 동심구 콘덴서의 외구를 접지하고 내구에 전위 1800[V]를 가했을 경우 내구에 충전된 전기량은 몇 [C]인가?

① 5.8×10^{-8}
② 4.8×10^{-8}
③ 3.8×10^{-8}
④ 2.8×10^{-8}

정답 12 ④ 13 ① 14 ④ 15 ③ 16 ②

해설

내외반지름 $a=6[\text{cm}]$, $b=8[\text{cm}]$

전위 $V=1800[\text{V}]$ 인가시 동심구 충전전기량은

$$Q=CV=\frac{4\pi\epsilon_o ab}{b-a}V[\text{C}]$$이므로

주어진 수치를 대입하면

$$Q=\frac{4\pi\times 8.855\times 10^{-12}\times 0.06\times 0.08}{0.08-0.06}\times 1800$$

$= 4.8\times 10^{-8}[\text{C}]$이 된다.

17 공기 중 두 점전하 사이에 작용하는 힘이 15[N]이었다. 두 전하 사이에 유전체를 넣었더니 힘이 3[N]이 되었다면 유전체의 비유전율은 얼마인가?

① 10　② 8

③ 5　④ 3

해설

공기중 작용하는 힘 $F_o=15[\text{N}]$

유전체 내 작용하는 힘 $F=3[\text{N}]$ 일 때

$$F=\frac{Q_1\cdot Q_2}{4\pi\epsilon_o\epsilon_s r^2}=\frac{F_o}{\epsilon_s}[\text{N}]$$이므로

비유전율은 $\epsilon_s=\frac{F_o}{F}=\frac{15}{3}=5$

18 도체 표면의 전계의 세기를 라고 하면, 도체 표면의 전하량은?

① $-2\epsilon_0\int Eds$　② $2\epsilon_0\int rotEds$

③ $\epsilon_0\int Eds$　④ $\frac{\epsilon_0}{2}\int Eds$

해설

가우스의 정리에서

전기력선 수 $N=\int Eds=\frac{Q}{\varepsilon_o}$이므로

전하량 $Q=\epsilon_o\int Eds[\text{C}]$

19 비유전율 80, 비투자율 1인 물 속에서 평면파의 전파속도 [m/s] 및 파장 [m]은? (단, 평면파의 주파수는 이다.)

① $53.5\times 10^8[\text{m/s}]$, $29.7\times 10^{-3}[\text{m}]$

② $33.5\times 10^8[\text{m/s}]$, $34.4\times 10^{-3}[\text{m}]$

③ $33.5\times 10^6[\text{m/s}]$, $18.6\times 10^{-2}[\text{m}]$

④ $53.5\times 10^6[\text{m/s}]$, $12.7\times 10^{-2}[\text{m}]$

해설

전자파의 전파속도

$$v=\frac{1}{\sqrt{\varepsilon\mu}}=\frac{3\times 10^8}{\sqrt{\varepsilon_s\mu_s}}=\frac{\omega}{\beta}=\frac{2\pi f}{\beta}$$

$$=\frac{1}{\sqrt{LC}}=\lambda f\ [\text{m/s}]$$

단, 진공의 빛의 속도 $C_o=\frac{1}{\sqrt{\varepsilon_o\mu_o}}=3\times 10^8[\text{m/s}]$

위상 정수 $\beta=\omega\sqrt{LC}$, 파장 $\lambda[\text{m}]$

전파속도

$$v=\frac{3\times 10^8}{\sqrt{\epsilon_s\mu_s}}=\frac{3\times 10^8}{\sqrt{80\times 1}}=33.5\times 10^6[\text{m/sec}]$$

파장 $\lambda=\frac{v}{f}=\frac{33.5\times 10^6}{180\times 10^6}=18.6\times 10^{-2}[\text{m}]$

20 그림과 같이 반지름 $r[\text{m}]$인 원의 임의의 2점, B, 각 θ 사이에 전류 $I[\text{A}]$가 흐른다. 원의 중심 0의 자계의 세기는 몇 [A/m]인가?

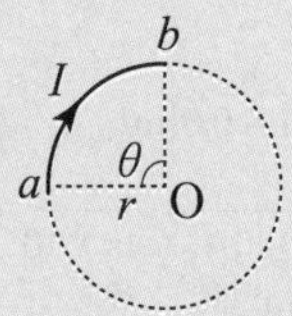

① $\frac{I\theta}{4\pi r^2}$

② $\frac{I\theta}{4\pi r}$

③ $\frac{I\theta}{2\pi r^2}$

④ $\frac{I\theta}{2\pi r}$

해설

전류가 흐르는 부분은 전체 2π에서 θ부분만 흐르므로 원형 코일 중심점의 자계의 세기는

$H=\frac{I}{2r}\times\frac{\theta}{2\pi}=\frac{I\theta}{4\pi r}[\text{A/m}]$로 구할 수도 있다.

정답　17 ③　18 ③　19 ③　20 ②

23 과년도기출문제(2023. 3. 1 시행)

※본 기출문제는 수험자의 기억을 바탕으로 하여 복원한 문제이므로 실제 문제와 다를 수 있음을 미리 알려드립니다.

01 도체계에서 각 도체의 전위를 $V_1, V_2 \cdots$ 으로 하기 위한 각 도체의 유도계수와 용량 계수에 대한 설명으로 옳은 것은?

① q_{11}, q_{22}, q_{33} 등을 유도계수라 한다.
② q_{21}, q_{31}, q_{31} 등을 용량계수라 한다.
③ 일반적으로 유도계수는 0보다 작거나 같다.
④ 용량계수와 유도계수의 단위는 모두 [V/C]이다.

해설

용량계수 및 유도계수의 성질
- 용량계수 $q_{rr} > 0$
- 유도계수 $q_{rs} \le 0$
- $q_{rr} \ge -q_{rs}$
- $q_{rr} = -q_{rs}$ 인 경우 s도체는 r도체를 포함한다.

02 단면적이 $0.6[\mathrm{m}^2]$, 길이가 $0.8[\mathrm{m}]$인 철심이 있다. 이 철심의 자기 저항[AT/Wb]은? 단, 철심의 비투자율은 20이다.

① 8.27×10^4　② 7.89×10^4
③ 6.48×10^4　④ 5.31×10^4

해설

$S=0.6[\mathrm{m}^2]$, $l=0.8[\mathrm{m}]$, $\mu_s=20$일 때 자기저항

$$R_m=\frac{l}{\mu S}=\frac{l}{\mu_0\mu_s S}=\frac{0.8}{4\pi\times10^{-7}\times20\times0.6}=5.31\times10^4$$

03 도체 2를 Q로 대전된 도체 1에 접속하면 도체 2가 얻는 전하를 전위계수로 표시하면 얼마나 되는가? (단, P_{11}, P_{12}, P_{21}, P_{22}는 전위계수이다.)

① $\dfrac{P_{11}-P_{12}}{P_{11}-2P_{12}+P_{22}}Q$

② $\dfrac{P_{11}-P_{12}}{P_{11}+2P_{12}+P_{22}}Q$

③ $-\dfrac{P_{11}-P_{12}}{P_{11}-2P_{12}+P_{22}}Q$

④ $-\dfrac{P_{11}-P_{12}}{P_{11}+2P_{12}+P_{22}}Q$

해설

도체 1에 도체 2를 접촉시 병렬연결이므로
두 도체의 전압은 $V_1=V_2$이 되고
도체 1의 전하가 도체 2로 일부 이동 하므로
새롭게 분포된 도체 1의 전하는 $Q_1=Q-Q_2$,
도체 2의 전하 Q_2가 되므로
$V_1=P_{11}Q_1+P_{12}Q_2$, $V_2=P_{21}Q_1+P_{22}Q_2$에서
$P_{11}(Q-Q_2)+P_{12}Q_2=P_{21}(Q-Q_2)+P_{22}Q_2$
전위계수 $P_{12}=P_{21}$이므로
$P_{11}Q-P_{11}Q_2+P_{12}Q_2=P_{12}Q-P_{12}Q_2+P_{22}Q_2$

$$Q_2=\frac{(P_{11}-P_{12})Q}{P_{11}-2P_{12}+P_{22}}$$

04 자기인덕턴스와 상호인덕턴스와의 관계에서 결합계수 k에 영향을 주지 않는 것은?

① 코일의 크기　② 코일의 상대위치
③ 코일의 재질　④ 코일의 형상

해설

결합계수 k는 두 코일이 자기적으로 결합된 정도로서 코일에서 발생하는 자속이 상대 코일에 쇄교하는 비율을 말한다.
코일의 크기나 상대위치 및 코일의 형상에 따라 코일에서 발생하는 자속이 상대 코일에 쇄교하는 비율이 달라질 수 있으나 코일의 재질은 영향을 주지 않는다.

정답 01 ③ 02 ④ 03 ① 04 ③

05 여러 가지 도체의 전하 분포에 있어 각 도체의 전하를 n배 하면 중첩의 원리가 성립되기 위해서는 그 전위는 어떻게 되는가?

① n배가 된다. ② $\frac{n}{2}$배가 된다.

③ $2n$배가 된다. ④ n^2배가 된다.

해설

전하에 의한 전위 $V=\frac{Q}{4\pi\epsilon_0 r}$[V]이므로

전하를 n배면 전위도 n배가 된다.

06 지구의 표면에 있어서 대지로 향하여 $E=300$[V/m]의 전계가 있다고 가정하면 지표면의 전하밀도[C/m²]는?

① 1.65×10^{-9} ② 1.65×10^{-11}

③ 2.65×10^{-9} ④ 2.65×10^{-11}

해설

지표면의 전하밀도는 전속밀도와 같으므로

$\rho_s=D=\epsilon_0 E=8.855\times10^{-12}\times300$

$=2.65\times10^{-9}$[C/m²]

07 점전하 $+Q$[C]의 무한 평면도체에 대한 영상 전하는?

① Q[C]과 같다.
② Q[C]보다 작다.
③ Q[C]보다 크다.
④ $-Q$[C]과 같다.

해설

접지무한평면에 의한 영상전하는 크기는 같고 부호는 반대이므로 $Q'=-Q$[C]

08 동일 용량 C[F]의 콘덴서 n개를 병렬로 연결하였다면 합성정전용량[F]은 얼마인가?

① $\frac{C}{n}$ ② nC

③ C ④ n^2C

해설

동일 용량 C[F]의 콘덴서 n개 병렬 연결시
합성정전용량 $C_0=nC$[F]
동일 용량 C[F]의 콘덴서 n개 직렬 연결시
합성정전용량 $C_0=\frac{C}{n}$[F]

09 반지름이 a[m]인 원형 전류가 흐르고 있을 때 원형 전류의 중심 0에서 중심축상 x[m]인 점의 자계[AT/m]를 나타낸 식은?

① $\frac{I}{2a}\cos^2\theta$ ② $\frac{I}{2a}\cos^2\theta$

③ $\frac{I}{2a}\sin^2\theta$ ④ $\frac{I}{2a}\sin^3\theta$

해설

반지름이 a[m]인 원형코일 중심에서 x[m]지점의 자계

$H=\frac{Ia^2}{2(a^2+x^2)^{\frac{3}{2}}}=\frac{I}{2a}\sin^3\theta$[AT/m]

10 두 유전체의 경계면에서 정전계가 만족하는 것은?

① 전계의 법선 성분이 같다.
② 전속밀도의 접선 성분이 같다.
③ 전계의 접선 성분이 같다.
④ 분극의 세기의 접선 성분이 같다.

정답 05 ① 06 ③ 07 ④ 08 ② 09 ④ 10 ③

해설

유전체의 경계면 조건

(1) 경계면의 접선(수평)성분은 양측에서 전계가 같다.

- $E_{t1} = E_{t2}$: 연속적이다.
  $D_{t1} \neq D_{t2}$: 불연속적이다.

(2) 경계면의 법선(수직)성분의 전속밀도는 양측에서 같다.

- $D_{n1} = D_{n2}$: 연속적이다.
  $E_{n1} \neq E_{n2}$: 불연속적이다.

(3) $E_1 \sin\theta_1 = E_2 \sin\theta_2$

(4) $D_1 \cos\theta_1 = D_2 \cos\theta_2$

(5) $\dfrac{\tan\theta_1}{\tan\theta_2} = \dfrac{\epsilon_1}{\epsilon_2}$

(6) 비례 관계

- $\varepsilon_2 > \varepsilon_1$, $\theta_2 > \theta_1$, $D_2 > D_1$: 비례 관계에 있다.
- $E_1 > E_2$: 반비례 관계에 있다.
  여기서 t는 접선(수평)성분, n는 법선(수직)성분, θ_1 입사각, θ_2 굴절각

11 $div\, i = 0$에 대한 설명이 아닌 것은?

① 도체 내에 흐르는 전류는 연속적이다.
② 도체 내에 흐르는 전류는 일정하다.
③ 단위 시간당 전하의 변화는 없다.
④ 도체 내에 전류가 흐르지 않는다.

해설

키르히호프의 전류법칙

$\Sigma I = \int_s i\, ds = \int_v div\, i\, dv = 0$이므로

÷ $i = \nabla \cdot i = 0$가 되며

도체내에 흐르는 전류는 연속적이며 도체내에 흐르는 전류는 일정하고 단위 시간당 전하의 변화는 없다.

12 전류와 자계 사이의 힘의 효과를 이용한 것으로 자유로이 구부릴 수 있는 도선에 대전류를 통하면 도선 상호간에 반발력에 의하여 도선이 원을 형성하는데 이와 같은 현상은?

① 핀치 효과　　② 홀 효과
③ 스트레치 효과　　④ 스킨 효과

해설

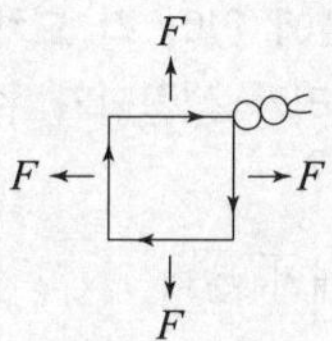

그림에서와 같이 자유로이 구부릴 수 있는 부드러운 도선을 사각형으로 만들어놓고 전류를 흘리면 전류가 서로 반대 방향이므로 도체사이에 서로 반발력이 작용하여 원형이 된다. 이러한 현상을 스트레치 효과라 한다.

13 솔레노이드의 자기인덕턴스와 권회수 N의 관계는?

① N에 비례　　② N^2에 비례
③ $\dfrac{1}{N^2}$에 비례　　④ $\sqrt{N}$에 비례

해설

솔레노이드 자기 인덕턴스는

$L = \dfrac{\mu S N^2}{l} = \dfrac{\mu S N^2}{2\pi a} = \dfrac{N^2}{R_m}$ [H]이므로

권선수 N^2에 비례한다.

14 맥스웰 방정식에 대한 설명으로 틀린 것은?

① 전도전류는 자계를 발생시키지만, 변위전류는 자계를 발생시키지 않는다.
② N극과 S극이 공존한다.
③ 자속밀도의 시간적 변화에 따라 전계의 회전의 회전이 발생한다.
④ 폐곡면을 통해 나오는 전속은 폐곡면 내 전하량과 같다.

해설

맥스웰 방정식

1) 맥스웰의 제 1의 기본 방정식

$$rot H = curl H = \nabla \times H = i_c + \frac{\partial D}{\partial t}$$

$$= i_c + \epsilon \frac{\partial E}{\partial t} [\mathrm{A/m^2}]$$

① 암페어(앙페르)의 주회적분법칙에서 유도한 식이다.
② 전도전류와 변위전류는 자계를 형성한다.
③ 전류와 자계와의 관계를 나타내며 전류의 연속성을 표현한다.

정 답　11 ④　12 ③　13 ②　14 ①

2) 맥스웰의 제 2의 기본 방정식

$rotE = curlE = \nabla \times E = -\frac{\partial B}{\partial t} = -\mu\frac{\partial H}{\partial t}$[V]

① 전자유도 패러데이의 법칙에서 유도한 식이다.
② 자속밀도의 시간적 변화는 전계를 회전시키고 유기기전력을 형성한다.

3) 정전계의 가우스의 미분형

$divD = \nabla \cdot D = \rho[c/m^2]$

① 임의의 폐곡면 내의 전하에서 전속선이 발산한다.
② 가우스 발산 정리에 의하여 유도된 식
③ 고립(독립)된 전하는 존재한다.

4) 정자계의 가우스의 미분형

$divB = \nabla \cdot B = 0$

① 자속의 연속성을 나타낸 식이다.
② 고립(독립)된 자극(자하)는 없으며 N극과 S극이 항상 공존한다.

5) 벡터 포텐셜

$rot\,\vec{A} = \nabla \times \vec{A} = B[Wb/m^2]$

벡터포텐셜 $\vec{A}$의 회전은 자속밀도를 형성한다.

15 공기 중에 있는 무한 직선 도체에 전류 I[A]가 흐르고 있을 때 도체에서 a[m] 떨어진 점에서의 자계[AT/m]는?

① $\frac{\mu_0 I}{a}$ ② $\frac{\mu_0 I}{2\pi a}$
③ $\frac{I}{2\pi a^2}$ ④ $\frac{1}{2\pi a}$

해설

무한장 직선전류에 의한 자계

$H = \frac{I}{2\pi a}$[AT/m]

16 단위 구면을 통해 나오는 전기력선의 수는? (단, 구 내부의 전하량은 Q[C]이다.)

① 1 ② Q
③ $\frac{Q}{\epsilon_0}$ ④ ϵ_0

해설

Q[C]에서 발생하는 전기력선의 총 수는 $\frac{Q}{\epsilon_0}$개다.

17 공기 중에 두 자성체가 있다. 자성체에서 발생하는 자속밀도가 $0.2[Wb/m^2]$일 때 두 자극면 사이에 발생하는 $1[cm^2]$ 당 힘[N]은?(단, 자성체의 비투자율은 1000이다.)

① 5.3 ② 3.2
③ 2.1 ④ 1.6

해설

전자석에 의한 단위면적당 흡인력은

$f = \frac{B^2}{2\mu_0} = \frac{1}{2}\mu_0 H^2 = \frac{1}{2}BH[N/m^2]$에서

주어진 수치를 대입하면

$f = \frac{B^2}{2\mu_0} = \frac{0.2^2}{2\times 4\pi \times 10^{-7}}[N/m^2]$

$= \frac{0.2^2}{2\times 4\pi\times 10^{-7}} \times 10^{-4}[N/cm^2] = 1.59[N/cm^2]$

18 반지름이 r[m], 선간거리 D[m]인 평행 도선 사이의 단위길이당 자기 인덕턴스[H/m]는?

① $\frac{\pi}{\mu_0}\ln\frac{r}{D}$ ② $\frac{\mu_0}{\pi}\ln\frac{D}{r}$
③ $\frac{\pi}{\mu_0}\ln\frac{D}{r}$ ④ $\frac{\mu_0}{\pi}\ln\frac{r}{D}$

해설

평행도선 사이 인덕턴스 $L = \frac{\mu_0}{\pi}\ln\frac{D}{r}$[H/m]

19 비유전율이 2.4인 유전체 내의 전계의 세기가 100[mV/m]이다. 유전체에 축적되는 단위체적당 에너지는 몇 $[J/m^3]$인가?

① 1.06×10^{-13} ② 1.77×10^{-13}
③ 2.32×10^{-13} ④ 2.32×10^{-11}

정답 15 ④ 16 ③ 17 ④ 18 ② 19 ①

해설

단위 체적당 축적(저장) 에너지

$W = \frac{\sigma^2}{2\epsilon} = \frac{D^2}{2\epsilon} = \frac{1}{2}\epsilon E^2 = \frac{1}{2}ED[\mathrm{J/m^3}]$ 에서

주어진 수치를 대입하면

$$W = \frac{1}{2}\epsilon E^2 = \frac{1}{2}\epsilon_0 \epsilon_s E^2$$
$$= \frac{1}{2} \times 8.855 \times 10^{-12} \times 2.4 \times (100 \times 10^{-3})^2$$
$$= 1.06 \times 10^{-13}[\mathrm{J/m^3}]$$

20 유전체에서 임의의 주파수 f에서의 손실각을 $\tan\delta$라 할 때, 전도전류 i_c와 변위 전류 i_d의 크기가 같아지는 주파수를 f_c라 하면 $\tan\delta$는?

① $\frac{f_c}{f}$　　② $\frac{f_c}{\sqrt{f}}$

③ $\frac{\sqrt{f_c}}{f}$　　④ $\frac{f}{f_c}$

해설

임계주파수 f_c는 도체와 유전체를 구분하는 임계점 $(i_c = i_d)$에서의 주파수로 $f_c = \frac{k}{2\pi\epsilon} = \frac{\sigma}{2\pi\epsilon}[\mathrm{Hz}]$

유전체 손실각 $\tan\delta = \frac{i_c}{i_d} = \frac{kE}{\omega\epsilon E} = \frac{k}{\omega\epsilon} = \frac{k}{2\pi\epsilon f} = \frac{f_c}{f}$

정답 20 ①

과년도기출문제(2023. 5. 13 시행)

※ 본 기출문제는 수험자의 기억을 바탕으로 하여 복원한 문제이므로 실제 문제와 다를 수 있음을 미리 알려드립니다.

01 그림과 같은 동심구에서 도체 A에 Q[C]을 줄 때 도체 A의 전위는 몇 [V]인가? (단, 도체 B의 전하는 0이다.)

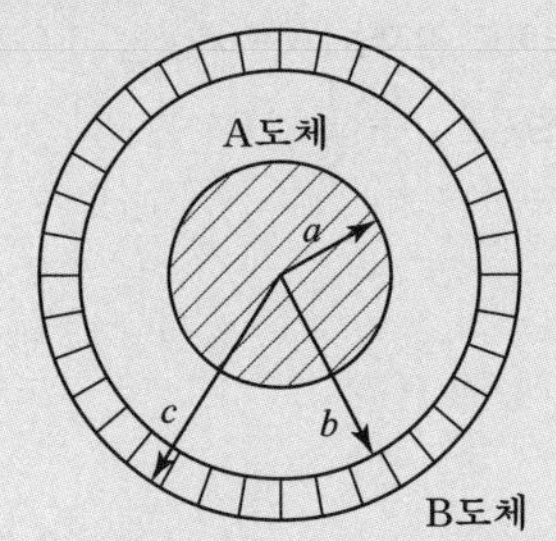

① $\dfrac{Q}{4\pi\epsilon_0 C}$

② $\dfrac{Q}{4\pi\epsilon_0}\left(\dfrac{1}{a}-\dfrac{1}{b}\right)$

③ $\dfrac{Q}{4\pi\epsilon_0}\left(\dfrac{1}{a}-\dfrac{1}{b}+\dfrac{1}{c}\right)$

④ $\dfrac{Q}{4\pi\epsilon_0}\left(\dfrac{1}{a}+\dfrac{1}{b}\right)$

해설

동심구도체에서 내구의 전하 Q[C], 외구의 전하 0[C]인 경우

내구의 전위 $V_a=\dfrac{Q}{4\pi\epsilon_0}\left(\dfrac{1}{a}-\dfrac{1}{b}+\dfrac{1}{c}\right)$[V]

02 진공 중의 임의의 구도체에 σ[C/m^2]의 표면 전하밀도가 분포되어 있다. 구도체 내부의 전속밀도는?

① σ ② $\dfrac{\sigma}{\epsilon_0}$

③ $\dfrac{\sigma}{2\epsilon_0}$ ④ 0

해설

도체 내부에는 전하가 존재하지 않으므로 전속 및 전속밀도도 존재하지 않는다.

03 정육각형의 꼭짓점에 동량, 동질의 점전하 Q가 놓여 있을 때 정육각형 한 변의 길이가 a라 하면 정육각형 중심의 전계의 세기는? (단, 자유공간이다.)

① $\dfrac{Q}{4\pi\epsilon_0 a^2}$ ② $\dfrac{3Q}{2\pi\epsilon_0 a^2}$

③ $6Q$ ④ 0

해설

정육각형의 중심의 전계 $E=0$[V/m]

정육각형의 중심의 전위 $V=\dfrac{3Q}{2\pi\epsilon_0 a}$[V]

04 단면적 3[cm^2], 길이 30[cm], 비투자율 1000인 철심에 3000회의 코일을 감았다. 코일의 자기 인덕턴스[H]는?

① 9.31 ② 11.31

③ 10.31 ④ 12.31

해설

솔레노이드 자기 인덕턴스

$$L=\frac{\mu SN^2}{l}=\frac{\mu_0\mu_s SN^2}{l}$$

$$=\frac{4\pi\times10^{-7}\times1000\times3\times10^{-4}\times3000^2}{30\times10^{-2}}$$

$$=11.31\text{[H]}$$

정답 01 ③ 02 ④ 03 ④ 04 ②

05 **맥스웰의 전자방정식에 대한 설명으로 틀린 것은?**

① 폐곡면을 통해 나오는 자속은 폐곡면 내의 자극의 세기와 같다.
② 폐곡선에 따른 전계의 선적분은 폐곡선 내를 통하는 자속의 시간 변화율과 같다.
③ 폐곡선에 따른 자계의 선적분은 폐곡선 내를 통하는 전류와 전속의 시간적 변화율과 같다.
④ 폐곡면을 통해 나오는 전속은 폐곡선 내의 전하량과 같다.

해설

맥스웰 방정식

1) 맥스웰의 제 1의 기본 방정식

$$rot H = curl H = \nabla \times H = i_c + \frac{\partial D}{\partial t}$$
$$= i_c + \epsilon \frac{\partial E}{\partial t} [\mathrm{A/m^2}]$$

① 암페어(앙페르)의 주회적분법칙에서 유도한 식이다.
② 전도전류와 변위전류는 자계를 형성한다.
③ 전류와 자계와의 관계를 나타내며 전류의 연속성을 표현한다.

2) 맥스웰의 제 2의 기본 방정식

$$rot E = curl E = \nabla \times E = -\frac{\partial B}{\partial t}$$
$$= -\mu \frac{\partial H}{\partial t} [\mathrm{V}]$$

① 패러데이의 법칙에서 유도한 식이다.
② 자속밀도의 시간적 변화는 전계를 회전시키고 유기기전력을 형성한다.

3) 정전계의 가우스의 미분형

$div D = \nabla \cdot D = \rho [\mathrm{c/m^2}]$

① 임의의 폐곡면 내의 전하에서 전속선이 발산한다.
② 가우스 발산 정리에 의하여 유도된 식
③ 고립(독립)된 전하는 존재한다.

4) 정자계의 가우스의 미분형

$div B = \nabla \cdot B = 0$

① 자속의 연속성을 나타낸 식이다.
② 고립(독립)된 자극(자하)는 없으며 N극과 S극이 항상 공존한다.

5) 벡터 포텐셜

$rot \vec{A} = \nabla \times \vec{A} = B [\mathrm{Wb/m^2}]$

벡터포텐셜 $\vec{A}$의 회전은 자속밀도를 형성한다.

06 **다음 중 감자율이 0인 것은?**

① 가늘고 짧은 막대 자성체
② 굵고 짧은 막대 자성체
③ 환상 솔레노이드
④ 가늘고 긴 막대 자성체

해설

환상 솔레노이드 감자율 $N=0$
구 자성체 감자율 $N=\frac{1}{3}$

07 **점전하 Q[C]에 의한 무한 평면 도체의 영상 전하는?**

① $-Q$[C]보다 작다.
② $-Q$[C]과 같다.
③ $-Q$[C]보다 크다.
④ Q[C]과 같다.

해설

접지무한평면과 점전하 Q에 의한 영상전하는 크기는 같고 부호는 반대이므로 $Q' = -Q$[C]

08 **전류의 연속방정식을 나타내는 식은?**

① $\nabla \cdot J = -\frac{\partial \rho}{\partial t}$　② $\nabla \cdot J = \frac{\partial \rho}{\partial t}$
③ $\nabla \cdot J = 0$　④ $J = 0$

해설

키르히호프 전류 법칙
$div J = \nabla \cdot J = 0$으로
전류의 연속성을 나타낸다.

정답　05 ①　06 ③　07 ②　08 ③

09 **접지된 구도체와 점전하간에 작용하는 힘은?**

① 항상 흡인력이다.
② 항상 반발력이다.
③ 조건적 흡인력이다.
④ 조건적 반발력이다.

해설

접지구도체와 점전하 Q에 의한 영상전하는

$Q' = -\frac{a}{d}Q$[C]이므로

점전하와 부호가 반대이므로 항상 흡인력이 작용한다.

10 **평행판 콘덴서 극판 사이에 비유전율 ϵ_s의 유전체를 삽입하였을 때의 정전용량은 진공일 때의 용량의 몇 배인가?**

① ϵ_s　② $\epsilon_s - 1$
③ $\frac{1}{\epsilon_s}$　④ $\epsilon_s + 1$

해설

진공시 $C_0 = \frac{\epsilon_0 S}{d}$[F], 유전체 삽입시 $C = \frac{\epsilon_0 \epsilon_s S}{d}$[F]이므로

$$\frac{C}{C_0} = \frac{\frac{\epsilon_0 \epsilon_s S}{d}}{\frac{\epsilon_0 S}{d}} = \epsilon_s$$

11 **전자석에 사용하는 연철(soft iron)은 다음 어느 성질을 갖는가?**

① 잔류자기, 보자력이 모두 크다.
② 보자력과 히스테리시스 곡선의 면적이 모두 작다.
③ 보자력이 크고 히스테리시스 곡선의 면적이 작다.
④ 보자력이 크고 잔류자기가 작다.

해설

자석의 재료

	영구자석	전자석
잔류자기	크다	크다
보자력	크다	작다
히스테리시스 루프 면적	크다	작다

12 **평면 전자파의 전계 E와 자계 H 사이의 관계식은?**

① $H = \sqrt{\frac{\mu}{\epsilon}} E$　② $H = \sqrt{\mu\epsilon} E$
③ $H = \sqrt{\frac{\epsilon}{\mu}} E$　④ $H = \sqrt{\frac{1}{\mu\epsilon}} E$

해설

파동 임피던스는 $\eta = \frac{E}{H} = \sqrt{\frac{\mu}{\epsilon}}$ 이므로

자계 $H = \sqrt{\frac{\epsilon}{\mu}} E$

13 **자속밀도 $0.4a_z$[Wb/m^2] 내에서 5[m] 길이의 도선에 30[A]의 전류가 $-z$ 방향으로 흐를 때 전자력[N]은?**

① $60a_z$　② $-60a_x$
③ $-60a_z$　④ 0

해설

플레밍의 왼손법칙은 전동기의 원리가 되며 자계내 도체를 놓고 전류를 흘렸을 때 도체가 힘을 받아 회전하게 된다. 이때 작용하는 힘은 $F = IBl\sin\theta = I\mu_0 Hl\sin\theta$

$= (\vec{I} \times \vec{B})l$[N]이 된다.

단, I : 전류, B : 자속밀도, H : 자계의 세기
l : 도체의 길이, θ : 자계와 이루는 각

$$\vec{I} \times \vec{B} = \begin{vmatrix} a_x & a_y & a_z \\ 0 & 0 & -30 \\ 0 & 0 & 0.4 \end{vmatrix}$$
$$= a_x(0-0) - a_y(0-0) + a_z(0-0)$$
$$= 0$$

정답　09 ①　10 ①　11 ②　12 ③　13 ④

14 대전된 구도체를 반지름이 2배가 되는 구도체에 가는 선으로 연결할 때 원래 에너지에 대해 손실되는 에너지의 비율은? (단, 두 도체는 충분히 떨어져 있는 것으로 본다.)

① $\frac{1}{3}$ ② $\frac{9}{5}$
③ $\frac{2}{3}$ ④ $\frac{5}{9}$

해설

도체구 A의 정전용량 $C_A = 4\pi\epsilon_0 a\,[\text{F}]$
도체구 B의 정전용량 $C_B = 4\pi\epsilon_0(2a) = 2C_A$
가는 선으로 연결시 병렬연결이므로
접속 전후의 에너지를 각각 W, W_0 라 하면

$$W = \frac{Q^2}{2C_A}[\text{J}]$$

$$W_0 = \frac{Q^2}{2(C_A + C_B)} = \frac{Q^2}{2(C_A + 2C_A)} = \frac{Q^2}{6C_A}[\text{J}]$$

$$\text{손실비} = \frac{W - W_0}{W} = \frac{\frac{Q^2}{2C_A} - \frac{Q^2}{6C_A}}{\frac{Q^2}{2C_A}} = \frac{2}{3}$$

15 유전체의 초전효과(Pyroelectric Effect)에 대한 설명이 아닌 것은?

① 열에너지를 전기에너지로 변화시키는 데 이용된다.
② 온도변화에 관계없이 일어난다.
③ 초전효과가 있는 유전체를 공기 중에 놓으면 중화된다.
④ 자발 분극을 가진 유전체에서 생긴다.

해설

온도 변화에 따른 전기 발생 현상으로 자발분극을 보이는 물질의 온도가 올라가면 자발분극 크기가 변화하여 표면에 전하가 나타나며 강유전체 전기 현상 중 하나이며 초전효과가 있는 유전체를 공기 중에 놓으면 중화되며 열에너지를 전기에너지로 변화시키는 데 이용 된다.

16 철심이 들어 있는 환상 코일이 있다. 1차 코일의 권수 $N_1 = 100$회일 때, 자기 인덕턴스는 $0.01[\text{H}]$였다. 이 철심에 2차 코일 $N_2 = 200$회를 감았을 때 1, 2차 코일의 상호 인덕턴스는 몇 $[\text{H}]$인가? (단, 결합계수 $k = 1$로 한다.)

① 0.01 ② 0.02
③ 0.03 ④ 0.04

해설

상호 인덕턴스
결합계수 $k=1$일 경우 상호인덕턴스

$$M = \frac{\mu S N_1 N_2}{l} = L_1\frac{N_2}{N_1} = L_2\frac{N_1}{N_2}[\text{H}]$$ 에서

$$M = L_1\frac{N_2}{N_1} = 0.01 \times \frac{200}{100} = 0.02[\text{H}]$$

17 아래 회로도의 $2[\mu\text{F}]$ 콘덴서에 $100[\mu\text{C}]$의 전하가 축적되었을 때 $3[\mu\text{F}]$ 콘덴서 양단에 걸리는 전위차[V]는?

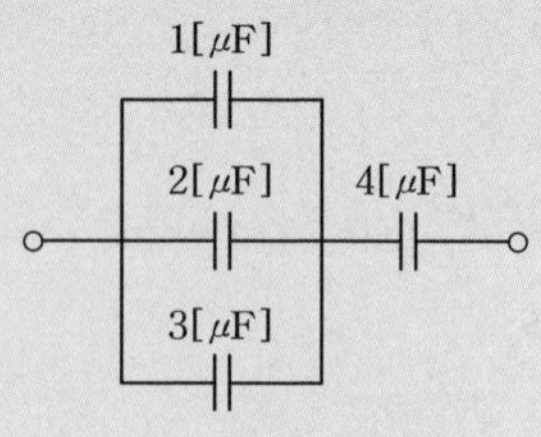

① 50 ② 100
③ 70 ④ 150

해설

$2[\mu F]$ 콘덴서에 $100[\mu C]$의 전하가 축적시
전위차는 $V = \frac{Q}{C} = \frac{100}{2} = 50[\text{V}]$이고
$2[\mu F]$과 $3[\mu F]$인 콘덴서가 병렬연결이므로
전위차는 일정하므로 50[V]가 된다.

정답 14 ③ 15 ② 16 ② 17 ①

18 무한히 넓은 평행판 콘덴서에서 두 평행판 사이의 간격이 d[m]일 때 단위 면적당 두 평행판상의 정전용량[F/m²]은?

① $\frac{1}{4\pi\epsilon_0 d}$　② $\frac{4\pi\epsilon_0}{d}$

③ $\frac{\epsilon_0}{d}$　④ $\frac{\epsilon_0}{d^2}$

해설

평행판 사이 정전용량 $C = \frac{\epsilon_0 S}{d}$[F]이므로

단위 면적당 정전용량

$C' = \frac{C}{S} = \frac{\epsilon_0 S}{d} \times \frac{1}{S} = \frac{\epsilon_0}{d}$[F/m²]

19 자극의 세기 8×10^{-6}[Wb], 길이 3[cm]인 막대자석을 120[AT/m]의 평등 자계 내에 자계와 30°의 각도로 놓았다면 자석이 받는 회전력은 몇 [N·m]인가?

① 1.44×10^{-5}　② 2.49×10^{-5}

③ 1.44×10^{-4}　④ 2.49×10^{-4}

해설

주어진 수치 $m = 8\times10^{-6}$[Wb], $l = 3$[cm], $H = 120$[AT/m], $\theta = 30°$이므로

막대자석에 의한 회전력은

$T = mHl\sin\theta$

$= (8\times10^{-6})(120)(3\times10^{-2})\sin30°$

$= 1.44\times10^{-5}$[N·m]

20 권수 500회인 자기인덕턴스 0.05[H]인 코일에 5[A]의 전류를 흘릴 때 쇄교자속[Wb·T]은?

① 5　② 0.25

③ 25　④ 50

해설

코일에 대한 쇄교자속(총자속)은

$N\phi = LI = 0.05\times500 = 0.25$[Wb·T]

정답　18 ③　19 ①　20 ②

23 과년도기출문제(2023. 7. 8 시행)

※ 본 기출문제는 수험자의 기억을 바탕으로 하여 복원한 문제이므로 실제 문제와 다를 수 있음을 미리 알려드립니다.

01 다음 중 비유전율이 가장 큰 물질은?

① 유리 ② 운모
③ 고무 ④ 증류수

해설

각종 유전체의 비유전율
- 유리 : 3.5 ~ 10
- 운모 : 5.5 ~ 6.7
- 고무 : 2.0 ~ 3.5
- 물(증류수) : 80

02 다음 비유전율에 대한 설명 중 옳은 것은?

① 진공시 비유전율 $\epsilon_r = 0$, 공기시 비유전율 $\epsilon_r = 1$이다.
② 비유전율 $\epsilon_r = \dfrac{\epsilon}{\epsilon_0}$이다.
③ 모든 절연체의 비유전율 $\epsilon_r = \epsilon$이다.
④ 비유전율 $\epsilon_r = \epsilon_0$이다.

해설

- 진공(공기)시 비유전율 $\epsilon_r = 1$
- 유전체의 비유전율 $\epsilon_r = \dfrac{\epsilon}{\epsilon_0} > 1$인 절연체
- 비유전율은 재질에 따라 다르다.
- 비유전율의 단위는 없다.
- 비유전율이 1보다 작을 수는 없다.

03 자유공간 내 $1[\mathrm{V/m}]$의 정현파 전계에 대한 변위전류 $1[\mathrm{A/m^2}]$가 흐르기 위한 주파수는 약 몇 $[\mathrm{MHz}]$인가?

① 18000 ② 15000
③ 1800 ④ 1500

해설

진공시 변위전류밀도는
$i_d = \omega\epsilon_0 E = 2\pi f\epsilon_0 E[\mathrm{A/m^2}]$이므로 주파수는

$$f = \frac{i_d}{2\pi\epsilon_0 E} = \frac{1}{2\pi\times 8.855\times 10^{-12}\times 1}\times 10^{-6}$$
$$= 18000[\mathrm{MHz}]$$

04 다음 중 맥스웰 방정식으로 틀린 것은?

① $rotH = J + \dfrac{\partial D}{\partial t}$ ② $divD = \rho$
③ $rotE = -\dfrac{\partial B}{\partial t}$ ④ $divB = \phi$

해설

맥스웰 방정식
1) 맥스웰의 제 1의 기본 방정식

$$rotH = curlH = \nabla\times H = i_c + \frac{\partial D}{\partial t}$$
$$= i_c + \epsilon\frac{\partial E}{\partial t}[\mathrm{A/m^2}]$$

① 암페어(앙페르)의 주회적분법칙에서 유도한 식이다.
② 전도전류와 변위전류는 자계를 형성한다.
③ 전류와 자계와의 관계를 나타내며 전류의 연속성을 표현한다.

2) 맥스웰의 제 2의 기본 방정식

$$rotE = curlE = \nabla\times E = -\frac{\partial B}{\partial t} = -\mu\frac{\partial H}{\partial t}[\mathrm{V}]$$

① 패러데이의 법칙에서 유도된 식이다.
② 자속밀도의 시간적 변화는 전계를 회전시키고 유기기전력을 형성한다.

3) 정전계의 가우스의 미분형
$divD = \nabla\cdot D = \rho[\mathrm{c/m^2}]$
① 임의의 폐곡면 내의 전하에서 전속선이 발산한다.
② 가우스 발산 정리에 의하여 유도된 식
③ 고립(독립)된 전하는 존재한다.

4) 정자계의 가우스의 미분형
$divB = \nabla\cdot B = 0$
① 자속의 연속성을 나타낸 식이다.
② 고립(독립)된 자극(자하)는 없으며 N극과 S극이 항상 공존한다.

5) 벡터 포텐셜
$rot\,\vec{A} = \nabla\times\vec{A} = B[\mathrm{Wb/m^2}]$
벡터포텐셜 $\vec{A}$의 회전은 자속밀도를 형성한다.

정답 01 ④ 02 ② 03 ① 04 ④

05 2[μF], 3[μF], 4[μF]의 커패시터를 직렬로 연결하고 양단에 가한 전압을 서서히 상승시킬 때의 현상으로 옳은 것은? (단, 유전체의 재질 및 두께는 같다고 한다.)

① 2[μF]의 커패시터가 제일 먼저 파괴된다.
② 3[μF]의 커패시터가 제일 먼저 파괴된다.
③ 3개의 커패시터가 동시에 파괴된다.
④ 4[μF]의 커패시터가 제일 먼저 파괴된다.

해설

콘덴서 직렬 연결시 가장 먼저 파괴되는 콘덴서는 최대 충전 전하량이 가장 작은 콘덴서이다.
최대 충전 전하량 $Q=CV$[C], $Q\propto C$ 이므로
정전용량이 가장 작은 2[μF]의 커패시터가 제일 먼저 파괴된다.

06 대지 중의 두 전극 사이에 있는 어떤 점의 전계의 세기가 4[V/cm], 지면의 도전율이 10^{-4}[℧/m]일 때 이 점의 전류밀도는 몇 [A/m^2]인가?

① 4×10^{-1} ② 4×10^{-2}
③ 4×10^{-3} ④ 4×10^{-4}

해설

전류밀도 $i=\dfrac{I}{S}=kE=\dfrac{E}{\rho}$[A/m^2]이므로
주어진 수치를 대입하면
$i=kE=10^{-4}\times4\times10^{2}=4\times10^{-2}$[A/m^2]

07 진공 중에 2×10^{-5}[C]과 1×10^{-6}[C]인 두 개의 점전하가 50[cm] 떨어져 있을 때 두 전하 사이에 작용하는 힘은 몇 [N]인가?

① 2.02 ② 1.82
③ 0.92 ④ 0.72

해설

두 전하사이에 작용하는 쿨롱의 힘은
$$F=\frac{Q_1Q_2}{4\pi\epsilon_0 r^2}=9\times10^9\times\frac{2\times10^{-5}\times1\times10^{-6}}{(50\times10^{-2})^2}$$
$=0.72$[N]

08 대전도체 표면전하밀도는 도체표면의 모양에 따라 어떻게 분포하는가?

① 표면전하밀도는 표면의 모양과 무관하다.
② 표면전하밀도는 평면일 때 가장 크다.
③ 표면전하밀도는 뾰족할수록 커진다.
④ 표면전하밀도는 곡률이 크면 작아진다.

해설

도체 모양에 따른 표면전하밀도

곡률반지름	작다	크다
곡률	크다	작다
모양	뾰족하다	평평하다
전하밀도	크다	작다

09 유전율이 각각 다른 두 종류의 유전체 경계면에 전속이 입사될 때 이 전속은 어떻게 되는가? (단, 경계면에 수직으로 입사하지 않는 경우이다.)

① 굴절 ② 반사
③ 회전 ④ 직진

해설

유전체 경계면에 전속이 수직이 아닌 각도로 입사시 이 전속은 굴절한다.

10 물질의 자화현상과 관계가 가장 깊은 것은?

① 전자의 이동 ② 전자의 자전
③ 분자의 공전 ④ 전자의 공전

해설

자성체의 자화의 근본적 원인은 자성체 내 전자의 자전현상 때문이다.

정답 05 ① 06 ② 07 ④ 08 ③ 09 ① 10 ②

11 점전하 Q[C]에 의한 무한 평면 도체의 영상 전하는?

① $-Q$[C]보다 작다.
② $-Q$[C]과 같다.
③ $-Q$[C]보다 크다.
④ Q[C]과 같다.

해설

접지무한평면과 점전하 Q에 의한
영상전하는 크기는 같고 부호가 반대이므로
$Q' = -Q$[C]

12 자기회로의 자기저항에 대한 설명으로 옳은 것은?

① 자기회로의 길이에 반비례한다.
② 자기회로의 단면적에 비례한다.
③ 길이의 제곱에 비례하고 단면적에 반비례한다.
④ 투자율에 반비례한다.

해설

자기회로의 자기저항 $R_m = \frac{F}{\phi_m} = \frac{l}{\mu S}$[AT/Wb]이므로 길이($l$)에 비례하고 투자율($\mu$)과 단면적($S$)에 반비례한다.

13 극판의 면적 $0.12[m^2]$, 간격 $80[\mu m]$의 평행판 콘덴서에 전압 12[V]를 인가하여 1[μJ]의 에너지가 축적되었을 때 콘덴서 내 유전체의 비유전율은?

① 2.39 ② 0.51
③ 1.05 ④ 1.68

해설

콘덴서에 저장되는 에너지는

평행판 콘덴서의 정전용량 $C = \frac{\epsilon_0 \epsilon_s S}{d}$ [F]를 대입하면

$W = \frac{1}{2}CV^2 = \frac{1}{2}\frac{\epsilon_0 \epsilon_s S}{d}V^2$ [J]에서 비유전율은

$\epsilon_s = 2\frac{Wd}{V^2 \epsilon_0 S} = 2 \times \frac{1 \times 10^{-6} \times 80 \times 10^{-6}}{12^2 \times 8.855 \times 10^{-12} \times 0.12}$
$= 1.05$

14 강자성체의 자화의 세기 J와 자화력 H 사이의 관계는?

①
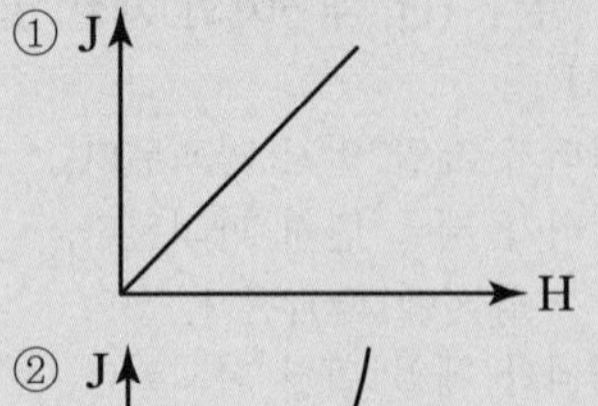

②
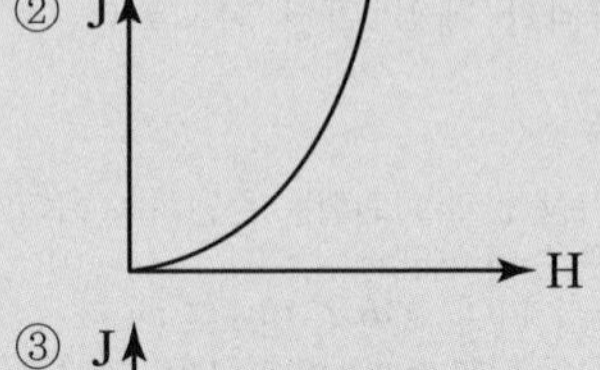

③
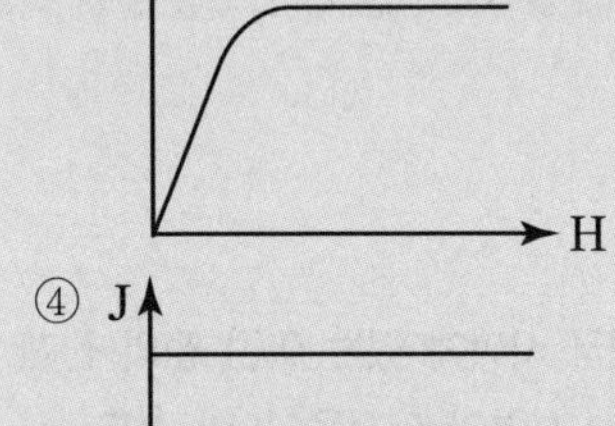

④

해설

강자성체를 자계 내 놓고 자계의 세기(=자화력)를 증가시키면 자화의 세기도 비례하여 증가한다. 하지만 특정 크기의 자계 이상에서는 자계의 세기가 증가해도 자화의 세기가 증가하지 않는 포화상태가 되는데 이를 자기포화특성이라 한다.

15 전류가 흐르고 있는 무한 직선도체로부터 2[m] 만큼 떨어진 자유공간 내 P점의 자계의 세기가 $\frac{4}{\pi}$[AT/m]일 때, 이 도체에 흐르는 전류는 몇 [A]인가?

① 2 ② 4
③ 8 ④ 16

해설

무한장 직선 전류에 의한 자계 $H = \frac{I}{2\pi r}$[AT/m]이므로

전류 $I = 2\pi r H = 2\pi \times 2 \times \frac{4}{\pi} = 16$[A]

정답 11 ② 12 ④ 13 ③ 14 ③ 15 ④

16 자유 공간을 통과하는 전자파의 전파속도는 몇 [m/s]인가?

① 1×10^8 ② 2×10^8
③ 3×10^8 ④ 4×10^8

해설

전파속도

$$v=\frac{\omega}{\beta}=\frac{1}{\sqrt{LC}}=\lambda f=\frac{1}{\sqrt{\epsilon\mu}}=\frac{3\times10^8}{\sqrt{\epsilon_s\mu_s}}[\text{m/s}]$$

에서

진공, 공기시 비유전율 및 비투자율은 $\epsilon_s=1$, $\mu_s=1$이므로 전파속도 $v_0=3\times10^8[\text{m/s}]$

17 진공 중에서 있는 임의의 구도체 표면 전하밀도가 σ일 때의 구도체 표면의 전계의 세기[V/m]는?

① $\dfrac{\epsilon_0\sigma^2}{2}$ ② $\dfrac{\sigma}{2\epsilon_0}$
③ $\dfrac{\sigma^2}{\epsilon_0}$ ④ $\dfrac{\sigma}{\epsilon_0}$

해설

구도체 표면 전계의 세기

$$E=\frac{Q}{4\pi\epsilon_0a^2}=\frac{Q}{S\epsilon_0}=\frac{\sigma}{\epsilon_0}[\text{V/m}]$$

18 구도체의 전위가 60[kV]이며 구도체 표면 전계가 4[kV/cm]일 때 구도체에 대전된 전하량 [μC]은?

① 10^5 ② 1
③ 10^{-5} ④ 10^{-6}

해설

구도체 표면 전계 $E=\dfrac{Q}{4\pi\epsilon_0a^2}[\text{V/m}]$

구도체 전위 $V=\dfrac{Q}{4\pi\epsilon_0a}=Ea=4\times10^3\times10^2\times a$

$=60\times10^3[\text{V}]$

구도체 반지름 $a=\dfrac{60\times10^3}{4\times10^3\times10^2}=0.15[\text{m}]$

$Q=4\pi\epsilon_0aV=\dfrac{1}{9\times10^9}\times0.15\times60\times10^3\times10^6$

$=1[\mu\text{C}]$

19 자계의 세기가 800[AT/m], 자속밀도 0.05[Wb/m^2]인 재질의 투자율은 몇 [H/m]인가?

① 3.25×10^{-5} ② 4.25×10^{-5}
③ 5.25×10^{-5} ④ 6.25×10^{-5}

해설

자속밀도 $B=\mu H[\text{Wb/m}^2]$이므로

투자율 $\mu=\dfrac{B}{H}=\dfrac{0.05}{800}=6.25\times10^{-5}[\text{H/m}]$

20 내경의 반지름이 a[m], 외경의 반지름이 b[m]인 동축 원통 내 전체 인덕턴스[H/m]는? (단, 내원통의 비투자율은 μ_s이다.)

① $\dfrac{\mu_0}{2\pi}\left(\dfrac{\mu_s}{2}+\ln\dfrac{b}{a}\right)$ ② $\dfrac{\mu_0}{\pi}\left(\dfrac{\mu_s}{2}+\ln\dfrac{b}{a}\right)$
③ $\dfrac{\mu_0}{\pi}\left(\dfrac{\mu_s}{4}+\ln\dfrac{b}{a}\right)$ ④ $\dfrac{\mu_0}{2\pi}\left(\dfrac{\mu_s}{4}+\ln\dfrac{b}{a}\right)$

해설

동축 원통 내 전체 인덕턴스는

내원통 내부 인덕턴스와 동축 원통 사이 인덕턴스의 합이므로 $L_0=L_i+L=\dfrac{\mu_0\mu_s}{8\pi}+\dfrac{\mu_0}{2\pi}\ln\dfrac{b}{a}$

$=\dfrac{\mu_0}{2\pi}\left(\dfrac{\mu_s}{4}+\ln\dfrac{b}{a}\right)[\text{H/m}]$

정답 16 ③ 17 ④ 18 ② 19 ④ 20 ④

memo

전기(산업)기사 · 전기철도(산업)기사
전기자기학 ❶

定價 19,000원

저 자 대산전기기술학원
발행인 이 종 권

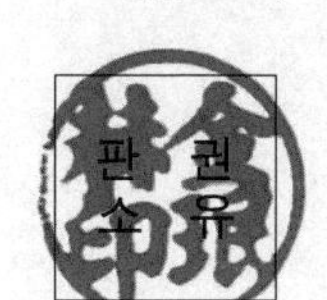

2016年 1月 28日 초 판 발 행
2017年 1月 21日 2차개정발행
2018年 1月 29日 3차개정발행
2018年 11月 15日 4차개정발행
2019年 12月 23日 5차개정발행
2020年 12月 21日 6차개정발행
2021年 1月 10日 7차개정발행
2022年 1月 10日 8차개정발행
2023年 1月 12日 9차개정발행
2024年 1月 30日 10차개정발행

發行處 **(주) 한솔아카데미**

(우)06775 서울시 서초구 마방로10길 25 트윈타워 A동 2002호
TEL : (02)575-6144/5 FAX : (02)529-1130
〈1998. 2. 19 登錄 第16-1608號〉

※ 본 교재의 내용 중에서 오타, 오류 등은 발견되는 대로 한솔아카데미 인터넷 홈페이지를 통해 공지하여 드리며 보다 완벽한 교재를 위해 끊임없이 최선의 노력을 다하겠습니다.

※ 파본은 구입하신 서점에서 교환해 드립니다.

www.inup.co.kr / www.dsan.co.kr

ISBN 979-11-6654-466-8 13560